中国水利教育协会

高等学校水利类专业教学指导委员会

共同组织

全国水利行业"十三五"规划教材（普通高等教育）

水文水利计算
（第2版）

主　编　武汉大学　夏　军

主　审　中山大学　陈晓宏

　　　　武汉大学　宋星原

U0283542

中国水利水电出版社

www.waterpub.com.cn

·北京·

内 容 提 要

　　本书为高等院校各类涉水工程专业的大学本科通用教材。本书阐述了水文水利计算的基本知识、基本原理和方法。全书共十七章，水文部分包括水循环及径流形成、水文信息采集与处理、水文统计、设计年径流分析计算、设计洪水计算、可能最大暴雨和可能最大洪水的估算、水文预报、水文模型、水质及河流健康评价。水利计算部分包括水库兴利调节计算、水电站水能计算、水库防洪计算、水库调度、水资源评价与水资源规划。本书在保证学科的基本知识和基本计算方法完整的基础上，适当反映本学科领域的新方法、新内容。

　　本书可供相关专业师生、科研技术人员、管理人员参考。

图书在版编目（ＣＩＰ）数据

水文水利计算 / 武汉大学，夏军主编. -- 2版. --
北京：中国水利水电出版社，2021.8
　全国水利行业"十三五"规划教材. 普通高等教育
　ISBN 978-7-5170-8167-8

　Ⅰ．①水… Ⅱ．①武… ②夏… Ⅲ．①水文计算－高
等学校－教材②水利计算－高等学校－教材 Ⅳ．①P333
②TV214

　中国版本图书馆CIP数据核字(2019)第249809号

	全国水利行业"十三五"规划教材（普通高等教育）
书　　名	**水文水利计算（第 2 版）** SHUIWEN SHUILI JISUAN
作　　者	主编　武汉大学　夏　军 主审　中山大学　陈晓宏　武汉大学　宋星原
出版发行	中国水利水电出版社 （北京市海淀区玉渊潭南路 1 号 D 座　100038） 网址：www. waterpub. com. cn E - mail：sales@waterpub. com. cn 电话：（010）68367658（营销中心）
经　　售	北京科水图书销售中心（零售） 电话：（010）88383994、63202643、68545874 全国各地新华书店和相关出版物销售网点
排　　版	中国水利水电出版社微机排版中心
印　　刷	清淞永业（天津）印刷有限公司
规　　格	184mm×260mm　16 开本　26.5 印张　645 千字
版　　次	1992 年 11 月第 1 版第 1 次印刷 2021 年 8 月第 2 版　2021 年 8 月第 1 次印刷
印　　数	0001—2000 册
定　　价	**72.00 元**

第 2 版前言

《水文水利计算》是高等学校涉水各本科专业的通用教材。水文水利行业的泰斗已故的叶守泽先生于 1994 年主编了第一部农田水利工程专业的《水文水利计算》教材，教材出版发行后受到广大学者、工程师和学生们的好评，是我国非水文专业类的水利学科专业长期公认的优秀教材之一。2013 年武汉大学建校 100 周年，该教材被列为武汉大学水利类百年名典之一。自 20 世纪 90 年代以来，由于社会经济的快速发展和全球环境变化影响的促进，水利水电行业和水资源等学科也有了新的发展和前沿进展的应用，也对《水文水利计算》的基础教学也提出了新的需求。我们根据学科发展规划与国家需求，重新增补新的较成熟的知识，进行了教材重新编纂工作，以满足涉水类水文水利计算课程教学的需要，反映本学科领域的新理论、新方法和新技术。

全书共十七章，分为工程水文和水利计算两个部分。水文部分包括水循环及径流形成、水文信息采集与处理、水文统计、设计年径流分析计算、设计洪水计算、可能最大暴雨和可能最大洪水的估算、水文预报、水文模型、水质及水环境评价。水利计算部分包括水库兴利调节计算、水电站水能计算、水库防洪计算、水库调度、水资源评价与水资源规划。本教材在第 1 版的基础上进行了适当修订：

第一章水文现象的基本特性中增加了地理水文的特性，考虑了气候变化和人类活动对水文水资源的影响等知识。

第二章水循环及水量平衡中水循环的子系统增加陆-海-气水循环；河流和流域中增加地形、地貌等水文知识，加强地理水文内容；降水损失中的截留、填洼单独列出一节。

第三章流量测验增加声学多普勒剖面流速仪（ADCP）测流。

第四章水文频率分布线型中增加耿贝尔分布，对数正态分布，普适性的布尔分布；增加水文频率计算的非参数方法和多变量概率分布及参数估计方法两节内容；相关分析中增加多元线性回归。

第六章由流量资料推求设计洪水中增加洪水遭遇及地区组成。

第八章小流域及城市设计洪水计算中增加了城市化的水文效应和城市雨洪计算。

第十章水文预报增加实时洪水预报和中长期洪水预报。

第十一章水文模型介绍了现有常用的水文模型，包括新安江水文模型、SCS 模型，HEC 模型、水箱模型，增加了总径流响应模型、可变增益因子模型、线性扰动模型，VIC 模型，SWAT 模型，DTVGM 模型等。

第十二章增加了水质评价、河湖生态需水和河流健康评价。

第十六章水库调度中增加了生态调度内容。

第十七章为新增内容，该章内容包括水资源的概念与分类（水资源可利用量，水资源开发利用效率，蓝水、绿水、虚拟水资源）；水资源的评价方法；水资源利用简介；水资源的规划概要，水资源的管理。

本教材由武汉大学的夏军院士主编。各章节的编写人员为：第一章由武汉大学夏军院士编写；第二章、第七章、第八章由武汉大学张翔教授编写；第三章、第九章由武汉大学张利平教授编写；第四章由北京师范大学徐宗学教授、庞博副教授编写；第五章、第六章、第十三章由武汉大学夏军院士、肖益民副教授编写；第十章由武汉大学陈华教授编写；第十一章由武汉大学夏军院士、陈华教授合编；第十二章由武汉大学夏军院士、张翔教授合编；第十四章、第十五章由武汉大学高仕春教授编写；第十六章由河海大学董增川教授、武汉大学高仕春教授合编；第十七章由河海大学董增川教授编写。全书由夏军院士统稿，由中山大学陈晓宏教授、武汉大学宋星原教授审稿。

本教材在编写中，主要引用和参考了有关高等学校、科研及生产单位及个人出版的专著、教材、论文和技术文献资料。在此对作者和相关单位表示感谢。本书的编写和出版，得到了中国水利水电出版社的大力支持，中国水利水电出版社的编辑同志对书的出版提出了宝贵的意见和建议，编者在此一并致谢。

编者

2021 年 2 月

第 1 版前言

本教材为高等学校农田水利工程专业的通用教材,是根据水利部"1990—1995年高等学校水利水电类专业本科、研究生教材选题和编审出版规划"及农田水利工程专业"水文水利计算"教材编写大纲编写的。在编写过程中,除征求有关专业师生的意见和吸收过去教材编写经验之外,力求在保证论述学科的基本知识和基本计算方法的基础上适当反映本学科领域的新内容。

全书共十七章,按90学时规定的字数编写,分为两个部分,一是工程水文,二是水利计算。工程水文方面以径流形成过程、水文统计方法、设计年径流及设计洪水为主要内容;同时,扼要论述了水文测验及水文资料收集、可能最大洪水、水文预报、水文模型、水质及水质评价等方面的知识。水利计算方面着重介绍径流调节计算的原理与方法、中小型水库的兴利和防洪计算及控制运用方法。

本书第一、二、三、六、八、十、十一、十二、十五、十六章由武汉水利电力学院叶守泽编写;第五、十三、十七章由河海大学许静仪编写;第七、九、十四章由武汉水利电力学院王祥三编写;第四章由武汉水利电力学院李记泽编写。叶守泽担任全书的主编及定稿工作。

本教材由河海大学叶秉如教授主审。主审人对书稿进行了认真的审查提出了很多修正和补充意见,编者在此深表感谢。

限于编者水平,书中错误和不妥之处在所难免,恳请读者批评指正。

编者

1994 年 12 月

目 录

第一章 绪 论

第一节 水文水利计算的任务和作用

水文学是研究地球上各种水体的起源、分布、循环、运动等变化规律及空间分异的科学。水文科学的内涵包括许多基础科学问题，是地球科学的组成部分，其研究方向是在传统工程水文学基础上与地理水文的交叉。水文现象的成因、分布和变化规律与地理的空间分异及流域的地形地貌关联，与河流湖泊以及社会经济发展的各种地理因素有关。过去研究仅限于自然方面。随着气候变化加剧，环境、生态问题日益凸现，为适应社会经济的可持续发展，现代水文学更侧重于水资源、水环境、水生态与水灾害相关研究。

水是生命之源，人类择水而居，水与人类生产、生活密切相关。水文学在形成与发展过程中，直接为人类服务，并受人类活动影响，具有社会属性，又属于应用科学的范畴，其研究方向是应用水文学或工程水文学。它将水文学的基本理论与方法应用于工程建设（如水利水电工程，供水工程，农田水利工程，桥涵，公路、铁路工程等），研究与工程的规划、设计、施工和运行管理有关的以及人们生活中的一些实际水文问题。

工程水文学的内容主要有：①水文测验和资料整编，采用相应的水文测验设施对降水、蒸发、水位、流量、泥沙、水温、水质等进行观测，并系统整理测验资料，以水文年鉴或水文数据库的形式提供有关部门应用；②水文实验研究，包括室内研究和野外研究，研究水量、水质变化的物理机制和水文循环及径流形成的基本规律；③水文分析与计算，根据水文要素变化的统计规律，预测未来很长时期内某一水文现象出现的概率，为工程规划设计提供水文依据；④水文预报，根据水文现象的成因规律，由现时已经出现的雨情、水情、沙情等预报未来一定时期内将要出现的某一水文要素的大小和变化，为防洪、发电、灌溉等实时决策提供依据；⑤水文地理，研究水文特征与地理因素间的关系，研究水文特征值的地区变化规律，用以解决无资料地区的水文计算问题。

按照水体所处位置和特点的不同，水文学可分为水文气象学、河流水文学、湖泊水文学、沼泽水文学、冰川水文学、海洋水文学、地下水文学、生态水文学等。

随着我国社会经济发展，面临十分严峻的生态与环境问题，20世纪90年代后，实践中逐步从工程水文学发展到环境水文学、生态水文学和水系统科学新的阶段。例如，生态水文学侧重探索和研究地球上形成生态格局和过程的水文学机理。受全球变化和人类活动影响，水文学科的理论、方法在实践和应用中不断地发展，为水利工程开发的环境影响，水环境管理与水生态调度提供分析计算数据，提供科学预测和计量技术支撑；也为新的变化环境下，人类在流域开发面临的水污染、水环境治理及水生态保护、修复和治理提供水文学的计算基础。

水文计算是为防洪排涝，水资源开发利用，桥涵和公路、铁路建设等涉水工程的规划、设计、施工和运用提供水文数据的各种水文分析和计算的总称。其主要任务是估算工程在规划设计阶段和施工、运行期间可能出现的水文设计特征值及其时空上的分布。

　　水利计算在水文分析与计算的基础上，综合研究水资源系统开发和治理中河流等水体的水文情势、国民经济各部门用水需求、径流调节方式、经济论证等之间的相互关系，为工程的规模及其工作状况提出经济合理的规划设计。

　　随着地理信息系统和遥感技术的蓬勃发展，水文水利计算深度和广度上都得到进一步的拓展。水文水利计算已不再单纯局限于自然科学与技术科学的范畴，还涉及社会、经济与环境等诸多方面，成为自然、环境、社会及经济学等多学科的交叉研究领域。

第二节　水文水利计算在水利水电建设与水资源管理中的任务

　　由于天然来水过程与国民经济的用水需求不相适应，修建水利水电工程、加强河流、湖库水的利用与管理成为解决这一矛盾的技术措施。兴建水利水电工程，一般要经过规划设计、施工、运用管理三个阶段，每一阶段都需要进行水文水利计算，各阶段计算的任务不相同，各有侧重点。水利水电工程修建后，如何科学管理，实现水的科学调度与配置也是新时期水文水利计算新的应用与发展。

　　一、规划设计阶段

　　规划设计阶段主要是为确定工程规模提供水文数据。水文计算的任务就是要研究工程修建后，在长期使用期限内的水文情势，提出作为工程设计依据的水文特征数值（如设计年径流、设计洪水、固体径流等）。水利计算的任务则是根据设计水文数据，通过调节计算，选定工程枢纽参数（如正常蓄水位、死水位、装机容量等），并确定主要建筑物的尺寸（如坝高、溢洪道尺寸、引水道尺寸等），计算各项水利经济指标，进行经济论证。

　　二、施工阶段

　　施工阶段水文计算的任务是为了确定临时性水工建筑物（如施工围堰、导流隧洞和导流渠等）的规模；提供施工期设计洪水，使施工现场不受洪水淹没，保证工程施工正常进行；施工期还要提供中、短期水文预报信息，为防汛抢险和截流提供依据。

　　在编制施工详图阶段，水利计算的任务是制定枢纽运行计划，编制枢纽初期运行的调度图。另外随着枢纽主体工程的逐步完成，还需研究多年调节水库的初期蓄水问题。

　　三、运用管理阶段

　　运用管理阶段，需要知道面临时期的来水情况，以便编制水量调度方案，合理调度，充分发挥工程效益。因此，在这一阶段水文预报工作十分重要。例如，汛前根据洪水预报信息，在洪水来临之前，预先腾出库容拦蓄洪水，使水库安全度汛，下游也免遭洪水灾害。到汛末时，又要及时拦蓄洪水，以保证灌溉、发电等兴利方面的需求。此外，在工程运用期间随着水文资料的积累，还要经常地复核和修正原设计的水文数据，改进调度方案或对工程实行必要的改造。

　　水利工程修建后，面临水利水电工程与流域水资源安全的科学预测，科学调度和科学管理问题。因此，需要针对实际应用的情况及变化，对规划阶段的水文水利计算方案进行适应性的调整，发挥水利水电工程管理、水资源规划与设计等最佳的社会经济和环境效益。

第三节 水文现象的基本特性

自然界的水文现象，受陆地表层气象要素和地质、地貌、植被等下垫面因素以及人类活动的影响，在时间和空间上的变化十分复杂。但是，其变化存在一些规律和特性，根据水文现象的基本规律，水文分析计算也形成了相应的研究方法。

一、水文现象的基本规律

1. 确定性

众所周知，河流每年都具有洪水期和枯水期的周期性交替现象，冰雪水源河流则具有以日为周期的流量变化，海洋潮汐也具有日周期变化等，产生这些现象的基本原因是地球的公转和自转造成的。水文现象都具有客观发生的原因和具体形成的条件，从而存在确定性的规律，也称成因规律。

2. 随机性

影响水文现象的因素很多，有的因素（如气象要素）变化莫测，它们之间的组合随时不同。由于这些影响的复杂性和多样性，致使水文现象出现的时间和水文变量大小都是不确定的，表现出随机性的特点。例如，河流某断面各年出现的最大洪峰流量的大小和出现的时间不会完全相同，不同年份的流量过程也不会完全一致。

3. 地区性

由于气候要素和地理要素具有地区性规律，因此，受其影响的水文现象也在一定程度上具有地区性的特点。例如，我国的多年平均降水量自东南沿海向西北内陆逐渐减少，从而使河川多年平均径流量也呈现出同样的地区性变化。又如湿润地区河流的径流年内分配一般较为均匀，而干旱地区河流的径流年内分配就很不均匀。

二、水文研究的基本方法

从上述水文现象的基本特性可以看出，水文现象的变化规律是错综复杂的。为了寻找它们的变化规律，作出定性和定量的描述，首要的工作是进行长期的、系统的观测，收集和掌握充分的水文资料。根据不同的研究对象和资料条件，采取各种有效的分析研究和计算方法。在水文计算中经常采用的方法有以下三类。

1. 成因分析法

水文现象与其影响因素之间存在着成因上的确定性关系。通过对实测资料和实验室资料的分析研究，可以从水文过程形成的机理上建立某一水文现象与其影响因素之间确定性的定量关系。这样，就可以根据过去和当前影响因素的状况，预测未来的水文现象。这种利用水文现象确定性规律来解决水文问题的方法，称为成因分析法，它在水文分析和水文预报中得到广泛应用。

2. 数理统计法

根据水文现象的随机性，以概率理论为基础，运用频率计算方法，可以求得某水文要素的概率分布，从而得出工程规划设计所需的设计水文特征值。利用两个或多个变量之间的统计关系——相关关系，进行相关分析，以展延水文系列或做水文预报。为了获得水文现象的随机过程，近代又提出了随机水文学方法。

3. 地区综合法

根据气候要素和其他地理要素的地区性规律，可以按地区研究受其影响的某些水文特征值的地区变化规律。这些研究成果可以用等值线图或地区经验公式表示，如多年平均径流深等值线图、洪水地区经验公式等。利用这些等值线或经验公式，可以求出资料短缺地区的水文特征值，这就是地区综合法。

4. 水文水利计算的水系统方法

水系统方法的核心是基于系统理论的思维方式，通过水文以及水循环基本要素的分析计算，如降水、径流、蒸发、地表水、土壤水、地下水的作用关系，再针对不同水利水电工程应用的对象（水库、闸坝、水利设施）分析，达到水利水电规划和应用阶段的系统分析，把传统的水文及水利计算理论方法上升到某个系统相互作用和关系。通过系统分析，识别最重要的影响因子，通过系统优化，确定系统的水文参数，通过系统管理，使水文水利计算应用达到效益最大化的决策支持。

每种水文现象都程度不同地存在着以上三种规律性，这些方法是相辅相成，互为补充的。水文计算中，常常根据实际情况和需要，选用一种或几种方法。

水文模型是对复杂水文过程的抽象或概化，包括物理模型和数学模型，通过模型模拟水循环过程各环节的变化特征，水文研究中通常可以借系统概念作简化处理。系统是由许多互相关联的部分组成的总体。系统大的可以包括整个地球水循环，小的可以只涉及地球上的小部分（如流域）面积上的几个水文过程。

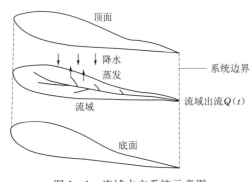

图 1-1　流域水文系统示意图

如图 1-1 所示，流域是指汇集于一条河流的集水区域，分水岭是流域汇水的分界线。

流域分水岭的边界向上、向下与顶面和底面包围成一个水文系统。

此系统可以降雨作为输入，河流出口的流量、蒸发作为输出，雨期蒸发忽略不计。降雨在流域面上随时空发生变化，汇流过程中也不断发生变化。这样一个变化复杂的水文现象若以严格的物理数学方程来描述是不可能的。实用上只能以联系输入与输出的模型来代表。水文模型的用途是建立输入与输出的物理关系，模型的输入、输出是可测量的水文变量。其中心结构是联系输入、输出的方程式。通过水文模型的模拟可以了解流域内水文要素在时空上的变化及对水循环的影响，并根据模拟结果进行合理的水资源规划与管理及水文要素的预报。水文模型的应用，极大丰富了现有的水文计算方法。

第四节　现代水文学的特点

水文科学从 1856 年达西定律或 1851 年推理公式的提出算起，其体系的形成和发展已将近 160 年。当今的水文科学已发展成为一系列分支学科组成的涉及地球系统、陆地表层系统以及流域系统的整个水资源变化与管理并与多个边缘学科相互渗透的一门学科。人类改造自然的能力迅速增强，人与水的关系已经由古代的趋利避害，发展到了现代较高水平的兴利除害的新阶段。这个阶段赋予水文科学以新的动力和新的特色。

现代工业和农业的发展，加速了对水资源的需求，同时造成水体污染等环境问题，加剧了水资源的供需矛盾。水文科学的研究领域，不能停留在原有的水平，不仅要以提供水文资料和为工程建设提供水文数据作为主要任务，而且还要科学地为水资源评价、水资源管理以及充分利用和保护水资源提供水文信息和计算依据。

大规模的人类活动对自然环境产生了多方面的影响，水质污染问题已成为生产建设和社会发展的一个重要制约因素。研究和评价人类活动的水文效应，揭示人类活动影响下水文现象的变化规律，评价和预估水体质量变化，已成为水文科学面临的新课题。

现代科学技术的发展使获取水文信息的手段和水文分析方法有了长足的进步。例如，利用空间遥感技术探测水文要素；应用同位素技术获取微观水文信息等。另外，水文模拟方法、水文随机分析方法、水文系统分析方法使人们研究水文复杂现象的能力发展到了新的水平。

随着科学技术的进步，水文科学研究内容不断发展更新，既有微观的水文学问题，也有宏观的水文学问题。同时，水文科学和其他交叉学科正在不断地相互渗透、相互影响，水文科学许多新分类的不断涌现，例如水资源水文学、比较水文学、古水文学、随机水文学、环境水文学、生态水文学、城市水文学、同位素水文学等，为水文科学的研究增添了许多新的色彩。

随着社会经济的发展、全球气候的变化，水资源供需矛盾日益加剧，科学评价区域水资源状态是合理开发利用水资源的前提。水资源评价是对区域水资源的水量、水质进行计算和评估，并对水资源进行合理配置、优化调度和管理，以保障和支撑社会经济与生态环境的协调和可持续发展。

随着全球水系统研究的深入，为适应时代发展的形势，水文学的内涵不断地变化与发展，水文研究范围不断扩大，水文研究向水文过程内在机理的实验与定量方向深入与转化，特别是生态与环境的保护和修复要求，使研究更加关注环境水文、生态水文等方面的问题。水文研究还进一步与地貌学、气象学、气候学、土壤学、植物地理学以及人文地理学、社会学等学科知识的交叉、融合，在经济、社会的可持续发展中水文学研究的地位与作用更加重要。

第二章　水循环及径流形成

第一节　水循环及水量平衡

一、水循环

存在于地球上各种水体中的水，在太阳辐射作用下，大量被蒸发上升至空中，随气流运动输送至各地。水汽上升和输送过程中，在一定条件下凝结以降水形式降落到陆面或洋面上。降在陆面上的雨水形成地表、地下径流，通过江河汇入海洋，然后再由洋面蒸发。水分这种往复不断的循环过程称为自然界的水循环，常称水文循环，如图 2-1 所示。

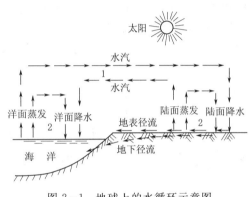

图 2-1　地球上的水循环示意图
1—大循环；2—小循环

实际上，水循环过程中的蒸发、降水、入渗及径流等环节，往往交错并存，情况比较复杂。水循环不仅有发生于海陆之间的交换过程，而且在地球上局部地区也可发生独立的循环交换过程。前者称为大循环，后者称为小循环。所以说，地球上的水循环是由一系列大小循环组合成的一个复杂的动态系统。

二、地球水量平衡

水文循环过程中，在一定时段内，地球上任一区域进入的水量与输出的水量之差等于该区域内的蓄水变量，这一关系称为水量平衡。它是质量守恒定律在水文循环中的特定表现形式。进行水量平衡的研究，有助于了解水循环各要素的数量关系，估计地区水资源数量，分析水循环各要素之间的相互关系。

若以地球陆地作为研究范围，其水量平衡方程为

$$E_陆 = P_陆 - R + \Delta U_陆 \tag{2-1}$$

式中　$E_陆$——陆地蒸发量；

　　　$P_陆$——陆地降水量；

　　　R——入海径流量；

　　　$\Delta U_陆$——在研究时段内陆地蓄水量的变量。

在短时期内，时段蓄水量的变量 $\Delta U_陆$ 可正可负，但在多年情况下，当观测资料年数趋近无穷大时，正负值可以相互抵消，蓄水量总的变化接近于零。因此，在多年平均情况下的水量平衡方程为

$$\overline{E_陆} = \overline{P_陆} - \overline{R} \tag{2-2}$$

式中 $\overline{E_{\text{陆}}}$——陆地多年平均年蒸发量；

$\overline{P_{\text{陆}}}$——陆地多年平均年降水量；

$\overline{R}$——多年平均年入海径流量。

对于海洋而言，多年平均年蒸发量 $\overline{E_{\text{海}}}$ 应等于多年平均年降水量 $\overline{P_{\text{海}}}$ 与多年平均年入海径流量 $\overline{R}$ 之和，即

$$\overline{E_{\text{海}}}=\overline{P_{\text{海}}}+\overline{R} \qquad (2-3)$$

将上两式合并，即得全球水量平衡方程

$$\overline{E_{\text{陆}}}+\overline{E_{\text{海}}}=\overline{P_{\text{陆}}}+\overline{P_{\text{海}}} \qquad (2-4)$$

或

$$\overline{E}=\overline{P} \qquad (2-5)$$

即全球多年平均年蒸发量 $(\overline{E})$ 等于全球多年平均年降水量 $(\overline{P})$。表 2-1 列出了全球水量平衡各要素的数量。

表 2-1   全 球 水 量 平 衡 表

地表部位	面积 /($\times 10^6 \text{km}^2$)	多年平均年降水量		多年平均年蒸发量		多年平均年入海径流量	
		mm	km³	mm	km³	mm	km³
陆地	149	800	119000	485	72000	315	47000
海洋	361	1270	458000	1400	505000	130	47000
全球	510	1130	577000	1130	577000		

注　表中数据引自《地球的世界水平衡和水资源》，1974 年俄文版。

三、流域水量平衡

根据水量平衡原理，对于非闭合流域，即流域的地下水分水线与地表水分水线不相重合，可列出如下水量平衡方程

$$P+E_1+R_{\text{表}}+R_{\text{地}}+S_1=E_2+R'_{\text{表}}+R'_{\text{地}}+S_2 \qquad (2-6)$$

式中　P——降水量时段内区域的降水量；

E_1、E_2——时段内的水汽凝结量和蒸发量；

$R_{\text{表}}$、$R_{\text{地}}$——时段内地表径流和地下径流流入量；

$R'_{\text{表}}$、$R'_{\text{地}}$——时段内地表径流和地下径流流出量；

S_1、S_2——时段初和时段末的蓄水量。

令 $E=E_2-E_1$，代表净蒸发量，则上式变为

$$P+R_{\text{表}}+R_{\text{地}}+S_1=E+R'_{\text{表}}+R'_{\text{地}}+S_2 \qquad (2-7)$$

上式即为非闭合流域的水量平衡方程。对于一个闭合流域，即流域的地下水分水线和地表水分水线重合，显然 $R_{\text{表}}=0$，$R_{\text{地}}=0$。若令 $R=R'_{\text{表}}+R'_{\text{地}}$，$\Delta S=S_2-S_1$，则闭合流域水量平衡方程为

$$R=P-E-\Delta S \qquad (2-8)$$

对多年平均情况而言，上式中蓄水变量项 ΔS 的多年平均值趋近于零，故上式可简化为

$$\overline{R}=\overline{P}-\overline{E} \qquad (2-9)$$

式中　$\overline{P}$、$\overline{R}$、$\overline{E}$——流域多年平均年降水量、径流量和蒸发量。

第二节 河流和流域

河流是一种天然水体，它是在一定地质和气候条件下形成的河槽与在其中流动的水流的总称，是接纳地表径流和地下径流的天然泄水通道。由地壳运动形成的线形槽状凹地为河流提供了行水的场所，大气降水则为河流提供了水源。河流是地球上水循环的重要路径。一条河流接受补给的区域，称为该河流的流域。河流补给包括地表水补给和地下水补给，一般把地表水的集水面积作为流域面积。

一、河流

1. 水系、干流和支流

干流、支流和流域内的湖泊、沼泽彼此连接组成一个构成脉络相通的系统，称为水系。水系通常以其干流或注入的湖泊、海洋命名，如长江水系、太湖水系等。干流和支流是一个相对的概念。在一个水系中，一般以长度或水量最大的河流作为干流，注入干流的河流为一级支流，注入一级支流的河流为二级支流，依此类推。但干流划分有时根据习惯而定，如岷江和大渡河，后者长度和水量都大于前者，但却把大渡河称为岷江的支流。

2. 河流分段

河流一般分为河源、上游、中游、下游及河口五段。河源是河流发源处，可以是溪涧、泉水、湖泊或沼泽等。上游直接连接河源，一般落差大，水流急，下切和侵蚀作用强，多急流险滩和瀑布；中游段比降变缓，下切力减弱，旁蚀力加强，河道有弯曲，两岸有滩地，河床较稳定；下游段比降平缓，流速较小，常有浅滩、沙洲，淤积作用较显著。河口是河流的终点，即河流注入海洋、湖泊或其他河流的地方。有些河流最终消失在沙漠中，无明显河口，这种河流称为瞎尾河。

3. 水系形态

根据干流、支流的分布和组合情况，水系可分为扇形、羽毛形、平行状和混合形等形态。水系形态对河流水情有重要影响。扇形水系，汇流时间短，洪水集中，容易形成洪灾；羽毛形水系，各支流洪水交错汇入干流，近水先去，远水后来，洪水比较缓和。

4. 河流长度

自河源沿河道至河口的长度称为河流长度，可在 1：10 万或更大比例尺的地形图上用曲线仪或小分规量出。

5. 河谷与河槽

可以排泄河川径流的连续凹地称为河谷。由于地质构造不同，河谷的横断面形状有很大差异，一般可分为峡谷、宽广河谷和台地河谷。谷底过水的部分称为河槽，河槽的横断面称为过水断面。根据横断面形状的不同，分为单式和复式两类，如图 2-2 所示。复式断面由枯水河槽和滩地组成，洪水时滩地将被淹没和过水。

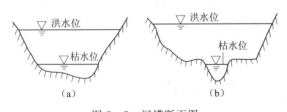

图 2-2 河槽断面图

(a) 单式断面；(b) 复式断面

6. 河道纵比降

河段两端的高程差称为落差。单位河长的落差称为河道纵比降，也称河流坡降。当河段纵断面的河底近于直线时，该河段的落差除以河段长，便得平均纵比降。当河道纵断面的河底呈折线时，如图2-3所示，则通过下游端断面的河底处向上游作一斜线，使之以下的面积与原河底线以下的面积相等，此斜线的坡度即为河道的平均纵比降 J，计算公式为

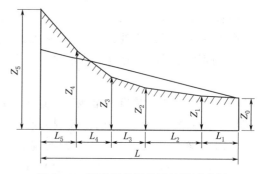

图2-3 河道平均纵比降计算示意图

$$J = \frac{(Z_0 + Z_1)L_1 + (Z_1 + Z_2)L_2 + \cdots + (Z_{n-1} + Z_n)L_n - 2Z_0 L}{L^2} \quad (2-10)$$

式中 Z_0、Z_1、…、Z_n——自下游至上游沿程各转折点的高程；

L_1、L_2、…、L_n——自下游向上游相邻两转折点间的距离；

L——河道全长。

7. 河网密度

河网密度是指流域内干、支流的总长度 $\sum L$ 和流域面积 F 之比值，以 D 表示，即

$$D = \frac{\sum L}{F} \quad (\text{km/km}^2) \quad (2-11)$$

8. 河流的弯曲系数

河流的弯曲系数 φ 等于河流实际长度 L 与河流两端间的直线 l 之比值，即

$$\varphi = \frac{L}{l} \quad (2-12)$$

河流弯曲系数表示河流平面形状的弯曲程度，一般平原区河流弯曲系数比山区的大，下游的比上游的大。

二、流域

1. 分水线和流域

(1) 分水线。如图2-4所示，地形向两侧倾斜，使降雨分别汇入两条不同的河流，

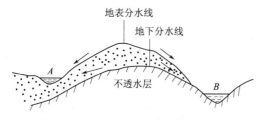

图2-4 地表分水线和地下分水线示意

这一地形上的脊线起着分水作用，称为分水线或分水岭。分水线是相邻两流域的分界线，例如秦岭以南的降雨流入长江，而秦岭以北的降雨则流入黄河，所以秦岭是长江与黄河的分水线。流域的分水线是流域的周界。流域的地表分水线是地表集水区的周界，通常就是经过出口断面环绕流域四周的山脊线，可根据地形图勾绘。流域的地下分水线是地下集水区的周界，但很难准确确定。由于水文地质条件和地貌特征影响，地表、地下分水线可能不一致，如图2-4中 A、B 两河地表分水线即中间的山脊线，但地下不透水层向 A 河倾斜，其地下分水线在地表分水线的右

边，两者在垂直方向不重合，地表、地下分水线间的面积上，降雨产生的地表径流注入 B 河，产生的地下径流则注入 A 河，从而造成地表、地下集水区不一致。除此之外，如果 A、B 之间没有不透水的地下分水线，枯季时，A 河的水会渗向 B 河，使地下分水线发生变动。

（2）流域。流域是指汇集地表、地下径流的区域，相对河流某一个断面就有一个相应的流域。例如图 2 - 4 中 B 断面控制的流域，即 B 以上的地表、地下集水区，它们产生的径流将由 B 断面流出。A 断面控制的流域则是 A 以上的集水区域，但由于它下切深度浅，其上产生的径流将有一小部分从下面的透水层排出，而没有完全通过 A 断面。

当流域的地表、地下分水线重合，河流下切比较深，流域面积上降水产生的地表、地下径流能够全部经过该流域出口断面排出者，称该类流域为闭合流域。一般的大、中流域，地表、地下分水线不重合造成地表、地下集水区的差异相对于全流域很小，且出口断面下切较深，常常被看作闭合流域。与闭合流域相反，或者因地表、地下分水线不一致，或者因河道下切过浅，出口断面流出的径流并不正好是流域地表集水区上降水产生的径流时，称该类流域为非闭合流域。小流域，或岩溶地区的流域，常常是非闭合流域，水文计算时要格外注意，应通过地质、水文地质、枯水、泉水调查和水平衡分析等，判定由于流域不闭合可能造成的影响。

2. 流域面积

分水线所包围的面积称为流域面积或集水面积，以 F 表示。它是流域的主要几何特征，是衡量河流大小的重要指标。测定流域面积，通常在适当比例尺的地形图上画出流域分水线，用求积仪量出它所包围的面积，或者用面积公式法或数方格法算出所包围的面积。

3. 流域长度

流域的几何中心轴长称为流域长度，以 L_A 表示。以河口为圆心，画出不同半径的若干圆弧与分水线相交于两点，连两点得割线，取这些割线中点的连线长度即为流域长度。

4. 流域形状系数

流域形状系数是流域平均宽度 B 和流域长度 L_A 之比，以 K 表示。它反映流域形状的特性，如扇形流域 K 值大，狭长形流域 K 值小。流域平均宽度 B 可用下式计算

$$B = \frac{F}{L_A} \tag{2-13}$$

K 值按下式计算

$$K = \frac{B}{L_A} = \frac{F}{L_A^2} \tag{2-14}$$

5. 流域自然地理特征

流域的地理位置、地形、气候、土壤、地质、植被以及湖沼等，都是与流域水文情势有密切关系的自然地理特征。因此，在研究流域的水文问题时，需要对流域的自然地理特征有一定的了解。

流域的地理位置是用流域所处的经纬度范围来表示的，它反映了流域的气候与地理环境的特性，也是水文区域性变化的一个标志。

流域的气候条件包括降水、蒸发、温度、湿度和风等。径流情势的变化主要决定于降水，而降水又与其他气象因素有着密切关系。

土壤、岩石性质和地质构造影响入渗及地下水的补给，因而也影响径流的变化。

植被增加能减缓地表径流，增加入渗和地下径流。森林覆盖率加大可使年降水量有所增加，同时也增加了流域蒸发量。

湖泊、沼泽率是湖泊、沼泽面积占流域面积的百分数，它反映了湖泊、沼泽在流域内所占比重的大小。湖泊、沼泽对洪水有调蓄作用，湖泊、沼泽率大的流域，河流的洪峰较低，径流在年内分配较均匀。

流域地形特征对流域内降水和径流的变化有很大影响。除用地形图表示地形的特征之外，还可用流域的平均高程和平均坡度来表征。

第三节 降 水

从大气中降落到地面的液态水或固态水，如雨、雪、雹、霰等称为降水。此外，大气中的水汽在地面或地物上直接凝结的结果，也会形成液态水或固态水，如露、霜等。但是大量的降水还是雨和雪。降水是气象要素之一，也是自然界水循环过程中最为活跃的因子，降水量时空分布的变化规律，直接影响河川径流情势，所以在水文水利计算中必须研究降水，特别是降雨。

一、降水的成因及分类

地面湿热气团因各种原因而上升，体积膨胀做功，消耗内能而冷却。当温度降低到露点以下时，气团中的水汽便开始凝结为水滴或冰晶，形成了云。云中的水滴或冰晶，继续吸附水汽凝结于其表面，或由于互相碰撞而结合成大水滴或冰粒，当其重量达到不再能被上升气流所顶托的时候，则下降为降水。

降水的特性主要决定于上升气流、水汽供应和云的微物理特性，其中以上升气流最为重要。按照上升气流的特性，降水可分成对流性降水、地形性降水和系统性降水三种。

1. 对流性降水

由于地表局部受热，气温向上递减率过大，使大气层结不稳定，因而水汽发生垂直上升运动，形成动力冷却而降雨，称为对流雨。对流雨雨面不广，历时较短，但上升速度很快，降雨强度的变化也很大。

2. 地形性降水

湿空气在运移途中，受山脉等地形抬升，因动力冷却而形成降雨，称为地形雨。过山脉后，气流沿山坡下降而增温，故迎风面雨多，背风面雨少，甚至出现干旱少雨区域，称为雨影区。

3. 系统性降水

锋面、气旋、切变线等天气系统，在大气低层的辐合流场引起大范围的上升运动，产生连续性降水，称为系统性降水。这些系统的范围很大，持续时间很长，但降水强度变化不大。锋面雨、气旋雨都属于系统性降水。

（1）锋面雨。在较大范围内存在着水平方向的物理性质，如温度、湿度等比较均匀的

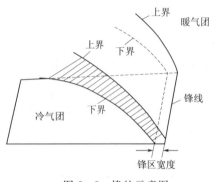

图 2-5 锋的示意图

大团空气,称为气团。两个温湿特性不同的气团相遇时,其接触处有一较大温差的狭窄过渡区,称为锋。锋在水平方向伸展范围与气团尺度相当,长的可达几千千米,短的则几百千米。锋区(过渡区)宽度不大,近地面层只有几十千米,高空可达 200~400km。锋区有上、下两个界面,称为锋面,上界处于暖气团与锋区之间,下界处于冷气团与锋区之间,如图 2-5 所示。

冷、暖气团相遇时,冷气团沿锋面楔进暖气团,迫使暖气团上升,发生动力冷却而成雨,称为冷锋雨 [图 2-6 (a)]。冷锋雨强度大,历时较短,雨区范围较小。若暖气团行进速度快,暖气团将沿界面爬升到冷气团之上,冷却致雨,称为暖锋雨 [图 2-6 (b)]。暖锋雨强度小,历时长,雨区范围大。冷暖气团势均力敌,在某一地区摆动或停滞的锋称为准静止锋。准静止锋大多是冷锋前进移动减慢而成,坡度很小,近似缓行冷锋天气,阴雨天气比较持久。

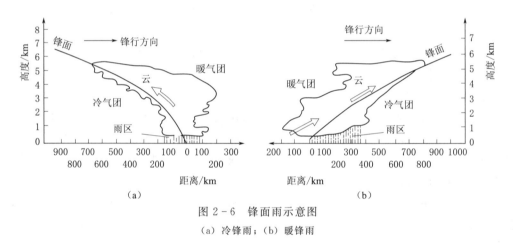

图 2-6 锋面雨示意图

(a) 冷锋雨;(b) 暖锋雨

(2) 气旋雨。气旋是一个低压区,在此低压区内,空气从外围流向中心,中心的气压最低,形成涡旋运动。在北半球,涡旋运动为逆时针方向。当一地区气旋过境,由于气流向低压中心辐合而引起大规模的上升运行,使空气冷却致雨,称为气旋雨。

气旋的发生、发展,与锋区的位置以及高空中的低压系统活动有关。由锋面波动发展而成的气旋模式如图 2-7 所示。气旋前方是宽阔的暖锋云系及相伴随的连续性降水天气,气旋后方是比较狭窄的冷锋云系和降水天气,气旋中都是暖气团天气,有层云或毛毛雨。

非锋面气旋有高空涡旋,称为涡,如西南涡、西北涡等。1963 年 8 月海河流域的特大暴

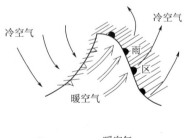

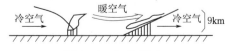

图 2-7 气旋模式

雨就是西南涡连续北上造成的，獐么站 7 日雨量达 2051mm，其中最大 24h 雨量 950mm。在低纬度的海洋上形成的强烈暖心气旋性涡旋，称为热带气旋。我国气象部门把中心附近地面最大风速达到 8～11 级的热带气旋称为台风，12 级以上的称为强台风。台风雨在海上形成，水汽供应充足，上升运动比较强烈，对沿海地区影响很大。

二、降水观测

我国大部分地区的降水以降雨为主，北方地区冬季以降雪为主。本节主要讲述降雨观测。

1. 观测

降水量以降落在地面上的水层深度表示，以 mm 为单位。观测降水量的仪器有雨量器和自记雨量计。

雨量器（图 2-8）上部的漏斗口，内径 20cm，下部放储水瓶收集雨水，器口一般距地面 70cm。观测时用空的储水瓶将雨量器中的储水瓶换出，用特制的量杯测定储水瓶中的雨水。

用雨量器观测降雨，一般采用定时分段方法。日雨量以每日上午 8 时作为分界。观测站通常在每日 8 时与 20 时观测两次，雨季增加观测段次，雨大时还要加测。

自记雨量计能自动连续地把降雨过程记录下来，其构造如图 2-9 所示。雨水从承雨器进入浮子室，浮子即随水面上升并带动连杆，使自记笔在附有自记钟的记录纸上把雨量刻画出来。当浮子室的水面上升至虹吸管顶部时，浮子室内雨水在虹吸管的作用下排至储水瓶，此时，自记笔从记录纸上沿下落至原点。以后随着降雨的增加，浮子室继续充水，自记笔又重新向上移动。

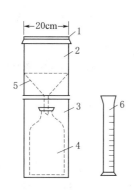

图 2-8　雨量器示意图

1—器口；2—承雨器；3—雨量筒；

4—储水瓶；5—漏斗；6—量雨杯

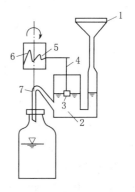

图 2-9　自记雨量计构造示意图

1—承雨器；2—浮子室；3—浮子；4—连杆；

5—自记笔；6—自记钟；7—虹吸管

2. 降水特性的描述

降水特性主要包括降雨量、降雨历时和降雨强度。降雨量是指一定时段内降落在某一点或某一面积上的深度，以 mm 为单位。降雨历时是指一次降雨所经历的时间，以 min、h、d 等为单位。降雨强度表示单位时间内的降雨量，以 mm/min 或 mm/h 计。降雨强度大小反映了一次降雨的强弱程度，故常用降雨强度进行降雨分级，常用分级标准见表 2-2。

表 2 - 2 　　　　　　　　　　　　　　　　　降 雨 强 度 分 级

等级	12h 降雨量/mm	24h 降雨量/mm	等级	12h 降雨量/mm	24h 降雨量/mm
小雨	0.2～5.0	<10	暴雨	30～70	50～100
中雨	5～15	10～25	大暴雨	70～100	100～200
大雨	15～30	25～50	特大暴雨	>100	>200

降雨在时程上的分配，可用降雨强度过程线表示。降雨强度可以是瞬时的或时段平均的，如图 2 - 10 所示。瞬时降雨强度过程线是根据自记雨量计的观测记录整理绘制的，过程线下所包围的面积就是这次降雨的总雨量。时段平均降雨强度过程线则是根据雨量器按规定时段进行观测的雨量记录绘制的，过程线下各时段内的矩形面积表示该时段内的降雨量。

降雨过程也可用降雨量累积曲线表示。此曲线横坐标为时间，纵坐标代表自降雨开始到各时刻降雨量的累积值，如图 2 - 11 所示。自记雨量计记录纸上的曲线，就是降雨量累积曲线。曲线上每个时段的平均坡度是各时段内的平均降雨强度。曲线上各点切线的斜率表示该瞬时的降雨强度。如果将相邻雨量站的同一次降雨累积曲线绘在同一张图上，可用于分析降雨在时程上和空间分布的变化特性。

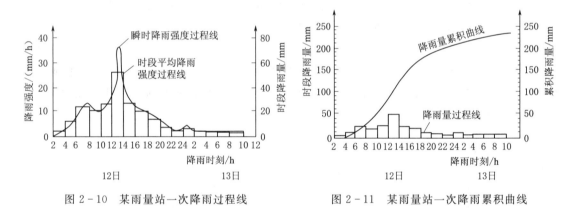

图 2 - 10　某雨量站一次降雨过程线　　　　　　图 2 - 11　某雨量站一次降雨累积曲线

降雨在地区上的分布可用降雨量等值线图表示，它是流域内降雨量相等点的连线。图的作法与地形图上的等高线作法类似。

三、流域平均降雨量的计算

由测站观测到的降雨量，称为点雨量。在水文计算中往往需要全流域（或地区）的降雨量，或称面雨量。因此，要从各点雨量值推求流域平均降雨量。计算方法有下列几种：

（1）算术平均法。当流域内雨量站分布较均匀，地形起伏变化不大时，可用各雨量站同时段降雨量之总和除以雨量站数，即为该时段流域平均降雨量。

（2）泰森多边形法。当流域内雨量站分布不太均匀时，为了更好地反映各站在计算流域平均雨量中的作用，假定流域各处的降雨量可由与其距离最近的雨量站代表。为此，先用直线连接相邻的雨量站，成为很多个三角形，然后在各条连线上作垂直平分线，这些垂直平分线将流域分为 n 个部分，各部分面积正好有一个雨量站（图 2 - 12）。显然，每一部分面积上的雨量站距离该部分面积上的任何一点最近。该法在国外常称泰森多边形法。

设 p_1，p_2，…，p_n 为各雨量站观测的雨量值，f_1，f_2，…，f_n 为各站所在的部分

面积，F 为流域面积，流域平均降雨量可由下式计算

$$\overline{P}=\frac{p_1 f_1+p_2 f_2+\cdots+p_n f_n}{F} \tag{2-15}$$

根据图 2-12 中的资料，按此法算得该流域平均降雨量为 115.8mm。

（3）等雨量线法。若流域内雨量站较多，能绘制出雨量等值线图时，也可用等雨量线法计算流域平均降雨量。计算式为

$$\overline{P}=\frac{1}{F}(p_1 f_1+p_2 f_2+\cdots+p_n f_n)=\frac{1}{F}\sum_{i=1}^{n}p_i f_i \tag{2-16}$$

式中　f_i——相邻两条等雨量线间的面积；

　　　p_i——f_i 上的平均雨量。

图 2-13 上示出的流域及基本资料与图 2-12 相同，根据绘制的该次降雨的等雨量线，求得流域平均降雨量为 114.7mm。

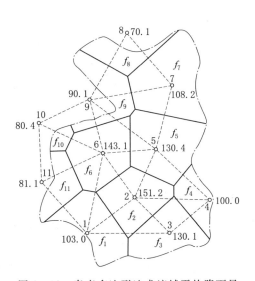

图 2-12　泰森多边形法求流域平均降雨量

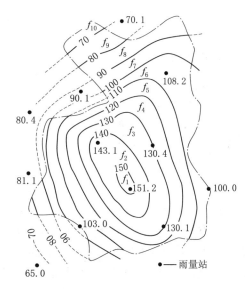

图 2-13　等雨量线法求流域平均降雨量

等雨量线法能考虑流域地形对降雨的影响，绘制等雨量线比较好地反映了降雨在流域上的变化，精度较高。

第四节　蒸　发

蒸发是水循环及水量平衡的基本要素之一，对径流变化有直接影响，也是全球气候系统动态平衡中的重要环节。我国湿润地区有 30%～50%、干旱地区有 80%～95% 的年降水量被蒸发掉。蒸发研究对水资源的规划、管理和利用都有必要。流域上的蒸发包括水面蒸发、土壤蒸发和植物散发。

一、蒸发的物理机制

水面蒸发过程是水由液态转化为气态的过程，是水分子运动的结果。在蒸发过程中，

活跃的水分子自水面逸出，而进入空气中的水分子又有一部分重新回到水中。实际水面蒸发量应该是从水面逸出的水分子与重新回到水中的水分子的差值。从水中逸出的水分子，其活动程度随气温、水面温度、饱和差和风速等气象因素而变。水温越高，水分子内能越大，蒸发越快。水面上水汽饱和差大、风速大，蒸发也快。只有当空气中水汽达到饱和时蒸发才停止。因此，蒸发对于水体而言是一种失热冷却过程。

土壤蒸发比水面蒸发要复杂得多，除受气象因素影响外，还受土壤含水量、土壤性质、地势及植被等影响。润湿的土壤，开始从土壤表面局部地方干化，由于供水逐步减少，蒸发速度相应降低，随着土壤中水分不断消耗，毛管水上升能力达不到表土，土壤蒸发主要在较深的土层中进行，蒸发的水汽由分子扩散作用通过表面的干涸层进入大气，其速度非常缓慢。

土壤中水分经植物根系吸收后，输送至叶面，然后由叶片细胞间隙气孔逸入大气，称为植物散发。由于气孔具有随外界条件变化而缩放的能力，因而可调节水分散发的强度。因此植物散发不仅是物理过程，还是植物生理过程。植物的散发率随土壤含水量、植物种类、季节和天气条件的不同而异。当土壤含水量低于枯萎点后，植物就会枯萎而死亡，散发随之停止。植物除散发外，降水时枝叶截留一部分降水在雨后则有蒸发现象，两者一起称为植物蒸散发。因为植物生长在土壤中，植物蒸散发与土壤蒸发总是同时存在的，通常将此两者合称为陆面蒸发。

二、水面蒸发量的确定方法

确定水面蒸发量的方法有器测法、经验公式法、水量平衡法及热量平衡法等。本节只介绍器测法和经验公式法。

1. 器测法

直接利用蒸发器、蒸发池测定水面蒸发量是最简便易行的方法。我国水文气象站网上使用的蒸发观测仪器有 E-601 蒸发器、$\phi80cm$ 带套盆的蒸发器和 $\phi20cm$ 的蒸发皿三种。其他还有 ГГИ-3000 蒸发器、水上漂浮蒸发器、$20m^2$ 及 $100m^2$ 大型蒸发池等。由于蒸发器的水热条件、风力影响和天然水面不同，蒸发器测出的蒸发数据，必须经过折算才能求出天然水面的蒸发量，其换算关系为

$$E = K'E' \tag{2-17}$$

式中　E——天然水面蒸发量；

　　　E'——蒸发器实测蒸发量；

　　　K'——蒸发器折算系数，它与蒸发器的类型、季节、地理环境、地理位置等有关。

表 2-3 为施成熙等通过分析全国蒸发实验站的资料，所得出的不同地区、不同型号蒸发器的年蒸发量折算系数，可供参考。

表 2-3　　　　　　　　我国不同型号蒸发器折算系数

型号	东北区	华北区	华中区	华南区	康滇区	青藏区	蒙新区	全国平均
E-601	0.91	0.93	0.96	0.97	0.97	0.88	0.83	0.92
$\phi80$	0.82	0.80	0.81	0.72	0.89	0.73	0.64	0.78
$\phi20$	0.61	0.51	0.66	0.68	0.60	0.60	0.54	0.61
ГГИ-3000	0.90	0.89	0.91	0.92	0.90	0.81	0.82	0.88

2. 经验公式法

在缺乏实测资料情况下，可采用经验公式估算水面蒸发量。经验公式一般是按湍流扩散理论建立起来的，公式形式为

$$E = f(u)(e_s - e_d) \tag{2-18}$$

式中　E——水面蒸发量；

　　　　u——水面上某高度处风速；

　　　　e_s——水面温度下的饱和水汽压；

　　　　e_d——水面上某高度处水汽压；

　　　$f(u)$——与风速 u 有关的经验函数。

例如，重庆蒸发实验站得出 100m^2 蒸发池计算公式为

$$E = 0.14(1 + 0.58u_2)(e_s - e_d) \tag{2-19}$$

20m^2 蒸发池计算公式为

$$E = 0.18(1 + 0.43u_2)(e_s - e_d) \tag{2-20}$$

式中　u_2——2m 高百叶箱处的风速。

三、流域总蒸发

流域总蒸发是流域内所有的水面、土壤以及植物蒸发与散发的总和。由于流域内气象条件与下垫面条件的时空变化复杂，要直接测出一个流域的总蒸发几乎是不可能的。目前采用的方法是从全流域综合角度出发，用水量平衡原理来推算流域总蒸发量。

对于某一闭合流域，利用已知降雨和径流资料，可列出任意计算时段的水量平衡方程

$$E_总 = P - R + \Delta U \tag{2-21}$$

式中　$E_总$——计算时段内全流域蒸发量，mm；

　　　　P——计算时段内全流域平均降水量，mm；

　　　　R——计算时段内全流域平均径流量，mm；

　　　ΔU——计算时段始、末流域蓄水量差值，mm。

对于多年平均情况，上式可简化为

$$\overline{E_总} = \overline{P} - \overline{R} \tag{2-22}$$

式中　$\overline{E_总}$、$\overline{P}$、$\overline{R}$——流域的多年平均年蒸发量、年降水量和年径流量。

第五节　下　　渗

水透过地面进入土壤的过程，称为下渗。它是水在分子力、毛管力和重力的综合作用下在土壤中发生的物理过程，是径流形成过程的重要环节之一。

一、下渗的物理过程

下渗是水从土壤表面进入土壤内的运动过程。首先，水分主要在分子力的作用下，被土壤颗粒吸附形成薄膜水。分子力作用下最初吸水很快，但随后逐渐减少。薄膜形成后，分子力消失，下渗的水充填土壤间的空隙，产生毛管力，形成毛管下渗，向下层渗透。同时，空隙中的自由水在重力作用下，沿空隙向下流动，即重力下渗。表层土壤的毛管水满

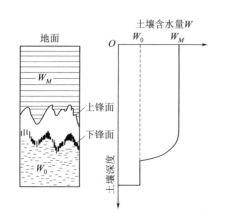

图 2-14　下渗过程中土层含水量变化图

W_0—土壤初始含水量；

W_M—土壤最大含水量

足以后，继续入渗的水分填充空隙，使表层土壤饱和。之后毛管作用停止，以后的下渗靠重力作用，下渗强度逐渐趋于稳定。由此可见，在下渗过程中，土层的表层是饱和的，其厚度不断增加，湿度比较均匀，接近饱和。下层是一个过渡层，又称湿润层，其湿润程度随深度增加而降低，直至达到初始含水量。土层中形成两个锋面，即上锋面和下锋面，如图 2-14 所示。

二、下渗量测定

下渗量的大小可用下渗总量 F（mm）或下渗率 f（mm/min）表示，下渗率可通过野外下渗实验来测定。测定方法按供水不同又分为注水型和人工降雨型，前者采用单管下渗仪或同心环下渗仪，后者采用人工降雨设备在小面积上进行。

同心环下渗仪为两个同心的金属环，上下无底，内、外环直径分别为 30cm 和 60cm，环高 20cm，如图 2-15 所示。在内环及外环中同时连续加水以保持 5cm 左右的固定水深。在内环内加水便可测定土壤下渗量，每分钟加入内环的水量除以内环面积，即得下渗率。在内外环之间加水是为了减少旁渗对实验精度的影响。

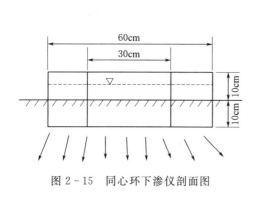

图 2-15　同心环下渗仪剖面图

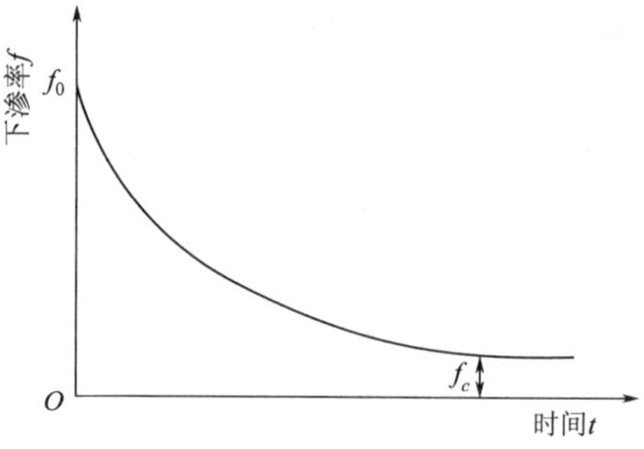

图 2-16　下渗曲线

三、下渗公式

大量下渗实验表明，下渗率随时间呈递减规律。开始时下渗率很大，之后随着土壤吸水量的增加而迅速减小，最后趋于一个稳定值，称为稳定下渗率 f_c（图 2-16）。不少学者根据实验和理论研究提出了经验公式和理论公式，较常用的经验公式有霍顿（R. E. Horton）公式

$$f_t = (f_0 - f_c)e^{-\beta t} + f_c \tag{2-23}$$

式中　f_t——t 时刻的下渗率；

$\quad\quad f_0$——$t=0$ 时的初始下渗率；

$\quad\quad f_c$——稳定下渗率；

$\quad\quad \beta$——递减指数。

上式中的参数 β、f_0 及 f_c 可根据实验资料确定。

第六节　径流及径流形成过程

由降水或融雪形成的、沿着流域的不同路径流入河流、湖泊或海洋的水流，称为径流。其中沿着地表流动的水流称为地表径流；沿土壤表层相对不透水层界面流动的水流，称为表层流（或称壤中流）；在地表以下沿着岩土空隙流动的水流称为地下径流。径流随时间的变化过程，称径流过程，它是工程设计、施工和管理的基本依据。

一、径流的表示方法

径流的表示方法和度量单位有以下几种：

（1）流量 Q。流量是指单位时间内通过某一过水断面的水量，常用单位为 m^3/s。各个时刻 t 测出的流量按时序可点绘成流量过程线 Q-t。日、月、年平均流量等于该时期的径流总量除以该时期的秒数。

（2）径流总量 W。一定时期内（日、月、年）通过河流某一断面的总水量，称为径流总量，单位为 m^3、万 m^3 或亿 m^3。一个时段的径流总量为

$$W = \overline{Q}T \tag{2-24}$$

式中　$\overline{Q}$——该时段内的平均流量，m^3/s；

T——时段长，s。

（3）径流深 R。某一时段内的径流总量平铺在全流域面积上所得的水层深度，称为径流深，单位为 mm，其关系式为

$$R = \frac{W}{1000F} \tag{2-25}$$

式中　F——流域面积，km^2。

（4）径流模数 M。单位流域面积上所产生的某种流量称为径流模数，单位为 $m^3/(s \cdot km^2)$，将流域面积除流量即得。表达式为

$$M = \frac{Q}{F} \tag{2-26}$$

式中符号意义同前。

（5）径流系数 α。同一时段内的径流深 R 与降雨量 P 的比值，称为径流系数，以小数或百分数计，即

$$\alpha = \frac{R}{P} \tag{2-27}$$

【例 2-1】　某站控制流域面积 $F = 121000 km^2$，多年平均年降水量 $\overline{P} = 767mm$，多年平均流量 $\overline{Q} = 822 m^3/s$。根据这些资料可算得：

（1）多年平均年径流总量　$\overline{W} = \overline{Q}T = 822 \times 365 \times 86400 = 2.59 \times 10^{10}$（$m^3$）

（2）多年平均年径流深　$\overline{R} = \dfrac{\overline{W}}{1000F} = \dfrac{2.59 \times 10^{10}}{1000 \times 121000} = 214$（mm）

（3）多年平均径流模数　$\overline{M} = \dfrac{\overline{Q}}{F} = \dfrac{822}{121000} = 0.0068[m^3/(s \cdot km^2)] = 6.8 L/(s \cdot km^2)$

（4）多年平均年径流系数　$\alpha = \dfrac{\overline{R}}{\overline{P}} = \dfrac{214}{767} = 0.28$

二、影响径流的因素

影响径流的因素可分为三类，即流域的气候因素、地理因素和人类活动因素，后两者属于流域下垫面因素。

1. 气候因素

（1）降雨对径流有直接影响。一般降雨量大，径流量也大。如其他影响因素不变，当降雨量相同，降雨历时越短，则降雨强度越大，所产生的洪峰流量也越大，流量过程线呈尖瘦形。

（2）降雨的空间分布对径流量有影响。空间分布均匀的降雨，产流量相对较小。暴雨中心位置在下游，洪峰流量则较大；暴雨中心位置在上游，洪峰流量就要小些。

（3）蒸发也是直接影响径流的因素。蒸发量大，水体损失量也大，径流量就小。但是，不同时段和不同地区对径流的影响是不同的。例如年蒸发量对该年的径流量影响较大，而暴雨期间的蒸发量对本次暴雨所产生的径流量影响很小。又如蒸发在湿润地区对径流的影响，不如在干旱地区所造成的影响大。

2. 地理因素

流域的地理因素包括流域的地理位置、流域的大小、形状、河道特征、土壤、植被以及湖泊、沼泽等，它们从不同的角度对径流产生影响。总之，流域的形状影响汇流过程；河道特征影响水流输送和调蓄能力；土壤、植被影响雨水下渗和植物截留过程；流域地形影响汇流速度和停滞过程。

3. 人类活动因素

人类在河道上兴修水工建筑物、大面积灌溉和排水、水土保持措施、土地利用方式的改变和都市化及工业化等活动，称为人类活动。它直接或间接地影响径流，同时产生各种水文效应。修建水库可以调节径流，年调节水库可以调节径流的年内分配，多年调节水库则可以调节径流的年际分配。大规模灌溉会引起河川径流量及其年内分配的改变、流域蒸发增加、地下水位抬高，灌区气温和湿度也会有所变化。都市化地区，由于多数为不透水地面，地表径流大量增加，造成城市的洪涝威胁。

三、径流形成过程

在流域中，从降水到水流汇集于流域出口断面的整个物理过程称为径流形成过程。降水开始后，除少量降落在与河网相通的不透水面及河槽水面上的雨量直接成为径流外，其余大部分的降水并不立即产生径流，而是消耗于植物截流、下渗、填洼和蒸发，经历一个流域蓄渗阶段。雨水通过蓄渗阶段，一部分从地面汇入河网，另一部分通过表层土壤流入河网，还有一部分从地下进入河网，然后在河网中从上游向下游、从支流向干流汇集到流域出口断面，经历一个流域汇流阶段。我国习惯上把上述径流形成过程，概化为产流过程和汇流过程两个阶段。雨水降到地面，一部分经植物截流、下渗、填洼和蒸发损失掉，剩下能形成地表、地下径流的那部分降雨称为净雨。因此，净雨和它形成的径流在数量上是相等的，但两者的过程完全不同，前者是径流的来源，后者是净雨的汇流结果；前者在降雨停止时便停止，后者却要延续很长时间。降雨扣除损失变为净雨的过程称为产流过程。

净雨沿坡地从地面和地下汇入河网，然后再沿着河网汇流到流域出口断面，这一完整的过程称为流域汇流过程，前者称坡地汇流，后者称河网汇流。

但是，在径流形成过程中，由于降水、蒸发以及土壤含水量存在时间和空间上分布的不均匀性，从而使产流和汇流在流域中的发展也具有不均匀性和不同步性。

（一）产流过程

降雨开始时，一部分雨水被植物茎叶所截留，称为植物截留 I_s。这一部分水量以后消耗于蒸发，回归大气之中。其余落到地面的雨水，除下渗外，有一部分填充低洼地带或塘堰，称为填洼 V_d。这一部分水量，有的下渗，有的以蒸发形式被消耗。当降雨强度小于下渗能力时，降落在地面的雨水将全部渗入土壤；降雨强度大于下渗能力时，雨水除按下渗能力入渗外，超出下渗能力的部分便形成地表径流，通常称其为超渗雨。下渗的雨水滞留在土壤中，除被土壤蒸发和植物散发而损耗掉的，其余的继续下渗，通过含气层、浅层透水层和深层透水层等产流场所形成壤中流 Q_I、浅层地下径流 Q_{g1} 和深层地下径流 Q_{g2} 向河流补给水量（图 2-17）。由此可见，产流过程与流域的滞蓄和下渗有着密切的关系。

（二）汇流过程

1. 坡地汇流

坡地汇流是指降雨产生的水流从它产生地

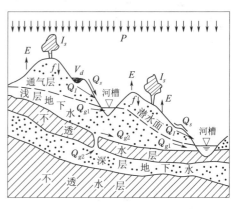

图 2-17 径流形成过程示意图
Q_s—地表径流；Q_I—壤中流；Q_{g1}—浅层地下径流；Q_{g2}—深层地下径流

点沿坡地向河槽的汇集过程。坡地是汇流的场所，包括坡面、表层和地下三种情况。坡面汇流习惯上被称为坡面漫流，是超渗雨沿坡面流往河槽的过程，坡面上的水流多呈沟状或片状，汇流路线很短，因此汇流历时也较短。大暴雨的坡面漫流，容易引起暴涨暴落的洪水，这种水流被称为地表径流。表层汇流是雨水渗入土壤后，使表层土壤含水量达到饱和，后续下渗雨量沿该饱和层的坡度在土壤孔隙间流动，注入河槽的过程。这种水流称为壤中流或表层径流。表层汇流的实际发生条件和表现形式比较复杂，目前难以做出更确切的描述和定量分析，在实际的水文分析工作中往往将它并入地表径流。重力下渗的水到达地下水面，并经由各种途径注入河流的过程，称为地下汇流。这部分水流统称地下径流。由于地下往往存在不同特性的含水层，地下径流可分为浅层地下径流和深层地下径流。浅层地下径流通常指冲积层地下水（也称潜水）所形成的径流，它在地表以下第一个常年含水层中，补给源主要是大气降水和地表水的渗入。深层地下径流由埋藏在隔水层之间含水层中的承压水所形成，它的补给源较远，流动缓慢，流量稳定，一般不随本次降雨而变化。

2. 河网汇流

河网汇流是指水流沿河网中各级河槽向出口断面的汇集过程。显然，在河网汇流过程中，沿途不断有坡面漫流和地下水流汇入。对于比较大的流域，河网汇流时间长，调蓄能

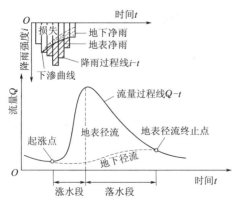

图 2-18 流域降雨-净雨-径流关系示意图

力大，当降雨和坡面漫流停止后，它产生的径流还会延长很长时间。

一次降雨过程，经植物截留、填洼、初渗和蒸发等项扣除后，进入河网的水量自然比降雨总量少，而且经坡地汇流和河网汇流两次再分配作用，出口断面的径流过程远比降雨过程变化缓慢、历时增长、时间滞后。图 2-18 清楚地显示了这种关系。如前所述，由于划分径流成分上的困难，目前实用上，一般只近似地划分地表、地下径流（地表径流中包括相当多的快速壤中流），相应地把净雨划分为地表净雨和地下净雨。

习　题

2-1　余英溪姜湾流域（图 2-19），流域面积 $F=20.0\text{km}^2$，其上有 10 个雨量站。各站控制面积已按泰森多边形法求得，并将 1958 年 6 月 29 日的一次实测降雨一并列于表 2-4。要求：

（1）绘制泰森多边形；

（2）计算本次降雨各时段的流域平均降雨量及总雨量；

（3）绘制流域时段平均雨强过程线和累积降雨过程线。

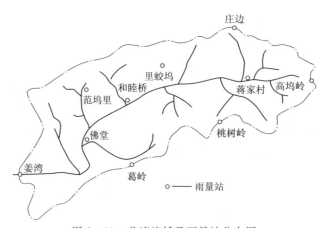

图 2-19　姜湾流域及雨量站分布图

表 2-4　　　　　　　　　　　姜湾流域 1958 年 6 月 29 日降雨量表

雨量站	控制面积 f_i /km²	权重 α_i ($=f_i/F$)	时段雨量/mm							
			13—14 时		14—15 时		15—16 时		16—17 时	
			P_{i1}	$\alpha_i P_{i1}$	P_{i2}	$\alpha_i P_{i2}$	P_{i3}	$\alpha_i P_{i3}$	P_{i4}	$\alpha_i P_{i4}$
高坞岭	1.20		3.4		81.1		9.7		1.4	
蒋家村	2.79		5.0		60.0		11.0		0.7	

续表

雨量站	控制面积 f_i /km²	权重 α_i ($=f_i/F$)	时段雨量/mm							
			13—14 时		14—15 时		15—16 时		16—17 时	
			P_{i1}	$\alpha_i P_{i1}$	P_{i2}	$\alpha_i P_{i2}$	P_{i3}	$\alpha_i P_{i3}$	P_{i4}	$\alpha_i P_{i4}$
和睦桥	2.58		7.5		30.5		21.3		0.9	
姜湾	1.60		0		21.5		9.7		1.8	
庄边	0.94		11.5		46.5		15.0		1.7	
桃树岭	1.74		14.1		65.9		17.0		1.6	
里蛟坞	2.74		8.5		45.7		9.8		0	
范坞里	2.34		0.1		36.8		7.8		0.9	
佛堂	2.84		0.1		27.1		12.7		0.8	
葛岭	1.23		14.5		40.9		9.4		0.7	
全流域	20.00									

2-2　已知某水文站控制的集水面积 $F=800\text{km}^2$，某次洪水过程线见表2-5。

表 2-5　　　　　　　　　　　某水文站一次洪水过程线

时段次序	0	1	2	3	4	5	6	7
$Q/(\text{m}^3/\text{s})$	0	110	130	1500	1350	920	700	430
时段次序	8	9	10	11	12	13	14	15
$Q/(\text{m}^3/\text{s})$	310	260	230	200	170	150	60	0

注　时段长为6h。

试求：

（1）该次洪水的径流总量；

（2）该次洪水的径流深。

第三章　水文信息采集与处理

水文现象受气象、地理等多方面因素的影响，存在地区性、不重复性及周期性等特点。要研究和掌握水文要素在不同时期、不同地区及不同条件下的变化规律，就必须设立各种水文测站，观测和收集水文信息，了解各种水文现象（物理的和化学的）表现在量和质的情况如何，以及它们的变化规律，以满足国民经济各部门的需要。

第一节　水　文　测　站

水文测站是在流域内一定地点（或断面）设立的，按一定技术标准经常收集和提供水文要素的各种水文观测现场的总称。所观测的项目有水位、流量、泥沙、降水、蒸发、水温、冰凌、水质、地下水位等。

一、水文测站建站

水文测站的建站包括测验河段选择和测验断面布设。

1. 测验河段选择

设立水文站，应先选择好测验河段。测验河段是野外进行各种水文测验的场所，测验河段选择适当与否，对测验工作影响很大。选择适当，则为今后水文测验工作奠定了良好的基础。具体选择水文测验河段应满足下列条件：

（1）能满足设站的目的和要求。

（2）保证各级水位下（包括洪、枯水期）测验信息具有必要的精度和工作安全，便于施测和保证测验成果符合精度要求，即所选测验河段，其水位流量关系能经常保持比较稳定的关系，便于以后由水位推求流量。例如，选择河道顺直，河床稳定，不生长水草，水流集中，便于布设测验设施的河段。

（3）观测方便、建站及测验设施经济，并有利于简化水文要素的观测和信息的整理分析工作。

2. 测验断面布设

测验河段要求布设必要的测验断面，如图 3 - 1 所示。按照不同的用途，布设的测验断面应包括基本水尺断面、流速仪测流断面、浮标测流断面和比降断面。基本水尺断面一般位于测验河段的中部，其上设立基本水尺，用来进行经常性的水位观测。流速仪测流断面应设置在测流条件良好的断面上，断面方向应垂直于该断面平均流向，并尽可能与基本水尺断面重合，以便简化测验与整编工作；当基本水尺断面与测流断面重合有困难时，可分别设置，但应尽量减小两断面的距离，中间不能有支流汇入。浮标测流断面分上、中、下三个断面，中间断面一般与流速仪测流断面重合。浮标测流上、下辅助断面的间距不宜太小，既要保证浮标流速的代表性，又要满足计时测量的精度。比降断面设立比降水尺，用来观测河流的水面比降和分析河床的糙率，比降上、下断面间的河底和水面比降，不应有明显的转折，其间距应使所测比降的误差在±15%以内。

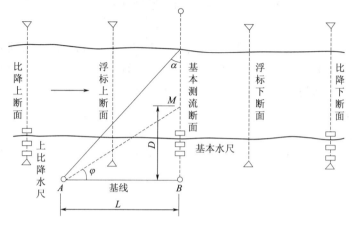

图 3-1　水文测站布设示意图

二、基线布设

在测验河段进行水文测验时，用经纬仪或六分仪测角交会法为推求测验垂线在断面上的位置（起点距）而在岸上布设的线段，称为基线（图 3-1）。基线宜垂直于测流横断面，其起点应在测流断面线上。

从测定起点距的精度出发，基线长度应使测角仪器瞄准测流断面上最远点的方向线与横断面线的夹角不小于 30°（即应使基线长度 L 不小于河宽 B 的 0.6 倍）；在受地形限制的特殊情况下不应小于 15°（即基线长度最短也应为 0.3B）。不同水位时，水面宽悬殊的测站，可在岸上和河滩上分别设置高、低水基线。

基线长度及丈量误差，都直接影响断面测量精度，间接影响流量及输沙率计算的精度。因此，基线除有一定长度并取 10m 的倍数外，其丈量误差应不超过 1/1000。

此外，建站工作还应包括设置水准点、修建水位和流量的测验设备及各种测量标志。

第二节　水　位　观　测

水位是指河流、湖泊、水库、海洋等水体的自由水面在某一指定基面以上的高程，以 m 计。水位是最基本的水文观测项目。长期积累的水位资料是水利水电建设、防洪抗旱、桥梁、航道、港口、城市给排水等工程建设规划设计的基本依据，直接应用于堤防、坝高、桥梁及涵洞、公路路面标高的确定，水库、堰闸、灌溉、排涝等工程的设计，并据以进行水文情报预报工作，为防汛抗旱、灌溉、航运及水利工程的建设、运用和管理等及时提供水情信息，也为推求其他水文数据而提供间接运用资料。

在水文测验中，常用连续观测的水位记录，通过水位流量关系推求流量及其变化过程。利用水位还可推求水面比降和江河湖库的蓄水量等。此外，在进行流量、泥沙、水温、冰情和水质观测的同时也需观测水位，作为重要的水情标志。

一、基面

水位与高程数值一样，都必须指明基面才有意义。基面是作为水位和高程数值起算零点的一个固定基准面。水文测验中采用的基面有下列四种。

1. 绝对基面

绝对基面是将某一海滨地点平均海水面的高程定为 0.00m，作为水准基面。我国曾沿用过大连、大沽、黄海、废黄河口、吴淞、珠江等基面。现在统一规定的基面为青岛黄海基面。一个水文测站所设的基本水准点与国家水准网所设水准点接测之后，该站的水准点高程和水位就可根据引据水准点用相应的绝对基面以上的米数来表示。

2. 假定基面

假定基面是在水文测站附近没有国家水准点或在一时还不具备接测条件的情况下暂时假定的一个水准基面。例如，假定测站基本水准点的高程为 500.00m，则假定基面就是该水准点铅直向下 500m 处的水平面，并以其作为该站水位或高程的起算零点。

3. 测站基面

测站基面也是某些水文测站专用的一种假定基面，一般选择河床最低点或历年最低水位以下 0.5～1.0m 处的水平面作为零点来计算水位高度。

4. 冻结基面

冻结基面是将测站第一次使用的基面冻结下来作为永久固定基面的一种基面，属于水文测站专用的另一种假定基面。使用冻结基面可保持测站水位资料的历史连续性。

全河上下游或相邻测站应尽可能采用一致的固定基面。

二、水位观测设备

水位观测的常用设备有水尺和自记水位计两类。

（一）水尺

按水尺的构造形式不同，可分为直立式、倾斜式、矮桩式与悬锤式四种，其中应用最广的是直立式水尺，其构造简单，观测方便，如图 3－2 所示。

水位的观测包括基本水尺和比降水尺的水位。水位观测次数，视水位变化情况，以能测得完整的水位变化过程，满足日平均水位计算及发布水情预报的要求为原则加以确定。基本水尺的观测是分段定时观测，当水位变化缓慢时（日变幅在 0.12m 以内），每日 8 时和 20 时各观测一次（称 2 段制观测，8 时是基本时）；枯水期日变幅在 0.06m 以内，用 1 段制观测；

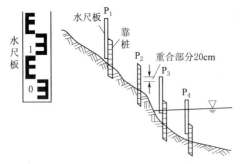

图 3－2　直立式水尺分级设置示意图

日变幅在 0.12～0.24m 时，用 4 段制观测；依此类推，用 8 段制、12 段制观测等。有峰谷出现时，应增加测次。比降水尺观测的目的是掌握比降变化、计算水面比降、分析河床糙率等，其观测时间及次数视需要而定。

观测时，水面在水尺上的读数加上水尺零点的高程即为当时的水位值。可见水尺零点高程是一个重要的数据，要定期根据测站的校核水准点对各水尺的零点高程进行校核。

（二）自记水位计

利用水尺进行水位观测，需要人按时去观读，而且只能得到一些间断的水位资料。自记水位计能将水位变化的连续过程自动记录下来，有的还能将所观测的数据以数字或图像的形式传至控制中心，不致遗漏任何突然的变化和转折，使水位观测工作趋于自动化和远传化。

自记水位计是利用机械、压力、声、电等传感装置间接观测记录水位变化的设备，一般由水位感应、信息传递和记录三部分组成。自记水位计有多种类型，按水位传感方式，主要有感应水面升降的各种浮子式水位计和测针式水位计，感应水压力的各种压力式水位计，基于电声转换原理测定水层厚度的超声波水位计等；按水位信息传输的方式和距离，可分为就地自记和电传、遥测水位计。

1. 浮子式自记水位计

浮子式自记水位计是最早采用、目前应用最广的一种自记水位计，具有结构简单、性能可靠、操作方便、经久耐用等优点，可适应各种水位变幅和时间比例的要求。水位的变化既可就地自记，也可以转换为电信号以实现远传和遥测，且可采用多种记录方式。目前浮子式自记水位计已有很多种类型，其共同特点都是采用浮子直接感应水位的变化。

（1）横式自记水位计。这是浮子式自记水位计的基本型式，如图 3-3 所示。水位感应部分由悬挂在传动轮上的浮筒和平衡锤组成。传动部分主要由浮筒轮和比例轮组成，由比例轮带动记录转筒转动。记录部分主要由卷纸转筒、记录笔、时钟和导杆等组成。卷纸转筒为水平设置，记录笔尖接触纸面。

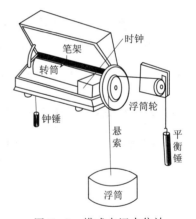

当浮子随水位升降时，通过悬索（或悬链、钢带）带动浮筒轮、比例轮和记录转筒一起转动，同时由时钟牵引的细钢绳带动记录笔做横向移动。在传动轮和时钟的联合作用下，记录笔便在坐标纸上描绘出水位变化过程线。从自记曲线上摘录足够的点次作为水位记录。

设置比例轮是为了适应水位变幅的需要。该仪器中，比例轮与记录转筒周长相等，而与浮筒轮周长之比为 $1:2$，故水位比例尺也为 $1:2$。

图 3-3 横式自记水位计

在摘录自记水位记录时，如果自记值与校核水尺的定时校测值之差超过 $\pm 2cm$，或每日时差超过 $\pm 5min$ 且水位变化急剧，则应分别加以订正。

（2）浮子式电传、遥测水位计。使用各种浮子式水位计，都必须建造安放水位计的井台。自记井台主要由静水井、进水管和仪器室等组成。静水井的作用是保护浮子和减小波浪对水位记录的影响。

浮子式自记水位计水位观测误差的来源包括：仪器本身的基本误差、校核水尺的误差（观读误差、刻度误差和水尺零高的测量误差）以及静水井的滞后误差。静水井滞后误差是在水位涨落过程中，由于进水管等部件的局部水头损失所造成的井内水位与河槽水位的差值。其值 S_h 可按下式计算

$$S_h = \frac{W}{2g}\left(\frac{A_w}{A_p}\right)^2\left(\frac{\mathrm{d}Z}{\mathrm{d}t}\right)^2 \tag{3-1}$$

$$W = 1.5 + 4fL/D \tag{3-2}$$

式中　W——单直进水管水头损失系数；

　　　g——重力加速度，$\mathrm{m/s}^2$；

A_w、A_p——静水井、进水管横截面积，m^2；

　L、D——进水管长度、直径，m；

　　　f——达西-魏斯巴赫摩阻系数；

$\dfrac{\mathrm{d}Z}{\mathrm{d}t}$——水位涨落率，$\mathrm{m/s}$。

2. 压力式水位计

压力式水位计是根据静水压强 $P = \gamma h$，测定水下已知高程以上的水压力来推求水位的。水压力可用空气或液体作传递介质，采用各种压力传感器加以测量。由于水的比重 γ 受水温、水中含盐度和含沙量等的影响，要达到一定的观测精度，对传感、接收和记录等部分的要求都较高，结构也较复杂。但应用此种水位计时不需建造测井，可在水的比重比较稳定的任意地点使用。各种型式的压力式水位计在国外应用较多，精度已可达±1cm。

3. 超声波水位计

超声波水位计由电声换能器、超声波发收机和数字显示器等部分组成，原理框图如图 3-4 所示。换能器锚定在岸边水下适当高程 Z_0 处。由发射机产生的超声波电脉冲激发换能器向水面发射超声波，声波被水面反射回来又激发换能器输出电信号。根据声波在水中的传播速度 c 和往返传播时间 T，即可求得换能器以上的水层深度 $d = \frac{1}{2}cT$。发射与反射信号经接收机放大和处理后送回室内，通过控制电路，在时间 T 内，对频率 $f = \left|\dfrac{c}{2}\right|$ 值脉冲源的输出脉冲进行计数，即可显示出 d 值，则水位 $Z = Z_0 + d$。

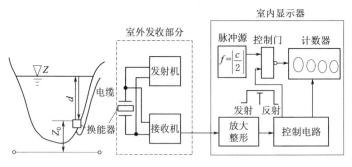

图 3-4　超声波水位计原理框图

采用超声波水位计，不需建造测井，且水温和含盐度的影响容易处理，因而具有较强的适应性，可连续读记录水位，使用方便。

三、水位观测要求

对水位观测的具体要求随设站的目的和要求而有所不同，其基本要求如下：

（1）水位观测的次数，应能完整地控制水位涨落变化的过程，以满足日平均水位计算、特征值统计、流量变化过程推求和水文情报预报等方面的需要。因此，应不漏测峰顶、峰谷和明显的转折点，水位涨落急剧时应加密测次。每日 8 时为基本定时观测时间。

（2）水位观测精度，应满足使用要求。在一般水位观测中，水尺读数和水位值应准确至 0.01m；在小落差河段上观测比降、堰闸水头或有其他特殊精度要求时，应准确测记至 0.005m。时间应记录至分。

（3）根据观测对象的特点，必要时，应将明显影响水位观测精度与水位变化的水文气象要素和现象，如风力、风向、水面起伏度、流向以及漫滩、分流、决口、临时堤坝、闸门启闭情况、回水、河干、断流、冰情等作为附属项目，同时进行简要的观测和记载，以供分析和资料整编时查证。

四、水位资料整编

水位资料整编工作的内容包括日平均水位、月平均水位、年平均水位的计算等。一日内水位变化平缓，或水位变化较大且为等时距观测或摘录时，均采用算术平均法计算日平均水位。一日内水位变化较大且为不等时距观测或摘录时，采用面积包围法计算。将当日 0～24h 内水位过程线所包围的面积，除以 24h 的时间，即得日平均水位 $\overline{Z}$（m），如图 3-5 所示。其计算公式为

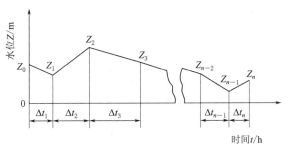

图 3-5 面积包围法计算日平均水位示意图

$$\overline{Z} = \frac{1}{48}\left[Z_0 \Delta t_1 + Z_1(\Delta t_2 + \Delta t_3) + \cdots + Z_{n-1}(\Delta t_{n-1} + \Delta t_n) + Z_n \Delta t_n\right] \qquad (3-3)$$

式中 Z_0，Z_1，$\cdots$，Z_n——日内各测次观测的水位，m；

Δt_1，Δt_2，$\cdots$，Δt_n——相邻两测次间的时距，h。

把整编好的逐日平均水位，年、月最高水位、最低水位、平均水位，洪水水位要素摘录一起刊于水文年鉴或储存在水文数据库中，供有关部门查用。

第三节 流 量 测 验

流量是单位时间内流过江河某一横断面的水量，单位为 m^3/s。它是反映水资源和江河、湖库等水体水量变化的基本资料，也是河流最重要的水文特征值。

流量是根据河流水情变化的特点，在设立的水文站上用各种测流方法进行流量测验取得实测数据，经过分析、计算和整理而得的资料，用于研究江河流量变化的规律，流域水利规划，各种水利工程的设计、施工、管理与运用，防汛抗旱，水质监测及水源保护等方面，为国民经济各部门服务。

一、流速仪法测流

流速仪法是用流速仪测定水流速度，并由流速与断面面积的乘积来推求流量的方法。它是目前国内外广泛使用的测流方法，也是最基本的测流方法。在我国，流速仪法被作为

各类精度站的常规测流方法，其测量成果可作为率定或校核其他测流方法的标准。

（一）测流原理

河流过水断面的形态、河床表面特性、河底纵坡、河道弯曲情况以及冰情等，都对断面内各点流速产生影响，因此在过水断面上，流速随水平及垂直方向的位置不同而变化。从水平方向看，中间流速大，两岸流速小；从水深方向看，河床流速最小，即 $v=f(b,h)$，如图 3-6 所示。其中 v 为断面上某一点的流速，b 为该点至水边的水平距离，h 为该点至水面的垂直距离。因此，通过全断面的流量 Q 为

$$Q = \int_0^A v\,\mathrm{d}A = \int_0^B \int_0^H f(b,h)\,\mathrm{d}h\,\mathrm{d}b \qquad (3-4)$$

式中　A——水道断面面积，$\mathrm{d}A$ 则为 A 内的单元面积（其宽为 $\mathrm{d}b$，高为 $\mathrm{d}h$），m^2；

　　　v——垂直于 $\mathrm{d}A$ 的流速，$\mathrm{m/s}$；

　　　B——水面宽度，m；

　　　H——水深，m。

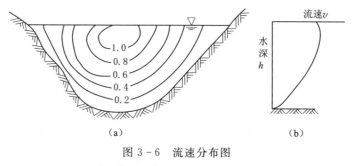

图 3-6　流速分布图

（a）断面等流速线图；（b）垂线流速分布图

因为 $v=f(b,h)$ 的关系复杂，目前尚不能用数学公式表达，实际工作中把上述积分公式变成有限差分的形式来推求流量。流速仪法测流，就是将水道断面划分为若干部分，用普通测量方法测算出各部分断面的面积，用流速仪施测流速并计算出各部分面积上的平均流速，两者的乘积称为部分流量，各部分流量的和为全断面的流量，即

$$Q = \sum_{i=1}^n q_i \qquad (3-5)$$

式中　q_i——第 i 个部分的部分流量，m^3/s；

　　　n——部分的个数。

由此可见，流量测量工作实质上由测量横断面和测量流速两部分工作组成。具体内容为：沿测流横断面的各条垂线，测定其起点距和水深；在各测速垂线上测量各点的流速，在有斜流时加测流向；观测水位、水面纵比降（根据需要确定）及其他有关情况，如天气现象、河段及其附近河流情况；计算、检查和分析实测流量及有关水文要素。

（二）断面测量

断面测量是流量测验工作的重要组成部分，包括测量水深、起点距和水位。

断面测量工作分水道断面测量和大断面测量两种。大断面为历年最高洪水位以上 0.5~

1.0m 的水面线与岸线、河床线之间的范围。它是用于研究测站断面变化情况以及在测流时不施测断面可供借用断面。大断面测量包括水上和水下两部分，水上部分采用水准仪测量的方法进行，水下部分为水道断面测量。由于测水深工作困难，水上地形测量较易，所以大断面测量宜在枯水季节进行。大断面测量的次数，根据断面的冲淤情况而定。对于河床稳定的测流断面，其水位与面积关系点偏离平均曲线应不超过±3%，每年汛前或汛后复测一次；对河床不稳定或断面变化显著的测站，除应在每年汛前、汛后各施测一次外，还应在每次较大洪水后及时施测洪水位以下的过水断面面积，以便了解断面冲淤变化的过程。水道断面系指自由水面线与河床线之间的范围，在封冻期为冰底或冰花底与河床线之间的范围。水道断面面积包括过水断面面积和死水面积。水道断面测量，是在断面上布设一定数量

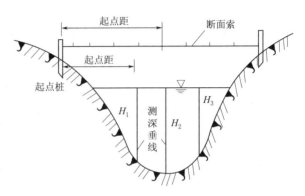

图 3-7 断面测量示意图

的测深垂线，如图 3-7 所示，施测各条垂线的起点距和水深，并观测水位，用施测时的水位减去水深，即得各测深垂线处的河底高程。

1. 水深测量

(1) 测深垂线的布设。测深垂线的位置，应根据断面情况布设于河床变化的转折处，并且主槽较密，滩地较稀，大致均匀。为了摸清水道断面形状，对于新设的水文站，大断面测量测深垂线数的布设，应在水位平稳时期，对水深沿河宽进行连续施测。当水面宽大于 25m 时，垂线数目不少于 50 条；当水面宽小于或等于 25m 时，不得少于 30~40 条，但最小间距不得小于 0.5m。一般水道断面测量，应使测深垂线与测速垂线相等；对游荡性河流的测站，可增加测深垂线。

(2) 水深测量的方法。测量水深的方法随水深、流速、测深精度要求及流量测量方法的不同而异，常用的有以下几种：

1) 测深杆、测深锤测深。测深杆测深适用于水深小于 10m（国际标准为 5~6m），流速小于 3.0m/s 的河流。其测深精度较高，当水深、流速较小时，应尽量使用。在河底较平整的测站，每条垂线应连测两次，其不符合值如不超过最小读数的 2%，则取其平均值；若超过 2%，应增加测次。

当水深、流速较大时，可用测深锤测深。测深锤质量一般为 5~10kg，随水深、流速大小而定。每条垂线施测两次水深，取其平均值，两次测量的误差不应超过 3%。河道不平稳时，不应超过 5%；否则，应适当增加测次，取多次测量的平均值。

2) 铅鱼测深。有缆道或水文绞车设备的测站，可将铅鱼悬吊在缆道或水文绞车上测深。水深读数可在绞车的计数器上读取。铅鱼的质量及钢丝悬索的直径应根据水深、流速及过河、起重设备的荷载能力确定。测深精度与测深锤测深相同。

3) 超声波测深仪测深。超声波测深仪测深的基本原理是：利用超声波具有定向反射

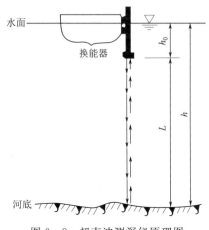

图 3-8 超声波测深仪原理图

的特性，根据超声波在水中的传播速度和往返经过的时间计算水深。如图 3-8 所示，超声波换能器发射超声波到达河底又反射回到换能器，超声波所经过的距离为 $2L$，超声波的传播速度 c 可根据经验公式计算。当测得超声波往返的传播时间为 t 时，可得 $L=0.5ct$。从图中可知，水深

$$h=h_0+L \qquad (3-6)$$

式中 h——水深，m；

h_0——换能器吃水深，m；

L——换能器至河底的垂直距离，m。

在式（3-6）中，h_0 为已知，只要精确测定超声波传播往返的时间 t，便可求出水深。

超声波测深仪适用于水深较大，含沙量较小，泡漩、可溶固体、悬浮物不多时的江河湖库的水深测量。使用超声波测深仪前应进行现场比测，测点应不少于 30 个，并均匀分布在所需测深变幅内，比测随机不确定度不大于 2%、系统误差不大于 1% 时方可使用。在使用过程中，还应定期比测，每年不少于 2~3 次。

超声波测深仪具有精度高、工效高、适应性强、劳动强度小，且不易受天气、潮汐和流速大小限制等优点；但在含沙量大或河床是淤泥质组成时，记录不清晰，不宜使用。

2. 起点距的测定

起点距是指测验断面上的固定起始点至某一垂线的水平距离。大断面和水道断面上各垂线的起点距，均以高水时基线上的断面桩（一般为左岸桩）作为起算零点。测定起点距的方法很多，有直接量距法、建筑物标志法、地面标志法、计数器测距法、断面索法、仪器测角交会法及无线电定位法等。这里主要介绍断面索法、仪器测角交会法。

（1）断面索法。断面索法是在断面上架设钢丝缆索，每隔适当距离做上标记，并事先测量好它们的位置，测量水深的同时，直接在断面索上读出起点距。这种方法适合于河宽较小、水上交通不多、有条件架设断面索的河道测站，精度较高。

（2）仪器测角交会法。仪器测角交会法包括经纬仪交会法、平板仪交会法及六分仪交会法，其基本原理相同。

（三）流速仪测速

天然河道中一般采用流速仪法测定水流的流速。它是国内外广泛使用的测流速方法，是各种测流新方法精度的衡量标准。

1. 流速仪

流速仪是一种专门测定水流速度的仪器。转子式流速仪是水文测验中的常规测速仪器，使用广泛，历史悠久。

（1）转子式流速仪的工作原理。当流速仪放入水流中，水流作用到流速仪的感应元件（或称转子）时，在迎水面的各部分因所受到的水压力不同而产生压力差，以致形成一个转动力矩，使转子产生转动。转子式流速仪是利用水流冲动流速仪的转子（旋杯或旋桨），

同时带动转轴转动，在装有信号的电路上发出信号，便可知道在一定时间内的旋转次数，流速越大，转轴转得越快，流速与转速之间有一定的关系，通过测定转子的转速而推算流速。

实际上，由于水流与转子相互作用过程中产生的水动力特性和仪器内部的摩阻情况很复杂，故很难用理论方法来建立流速 v 与转速 n 之间的数学模型。因此，目前这种关系是由厂家在仪器出厂之前，把流速仪放在特定的检定水槽中，通过实验方法来确定流速与转速间的函数关系。其关系式为

$$v = K\frac{N}{T} + C \tag{3-7}$$

式中　K——水力螺距，表示流速仪的转子旋转一周时，水质点的行程长度；

　　　N——流速仪在测速历时 T 内的总转数，一般是根据信号数，乘上每一信号所代表的转数求得；

　　　T——测速历时，为了消除水流脉动的影响，测速历时一般不应少于 100s；

　　　C——附加常数，表示仪器在高速部分内部各运动件之间的摩阻，称为仪器的摩阻常数。

式（3-7）中，系数 K、C 是通过水槽实验事先率定的。因此在野外测量时，只要测量仪器转子在一定历时 T 内的转数 N，就可以计算出流速 v。

（2）转子式流速仪的结构。转子式流速仪有两种：一种为旋杯式流速仪，结构简单，使用方便，但它的转轴垂直，容易漏水进沙，因此适用于含沙量较小的河流；另一种为旋桨式流速仪，为水平转轴，结构精密，性能完善，有几种不同曲度的旋桨，可根据不同流速来选用，测速范围较广，沙、水不易进入，能在水流条件复杂的多沙河流中使用。目前我国使用最多的是重庆水文仪器厂生产的 LS68-2 型旋杯式流速仪和 LS25-1 型旋桨式流速仪，如图 3-9 和图 3-10 所示。

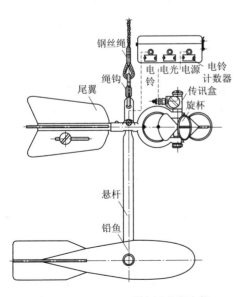

图 3-9　LS68-2 型旋杯式流速仪

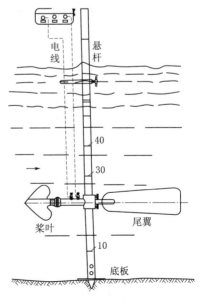

图 3-10　LS25-1 型旋桨式流速仪

旋杯式流速仪的旋杯群没有方向性，斜流、横流甚至倒流都能使其转动；旋桨式流速仪的桨叶有方向性，桨叶的旋转速度由轴向决定。当用悬索吊挂时，因流速仪尾翼的作用，流速仪能自动迎向水流，两种仪器上述性能上的差别便显示不出来。当使用悬杆吊挂旋杯式流速仪时，在有斜流等情况下，施测的流速必须进行流向偏角改正或改用旋桨式流速仪施测，否则会产生明显的系统偏差。

2. 流速测量

流速仪只能测得某点的流速，为了求得断面平均流速，首先在断面上布设一些测速垂线，一般在测深垂线中选择若干条同时兼作测速垂线，在每一条测速垂线上布设一定数目的测速点进行测速，最后根据测点流速的平均值求得测线平均流速，再由测线平均流速求得部分面积平均流速，进而推得断面流量。测速的方法，根据布设垂线、测点的多少及繁简程度而分为精测法、常测法和简测法。

（1）测速垂线的布设。在断面上布设测速垂线的数目，常常根据所要求的流量精度及断面的形状（河宽、水深）来确定。测速垂线布设的一般原则是：应能控制断面地形和流速沿河宽分布的主要转折点。

测速垂线布设位置应大致均匀，但主槽应较河滩为密。在测流断面内，大于总流量1%的独股分流、串沟应布设测速垂线。测速垂线的位置应尽可能固定，以便于测流成果的比较，了解断面冲淤与流速变化情况，研究测速垂线与测速点数目的精简等。

当断面形状或流速横向分布随水位级不同而有较明显的变化规律时，可分高、中、低水位级分别布设测速垂线。具体规定见表 3-1。

表 3-1　　　　　　　　　我国精测法、常测法最少测速垂线数目的规定

水面宽/m	<5.0	5.0	50	100	300	1000	>1000
精测法（垂线/个）	5	6	10	12～15	15～20	15～25	>25
常测法（垂线/个）	3～5	5	6～8	7～9	8～13	8～13	>13

（2）积点法测速与测速点位置的选择。根据测速方法的不同，流速仪法测流可分为积点法、积深法和积宽法。这里只讨论最常用的积点法测速。

1）积点法测速。积点法测速是指在断面的各条垂线上将流速仪放在不同水深点处逐点测速，然后计算流速和流量。测速垂线上测速点的数目根据流量精度的要求、水深、悬吊流速仪的方式、节省人力和时间等情况而定。国外多采用多线少点测速。国际标准建议测速垂线不少于 20 条，任一部分流量不得超过 10% 总流量。

按测速点的不同，有十一点法、六点法、五点法、三点法、两点法和一点法。各测速点的位置，见表 3-2。

表 3-2　　　　　　　　　　　　流速测点的位置

测点数	畅流期	冰期
十一点	$0.0h$、$0.1h$、$0.2h$、$0.3h$、$0.4h$、$0.5h$、$0.6h$、$0.7h$、$0.8h$、$0.9h$、$1.0h$	
六（七）点	$0.0h$、$0.2h$、$0.4h$、$0.6h$、$0.8h$、$(0.9h)$、$1.0h$	$0.0h$ 或冰底或冰花底 $0.2h$、$0.4h$、$0.6h$、$0.8h$、$1.0h$

续表

测点数	畅 流 期	冰 期
五点	0.0h、0.2h、0.6h、0.8h、1.0h	
三点	0.2h、0.6h、0.8h	0.15h、0.5h、0.85h
两点	0.2h、0.8h	0.2h、0.8h
一点	0.6h 或 0.5h	0.5h

注 h 为该测速垂线的有效水深。

2）测速历时的确定。由于流速脉动的影响，流速仪在某点上测速历时越长，实测的时均流速越接近真实值。但为了节省人力物力或在困难条件下测流，又需要缩短测速历时。实验分析表明：流速脉动强弱与测点至河底的距离有密切关系，距河底越近，脉动越大，测速的误差也越大。流速脉动产生的误差，随着测速历时的减少而逐渐加大，历时越短，其误差的递增率也越大。如以测速历时 300s 为准，累积频率 75% 的相对误差，在水面时，测速历时 100s 误差为 ±1.9%，50s 为 ±2.5%，30s 为 ±3.6%。因此，控制一定的测速历时对于减少流速脉动的误差是必要的。通常要求每一测速点的测速历时一般不短于 100s，即其流速相对误差为 ±2%～±4%；在特殊水情或当受测流所需总时间的限制时，则可选用少线少点或缩短测速历时的方案，但测速历时无论如何不应短于 30s。

（四）流量计算

流量计算的方法有图解法、流速等值线法和分析法等。前两种方法理论上比较严格，只适用于多线多点的测流资料，而且比较烦琐。这里主要介绍常用的分析法，它对各种情况的测流资料均能适用。

分析法是以流量模概念为基础，经有限差分处理后，用实测水深和流速资料直接计算断面流量的一种方法。其优点在于实测流量可以随测随算，及时检查测验成果，工作简便迅速。计算内容包括：由实测断面资料摘取垂线的起点距、水深；由测速资料计算测点流速、垂线平均流速；通过计算部分断面面积、部分平均流速及部分流量，便可求得断面流量和断面平均流速、相应水位等其他水力要素。具体的计算步骤和方法如下（图 3-11）：

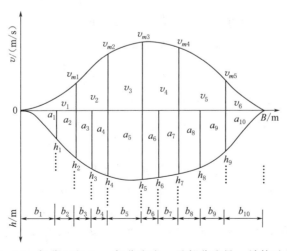

图 3-11　部分面积 A_i、部分流速 v_i 及部分流量 q_i 计算示意图

1. 垂线平均流速的计算

根据大量实测资料的归纳和对垂线流速分布曲线的数学推导，得出少点法的半经验公式如下。

一点法 $$v_m = v_{0.6} \text{ 或 } v_m = K v_{0.5} \tag{3-8}$$

式中　K——半深系数，可用多点法资料分析确定，在无资料时，可采用 $0.90 \sim 0.95$。

两点法 $$v_m = \frac{1}{2}(v_{0.2} + v_{0.8}) \tag{3-9}$$

三点法 $$v_m = \frac{1}{3}(v_{0.2} + v_{0.6} + v_{0.8}) \tag{3-10}$$

或 $$v_m = \frac{1}{4}(v_{0.2} + 2v_{0.6} + v_{0.8}) \tag{3-11}$$

五点法 $$v_m = \frac{1}{10}(v_{0.0} + 3v_{0.2} + 3v_{0.6} + 2v_{0.8} + v_{1.0}) \tag{3-12}$$

六点法 $$v_m = \frac{1}{10}(v_{0.0} + 2v_{0.2} + 2v_{0.4} + 2v_{0.6} + 2v_{0.8} + v_{1.0}) \tag{3-13}$$

十一点法

$$v_m = \frac{1}{10}(0.5v_{0.0} + v_{0.1} + v_{0.2} + v_{0.3} + v_{0.4} + v_{0.5} + v_{0.6} + v_{0.7} + v_{0.8} + v_{0.9} + 0.5v_{1.0}) \tag{3-14}$$

各式中 $v_{0.0}$，$v_{0.1}$，…，$v_{1.0}$ 为各相对水深处的测点流速；$0.5/10$、$1/10$、$2/10$、$3/10$ 等为各测点流速计算垂线平均流速 v_m 的权重。

2. 部分平均流速的计算

岸边部分为由距岸第一条测速垂线所构成的岸边部分（两个左岸和右岸，多为三角形），它们的部分平均流速 v_1（或 v_n）为自岸边起第一条垂线的垂线平均流速 v_{m1}（或 v_{mn}）乘以岸边流速系数 a，即

$$v_1 = a v_{m1} \text{ 或 } v_n = a v_{mn} \tag{3-15}$$

岸边流速系数 a 可通过增加测速垂线由实验资料确定，也可由公式推导确定。

中间部分指的是由相邻两条测速垂线与河底及水面所组成的部分，部分平均流速 v_i 为相邻两测速垂线的垂线平均流速的算术平均值，即

$$v_i = \frac{1}{2}(v_{mi-1} + v_{mi}) \tag{3-16}$$

式中　　v_i——第 i 部分面积对应的部分平均流速；

v_{mi-1}、v_{mi}——第 $i-1$ 条及第 i 条测速垂线的垂线平均流速。

3. 部分面积的计算

因为断面上布设的测深垂线数目比测速垂线的数目多，故首先计算测深垂线间的断面面积。计算方法是距岸边第一条测深垂线与岸边构成三角形，按三角形面积公式计算（左右岸各一个）；其余相邻两条测深垂线间的断面面积按梯形面积公式计算。其次以测速垂线划分部分，将各个部分内的测深垂线间的断面面积相加得出各个部分的部分面积。若两条测速垂线（同时也是测深垂线）间无另外的测深垂线，则该部分面积就是这两条测深

（同时是测速垂线）间的面积。

4. 部分流量的计算

由各部分的部分平均流速 v_i 与部分面积 A_i 之积可得到部分流量，即

$$q_i = v_i A_i = \frac{1}{2}(v_{mi-1} + v_{mi}) \cdot \frac{1}{2}(h_{i-1} + h_i)b_i \qquad (3-17)$$

式中　h_{i-1}、h_i——第 $i-1$ 条与第 i 条垂线的水深；

$\qquad\qquad b_i$——第 $i-1$ 条与第 i 条垂线之间的水平距离；

其余符号意义同上。

5. 断面流量及其他水力要素的计算

断面面积 A 为各部分面积 A_i 之和，即

$$A = \sum_{i=1}^{n} A_i \qquad (3-18)$$

断面流量 Q 为断面上各部分流量 q_i 的代数和，即

$$Q = q_1 + q_2 + \cdots + q_n = \sum_{i=1}^{n} q_i \qquad (3-19)$$

当断面上有回流且回流区的垂线平均流速为负值时，可用实测或图解法求出回流边界，算出逆流流量，断面流量即为各部分顺、逆流量的代数和。

断面平均流速　　　　　　　　　$\bar{v} = Q/A$　　　　　　　　　　　$(3-20)$

断面平均水深　　　　　　　　　$\bar{h} = A/B$　　　　　　　　　　　$(3-21)$

二、声学多普勒剖面流速仪测流

声学流速仪利用声波在水中的传播来测量水中各点或某一剖面的水流速度。开始时使用较多的是超声波，所以也被称为超声波流速仪。现在使用的频率范围较广，多称为声学流速仪。声学流速仪经常和流量测量系统一起应用，多数声学流速仪可以同时测得流向。

声学流速仪可分为声学多普勒流速仪和声学时差法流速仪两大类。声学多普勒流速仪又分为声学多普勒点流速仪和声学多普勒剖面流速仪（acoustic doppler current profile，ADCP）两类。本节主要介绍声学多普勒剖面流速仪。

（一）分类

声学多普勒剖面流速仪因应用场合和安装方式不同，可分为走航式 ADCP、水平式 ADCP 和声学多普勒流量计（acoustic doppler flow meter，ADFM）。

1. 走航式 ADCP

将 ADCP 安装在船上，横跨河流测得整个断面的流速分布，称为走航式 ADCP，它是应用最多的声学多普勒流量测量系统。测得流速分布的同时，利用 ADCP 内的回声测深仪测得各预定垂线的水深，利用底跟踪或外接 GPS 测得各垂线的地理坐标。根据流量测验规范的规定，ADCP 在计算机上直接显示、记录断面流速分布和流量。水面、河底及近岸测不到流速的盲区区域，将用经比测验证的经验系数来计算这些区域的流量值。测得数据存储在仪器内，或由无线方式传回岸上，用计算机处理。一般有以下两种：

（1）船用 ADCP，整个测流系统装在机动测船上，用于较大河流的测流。

（2）牵引式 ADCP，测流系统中的传感器装在可牵引的浮体小船上，牵引过河进行测

量，用于中小河流有桥或缆道可以牵引过河的地点。

2. 水平式 ADCP

将 ADCP 安装在一侧岸边称为水平式 ADCP（HADCP），实际工作中是一种主要的应用产品。水平式 ADCP 的测量传感器固定安装在岸边，只能测得一个水层的流速分布，需先用流速仪法测量断面上相关的点流速，再与水平式 ADCP 测得的水层流速资料合并分析，找出水平式 ADCP 测得流速和断面流速的关系，用来计算断面平均流速。水位涨落时，固定安装点的相对水深会有变化，将影响流速关系的建立。也可将水平式 ADCP 的安装深度构建成能随水位变化而调整的形式，便于得到较稳定的流速关系。同时测量水位，利用借用断面资料得到断面面积。

3. 声学多普勒流量计（ADFM）

声学多普勒流量计（ADFM）是将水平式 ADCP 集成于专用座底的一种流量计。其仪器主要有两种：一种是在仪器上有两组向断面两侧倾斜不同角度的声学换能器，可以得到断面上两条斜向剖面线的流速分布，这样安装更有利于测得断面平均流速。仪器发出三组超声波，一组波束测量水位，另两组波束各有两个声学发射接收器。工作结果是测得两条不对称的斜剖面线上的流速分布。根据水位计算出断面面积，进而可算出流量。另一种是较简单的 ADFM，只有一组声学换能器，只测中心垂线的流速分布，同时也测量水位。

（二）测速原理

ADCP 同时接收各点的反射波，测量多点水流速度。现以水平式 ADCP 测速为例，阐述其测速原理。

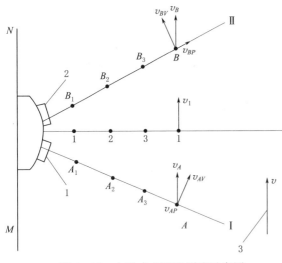

图 3-12　水平式 ADCP 测速示意图
1、2—换能器；3—水流

水平式 ADCP 测速示意图如图 3-12 所示。水平式 ADCP 测速时，首先假定反射声波信号产生多普勒频移的水中悬浮物或气泡是和水流等速运动的。同时，假定在距仪器一定距离内两波束相应测点处的流速大小、方向相同，并且和断面上相应测点处的流速大小、方向也相同，即 $v_A = v_B = v_1$。水平式 ADCP 测速基于这两个假定。

工作时，探头安装在水边测流断面处。测速时，换能器 1 发出超声波束 I，经 t 时间后接收到 A 点的回波。根据回波的多普勒频移测得 A 点平行于超声波束 I 的流速分量 v_{AP}。同理，换能器 2 同时发出的超声波束 II 也经过 t 时间后接到 B 点的回波，根据回波的多普勒频移测得 B 点平行于超声波束 II 的流速分量 v_{BP}。波束 I、II 与断面的夹角已知且相等，并已假定 $v_A = v_B = v_1$，就可由 v_{AP}、v_{BP} 计算出假定相等的 v_A、v_B、v_1 的流速流向。仪器内改变接收时间 t 的设置，就可得到断面上各点的流速流向。实际的仪器是接收 t 时间后某一微小时段内的反射波，数据处理后得到的流速是这一"单元"内的流速，最多可以有 128 个单元的流速。

其他方式的 ADCP 测速原理和水平式 ADCP 测速原理基本一致。但用于水平式 ADCP 时，只需测量水平流速。图 3-12 中的 MN 为河岸线，测得的 v 是平行于地面（图面）的流速，只需要 2 个换能器。而走航式 ADCP 安装在测船上测速，在测船的行进中，ADCP 在水平和倾斜方向上不断变化，测船也在以不同的船速方向行进。用于走航式 ADCP 的仪器有 4 个或 3 个换能器，换能器向水下发射声波。如果测船是固定的，仪器能测到水下流速相对于仪器坐标的流速流向。如果是 4 个换能器，组成 2 组，测得相互垂直的 2 个流速分量。如果只用 3 个换能器，也可以相互组合经过换算后测得流速流向。

由于走航式 ADCP 测量时测船在运动着，ADCP 得到的是相对于地球坐标的流速矢量和船速矢量的合成，还需要知道船速矢量，才能计算出真正的流速大小和流向。走航式 ADCP 装有河底跟踪设施，向河底发射底跟踪声脉冲。若固定不动，根据河底返回信号测得的多普勒频移量，可解算获得测船的运动速度和方向，进而解算出水流的速度和方向。同时，根据河底返回信号可测得水深，结合时间的变化还可确定船位，由此在走航式 ADCP 测量过程中，可及时获得各部分断面面积。采用这种定位的技术方法也称为底跟踪技术。

走航式 ADCP 测量过程中，测船不仅自身有一定的航行速度和行驶方向，同时又不停地摆动晃动，因此测船上还需要安装罗经和倾斜仪。在 ADCP 测速的同时，还要利用罗经和倾斜仪不断测量方位和倾斜角。由此角度可修正计算出相对于地球坐标的流速流向。

走航式 ADCP 的测速过程比较复杂，但整个测速过程是自动化进行的，配接的计算机会直接得出流速和流量测量结果。

若河底有流沙或冲淤变化，采用底跟踪技术定位失效，因为测船、流速、河底三者相对于地球上静止物体都在运动，无法根据河底计算船速和确定测船每时刻的位置。这时需要外加 GPS 进行定位，通过 GPS 实时动态定位技术，测得测流过程中测船的速度和测船的位置。

由于声学换能器、电子技术、水声干扰学等原因，测量时会存在测不到信号的盲区。与换能器较近距离处必然有一测水位的盲区。声学多普勒测速仪器依靠接收的反射波测量多普勒频移，在靠近河底处也有一层测不到的盲区，比测水位、测深多一个河底"盲区"。在过浅的浅水区和岸边，由于存在水面河底盲区，也可能使测船不能进入，也会存在测速盲区。河底盲区的深度与仪器性能和使用频率有关，一般在 0.2～0.5m，水面、河底、岸边及浅滩测速盲区的存在，使走航式 ADCP 的测速数据不完整，只能依靠经验系数或比测数据进行推算。用于流量测验时，这三部分流量数据也只能进行估算。

三、浮标法测流

浮标法是一种简便的测流方法。在洪水较大或水面漂浮物较多，特别是在使用流速仪测流有困难的情况下，浮标法测流是一种切实可行的办法。浮标法测流的主要工作是观测浮标漂移速度，测量水道横断面，以此来推估断面流量。

凡能漂浮在水面的物体都可以制成浮标。浮标可分为水面浮标、浮杆和深水浮标等，其中以水面浮标应用最广。用水面浮标法测流时，首先在上游浮标投放断面，沿断面均匀投放浮标，投放的浮标数目大致与流速仪测流时的测速垂线数目相当。如遇特大洪水，可只在中泓投放浮标，直接选用天然漂浮物作浮标。用秒表观测各浮标流经浮标上、下断面

间的运行历时 T_i，用经纬仪测定各浮标流经浮标中断面（测流断面）的位置（定起点距）。然后将上、下浮标断面的距离 L 除以 T_i，得到各浮标的虚流速 v_f，同时绘制浮标虚流速沿河宽的分布图，从虚流速分布图上内插出相应各测深垂线处的水面虚流速，计算两条测深垂线间的部分面积 A_i 和部分平均虚流速 v_{fi}，则部分虚流量 $q_i = A_i v_{fi}$。全断面的虚流量 $Q_f = \sum q_i = \sum A_i v_{fi}$，则断面流量 Q 为断面虚流量乘以浮标系数 K_f，即 $Q = K_f Q_f$。

K_f 与浮标类型、风力风向等因素有关。K_f 值的确定有实验比测法、经验公式法和水位流量关系曲线法。在未取得浮标系数实验数据之前，可根据下列范围选用浮标系数：一般湿润地区大、中河流可取 0.85～0.90，小河取 0.75～0.85；干旱地区大、中河流可取 0.80～0.85，小河取 0.70～0.80。

第四节　泥沙测验及计算

天然河流中的泥沙经常淤积河道，并对河流的水情、水利水电工程的兴建、河流的变迁及治理产生巨大的影响，因此必须对河流泥沙运行规律及其特性进行研究。泥沙资料也是一项重要的水文信息。河流泥沙测验，就是对河流泥沙进行直接观测，为分析研究提供基本资料。

河流中的泥沙，按其运动形式可分为悬移质、推移质和河床质三类。悬移质泥沙浮于水中并随之运动；推移质泥沙受水流冲击沿河底移动或滚动；河床质泥沙则相对静止而停留在河床上。三者没有严格的界线，随水流条件的变化而相互转化。三者特性不同，测验及计算方法也各异。

一、悬移质泥沙测验

悬移质悬浮于水中并随水流运动，水流不停地把泥沙从上游输送到下游。描述河流中悬移质的情况，常用的两个定量指标是含沙量和输沙率。单位体积内所含干沙的质量，称为含沙量，以 C_s 表示，单位为 kg/m^3。单位时间流过河流某断面的干沙质量，称为输沙率，以 Q_s 表示，单位为 kg/s。断面输沙率是通过断面上含沙量测验配合断面流量测量来推求的。

（一）含沙量测验

悬移质含沙量测验的目的是推求通过河流测验断面的悬移质含沙量及其随时间的变化过程。含沙量测验，一般需要采样器从水流中采集水样。如果水样是取自固定测点，称为积点式取样；如取样时，取样瓶在测线上由上到下（或上下往返）匀速移动，称为积深式取样，该水样代表测线的平均情况。

我国目前使用较多的采样器有横式采样器（图3-13）和瓶式采样器（图3-14）。横式采样器的器身为圆筒形，容积一般为 0.5～5L。取样前把仪器安装在悬杆或悬吊着铅鱼的悬索上，使取样筒两侧的筒盖打开。取样时，将仪器放至测点位置，器身与水流方向一致，水从筒中流过。操纵开关，借助两端弹簧拉力使筒盖关闭，即可取得水样。瓶式采样器的容积一般为 0.5～2L，瓶口上安装有进水管和排气管，两管口的高差为静水头 ΔH，用不同管径的管嘴与 ΔH，可调节进口流速。取样时，将其倾斜地装在悬杆或铅鱼上，进水管迎向水流方向，放至测点位置，即可取样。

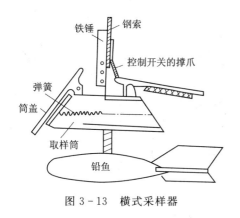

图 3-13　横式采样器

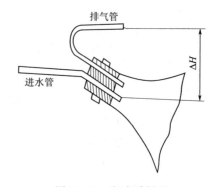

图 3-14　瓶式采样器

不论用何种方式取得的水样，都要经过量积、沉淀、过滤、烘干、称重等，才能得出一定体积浑水中的干沙质量。水样的含沙量可按下式计算

$$C_s = \frac{W_s}{V} \tag{3-22}$$

式中　C_s——水样含沙量，g/L 或 kg/m³；

$\quad\quad W_s$——水样中的干沙质量，g 或 kg；

$\quad\quad V$——水样体积，L 或 m³。

当含沙量较大时，也可使用同位素测沙仪测量含沙量。同位素测沙仪主要由铅鱼、探头和晶体管计数器等部分组成。应用时只要将仪器的探头放至测点，即可根据计数器显示的数字由工作曲线上查出测点的含沙量。它具有准确、及时、不取水样等突出优点，但应经常对工作曲线进行校正。

（二）输沙率测验

输沙率测验是由含沙量测定与流量测验两部分工作组成的，测流方法前已介绍。为了测出含沙量在断面上的变化情况，由于断面内各点含沙量不同，因此输沙率测验和流量测验相似，需在断面上布置适当数目的取样垂线，通过测定各垂线测点流速及含沙量，计算垂线平均流速及垂线平均含沙量，然后计算部分流量及部分输沙率。一般取样垂线数目不少于规范规定流速仪测法测速垂线数的一半。当水位、含沙量变化急剧时，或积累相当资料经过精简分析后，垂线数目可适当减少。但是，不论何种情况，当河宽大于 50m 时，取样垂线不应少于 5 条；水面宽小于 50m 时，取样垂线不应少于 3 条。垂线上测点的分布，视水深以及要求的精度而不同，有一点法、二点法、三点法、五点法等。

1. 垂线平均含沙量计算

根据测点的水样得出各测点的含沙量之后，可用流速加权计算垂线平均含沙量。例如畅流期的垂线平均含沙量的计算公式为

五点法

$$C_{sm} = \frac{1}{10v_m}(C_{s0.0}v_{0.0} + 3C_{s0.2}v_{0.2} + 3C_{s0.6}v_{0.6} + 2C_{s0.8}v_{0.8} + C_{s1.0}v_{1.0}) \tag{3-23}$$

三点法

$$C_{sm} = \frac{1}{3v_m}(C_{s0.2}v_{0.2} + C_{s0.6}v_{0.6} + C_{s0.8}v_{0.8}) \tag{3-24}$$

二点法

$$C_{sm} = \frac{C_{s0.2} v_{0.2} + C_{s0.8} v_{0.8}}{v_{0.2} + v_{0.8}} \tag{3-25}$$

一点法

$$C_{sm} = aC_{s0.5} \text{ 或 } C_{sm} = bC_{s0.6} \tag{3-26}$$

式中　C_{sm}——垂线平均含沙量，kg/m^3；

$\quad\quad C_{sj}$——测点含沙量，脚标 j 为该点的相对水深，kg/m^3；

$\quad\quad v_j$——测点流速，m/s；

$\quad\quad v_m$——垂线平均流速，m/s；

$\quad a$、b——系数，由多点法的资料分析确定，无资料时可用 1.0。

如果是用积深法取得的水样，其含沙量即为垂线平均含沙量。

2. 断面输沙率计算

根据各条垂线的平均含沙量 C_{smj}，配合测流计算的部分流量，即可算得断面输沙率 Q_s（t/s）为

$$Q_s = \frac{1}{1000} \left[C_{sm1} q_1 + \frac{1}{2}(C_{sm1} + C_{sm2}) q_2 + \cdots + \frac{1}{2}(C_{smn-1} + C_{smn}) q_n + C_{smn} q_n \right] \tag{3-27}$$

式中　q_i——第 i 根垂线与第 $i-1$ 根垂线间的部分流量，m^3/s；

$\quad\quad C_{smi}$——第 i 根垂线的平均含沙量，kg/m^3。

断面平均含沙量为

$$\overline{C_s} = \frac{Q_s}{Q} \times 1000 \tag{3-28}$$

（三）单位水样含沙量与单沙-断沙关系

上面求得的悬移质输沙率，是测验当时的输沙情况。而工程上往往需要一定时段内的输沙总量及输沙过程。如果要用上述测验方法来求出输沙的过程是很困难的，而且很难实现逐日逐时施测。人们从不断的实践中发现，当断面比较稳定、主流摆动不大时，断面平均含沙量与断面某一垂线平均含沙量之间有稳定关系。通过多次实测资料的分析，建立其相关关系，这种与断面平均含沙量有稳定关系的断面上有代表性的垂线和测点含沙量，称为单样含沙量，简称单沙；相应地，把断面平均含沙量简称断沙。经常性的泥沙取样工作可只在此选定的垂线（或其上的一个测点）上进行，这样便极大简化了测验工作。

根据多次实测的断面平均含沙量和单样含沙量的成果，可以单沙为纵坐标，以相应断沙为横坐标，点绘单沙与断沙的关系点，并通过点群中心绘出单沙与断沙的关系线（图3-15）。利用绘制的单沙-断沙关系，由各次单沙实测资料推求相

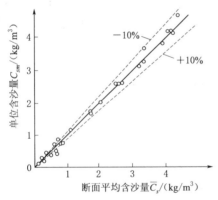

图 3-15　沱江李家湾水文站
1977 年单沙-断沙关系

应的断沙和输沙率，可进一步计算日平均输沙率、年平均输沙率及年输沙量等。

单沙的测次，平水期一般每日定时取样 1 次；含沙量变化小时，可 5～10 日取样 1 次；含沙量有明显变化时，每日应取 2 次以上。洪水时期，每次较大洪峰过程，取样次数不应少于 7～10 次。

二、推移质泥沙测验

（一）输沙率测验

推移质泥沙测验是为了测定推移质输沙率及其变化过程。推移质输沙率是指单位时间内通过测验断面的推移质泥沙质量，单位为 kg/s。测验推移质时，首先确定推移质的边界，在有推移质的范围内布设若干垂线，施测各垂线的单宽推移质输沙率，计算部分宽度上的推移质输沙率，最后累加得断面推移质输沙率（简称断推）。由于测验断推工作量大，故也可以用一条或两条垂线的推移质输沙率（称为单位推移质输沙率，简称单推）与断推建立相关关系，用经常测得的单推和单推-断推关系推求断推及其变化过程，从而使推移质测验工作大为简化。

推移质取样的方法，是将采样器放到河底直接采集推移质沙样。因此，推移质采样器应具有的一般性能是：进口流速与天然流速一致；仪器口门的下沿能贴紧河床，口门底部河床不发生淘刷；采样器的采样效率高且较稳定；便于野外操作，适用于各种水深和流速条件下取样。

由于推移质粒径不同，推移质采样器分为沙质和卵石两类。沙质推移质采样器适用于平原河流，如我国自制的黄河 59 型（图 3-16）和长江大型推移质采样器。卵石推移质采样器通常用来施测 1.0～30cm 粗粒径推移质，主要采用网式采样器，有软底网式和硬底网式（图 3-17）两种。

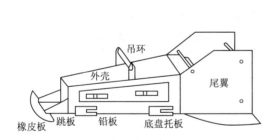

图 3-16　黄河 59 型推移质采样器

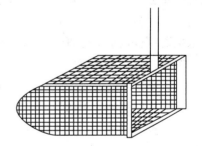

图 3-17　硬底网式采样器

（二）输沙率计算

利用推移质采样器实测输沙率，要首先计算各取样垂线的单宽推移质输沙率，即

$$q_b = \frac{100W_b}{tb_k} \tag{3-29}$$

式中　q_b——单宽推移质输沙率，g/(s·m)；

W_b——推移质沙样重，g；

t——取样历时，s；

b_k——取样器的进口宽度，cm。

断面推移质输沙率用下式计算

$$Q_b = \frac{1}{2000} K \left[q_{b1} b_1 + (q_{b1} + q_{b2}) b_2 + \cdots + (q_{bn-1} + q_{bn}) b_{n-1} + q_{bn} b_n \right] \quad (3-30)$$

式中　　　　　Q_b——断面推移质输沙率，kg/s；

$q_{b1}, q_{b2}, \cdots, q_{bn}$——各垂线单宽推移质输沙率，g/(s·m)；

$b_2, b_3, \cdots, b_{n-1}$——各取样垂线间的距离，m；

b_1, b_n——两端取样垂线至推移质运动边界的距离，m；

K——修正系数，为采样器采样效率的倒数，通过率定求得。

三、河床质泥沙测验

河床质测验的基本工作是采集测验断面或测验河段的河床质泥沙，并进行颗粒分析。河床质的颗粒级配资料可供分析研究悬移质和单宽推移质输沙率沿断面横向的变化，同时又是研究河床冲淤、利用理论公式推估推移质输沙率和河床糙率等的基本资料。

采集河床质沙样，可使用专门的河床质采样器。采样器应能取得河床表层 0.1～0.2m 以内的沙样，仪器向上提时器内沙样不得流失。国内目前使用的沙质河床质采样器有圆锥式、钻头式、悬锤式等，卵石河床质采样器有锹式、蚌式等。河床质的测验，一般只在悬移质和推移质测验做颗粒分析的各测次进行。取样垂线尽可能和悬移质、推移质输沙率测验各垂线位置相同。

第五节　水文资料收集

水文站网的定位观测工作，是观察水文现象、提供水文资料的主要途径。但是定位观测有时间和空间的局限性，往往不能满足要求，因此必须通过其他途径来收集水文资料，补充定位观测的不足，使资料更加充分，满足国民经济各部门工作的需要。由此可见，收集水文资料也是水文分析计算的基本工作之一。水文资料的来源有水文年鉴、水文手册和水文图集、水文调查等。

一、水文年鉴

水文站网观测整编的资料，按全国统一规定，分流域、干支流及上下游，每年刊布一次，称为水文年鉴。水文年鉴的主要内容包括：测站分布图；水文站说明表及位置图；测站的水位、流量、泥沙、水温、冰凌、水化学、降水量、蒸发量等资料。

二、水文手册和水文图集

水文手册和水文图集是全国及各地区水文部门在分析研究全国各地区所有水文站资料的基础上，通过地区综合分析编制出来的。它给出了全国或某一地区各种水文特征值的等值线图、经验公式、图表、关系曲线等。利用水文手册和水文图集，可计算无资料地区的水文特征值。

三、水文调查

1. 洪水调查

水利水电工程的设计洪水计算，都必须进行历史洪水的调查和考证工作。洪水调查中，对历史上大洪水的调查，有计划组织调查；当年特大洪水，应及时组织调查；对河道决口、水库溃坝等灾害性洪水，力争在情况发生时或情况发生后较短时间内，进行有关调查。

洪水调查工作包括：了解流域自然地理情况；了解调查河段的河槽情况；测量调查河段的纵横断面；必要时应在调查河段进行简易地形测量；收集有关流域及调查河段的地形图、历史文献（如省志、县志等）中有关记载、附近水文站信息及有关气象台站的气象资料；调查洪水痕迹、洪水发生的时间、灾情，测量洪水痕迹的高程；对调查成果进行分析，推算洪水总量、洪峰流量、洪水过程及重现期，最后撰写调查报告。

实地调查洪水痕迹，以便定量地求出洪水的大小，主要是访问当地老居民，如渡口工人等，仔细了解历史上洪水发生的情况，发生过几次大洪水、哪年最大、哪年次之，各次洪水发生的日期、涨落过程、河道变迁情况等，详细定出每次历史洪水痕迹的位置。一般应在河段两岸进行，调查的洪水痕迹不得少于 3 个，以便相互参证。

计算洪峰流量时，若调查的洪水痕迹靠近某一水文站，可先求水文站基本水尺断面处的洪水位高程，通过延长该站的水位-流量关系曲线，推算历史洪水的洪峰、洪量、洪水过程及重现期。

2. 暴雨调查

以降雨为洪水成因的地区，洪水的大小与暴雨大小密切相关，暴雨调查资料对洪水调查成果起旁证作用。洪水过程线的绘制、洪水的地区组成，也需要组合面上暴雨资料进行分析。

暴雨调查的主要内容有：暴雨成因、暴雨量、暴雨发生时间、暴雨变化过程、前期雨量情况、暴雨走向及当时主要风向、风力变化等。

暴雨调查有两种：调查历史暴雨和调查现代暴雨。历史暴雨又可分为远期和近期两类。对于远期暴雨，由于时隔已久，只能做定性分析。对于近期暴雨，一般通过群众对当时雨势的回忆或与近期发生的某次大暴雨对比，得出定性概念；也可通过群众设在空旷露天处的生产生活用具（如盆、桶、缸等容器）暴雨期间接纳的雨水推算出降水量，做定量估计。调查现代暴雨有时是为了了解暴雨地区分布情况，调查的条件较为有利，对雨量、雨势、降雨过程可以了解得更具体，还可参考附近雨量站记录，综合分析估算出降水量及其过程。

3. 枯水调查

枯水流量是水文分析计算中不可缺少的资料，不仅与内河航运、农田灌溉、厂矿给水有关，而且与水电建设有关。枯水水量变化的大小及其持续时间的长短，直接影响电站的发电能力，调节库容量较小的径流式电站、引水式电站与枯水水量的关系就更为密切。因此必须进行历史枯水调查，目的在于掌握江河最低水量的历史变化规律，避免因实测年限过短而对水文现象认识不足造成损失。

历史枯水的调查工作必须在水位极枯或较枯时才能进行，不像洪水调查那样随时都可以进行。河流沿岸的古代遗址、古代建筑物、记载水情的碑刻题记等考古实物以及文献资料，都是进行历史水文调查的重要资料。调查方法与洪水调查方法基本相似，一般比历史洪水调查更为困难。我国水文工作者通过几十年的调查，发现了很多有意义的史料。如四川涪陵长江江心白鹤梁石鱼题刻资料，是目前宜渝河段中保存最好、最有价值的枯水资料，是探索长江上游枯水水文规律的主要依据。经过长期调查，得到了 1200 年间长江枯水系列的宝贵资料。

第四章 水文统计的基本方法

第一节 概　　述

　　水文过程是一种自然现象，既具有必然性，也具有偶然性。例如，降水到一定程度必然会产生径流。但何时产生径流？产生多大的径流？洪峰何时出现？同样的降雨量，由于降雨过程、降雨强度、下垫面条件的差异，不可能产生完全相同的径流。换言之，必然的水文过程当中会存在很多的偶然性、随机性因素。

　　对于必然现象，可以通过物理成因分析，基于水文物理方程预估未来的结果。例如，对于降雨径流过程，可以通过产汇流分析，借助水文模型预测径流过程和洪峰大小。对于偶然性、随机性因素，则需要结合水文统计方法，通过对大量随机现象的分析找出其统计规律，借助数理统计方法，预测其未来可能的变化。这正是本章要讨论的内容，也是水文统计的目的所在。

　　概率论与数理统计是一对孪生姐妹。研究随机现象统计规律的学科称为概率论，由随机现象的一部分试验资料去研究总体现象的数字特征和规律的学科称为数理统计。概率论与数理统计密不可分，数理统计必须以概率论为理论基础；而概率论必须基于大量的数理统计和分析，才能将所获得的一些统计规律上升到理论高度。水文统计就是用概率论和数理统计的原理和方法研究水文事件发生规律的一种技术手段和方法。

　　如前所述，水文过程本身除了隐含的必然性，也具有很强的随机性，研究水文现象必然离不开数理统计，尤其是工程水文学，涉及的因素更多、更复杂，完全凭物理方程，很难获得令人信服的答案；加之很多水利工程涉及自然、社会、经济、政治等诸多影响因素，完全通过数理方程、物理成因分析难以给出确定性的解。例如，设计任何一座水利枢纽，其设计洪水标准往往是上百年，甚至上千年，需要对未来数百年甚至上千年的径流情势给出预估。由于影响径流的因素极为复杂，在目前的科学技术水平下，难以对未来上百年的径流情势做出准确预估，甚至定性预估的可靠性也难以得到保证。在这种情况下，只能基于统计规律，运用数理统计方法对径流情势做出概率预估，以满足工程的实际需要。因此，水文统计不仅是水文学研究的基本手段和方法，也是解决实际工程水文问题不可或缺的工具。

　　水文统计的目的和任务就是研究与分析水文现象的统计特征和变化规律，以此为基础对水文过程未来可能的长期变化做出概率意义下的定量预估，以满足水利工程规划、设计、施工以及管理的现实需要。

第二节　概率的基本概念

一、事件

　　事件是概率论中最基本的概念之一。所谓事件，是指在一定的条件组合下，随机试验的结果。事件可以是数量性质的，如某河某断面处的最大洪峰流量；也可以是属性性质的，如天气的风、雨、晴等。

1. 事件的分类

事件可以分为以下三类：

（1）必然事件。在一定的条件组合下，不可避免发生的事件，称为必然事件。例如，流域降雨且产流的情况下，河流中水位上升是必然事件。

（2）不可能事件。在一定的条件组合下，肯定不会发生的事件，称为不可能事件。例如，天然河流上游无人为阻水，当洪水来临时，发生断流是不可能事件。

（3）随机事件。在一定的条件组合下，随机试验中可能发生也可能不发生的事件，称为随机事件。例如，"抛一枚硬币"是一个随机试验。它的结果可能是正面朝上，也可能是反面朝上，"正面朝上"是一个随机事件。再如，在流域自然地理条件保持不变的情况下，某河某断面洪水期出现的年最大洪峰流量可能大于某一个数值，也可能小于某一个数值，事先不能确定，因而它是随机事件。必然事件与不可能事件本身没有随机性，但为了研究方便，可以把它看作随机事件的特殊情形，通常把随机事件简称为事件，并用大写字母 A，B，C，…表示。

2. 事件的关系

（1）包含/相等关系。若事件 B 发生必然导致事件 A 发生，则称事件 A 包含事件 B，记为 $B \subset A$ 或 $A \supset B$；若 $B \subset A$ 且 $B \supset A$，则称事件 A 与事件 B 相等，记为 $A = B$。

（2）互斥/相容关系。若事件 A 与事件 B 不可能同时发生，则称事件 A 与事件 B 互斥（也称互不相容）；若事件 A 与事件 B 有可能同时发生，则称事件 A 与事件 B 相容。

（3）对立关系（逆事件）。若事件 A 与事件 B 不能同时发生，且必有一个发生，则称事件 A 是事件 B 的对立事件（逆事件），或事件 B 是事件 A 的对立事件（逆事件），记为 $A = \overline{B}$ 或 $B = \overline{A}$。

（4）独立/不独立关系。一个随机试验中，若事件 A 的发生与否对事件 B 的发生没有任何影响，则称事件 A 与事件 B 是独立关系；反之，则是不独立关系。

二、概率

在等可能的条件下，随机事件在试验的结果中可能出现也可能不出现，但其出现（或不出现）的可能性大小则不相同，为了比较随机事件出现的可能性大小，必须有一个数量标准，这个数量标准就是随机事件的概率。

随机事件的概率可由下式计算

$$P(A) = \frac{K}{N} \tag{4-1}$$

式中　$P(A)$——在一定的条件组合下，出现随机事件 A 的概率；

　　　　K——有利于随机事件 A 的结果数；

　　　　N——在试验中所有可能出现的结果数。

上述计算概率的公式，只适用于古典概型事件。所谓古典概型，是指试验的所有可能结果都是等可能的，且试验可能结果的总数是有限的。

三、频率

设事件 A 在 n 次试验中出现了 m 次，则称

$$W(A)=\frac{m}{n} \qquad\qquad (4-2)$$

为事件 A 在 n 次试验中出现的频率。

当试验次数 n 不大时，事件的频率很不稳定，具有明显的随机性；但当试验次数足够大时，事件的频率与概率之差会达到任意小的程度，即频率趋于概率。这一点不仅为大量的试验和人类的实践活动所证实，而且在数学理论上也得到了证明。

频率和概率之间的这种有机联系，给解决实际问题带来了很大的方便，当事件（实际问题）不能归结为古典概型时，可以通过多次试验，把事件的频率作为事件概率的近似值。通常数学上将这样估计而得到的概率称为统计概率或经验概率。例如对于水文现象，一般都是推求事件的频率以作为概率的近似值。

第三节　随机变量的概率分布及其统计参数

一、随机变量

概率论的重要基本概念，除事件、概率外，还有随机变量。若随机事件的试验结果可用一个 X 来表示，X 随试验结果的不同而取不同的数值，虽然在一次试验中，究竟会出现哪一个数值事先无法知道，但取得某一数值却具有一定的概率，将这种随试验结果而发生变化的变量 X 称为随机变量。水文现象一般是指某种水文特征值，如某站的年径流量、洪峰流量等。

随机变量可分为离散型和连续型。

1. 离散型随机变量

若某随机变量仅能取得有限个或可列无穷多个离散数值，则称此随机变量为离散型随机变量。例如掷一颗骰子，出现的点数中只可能取得 1、2、3、4、5、6 共六种可能值，而不会取得相邻两数间的任何中间值。

2. 连续型随机变量

若某随机变量可以取得一个有限区间的任何数值，则称此随机变量为连续型随机变量。水文现象大多属于连续型随机变量。例如某站流量，可以在 0 和极限值之间变化，因而它可以是 0 与极限流量之间的任何数值。

为叙述方便，通常用大写字母表示随机变量，它的各种可能取值用相应的小写字母表示。如某随机变量为 X，它的各种可能取值记为 x。若取 n 个值，则 $X=x_1$，$X=x_2$，…，$X=x_n$。一般将 x_1，x_2，…，x_n 称为系列。

二、随机变量的概率分布

如前所述，随机变量的取值与其概率是一一对应的，一般将这种对应关系称为随机变量的概率分布。对离散型随机变量，其概率分布一般以分布列表示：

X	x_1	x_2	…	x_m	…
$P(X=x_m)$	p_1	p_2	…	p_m	…

其中，p_n 为随机变量 X 取值 x_n（$n=1$，2，…）的概率，它满足下列两个条件：

(1) $p_n \geqslant 0$（$n=1$，2，…）。

(2) $\sum p_n = 1$。

对于连续型随机变量，由于它的所有可能取值完全充满某一区间，无法用一个表格列出所有变量的可能取值。另外，连续型随机变量与离散型随机变量还有一个重要的区别：离散型随机变量可以有取得个别值的概率；而连续型随机变量取得任何个别值的概率为零，因此，无法研究个别值的概率而只能研究某个区间的概率。例如，圆周长 1m 的轮子在平板上滚动，若将轮周分成若干等份，恰巧停在 0.70～0.80m 的概率为 1/10，停在 0.70～0.71m 的概率为 1/100，但恰巧停在某一点，如 0.70m 处的概率则趋近于零（$1/\infty \to 0$）。

设有连续型随机变量 X，取值为 x，因 $X=x$ 的概率为零，所以在分析概率分布时，一般不用事件 $X=x$ 的概率，而是用事件 $X \geqslant x$ 的概率，此概率用 $P(X \geqslant x)$ 来表示。当然，同样可以研究概率 $P(X<x)$。但是，两者是可以相互转换的，故只需要研究一种。水文学上习惯研究前者，而数学上则习惯研究后者。本书遵从水文学的习惯。显然，事件 $X \geqslant x$ 的概率 $P(X \geqslant x)$ 是随随机变量取值 x 而变化的，所以 $P(X \geqslant x)$ 是 x 的函数，称为随机变量 X 的分布函数，记为 $F(x)$，即

$$F(x) = P(X \geqslant x) \tag{4-3}$$

它代表随机变量 X 大于等于某一取值 x 的概率。其几何图形如图 4-1（b）所示。图中纵坐标表示变量 x，横坐标表示概率分布函数值 $F(x)$，在数学上称此为分布曲线，而在水文学上通常称为随机变量的累积频率曲线，简称频率曲线。

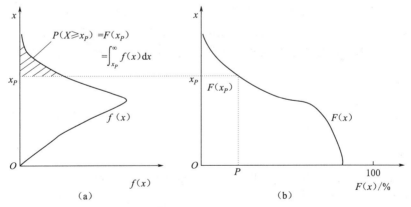

图 4-1　随机变量的概率密度函数和概率分布函数
（a）概率密度函数；（b）概率分布函数

图 4-1（b）中，当 $x=x_P$ 时，由分布曲线上查得 $F(x)=P(X \geqslant x_P)=P$，这说明随机变量大于 x_P 的可能性是 $P\%$。

分布函数导数的负值称为密度函数，记为 $f(x)$，即

$$f(x) = -F'(x) = -\frac{\mathrm{d}F(x)}{\mathrm{d}x} \tag{4-4}$$

密度函数的几何曲线称为密度曲线。水文学中习惯以纵坐标表示变量 x，横坐标表示概率

密度值 $f(x)$，如图 4-1（a）所示。

实际上，分布函数与密度函数是微分与积分的关系。因此，如果已知 $f(x)$，便可通过积分求出 $F(x)$，即

$$F(x) = P(X \geqslant x) = \int_x^\infty f(x)\mathrm{d}x \tag{4-5}$$

其对应关系如图 4-1 所示。

三、随机变量的统计参数

从统计学的观点来看，随机变量的概率分布曲线或分布函数，比较完整地描述了随机现象，然而在许多实际问题中，随机变量的分布函数不易确定。此外在很多实际问题中，有时不一定都需要用完整的形式来说明随机变量，而只需知道个别代表性的数值，能说明随机变量的主要特征即可。例如，某地的年降水量是一个随机变量，各年不同，有一定的概率分布曲线，但有时只需了解该地年降水量的大体情况，那么其多年平均降水量就是反映该地年降水量的一个重要数量指标。这种能说明随机变量统计规律的某些数字，称为随机变量的统计参数。

水文现象的统计参数能反映其基本的统计规律。而且用这些简明的数字来概括水文现象的基本特性，既具体又明确，便于对水文统计特性进行地区综合，这对计算成果的合理性分析以及解决缺乏资料地区中小河流的水文计算问题具有重要的现实意义。

统计参数有总体统计参数与样本统计参数之分。总体是某随机变量所有取值的全体，样本则是从总体中任意抽取的一部分，而样本中所包括的项数称为样本容量。水文现象的总体通常是无限的，它是指自古迄今以至未来长远岁月所有的水文系列。显然，水文随机变量的总体是不知道的，这就需要在总体不知道的情况下，靠有限的样本观测资料去估计总体统计参数或总体的分布规律，而这种估计的一个重要途径就是由样本统计参数来估计总体的统计参数。因此，有必要讲述水文随机变量的总体与样本统计参数。由于在水文分析计算中只知道样本，所以下面只讨论样本统计参数的计算。水文计算中常用的样本统计参数有以下几项。

1. 均值

设某水文变量的观测系列（样本）为 x_1，x_2，$\cdots$，x_n，则其均值为

$$\bar{x} = \frac{x_1 + x_2 + \cdots + x_n}{n} = \frac{1}{n}\sum_{i=1}^n x_i \tag{4-6}$$

均值表示系列的平均情况，它可以说明这一系列总水平的高低。例如，甲河多年平均流量 $\overline{Q}_{甲} = 2460\mathrm{m}^3/\mathrm{s}$，乙河多年平均流量 $\overline{Q}_{乙} = 20.1\mathrm{m}^3/\mathrm{s}$，则说明甲河流域的水资源比乙河流域丰富。所以均值不仅是频率曲线方程中的一个重要参数，而且是水文现象的一个重要特征值，上式两边同除以 $\bar{x}$，则得

$$1 = \frac{1}{n}\sum_{i=1}^n \frac{x_i}{\bar{x}} \tag{4-7}$$

式中　$\dfrac{x_i}{\bar{x}}$——模比系数，常用 K_i 表示，由此可得

$$\overline{K} = \frac{K_1 + K_2 + \cdots + K_n}{n} = \frac{1}{n}\sum_{i=1}^n K_i = 1 \tag{4-8}$$

式（4-8）说明，当把变量 x 的系列用其相对值即模比系数 K 的系列表示时，则其均值等于1。这是水文统计中的一个重要特征，即对于以模比系数 K 所表示的随机变量，在其频率曲线的方程中，可以减少均值 $\overline{x}$ 这一参数。

2. 均方差

由以上分析可知，均值只能反映系列中各变量的平均情况，并不能反映系列中各变量值集中或离散的程度。例如有两个系列：

第一个系列：5，10，15

第二个系列：1，10，19

这两个系列的均值相同，都为 10，但其离散程度显然不同，直观地看，第一个系列只在 5~15 变化，而第二个系列的变化范围则增大至 1~19。

研究离散程度，是以均值为中心来考查的，因此离散特征参数可用相对于分布中心的离差（差距）来计算。设以均值 $\overline{x}$ 代表分布中心，由分布中心计量随机变量的离差为 $x-\overline{x}$。因为随机变量的取值有些是大于 $\overline{x}$ 的，有些是小于 $\overline{x}$ 的，故离差有正有负，但其平均值为零，以离差本身的平均值来说明系列的离散程度是无效的。为了使离差的正值和负值不致相互抵消，一般取 $(x-\overline{x})^2$ 的平均值，然后开方作为离散程度的计量标准，并称为均方差，即

$$\sigma = \sqrt{\frac{\sum_{i=1}^{n}(x_i-\overline{x})^2}{n}} \tag{4-9}$$

均方差永远取正号，它的单位与 x 相同。不难看出，如果各变量取值 x_i 距离 $\overline{x}$ 较远，则 σ 大，即此变量分布较分散；如果 x_i 离 $\overline{x}$ 较近，则 σ 小，变量分布比较集中。

按式（4-9）计算出上述两个系列的均方差为

$$\sigma_1 = \sqrt{\frac{(5-10)^2+(10-10)^2+(15-10)^2}{3}}$$

$$= \sqrt{\frac{50}{3}} = 4.08$$

$$\sigma_2 = \sqrt{\frac{(1-10)^2+(10-10)^2+(19-10)^2}{3}}$$

$$= \sqrt{\frac{162}{3}} = 7.35$$

显然，第一个系列的离散程度小，第二个系列的离散程度大。

3. 变差系数

均方差虽然能很好地说明一个系列的离散程度，但如果两个系列的均值不同，用均方差来比较它们的离散程度就不合适了。例如有两个系列：

第一个系列：5，10，15（$\overline{x}_1=10$）

第二个系列：995，1000，1005（$\overline{x}_2=1000$）

按式（4-9）计算它们的均方差 σ 都等于 4.08，说明这两个系列的绝对离散程度是相同的，但因其均值不同，其实际离散情况却很不相同，第一个系列中的最大值和最小值与均

值之差都是 5，这相当于均值的 $\frac{1}{2}$；而第二个系列中最大值和最小值与均值之差虽然也都

是 5，但只相当于均值的 $\frac{1}{200}$，在近似计算中，这种差别甚至可以忽略不计。

为了克服以均方差衡量系列离散程度的这种缺点，数理统计中用均方差与均值之比作为衡量系列相对离散程度的一个参数，称为变差系数 C_v，又称离差系数或离势系数。变差系数为无因次数，用小数表示。其计算式为

$$C_v = \frac{\sigma}{\overline{x}} = \sqrt{\frac{\sum\limits_{i=1}^{n}(K_i - 1)^2}{n}} \qquad (4-10)$$

从式（4-10）可以看出，变差系数 C_v 可以理解为变量 x 换算成模比系数 K 以后的均方差。

在上述两个系列中，第一个系列的 $C_{v1} = \frac{4.08}{10} = 0.408$，第二个系列的 $C_{v2} = \frac{4.08}{1000} =$
0.00408，说明第一个系列的变化程度远比第二个系列为大。

对水文现象来说，C_v 的大小反映了河川径流在多年中的变化情况。例如，由于南方河流水量充沛，丰水年和枯水年的年径流量相对来说变化较小，所以南方河流的 C_v 比北方河流一般要小。又如，大河的径流可以来自流域内几个不同的气候区，可以起到互相调节的作用，所以大流域年径流的 C_v 一般比小流域的小。

4. 偏态系数

变差系数只能反映系列的离散程度，不能反映系列在均值两边的对称程度。在水文统计中，主要采用偏态系数 C_s 作为衡量系列不对称（偏态）程度的参数，其计算式为

$$C_s = \frac{\dfrac{\sum\limits_{i=1}^{n}(x_i - \overline{x})^3}{n}}{\sigma^3} = \frac{\sum\limits_{i=1}^{n}(x_i - \overline{x})^3}{n\sigma^3} \qquad (4-11)$$

式（4-11）右端的分子、分母同时除以 $\overline{x}^3$，则得

$$C_s = \frac{\sum\limits_{i=1}^{n}(K_i - 1)^3}{nC_v^3} \qquad (4-12)$$

偏态系数 C_s 也是一无因次数，当系列关于 $\overline{x}$ 对称时，$C_s = 0$，此时随机变量大于均值与小于均值的出现机会相等，亦即均值所对应的频率为 50%。当系列关于 $\overline{x}$ 不对称时，若正离差的立方占优时，$C_s > 0$，称为正偏；若负离差的立方占优时，$C_s < 0$，称为负偏。正偏情况下，随机变量大于均值比小于均值出现的机会小，亦即均值所对应的频率小于50%；负偏情况下则刚好相反。

例如，有一个系列：300，200，185，165，150，其均值 $\overline{x} = 200$，均方差 σ 按式（4-9）计算，得 $C_s = 1.59 > 0$，属正偏情况。从该系列可以看出，大于均值的只有 1 项，小于均值的则有 3 项，但 C_s 却大于 0。这是因为大于均值的项数虽少，但其比均值大得多，即

$(x-\overline{x})$ 很大，三次方后就更大；而小于均值各项的 $(x-\overline{x})$ 的绝对值都比较小，三次方后所起的作用不大。

有关上述概念，如从总体分布的密度曲线来看，就显得更加清楚。如图 4-2 所示，曲线以下的面积以均值 $\overline{x}$ 为界，对 $C_s=0$，左边等于右边；对 $C_s>0$，左边大于右边；对 $C_s<0$，左边则小于右边。

$C_s=0$ 的曲线在统计学中称为正态曲线或正态分布。自然界中的许多随机变量，如水文测量误差、抽样误差等，都服从或近似服从正态分布，这就是正态分布在概率统计中讨论得最多的原因。正态分布具有如下密度函数：

$$f(x)=\frac{1}{\sigma\sqrt{2\pi}}\mathrm{e}^{-\frac{(x-\overline{x})^2}{2\sigma^2}} \quad (-\infty<x<+\infty) \tag{4-13}$$

式 (4-13) 只包含两个参数，即均值 $\overline{x}$ 和均方差 σ。因此，若某个随机变量服从正态分布，只要求出它的 $\overline{x}$ 和 σ，则其分布便完全确定。

正态分布密度曲线（图 4-3）有以下特点：

（1）单峰。

（2）关于均值 $\overline{x}$ 对称，即 $C_s=0$。

（3）曲线两端趋于 $\pm\infty$，并以 x 轴为渐近线。

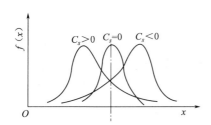

图 4-2 C_s 对密度曲线的影响

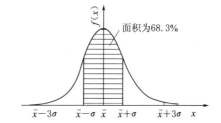

图 4-3 正态分布密度曲线

可以证明正态分布密度曲线在 $\overline{x}\pm\sigma$ 处出现拐点，并且

$$P_\sigma=\frac{1}{\sqrt{2\pi}\sigma}\int_{\overline{x}-\sigma}^{\overline{x}+\sigma}\mathrm{e}^{-\frac{(x-\overline{x})^2}{2\sigma^2}}\mathrm{d}x=0.683$$

$$P_{3\sigma}=\frac{1}{\sqrt{2\pi}\sigma}\int_{\overline{x}-3\sigma}^{\overline{x}+3\sigma}\mathrm{e}^{-\frac{(x-\overline{x})^2}{2\sigma^2}}\mathrm{d}x=0.997$$

正态分布密度曲线与 x 轴所围成的全部面积显然等于 1，也就是说，$\overline{x}\pm\sigma$ 区间所对应的面积占全部面积的 68.3%，$\overline{x}\pm3\sigma$ 区间所对应的面积占全部面积的 99.7%。正态分布的这种特性，在后面误差估算时将会应用到。

正态频率曲线在普通格纸上是一条规则的 S 形曲线，它在 $P=50\%$ 前后的曲线方向虽然相反，但形状完全一样。水文计算中常用的一种频率格纸，其横坐标的划分就是按将标准正态频率曲线拉成一条直线的原理计算的。这种频率格纸的纵坐标仍然是普通分格，但横坐标的分格是不相等的，中间分隔较密，越往两端分格越稀，其间距关于 $P=50\%$ 对称，现以横坐标轴的一半（0~50%）为例，说明频率格纸间距的确定。通过积分或查有关表格，可在普通格纸上绘出标准正态频率曲线（图 4 - 4 中①线）。由①线知，$P=50\%$ 时，$x=0$；$P=0.01\%$ 时，$x=3.72$。根据前述概念，在普通格纸上通过（50%，0）和（0.01%，3.72）两点的直线即为频率格纸上对应的标准正态频率曲线（图中②线），由①线和②线即可确定频率格纸上横坐标的分格，为醒目起见，将它画在 $O'P'$ 线上。例如，在普通分格（OP 轴）的 $P=1\%$ 处引垂线交 S 形曲线（①线）于 A 点，作水平线交直线（②线）于 B 点，再引垂线交 $O'P'$ 轴于 C 点，C 点即为频率格纸上 $P=1\%$ 的位置。同理，可确定频率格纸上其他横坐标分格（$P=5\%$，10%，20%，…）的位置。

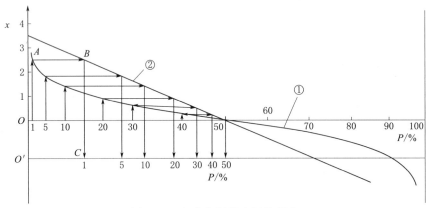

图 4 - 4　频率格纸横坐标的划分

不难证明，在频率格纸上，非标准正态频率曲线也是一条直线，其斜率随 σ 变化。

把频率曲线画在普通方格纸上，因频率曲线的两端特别陡峭，又因图幅限制，对于特小频率或特大频率，尤其是特大频率的点很难点绘在图上。频率格纸能较好地解决这个问题，所以在频率计算时，一般都将频率曲线点绘在频率格纸上。

第四节　水文频率分布线型

水利水电工程的规划设计中，常常需要知道大于或等于某一特征值的频率，即提供一定频率水文变量的数值，这就需要绘制频率曲线。水文计算中习惯上把由实测资料（样本）所绘制的频率曲线称为经验频率曲线，而把由数学方程式所表示的频率曲线称为理论频率曲线。水文频率分布线型是指理论频率曲线（频率函数）的形式，它的选择主要取决于与大多数水文资料的经验频率点据的配合情况。分布线型的选择与统计参数的估算，构成了频率计算的两大内容。由于经验频率的计算和经验频率曲线的绘制是水文频率计算的基础，且经验频率曲线在实际应用中有一定的实用性，因此在讲述理论分布线型之前，有必要先讲述经验频率曲线。

一、经验频率曲线

1. 经验频率的计算公式

设某水文要素的实测系列（样本系列）共有 n 项，按由大到小的次序排列为 x_1，x_2，…，x_m，…，x_n。则在系列中大于及等于 x_1 的出现次数为 1，其频率为 $1/n$；大于及等

于样本 x_m 的出现次数为 m，其频率为 m/n；依此类推。

上述经验频率可按下式计算

$$P = \frac{m}{n} \times 100\%$$ （4-14）

式中 P——大于及等于 x_m 的经验频率；

　　　m——x_m 的序号，即大于及等于 x_m 的项数；

　　　n——样本容量，即观测资料的总项数。

如果 n 项实测资料本身就是总体，则上述计算经验频率公式并无不合理之处。但水文资料都是样本资料，欲从这些资料来估计总体的规律，就有不合理的地方。例如，当 $m=n$ 时，最末项 x_n 的频率 $P=100\%$，即样本的末项 x_n 就是总体中的最小值，样本之外不会出现比 x_n 更小的值，这不符合实际情况。因为随着观测年数的增加，可能有更小的数值出现。因此，有必要选用更合乎实际的公式。

现行代表性的经验频率公式主要有以下几个：

数学期望公式 $$P = \frac{m}{n+1} \times 100\%$$ （4-15）

切哥达耶夫公式 $$P = \frac{m-0.3}{n+0.4} \times 100\%$$ （4-16）

海森公式 $$P = \frac{m-0.5}{n} \times 100\%$$ （4-17）

目前我国水文计算上广泛采用数学期望公式，它是建立在期望样本中某一项的频率是许多样本中同序号概率均值的条件下推导出来的。

2. 经验频率曲线绘制方法及存在问题

绘制频率曲线时，通常选取长时间序列的水文观测资料。现仅以某水文站 10 年的实测最大洪峰流量为例，说明经验频率曲线的绘制和使用方法。

具体步骤如下：

（1）将逐年实测的年最大洪峰流量（水文变量）填入表 4-1 中的第（1）、（2）栏。

表 4-1　　　　　　　　　某水文站年最大洪峰流量经验频率计算表

年份	年最大洪峰流量 Q_m/(m³/s)	序号	由大到小排列 Q_m/(m³/s)	经验频率 $P = \frac{m}{n+1} \times 100\%$
(1)	(2)	(3)	(4)	(5)
1961	720	1	2650	9.1
1962	1080	2	2060	18.2
1963	1030	3	1440	27.3
1964	1250	4	1420	36.4
1965	1440	5	1370	45.5

续表

| 年份 | 年最大洪峰流量 | | 序号 | 由大到小排列 | 经验频率 |
	$Q_m/(m^3/s)$			$Q_m/(m^3/s)$	$P=\dfrac{m}{n+1}\times100\%$
(1)	(2)		(3)	(4)	(5)
1966	1420		6	1250	54.5
1987	1120		7	1120	63.6
1968	2060		3	1080	72.7
1969	1370		9	1030	81.8
1970	2650		10	720	90.9

（2）将第（2）栏的年最大洪峰流量按大小递减次序重新排列，填入第（4）栏；第（3）栏为序号，自上而下为 1，2，…，10。

（3）按数学期望公式分别计算经验频率 P，填入第（5）栏。

（4）以第（4）栏水文变量 Q 为纵坐标，以第（5）栏的 P 为横坐标，在频率格纸上绘制经验频率点据，然后采用目估法通过点据中间连成一条光滑曲线，即为该站的年最大洪峰流量经验频率曲线，如图 4-5 所示。

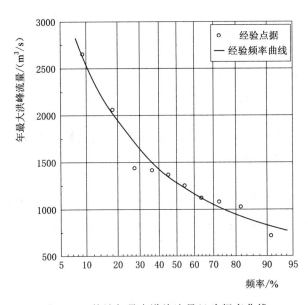

图 4-5　某站年最大洪峰流量经验频率曲线

（5）根据工程设计标准指定的频率值，在曲线上查出所需要的水文数据。如设计频率为 10%，则从图中可查得设计年最大洪峰流量为 2550m³/s。

经验频率曲线完全是根据实测资料绘出的，当实测资料较多或设计标准要求较低时，经验频率曲线尚能解决一些实际问题。但是，在工程设计时往往要推求稀遇的小频率洪水，如 $P=1\%$，0.1%，0.01%。而目前实测资料一般最多几十年，计算的经验频率点只有几十个。因此，需要查用的经验频率曲线的上端部分往往没有实测点据加以控制，所以进行曲线外延时具有相当的主观成分，会使设计水文数据的可靠程度受到影响。另外，水文要素的统计规律有一定的地区性，但是很难直接利用经验频率曲线总结出地区性的规律，没有这种地区性规律，就无法解决无实测水文资料的小流域的水文计算问题。为解决这些问题，人们提出用数学方程式表示的频率曲线来拟合经验点据，这就是理论频率曲线。

二、理论频率曲线

水文随机变量究竟服从何种分布，目前还没有充足的论证，而只能以某种理论线型近似代替。这些理论线型并不是从水文现象的物理性质方面推导出来的，而是根据经验资料从数学中已知的频率函数中选出来的。目前，国内外采用的理论频率曲线的线型已有十余种，大体上可分为三种类型：

（1）正态分布型，包括正态分布、对数正态分布及三参数对数正态分布等。

（2）极值分布型，包括耿贝尔（Gumbel）分布、通用极值分布（GEV）及韦布尔（Weibull）分布等。

（3）皮尔逊（Pearson）Ⅲ型分布型，包括皮尔逊Ⅲ型分布、对数皮尔逊Ⅲ型分布。

我国水文频率计算一般采用皮尔逊Ⅲ型频率曲线。SL 44—2006《水利水电工程设计洪水计算规范》规定，频率曲线的线型一般应采用皮尔逊Ⅲ型，特殊情况，经分析论证后也可采用其他线型。为此，本节以论述皮尔逊Ⅲ型频率曲线为主，并扼要介绍其他类型的代表线型。

1. 皮尔逊Ⅲ型分布

英国生物学家皮尔逊通过很多资料的分析研究，提出一种概括性的曲线族，包括 13 种分布曲线。其中，第Ⅲ型曲线被引入水文分析计算中，成为当前水文计算中常用的频率曲线。

皮尔逊Ⅲ型曲线（通常称为 P-Ⅲ型曲线）是一条一端有限一端无限的不对称单峰、正偏曲线，数学上称为伽马分布，其概率密度函数为

$$f(x) = \frac{\beta^\alpha}{\Gamma(\alpha)}(x - a_0)^{\alpha-1} e^{-\beta(x-a_0)} \tag{4-18}$$

式中　$\Gamma(\alpha)$——α 的伽马函数；

α、β、a_0——皮尔逊Ⅲ型分布的形状、尺度和位置参数，且 $\alpha > 0$、$\beta > 0$。

显然，α、β、a_0 三个参数确定以后，该密度函数也随之确定。可以证明，这三个参数与总体的三个统计参数 $\bar{x}$、C_v、C_s 具有下列关系

$$\left.\begin{array}{l} \alpha = \dfrac{4}{C_s^2} \\[3mm] \beta = \dfrac{2}{\bar{x} C_v C_s} \\[3mm] a_0 = \bar{x}\left(1 - \dfrac{2C_v}{C_s}\right) \end{array}\right\} \tag{4-19}$$

水文计算中，一般需要求出指定频率 P 所相应的随机变量取值 x_P，这要分析密度曲

线。通过对密度曲线进行积分，可以求出大于等于 x_P 的累积频率 P 值。

$$P = P(x \geqslant x_P) = \frac{\beta^\alpha}{\Gamma(\alpha)} \int_{x_P}^\infty (x-a_0)^{a-1} e^{-\beta(x-a_0)} \mathrm{d}x \qquad (4-20)$$

直接由式（4-20）计算 P 值较为复杂。实际做法是通过变量转换，根据拟订的 C_s 值进行积分，并将成果制成专用表格，使计算工作得到极大简化。

令

$$\Phi = \frac{x-\overline{x}}{\overline{x}C_v} \qquad (4-21)$$

则有

$$x_P = \overline{x}(1+C_v\Phi) \qquad (4-22)$$

$$\mathrm{d}x = \overline{x}C_v\mathrm{d}\Phi \qquad (4-23)$$

Φ 是标准化变量，称为离均系数，其均值为 0，标准差为 1。这样经标准化变换后，简化后可得

$$P = (\Phi > \Phi_P) = \int_{\Phi_P}^\infty f(\Phi, C_s) \mathrm{d}\Phi \qquad (4-24)$$

式中被积函数只含有一个待定参数 C_s，其他两个参数 $\overline{x}$ 和 C_v 都包括在 Φ 中，因而只要假定一个 C_s 值，便可由式（4-24）通过积分求出 P 与 Φ 之间的关系。C_s、P 与 Φ_P 的对应数值表见附表4。

在进行频率计算时，由已知的 C_s 值，查 Φ 值表得出不同 P 的 Φ_P 值，然后利用已知的 $\overline{x}$、C_v 值，通过式（4-22）即可求出与各种 P 相应的 x_P 值，从而可绘出频率曲线。必须指出，计算时如何求得皮尔逊Ⅲ型分布曲线的参数 $\overline{x}$、C_v 和 C_s，对于设计年径流和设计洪水均有不同的要求。

2. 对数正态分布

自然界中许多随机变量（如水文测量误差、抽样误差等）服从或近似服从正态分布。当随机变量 x 的对数值服从正态分布时，称 x 的分布为对数正态分布。对于两参数对数正态分布而言，变量 x 的对数为

$$y = \ln x \qquad (4-25)$$

服从正态分布时，y 的概率密度函数为

$$g(x) = \frac{1}{\sigma_y\sqrt{2\pi}} \exp\left[-\frac{(y-a_y)^2}{2\sigma_y^2}\right] \quad (-\infty < y < \infty) \qquad (4-26)$$

式中　a_y——随机变量 y 的数学期望；

　　　σ_y^2——随机变量 y 的方差。

根据随机变量的概率密度公式

$$f(x) = g(y)\left|\frac{\mathrm{d}y}{\mathrm{d}x}\right| \qquad (4-27)$$

其中

$$\left|\frac{\mathrm{d}y}{\mathrm{d}x}\right| = \frac{1}{x} \quad (x > 0)$$

即得随机变量 x 的概率密度函数为

$$f(x) = \frac{1}{x\sigma_y\sqrt{2\pi}}\exp\left[-\frac{(\ln x - a_y)^2}{2\sigma_y^2}\right] \quad (x > 0) \tag{4-28}$$

式（4-28）的概率密度函数包含了 a_y 和 σ_y 两个参数，故称为两参数对数正态曲线。

因为 $x = e^y$，故式（4-28）又可写成

$$f(x) = \frac{1}{e^y\sigma_y\sqrt{2\pi}}\exp\left[-\frac{(y - \overline{y})^2}{2\sigma_y^2}\right] \tag{4-29}$$

两参数对数正态分布的 r 阶原点矩为

$$m_r = \exp\left(ra_y + \frac{r^2\sigma_y^2}{2}\right) \quad (r = 0,1,2,\cdots)$$

而且

$$m_1 = a_x = \exp\left(a_y + \frac{\sigma_y^2}{2}\right)$$

$$m_2 = \exp(2a_y + 2\sigma_y^2)$$

$$m_3 = \exp(3a_y + 4.5\sigma_y^2)$$

由此可得 r 阶中心矩为

$$\mu_2 = [\exp(\sigma_y^2) - 1]\exp(2a_y + \sigma_y^2)$$

$$\mu_3 = \exp\left(3a_y + \frac{3\sigma_y^2}{2}\right)[\exp(\sigma_y^2) - 1]^2[\exp(\sigma_y^2) + 2]$$

于是可以得到各个统计参数，即

$$\overline{x} = \exp\left(a_y + \frac{1}{2}\sigma_y^2\right) \tag{4-30}$$

$$C_v = [\exp(\sigma_y^2) - 1]^{1/2} \tag{4-31}$$

$$C_s = [\exp(\sigma_y^2) - 1]^{1/2}[\exp(\sigma_y^2) + 2] > 0 \tag{4-32}$$

所以，两参数对数正态分布是正偏的。由上述诸式还可得到 C_v 与 C_s 的关系，即

$$C_s = 3C_v + C_v^3 \tag{4-33}$$

3. 耿贝尔分布

耿贝尔分布又称双指数型分布，它的分布曲线是从极值分布律得来的。极值分布是指样本极大值或极小值的分布函数。对于耿贝尔极大值分布，随机变量 x 的密度函数具有如下形式

$$f(x) = a\exp[-\alpha(x - x_0) - e^{-\alpha(x - x_0)}] \quad (-\infty < x < \infty) \tag{4-34}$$

式中 α、x_0——分布参数。

先使

$$\frac{d}{dx}f(x) = [-\alpha - e^{-\alpha(x - x_0)}(-\alpha)]\alpha\exp[-\alpha(x - x_0) - e^{-\alpha(x - x_0)}] = 0$$

则得

$$x = x_0$$

因此，x_0 是分布的众值。

分布函数为

$$F(x) = \int_{-\infty}^{x} f(x)\mathrm{d}x = \alpha \int_{-\infty}^{x} \exp[-\alpha(x - x_0) - \mathrm{e}^{-\alpha(x - x_0)}]\mathrm{d}x \tag{4-35}$$

令

$$t = \mathrm{e}^{-\alpha(x - x_0)}$$

则

$$F(x) = \alpha \int_{-\infty}^{t} t\,\mathrm{e}^{-t}\left(-\frac{1}{\alpha t}\right)\mathrm{d}t = \int_{-\infty}^{t} \mathrm{e}^{-t}\mathrm{d}(-t) = \exp[-\mathrm{e}^{-\alpha(x - x_0)}] \tag{4-36}$$

写成超过概率（即频率曲线），则

$$P = 1 - F(x) = 1 - \exp[-\mathrm{e}^{-\alpha(x - x_0)}] \tag{4-37}$$

耿贝尔分布的参数与各阶矩可以导出如下：

一阶原点矩（均值）　　$\mu_1 = x_0 + \dfrac{\gamma}{\alpha} = x_0 + \dfrac{0.5772156}{\alpha}$

二阶中心矩　　$\mu_2 = \dfrac{\pi^2}{6\alpha^2} = \dfrac{1.6449341}{\alpha^2}$

三阶中心矩　　$\mu_3 = \dfrac{2.4041138}{\alpha^3}$

式中　γ——欧拉常数。

由此可得：

均方差　　$\sigma = \sqrt{\mu_2} = \dfrac{\pi}{\sqrt{6}\,\alpha} = \dfrac{1.2825498}{\alpha} \tag{4-38}$

变差系数　　$C_v = \dfrac{\pi/\sqrt{6}}{\alpha x_0 + 0.5772156} = \dfrac{1.2825498}{a x_0 + 0.5772156} \tag{4-39}$

偏态系数　　$C_s = \dfrac{2S_3}{\left(\dfrac{\pi}{\sqrt{6}}\right)^3} = 1.1395471(常数) \tag{4-40}$

若用 α 和 x_0 表示分布参数，则

$$\alpha = \frac{\pi}{\sqrt{6}\,\sigma} = \frac{1.2825498}{\sigma} \tag{4-41}$$

$$x_0 = \mu_1 - \frac{\sqrt{6}\,\sigma\gamma}{\pi} = \mu_1 - 0.4500532\sigma \tag{4-42}$$

实用上，对耿贝尔分布也可以用标准化变量来计算。将式（4-41）与式（4-42）代入式（4-37），得

$$P = 1 - \exp\left\{-\exp\left[-\frac{\pi}{\sqrt{6}\,\sigma}\left(x - \mu_1 + \frac{\sqrt{6}\,\sigma\gamma}{\pi}\right)\right]\right\}$$

$$= 1 - \exp\left\{-\exp\left[-\frac{\pi}{\sqrt{6}\,\sigma}\left(\frac{x - \mu_1}{\sigma}\right)\right] - \gamma\right\} \tag{4-43}$$

令

$$\Phi_P = \frac{x_P - \mu_1}{\sigma}$$

于是有

$$\frac{\pi}{\sqrt{6}} \Phi + \gamma = -\ln[-\ln(1-P)] \qquad (4-44)$$

$$\Phi = -\frac{\sqrt{6}}{\pi} \{\gamma + \ln[-\ln(1-P)]\}$$

$$= 0.4500532 - 0.7796968[-\ln(1-P)] \qquad (4-45)$$

同时

$$x_P = \mu_1 + \Phi_P \sigma \qquad (4-46)$$

由此可见，P 值只有一个 Φ 与之相对应。因此，根据式（4-45）就可以制成超过概率 P 对应的标准化变量（即离均系数）Φ 值表，从而求得 x_P。

当 $\Phi = 0$，即 $x = \mu_1$，由式（4-45）可得 $P = 1 - \exp(-e^{-\gamma}) = 0.4296$，说明数学期望值固定在 $P = 42.96\%$ 处。

三、频率与重现期的关系

由于频率一词比较抽象，为便于理解，实用上常采用重现期与频率并用。所谓重现期，是指某随机变量的取值在长时期内平均多少年出现一次，也称多少年一遇。频率 P 与重现期 T 的关系，对下列两种情况有不同的表示方法。

（1）当为了防洪研究暴雨洪水问题时，一般设计频率 P 小于 50%，则

$$T = \frac{1}{P} \qquad (4-47)$$

式中　T——重现期，以年计；

P——频率，以小数或百分数计。

例如，当设计洪水的频率采用 $P = 1\%$ 时，代入上式得 $T = 100$ 年，称为百年一遇洪水。

（2）当考虑水库兴利调节研究枯水问题时，为了保证灌溉、发电及供水等用水需要，设计频率 P 常采用大于 50%，则

$$T = \frac{1}{1-P} \qquad (4-48)$$

例如，当灌溉设计保证率 $P = 80\%$ 时，代入式（4-48）得 $T = 5$ 年，称为以五年一遇的枯水年作为设计来水的标准。即平均五年中有一年来水小于此枯水年的水量，而其余四年的来水等于或大于此数值，说明平均具有 80% 的可靠程度。

必须指出，由于水文现象一般并无固定的周期性，频率是指多年中的平均出现机会，重现期也是指多年中平均若干年可以出现一次。例如百年一遇的洪水，是指大于或等于这样的洪水在长时期内平均 100 年发生一次，而不能理解为恰好每隔 100 年遇上一次。对于某具体的 100 年来说，超过这样的洪水可能有几次，也可能一次都不出现。

第五节　皮尔逊Ⅲ型分布参数估计方法

水文频率分布线型选定后，之后的工作就是确定参数。由上节可知，皮尔逊Ⅲ型和对数皮尔逊Ⅲ型曲线中都包含有均值 $\overline{x}$、变差系数 C_v 和偏态系数 C_s 三个独立的参数。一旦这三个参数确定，其分布就完全确定。由于水文变量的总体不可能知道，这就需要用有限的样本观测资料去估计总体分布线型中的参数，故称为参数估计。如何合理估计参数，将直接影响工程的设计标准、投资数量和经济效益。因此，参数估计在水文频率分析计算中至关重要。

目前参数估计的方法很多，各有其优缺点，本节只介绍四种方法，即矩法、三点法、权函数法和抽样误差法。由于皮尔逊Ⅲ型曲线用得最多，加之对数皮尔逊Ⅲ型的参数估计可归结为皮尔逊Ⅲ型的参数估计（研究取对数后的水文系列即可），所以本节的参数估计方法只针对皮尔逊Ⅲ型分布。

一、矩法

随机变量 X 对原点离差的 k 次幂的数学期望 $E(X^k)$，称为随机变量 X 的 k 阶原点矩；而随机变量 X 对分布中心 $E(X)$ 离差的 k 次幂的数学期望 $E\{[x-E(x)]^k\}$，则称为 X 的 k 阶中心矩。水文分析计算中，通常称均值、变差系数、偏态系数的计算式（4-6）、式（4-10）及式（4-11）为矩法公式，这是因为均值的计算式就是样本的一阶原点矩。均方差的计算式（4-9）为二阶中心矩开方，偏态系数计算式（4-11）中的分子则为三阶中心矩。

式（4-6）、式（4-10）及式（4-11）只是样本统计参数的计算式，它们与相应的总体同名参数不一定相等，但希望由样本系列计算出来的统计参数与总体更接近，因此需将上述公式加以修正，这就是无偏估值公式或渐近无偏估值公式。

若 $\hat{\theta}$ 为未知参数 θ 的估计量，且 $E(\hat{\theta})=\theta$，则称 $\hat{\theta}$ 为 θ 的无偏估计量。

若 $\hat{\theta}_n$ 为未知参数 θ 的估计量（$\hat{\theta}_n$ 与样本容量有关），且

$$\lim_{n \to \infty} E(\hat{\theta}_n)=\theta$$

则称 $\hat{\theta}_n$ 为 θ 的渐近无偏估计量。

按上述定义，可以将式（4-6）、式（4-10）及式（4-11）做如下表示和修正。

$$\overline{x}=\frac{1}{n}\sum_{i=1}^{n}x_i \tag{4-49}$$

$$C_v=\sqrt{\frac{n}{n-1}}\sqrt{\frac{\sum\limits_{i=1}^{n}(K_i-1)^2}{n}}=\sqrt{\frac{\sum\limits_{i=1}^{n}(K_i-1)^2}{n-1}} \tag{4-50}$$

$$C_s=\frac{n^2}{(n-1)(n-2)}\frac{\sum\limits_{i=1}^{n}(K_i-1)^2}{nC_v^2}\approx\frac{\sum\limits_{i=1}^{n}(K_i-1)^2}{(n-3)C_v^2} \quad （当 n 较大时） \tag{4-51}$$

水文计算人员习惯称上述三式为无偏估值公式。但实际上，后两个公式估计出的 C_v

和 C_s 仍然是有偏的（渐近无偏）。必须指出，并不是说用上述无偏估值公式计算出来的参数就代表总体参数，而是说有很多个同容量的样本资料，用上述三式计算出来的统计参数的均值，可望等于总体的同名参数。在现行水文频率计算中，当用矩法估计参数时，一般习惯都是用上述三式估算总体的参数，以作为配线法的参考数值，尽管后两个公式并不是精确的无偏估值公式。

二、三点法

当资料系列较长时，按无偏估值公式计算 $\overline{x}$、C_s 的工作量较大，而三点法则比较简便。因为皮尔逊Ⅲ型曲线的方程中包含有 $\overline{x}$、C_v、C_s 三个参数，如果待求的皮尔逊Ⅲ型曲线已经画出，就可以从该曲线上任取 3 个点，其坐标为 (x_{P1}, P_1)、(x_{P2}, P_2) 及 (x_{P3}, P_3)；把这 3 个点的纵坐标值代入原方程中，便得到 3 个方程；联解便可求得 3 个参数值，这就是三点法的基本思路。但是，现在的问题是皮尔逊Ⅲ型曲线待求，只有知道了 3 个参数后才能画出。

实际的做法是，先按照经验频率点绘出经验频率曲线，在此曲线上读取 3 点，并假定这 3 个点就在待求的皮尔逊Ⅲ型曲线上。这样，可由式（4-22）建立如下的联立方程：

$$\left.\begin{array}{l} x_{P1} = \overline{x} + \sigma\Phi(P_1, C_s) \\ x_{P2} = \overline{x} + \sigma\Phi(P_2, C_s) \\ x_{P3} = \overline{x} + \sigma\Phi(P_3, C_s) \end{array}\right\} \tag{4-52}$$

解上述方程组，消去均方差 σ，得到

$$\frac{x_{P1} + x_{P3} - 2x_{P2}}{x_{P1} - x_{P3}} = \frac{\Phi(P_1, C_s) + \Phi(P_3, C_s) - 2\Phi(P_2, C_s)}{\Phi(P_1, C_s) - \Phi(P_3, C_s)} \tag{4-53}$$

令

$$S = \frac{x_{P1} + x_{P3} - 2x_{P2}}{x_{P1} - x_{P3}} \tag{4-54}$$

并定名 S 为偏度系数，当 P_1、P_2、P_3 已取定时，则有

$$S = M(C_s) \tag{4-55}$$

有关 S 和 C_s 的关系已制成表格，见附表 3。由式（4-54）求得 S 后，查表即可得到 C_s 值，三点法中的 P_2 一般都取 50%，P_1 和 P_3 则取对称值，即 $P_3 = 1 - P_1$。若系列项数 n 在 20 左右，可取 $P = 5\%$、50%、95%；若 n 在 30 左右，则可取 $P = 3\%$、50%、97%；依此类推。

再由式（4-52）可得

$$\sigma = \frac{x_{P1} - x_{P3}}{\Phi(P_1, C_s) - \Phi(P_3, C_s)} \tag{4-56}$$

即

$$\overline{x} = x_{P2} - \sigma\Phi(P_2, C_s) = x_{50\%} - \sigma\Phi_{50\%} \tag{4-57}$$

其中 $[\Phi(P_1, C_s) - \Phi(P_3, C_s)]$ 及 $\Phi_{50\%}$ 只与 C_s 有关，其关系也已制成表，见附表 4。这样由前面的 C_s 即可确定 $[\Phi(P_1, C_s) - \Phi(P_3, C_s)]$ 及 $\Phi_{50\%}$ 的值，进而可确定 σ、$\overline{x}$。

最后，由 σ 和 $\overline{x}$ 便可计算 C_v 值，即

$$C_v = \frac{\sigma}{\overline{x}}$$

　　三点法非常简单，但致命弱点是难以得到三个点的精确位置。一般在目估的经验频率曲线上选取，结果因人而异，有一定的任意性。与矩法一样，三点法在使用中很少单独使用，一般都是与配线法相结合，作为配线法初选参数的一种手段。

三、权函数法

　　用矩法和三点法估计皮尔逊Ⅲ型分布的三个参数时，由于方法本身的缺陷会产生一定的计算误差，尤以 C_s 的计算误差较大，致使结果严重失真。为提高参数 C_s 的计算精度，水文学者提出了不少估计方法，如极大似然法、各种单参数修正方法等。其中比较有效的方法为权函数法，该法由我国学者马秀峰于 1984 年正式提出，其实质在于用一阶、二阶权函数矩来推求 C_s。实践证明，权函数法有较高的精度。

　　对皮尔逊Ⅲ型密度函数式（4-18）两端取对数，得

$$\ln f(x) = \ln \frac{\beta^{\alpha}}{\Gamma(\alpha)} + (\alpha - 1)\ln(x - a_0) - \beta(x - a_0)$$

　　将上式两边求导，并利用关系式 $\dfrac{\alpha}{\beta} = \overline{x} - a$，化简可得

$$\frac{f'(x)}{f(x)} = \frac{\alpha - 1 - \beta(x - a_0)}{x - a_0} = -\frac{1 + \beta(x - \overline{x})}{x - a_0}$$

即

$$(x - a_0)f'(x) = -[1 + \beta(x - \overline{x})]f(x)$$

　　上式两边乘以权函数 $\varphi(x)$，再积分，则有

$$\int_{a_0}^{\infty}(x - a_0)\varphi(x)f'(x)\mathrm{d}x = -\int_{a_0}^{\infty}[1 + \beta(x - \overline{x})]\varphi(x)f(x)\mathrm{d}x$$

　　将左边分部积分，并利用皮尔逊Ⅲ型曲线的性质

$$\lim_{x \to a_0}f(x) = \lim_{x \to \infty}f(x) = 0$$

则上面含有积分的方程可化为

$$a_0\int_{a_0}^{\infty}\varphi'(x)f(x)\mathrm{d}x + \beta\int_{a_0}^{\infty}(x - \overline{x})\varphi(x)f(x)\mathrm{d}x = \int_{a_0}^{\infty}x\varphi'(x)f(x)\mathrm{d}x \quad (4-58)$$

　　利用式（4-20），则可由式（4-58）解出 C_s，即

$$C_s = \frac{2}{\sigma}\frac{\displaystyle\int_{a_0}^{\infty}(x - \overline{x})\varphi(x)f(x)\mathrm{d}x - \sigma^2\int_{a_0}^{\infty}\varphi'(x)f(x)\mathrm{d}x}{\displaystyle\int_{a_0}^{\infty}(x - \overline{x})\varphi'(x)f(x)\mathrm{d}x} \quad (4-59)$$

　　问题是：如何选取一个权函数 $\varphi(x)$，使得用"有限和"取代式（4-59）中的"无限积分"时 C_s 具有最高的计算精度。

　　权函数的选取应满足以下两个条件：

　　(1) $\varphi(x)$ 非负且连续可微。

　　(2) $\int_{a_0}^{\infty}\varphi(x)\mathrm{d}x = 1$。

　　用式（4-59）计算 C_s，要想保持一定的计算精度，一个必要条件是该公式分母的积分运算，不因正负相消而失去有效数字，为此所选的权函数必须使函数 $(x - \overline{x})\varphi'(x)$ 在区间 (a_0, ∞) 不改变符号，为满足这一条件，可取

$$\sigma^2\varphi'(x) = -\lambda(x - \overline{x})\varphi(x) \quad (4-60)$$

求解上述微分方程，得

$$\varphi(x) = C e^{-\frac{\lambda}{2}\left(\frac{x-\overline{x}}{\sigma}\right)^2} \tag{4-61}$$

式中 λ——控制计算精度而设置的待定常数，$\lambda > 0$，大量的计算表明，取 $\lambda = 1$ 具有较好的效果。

由 $\lambda = 1$ 和 $\int_{a_0}^{\infty} \varphi(x)\mathrm{d}x = 1$ 可求出积分常数

$$C = \frac{1}{\sqrt{2\pi}\,\sigma}$$

即

$$\varphi(x) = \frac{1}{\sqrt{2\pi}\,\sigma} e^{-\frac{(x-\overline{x})^2}{2\sigma^2}} \tag{4-62}$$

由式（4-62）可知，所选取的权函数为一正态分布的密度函数。

将式（4-62）代入式（4-59），并经整理可导出

$$C_s = -4\sigma \frac{E}{G} = -4\overline{x}C_0 \frac{E}{G} \tag{4-63}$$

其中

$$E = \int_{a_0}^{\infty} (x-\overline{x})\varphi(x)f(x)\mathrm{d}x \approx \frac{1}{n}\sum_{i=1}^{n}(x_i-\overline{x})\varphi(x_i) \tag{4-64}$$

$$G = \int_{a_0}^{\infty} (x-\overline{x})^2\varphi(x)f(x)\mathrm{d}x \approx \frac{1}{n}\sum_{i=1}^{n}(x_i-\overline{x})^2\varphi(x_i) \tag{4-65}$$

式（4-63）~式（4-65）便是用权函数法计算皮尔逊Ⅲ型频率曲线参数 C_s 的具体形式，其中式（4-64）和式（4-65）可分别理解为一阶与二阶加权中心矩。

四、抽样误差法

由于水文系列的总体往往无限，目前的实测资料仅是一个样本。显然，由有限的样本资料来估计总体的相应统计参数值，总带有一定的误差。这种误差与计算误差不同，它是由随机抽样引起的，称为抽样误差。为叙述方便，下面仅以矩法的样本均值为例，说明抽样误差的概念和估算方法。

假设从某随机变量的总体中随意抽取 k 个容量相同的样本，分别计算出各个样本的均值 $\overline{x}_1$，$\overline{x}_2$，$\overline{x}_3$，…，$\overline{x}_k$，这些均值对其总体均值 $\overline{x}_总$ 的抽样误差为 $\Delta\overline{x}_i = \overline{x}_i - \overline{x}_总$（$i=1$，$2$，…，$k$）。抽样误差 $\Delta\overline{x}$ 有大有小，各种数值出现的机会不同，即每一数值都有一定的概率。也就是说，抽样误差也是随机变量，也有其分布，称为抽样误差分布。由误差分布理论可知，抽样误差可近似服从正态分布。因此，$\overline{x}$ 的抽样分布与 $\Delta\overline{x}$ 的分布相同，也近似服从正态分布（因为它们相差一常数）。

可以证明，当样本数很多时，均值抽样分布的数学期望正好是总体的均值 $\overline{x}_总$。因此，可以用抽样分布中的均方差（标准差）$\sigma_{\overline{x}}$ 作为度量抽样误差的指标，$\sigma_{\overline{x}}$ 大表示抽样误差大，$\sigma_{\overline{x}}$ 小表示抽样误差小，为区别起见，把 $\sigma_{\overline{x}}$ 称为样本均值的均方误。

由正态分布的性质知

$$P(\overline{x}-\sigma_{\overline{x}} \leqslant \overline{x}_总 \leqslant \overline{x}+\sigma_{\overline{x}}) = 68.3\%$$

$$P(\overline{x}-3\sigma_{\overline{x}} \leqslant \overline{x}_总 \leqslant \overline{x}+3\sigma_{\overline{x}}) = 99.7\%$$

也就是说，如果随机抽样取一个样本，以此样本的均值作为总体均值的估计值，则

68.3％的可能性误差不超过 $\sigma_{\overline{x}}$，有 99.7％ 的可能性误差不超过 $3\sigma_{\overline{x}}$。

以上对样本均值抽样误差的讨论，同样也适用于其他样本参数。σ、C_v 和 C_s 的抽样误差也分别用 σ_σ、σ_{C_v} 和 σ_{C_s} 来度量，它们分别表示 σ、C_v 和 C_s 的抽样均方误。根据统计学理论，可推导出各参数的均方误公式，它们与总体分布有关。

当总体为皮尔逊Ⅲ型分布且用矩法公式（4-49)～式（4-51）估算参数时，样本参数的均方误公式为

$$\sigma_{\overline{x}} = \frac{\sigma}{\sqrt{n}} \tag{4-66}$$

$$\sigma_\sigma = \frac{\sigma}{\sqrt{2n}}\sqrt{1+\frac{3}{4}C_s^2} \tag{4-67}$$

$$\sigma_{C_v} = \frac{C_v}{\sqrt{2n}}\sqrt{1+2C_v^2+\frac{3}{4}C_s^2-2C_vC_s} \tag{4-68}$$

$$\sigma_{C_s} = \sqrt{\frac{6}{n}\left(1+\frac{3}{2}C_v^3+\frac{5}{16}C_s^6\right)} \tag{4-69}$$

上述误差公式，只是许多容量相同的样本误差的平均情况，至于某个实际样本的误差可能小于这些误差，也可能大于这些误差，不是公式所能估算的。样本实际误差的大小要视样本对总体的代表性高低而定。

表 4-2 列出了皮尔逊Ⅲ型分布 $C_s=2C_v$ 时各特征数的抽样误差。从表中可以看出，样本均值 $\overline{x}$ 和变差系数 C_v 的均方误相对较小，而偏态系数 C_s 的均方误则很大。例如，当 $n=10$ 时，则 C_s 的相对误差更大，在 128％ 以上，即超出了 C_s 本身的数值。水文资料系列一般都少于 100 年，由资料直接根据矩法公式计算 C_s 的相对误差太大，难以满足实际要求。因此，工程水文计算中，一般不直接使用矩法估算参数，而是广泛采用配线法，矩法、三点法以及权函数法均可作为配线法初选参数的一种手段，且在使用矩法初选参数时，一般不计算 C_s，而是假定 C_s 为 C_v 的某一倍数，这就是下一节所要介绍的内容。

表 4-2　　　　　　　　　　样本参数的均方误（相对误差，100％）

参　　数		$\overline{x}$				C_v				C_s			
n		100	50	25	10	100	50	25	10	100	50	25	10
C_v	0.1	1	1	2	3	7	10	14	22	126	178	252	390
	0.3	3	4	6	10	7	10	15	23	51	72	102	162
	0.5	5	7	10	12	8	11	16	25	41	58	82	130
	0.7	7	10	14	22	9	12	17	27	40	56	80	128
	1.0	10	14	20	23	10	14	20	32	42	60	85	134

第六节　现行水文频率计算方法——配线法

配线法（或称适线法）是以经验频率点据为基础，在一定的配线准则下，给它们选配

一条匹配程度较高的理论频率曲线，并以此来估计水文要素总体的统计规律。求解与经验点据拟合最佳的频率曲线参数，是我国估计水文频率曲线统计参数最主要的方法。配线法有两大类：目估配线法和优化配线法。其中，优化配线法是在一定的配线准则（即目标函数）下，求解与经验点据拟合最优的频率曲线统计参数的方法。优化配线法按不同的配线准则分为三种：离差平方和最小准则（OLS）、离差绝对值和最小准则（ABS）、相对离差平方和最小准则（VLS），其中以离差平方和最小准则（OLS）最常见。

一、目估配线法步骤

目估配线法以经验频率点据为基础，选配匹配程度较好的频率曲线，并基于该曲线估计水文要素总体的统计规律，具体步骤如下：

（1）点绘经验频率点据。将实测资料由大到小排列，计算各项的经验频率，在频率格纸上点绘经验点据（纵坐标为变量值，横坐标为对应的经验频率）。

（2）选定水文频率分布线型（一般选用皮尔逊Ⅲ型）。

（3）假定一组参数 $\bar{x}$、C_v 和 C_s。为了使假定值大致接近实际，可用矩法、三点法以及权函数法求出三个参数的值，作为第一次的 $\bar{x}$、C_v 和 C_s 的假定值。当用矩法估计时，因 C_s 的抽样误差太大，一般不计算 C_s，而是根据经验假定 C_s 为 C_v 的某一倍数。

（4）根据假定的 $\bar{x}$、C_v 和 C_s，查附表4，计算 x_P 值。以 x_P 为纵坐标，P 为横坐标，即可得到频率曲线。将此线画在绘有经验点据的图上，查看与经验点据匹配的情况。若不理想，则修改参数，再次进行计算，主要调整 C_v 及 C_s。

（5）最后根据频率曲线与经验点据的配合情况，从中选择一条与经验点据配合较好的曲线作为采样曲线，相应于该曲线的参数便看作总体参数的估值。

（6）求指定频率的水文变量设计值。

由以上可以看出，目估配线法层次清楚、图像显明、方法灵活、操作容易，所以在水文计算中广泛应用。

二、统计参数对频率曲线的影响

为能够避免在配线过程中修改参数的盲目性，了解统计参数对频率曲线可能造成的影响十分必要。配线过程中涉及改变的参数包括：均值 $\bar{x}$、变差系数 C_v 及偏态系数 C_s。

1. 均值 $\bar{x}$ 对频率曲线的影响

当皮尔逊Ⅲ型频率曲线的其余参数 C_v 与 C_s 不变时，均值 $\bar{x}$ 的改变，可以使频率曲线发生很大的变化。假设 $C_v=0.5$、$C_s=1$，而 $\bar{x}$ 分别为 50、75 及 100 的 3 条皮尔逊Ⅲ型曲线同绘于图4-6中。从图中可总结出以下两个规律：

（1）C_v 与 C_s 相同时，由于均值的差异，

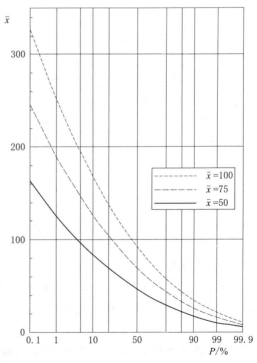

图4-6　$C_v=0.5$、$C_s=1$ 时，

不同 $\bar{x}$ 对频率曲线的影响

频率曲线的位置也不同,均值大的频率曲线位于均值较小的频率曲线之上。

(2)均值大的频率曲线比均值小的频率曲线陡。

2. 变差系数 C_v 对频率曲线的影响

为了消除均值的影响,以模比系数 K 为变量绘制频率曲线,如图 4-7 所示。图中 $C_s=1$,$C_v=0$ 时,说明随机变量的取值都等于均值,故频率曲线即 $K=1$ 的一条水平线。C_v 越大,说明随机变量相对均值越离散,因而频率曲线将越偏离 $K=1$ 的水平线。随着 C_v 的增大,频率曲线的偏离程度随之增大,频率曲线也越陡。

3. 偏态系数 C_s 对频率曲线的影响

图 4-8 所示为 $C_v=0.1$ 时不同 C_s 对频率曲线的影响情况。从图中可以看出,正偏情况下,C_s 越大,均值(即图中 $K=1$)对应的频率越小,频率曲线的中部越向左偏,且上段越陡,下段越平缓。

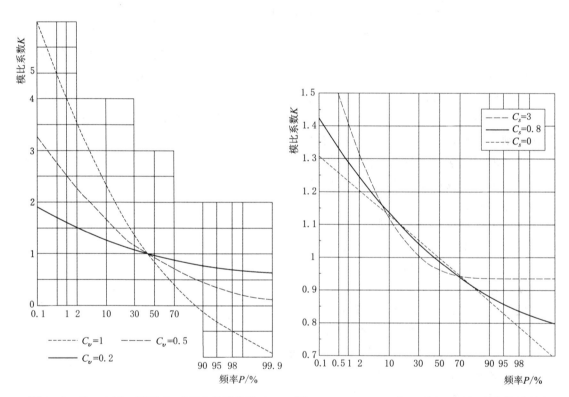

图 4-7　$C_s=1$ 时,不同 C_v 对频率曲线的影响　　图 4-8　$C_v=0.1$ 时,不同 C_s 对频率曲线的影响

三、计算实例

【例 4-1】 已知某水利枢纽处实测 21 年的年最大洪峰流量计算资料列于表 4-3 中第 (1)、(2)栏。试根据该资料用矩法初选参数配线,并推求百年一遇的洪峰流量。具体步骤如下:

(1)点绘经验频率曲线。将原始资料按由大到小的顺序排列,列入表 4-3 中第 (4)栏;用公式 $P=\dfrac{m}{n+1}\times100\%$ 计算经验频率,列入表 4-3 中第 (8)栏,并将第 (4)栏与

第（8）栏的数据对应点绘在经验频率格纸上（图4-9）。

表4-3 某水利枢纽处年最大洪峰流量频率计算表

年份	洪峰流量 $Q_i/(\mathrm{m^3/s})$	序号	由大到小排列 $Q_i/(\mathrm{m^3/s})$	模比系数 K_i	K_i-1	$(K_i-1)^2$	$P=\dfrac{m}{n+1}\times100\%$
(1)	(2)	(3)	(4)	(5)	(6)	(7)	(8)
1945	1540	1	2750	2.21	1.21	1.46	4.5
1946	980	2	2390	1.92	0.92	0.846	9.1
1947	1090	3	1860	1.49	0.49	0.240	13.6
1948	1050	4	1740	1.40	0.40	0.157	18.2
1949	1860	5	1540	1.24	0.24	0.0556	22.7
1950	1140	6	1520	1.22	0.22	0.0483	27.3
1951	790	7	1270	1.02	0.02	0.0004	31.8
1952	2750	8	1260	1.01	0.01	0.0001	36.4
1953	762	9	1210	0.971	−0.029	0.0008	40.9
1954	2390	10	1200	0.963	−0.037	0.0014	45.5
1955	1210	11	1140	0.915	−0.085	0.0073	50.0
1956	1270	12	1090	0.875	−0.125	0.0157	54.5
1957	1200	13	1050	0.843	−0.157	0.0248	59.1
1958	1740	14	1050	0.843	−0.157	0.0248	63.6
1959	883	15	980	0.787	−0.213	0.0456	68.2
1960	1260	16	883	0.709	−0.291	0.0849	72.7
1961	408	17	794	0.637	−0.363	0.1317	77.3
1962	1050	18	790	0.634	−0.366	0.1340	81.8
1963	1520	19	762	0.612	−0.388	0.1510	86.4
1964	483	20	483	0.388	−0.612	0.3751	90.9
1965	794	21	408	0.327	−0.673	0.4524	95.5
总和	26170		26170	21.0	3.499 −3.499	4.252	

（2）按无偏估值公式计算统计参数。

1）计算年最大洪峰流量的均值。

$$\overline{Q}=\frac{\sum\limits_{i=1}^{n}Q_i}{n}=\frac{26170}{21}=1246(\mathrm{m^3/s})$$

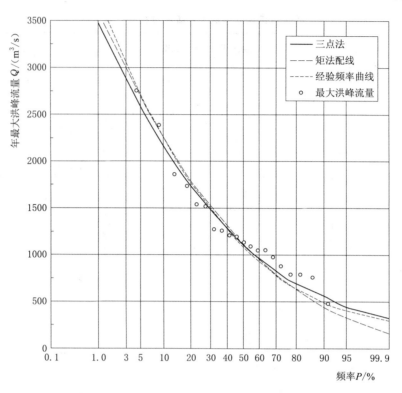

图 4-9　某水利枢纽处年最大洪峰流量频率曲线

式中，$\sum\limits_{i=1}^{n} Q_i = 26170 \text{m}^3/\text{s}$ 为表 4-3 中第（4）栏中的总和。

2）计算变差系数。

$$C_v = \sqrt{\dfrac{\sum\limits_{i=1}^{n}(K_i-1)^2}{n-1}} = \sqrt{\dfrac{4.252}{21-1}} = 0.46$$

式中，$K_i = \dfrac{Q_i}{\overline{Q}}$ 为各项的模比系数，列于表中第（5）栏；$\sum\limits_{i=1}^{n}(K_i-1)^2 = 4.252$ 为第（7）栏的总和。

（3）选配理论频率曲线。

1）$\overline{Q} = 1246 \text{m}^3/\text{s}$，取 $C_v = 0.5$，并假定 $C_s = 2C_v = 1$，查附表 4，得出相应于不同频率 P 的 K_P 值，列入表 4-4 中第（2）栏，乘以 $\overline{Q}$ 得相应的 Q_P 值，列入表 4-4 中第（3）栏。

将表 4-4 中第（1）、（3）两栏的对应数值点绘曲线，发现理论频率曲线的中段与经验频率点据配合较好，但头部偏于经验频率点据的下方，而尾部又偏于经验频率点的上方。

表 4 - 4 理论频率曲线选配计算表

频率 $P/\%$	第 一 次 配 线 $\overline{Q}=1246\text{m}^3/\text{s}$ $C_v=0.5$ $C_s=2C_v=1$		第 二 次 配 线 $\overline{Q}=1246\text{m}^3/\text{s}$ $C_v=0.6$ $C_s=2C_v=1.2$		第 三 次 配 线 $\overline{Q}=1246\text{m}^3/\text{s}$ $C_v=0.6$ $C_s=2.5C_v=1.5$	
	K_P	Q_P	K_P	Q_P	K_P	Q_P
(1)	(2)	(3)	(4)	(5)	(6)	(7)
1	2.51	3127	2.89	3601	3	3738
5	1.94	2417	2.15	2679	2.17	2704
10	1.67	2081	1.8	2243	1.8	2243
20	1.38	1719	1.44	1794	1.42	1769
50	0.92	1146	0.89	1109	0.86	1072
75	0.64	797	0.56	698	0.56	698
90	0.44	548	0.35	436	0.39	486
95	0.34	424	0.26	324	0.32	399
99	0.21	262	0.13	162	0.24	299

2）改变参数，重新配线。根据第一次配线结果，需要增大 C_v 值。现取 $C_v=0.6$，$C_s=2C_v=1.2$，再查附表 4，得相应于不同 P 的 K_P 值，并计算各 Q_P 值，列于表 4 - 4 中第（4）、（5）栏，经与经验点据配合，发现头部配合较好，但尾部与经验点据偏低较多。

3）再次改变参数，第三次配线。在第二次配线的基础上，为使尾部抬高一些与经验点据相匹配，需增大 C_s 值。因此，取 $C_v=0.6$，$C_s=2.5C_v=1.5$，再次计算理论频率曲线，与经验点据配合较为合适，即作为采用的理论频率曲线（图 4 - 9）。

（4）推求百年一遇的设计洪峰流量。由图 4 - 9，查 $P=1\%$ 对应的流量 $Q_P=3730\text{m}^3/\text{s}$。

【例 4 - 2】 采用［例 4 - 1］的最大洪峰流量资料，按三点法初选参数进行配线。具体步骤如下：

（1）点绘经验频率曲线，如图 4 - 9 中虚线所示。

（2）从经验频率曲线上读得 $Q_{5\%}=2600\text{m}^3/\text{s}$，$Q_{50\%}=1100\text{m}^3/\text{s}$，$Q_{95\%}=408\text{m}^3/\text{s}$。基于偏度系数公式 $S=\dfrac{x_{P_1}+x_{P_3}-2x_{P_2}}{x_{P_1}-x_{P_3}}$ 可以求出

$$S=\frac{Q_{5\%}+Q_{95\%}-2Q_{50\%}}{Q_{5\%}-Q_{95\%}}=\frac{2600+408-2\times1100}{2600-408}=0.369$$

查附表 4，当 $S=0.369$ 时，$C_s=1.31$。再查附表 4，当 $C_s=1.31$ 时，$\Phi_{50\%}=-0.209$，$\Phi_{5\%}-\Phi_{95\%}=3.146$。由此可以算出

$$\sigma=\frac{Q_{5\%}-Q_{95\%}}{\Phi_{5\%}-\Phi_{95\%}}=\frac{2600-408}{3.146}=696.8$$

$$\overline{Q}=Q_{50\%}-\sigma\varPhi_{50\%}=1100-696.8\times(-0.209)=1246(\mathrm{m^3/s})$$

$$C_v=\frac{\sigma}{\overline{Q}}=\frac{696.8}{1246}=0.56$$

（3）根据 $\overline{Q}=1246\mathrm{m^3/s}$，$C_v=0.55$，$C_s=2.5C_v=1.375$ 进行配线，如图 4-9 所示。由于该线与经验点据配合较好，故取作最后的成果（注意：[例 4-1] 中的配线与本例的配线基本上是一致的）。

【例 4-3】 采用 [例 4-1] 的资料，按权函数法估计参数进行配线。

其步骤如下：

（1）按矩法或三点法先估计参数 $\overline{Q}$、C_v。根据 [例 4-1] 的结果，选取 $\overline{Q}=1246\mathrm{m^3/s}$，$C_v=0.6$，由此可计算出 $\sigma=\overline{Q}C_v=747.6$。

（2）按权函数计算 C_s。

1）计算权函数值。

$$\varphi(Q_i)=\frac{1}{\sqrt{2\pi}\,\sigma}\mathrm{e}^{-\frac{(Q_i-\overline{Q})^2}{2\sigma^2}}$$

并列于表 4-5 中第（3）栏。

2）由表 4-3 中第（6）、（7）两栏的数值，计算 $(K_i-1)\varphi(Q_i)$ 和 $(K_i-1)^2\varphi(Q_i)$ 值，并分别列于表 4-5 中第（4）、（5）栏。

表 4-5 　　　　　　　　　　　　权 函 数 法 计 算 表

序号	由大到小排列的 $Q_i/(\mathrm{m^3/s})$	$\varphi(Q_i)=\dfrac{1}{\sqrt{2\pi}\,\overline{x}C_v}\times$ $\mathrm{e}^{-\frac{(K_i-1)^2}{2C_v^2}}/(\times10^{-5})$	$(K_i-1)\varphi(Q_i)$ $/(\times10^{-5})$	$(K_i-1)^2\varphi(Q_i)$ $/(\times10^{-5})$
(1)	(2)	(3)	(4)	(5)
1	2750	7.05	8.51	10.28
2	2390	16.55	15.19	13.95
3	1860	38.09	18.77	9.25
4	1740	42.90	17.01	6.74
5	1540	49.39	11.65	2.75
6	1520	49.90	10.97	2.41
7	1270	53.34	1.03	0.02
8	1260	53.35	0.60	0.01
9	1210	53.30	−1.54	0.04
10	1200	53.26	−1.97	0.07
11	1140	52.83	−4.49	0.38
12	1090	52.21	−6.54	0.82
13	1050	51.56	−8.11	1.28
14	1050	51.56	−8.11	1.28
15	980	50.09	−10.69	2.28
16	883	47.43	−13.82	4.03

续表

序号	由大到小排列的 $Q_i/(\text{m}^3/\text{s})$	$\varphi(Q_i)=\dfrac{1}{\sqrt{2\pi}\,\overline{x}C_v}\times$ $e^{-\frac{(K_i-1)^2}{2C_v^2}}/(\times10^{-5})$	$(K_i-1)\varphi(Q_i)$ $/(\times10^{-5})$	$(K_i-1)^2\varphi(Q_i)$ $/(\times10^{-5})$
(1)	(2)	(3)	(4)	(5)
17	794	44.45	−16.12	5.85
18	790	44.31	−16.21	5.93
19	762	43.27	−16.81	6.53
20	483	31.70	−19.41	11.89
21	408	28.47	−19.15	12.88
Σ	26170		−59.24	98.66

3）计算 C_s。

因为

$$E=\frac{1}{n}\sum_{i=1}^{n}(Q_i-\overline{Q})\varphi(Q_i)=\frac{\overline{Q}}{n}\sum_{i=1}^{n}(K_i-1)\varphi(Q_i)$$

$$G=\frac{1}{n}\sum_{i=1}^{n}(Q_i-\overline{Q})^2\varphi(Q_i)=\frac{\overline{Q}^2}{n}\sum_{i=1}^{n}(K_i-1)^2\varphi(Q_i)$$

所以

$$C_s=-4\overline{Q}C_v\frac{E}{G}=-4C_v\frac{\sum\limits_{i=1}^{n}(K_i-1)\varphi(Q_i)}{\sum\limits_{i=1}^{n}(K_i-1)^2\varphi(Q_i)}$$

$$=-4\times0.6\times\frac{-59.13\times10^{-5}}{98.78\times10^{-5}}=1.44$$

（3）根据 $\overline{Q}=1246\text{m}^3/\text{s}$，$C_v=0.6$，$C_s=1.44$。现由 $C_s=1.44$ 查附表4得不同 P 对应的 $\Phi_P=\dfrac{Q_P-\overline{Q}}{\sigma}$，将 Φ_P 转化成相应的 Q_P 值（表4-6），据此可绘出频率曲线，如图4-10所示。由图可知，该曲线与经验点据配合尚好，故作为最后的曲线。

表4-6　　　　权函数法最后配线结果

（$\overline{Q}=1246\text{m}^3/\text{s}$，$C_v=0.6$，$C_s=1.44$）

P	Φ_P	Q_P	P	Φ_P	Q_P
(1)	(2)	(3)	(1)	(2)	(3)
1	3.294	3709	50	−0.23	1074
2	2.722	3281	75	−0.73	700
5	1.944	2699	90	−1.03	476
10	1.33	2240	95	−1.15	386
20	0.702	1771	99	−1.296	277

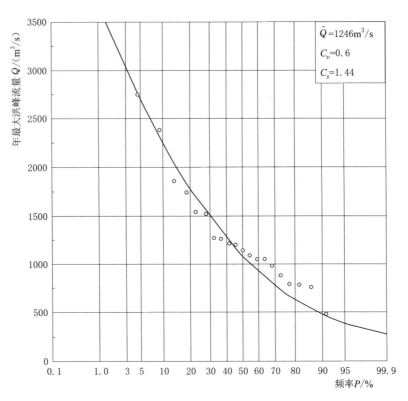

图 4-10　某水利枢纽处年最大洪峰流量频率曲线（权函数法配线）

由上述几个算例可知，矩法、三点法估计的 C_s 与最后匹配的成果出入很大；而权函数法估计的 C_s 比较接近实际，即权函数法估计的 C_s 精度较高。这正是权函数法的优点，但权函数法本身不能估计 $\bar{x}$、C_v，需要配合其他方法（如矩法、三点法）使用，且 C_s 的精度受 $\bar{x}$、C_v 估算精度的影响，这是它的缺陷。

第七节　水文频率计算的非参数方法

一、非参数频率估计法

在各类水利水电、防洪排涝工程的规划设计中，需要提供一定设计标准的水文值。这类水文设计值可以从不同的途径获得，而数理统计方法作为其中之一已被广为应用，并且成效卓著。一个多世纪以来，水文工作者为此做了大量的工作，使设计水文值的推求方法得到了不断完善，目前较多的是采用参数统计方法。参数统计方法即假定总体水文系列服从某一参数未知的分布函数（例如皮尔逊Ⅲ型分布），利用实测水文系列，通过参数估计方法估计出分布函数中的未知参数，最后计算得到水文设计值。

近代非参数统计的发展，为水文频率分析计算提供了另一条途径。它避开了水文频率计算中困惑多年的线型选用问题，不需要事先假定线型，直接由实测系列与历史洪水求出较合理的水文设计值。作为参数统计方法的对立面，非参数统计方法的适用面相对广，不仅可以用于定矩、定比尺度的数据，进行定量资料的分析研究；还可以用于定类、定序尺度的数据，对定性资料进行统计分析研究。非参数方法相对参数方法，具有很弱的假设，对模型限制较少，具有天然的稳健性。但非参数方法也具有需要参数相对较多、对信息不能有效利用等缺点。目前，非参数密度估计方法有多种，主要包括直方图法、Rosenblatt法、Parzen 核估计法、最近邻估计法。

标准的直方图简单地把 x 划分成区间宽度为 h_i 的不同箱子（通常区间宽度取相同值，即 $h_i = h$），然后对落在第 i 个箱子中的 x 的观测数量 n_i 进行计数。为了把这种计数转换成标准化的概率密度，简单地把观测数量除以观测总数 N，再除以箱子的宽度 h_i，得到每个箱子的概率值，并将这个值作为 $f(x)$ 的估计。直方图法的优点在于简单易行，且在样本容量 n 较大、窗宽 h 较小的情况下，所得图像可以显示密度的基本特征；但其也有明显的缺点，它不是连续函数（可以通过适当修匀来解决），且从统计角度看效率较低。例如，这种方法对每一个区间中心部分密度估计较准，而边缘部分较差。

为了克服直方图法对每个区间边缘部分密度估计较差的缺点，Rosenblatt 于 1955 年提出了一个简单的改进。指定一个正数 h，对每个 x，记 I_x 为以 x 为中心、长为 h 的区间，即 $[x-h/2, x+h/2]$。以 I_x 为直方图中的箱子区间，利用直方图法计算出的值作为 $f(x)$ 在 x 点处的估计值，这就是 Rosenblatt 估计。Rosenblatt 法与直方图法不同之处仅在于，它事先不确定分割区间，而让区间随着待估计点 x 移动，使 x 始终处于区间的中心位置，从而获得较好的效果。理论上可以证明，从估计量与被估计量的数量级上看，Rosenblatt 法优于直方图法。

Rosenblatt 估计仍为一阶梯函数，与直方图估计相比仅各阶梯之长不一定相同，仍是非连续曲线。另外从 Rosenblatt 估计的定义可知，为估计 $f(x)$ 在 x 点的值 $\hat{f}(x)$，与 x 在一定距离内的样本起的作用相同，而在此距离以外则不起任何作用。直观上可以设想，为估计密度函数，与 x 靠近的样本所起的作用应比远离的样本要大些。这个想法在 Parzen 于 1962 年提出的核估计法中得到了体现。目前，核估计法在理论上是比较完善的有效方法。

Loftsgarden 和 Quesenberry 在 1965 年提出的最近邻估计法也是常用的一种密度估计方法。此法较适合于密度的局部估计，其主要思想是：设 X_1，X_2，$\cdots$，X_n 是来自未知密度 $f(x)$ 的样本。先选定一个与 n 有关的整数 $k = k_n$，其中 $1 \leqslant k \leqslant n$。对固定的 $x \in \mathbf{R}^1$，记 $a_n(x)$ 为最小的正数 a，使得 $[x-a, x+a]$ 中至少包含 X_1，X_2，$\cdots$，X_n 中的 k 个。注意到，对每一个 $a > 0$ 可以期望在 X_1，X_2，$\cdots$，X_n 中大约有 $2a_n f(x)$ 个观察值落入区间 $[x-a, x+a]$，因而 $f(x)$ 的估计 $\hat{f}(x)$ 可以通过令 $k = 2a_n n \hat{f}(x)$ 得到。因此定义：$\hat{f}(x) = k_n / [2a_n(x)n]$ 为 $f(x)$ 的估计，称为最近邻估计（简称 NN 估计）。此处区间长度 $2a_n(x)$ 是随机的，而区间内所含观察数是固定的。最近邻估计不适用作 $f(x)$ 的整体估计，而较适合于密度的局部估计。

二、核密度估计法

在目前所采用的诸多非参数估计方法中，以核密度估计法应用最多且最广泛，其效果也最为理想。

单变量核概率密度函数估计式为

$$\hat{f}(x) = \frac{1}{nh} \sum_{i=1}^{n} K\left(\frac{x - x_i}{h}\right) \qquad (4-70)$$

式中　n——样本观测值 x_i 的个数；

　　$K(\cdot)$——核密度估计函数，简称核函数；

　　h——窗宽，它决定了核函数的方差。

核密度估计不仅与样本有关，还与核函数及窗宽有关。在给定样本后，一个核估计性能的好坏取决于核函数及窗宽的选取是否适当。然而，核函数的选取不是密度估计中最关键的问题，因为选用任何核函数都能保证核密度估计具有稳健性。在实际应用中，一般选取概率密度函数为核函数。原则上，人们对核函数施加一定的限制，一般要求其有对称性、一阶矩为 0，具有连续性、有界性等，使得估计量与待估函数的偏差在一定意义下尽可能小。水文学和水资源工程中常用到的典型核函数列于表 4-7。

表 4-7　　　　　　　　　　　　常用核密度估计函数

核函数	$K(t)$	核函数	$K(t)$
Epanechnikov 核	$K(t) = \begin{cases} 0.75(1-t^2), & \|t\| \leqslant 1 \\ 0, & \text{其他} \end{cases}$	高斯核	$K(t) = \dfrac{e^{-\frac{t^2}{2}}}{\sqrt{2\pi}}$
三角核	$K(t) = \begin{cases} 1-\|t\|, & \|t\| \leqslant 1 \\ 0, & \text{其他} \end{cases}$	均匀核	$K(t) = \begin{cases} 0.5, & \|t\| \leqslant 1 \\ 0, & \text{其他} \end{cases}$

窗宽 h 一般是随 n 增大而下降，理论上应满足 $\lim\limits_{x \to \infty} h = 0$，$h$ 取得太小时，随机性的影响增加，而且 $f(x)$ 呈现很不规则的形状，这可能会掩盖 $\hat{f}(x)$ 的重要特性。反之，h 太大，则 $\hat{f}(x)$ 将受到过度的平均化，使 $f(x)$ 比较细致的性质不能显露出来。因此，采用核密度法估计变量的概率密度时，由于窗宽 h 的选取对其估计结果非常敏感，如何适当地确定 h 值就显得非常重要。若选用高斯型核函数，即 $K(\cdot)$ 为一个正态密度函数，此时最优的窗宽值可用下式计算

$$h_d = \left[\frac{4}{n(p+2)}\right]^{\frac{1}{p+4}} \sigma_d \qquad (4-71)$$

式中　h_d——最优窗宽；

　　σ_d——d 维变量分布的标准差；

　　p——变量的维数，对于单变量核密度估计取 $p=1$，两变量估计时取 $p=2$。

三、核密度估计法在水文频率中的应用

实例计算结果表明，参数方法的计算结果常常是有偏的，并且多峰分布时，很难准确拟合实测点据。非参数方法则可克服上述缺陷，如图 4-11 所示。但其不足是，它更多地从拟合实测点出发，其理论基础没有参数方法坚实。1985 年，徐宗学首次把非参数方法应用于频率计算，推导出了根据内插法与外延法推求洪水设计值时的风险率计算模型。其计算结果表明，一般情况下该风险率是比较大的。

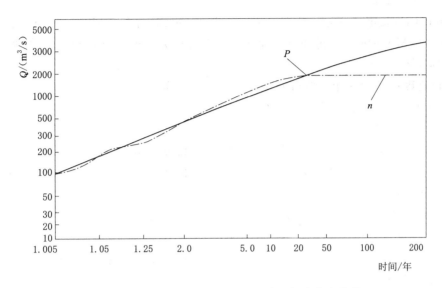

图 4-11 非参数方法拟合历史洪水序列概率分布曲线

第八节 多变量概率分布及参数估计方法

水文事件的属性往往有多个方面，如洪水事件的洪峰、洪量和洪水过程线，干旱事件的烈度和历时等。单变量的水文频率分析方法无法全面地对水文事件的属性进行描述，难以满足工程设计的要求。因此，为了更好地描述水文事件的内在规律，多变量概率分布及参数分析方法成为水文分析计算领域的研究热点。

一、多变量水文频率分析方法

早期应用的多变量概率分布多为多元正态分布。由于水文变量大多是偏态分布，正态分布假定会造成系统误差。因此，后来多采用正态变换将偏态分布转换为正态分布，再进行反变换进行结果分析。常用的正态变换方法包括 Box-Cox 方法和多项式正态变换方法等。

随着对统计方法的深入研究，一些多变量水文频率分析方法也被开发出来，如经验频率法、非参数方法、特定边缘分布构成的联合分布和将多维联合分布转换为一维分布等方法。这些方法丰富了多变量水文频率分析方法，也为工程实践提供了诸多选择，但是方法本身的局限也限制了它们的应用。

经验频率法基于实测资料进行统计，在工程实践中使用较多，但外延预测能力较差；非参数方法构造的联合分布对实测数据的模拟较好，但是所构造分布的分布未知，预测能力也相对不足；特定边缘分布构成的联合分布要求多变量的边缘分布相同，而且多限于二维；多维联合分布转换成一维分布的方法计算简便，但是转换后的分布难以确定。

20 世纪 90 年代，基于 Copula 函数的多变量水文频率分析方法由于其形式灵活、计算简便的特点，得到了快速的发展。

二、Copula 函数

Copula 函数是定义域为 [0, 1] 均匀分布的多维联合分布函数。Copula 意为连接，可以将多个随机变量的边缘分布连接起来构造它们的联合分布。Copula 函数的性质可以用 Sklar 定理描述。

Sklar 定理：H 是一个 n 维分布函数，其边缘分布为 F_1，F_2，$\cdots$，F_n。则存在一个 n - Copula 函数 C，使得对任意 $x \in \mathbf{R}_n$

$$H(x_1, x_2, \cdots, x_n) = C[F_1(x_1), F_2(x_2), \cdots, F_n(x_n)] \tag{4-72}$$

如果 F_1，F_2，$\cdots$，F_n 是连续函数，则 C 唯一。相反，如果 C 是一个 n - Copula 函数，F_1，F_2，$\cdots$，F_n 是分布函数，则式（4-72）中的 H 是一个边缘分布为 F_1，F_2，$\cdots$，F_n 的 n 维分布函数。

由式（4-72）可以看出，Copula 函数反映了随机变量的相关性结构，在多变量概率分布和其边缘分布之间建立起一座桥梁。Copula 函数不要求边缘分布相同，任意边缘分布经过 Copula 函数连接都可以构造成联合分布。由于边缘分布包含多变量的所有信息，转换过程不会产生信息丢失或失真。

Copula 函数可以分为椭圆型、Archimedean 型和二次型等，其中 Archimedean Copula 函数由于其形式简单、构建过程快捷方便等优点得到广泛应用。Archimedean Copula 函数依据构造方式的不同又可以分为对称型和非对称型，即

$$C(u_1, u_2, \cdots, u_n) = \varphi^{-1}[\varphi(u_1) + \varphi(u_2) + \cdots + \varphi(u_n)] \tag{4-73}$$

$$C(u_1, u_2, \cdots, u_n) = C_1\{u_n, C_2[u_{n-1}, \cdots, C_{n-1}(u_2, u_1), \cdots]\}$$
$$= \varphi_1^{-1}\{\varphi_1(u_n) + \varphi_1[\varphi_2^{-1}(u_{n-1}) + \cdots + \varphi_{n-1}^{-1}(\varphi_{n-1}(u_2) + \varphi_{n-1}(u_1)) + \cdots]\} \tag{4-74}$$

可以看出，式（4-73）是式（4-74）$\varphi_1 = \varphi_2 = \cdots = \varphi_{n-1} = \varphi_n$ 时的特殊形式，其中 $\varphi(\cdot)$ 又被称为生成元。当 $\varphi(\cdot)$ 取不同形式时，对应不同的 Archimedean Copula 函数。$\varphi(\cdot)$ 的参数往往可以与水文相关性指标建立关系，如 Kendall 秩相关系数、Spearman 秩相关系数、Gini 秩相关系数、上尾相关系数和下尾相关系数等。其中最常用的是 Kendall 秩相关系数，其表达式为

$$\tau = \frac{\sum\limits_{i<j} \text{sgn}[(x_i - x_j)(y_i - y_j)]}{C_n^2} \quad (i, j = 1, 2, \cdots, n) \tag{4-75}$$

式中　x_i、y_i——两个随机变量；

　　$\text{sgn}(\cdot)$——符号函数。

Kendall 秩相关系数反映了两个随机变量在趋势上的相关性。

常用的二维 Archimedean Copula 函数包括 Gumbel - Hougaard（GH）Copula、Clayton Copula、Ali - Mikhail - Haq（AMH）Copula 和 Frank Copula 等。这些 Copula 函数能够满足各种特点的水文多变量联合分布，为决策者提供了多种选择。

1. Gumbel - Hougaard（GH）Copula 函数

GH Copula 函数的表达式为

$$C(u, v) = \exp\{-[(-\ln u)^\theta + (-\ln v)^\theta]^{1/\theta}\}, \theta \in [1, \infty) \tag{4-76}$$

式中 θ——GH Copula 函数的参数，它与 Kendall 秩相关系数 τ 的关系为

$$\tau = 1 - \frac{1}{\theta} \tag{4-77}$$

GH Copula 函数仅适用于存在正相关关系的随机变量，因此适用于构造如洪峰和洪量、洪水历时等变量存在正相关性的联合分布。

2. Clayton Copula 函数

Clayton Copula 函数表达式为

$$C(u,v) = (u^{-\theta} + v^{-\theta} - 1), \theta \in (0, \infty) \tag{4-78}$$

参数 θ 与 Kendall 秩相关系数 τ 的关系为

$$\tau = \frac{\theta}{2+\theta} \tag{4-79}$$

Clayton Copula 函数与 GH Copula 函数类似，均仅适用于具有正相关关系的随机变量。

3. Ali - Mikhail - Haq（AMH）Copula 函数

AMH Copula 函数的表达式为

$$C(u,v) = \frac{uv}{1 - \theta(1-u)(1-v)}, \theta \in (-1, 1) \tag{4-80}$$

参数 θ 与 Kendall 秩相关系数 τ 的关系为

$$\tau = \left(1 - \frac{2}{3\theta}\right) - \frac{2}{3}\left(1 - \frac{1}{\theta}\right)^2 \ln(1-\theta) \tag{4-81}$$

AMH Copula 函数既能适用于具有正相关关系的随机变量，也适用于存在负相关关系的随机变量，但是不适用于相关性很高的状况。

4. Frank Copula 函数

Frank Copula 函数的表达式为

$$C(u,v) = -\frac{1}{\theta}\ln\left[1 + \frac{(e^{-\theta u} - 1)(e^{-\theta v} - 1)}{(e^{-\theta} - 1)}\right], \theta \in \mathbf{R} \tag{4-82}$$

参数 θ 与 Kendall 秩相关系数 τ 的关系为

$$\tau = 1 + \frac{4}{\theta}\left[\frac{1}{\theta}\int_0^\theta \frac{t}{\exp(t)-1}dt - 1\right] \tag{4-83}$$

与 AMH Copula 函数类似，Frank Copula 函数既适用于具有正相关关系的随机变量，又适用于存在负相关关系的随机变量，差异在于它对相关性的程度没有限制。

Copula 函数的参数估计方法大致可以分为三种：①相关性指标法，根据参数和相关性指标之间的关系间接求得，如 Kendall 秩相关系数 τ 与 θ 的关系；②适线法，建立一定的适线准则，求解与经验点据拟合最优的频率曲线的统计参数；③极大似然法，对于三维及以上的 Copula 函数，相关性指标法显然不再适用，此时大多采用极大似然法进行参数估计。

Copula 函数的应用步骤包括：①确定各变量的边缘分布；②根据变量之间的相关关

系，选择若干种适合的 Copula 函数，并估计它们的参数；③根据评价指标从中选取 Copula 函数，建立联合分布；④根据所建分布进行相应的统计分析。

选取的 Copula 函数能否描述变量之间的相关性结构，需要进行拟合检验。理论上，传统用于单变量分布假设检验的方法都适用于 Copula 函数构建的联合分布的假设检验，比如 χ^2 检验等。最常用的评价联合分布计算频率与观测值的拟合程度方法之一为 Kolmogorov - Smimov（KS）检验。以二维为例，其统计量 D 计算式为

$$D = \max_{1 \leqslant i \leqslant n} \left\{ \left| F(x_i, y_i) - \frac{m(i)-1}{n} \right|, \left| F(x_i, y_i) - \frac{m(i)}{n} \right| \right\} \qquad (4-84)$$

式中　$F(x_i, y_i)$ ——(x_i, y_i) 的联合分布；

　　　　$m(i)$ ——联合观测值样本中满足条件 $x \leqslant x_i$，$y \leqslant y_i$ 的联合观测值的个数。

拟合优度评价指标是选择 Copula 函数的一个重要标准，常用的指标主要包括：

（1）离差平方和准则法。采用离差平方和最小准则（OLS）来评价 Copula 函数的拟合优度，并选取 OLS 最小的 Copula 函数建立联合分布。OLS 的计算式为

$$OLS = \sqrt{\frac{1}{n} \sum_{i=1}^{n} (P_{e_i} - P_i)^2} \qquad (4-85)$$

式中　P_{e_i}、P_i——经验频率和理论频率。

（2）AIC 信息准则法。AIC 信息准则同时考虑了 Copula 函数的拟合偏差和 Copula 函数的参数个数，AIC 可以表达为

$$MSE = \frac{1}{n} (P_{e_i} - P_i)^2 \qquad (4-86)$$

$$AIC = n \ln(MSE) + 2m \qquad (4-87)$$

式中　m——模型参数的个数；

　　　MSE——拟合均方误差。

当 AIC 值越小时，Copula 函数的拟合优度越好。AIC 信息准则适用于参数个数不同的 Copula 函数之间的相互比较和选择。

（3）Genest - Rivest 方法。Genest 和 Rivest 提出了一种比较直观选择 Copula 函数的方法，具体步骤如下：

1）对于 Archimedean Copula $C(x, y)$，令 $K_c(t) = P[C(x, y) \leqslant t]$，对于任意 $t \in (0, 1]$，$K_c(t) = t - \varphi(t)/\varphi'(t^+)$。其中，$\varphi'(t^+)$ 为生成元的右导数。

2）构造 KC 的经验估计量 $K_e(t)$，$K_e(t) =$ 满足 $(t_i < t)$ 的个数 $/N$，其中，$t_i = m(i)/(N-1)$，$m(i)$ 同式（4-84）。

3）对所选取的 t，分别根据 1）和 2）计算理论估计值 $K_c(t)$ 和经验估计值 $K_e(t)$（或称参数估计值和非参数估计值），然后点绘 $K_c - K_e$ 关系图，如果图上的点都落在 45°对角线附近，表明所选 Copula 函数拟合得很好。

三、Copula 函数在水文频率分析中的应用

水文事件的特征往往需要多个变量进行描述，这些特征变量通常存在相关性。多变量概率分布在考虑变量之间相关性的同时，同时描述多个特征变量，提供更为全面的水文事件信息。其中，Copula 函数是构建多变量概率分布模型的一种有效方法，通过将联合分布

分为边缘分布和相关性结构两部分分别处理。一方面，对于任意边缘分布都可以用 Copula 函数构造联合分布；另一方面，通过利用原有单变量分析的计算成果，使研究联合分布的复杂工作简化为研究变量间的相关性结构。由于其灵活的构建方式，能够捕捉非正态、非对称分布的尾部信息，受到水文工作者的广泛关注。

在洪水方面，Copula 函数可以针对洪峰、洪量和历时等特征变量构建联合分布，并可以根据联合分布的分析结果推求设计洪水过程线，或者进行洪水过程随机模拟；在降水方面，Copula 函数不仅可以对降雨强度、降雨量和降雨历时等特征变量构造联合分布，而且可以对最大日雨量与时段雨量等不同时间尺度的降水特征进行分析；在干旱方面，Copula 函数可以对干旱历时、干旱强度等特征变量构造联合分布。Copula 函数不仅可以描述上述水文事件内在属性之间的相关性，还可以用来分析同一水文事件在不同地区的遭遇性，如调水工程水源区与受水区降雨的联合分布等。

随着理论与方法的完善，Copula 函数在水文分析和计算中将得到更加广泛的应用，例如降雨径流关系、水沙关系、区域水文风险研究等。随着参数估计方法的发展，也将由现有的两变量联合分布为主的 Copula 函数应用向更多变量的联合分布发展。

第九节　相　关　分　析

事物之间的关联性无处不在，水文科学也不例外，如天然降水量与天然径流量、上游断面与下游断面流量、水库水位与流量、河道输沙量与流量等之间都存在相关性。变量预测与插补是水文科学重要的研究内容。这种相关性的存在为该研究提供了重要途径，因此相关分析是水文研究中不可或缺的手段。

一、相关概念解析

相关分析是一种探究研究对象间相关程度的分析过程，水文中研究对象通常为两个或多个随机变量。以下将对相关关系的类型及相关系数分别进行阐述。

1. 相关关系类型

相关关系可从相关方向、相关程度、变量个数和相关类型四个方面进行分类。

（1）按相关方向分类。就两变量的相关方向而言，可分为正相关和负相关，如图 4-12 所示。当一个变量随着另一个变量的增加（减少）而增加（减少）时，即两者同向变化，这种情况下两变量为正相关关系。相反，一个变量随着另一个变量的增加（减少）而减少（增加），两者变化方向相反，这种情况下两变量为负相关关系。

（2）按相关程度分类。从两变量的相关程度来看，可将其间的相关关系归类为完全相关、不完全相关和不相关，如图 4-13 所示。一个变量完全由另一个变量决定或呈一一对应关系，这种关系即为完全相关关系。而当一个变量受另一个变量影响但又不完全取决于它，这种关系为不完全相关关系。此外，一个变量的变化与另一个变量的

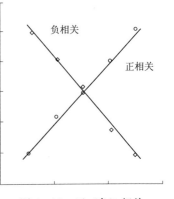

图 4-12　正（负）相关
关系示意图

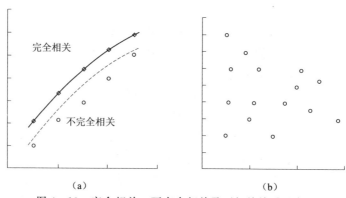

图 4-13　完全相关、不完全相关及不相关关系示意图

(a) 完全相关和不完全相关；(b) 不相关

变化完全没有关联，这种现象为不相关。

（3）按变量个数分类。从变量个数角度来看，相关关系可分成简单相关和多元相关。

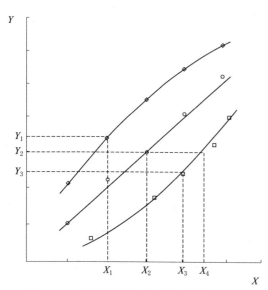

图 4-14　简单相关与多元相关关系示意图

两个变量间的相关关系即为简单相关关系，多个变量间的相关关系即为多元相关关系。在图 4-14 中，$X_1 - Y_1$、$X_2 - Y_2$ 或 $X_3 - Y_3$ 单组变量关系（对应于三个点对各自所在的曲线）即为简单相关关系，而 $X_2 - X_4 - Y_2$ 之间的关系为多元相关关系。

（4）按相关类型分类。按两变量的相关类型，相关关系包括线性相关和非线性相关。如果两变量存在相依性且一个变量对另一个变量呈线性变化，这种关系即为线性相关关系。线性相关又可分为直线相关和曲线相关（图 4-15），其中曲线相关包括指数相关、幂相关等。另外，如果两变量存在相依性，但一个变量不随另一个变量呈线性变

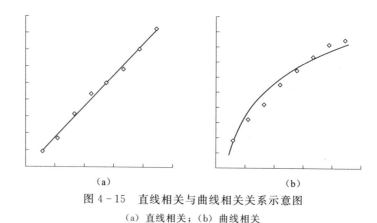

(a)　　　　　　　　　　　(b)

图 4-15　直线相关与曲线相关关系示意图

(a) 直线相关；(b) 曲线相关

化，这种关系为非线性相关关系。

2. 相关系数

相关系数是表征两变量相关程度的一种量度。通常意义上的相关系数即皮尔逊相关系数，对于长度为 n 的 x_i，y_i（$i=1, 2, \cdots, n$）序列，两者相关系数计算公式如下

$$r = \frac{\sum_{i=1}^{n}(x_i - \overline{x})(y_i - \overline{y})}{\sqrt{\sum_{i=1}^{n}(x_i - \overline{x})^2 \sum_{i=1}^{n}(y_i - \overline{y})^2}} \tag{4-88}$$

式中 $\overline{x}$、$\overline{y}$——序列 x 和 y 的均值。

二、线性相关分析

（一）直线相关和曲线相关分析

线性相关包括直线相关和曲线相关。

1. 直线相关

直线相关即一个变量随另一个变量呈直线变化的关系。

（1）相关方程的求解。通常，假定两变量间的线性方程为

$$y = a + bx \tag{4-89}$$

式中 x——自变量；

y——因变量；

a、b——待定常数。

为使拟合直线效果最佳，即离差 $\Delta y_i = y_i - (a + bx_i)$ 平方和最小，可表示为

$$f = \min \sum_{i=1}^{n}(\Delta y_i)^2 = \min \sum_{i=1}^{n}(y_i - a - bx_i)^2 \tag{4-90}$$

为求解上述目标函数 f，可用离差平方和分别对 a 和 b 进行一阶求导，并令其为 0，即

$$\begin{cases} \dfrac{\partial \sum\limits_{i=1}^{n}(y_i - a - bx_i)^2}{\partial a} = 0 \\[4mm] \dfrac{\partial \sum\limits_{i=1}^{n}(y_i - a - bx_i)^2}{\partial b} = 0 \end{cases} \tag{4-91}$$

$$b = r\frac{\sigma_y}{\sigma_x} \tag{4-92}$$

$$a = \overline{y} - b\overline{x} = \overline{y} - r\frac{\sigma_y}{\sigma_x}\overline{x} \tag{4-93}$$

将 a 和 b 代入原方程，可得

$$y - \overline{y} = r \frac{\sigma_y}{\sigma_x}(x - \overline{x}) \tag{4-94}$$

式中　$r \dfrac{\sigma_y}{\sigma_x}$——回归线的斜率，也称 y 倚 x 的回归系数。

式（4-94）称为 y 倚 x 的回归方程，其图形为回归线。

（2）回归线的误差。回归线仅反映两变量间的平均关系，利用回归线来插补延长时，总有一定的误差。理论情况下这种误差总体服从正态分布，为衡量误差大小，常用均方误来表示。如 y 倚 x 回归线的均方误一般表示为 S_y，计算式如下

$$S_y = \sqrt{\frac{\sum_{i=1}^{n}(y_i - \hat{y}_i)^2}{n - 2}} \tag{4-95}$$

式中　y_i——观测点据的纵坐标；

$\hat{y}_i$——由 x_i 通过回归线求得的纵坐标。

回归线的均方误 S_y 与变量均方差 σ 从性质上讲是不同的，前者由观测点与回归线之间的离差求得，而后者则由观测点与均值之间的离差求得。根据统计学推理，可以证明两者具有下列关系

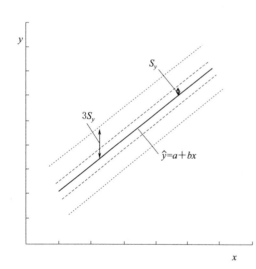

$$S_y = \sigma_y \sqrt{1 - r^2} \tag{4-96}$$

式中　σ_y——变量 y 的均方差；

r——观测点与回归值之间的相关系数，由式（4-88）求得。

按照误差原理，这些可能取值 y_i 落在回归线两侧 S_y 范围内的概率为 68.27%，落在 $3S_y$ 范围内的概率为 99.7%，如图 4-16 所示。

上述误差计算时，未将样本抽样误差考虑在内。事实上，只要用样本资料估计回归方程参数，抽样误差就必然存在。可以证明，这种抽样误差在回归线的中段较小，而在上下段较大。

图 4-16　y 倚 x 回归线的误差范围

$$b = \frac{\sum_{i=1}^{n}(x_i - \overline{x})(y_i - \overline{y})}{\sum_{i=1}^{n}(x_i - \overline{x})^2} \tag{4-97}$$

$$\sum_{i=1}^{n}(y_i - \hat{y}_i)^2 = \sum_{i=1}^{n}(y_i - \overline{y})^2 - b^2 \sum_{i=1}^{n}(x_i - \overline{x})^2 \tag{4-98}$$

$$0 \leqslant \frac{b^2 \sum\limits_{i=1}^{n} (x_i - \overline{x})^2}{\sum\limits_{i=1}^{n} (y_i - \overline{y})^2} = r^2 \leqslant 1 \qquad (4-99)$$

1）当 $\sum\limits_{i=1}^{n} (y_i - \hat{y}_i)^2 = 0$ 时，所有观测点都位于一条直线上，两变量间具有函数关系，此时

$$r^2 = \frac{b^2 \sum\limits_{i=1}^{n} (x_i - \overline{x})^2}{\sum\limits_{i=1}^{n} (y_i - \overline{y})^2} = \frac{\sum\limits_{i=1}^{n} (y_i - \overline{y})^2 - \sum\limits_{i=1}^{n} (y_i - \hat{y}_i)^2}{\sum\limits_{i=1}^{n} (y_i - \overline{y})^2}$$

$$= \frac{\sum\limits_{i=1}^{n} (y_i - \overline{y})^2 - 0}{\sum\limits_{i=1}^{n} (y_i - \overline{y})^2} = 1 \qquad (4-100)$$

$r = \pm 1$，即 x 与 y 呈完全相关关系。

2）当 $\sum\limits_{i=1}^{n} (y_i - \hat{y}_i)^2$ 越大时，$\sum\limits_{i=1}^{n} (y_i - \hat{y}_i)^2$ 越大于 $b^2 \sum\limits_{i=1}^{n} (x_i - \overline{y})^2$，则 r^2 越小，当 r^2 减至 0 时，x 与 y 则不相关。

3）当 $\sum\limits_{i=1}^{n} (y_i - \hat{y}_i)^2$ 介于上述两种情况之间时，r^2 介于 0 和 1 之间，r 的绝对值越大，其相关程度越密切。

直线相关的情况下，r 可以表示两变量相关的密切程度，所以 r 可作为直线相关密切程度的指标。但相关系数 r 无明确的物理意义，而是从直线拟合点据的离差概念推导出来的，因此当 $r=0$（或接近于零）时，只表示两变量间无直线关系的存在，但两者可能为非直线关系。此时，应根据相关图上点据的趋势另选线型重新进行拟合。

相关分析计算中，相关系数是根据有限的实际资料（样本）计算得到的，不可避免地会有抽样误差。一般通过相关系数均方误来判断样本相关关系的可靠性。按统计原理，相关系数的均方误 σ_r 为

$$\sigma_r = \frac{1 - r^2}{\sqrt{n}} \qquad (4-101)$$

此外，在分析两变量间的相关关系时应注意以下事项：

1）首先应分析论证两变量在物理成因上的联系。

2）同期观测资料不能太少，一般要求 n 在 12 以上，否则抽样误差太大，影响成果的可靠性。

3）在水文计算中，一般要求相关系数 $|r| > 0.8$，且回归线的均方误 S_y 不大于均值 $\overline{y}$ 的 $10\% \sim 15\%$。

4）在插补延长资料时，如需用到回归线上无实测点控制的外延部分，应特别慎重。

【例 4-4】　在水文分析中，相关分析的应用之一是以较长期的年降雨量资料延长较短的年径流资料，以较长期的年降雨量 x 为自变量，延长作为因变量的年径流深 y，来说明回归方程的建立与应用。表 4-8 展示了某站年降雨量与年径流深的具体计算结果。

表 4-8　　　　　　　　　　　　　　　　某站年降雨量与年径流深相关计算表

年份	年降雨量 /mm	年径流深 /mm	K_x	K_y	K_x-1	K_y-1	$(K_x-1)^2$	$(K_y-1)^2$	$(K_x-1)*$ (K_y-1)
1954	2014	1362	1.54	1.73	0.54	0.73	0.292	0.533	0.394
1955	1211	728	0.92	0.92	−0.08	−0.08	0.006	0.006	0.006
1956	1728	1369	1.32	1.74	0.32	0.74	0.102	0.548	0.237
1957	1157	695	0.88	0.88	−0.12	−0.12	0.014	0.014	0.014
1958	1257	720	0.96	0.91	−0.04	−0.09	0.002	0.008	0.004
1959	1029	534	0.79	0.68	−0.21	−0.32	0.044	0.102	0.067
1960	1306	778	1.00	0.99	0.00	−0.01	0	0	0
1961	1029	337	0.79	0.44	−0.21	−0.58	0.044	0.314	0.118
1962	1316	809	1.00	1.03	0	0.09	0	0.008	0
1963	1356	929	1.03	1.18	0.03	0.18	0.001	0.032	0.007
1964	1266	796	0.97	1.01	−0.03	0.01	0.001	0	0
1965	1052	383	0.80	0.49	−0.20	−0.51	0.040	0.260	0.102
合计	15721	9440	12	12	0	0	0.544	1.818	0.947
平均	1310	787	—	—	—	—	—	—	—

具体计算步骤如下：

（1）均值

$$\bar{x} = \frac{x_1 + x_2 + \cdots + x_{12}}{12} = \frac{15721}{12} = 1310 (\text{mm})$$

$$\bar{y} = \frac{y_1 + y_2 + \cdots + y_{12}}{12} = \frac{9440}{12} = 787 (\text{mm})$$

（2）均方差

$$\sigma_x = \bar{x} \sqrt{\frac{\sum_{i=1}^{n}(K_{xi}-1)^2}{n-1}} = 1310 \times \sqrt{\frac{0.544}{12-1}} = 291 (\text{mm})$$

$$\sigma_y = \bar{y} \sqrt{\frac{\sum_{i=1}^{n}(K_{yi}-1)^2}{n-1}} = 787 \times \sqrt{\frac{1.818}{12-1}} = 320 (\text{mm})$$

（3）相关系数

$$r = \frac{\sum_{i=1}^{n}(K_{xi}-1)(K_{yi}-1)}{\sqrt{\sum_{i=1}^{n}(K_{xi}-1)^2 \sum_{i=1}^{n}(K_{yi}-1)^2}} = \frac{0.947}{\sqrt{0.544 \times 1.818}} = 0.952$$

（4）回归系数

$$R_{y/x} = r\frac{\sigma_y}{\sigma_x} = 0.952 \times \frac{320}{291} = 1.047$$

（5）y 倚 x 的回归方程

$$y = \overline{y} + R_{y/x}(x-\overline{x}) = 1.047x - 585$$

（6）回归直线的均方误

$$S_y = \sigma_y\sqrt{1-r^2} = 320 \times \sqrt{1-0.952^2} = 98(\mathrm{mm})$$

均方误 S_y 占 $\overline{y}$ 的 12.4%（介于 10%～15%）。

（7）相关系数的误差

$$\sigma_r = \frac{1-r^2}{\sqrt{n}} = \frac{1-0.952^2}{\sqrt{12}} = 0.027$$

σ_r 足够小，说明两变量间相关关系尚好。

拟合回归线如图 4-17 所示，从上式和图中可看出，回归线必然通过变量 x、y 的均值点（$\overline{x}$，$\overline{y}$）。作出相关线，便可由已知的自变量 x 值，从相关线上查得（或代入回归方程计算）相应的因变量 y 值。

［例 4-4］中，某站虽只有 1954—1965 年共 12 年的径流和降雨同期观测资料，但降雨资料较长，从 1932 年开始。把 1932—1953 年的各年降雨量代入回归方程，可以把该站年径流深资料也展延至 34 年（1932—1965 年），见表 4-9 和图 4-17。表中 1932—1953 年的各年年径流量，就是通过这种相关计算方程得到的。

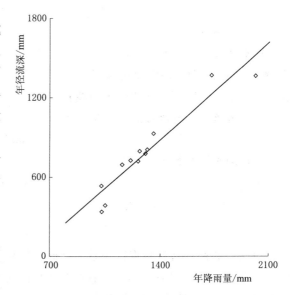

图 4-17　年径流深与年降雨量拟合关系图

表 4-9　　　　　　　　　　　某站年径流深延展成果表

年份	年降雨量/mm	年径流深/mm	年份	年降雨量/mm	年径流深/mm
1932	982	444	1936	1159	629
1933	1080	547	1937	1410	894
1934	1320	797	1938	1360	840
1935	880	338	1939	1010	475

续表

年份	年降雨量/mm	年径流深/mm	年份	年降雨量/mm	年径流深/mm
1940	870	328	1953	995	457
1941	1170	641	1954	2014	1362
1942	930	391	1955	1211	728
1943	1040	505	1956	1728	1369
1944	885	343	1957	1157	695
1945	1265	741	1958	1257	720
1946	1165	636	1959	1029	534
1947	1070	536	1960	1306	778
1948	1360	639	1961	1029	337
1949	922	383	1962	1316	809
1950	1460	947	1963	1356	929
1951	1195	668	1964	1266	796
1952	1330	809	1965	1052	383

2. 曲线相关

在水文计算中，两变量间的关系往往不是直线相关，而是某种形式的曲线相关，如水位-流量关系、流域面积-洪峰流量关系等。遇此情况，水文计算上多采用曲线直线化的方法。水文中最常用的有下述两种曲线：

（1）幂函数。幂函数的一般形式为

$$y = ax^b \tag{4-102}$$

两边同时取对数，得

$$\ln y = \ln a + b\ln x \tag{4-103}$$

令 $Y = \ln y$，$A = \ln a$，$X = \ln x$，则有

$$Y = A + bX \tag{4-104}$$

对 X、Y 而言这就是直线关系。因此，如果将随机变量各点取对数，在方格纸上点绘 $(\ln x_i,\ \ln y_i)$ $(i = 1, 2, \cdots, n)$，或者在双对数格纸上点绘 $(x_i,\ y_i)$ $(i = 1, 2, \cdots, n)$。然后就可按照上面所述方法进行直线相关分析。

（2）指数函数。指数函数的一般形式为

$$y = a\mathrm{e}^{bx} \tag{4-105}$$

两边同时取对数，得

$$\ln y = \ln a + bx \tag{4-106}$$

令 $Y = \ln y$，$A = \ln a$，则有

$$Y = A + bx \tag{4-107}$$

这样对 X 和 Y 同样也可进行直线相关分析。

（二）多元线性相关分析

如果一种现象不仅受另一种现象的影响，同时其他因素的影响也不可忽略时，此时的问题就变成多种现象间相关关系的研究。实际中，这种情况较为普遍。就水文研究中的变量对象而言，多变量间的相关关系研究，即为多元相关分析（多个自变量对应一个因变量）；在多元相关分析中，往往只考虑因变量与各自变量互为线性相关的情况，则称多元线性相关分析。因此，多元线性相关分析仍以双变量间的简单线性相关分析为基础，其应用条件包括以下几个方面：

（1）从物理成因的角度，自变量对因变量必须有显著影响，且两者呈线性相关。

（2）自变量 x_i $(i=1,2,\cdots,n)$ 相互独立。

（3）自变量应具有较长时间序列的统计数据。

（4）随机项 ε 服从均值为 0、方差为 σ^2 的正态分布。

对于 Y 不仅以 X_1 而变，同时还以 $X_2,X_3,\cdots$ 而变（且 $X_1,X_2,X_3,\cdots$ 相互独立），多元线性回归关系具体构建步骤如下

$$Y_i=\beta_0+\beta_1X_{1i}+\beta_2X_{2i}+\cdots+\beta_kX_{ki}+\varepsilon \quad (i=1,2,\cdots,n) \tag{4-108}$$

$$\begin{cases} Y_1=\beta_0+\beta_1X_{11}+\beta_2X_{21}+\cdots+\beta_kX_{k1}+\varepsilon_1 \\ Y_2=\beta_0+\beta_1X_{12}+\beta_2X_{22}+\cdots+\beta_kX_{k2}+\varepsilon_2 \\ \vdots \\ Y_n=\beta_0+\beta_1X_{1n}+\beta_2X_{2n}+\cdots+\beta_kX_{kn}+\varepsilon_n \end{cases} \tag{4-109}$$

$$\begin{bmatrix} Y_1 \\ Y_2 \\ \vdots \\ Y_n \end{bmatrix} = \begin{bmatrix} 1 & X_{11} & X_{21} & \cdots & X_{k1} \\ 1 & X_{12} & X_{22} & \cdots & X_{k2} \\ \vdots & \vdots & \vdots & \ddots & \vdots \\ 1 & X_{1n} & X_{2n} & \cdots & X_{kn} \end{bmatrix} \begin{bmatrix} \beta_0 \\ \beta_1 \\ \vdots \\ \beta_k \end{bmatrix} + \begin{bmatrix} \varepsilon_1 \\ \varepsilon_2 \\ \vdots \\ \varepsilon_n \end{bmatrix} \tag{4-110}$$

$$\boldsymbol{Y}=\boldsymbol{X}\boldsymbol{\beta}+\boldsymbol{\varepsilon} \tag{4-111}$$

$$\boldsymbol{Y}=\begin{bmatrix} Y_1 \\ Y_2 \\ \vdots \\ Y_n \end{bmatrix}, \quad \boldsymbol{X}=\begin{bmatrix} 1 & X_{11} & X_{21} & \cdots & X_{k1} \\ 1 & X_{12} & X_{22} & \cdots & X_{k2} \\ \vdots & \vdots & \vdots & \ddots & \vdots \\ 1 & X_{1n} & X_{2n} & \cdots & X_{kn} \end{bmatrix}, \quad \boldsymbol{\beta}=\begin{bmatrix} \beta_0 \\ \beta_1 \\ \vdots \\ \beta_k \end{bmatrix}, \quad \boldsymbol{\varepsilon}=\begin{bmatrix} \varepsilon_1 \\ \varepsilon_2 \\ \vdots \\ \varepsilon_n \end{bmatrix} \tag{4-112}$$

$$\hat{Y}_i=\hat{\beta}_0+\hat{\beta}_1X_{1i}+\hat{\beta}_2X_{2i}+\cdots+\hat{\beta}_kX_{ki}+\zeta_n \tag{4-113}$$

$$\hat{\boldsymbol{\beta}}=\begin{bmatrix} \hat{\beta}_0 \\ \hat{\beta}_1 \\ \vdots \\ \hat{\beta}_k \end{bmatrix}, \quad \boldsymbol{\zeta}=\begin{bmatrix} \zeta_1 \\ \zeta_2 \\ \vdots \\ \zeta_n \end{bmatrix} \tag{4-114}$$

$$\zeta_i=Y_i-\hat{Y}_i=Y_i-(\hat{\beta}_0+\hat{\beta}_1X_{1i}+\hat{\beta}_2X_{2i}+\cdots+\hat{\beta}_kX_{ki}) \tag{4-115}$$

$$f=\min\sum_{i=1}^{n}\zeta_i^2=\min\sum_{i=1}^{n}(Y_i-\hat{Y}_i)^2=\min\sum_{i=1}^{n}(Y_i-\hat{\beta}_0-\hat{\beta}_1X_{1i}-\hat{\beta}_2X_{2i}-\cdots-\hat{\beta}_kX_{ki})^2$$

$$\frac{\partial f}{\partial \hat{\beta}_j}=0 \quad (j=1,2,\cdots,k) \tag{4-116}$$

$$\begin{cases}
\dfrac{\partial f}{\partial \hat{\beta}_0}=-2\sum_{i=1}^{n}(Y_i-\hat{\beta}_0-\hat{\beta}_1 X_{1i}-\hat{\beta}_2 X_{2i}-\cdots-\hat{\beta}_k X_{ki})=0 \\[2mm]
\dfrac{\partial f}{\partial \hat{\beta}_1}=-2\sum_{i=1}^{n}(Y_i-\hat{\beta}_0-\hat{\beta}_1 X_{1i}-\hat{\beta}_2 X_{2i}-\cdots-\hat{\beta}_k X_{ki})X_{1i}=0 \\[2mm]
\qquad\qquad\vdots \\[2mm]
\dfrac{\partial f}{\partial \hat{\beta}_k}=-2\sum_{i=1}^{n}(Y_i-\hat{\beta}_0-\hat{\beta}_1 X_{1i}-\hat{\beta}_2 X_{2i}-\cdots-\hat{\beta}_k X_{ki})X_{ki}=0
\end{cases} \tag{4-117}$$

$$\begin{cases}
n\hat{\beta}_0+\hat{\beta}_1\sum_{i=1}^{n}X_{1i}+\hat{\beta}_2\sum_{i=1}^{n}X_{2i}+\cdots+\hat{\beta}_k\sum_{i=1}^{n}X_{ki}=\sum_{i=1}^{n}Y_i \\[2mm]
\hat{\beta}_0\sum_{i=1}^{n}X_{1i}+\hat{\beta}_1\sum_{i=1}^{n}X_{1i}^2+\hat{\beta}_2\sum_{i=1}^{n}X_{2i}X_{1i}+\cdots+\hat{\beta}_k\sum_{i=1}^{n}X_{ki}X_{1i}=\sum_{i=1}^{n}Y_i X_{1i} \\[2mm]
\qquad\qquad\vdots \\[2mm]
\hat{\beta}_0\sum_{i=1}^{n}X_{ki}+\hat{\beta}_1\sum_{i=1}^{n}X_{1i}X_{ki}+\hat{\beta}_2\sum_{i=1}^{n}X_{2i}X_{ki}+\cdots+\hat{\beta}_k\sum_{i=1}^{n}X_{ki}^2=\sum_{i=1}^{n}Y_i X_{ki}
\end{cases} \tag{4-118}$$

$$\begin{bmatrix}
n & \sum_{i=1}^{n}X_{1i} & \sum_{i=1}^{n}X_{2i} & \cdots & \sum_{i=1}^{n}X_{ki} \\
\sum_{i=1}^{n}X_{1i} & \sum_{i=1}^{n}X_{1i}^2 & \sum_{i=1}^{n}X_{2i}X_{1i} & \cdots & \sum_{i=1}^{n}X_{ki}X_{1i} \\
\vdots & \vdots & \vdots & \ddots & \vdots \\
\sum_{i=1}^{n}X_{ki} & \sum_{i=1}^{n}X_{1i}X_{ki} & \sum_{i=1}^{n}X_{2i}X_{ki} & \cdots & \sum_{i=1}^{n}X_{ki}^2
\end{bmatrix}
\begin{bmatrix}
\hat{\beta}_0 \\ \hat{\beta}_1 \\ \hat{\beta}_2 \\ \vdots \\ \hat{\beta}_k
\end{bmatrix}
=
\begin{bmatrix}
\sum_{i=1}^{n}Y_i \\ \sum_{i=1}^{n}Y_i X_{1i} \\ \vdots \\ \sum_{i=1}^{n}Y_i X_{ki}
\end{bmatrix} \tag{4-119}$$

$$\begin{bmatrix}
n & \sum_{i=1}^{n}X_{1i} & \sum_{i=1}^{n}X_{2i} & \cdots & \sum_{i=1}^{n}X_{ki} \\
\sum_{i=1}^{n}X_{1i} & \sum_{i=1}^{n}X_{1i}^2 & \sum_{i=1}^{n}X_{2i}X_{1i} & \cdots & \sum_{i=1}^{n}X_{ki}X_{1i} \\
\vdots & \vdots & \vdots & \ddots & \vdots \\
\sum_{i=1}^{n}X_{ki} & \sum_{i=1}^{n}X_{1i}X_{ki} & \sum_{i=1}^{n}X_{2i}X_{ki} & \cdots & \sum_{i=1}^{n}X_{ki}^2
\end{bmatrix}$$

$$=\begin{bmatrix}
1 & 1 & \cdots & 1 \\
X_{11} & X_{12} & \cdots & X_{1n} \\
X_{21} & X_{22} & \cdots & X_{2n} \\
\vdots & \vdots & \ddots & \vdots \\
X_{k1} & X_{k2} & \cdots & X_{kn}
\end{bmatrix}
\begin{bmatrix}
1 & X_{11} & X_{21} & \cdots & X_{k1} \\
1 & X_{12} & X_{22} & \cdots & X_{k2} \\
1 & X_{13} & X_{23} & \cdots & X_{k3} \\
\vdots & \vdots & \vdots & \ddots & \vdots \\
1 & X_{1n} & X_{2n} & \cdots & X_{kn}
\end{bmatrix}=\boldsymbol{X'X} \tag{4-120}$$

$$
\begin{bmatrix} \sum\limits_{i=1}^{n} Y_i \\ \sum\limits_{i=1}^{n} Y_i X_{1i} \\ \vdots \\ \sum\limits_{i=1}^{n} Y_i X_{ki} \end{bmatrix} = \begin{bmatrix} 1 & 1 & \cdots & 1 \\ X_{11} & X_{12} & \cdots & X_{1n} \\ X_{21} & X_{22} & \cdots & X_{2n} \\ \vdots & \vdots & \ddots & \vdots \\ X_{k1} & X_{k2} & \cdots & X_{kn} \end{bmatrix} \begin{bmatrix} Y_1 \\ Y_2 \\ \vdots \\ Y_n \end{bmatrix} = \boldsymbol{X'Y} \tag{4-121}
$$

$$
\boldsymbol{Y} = \boldsymbol{X}\hat{\boldsymbol{\beta}} \tag{4-122}
$$

$$
\boldsymbol{X'Y} = \boldsymbol{X'X}\hat{\boldsymbol{\beta}} + \boldsymbol{X'\varepsilon} \tag{4-123}
$$

$$
\hat{\boldsymbol{\beta}} = (\boldsymbol{X'X})^{-1}\boldsymbol{X'Y} \tag{4-124}
$$

拟合度检验

$$
R^2 = \frac{\sum\limits_{i=1}^{n}(\hat{y}_i - \overline{y})^2}{\sum\limits_{i=1}^{n}(y_i - \overline{y})^2} = 1 - \frac{\sum\limits_{i=1}^{n}(y_i - \hat{y})^2}{\sum\limits_{i=1}^{n}(y_i - \overline{y})^2} \tag{4-125}
$$

$$
\sum_{i=1}^{n}(y_i - \hat{y})^2 = \sum_{i=1}^{n}y_i{}^2 - \left[b_0\sum_{i=1}^{n}y_i + b_1\sum_{i=1}^{n}x_1 y_i + b_2\sum_{i=1}^{n}x_2 y_i + \cdots + b_k\sum_{i=1}^{n}x_k y_i \right]
$$
$$
\tag{4-126}
$$

$$
\sum_{i=1}^{n}(y_i - \overline{y})^2 = \sum_{i=1}^{n}y_i{}^2 - \frac{1}{n}\left[\sum_{i=1}^{n}y_i\right]^2 \tag{4-127}
$$

参数估计值的标准差检验

$$
\sigma_y = \sqrt{\frac{\sum\limits_{i=1}^{n}(y_i - \hat{y})^2}{n-k-1}} \tag{4-128}
$$

回归系数的显著性检验

$$
t_j = \frac{\beta_j}{\sigma_y\sqrt{C_{jj}}} \quad (j=1,2,\cdots,k) \tag{4-129}
$$

式中　C_{jj}——多元线性回归方程中求解回归系数矩阵的逆矩阵 $(\boldsymbol{X'X})^{-1}$ 主对角线上的第 j 个元素。

回归方程的显著性检验采用 F 检验，统计量 F 计算如下

$$
F = \frac{\sum\limits_{i=1}^{n}(y_i - \overline{y})^2/k}{\sum\limits_{i=1}^{n}(y_i - \hat{y})^2/(n-k-1)} = \frac{R^2/k}{(1-R^2)/(n-k-1)} \tag{4-130}
$$

三、非参数相关分析方法

前述的皮尔逊相关分析为依赖于研究对象总体分布的一种参数分析方法。下面将介绍两种非参数相关分析方法（不涉及描述总体分布的有关参数）：Spearman 秩相关分析和 Mann – Kendall 秩相关分析。

1. Spearman 秩相关分析

皮尔逊相关系数的计算建立在正态分布的基础之上，并要求数据至少在一定的逻辑范畴内等间距。然而，针对某些不呈正态分布或分布情况难以明确的时间序列，Spearman 秩相关分析法能够有效替代皮尔逊相关分析方法。Spearman 秩相关系数 $r_s(X,Y)$ 计算如下：

$$d = \sum_{i=1}^{n} d_i^2 = \sum_{i=1}^{n}(X_i - Y_i)^2 \tag{4-131}$$

$$r_s(X,Y) = \frac{\sum_{i=1}^{n}\left(X_i - \frac{1}{n}\sum_{i=1}^{n}X_i\right)\left(Y_i - \frac{1}{n}\sum_{i=1}^{n}Y_i\right)}{\sqrt{\sum_{i=1}^{n}\left(X_i - \frac{1}{n}\sum_{i=1}^{n}X_i\right)^2 \sum_{i=1}^{n}\left(Y_i - \frac{1}{n}\sum_{i=1}^{n}Y_i\right)^2}} \tag{4-132}$$

$$\sum_{i=1}^{n}X_i = \sum_{i=1}^{n}Y_i = 1 + 2 + \cdots + n = \frac{n(n+1)}{2} \tag{4-133}$$

$$\sum_{i=1}^{n}X_i^2 = \sum_{i=1}^{n}Y_i^2 = 1^2 + 2^2 + \cdots + n^2 = \frac{n(n+1)(2n+1)}{6} \tag{4-134}$$

$$r_s(X,Y) = 1 - \frac{6\sum_{i=1}^{n}(X_i - Y_i)^2}{n(n^2-1)} = 1 - \frac{6\sum_{i=1}^{n}d_i^2}{n(n^2-1)} \tag{4-135}$$

式中　　X_i、Y_i $(i=1,2,\cdots,n)$——x_i、y_i $(i=1,2,\cdots,n)$ 序列的秩；

　　　　　d——X 和 Y 序列的偏差平方和。

2. Kendall 秩相关分析

Kendall 秩相关分析也属于非参数的相关分析方法，适用于定序变量或不满足正态分布假设的等间隔数据。以 Kendall 命名的秩相关系数常用 tau［即式（4-136）给出的统计量 ρ］表示，通过无参数假设检验方法所得，用于度量两个变量之间的相关性，其取值范围为 $[-1,1]$。具体地，对于变量序列 X_i、Y_i $(1,2,\cdots,N)$，如果集合对 (X_j,Y_j) 和 (X_k,Y_k) 同为秩增或秩减（即 $X_j > X_k$，$Y_j > Y_k$ 或 $X_j < X_k$，$Y_j < Y_k$），则认为这两个元素是一致的；X 与 Y 呈正相关关系（ρ 为正）；而当 $X_j > X_k$，$Y_j < Y_k$ 或 $X_j < X_k$，$Y_j > Y_k$ 时，则被认为不一致；X 与 Y 表现为负相关关系（ρ 为负）；$X_j = X_k$，$Y_j = Y_k$ 既非一致也非不一致，此时 X 与 Y 无相关性（$\rho = 0$）。Kendall 秩相关系数统计量 ρ 的计算公式如下：

$$\rho = \frac{\sum_{i<j}\mathrm{sgn}(x_i - x_j)\mathrm{sgn}(y_i - y_j)}{\sqrt{(t_0 - t_1)(t_0 - t_2)}} \tag{4-136}$$

$$\mathrm{sgn}(\theta) = \begin{cases} 1 & \theta > 0 \\ 0 & \theta = 0 \\ -1 & \theta < 0 \end{cases} \qquad (4-137)$$

$$t_0 = \frac{n(n-1)}{2}; \quad t_1 = \sum_{i=1}^{n} \frac{u_i(u_i-1)}{2}; \quad t_2 = \sum_{i=1}^{n} \frac{v_i(v_i-1)}{2} \qquad (4-138)$$

式中　u_i、v_i——x、y 第 i 组节点 x、y 的数量；

　　　　n——观测组数；

　　$\mathrm{sgn}(\theta)$——符号函数。

第五章　设计年径流分析计算

第一节　概　　述

一、年径流的特性

在一个年度内，通过河流出口断面的水量，称为该断面以上流域的年径流量，它可用年平均流量（m³/s）、年径流深（mm）、年径流总量（万 m³ 或亿 m³）或年径流模数 [m³/(s・km²)] 表示。

通过对年径流观测资料的分析，年径流变化具有下列特性：

（1）年径流年内汛期与枯水期交替变化，但各年汛、枯季开始和结束时间不同，每年水量也有大有小，基本上每年不同，具有一定的随机性。

（2）年径流年际间变化很大，有些河流丰水年径流量可达平水年的 2～3 倍，枯水年径流量仅为平水年的 1/10～1/5。如黄河支流洮河红旗站 1956—2007 年间最大年径流量（95.239 亿 m³）是最小年径流量（22.990 亿 m³）的 4.14 倍。

（3）年径流量有丰水年组和枯水年组交替出现的现象。河北省曾出现过多次连续枯水年，在 1965—1968 年、1971—1973 年、1980—1984 年、1997—2002 年间分别遭遇了连续枯水年，对当地的水资源管理、生态环境等产生了极大的负面影响。

（4）径流的地区变化：雨量在地区分布不均，造成径流的地区差异明显。在我国，年径流的地区变化规律是从东南往西北递减，近海多于内陆，山地大于平原。

二、影响年径流量及年内分配的因素

为了研究年径流及其变化规律，须研究影响年径流量的因素，尤其当径流资料短缺，仅具有短期实测径流资料时，常需要利用年径流量与其有关影响因素之间的相关关系，来插补、展延年径流量资料。同时，通过对年径流量影响因素的研究，也可对计算成果进行分析论证。

研究影响年径流量的因素，可从流域水量平衡方程式着手。以年为时段的流域水量平衡方程式为

$$R = P - E - \Delta U - \Delta W \tag{5-1}$$

式中　R——年径流深；

　　　P——年降水量；

　　　E——年蒸发量；

　　　ΔU——时段始末流域之间的交换水量；

　　　ΔW——时段始末的流域蓄水量变化。

式（5-1）中，年降水量和年蒸发量属于流域的气候因素，ΔU 与 ΔW 则属于下垫面因素以及人类活动影响情况。当流域完全闭合时，$\Delta U = 0$，影响因素只有 P、E 和 ΔW 三项。

1. 气候因素对年径流量的影响

气候因素中，年降水量与年蒸发量对年径流量的影响程度与地理区域有关。在湿润地区，降水量较多，其中大部分形成了径流，年径流系数较大，年降水量与年径流量之间具有较密切的关系，年降水量对年径流量起决定性作用，而流域蒸发的作用就相对较小。在干旱地区，降水量较少且极大部分消耗于蒸发，年径流系数很小，年降水量和年蒸发量都对年径流量起着相当大的作用。

以冰雪补给为主的河流，其年径流量的大小则主要取决于前一年的降雪量和当年的气温。

2. 下垫面因素对年径流量的影响

流域的下垫面因素包括地形、植被、土壤、地质、湖泊、沼泽、流域大小等。这些因素一方面通过流域蓄水量变化值 ΔW 影响年径流量的变化；另一方面通过对气候因素的影响，间接地对年径流量产生作用。下垫面的主要影响因素有以下几项：

（1）地形主要通过对降水、蒸发、气温等气候因素的影响间接地对年径流量发生作用。地形对降水的影响，主要表现在山地对气流的抬升和阻滞作用，使迎风坡降水量增大。增大的程度主要与水汽含量和抬升速度有关。有研究证实，雨量随高程的增率东南沿海地区显著高于西北内陆地区。同时，地形对蒸发也有影响，一般气温随地面高程的增加而降低，因而使蒸发量减少。所以，一般高程的增加对降水和蒸发的影响，将使年径流量随高程的增加而增大。

（2）植被对年径流的影响较复杂。一方面植物截留部分降水，植物截留消耗于蒸发，生长于土壤的植物会增大植物散发，从而使年径流减小。另一方面，植被的增加可以减少地表径流，增大地下径流，使年径流的年内分配趋于均匀。

（3）土壤与地质条件对年径流的影响，与土壤的结构、透水层的厚薄有关，含水层深厚的地区，易形成地下水库，使年径流的年内分配较均匀。

（4）湖泊对年径流量的影响，表现为湖泊的存在增加了流域的调蓄作用，巨大的湖泊不仅能调节径流的年内变化，还可调节径流的年际变化，从而影响 ΔW 值。

（5）流域大小对年径流的影响，主要表现为对流域蓄水量的调节作用，而影响年径流量的变化。一般随着流域面积的增大，流域的地面与地下蓄水能力相应加大。

3. 人类活动对年径流量的影响

人类活动对年径流量的影响包括直接和间接两方面。直接影响，如跨流域调水，将本流域的水量引到另一流域，直接减少了本流域的年径流量。间接影响，如修水库、塘堰，旱地改水田，坡地改梯田，植树造林等，都将使流域蒸发量加大，从而改变年径流量。

4. 影响径流年内分配的因素

气候因素和下垫面因素同样影响径流的年内分配，可由以月为时段的流域水量平衡方程式来分析，即

$$R_月 = P_月 - E_月 - \Delta U_月 - \Delta W_月 \tag{5-2}$$

当流域完全闭合时，$\Delta U_月 = 0$，月径流量的变化取决于气候因素的变化和流域的天然调节

性能。而气候因素中月降水量与月蒸发量的逐月变化是引起月径流量变化的主要原因。下垫面因素如地下含水层厚度，地面水库、湖泊的调节作用，都可使径流的年内分配趋于均匀。对于非闭合流域，$\Delta U_{月} \neq 0$，除岩溶地区外，$\Delta U_{月}$一般较稳定，对月径流的影响不大。

随着流域面积的加大，流域内各局部地区径流的不同步性，也越加明显。流域面积越大，径流的年内变化越平缓。

三、设计年径流计算的目的和任务

年径流年内的洪水期、枯水期交替出现，年际间有的为丰水年，有的为枯水年，使得河川径流的天然变化特性与用水部门的需求不相适应。解决用水不能满足的问题，方法之一是兴建水利工程，对天然径流进行人工调节，将天然径流在时间上和地区上按用水要求重新分配。

丰水年来、用水如图 5-1（a）所示，因为降水多，水库来水量大，降水多的年份，作物要求灌溉的水量较少，水力发电可用水充足，来水与用水矛盾不突出，所需的兴利库容小（如图阴影部分）。

枯水年来、用水如图 5-1（b）所示，降水少，水库来水小，而用水大，需水库供水的要求大（如图阴影部分）。

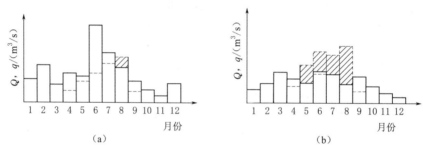

图 5-1　天然来水与用水图

（a）丰水年来、用水图；（b）枯水年来、用水图

设计年径流量是指相应于设计频率的年径流量。设计频率需根据各用水部门的用水特性按规范确定。

设计年径流计算是指，在为水资源开发利用而进行的水利水电规划设计中，对河流某指定断面求出相应于设计频率标准的年径流量及其各时段径流分配的计算。计算的具体任务是，分析研究年径流量的多年变化及其年内分配的规律，提供设计所需要的历年（或代表年）逐月（旬或日）流量成果或相应的统计参数，作为水利计算的依据。

设计年径流计算方法主要是根据水文现象的随机性质，应用数理统计的原理和方法，通过对径流资料的统计分析，估算指定频率的年径流的统计特征值。径流资料大致分为具有长期实测资料、具有短期实测资料和缺乏实测资料三种情况。

第二节　具有长期实测资料的设计年径流量分析计算

《水利水电工程水文计算规范》第 3.3.1 条规定，径流频率计算依据的资料系列应在

30年以上。具有长期年径流系列是指设计代表站断面或参证流域断面有实测径流系列，其长度不小于规范规定的年数。具有30年以上实测年径流资料时，对实测年径流资料进行审查后，再运用数理统计法推求设计年径流量。

一、水文资料的审查

水文资料是水文分析计算的依据，它直接影响工程设计的精度和工程的安全。因此，须对所使用的水文资料进行审查。资料审查包括对实测年径流量系列进行可靠性、一致性和代表性的审查，简称"三性"审查。

1. 资料可靠性审查

水文年鉴刊布的水文资料是由整编机构多次审查后刊印的，绝大多数是可靠的，但难免有个别出错的地方。水文计算依据的流域特征和水文测验、整编、调查等资料，应进行可靠性审查；对有明显错误或存在系统偏差的资料，审查后改正。1949年前和"文化大革命"时期的水文资料一般质量较差，应予以重点审查。

（1）水位资料审查基准面、高程系统、水尺零点、水尺位置的变动情况，重点复核观测精度较差、断面冲淤变化较大，受人类活动影响显著的资料。

（2）流量资料主要审查水位-流量关系曲线是否合理，曲线绘制和外延是否符合测站特性，并分析历年水位-流量关系曲线的变化情况。

同时，还可根据水量平衡原理，进行上、下游站，干、支流站的年、月径流的对照，检查其可靠性。

2. 资料一致性审查和还原计算

水文频率计算的前提要求年径流系列是具有同一成因条件的统计系列，即要求统计系列建立在流域气候条件、下垫面条件和测流断面是基本稳定性条件上的。一般认为在欲建工程的寿命期内气候条件的变化极其缓慢，可认为是基本稳定的。当流域上有农、林、水土改良措施时，或设计断面的上游有蓄水及引水工程，或发生了分洪、河流改道等人类活动时，会引起下垫面条件的迅速变化，从而破坏了径流形成的一致性条件。例如，漳河岳城水库以上流域，水利灌溉工程的发展具有明显的阶段性，1957年以前流域上几乎没有水利工程，属于自然状况，1958年起流域内兴建了大量中小型水库，1965年以后又兴建了大型引水工程，致使该流域实测年径流量系列的一致性受到破坏。

分析年径流系列一致性的主要方法是分析流域年降水径流关系的年际变化，或是调查了解流域内水利水电工程建设发展情况。

年径流系列一致性分析除一般评价外，还应具体定性或定量地确定人类活动对年径流的影响、系列均值水平等变化与否。

一致性受到破坏的年径流系列，要对其进行一致性修正。一般是将受人类活动影响后的系列修正到流域大规模治理以前的同一条件上，消除径流形成条件不一致性的影响后，再进行分析计算。这种一致性修正，称为还原计算。还原水量应包括工农业及生活耗水量、蓄水工程的蓄变量、分洪溃口水量、跨流域引水量及水土保持措施影响水量等项目，主要对径流量及其过程影响显著的项目进行还原。

还原计算的方法一般以水量平衡原理为依据，有

$$W_{天然} = W_{实测} + W_{农业} + W_{工业} + W_{生活} \pm W_{调蓄} + W_{水保} + W_{蒸发} \pm W_{引水} \pm W_{分洪} + W_{渗漏} \pm W_{其他}$$

$$(5-3)$$

式中　　$W_{天然}$——还原后的天然径流量；

$\qquad$ $W_{实测}$——实测径流量；

$\qquad$ $W_{农业}$——农业灌溉净耗水量；

$\qquad$ $W_{工业}$——工业净耗水量；

$\qquad$ $W_{生活}$——生活净耗水量；

$\qquad$ $W_{调蓄}$——蓄水工程的蓄水变量（增加为"＋"，减少为"－"）；

$\qquad$ $W_{水保}$——水土保持措施对径流的影响水量；

$\qquad$ $W_{蒸发}$——水面蒸发增损量；

$\qquad$ $W_{引水}$——跨流域引水量（引出为"＋"，引入为"－"）；

$\qquad$ $W_{分洪}$——河道分洪水量（分出为"＋"，分入为"－"）；

$\qquad$ $W_{渗漏}$——水库渗漏水量；

$\qquad$ $W_{其他}$——包括城市化、地下水开发等对径流的影响水量。

3. 资料代表性分析

代表性是指一个容量为 n 的样本的经验分布 $F_n(x)$ 与其总体分布 $F(x)$ 的接近程度。可通过样本资料的统计特性能否很好反映总体的统计特性来判断，样本与总体之间的离差越小，两者越接近，则说明该样本对总体有较高的代表性；反之，代表性较差。由于水文总体分布是未知的，无法直接进行对比，只能根据与更长的径流、降水等系列进行对比，进行合理性分析与判断。常用的方法有以下几种：

（1）进行年径流的周期性分析。对于一个较长的年径流系列着重检验其是否包括一个比较完整的水文周期，即包括丰水段（年组）、平水段和枯水段，且丰、枯水段大致数量相当。一般径流系列越长，其代表性就越好。一般尽量使 n 年天然径流系列中丰水年组与枯水年组基本相当，避免其系列均值偏大或偏小。一般而言，系列中丰、平、枯水年组各有一个，可认为系列具有较好的代表性。

可以在水文相似区内进行年径流或年降水周期分析，并结合历史旱涝分析文献，合理地判断系列水文周期。

（2）与更长系列参证变量进行比较。参证变量是指与设计断面径流关系密切的水文气象要素，如水文相似区内其他测站观测系列更长，并被论证有较好代表性的年径流或年降水系列。设参证变量的系列长度为 N，设计站年径流系列长度为 n（$N>n$），且 n 为两者的同步观测期。如果参证变量的 N 年统计特征（主要是均值和变差系数）与其自身 n 年的统计特征接近，说明参证变量的 n 年系列在 N 年系列中具有较好的代表性。又因设计断面年径流与参证变量有较密切的关系，从而也间接说明设计断面 n 年的年径流系列也具有较好的代表性。

【例 5-1】 A 站（为设计站）有 $n=29$ 年（1948—1976 年）的年月径流量（称为设计变量）系列，为了检验这一系列的代表性，可选择与设计变量有成因联系，且比 A 站有更长系列的参证变量（选同一气候区内、下垫面条件相似的邻近流域某测站 B，

1937—1976 年共 $N=40$ 年的年降水量系列）来进行比较。首先，计算参证变量的 B 站长系列 N 年（1937—1976 年）的统计参数，$N=40$，均值 $\overline{P}_{40}=1655\text{mm}$，变差系数 $C_{v40}=0.25$；然后，计算参证变量短系列 n 年（与设计站同期的 1948—1976 年观测系列）的统计参数：$n=29$，$\overline{P}_{19}=1631\text{mm}$，$C_{v19}=0.25$。两者的统计参数值大致接近，就可以认为参证变量的 n 年（1948—1976 年）短系列在长系列 N 年中具有代表性，从而认为，与参证变量有成因联系的设计站 n 年（1948—1976 年）的年径流量系列也具有代表性。

设计变量与参证变量的时序变化在地区上呈现同步性，参证变量的长系列比短系列有更好的代表性，由此判断设计系列的代表性高低，当通过长、短系列对比分析，发现短系列的代表性不高时，则应设法插补、展延系列，以提高系列的代表性。

若选不到恰当的参证变量，可通过对本流域及邻近流域历史旱涝灾情的调查，分析本流域径流量丰、枯交替的规律及大致周期，以此判断本站径流系列的代表性。

二、设计年径流量的计算

1. 年径流量的起讫时间

年径流量的计算时段为一年。根据划分起讫时间的不同，可分为日历年与水利年（或水文年）两种。水文年鉴所提供的年径流系列是以日历年的起讫时间划分的，而水文水利计算中通常采用水利年（或水文年）。水利年是以水库蓄水开始作为其开始时间，水库完成蓄水、供水，从库空、库满再库空的起讫时间。按水利年划分便于计算水库的蓄水、弃水和供水水量的平衡关系。

按不同起讫时间统计的年径流量系列所求得的统计参数（均值、变差系数）值是不同的。现有资料分析表明，年径流量均值相差 1% 左右；变差系数 C_v 相差也不大，一般为 3%～4%。因此，以日历年统计的年径流量系列的统计参数一般仍可用。

2. 设计年径流的推求

通过"三性"审查、按水利年度划分的年、月径流系列，可供后期水库兴利调节计算之用，即得"设计年、月径流系列"。设计年、月径流系列用来代表未来工程运行期间的年、月径流量变化，通常以列表形式给出，见表 5-1。径流的统计时段可根据设计要求选用年、月等。有了长的径流系列资料，即可作为调节计算的依据。

表 5-1　　　　　　　　　某站历年逐月平均流量表　　　　　　　单位：m³/s

年　份	月　平　均　流　量												年平均 Q
	4	5	6	7	8	9	10	11	12	1	2	3	
1958—1959	86.9	132.3	109.3	112.6	108	27.19	74.39	24.75	14.35	14.87	28.06	52.67	65.4
1959—1960	73.73	96.35	77.69	20.35	10.08	13.64	30.68	44.3	25.61	11.58	26.8	52.92	40.3
1960—1961	45.9	68.48	110.2	175.9	25.49	77.57	40.09	38	13.49	8.04	11.84	69.78	57.1
1961—1962	59.18	57.93	51.56	36.21	69.78	47.06	71.03	64.79	39.3	13.5	21.73	51.88	48.7
1962—1963	92.17	100.7	100.7	108	78.34	49.51	28.77	44.31	23.31	10.4	6.58	14.02	54.7
1963—1964	50.69	184.3	81.63	71.76	179.1	61.03	57.6	59.97	17.45	21.53	18.17	29.49	69.4

年　份	月 平 均 流 量												年平均Q
	4	5	6	7	8	9	10	11	12	1	2	3	
1964—1965	28.18	110.6	92.17	84.93	61.16	118.5	127.72	42.92	13.3	15.8	17.45	12.31	60.4
1965—1966	40.16	37.33	100.7	67.81	34.1	156.68	99.41	23.9	22.65	12.77	15.08	11.52	51.8
1966—1967	28.64	102.7	53.06	30.81	26.14	20.94	38.38	27.32	12.44	7.83	30.15	47.47	35.5
1967—1968	31.21	121.8	121.8	153.4	51.35	67.15	79	71.76	22.19	9.94	9.74	60.96	66.7
1968—1969	99.41	68.47	26.73	221.9	56.02	115.87	47.6	33.77	22.12	11.46	13.17	23.44	61.7
⋮	⋮	⋮	⋮	⋮	⋮	⋮	⋮	⋮	⋮	⋮	⋮	⋮	⋮
1978—1979	96.12	110.6	68.47	145.5	40.16	9.22	44.77	39.5	20.15	22.52	11.92	19.55	52.4
1979—1980	54.58	76.37	122.5	42.46	45.56	31.21	19.22	31.86	12.25	8.56	8.36	7.83	38.4
1981—1982	54.38	80.96	158	121.1	243	35.94	69.78	13.89	9.28	6.24	11.19	16.72	68.4
1982—1983	60.42	72.41	77.69	67.81	78.33	30.81	55.11	28.12	11.06	8.23	16.52	35.49	45.2
1983—1984	53.01	46.95	114.6	302.8	106.7	124.58	86.25	48.59	18.3	14.55	17.91	18.56	79.4
1984—1985	37.59	43.58	127.1	245.6	86.25	130.35	120.46	39.44	11.52	8.89	9.35	12.51	72.7
1985—1986	62.07	45.3	87.55	192.2	44.51	100.73	76.37	20.8	30.48	10.66	18.37	26.4	29.6
1986—1987	89.53	90.18	86.89	140.2	49.43	35.94	36.67	55.12	19.42	12.71	16.19	28.83	55.1
1987—1988	47.19	84.26	84.27	144.2	35.74	66.49	16.33	20.61	18.56	14.81	12.86	10.21	46.3
1988—1989	62.4	91.51	106	150.8	98.1	52.93	47.81	30.94	17.18	15.34	11.85	20.74	58.8
1989—1990	110	100.7	187	154	65.23	88.21	94.8	67.81	27.73	18.43	38.51	33.97	82.2

如有足够的年、月径流系列，它与用水系列相配合，可通过长系列操作法，推求水库的兴利库容（具体方法详见第十三章），由此得到的兴利库容保证率概念明确，成果精度高。但是，中小工程难以具备足够长的径流系列资料，因此一般采用较为简单的各种代表年法，作为调节计算的依据。代表年法是先计算指定频率的设计年来水量和设计年用水量，通过选择典型年，计算其来、用水过程，然后对代表年进行调节计算，就可确定出年调节水库的兴利库容。根据对典型年来、用水量是否进行缩放，代表年法又可分为设计代表年法和实际代表年法。

通常，采用配线法进行年径流频率计算，年径流理论频率曲线采用皮尔逊Ⅲ型，通过配线法推求指定频率的设计年径流量。配线时经验点据与理论频率曲线拟合适线时，除要考虑全部经验点据外，更应侧重考虑中、下部点据，适当照顾上部点据。年径流频率计算中，皮尔逊Ⅲ型年径流频率曲线的三个参数中，均值一般直接采用矩法计算值；变差系数C_v可先用矩法估算，再根据适线拟合最优的准则进行调整；偏态系数C_s一般不用矩法进行计算，而采用C_v的倍比，我国绝大多数河流可采用$C_s=(2\sim3)C_v$。

不同的水利工程有不同的设计频率要求，水利水电工程一般选用丰水、平水及枯水3种设计年标准。

【例 5-2】　某河上拟兴建一水利水电工程，该河坝址断面有 30 年（1958—1989 年）的流量资料，见表 5-1。试求 $P=10\%$ 的设计丰水年、$P=50\%$ 的设计平水年、$P=90\%$

的设计枯水年的设计年径流量。

（1）先进行年、月径流量资料的"三性"审查分析。

（2）将审查合格的实测资料由大到小排序，计算各项的经验频率，将经验点据点绘在频率格纸上。

（3）选定水文频率理论分布线型。我国大多数河流的年径流频率分析采用皮尔逊Ⅲ型分布。

（4）确定频率计算成果。根据频率曲线与经验点据的配合情况，选出一条与经验点据配合较好的曲线作为采用曲线，相应于该曲线的参数作为总体参数的估值。配线得：均值 $\overline{Q}=57.94\mathrm{m^3/s}$，$C_v=0.22$，$C_s=2C_v$，$P=10\%$ 的设计丰水年 $Q_{10\%}=74.8\mathrm{m^3/s}$，$P=50\%$ 的设计平水年 $Q_{50\%}=57\mathrm{m^3/s}$，$P=90\%$ 的设计枯水年 $Q_{90\%}=42.3\mathrm{m^3/s}$。

三、成果合理性分析

对频率计算成果进行分析，主要是对统计参数的均值、变差系数、偏态系数进行合理性分析，主要是从地理分布规律和水量平衡方面去检验。

1. 均值

影响多年平均年径流量的因素是气候因素，气候因素具有地理分布规律，所以多年平均年径流量也具有地理分布规律。将设计站与其上下游站、邻近流域站的多年平均年径流量进行比较，查看是否符合地区变化规律。发现不合理现象，应检查其原因，做进一步分析论证。

2. 年径流量变差系数 C_v 的检查

反映径流年际变化程度的年径流量变差系数 C_v 值也具有一定的地理分布规律。我国大多数流域绘有年径流量 C_v 等值线图，可据以检查年径流量 C_v 值的合理性。但是，这些年径流量 C_v 等值线图，一般是根据大中流域的资料绘制的，对某些具有特殊下垫面条件的小流域年径流量 C_v 值可能并不协调，应分析后确定。一般而言，小流域的调蓄能力较弱，它的年径流量变化比大流域大些。

3. 年径流量偏态系数 C_s 的检查

年径流量偏态系数 C_s 的变化规律至今研究不足，C_s 值的合理性检查尚无公认的适当办法。

第三节　具有短期实测资料的设计年径流量分析计算

当实测年径流系列不足 30 年，或虽有 30 年但系列不连续或代表性不足时，如由这些资料直接进行计算，求得的成果可能具有很大的误差。为了使资料系列具有足够的代表性，达到高的计算精度，保证成果可靠性的要求，必须设法进行年径流资料的插补、展延。插补延长年数应根据参证站资料条件、系列精度要求和设计系列代表性要求来确定。

一、选择参证变量

在水文计算中，插补、展延常用的是相关分析法，即通过建立设计变量与参证变量的相关关系，利用参证变量的较长实测资料，将设计变量的资料展延到一定长度。

利用参证变量展延缺测或插补资料时，选择的参证变量应满足以下条件：

（1）参证变量与设计变量在物理成因上有密切联系。

（2）参证变量本身具有充分长的实测资料，以用来展延设计站系列。

（3）参证变量与设计变量之间要有一段相当长的同步观测资料，以便建立可靠的相关关系。

插补、展延系列时，根据已有资料的具体情况，可以选择不同的参证变量（如上、下游站径流资料或流域降水资料）来展延设计站的年（月）径流量。不同的年份可用不同的参证变量来展延，同一年份如有两种以上参证变量来展延时，则应选用其中精度高的方案。

二、相关法展延系列

实际工作中，通常利用径流量资料或降水量资料来展延年径流量系列。

（一）利用径流量资料展延系列

1. 利用年径流量资料展延

当设计站的上游或下游站有长的实测年径流资料时，可以利用上游站或下游站的年径流量资料来展延设计站的年径流量系列。如设计站和参证站所控制的流域面积相差不多，一般可获得良好的结果。如果流域面积相差很大，气候条件在地区上的变化较明显时，两站年径流量间的相关关系可能不好。这时，可以在相关图中引入反映区间径流量的参数（如区间年降水量），来改善相关关系。

当设计站上、下游无长期资料的测站时，可利用自然地理条件相似的邻近流域的年径流量作为参证变量。如 A 代表设计站的年（月）径流量，B 代表参证变量，则可利用两站同步观测的资料，定出 A、B 两变量之间的关系，利用 B 站长资料，根据建立的关系将 A 站缺测年份的资料加以展延。

当参证变量选定后，即可将同步观测期内两个系列的资料，如设计变量系列 y_1、y_2、$\cdots$、y_n，同步参证变量系列 x_1、x_2、$\cdots$、x_n，共 n 对点据，点绘在以 y 为纵坐标、x 为横坐标的方格纸上，并且通过点群中心，目估定一条直线，即为参证变量与设计变量的相关线。当相关图上的点据比较散乱，不易目估定关系线时，或有必要获得相关程度的定量指标时，可以通过回归计算，求得回归直线方程和反映相关程度的相关系数 r。

若 x、y 变量关系密切，点据密集在相关线附近，则 $|r|$ 接近 1；若点据杂乱无章，无法定线，则 $|r|=0$。利用设计站和参证站同步观测资料，通过回归直线方程便可建立回归线，如图 5-2 所示，A 站与 B 站的年径流量之间就有很好的相关关系，其相关系数达 0.98。

2. 利用月径流量资料展延

当设计站实测年径流量系列过短，难以建立年径流量间的相关关系时，可以考虑利用与

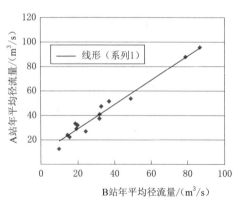

图 5-2　A 站与 B 站年径流相关图

参证站月径流量（或季径流量）之间的关系展延系列。由于影响月径流量的因素远比影响年径流量的因素复杂，月径流量相关点据较年径流量相关点据散乱，相关关系不如年径流量密切。因此，用月径流量间相关关系来展延系列时，一般精度较年径流展延低。

（二）利用降水量资料展延系列

当不能利用径流量资料来展延系列时，可以利用流域内或邻近地区的降水量资料来展延。

1. 年降水径流相关法

以年为时段的闭合流域水量平衡方程式为

$$R_年 = P_年 - E_年 - \Delta W_年 \tag{5-4}$$

在湿润地区，由于年径流系数较大，$E_年$、$\Delta W_年$ 两项各年的变幅较小，所以年径流量与年降水量之间存在较密切的相关关系，如图 5-3 所示徽水平垣站的流域平均年降水量与平垣站的年径流深相关图。在干旱地区，年降水量中的很大部分消耗于流域蒸发，年径流系数很小。因此，年径流量除与年降水量之间有关系外，还与年蒸发量有关，难以利用年径流与年降水关系来展延年径流量系列，需考虑年蒸发的影响。

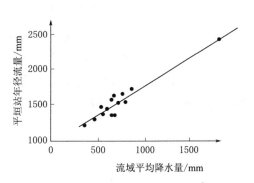

图 5-3　平垣站年降水径流相关图

2. 月降水径流相关法

当设计站的实测年径流系列过短，不足以建立年降水量与年径流量的相关关系时，可以用月降水量与月径流量之间的关系来展延径流量系列。但两者关系一般不太密切，有时点据散乱而无法定线，且精度不高。

以月为时段的闭合流域水量平衡方程式为

$$R_月 = P_月 - E_月 - \Delta W_月 \tag{5-5}$$

不同月份的前期降水量（反映 ΔW）不同，相同的月降水量可能产生不同的月径流量，$\Delta W_月$ 一项的作用增大。另外，按日历时间机械地划分月降水量和月径流量，有时月末的降水量所产生的径流量可能在下月初流出，造成月降水与月径流在时间上不对应的情况。

修正时，可将月末降水量的全部或部分计入下个月的降水量，或者将下月初流出的径流量计入上个月的降水量中，使之与降水量相应。这样月降水径流关系中的部分点据可以更集中一些，如图 5-4 所示。

枯水期的月径流量主要来自流域蓄水（即 ΔW 项），几乎与当月微量的降水量无关，所以枯水期月降水径流关系一般不密切，甚至无法定线。

三、相关法展延系列时必须注意的问题

（1）确定相关的实测点据如实标明，个别偏差较大的点据不要轻易删减或变动，应

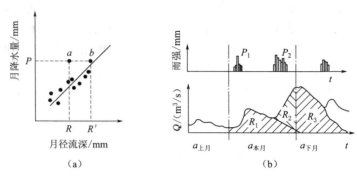

图 5-4 月降水径流相关图

(a) 月降水量与月径流量相关图的改正；(b) a 前后月份降水径流过程图

分析其偏差原因，若需修正，或决定剔除不参加定线时，都应做详细说明。

（2）设计变量与参证变量同步观测项数不得太少，以免带来系统误差。

（3）利用实测资料建立的相关关系反映的平均定量关系，利用相关线外延不能超出实测资料范围以外太远，一般要求外延幅度小于 10％，如图 5-5 所示。

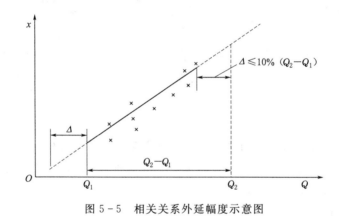

图 5-5 相关关系外延幅度示意图

（4）插补的项数尽量不超过实测值的一半。

第四节　缺乏实测资料的设计年径流量分析计算

在中小型水利水电工程的规划设计中，当设计流域虽有短期实测径流资料但无法展延，或完全缺乏实测径流资料，设计年径流量只能通过间接途径来推求，目前常用的方法有水文比拟法和等值线图法。

一、水文比拟法

水文比拟法是将参证流域的某一水文特征量移用到设计流域上来的一种方法。该法基于设计流域与参证流域影响径流的各项因素相似为前提进行移用。参证流域径流系列的长度、两流域的相似程度决定了利用的精度。因此，使用水文比拟法最关键的问题在于选择恰当的参证流域。

1. 多年平均年径流量的计算

（1）直接移用。当设计站与参证站处于同一河流上、下游，参证流域面积与设计流域面积相差不大，或者两站虽不在一条河流上，但两流域的气候与下垫面条件相似，可以直接把参证流域的多年平均年径流深 $\overline{R}_{参}$ 移用到设计流域，作为设计流域的多年平均年径流深 $\overline{R}_{设}$，即

$$\overline{R}_{设}=\overline{R}_{参}$$

（2）考虑修正。当设计流域与参证流域面积相差较大，或两流域的气候与下垫面条件有一定差异时，需将参证流域的多年平均年径流量 $\overline{W}_{参}$ 修正后再移用过来，即

$$\overline{W}_{设}=K_R\overline{W}_{参} \tag{5-6}$$

式中　K_R——考虑不同因素影响时的修正系数。

如果只考虑流域面积不同的影响，则

$$K_R=\frac{F_{设}}{F_{参}} \tag{5-7}$$

如果需考虑两流域多年平均年降水量的差异，当设计流域多年平均降水量 $\overline{x}_{设}$ 不等于参证流域多年平均降水量 $\overline{x}_{参}$，但径流系数接近时，其修正系数为

$$K_R=\frac{\overline{x}_{设}}{\overline{x}_{参}} \tag{5-8}$$

2. 年径流变差系数 C_v 的估算

当两站所控制的流域特征大致相似，两流域属于同一气候区，可直接移用参证流域的年径流量 C_v 值。如果考虑两流域影响径流因素的差异，可采用考虑两流域降雨系列变差系数的修正系数 K，则设计流域年径流变差系数为

$$C_{vR设}=KC_{vR参} \tag{5-9}$$

其中

$$K=\frac{C_{vx设}}{C_{vx参}}$$

式中　$C_{vx设}$、$C_{vx参}$——设计流域及参证流域年降水量的变差系数，可从水文手册中查得。

3. 年径流量偏态系数 C_s 的估算

年径流量的 C_s 值一般通过 C_s/C_v 比值定出。可以将参证站 C_s/C_v 比值直接移用或做适当的修正。在实际工作中，常采用 $C_s=2C_v$。

二、等值线图法

缺乏实测径流资料时，也可用多年平均径流深、年径流变差系数 C_v 的等值线图来推求设计年径流量。

1. 多年平均径流深的估算

有些水文特征值（如年径流深、年降水量、时段降水量等）的等值线图是表示这些水文特征值的地理分布规律的。当影响水文特征值的因素主要是分区性因素（如气候因素）时，则该特征值会随地理坐标不同而发生连续均匀的变化，利用这种特性就可以在地图上绘出它的等值线图。反之，有些水文特征值（如洪峰流量、特征水位等）的影响因素主要是非分区性因素（如下垫面因素——流域面积、河床下切深度等），则特征值不随地理坐标而连续变化，也就无法绘出等值线图。对于同时受分区性和非分区性两种因素影响的

特征值，消除非分区性因素的影响才能得出该特征值的地理分布规律。

影响闭合流域多年平均年径流量的因素主要是气候因素——降水与蒸发。由于降水量和蒸发量具有地理分布规律，所以多年平均年径流量也具有这一规律。绘制等值线图来估算缺乏资料地区的多年平均年径流量时，为了消除流域面积这一非分区性因素的影响，多年平均年径流量等值线图总是以径流深（mm）或径流模数 $[m^3/(s \cdot km^2)]$ 来表示。

绘制降水量、蒸发量等水文特征值的等值线图时，是把各观测点的观测数值点注在地图上各对应的观测位置上，然后把相同数值的各点连成等值线，即得该特征值的等值线图。但在绘制多年平均年径流量（以深度或模数计）等值线图时，由于任一测流断面的径流量是由断面以上流域面上各点的径流汇集而成的，是流域的平均值，所以应该将数值点注在最接近于流域平均值的位置上。当多年平均年径流量在地区上缓和变化时，则流域形心处的数值与流域平均值十分接近。但在山区流域，径流量有随高程增加而增加的趋势，则应把多年平均年径流量值点注在流域的平均高程处更为恰当。在有实测资料的流域，将多年平均径流深数值点注在各流域的形心（或平均高程）处，再考虑降水及地形特性勾绘等值线，由大、中流域的资料加以校核调整，并与多年平均降水量等值线图对比，消除不合理现象后成图。

用等值线图推求缺乏资料的设计流域的多年平均径流深时，先在图上描出设计流域的分水线，然后定出流域的形心，当流域面积较小，且等值线分布均匀时，通过形心处的等值线数值即可作为设计流域的多年平均径流量。若无等值线通过形心，则以线性内插求得。如流域面积较大，或等值线分布不均匀时，则以各等值线间部分面积为权重的加权法，求出全流域多年平均年径流量的加权平均值。

多年平均年径流深等值线图对中等流域有很大的实用意义，其精度一般也较高。用于小流域的误差可能很大。这是由于绘制等值线图时主要依据的是中等流域的资料，而小流域实测径流资料很缺乏。另外，还由于小流域一般属于非闭合流域，不能全部汇集地下径流。因此使用等值线图可能得到偏大的数值，故实际应用时，要加以修正。

2. 年径流变差系数 C_v 及偏态系数 C_s 的估算

影响年径流量变化的因素主要是气候因素，因此，在一定程度上也可以用等值线图来表示年径流量 C_v 在地区上的变化规律，并用它来估算缺乏资料的流域年径流量的 C_v 值。年径流量 C_v 等值线图的绘制和使用方法与多年平均年径流深等值线图相似。但 C_v 等值线图的精度一般较低，特别是用于小流域时，误差可能较大。主要原因是 C_v 等值线图大多数是依据中等流域的资料绘制的，而中等流域地下水补给量一般较小流域为多，因而中等流域年径流量 C_v 值常较小流域为小。

年径流偏态系数 C_s 值，可用各地区水文手册上分区给出的 C_s 与 C_v 的比值或采用 $C_s = 2C_v$。

第五节　设计年径流年内分配的分析计算

一、设计代表年法

根据工程要求，求得设计频率的设计年径流量后，为了便于后续水利计算，还必须进一步确定月径流过程。目前常用的方法是：先从实测年、月径流资料中，选择某一代表年；然后依据所选代表年的月径流过程，将代表年径流量按一定方法进行缩放，求得所需的设计月径流过程，即为设计年径流的年内分配。

1. 代表年的选择

从实测径流资料中选择代表年时按下述原则进行。

（1）选取年径流量与设计值相接近的年份作为代表年。

（2）选取对工程较为不利的年份作为代表年。因为按第（1）条原则选择的代表年份可能不只一个，为了安全起见，在其中选用径流年内的分配对工程较为不利的年份作为代表年。所谓对工程不利，是代表年的径流分配情况，对用水部门用水得到保障程度较低。如对灌溉工程而言，灌溉需水期径流量比较枯、非灌溉期径流量相对较丰的这种年内分配经调节计算后，需要较大的库容才能保证供水。对水利水电工程而言，则应选取枯水期较长且枯水期径流量又较枯的年份。

2. 设计年径流年内分配的计算

选定代表年后，设计年径流量的年内分配计算，常用同倍比法。即按代表年的月径流过程，用设计年径流量与代表年的年径流量的比值对整个代表年的月径流过程进行缩放。其中缩放倍比为

$$K = \frac{Q_{年P}}{Q_{年代}}$$

【例 5-3】 接前例，求设计丰水年、设计平水年及设计枯水年的设计年径流的年内分配。

1. 代表年的选择

$P=10\%$ 的设计丰水年 $Q_{10\%}=74.8 \text{m}^3/\text{s}$，$P=50\%$ 的设计平水年 $Q_{50\%}=57 \text{m}^3/\text{s}$，$P=90\%$ 的设计枯水年 $Q_{90\%}=42.3 \text{m}^3/\text{s}$。按水量接近、分配不利（即汛期水量较丰）的原则，选 1983—1984 年为丰水代表年，$Q_{典}=79.39 \text{m}^3/\text{s}$。

$P=50\%$ 的设计平水年，应选能反映汛期、枯季的起讫月份和汛、枯期水量百分比满足平均情况的年份，选 1960—1961 年作为平水代表年。

$P=90\%$ 的设计枯水年与之具有相近枯水年年平均流量的实际年份有 1959—1960 年、1982—1983 年，考虑分配不利，即枯水期水量较枯，选取 1982—1983 年作为枯水代表年，1959—1960 年作比较用。

2. 以年径流量控制求缩放倍比 K

$$设计丰水年\ K_{丰} = \frac{Q_{10\%}}{Q_{典,丰}} = \frac{74.8}{79.39} = 0.942$$

$$设计平水年\ K_{中} = \frac{Q_{50\%}}{Q_{典,中}} = \frac{57}{57.07} = 0.998$$

$$设计枯水年\ K_{枯} = \frac{Q_{90\%}}{Q_{典,枯}} = \frac{42.3}{45.17} = 0.936$$

3. 设计年径流年内分配计算

以缩放倍比 K 乘以各自的代表年逐月径流，即得设计年径流年内分配，成果见表 5-2。

表 5-2　　　　　　　　　某水库设计年径流量各月分配表　　　　　单位：m³/s

月　　份	4	5	6	7	8	9	10	11	12	1	2	3	年平均
典型丰水年	53.01	47	114.6	302.82	106.7	124.6	86.25	48.59	18.3	14.55	17.91	18.56	79.39
$P=10\%$设计丰水年	49.9	44.2	107.9	285.3	100.5	117.4	81.2	45.8	17.2	13.7	16.9	17.5	74.8
典型中水年	45.9	68.5	110.2	175.94	25.49	77.57	40.09	38	13.5	8.04	11.84	69.78	57.07
$P=50\%$设计中水年	45.8	68.3	110	175.6	25.4	77.4	40	37.9	13.5	8	11.8	69.6	57
典型枯水年	60.42	72.4	77.69	67.81	78.33	30.81	55.11	28.12	11.1	8.23	16.52	35.49	45.17
$P=90\%$设计枯水年	56.6	67.8	72.7	63.5	73.3	28.8	51.6	26.3	10.4	7.7	15.5	33.2	42.3

二、实际代表年法

设计代表年常用于水电工程而较少用于灌溉工程。这是因为灌溉用水与气象条件有关，作物需水量大小取决于当年蒸发量资料，灌溉水量的多少则取决于降水情况。该设计年相配合的灌溉用水量与蒸发量和降水量有关。灌溉工程不用设计代表年，而用实际代表年。

选择实际代表年的方法有：

（1）在规划灌溉工程时，对当地历史旱情、灾情进行调查分析，确定各干旱年的干旱程度，明确其排序位置：最干旱年、次干旱年、……确定各干旱年相应的经验频率，然后根据设计要求选定其中某一干旱年作为代表年，就称为实际代表年。根据这一年的年月径流（来水）和用水资料规划设计工程的规模。实际代表年法概念清楚、直观。

（2）通过灌溉用水量计算，求出每年的灌溉定额，作出其频率曲线，然后根据灌溉设计保证率 P 得与设计灌溉定额相应的年份作为实际代表年。

有时为简便计，小型灌区也可按灌溉期（或主要需水期）的降水资料做频率分析，然后根据灌溉设计保证率查得相应的年份作为实际代表年。

第六节　日流量历时曲线

流量历时曲线是反映径流分配的一种特性曲线，系将某时段内的日平均流量按递减次序排列而成。当不需要考虑各流量出现的时刻，而只研究各种流量的持续情况时，就可以很方便地在曲线上求得该时段内大于或等于某流量数值出现的历时。径流式电站、某些引水工程或水库下游有航运要求时，常常需要知道流量在一年内超过某一数值持续的天数，这就需要绘制日流量历时曲线。

若曲线以年为时段，流量取日平均值，则称为日流量历时曲线。这是目前应用最广的一种。若曲线的横坐标为超过某流量的累计日数，即历时，如用历时的相对百分数表示，则称为相对历时曲线或保证率曲线（图 5-6）。

绘制以年为时段的日流量历时曲线时，由于历时较长，一般是将流量分组进行历时统计，组距不一定要求相等。

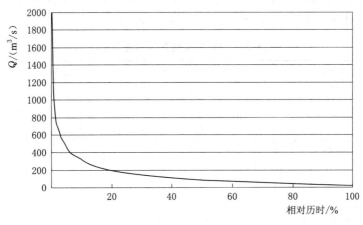

图 5-6　日流量历时曲线

1. 综合日流量历时曲线

将所有各年的日平均流量资料进行综合统计，曲线的纵坐标为日平均流量，横坐标为所有各年的历时或相对历时（占所有各年的百分数），得综合日流量历时曲线。这种历时曲线能真实地反映流量在多年期间的历时情况，是工程上主要采用的曲线。

2. 平均日流量历时曲线

平均日流量历时曲线是根据多年实测流量资料，点绘各年日流量历时曲线，然后在各年的历时曲线上查出同一历时的流量，并取平均值绘制而成，因而是一种虚拟的曲线。由于流量取平均的结果，这条曲线的上端比综合日流量历时曲线要低，而它的下端又比综合日流量历时曲线要高，曲线中间绝大部分（10%～90%的范围）大致与综合日流量历时曲线重合。

3. 代表年日流量历时曲线

代表年日流量历时曲线根据某一年份的实测日平均流量资料绘制而成。在工程设计中常绘制丰水年、平水年、枯水年等设计代表年的日流量历时曲线。绘制这条曲线时，常需要各种代表年，代表年的选择按前述原则来进行。

习　题

5-1　飞口水利枢纽位于青河中游（图 5-7），流域面积为 10100km²，试根据表 5-3

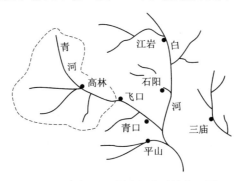

图 5-7　青河及附近流域测站位置图

及表5-4的资料，推求该站设计频率为95%的年径流及其分配过程，并与本流域上下游站和邻近流域资料（表5-5）比较，分析成果的合理性。

表5-3　　　　　　　　　　飞口、青口站实测年平均流量表　　　　　　　　　单位：m³/s

站名	1965.5 —1966.4	1966.5 —1967.4	1967.5 —1968.4	1968.5 —1969.4	1969.5 —1970.4	1970.5 —1971.4	1971.5 —1972.4	1972.5 —1973.4	1973.5 —1974.4
飞口						396	596	459	577
青口	665	750	540	695	810	430	643	516	664

站名	1974.5 —1975.4	1975.5 —1976.4	1976.5 —1977.4	1977.5 —1978.4	1978.5 —1979.4	1979.5 —1980.4	1980.5 —1981.4	1981.5 —1982.4	
飞口	560	514	438	377	462	508	564	543	
青口	594	559	464	400	505	528	614	603	

表5-4　　　　　　　　　　飞口站枯水年逐月平均流量表　　　　　　　　　单位：m³/s

月份	5	6	7	8	9	10	11	12	1	2	3	4	年平均
1970.5—1971.4	483	893	733	621	414	360	259	329	103	106	129	321	396
1976.5—1977.4	604	681	782	710	637	449	279	188	141	138	257	389	438
1977.5—1978.4	450	504	851	520	739	442	231	183	124	109	172	200	377

表5-5　　　　　　　　　　清河及邻近各测站年径流量统计参数

站名	流域面积/km²	多年平均流量/(m³/s)	多年平均径流深/mm	变差系数 C_v	备　注
青口	11800	583	1660	0.18	表中所列各站所控制的流域均属深丘区，自然地理条件与飞口站相似
高林	8520	433	1600	0.22	
江岩	5810	260	1410	0.21	
三庙	5440	266	1540	0.2	
平山	3340	144	1360	0.23	
石阳	2900	140	1520	0.25	

第六章 由流量资料推求设计洪水

第一节 概　述

一、洪水设计标准

当流域内下了暴雨或者冰雪融化时，大量径流汇入河中，导致河中流量激增，水位上涨，这种现象称为洪水。洪水泛滥一旦威胁到人类安全，影响了社会经济活动便构成洪灾。在各种自然灾害中洪灾造成的经济损失和人员伤亡居第一位。防洪减灾工作，常采用修建各类防洪工程，洪水预报预警系统等非工程措施密切结合，统筹兼顾，兴利与除害相结合。各类防洪工程在运行期间必然要承受洪水的威胁，一旦工程失事将会造成更大的灾害。因此，在设计各种涉水工程的建筑物时，必须高度重视工程本身的防洪安全，确保其能防御某种大洪水的考验而不失事。为确定防洪工程的规模，预测工程未来运行期间可能出现的洪水，需要给出工程所在地区的洪水作为设计依据。水利水电工程及防护区的防洪安全程度，与被采用的作为工程建筑物设计依据的洪水大小有关，设计中采用的洪水越大，在工程运行期间水工建筑物损毁、防护区被淹没的风险就越小，但工程投资却相应增加。因此，究竟应采用多大的洪水作为设计依据，合理的办法应是在分析水工建筑物防洪安全风险、防洪效益、失事后果及投资等关系的基础上，通过综合经济分析并考虑失事可能造成的人员伤亡、社会影响、环境影响等因素后加以选择确定。我国曾分别于1978年、1987年和1990年制定了山区、丘陵区部分平原、滨海区部分的《水利水电枢纽工程等级划分及设计标准》。2003年对标准做了必要的补充和修编，更名为《水电枢纽工程等级划分及设计安全标准》。经过多年的工程实践，我国于1994年专门颁发了GB 50201《防洪标准》作为强制性的国家标准，2014年也进行了修订。

在国家标准中明确了两种防洪标准的概念：一是设计永久性水工建筑物采用的洪水标准；二是与防洪对象保护要求有关的防洪区的防洪安全标准。水利水电工程本身的防洪标准，取决于工程规模、效益和在国民经济中的重要性。按照水工建筑物的作用和重要性分为5个等级，见表6-1；根据洪水对各种建筑物可能造成的危害不同，按照工程规模的大小划分其级别，见表6-2。

表 6-1　　　　　　　　　　水利水电工程枢纽的等级

工程等级	水库		防洪		治涝	灌溉	供水	水电站
	工程规模	总库容/亿 m³	城镇及工矿企业的重要性	保护农田/万亩	治涝面积/万亩	灌溉面积/万亩	城镇及工矿企业的重要性	装机容量/万 kW
I	大(1)型	≥10	特别重要	≥500	≥200	≥150	特别重要	≥120
II	大(2)型	1.0~10	重要	100~500	60~200	50~150	重要	30~120

续表

工程等级	水库		防洪		治涝	灌溉	供水	水电站
	工程规模	总库容 /亿 m³	城镇及工矿企业 的重要性	保护农田 /万亩	治涝面积 /万亩	灌溉面积 /万亩	城镇及工矿 企业的重要性	装机容量 /万 kW
Ⅲ	中型	0.10~1.0	中等	30~100	15~60	5~50	中等	5~30
Ⅳ	小(1)型	0.01~0.10	一般	5~30	3~15	0.5~5	一般	1~5
Ⅴ	小(2)型	0.001~0.01		≤5	≤3	≤0.5		≤1

表 6-2 水 工 建 筑 物 的 级 别

工程等级	永久性水工建筑物		临时性水工 建筑物级别
	主要建筑物	次要建筑物	
Ⅰ	1	3	4
Ⅱ	2	3	4
Ⅲ	3	4	5
Ⅳ	4	5	5
Ⅴ	5	5	5

受水电工程保护的防洪区的防洪安全标准，是依据防护对象的重要性分级设定的，见表 6-3。

表 6-3 城市等级和防洪标准

等级	重要性	非农业人口/万人	防洪标准(重现期)/年
Ⅰ	特别重要的城市	≥150	≥200
Ⅱ	重要的城市	50~150	100~200
Ⅲ	中等城市	20~50	50~100
Ⅳ	一般城市	≤20	20~50

洪水的大小和发生时间、发生次数每年都不同，具有随机性，适宜以概率形式估算未来的设计值，设计时，根据建筑物级别选定不同频率作为防洪标准。以不同频率表示了安全性、经济性和风险之间的关系。

设计阶段设计永久性水工建筑物所采用的洪水标准，分为正常运用和非常运用两种情况，分别称为设计标准和校核标准。通常用正常运用下的设计洪水来确定水利水电枢纽工程设计洪水位、泄洪建筑物设计泄洪流量等水工建筑物的设计参数。设计洪水发生时，工程应保证能正常运用，一旦出现超过设计标准的洪水，水利工程一般就无法保证正常运用。而水利工程的主要建筑物一旦破坏，将造成毁灭性的灾难，因此规范规定洪水在短时期内超过设计标准时，主要水工建筑物不允许破坏，仅允许一些次要建筑物损毁或失效，这种情况就称为非常运用条件或标准，按照非常运用标准确定的洪水称为校核洪水。永久性水工建筑物的正常运用和非常运用的防洪标准详见表 6-4。

表 6-4　　　　　　　　　　　　**永久性水工建筑物的防洪标准**

水工建筑物级别	防洪标准(重现期)/年				
	山区、丘陵区			平原区、滨海区	
	设计	校核		设计	校核
		混凝土坝、浆砌石坝及其他水工建筑物	土坝、堆石坝		
Ⅰ	500～1000	2000～5000	可能最大洪水(PMF)或 5000～10000	100～300	1000～2000
Ⅱ	100～500	1000～2000	2000～5000	50～100	300～1000
Ⅲ	50～100	500～1000	1000～2000	20～50	100～300
Ⅳ	30～50	200～500	300～1000	10～20	50～100
Ⅴ	20～30	100～200	200～300	10	20～50

二、设计洪水的含义

设计洪水是指水利水电工程规划、设计、施工中指定的各种设计标准洪水的总称，按洪水特性和工程设计需要，设计洪水包括设计洪峰流量、设计时段洪量、设计洪水过程线等洪水三要素。以频率等于设计标准推求得该频率的设计洪水，并以此为据规划设计出某一工程，其防洪安全事故的风险率应恰好等于指定的设计标准。

根据设计流域的资料条件，推求设计洪水的方法有两种，即由流量资料推求设计洪水和由暴雨资料推求设计洪水。当规划水利水电工程所在地点设计断面具有长期实测流量资料，可由流量资料推求坝址设计断面的设计洪水作为设计依据，对已建成水库工程而言，则需推求入库洪水。当必须采用可能最大洪水作为非常运用洪水标准时，则由水文气象资料推求可能最大暴雨，然后计算可能最大洪水。

第二节　洪水资料的分析处理

一、洪水样本选取

水利水电工程的寿命一般在百年以上，水文计算中的数理统计法以"年"为时段，将连续的流量过程离散化，以便消除水文变量年内季节变化引起的波动和相邻年份间水文变量之间的相关关系。

设计洪水计算中一般取洪峰流量和指定时段内洪水总量作为描述一次洪水过程的特征。不论是单峰型还是复峰型洪水，洪峰流量 Q_m 都可从流量过程线上直接得到。洪量通常取固定时段 T 内的最大洪量 W_T。固定时段 T 一般根据流域大小和工程调蓄能力可采用 1 日、3 日、5 日、7 日、15 日或 30 日。大流域、调洪能力大的工程，设计时段 T 可以取得长一些；小流域、调洪能力小的工程，T 可以取得短一些。

我国河流洪水大多属雨洪型，每年汛期会发生多次洪水，因此就存在如何从年内多次洪水中选定该年的洪水特征组成计算样本的问题，现有的选样方法如下：

（1）年最大值法。每年选取一个最大值，n 年资料则组成 n 项年洪峰流量和 n 项各种时段的洪量系列。目前水利水电部门在水文设计中常采用此方法。

（2）年多次法。每年选取最大的 k 项，则由 n 年资料可选出 nk 项样本系列。k 每年取固定值，如三次等，某些年份最小的洪峰值可能大于某年的最大洪峰，具体可根据当地洪水特性确定。

（3）超定量法。各年出现大洪水的次数大小不同，可根据当地洪水特性，选定洪峰流量和时段洪量的阈值 Q_{m0}、W_0，超过该阈值的洪水特征均选入样本，与（2）法不同，每年洪水大小不同，因此每年选出的样本数目是变动的。

（4）超大值法。把 n 年洪水资料看作一个连续洪水过程，从中选出最大的 n 项洪水特征。此法相当于以第 n 项洪水作为超定量选样的阈值。

本章仅讨论年最大值法。

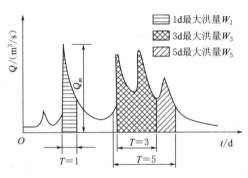

图 6-1　年最大值法选样示意图

年最大值法选样时，同一年内，各种洪量值可以在同次洪水中选取，也可以在不同次洪水中选取，以保证选取"最大"值为选样原则。图 6-1 所示为年最大值法选样的示意图。

二、洪水资料的审查和分析

选取的实测洪水资料及调查的洪水资料是进行频率计算的基础，是决定计算成果精度的关键，须重视洪水资料的审查和分析。对水位、流量测验资料和洪水调查资料应进行必要的复核，分析资料的可靠性、一致性和代表性审查。

（一）洪水资料可靠性审查

可靠性审查是对实测洪水、水位资料的测验和整编方法进行审查，一般可做历年水位流量关系曲线的对照检查（重点是高水外延部分），审查点据离差情况及定线的合理性；通过上下游、干支流各断面的水量平衡及洪水流量过程线、水位过程线的对照，流域的暴雨过程和洪水过程的对照等，进行合理性检查。

审查的重点应放在战争年代及政治动乱时期观测及整编质量较差的年份，检查水尺位置、零点高程、水准基面的变动情况、测流断面的冲淤情况等。1954 年后全国统一采用黄海基面，需要检查测站基面是否统一，不统一的统一到同一基面。水准点高程因自然或人为原因有所变动。必要时进行适当的修正。

洪痕高程分析审查应经多方多物相互印证，根据洪水痕迹计算的洪峰流量、洪量的取值与上下游、干支流应和邻近流域一致，并有相关的气象资料佐证。

（二）洪水资料一致性审查

洪水资料一致性要求实测资料和调查的洪水是在同样的流域下垫面和气候条件下形成的，即各次洪水形成时的基本条件未发生显著变化。当流域上修建了蓄水、引水、分洪、滞洪等工程或发生决口、溃坝、改道等事件时，流域的洪水形成条件与洪水的统计规律发生了改变，不同时期观测的洪水资料代表不同的流域自然条件和下垫面条件，不能将这样的洪水资料作为一个样本进行洪水频率分析，应参照相关规范进行修正和资料还原。

（三）洪水资料系列代表性审查

若样本系列的统计特性能较好反映总体的统计特性则该资料具有好的代表性。洪水总体难以获得，一般认为，洪水资料系列中包括大、中、小等各种洪水，且系列统计参数较稳定，则推断该系列代表性较好。

通过古洪水研究、历史洪水调查、历史文献考证和实测系列插补延长等方法加长洪水系列，增加系列的信息量，是提高洪水系列代表性的有效途径。

根据实测资料条件，可采用以下方法进行流量资料的插补延长。

1. 由实测水位插补流量

当本站水位资料比流量资料长，可根据该站合适的某一水位-流量关系曲线，由实测水位插补缺测的流量资料。

2. 相关法

（1）上下游站流量相关。当上（下）游站或邻近站具有较长的流量系列，可用两站流量资料建立相关关系，用以插补设计站流量资料。

（2）本站峰量相关。利用本站的洪峰和相应的时段洪量建立相关关系，用以插补洪峰流量资料。

（3）暴雨洪水相关。当流域内降雨径流关系较好，可由暴雨量与洪水建立关系，或建立次降雨的净雨量与洪峰及时段洪量的关系来插补洪水系列。

三、历史洪水的调查和考证

（一）洪水调查的意义

洪水峰量频率计算成果的可靠性与设计所用资料的代表性密切相关，而资料的代表性又主要受到资料系列长短的制约。目前我国河流的实测流量资料和雨量资料一般为 $40 \sim 70$ 年，通过插补展延的资料长度也有限。根据现有实测系列来推算百年或千年、万年一遇的稀遇洪水，可能存在较大的抽样误差。如果在实测系列之外，调查到 N（$N > n$）年内若干次最大的洪水，并将这些洪水加入到洪水系列中，就相当于在原来实测洪水信息基础上，还增加了 N 年期间的部分洪水信息。因此，历史洪水调查和考证是提高洪水频率计算精度的有效途径之一。

（二）历史洪水的实地调查和文献考证

历史上出现异常洪水时，常留下有关最高洪水位及洪水发生日期的碑记、刻字或痕迹。

人类历史是不断同洪灾斗争的历史，在我国江河干支流沿岸分布了许多历史悠久的古城镇，也保存了丰富的例如历史洪水、洪灾资料的文献、洪痕遗迹、碑刻等。

历史洪水调查资料较实测洪水资料具有较大的不确定性，资料精度相对低些，有条件的情况下，可利用近代高水资料的相关计算参数进行校核。利用已有石刻碑刻、文献资料等相互映证加入历史洪水资料，能保证设计洪水成果的稳定可靠。

（三）历史洪水在调查考证期的排位分析

通常把有洪水观测资料的年份（其中包括插补延长年份）称为实测期。实测期以外，从最早的调查洪水发生年份迄今的这一段时期称为调查期。

调查期以前的历史洪水情况，有时还可通过历史文献资料的考证获得。通常把有历史文献资料可以考证的时期称为考证期。考证期中少数历史洪水可以大致定量，多数是难以确切定量的。

南宋绍兴二十三年（公元 1153 年），龙门山地区普降暴雨，受嘉陵江、涪江流域的洪水影响，长江上游重庆忠县发生洪水。忠县东乡汪家陵后石壁凿刻："绍兴二十三年，癸酉，六月二十六日，江水泛涨去耳"。忠县车云乡选溪的岩壁石刻："绍兴二十三年，六月二十七日，水此"。历史洪水峰、量的数值确定后，还须分析各次历史洪水调查考证期内的排列序号，以期能正确确定历史洪水的经验频率。经考证、比较发现，南宋绍兴二十三年的洪水是长江上游历史洪水中的第三位。

第三节　设计洪峰流量及洪量的推求

一、特大洪水

特大洪水是指实测洪水系列和调查的历史洪水中，比一般洪水大得多的稀遇洪水。我国大多数河流的实测流量资料系列长度有限，若仅根据较短系列资料做频率计算，所得成果不稳定。加入特大洪水的频率计算能提高设计洪水的精度。

二、连序和不连序样本系列

洪水样本系列中若没有特大洪水值，即没有通过历史洪水调查考证或系列中没有提取特大值做单独处理，系列中各项洪水值直接按从大到小顺序统一排位，由大到小的序号是相连的，各项之间没有空位，这样的样本系列称为连序系列；若系列中有特大洪水值，特大洪水与其他的洪水值之间有空位，整个样本的排序是不连序的，这样的样本系列称为不连序系列。设特大值的重现期为 N，实测系列年数为 n，在 N 年内共有 a 个特大值，其中有 l 个发生在实测系列，其他来自调查考证。若 $a=0$，则 $l=a=0$，$N=n$，表明没有特大洪水，不连序样本就变成连序样本。不连序样本有特大值，各项洪水的排序有空位，这就使其频率计算和系列统计参数的计算有别于连序样本。一个不连序样本的组成如图 6-2 所示。

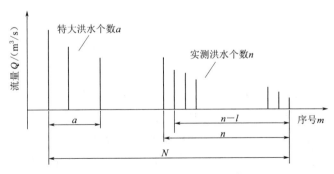

图 6-2　不连序样本的组成示意图

三、不连序样本系列的经验频率计算

对洪水不连序样本系列中的各项经验频率的计算通常采用独立样本和统一样本两种方法。

1. 独立样本法

将特大值系列和实测系列一般洪水看作从总体中独立抽出的两个随机系列，各项洪水在各自的系列中分别排序。其中，a 项特大洪水的经验频率采用式（6-1）计算：

$$P_M = \frac{M}{N+1} \quad (M=1,2,\cdots,a) \tag{6-1}$$

实测系列中 $n-l$ 项的经验频率则按下式计算：

$$P_m = \frac{m}{n+1} \quad (m=l+1,l+2,\cdots,n) \tag{6-2}$$

同理，计算时，实测系列前 l 个特大洪水的序位保持"空位"，从 $m=l+1$ 开始计算其他各项的经验频率。

2. 统一样本法

将实测洪水与历史大洪水一起组成一个不连序的系列，认为它们共同参与组成一个历史调查期为 N 年的样本，各项可在 N 年中统一排序。其中，特大洪水共 a 项，其中 l 项发生在实测期内，特大洪水占据 N 年中的前 a 个序位，其经验频率采用式（6-1）计算。

而实测期 n 内的 $n-l$ 个一般洪水是 N 年样本的组成部分，由于它们都不超过 N 年中为首的 a 项洪水，因此其概率分布不再是从 0 到 1，而只能是从 P_a 到 1（P_a 是第 a 项特大洪水的经验频率）。于是对实测期的一般洪水，假定其第 m 项的经验频率在（P_a，1）区间内线性变化，则

$$P_m = P_a + (1-P_a)\frac{m-l}{n-l+1} \quad (m=l+1,l+2,\cdots,l+n) \tag{6-3}$$

【例 6-1】　某站有 1930—2015 年 $n=86$ 年实测洪峰流量资料。实测期外，调查到 1903 年、1921 年两个历史洪水。1903—2015 年 $N=113$ 年中，未漏掉洪峰流量超过 1903 年的洪峰流量的洪水，且按大小排位，首三项洪水为 1949 年、1921 年、1903 年，试按统一样本法和独立样本法计算各项洪水的经验频率。

根据该站洪水排位情况，各项洪水经验频率见表 6-5。

解：从表 6-5 中可以看出，对于 1949 年、1921 年、1903 年的洪水，虽然其发生年份在 1903—2015 年间，经验频率按照 N 计算。对于 1949 年的洪水，已抽到 N 中排位，实测期内的其他场洪水在 n 中的排位，$a=3$，$l=1$。

表 6-5　　　　　　　　　　　　某站洪水经验频率计算表

调查考证或实测期	系列年数		洪水年份	排位	经 验 频 率	
	N	n			统一样本法	独立样本法
调查考证期 N（1903—2015 年）	113		1949	1	$P=\frac{1}{N+1}=\frac{1}{113+1}=0.0088$	$P=\frac{1}{N+1}=\frac{1}{113+1}=0.0088$
			1921	2	$P=\frac{1}{N+1}=\frac{2}{113+1}=0.0175$	$P=\frac{1}{N+1}=\frac{2}{113+1}=0.0175$
			1903	3	$P=\frac{1}{N+1}=\frac{3}{113+1}=0.0263$	$P=\frac{1}{N+1}=\frac{3}{113+1}=0.0263$

续表

调查考证或实测期	系列年数		洪水年份	排位	经验频率	
	N	n			统一样本法	独立样本法
实测期 n (1930—2015 年)		86	1949	1	已抽到 N 中排序	已抽到 N 中排序
				2	$P=0.0263+(1-0.0263)\dfrac{2-1}{86-1+1}=0.0367$	$P=\dfrac{2}{86+1}=0.023$
				3	$P=0.0263+(1-0.0263)\dfrac{3-1}{86-1+1}=0.0489$	$P=\dfrac{3}{86+1}=0.0345$
				4	$P=0.0263+(1-0.0263)\dfrac{4-1}{86-1+1}=0.060$	$P=\dfrac{4}{86+1}=0.046$

四、洪水频率曲线线型

洪水变量目前还无法从理论上论证应该采用何种频率曲线线型（统计分布模型）描述其统计规律。国际上常用的线型有极值Ⅰ型分布和Ⅱ型分布、广义极值分布（GEV）、对数正态分布（L-N）、皮尔逊Ⅲ型分布（P-Ⅲ）及对数皮尔逊Ⅲ型分布等。美国主要采用对数皮尔逊Ⅲ型为主，英国以 GEV 型为主。我国通过洪水极值资料的验证，皮尔逊Ⅲ型被认为能较好地拟合我国大多数河流的洪水系列。SL 44—2006 中规定频率曲线的线型应采用皮尔逊Ⅲ型。但对于特殊情况，经分析论证后也可采用其他线型。

五、频率曲线参数估计

在洪水频率曲线参数估计方法中，我国规范统一规定采用适线法。适线法有经验适线法（或称目估适线法）和优化适线法。

目估适线法已在本书第四章做了详细介绍。当该法用于洪水参数估计，必须注意经验点据与曲线不能全面拟合时，可侧重考虑上、中部分的较大洪水点据。一般而言，年代久远的特大洪水对选定参数影响很大，但这些资料本身的误差可能较大。因此，所选曲线不宜机械地通过特大洪水点据，尽量避免与其他点群偏离过大，但也不宜脱离所选曲线大洪水点据过远。对调查考证期内为首的几次特大洪水，要做具体分析。

目估适线法估计参数时，通常将矩法的估计值作为初始值。

在用矩法初估参数时，对于不连序序列，假定 $n-l$ 年系列的均值和均方差与除去特大洪水后的 $N-a$ 年系列的相应参数相等，即 $\overline{x}_{N-a}=\overline{x}_{n-l}$，$\sigma_{N-a}=\sigma_{n-l}$，可以导出参数计算公式

$$\overline{X}=\frac{1}{N}\left(\sum_{j=1}^{a}x_j+\frac{N-a}{n-l}\sum_{i=l+1}^{n}x_i\right) \tag{6-4}$$

$$C_v=\frac{1}{\overline{x}}\sqrt{\frac{1}{N-1}\left[\sum_{j=1}^{a}(x_j-\overline{x})^2+\frac{N-a}{n-l}\sum_{i=l+1}^{n}(x_i-\overline{x})^2\right]} \tag{6-5}$$

式中 x_j——排位为 j 的特大洪水值，$j=1,2,\cdots,a$；

$\quad\quad x_i$——一般洪水值，$i=l+1,l+2,\cdots,n$。

偏态系数 C_s 属于高阶矩，矩法估计值抽样误差非常大，故不用矩法估计作为初值，可参考地区规律选定一个 C_s/C_v 值。我国对洪水极值的研究表明，对于 $C_v\leqslant0.5$ 的地区，可以试用 $C_s/C_v=3\sim4$；对 $0.5<C_v\leqslant1.0$ 的地区，可以试用 $C_s/C_v=2.5\sim3.5$；对于 $C_v>1.0$ 的地区，可以试用 $C_s/C_v=2\sim3$。

优化适线法在一定的适线准则下，求解与经验点据拟合最优的频率曲线的统计参数。一般可根据洪水系列的误差规律，选定适当准则。当系列中各项洪水的误差方差比较均匀时，可考虑采用离（残）差平方和准则；当绝对误差比较均匀时，可考虑采用离（残）差绝对值和准则；当各项洪水（尤其是历史洪水）误差差别比较大时，宜采用相对离差平方和准则。

适线时应注意：

（1）尽可能照顾点群的趋势，使频率曲线通过点群的中心，但可适当多考虑上部和中部点据。

（2）应分析经验点据的精度，使曲线尽量接近或通过比较可靠的点据。

（3）适线时，应考虑特大历史洪水的可能误差范围，不宜机械地通过历史洪水点据，而使频率曲线脱离点群；也不能为照顾点群趋势使曲线离开特大值过远。

六、算例

【例 6-2】 某水库坝址处共有 30 年实测洪峰流量资料，见表 6-6。此外，通过历史洪水调查得知，1888 年该站洪峰流量为 6100m³/s，1888—1930 年（除 1888 年外），洪峰流量均小于 4500m³/s。试推求坝址处的洪峰流量理论频率曲线。需根据这些资料推求该站千年一遇的设计洪峰流量。

表 6-6　　　　　　　　　　　某水库坝址处洪峰流量　　　　　　　　　单位：m³/s

年份	流量	年份	流量	年份	流量	年份	流量	年份	流量
1931	860	1937	920	1943	91	1949	322	1955	1210
1932	553	1938	1560	1944	200	1950	900	1956	255
1933	670	1939	1650	1945	105	1951	2200	1957	500
1934	1400	1940	512	1946	1230	1952	380	1958	280
1935	4900	1941	400	1947	1810	1953	3400	1959	350
1936	2100	1942	2880	1948	356	1954	1930	1960	510

（1）按统一样本法、独立样本法分别计算经验频率，如表 6-7 中 P_2、P_3 分别为特大洪水和一般洪水的经验频率。

由现有资料不难看出，1888 年洪水是自 1888 年以来的最大洪水，在 $N=73$ 年间排第 1 位；1935 年洪水排第 2 位。其余洪水在 $n=30$ 年的实测期（1931—1960 年）根据大小依次排序。据此分析求得各年洪峰流量的经验频率（按独立样本法和统一样本法公式计算）结果见表 6-7。

表 6 - 7　　　　　　　　　　某站洪峰流量经验频率计算表

洪　峰　流　量			经　验　频　率　计　算				
按时间次序排序		按数量 大小排序	$P_M = \dfrac{M}{N+1}$		$P_m = P_a +$ $(1-P_a)\dfrac{m-l}{n-l+1}$ 统一样本法		$P_m = \dfrac{m}{n+1}$ 独立样本法
年份	Q_m /(m³/s)	Q_m /(m³/s)	M	$P_1/\%$	m	$P_2/\%$	m	$P_3/\%$
1888	6100	6100	1	1.37				
1931	860	4900	2	2.74				
1932	553	3400			2	3.27	2	6.45
1933	670	2880			3	6.51	3	9.68
1934	1400	2200			4	9.76	4	12.9
1935	4900	2100			5	13.0	5	16.1
1936	2100	1930			6	16.2	6	19.4
1937	920	1810			7	19.5	7	22.6
1938	1560	1650			8	22.7	8	25.8
1939	1650	1560			9	26.0	9	29.0
1940	512	1400			10	29.2	10	32.3
1941	400	1230			11	32.5	11	35.5
1942	2880	1210			12	35.7	12	38.7
1943	91	920			13	38.9	13	41.9
1944	200	900			14	42.2	14	45.2
1945	105	860			15	45.4	15	48.4
1946	1230	670			16	48.7	16	51.6
1947	1810	553			17	51.9	17	54.8
1948	356	512			18	55.2	18	58.1
1949	322	510			19	58.4	19	61.3
1950	900	500			20	61.6	20	64.5
1951	2200	400			21	64.9	21	67.4
1952	380	380			22	68.1	22	70.9
1953	3400	356			23	71.4	23	74.2
1954	1930	350			24	74.6	24	77.4
1955	1210	322			25	77.9	25	80.6

洪　峰　流　量			经　验　频　率　计　算					
按时间次序排序		按数量 大小排序	$P_M = \dfrac{M}{N+1}$		$P_m = P_a +$ $(1-P_a)\dfrac{m-l}{n-l+1}$ 统一样本法		$P_m = \dfrac{m}{n+1}$ 独立样本法	
年份	Q_m $/(\text{m}^3/\text{s})$	Q_m $/(\text{m}^3/\text{s})$	M	$P_1/\%$	m	$P_2/\%$	m	$P_3/\%$
1956	255	280			26	81.1	26	83.9
1957	500	255			27	84.3	27	87.1
1958	280	200			28	87.6	28	90.3
1959	350	105			29	90.8	29	93.5
1960	510	91			30	94.1	30	96.8

（2）根据表中洪峰流量系列，按式（6-4）计算年最大洪峰流量均值 $\overline{Q}$，式中 $N=$ 73，$n=30$，$a=2$，$l=1$，再按式（6-5）计算年最大洪峰流量的变差系数 C_v。

根据表中流量数据和计算的经验频率，点绘经验点据，如图 6-3 中圆形点据所示。必须说明 1956 年的点据，从偏于安全考虑经验频率采用 2.4%。采用矩法初估统计参数

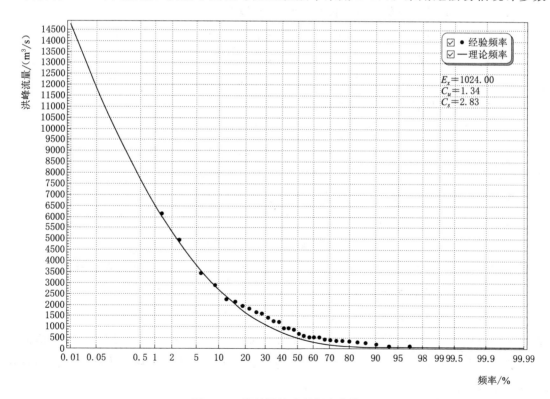

图 6-3　某站洪峰流量频率曲线

为：$\overline{Q}=1024\mathrm{m}^3/\mathrm{s}$，$C_v=1.11$，$C_s=2C_v$，对应的频率曲线见图中之虚线。该频率曲线与经验点据的拟合不佳，所以调整参数，直至频率曲线与经验点据能最好拟合。经多次试算，最后选用 $\overline{Q}=1024\mathrm{m}^3/\mathrm{s}$，$C_v=1.34$，$C_s=2.19C_v$。得到的频率曲线见图中之实线。据此组参数求得的千年一遇设计洪峰值 $Q_{0.1\%}=10562\mathrm{m}^3/\mathrm{s}$。

七、设计成果的合理性分析

由于资料系列年限有限，洪水频率计算所得的各项统计参数（$\overline{x}$、C_v、C_s）及各种频率的设计值 x_P 具有一定误差。另外，这些参数或计算成果在不同历时之间，相同历时但在上下游和相邻地区成果之间，客观上都存在一定的关系或地理分布规律。因此，可以综合同一地区各站计算成果，通过对比分析，做合理性检查。

（一）本站的洪峰及各种时段洪量频率分析成果之间比较分析

1. 频率曲线对比分析

将同一站点的各种不同历时洪量频率曲线的纵坐标变换成对应历时的平均流量，然后与洪峰流量的频率曲线一起点绘在同一张频率格纸上。各曲线应近于平行，一般历时越短，坡度应越陡；各曲线在实用范围内（$P=0.01\%\sim99\%$）不应相互交叉。

2. 统计参数和同频率设计值之间的比较分析

本站的洪峰流量、各时段洪量统计参数、设计值和时段长的关系曲线一般呈现出下述特性：

（1）均值和设计值应随时段增长而增加，但其增率随时段增长而减小。

（2）C_v 一般随时段增长而减小。但对于调蓄作用大且连续暴雨次数多的河流，随着时段增长，C_v 反而增大，至某一时段达到最大值，然后再逐渐减小。

（3）偏态系数 C_s 值，由于观测资料短，计算成果误差很大，因此规律不明显。一般的概念是随着时段增长，C_s 值逐渐减小。

（二）上下游洪水关系的分析

在同一条河流的上下游之间，洪峰及洪量的统计参数一般存在较密切的关系。当上下游气候、下垫面等条件相似时，洪峰（量）的均值和同频率设计值应该由上游向下游递增，其模数则递减，C_v 值也由上游向下游减小。

（三）暴雨径流之间关系的分析

一般而言，暴雨设计参数与相应时段洪量统计参数之间洪量的 C_v 应大于相应时段暴雨量的 C_v。洪水（均值和设计值）径流深应小于相应时段暴雨深（均值和设计值）。

八、设计洪水值的抽样误差

设计洪水值由样本估计得到，是样本的函数，所以也是一个随机变量。由于样本容量的有限，由样本估计的参数存在误差，设计洪水值也存在误差，通常采用设计洪水值抽样分布的均方误来表征误差。如果一个设计洪水值的抽样均方误小，则认为该估计值的有效性好、精度高；反之，有效性差、精度低。

对皮尔逊Ⅲ型分布，设计估计值抽样分布的标准差近似由下式计算

$$\sigma_{x_P} = \frac{\overline{x} C_v}{\sqrt{n}} B \qquad (6-6)$$

式中　$\overline{x}$、C_v——总体参数的估值；

　　　　n——样本容量；

　　　　B——C_s 和设计频率 P 的函数。

已制成 $P-C_s-B$ 图（也称诺模图）可供查用，如图 6-4 所示。

设计洪水值及其误差，与工程投资、防洪效益和工程安全等密切相关。因此，在某些情况下求得设计值以后，再加上一个安全修正值，以策安全。通常将安全修正值（用 Δx_P 表示）取成误差 σ_{x_P} 的函数，即

$$\Delta x_P = \beta \sigma_{x_P} \qquad (6-7)$$

式中　β——可靠性系数。

设计洪水规范中对可靠性系数并没有明确规定，一般取值在 $0.7 \sim 1.5$，当水工建筑物超载能力较大，预估失事的后果不严重时，β 值可取小些。但有关规范明确规定，经综合分析检查后，若成果有偏小的可能，对校核洪水的估计值应加安全修正值，但一般不超过估计值的 20%。

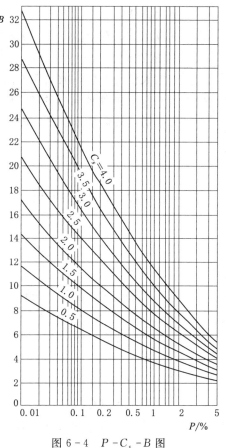

图 6-4　$P-C_s-B$ 图

第四节　设计洪水过程线的拟定

设计洪水过程线是指具有某一设计标准的洪水过程线。目前尚无完善的方法直接从洪水过程线的统计规律中求出一定频率的过程线。为了适应工程设计要求，目前仍采用放大典型洪水过程线的方法，使设计过程线的洪峰流量和各时段洪水总量的数值等于设计值，其出现的频率等于设计标准，即认为所得的过程线是待求的设计洪水过程线。

一、典型洪水过程线的选取

典型洪水过程线是放大的基础，从实测洪水资料中选择典型时，资料要可靠，同时应考虑下列条件：

（1）选择峰高量大的典型洪水过程线，其洪水特征接近于设计条件下的稀遇洪水情况。

（2）洪水过程线具有一定的代表性，即它的发生季节、地区组成、洪峰次数、上涨历时、峰量关系等能代表本流域的大洪水特性。

（3）从防洪安全着眼，选择峰型（单峰或复峰）比较集中、主峰靠后的对工程防洪运用较不利的大洪水洪水过程。

二、放大方法

常用的放大方法有同倍比放大法和同频率放大法。

1. 同倍比放大法

用同一放大倍比 k 值，放大典型洪水过程线的流量坐标，使放大后的洪峰流量等于设计洪峰流量 Q_{mP}，或使放大后的控制时段 t_k 的洪量等于设计洪量 W_{kP}。

使放大后的洪峰流量等于设计洪峰流量 Q_{mP}，称为"按峰"放大，放大倍比为

$$k = \frac{Q_{mP}}{Q_{mD}} \qquad (6-8)$$

使放大后的控制时段 t_k 的洪量等于设计洪量 W_{kP}，称为"按量"放大，放大倍比为

$$k = \frac{W_{kP}}{W_{kD}} \qquad (6-9)$$

式中　　k——放大倍比；

Q_{mP}、W_{kP}——设计频率为 P 的设计洪峰流量和 t_k 时段的设计洪量；

Q_{mD}、W_{kD}——典型洪水过程的洪峰流量和 t_k 时段的洪量。

按式（6-8）或式（6-9）计算放大倍比 k，然后与典型洪水过程线流量坐标相乘，即得到设计洪水过程线。

2. 同频率放大法

在放大典型洪水过程线时，按洪峰和不同时段的洪量分别采用不同倍比，使放大后的过程线的洪峰及各种时段的洪量分别等于设计洪峰和设计洪量，简称同频率放大。

洪峰的放大倍比 k_Q

$$k_Q = \frac{Q_{mP}}{Q_{md}} \qquad (6-10)$$

最大 1 日洪量的放大倍比 k_1

$$k_1 = \frac{W_{1P}}{W_{1d}} \qquad (6-11)$$

式中　W_{1P}——最大 1 日设计洪量；

　　　W_{1d}——典型洪水的最大 1 日洪量。

按式（6-11）放大后，可得到设计洪水过程中最大 1 日的部分。对于其他历时，如最大 3 日，在典型洪水过程线上，最大 3 日包括了最大 1 日，因为这一日的过程已放大成 W_{1P}，因此，只需要放大其余两日的洪量，使放大后的这两日洪量 W_{3-1} 与 W_{1P} 之和，恰好等于 W_{3P}，即

$$W_{3-1} = W_{3P} - W_{1P} \qquad (6-12)$$

所以这一部分的放大倍比为

$$k_{3-1} = \frac{W_{3P} - W_{1P}}{W_{3d} - W_{1d}} \qquad (6-13)$$

同理，在放大最大 7 日中，3 日以外的 4 日内的倍比为

$$k_{7-3} = \frac{W_{7P} - W_{3P}}{W_{7d} - W_{3d}} \qquad (6-14)$$

依次可得其他历时的放大倍比，如

$$k_{15-7} = \frac{W_{15P} - W_{7P}}{W_{15d} - W_{7d}} \qquad (6-15)$$

在典型洪水过程线放大中，由于在两种历时衔接的地方放大倍比 k 不一致，放大后在两种历时交界处产生不连续现象，使过程线呈锯齿形，此时需要修匀，使其成为光滑曲线。修匀时需要保持设计洪峰和各种历时的设计洪量不变。

【例 6-3】　某枢纽百年一遇设计洪峰和不同时段的设计洪量计算成果见表 6-7，试用同频率放大法推求设计洪水过程线。

经分析选定典型洪水过程线（1969 年 7 月 4—10 日），计算各时段洪量，推算各时段放大倍比 k，成果见表 6-8。逐时段进行放大，修匀后得到设计洪水过程线，计算过程见表 6-9。修匀后的设计洪水过程线如图 6-5 所示。

表 6-8　　　　　　　　同频率放大法倍比计算表

时段 /日	设计洪量 /亿 m³	典型洪水 （1969 年 7 月 4 日 0 时—10 日 24 时）		放大倍比 k
		起讫日期	洪量/亿 m³	
1	1.2	5 日 0 时—5 日 24 时	1.01	1.19
3	1.97	5 日 0 时—7 日 24 时	1.47	1.67
7	2.55	4 日 0 时—10 日 24 时	2.03	1.04
洪峰流量/(m³/s)	$Q_{mP} = 2790$	$Q_{md} = 2180$		1.28

表 6-9　　　　　　　同频率设计洪水过程线计算表（$P=1\%$）

时序	典型洪水过程线				放大倍比	放大后流量 /(m³/s)	修匀后设计洪水过程线 $Q_P(t)$/(m³/s)
	月	日	时	$Q_d(t)$ /(m³/s)			
1	4		0	80	1.04	83.2	83.2
			12	70	1.04	72.8	72.8
2	7	8	0	120	1.04	125	
			0	120	1.19	143	134
			4	260	1.19	309	300
			12	1780	1.19	2120	2120
			14.5	2150	1.19	2560	2560
			15.5	2180	1.28	2790	2790
			16.5	2080	1.19	2480	2480
			21.5	9631	1.19	1150	1145

续表

时序	典型洪水过程线				放大倍比	放大后流量 /(m³/s)	修匀后设计洪水过程线 $Q_P(t)$/(m³/s)
	月	日	时	$Q_d(t)$ /(m³/s)			
3	7	6	0	700	1.19	833	1000
			0	700	1.67	1170	
			3.5	484	1.67	808	730
			8	334	1.67	557	557
			11	278	1.67	464	464
			20	214	1.67	357	358
4		7	0	230	1.67	384	384
			5.5	256	1.67	428	427
			16	163	1.67	272	272
			19	159	1.67	266	265
			20	163	1.67	272	272
5		8	0	270	1.67	450	360
			0	270	1.04	281	
			0.7	281	1.04	292	360
			3.5	340	1.04	354	354
			11	249	1.04	259	259
6		9	0	140	1.04	146	146
			5.5	110	1.04	114	114
			13	99.3	1.04	103	103
7		10	0	83	1.04	86.3	86.3
			10	88.1	1.04	91.6	91.6
			24	62	1.04	64.5	64.5

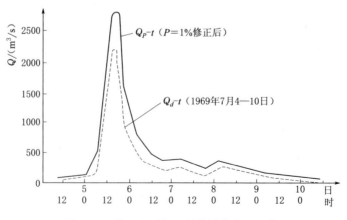

图 6-5 某工程百年一遇设计洪水过程线

第五节　设计洪水地区组成

一、设计洪水地区组成概念

在研究流域开发方案，计算水利水电工程对下游的防洪作用，以及进行梯级水库或水库群联合调洪计算时，需要解决设计洪水的地区组成问题。图 6-6 是一个典型的洪水地区组成问题概化图，即上游是单个水库工程（A），下游有防洪目标（C 为代表断面），A 和 C 之间是无工程控制的区间 B。当 C 断面的防洪要求已定时，如何进行水库 A 的防洪设计，以满足断面 C 的防洪要求；或者当水库 A 的调洪规则已定时，考虑水库对下游 C 的防洪效果，需要研究以 C 为设计断面，上游断面 A 及区间 B 两部分洪水组成的计算问题。对于由多级水库及

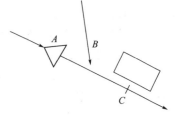

图 6-6　典型洪水地区组成图

防洪对象构成的防洪系统，其设计洪水组成问题的性质是类似的，只是组成单元增多，计算更为复杂。地区组成法是推求设计断面受上游水库或其他工程调节影响后的设计洪水的一种简便方法。如图 6-6 所示，在 C 处发生防洪标准 P 的洪水时，通过水库 A 调节后，使 C 处的洪峰流量不超过此处的安全流量。为此，须分析 C 断面设计洪水中有多少来自 A 库以上地区，有多少来自区间 B。

二、洪水地区组成特性分析

为了解所研究地区洪水的组成特性，需要根据实测和调查的暴雨洪水资料，对设计流域内洪水来源和组成特点进行综合分析。

1. 流域内暴雨地区分布特性的分析

分析地区暴雨中心位置及其变动情况、雨区的移动方向、大暴雨情况下雨区范围的变化等，以便了解各分区之间洪峰遭遇特性及洪水的地区分布规律。

2. 不同量级洪水的地区组成及其变化特性分析

以设计断面各时段年最大流量及洪量的发生时间为准，从历年实测和调查洪水资料中，分年统计上游工程所在断面及区间的相应流量及洪量，计算各分区相应流量占设计断面洪峰及洪量的比例及变化特性。

3. 各分区洪水的峰量关系分析

点绘上游 A、下游及区间 B 的峰、量相关图，分析各分区峰量关系及其变化情况。洪峰、洪量间存在一定的联系，多维分布能考虑多个变量间的关联性，比单变量描述能包含更多的水文信息量。目前，Copula 函数广泛应用于多变量水文频率分析计算中，为水文成果间的比较提供了参考，为防灾减灾决策提供了科学依据。

4. 各分区之间及与设计断面之间洪水遭遇特性分析

统计历年各分区之间及各分区与设计断面之间同次洪水洪峰间隔时间，计算不同洪峰间隔时间的洪次占总洪次的百分数，分析洪峰可能遭遇的程度。

当设计断面上游有调洪作用较大的水库时，经水库调洪后的下泄流量过程较天然洪水

过程洪峰、时段洪量均减小，峰现时间推迟，与区间洪水过程组合后形成受水库调洪影响后的洪水过程。

通过对干支流洪水实测资料的分析可知，各部分流域面积上洪水的组合遭遇具有明显的随机性。当水库坝址断面处出现设计洪量时，下游区间面积所对应的洪量值并非唯一，其值可大可小，只是出现不同数值的概率有所不同而已。为了在各种可能出现的洪水地区组合中，选取一种特定的组合作为设计的洪水地区组合，因此出现了多种不同的选取方法，主要有典型年法和同频率地区组成法。

三、设计洪水地区组成计算方法

（一）典型年法

从实测资料中选出若干个在设计条件下可能发生的，并且在地区组成上具有一定代表性的（例如洪水主要来自上游或主要来自区间，或在全流域均匀分布）典型大洪水过程，按统一倍比对各断面及区间的洪水过程线进行放大，以确定设计洪水的地区组成。

放大的倍比一般采用下游控制断面某一控制时段的设计洪量，与该典型年同一历时洪量的比值。也可按洪峰的倍比放大。根据求得的设计洪水过程，经水库 A 调蓄后，演进至下游设计断面，与区间来水汇合后，即为下游断面的设计洪水。

洪水典型的选择应满足典型选择的一般要求，此外，最好该典型中各断面的峰量数值比较接近于平均的峰量关系线（当不易满足时，可着重考虑对工程防洪设计影响较大的某一断面）。对中小流域，当发生特大洪水时，洪水的地区组成有集中程度更高或有均化的趋势时，尽可能选择与此相应的洪水典型。

因全流域各地区洪水均采用同一放大倍比，可能出现某些局部地区的洪水在放大后，其频率小于下游断面设计洪水频率的情况。一般而言，较大流域的稀遇设计洪水，有可能发生这种情况，此时应检查该典型年是否确实反映了本流域特大洪水的地区组成特性。如果发生局部超标过多的情况，应对放大后成果做局部调控。若结果明显不合理，就不宜采用该典型年的组成，可另选其他典型年。

（二）同频率地区组成法

按照工程情况指定某一分区的洪量与下游控制断面的洪量设计频率相同，其余洪量再根据水量平衡原则分配到流域的其他分区。

以图 6-6 所示的组成为例，断面 C 某一控制时段的洪量为 W_C，上游水库 A 断面同一时段相应洪量为 W_A，区间相应洪量为 W_B，则 $W_B = W_C - W_A$（其起讫时间不一定完全相同，应考虑洪水传播时间）。当下游断面 C 出现某一频率 P 的洪量 $W_{C,P}$ 时，上游 A 及区间 B 来水可以有多种可能组合。根据防洪要求，一般可考虑以下两种同频率组成情况：

（1）当下游断面 C 发生设计频率 P 的洪量 $W_{C,P}$ 时，上游断面 A 发生同频率洪量 $W_{A,P}$，而区间发生相应的洪量，即

$$W_B = W_{C,P} - W_{A,P} \qquad (6-16)$$

（2）当下游断面 C 发生设计频率 P 的洪量 $W_{C,P}$ 时，区间 B 发生同频率洪量 $W_{B,P}$，而上游断面发生相应的洪量，则

$$W_A = W_{C,P} - W_{B,P} \qquad (6-17)$$

这两种组成只是具有一定代表性的地区组成，是设计考虑的两种特殊情况，实际上它们既不是最可能出现的地区组成，也不一定是最恶劣的地区组成。此外，这两种组成出现

的可能性也不一样。一般而言，当分区的洪水与下游断面洪水的相关关系比较密切时，两者同频率组成的可能性比较大；反之，若分区的洪水与下游断面洪水的相关关系较差时，则不宜采用下游与该部分地区同频率地区组成的方式。若实测大洪水有某部分地区的洪水频率显著小于下游断面洪水频率时，也不宜机械地采用同频率地区组成的方式。

（三）基于 Copula 函数的设计洪水地区组成法

洪水地区组成可有无数种组合，其中有两种比较有代表性的地区组成，即条件期望组合和最可能组合。

降雨分布的不均匀造成河流干、支流洪水的组成不同，支流洪水与干流洪水的遭遇情况也是错综复杂，具有较大的随机性。现行采用的典型年法和同频率组合法，未考虑干、支流洪水的相关性，计算结果可能达不到规范要求的防洪标准。

目前设计洪水地区组成分析中广泛利用 Copula 函数，构造上游洪水与区间洪水的联合分布或条件分布。

1. 条件期望组合

当上游断面出现设计洪量 X 时，下游区间所对应的洪量 Y 并非唯一的，可大可小，出现不同取值的概率不同，存在一个条件概率分布函数 $F_{Y|X}(y)$。

$$F_{Y|X}(y)=P(Y\leqslant y|X=x)=\frac{\dfrac{\partial F(x,y)}{\partial x}}{\dfrac{\mathrm{d}F(x,y)}{\mathrm{d}x}}=\frac{\partial C_\theta(u,v)}{\partial u} \tag{6-18}$$

$$F(x,y)=C_\theta[F_X(x),F_Y(y)]=C_\theta(u,v) \tag{6-19}$$

式中　　　　　$F(x,y)$——随机变量 (X,Y) 的联合分布；

　　　　$C_\theta(u,v)$——Copula 函数；

　　　　　　θ——参数；

$u=F_X(x)$, $v=F_Y(y)$——随机变量 X、Y 的边缘分布。

给定 X 的设计值 X_p 时，便可以求得不同频率对应的 Y 值，是一种条件期望组合，可计算不同组合情况下，各断面洪量组成情景。

条件期望组合是设计洪水地区组成的一种平均情况，具有一定代表性，和同频率地区组成一样，既不是最可能出现的，也不是最不利的地区组成，但将上、下游断面、区间洪水间的关联性联系起来了。

2. 最可能组合

最可能组成是，当下游断面发生设计洪水 Z_p 时，为寻求上游断面和区间的最可能组合，在满足 $X+Y=Z_p$ 的条件下概率密度函数 $f(x,y)$ 的最大值，通过变换将其化为单变量 X 的函数，可得基于 Copula 函数的最可能设计洪水地区组成应满足的关系式，该组成考虑了洪水地区组成的随机性，具体方法可参阅相关文献。

第六节　汛期分期设计洪水与施工设计洪水

一、汛期分期设计洪水与施工设计洪水的概念

前面所讨论的设计洪水，都是以年最大洪水选样进行分析，不考虑洪水在年内发生

的具体时间或日期。例如，汛期、主汛、前汛、后汛等洪水的大小和过程线形状有明显差异，为提高大中型水库兴利效益需要推求年内不同时期的设计洪水。此外，在水利工程施工阶段，常需要推求施工期间的设计洪水，作为围堰、导流、泄洪等临时性工程的设计、制订施工进度计划的依据，以抵御施工期洪水威胁即施工设计洪水问题。当施工设计洪水的分期与分期设计洪水的分期相同时，上述两种设计洪水也是一样的。

二、分期及选样

1. 分期的原则

洪水分期的划分原则，既要符合当地暴雨洪水季节变化特性，又要考虑工程设计中不同季节对防洪安全和分期蓄水的要求。可将本流域历年各次洪水以洪峰发生日期或某一历时最大洪量的中间日期为横坐标，以相应洪水的峰量数值为纵坐标，点绘洪水年内分布图，并描绘光滑的外包线（图 6-7）。并结合地区的降雨和暴雨特征、环流形势的演变趋势，进行对照分析，最终划定洪水分期界限。分期后，同一分期内的暴雨洪水成因应基本相同，不同分期的洪水在量级或出现频率上应有差别。

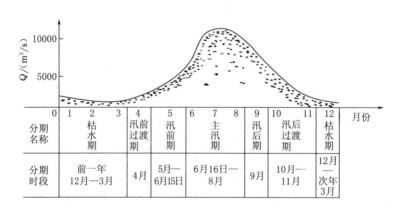

分期名称	枯水期			汛前过渡期	汛前期	主汛期		汛后期	汛后过渡期		枯水期
分期时段	前一年12月—3月			4月	5月—6月15日	6月16日—8月		9月	10月—11月		12月—次年3月

图 6-7 洪水分期示意图

施工设计洪水，时段的划分主要决定于工程设计的要求，同时兼顾水文现象的季节性。为选择合理的施工时段，安排施工进度等，常需要分出枯水期、平水期、洪水期的设计洪水或分月的设计洪水，或更短的设计洪水。但分期短，相邻期的洪水在成因上没有显著差异，而同一期的洪水由于年际变差加大，频率计算的抽样误差也将更大。因此，分期一般不宜短于一个月。

2. 选样

分期洪水的选样，一般是在规定时段内按年最大值法选择。由于洪水出现的偶然性，各年分期洪水的最大值不一定正好在所定的分期内，可能往前或往后错开数日。因此，在选样时有跨期和不跨期两种选样方法。

一次洪水过程位于两个分期时，视其洪峰或时段洪量的主要部分作为该期的样本，而对另一分期，就不重复选样，此为不跨期选样原则。跨期选样则是考虑到邻期中一定时段内的洪峰或洪量也可能在本期发生，选样时适当跨期，将邻近本期的选为本期的样本系列，这样跨了两个分期，但跨期幅度一般不宜超过 5～10 日。历史洪水应按其发生的日期，加入相应分期。

3. 分期洪水频率分析计算

分期洪水频率分析计算方法和步骤，本质上与年最大洪水的频率分析是一样的。在实际计算时，应注意以下几个方面：

（1）在考虑历史洪水时，其重现期应遵循分期洪水系列的原则，在分期内考证。分期考证的历史洪水重现期应不短于其在年最大洪水序列中的重现期。

（2）大型水利枢纽由于工程量大，施工期长，一般采取分期围堰的施工方式，分期洪水计算应考虑施工期工程的特性进行计算。

中小型水利枢纽施工一般在一两年内即可截流，只需推求全年及分季分月的设计洪峰，可以不考虑洪量。

（3）将各分期洪水的峰量频率曲线与全年最大洪水的峰量频率曲线画在同一张概率格纸上，检查其相互关系是否合理。

分期洪水与年最大洪水及洪水频率间的关系在设计中应予以考虑。

第七节　入　库　设　计　洪　水

一、入库洪水的概念

水库防洪设计一般以坝址设计洪水为依据。但水库建成后，就不是坝址断面洪水。此时，库区形成广大的水面，洪水从水库周边汇入水库（包括入库断面），这种洪水称为入库洪水。

如图 6-8 所示，入库洪水由三部分组成：

（1）水库回水末端干支流河道断面以上流域形成的洪水（图中的 A、B、C 面），简称入库断面洪水。

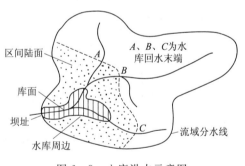

（2）入库断面以下到水库周边之间的陆面区间上降雨所产生的洪水（图中打点部分）。

图 6-8　入库洪水示意图

（3）水库库面上的降雨形成的洪水。

入库洪水与坝址洪水的差异主要表现在以下几方面：

（1）库区产流条件改变，使入库洪水的洪量大。水库建成后，水库回水淹没区由陆面变为水面，原来的陆面蒸发损失变为水面蒸发损失。产流条件相应发生变化，洪水期间原流域上的陆地产流变为水库水面直接产流。

（2）流域汇流时间缩短，入库洪峰流量出现时间提前，涨水段的洪量增大。建库后，洪水由干支流的回水末端和水库周边入库，洪水在库区的传播时间比原河道的传播时间短，因此，流域总的汇流时间缩短，洪峰出现的时间相应提前，而库面降雨集中于涨水段，涨水段的洪量增大。

（3）河道被回水淹没成库区，原河槽调蓄能力丧失，再加上干支流和区间陆面洪水常易遭遇，使得入库洪水的洪峰增高，峰形更尖瘦。

与坝址洪水的差异程度与水库特性及典型洪水的时空分布有关。用入库洪水作为设计依据更符合建库后的实际情况，特别是湖泊型水库更为必要。

二、入库洪水的分析计算方法

建库前水库的入库洪水不能直接测得，一般根据水库特点、资料条件，采用不同的方法分析计算，依据资料不同，可分为由流量资料推求入库洪水和由雨量资料推求入库洪水两种类型。

由流量推求入库洪水又可分为以下几种方法：

（1）流量叠加法。分别推算干支流和区间等各部分的洪水，洪水演进到入库断面处，再同时刻叠加，即得入库洪水。只要坝址以上干支流有实测资料，区间洪水估计得当，一般计算成果较高。

（2）马斯京根法。当汇入水库周边的支流较少，坝址处有实测水位流量资料，干支流入库点有部分实测资料时，可根据坝址洪水资料用马斯京根法，即反演进的方法推求入库洪水。这种方法对资料的要求较少，计算也比较简便。

（3）槽蓄曲线法。当干支流缺乏实测洪水资料，但库区有较完整的地形资料时，可利用河道平面图和纵横断面图，根据不同流量的水面线（实测、调查或推算得来）绘制库区河段的槽蓄曲线，采用联解槽蓄曲线与水量平衡的方法，由坝址洪水推求入库洪水。本方法计算成果的可靠程度与槽蓄曲线的精度有关。

（4）水量平衡法。水库建成后，可用坝前水库水位、库容曲线和出库流量等资料用水量平衡法推算入库洪水。计算式为

$$\bar{I} = \bar{O} + \frac{\Delta V_{损}}{\Delta t} + \frac{\Delta V}{\Delta t} \tag{6-20}$$

式中　$\bar{I}$——时段平均入库流量；

　　　$\bar{O}$——时段平均出库流量；

　$\Delta V_{损}$——水库损失水量；

　ΔV——时段始末水库蓄水量变化值；

　Δt——计算时段。

平均出库流量包括溢洪道流量、泄洪洞流量及发电流量等，也可采用坝下游实测流量资料作为出库流量。水库损失水量包括水库的水面蒸发和枢纽、库区渗漏损失等，一般情况下，在洪水期间，此项数值不大，可忽略不计。

三、入库设计洪水计算方法

按我国现行规范的规定，水利水电工程一般采用坝址设计洪水，但是对具有水库的工程，当建库后产汇流条件有明显改变、采用坝址设计洪水对调洪影响较大时，应以入库设计洪水作为设计依据。入库设计洪水计算方法有以下两类。

1. 频率计算法

具有长期入库洪水系列及历史入库洪水资料时，可用频率计算法推求各种标准的入库设计洪水。入库洪水系列可根据资料情况的不同来选取。

（1）当水库回水末端附近的干流和主要支流有长期洪水资料时，可用流量叠加法推求历年入库洪水。

（2）当坝址洪水系列较长，而入库干支流资料缺乏时，可将一部分年份或整个坝址系列用马斯京根法或槽蓄曲线法转换为入库洪水系列，若只推算部分年份的入库洪水时，可先根据推算的成果，建立入库洪水与坝址洪水的关系，根据上述关系将未推算的其余年份转换为入库洪水，与推算的年份共同组成入库洪水系列。

2. 根据坝址设计洪水推算入库设计洪水

由于资料条件的限制不能推算出入库洪水系列时，可先计算坝址各种设计标准的设计洪水，再用马斯京根法或槽蓄曲线法将已计算的坝址设计洪水反演算得入库设计洪水。但根据实测资料分析的汇流参数（如 K、x）或槽蓄曲线应用于稀遇的设计洪水时，应注意分析外延的合理性。

习　　题

6-1　某河水文站有实测洪峰流量资料共 30 年（表 6-10），根据历史调查得知 1880 年和 1925 年曾发生过特大洪水，推算得洪峰流量分别为 $2520 \text{m}^3/\text{s}$ 和 $2100 \text{m}^3/\text{s}$。适用矩法初选参数进行配线，推求该水文站 200 年一遇的洪峰流量。

表 6-10　　　　　　　　　　　　某河水文站实测洪峰流量表

年份	流量 $Q/(\text{m}^3/\text{s})$	年份	流量 $Q/(\text{m}^3/\text{s})$	年份	流量 $Q/(\text{m}^3/\text{s})$	年份	流量 $Q/(\text{m}^3/\text{s})$
1880	2520	1957	590	1965	200	1973	262
1925	2100	1958	653	1966	670	1974	220
1951	920	1959	240	1967	385	1975	322
1952	880	1960	510	1968	368	1976	462
1953	784	1961	960	1969	300	1977	186
1954	160	1962	1400	1970	638	1978	440
1955	470	1963	890	1971	480	1979	340
1956	1210	1964	790	1972	520	1980	288

6-2　某水库设计标准 $P=1\%$ 的洪峰和 1 日、3 日、7 日洪量，以及典型洪水过程线的洪峰和 1 日、3 日、7 日洪量列于表 6-11，典型洪水过程列于表 6-12，试用同频率放大法推求 $P=1\%$ 的设计洪水过程线。

表 6-11　　　　　　　　　　　　某水库洪峰、洪量统计表

项　　目	洪峰/(m^3/s)	洪量/$[\text{m}^3/(\text{s·h})]$		
设计值（$P=1\%$）	3550	42600	72400	117600
典型值	1620	20290	31250	57620
起讫日期	21 日 9:40	21 日 8:00—22 日 8:00	19 日 21:00—22 日 21:00	16 日 7:00—23 日 7:00

表 6 - 12　　　　　　　　　　　　　典 型 洪 水 过 程

时　　间		流量/(m³/s)	时　　间		流量/(m³/s)
16 日	7：00	200	19 日	21：00	180
	13：00	383		22：00	250
	14：30	370		24：00	337
	18：00	260	20 日	8：00	331
	20：00	205		17：00	200
17 日	6：00	480		23：00	142
	8：00	765	21 日	5：00	125
	9：00	810		8：00	420
	10：00	801		9：00	1380
	12：00	727		9：40	1620
	20：00	334		10：00	1590
18 日	8：00	197		24：00	473
	11：00	173	22 日	4：00	444
	14：00	144		8：00	334
	20：00	127		12：00	328
19 日	2：00	123		18：00	275
	14：00	111		21：00	250
	17：00	127		24：00	236
	19：00	171	23 日	2：00	215
	20：00	171		7：00	190

第七章　由暴雨资料推求设计洪水

第一节　概　　述

我国大部分地区的洪水主要由暴雨形成。在实际工作中，中小流域常因流量资料不足无法直接由流量资料推求设计洪水，而暴雨资料一般较多，且不易受下垫面条件变化的影响，因此可用暴雨资料推求设计洪水。特别是：

（1）在中小流域上兴建水利工程，经常遇到流量资料不足或代表性较差，难以使用相关法来插补延长，因此，需用暴雨资料推求设计洪水。

（2）由于人类活动的影响，径流形成的条件发生显著改变，破坏了洪水资料系列的一致性。因此，可以通过暴雨资料，用人类活动后新的径流形成条件推求设计洪水。

（3）为了用多种方法进行推算设计洪水，以论证设计成果的合理性，即使是流量资料充足的情况下，也要用暴雨资料推求设计洪水。

（4）无资料地区小流域的设计洪水和保坝洪水，一般都是根据暴雨资料推求的。

由暴雨资料推求设计洪水的主要内容有：

（1）推求设计暴雨。根据实测暴雨资料，采用统计分析和典型放大法求得。

（2）拟定产流方案，推求设计净雨。根据实测暴雨洪水资料，利用径流形成的基本原理，通过成因分析方法求得。

（3）拟定流域汇流方案，推求设计洪水。根据实测暴雨洪水资料，利用汇流的概念，用成因分析方法求得。

（4）推求设计洪水过程线。由求得的设计暴雨，利用产流方案推求设计净雨，再利用流域汇流方案由设计净雨过程求得设计洪水过程。

第二节　暴雨特性的分析及暴雨资料的审查

一、暴雨的时空分布特性

在拟定设计暴雨过程时，需要研究当地的暴雨（尤其是特大暴雨）特性。在分析暴雨特性时，一般先根据设计要求，选取一些暴雨量特征值 P_t（如最大 t 日点雨量、最大 t 日面平均雨量等），统计历史上各次大暴雨资料，分析暴雨量特征值在时间上的分布特性 $P_t = F(t)$，及其在空间地理坐标上的分布特性 $P_t = \Phi(x, y)$。

1. 暴雨的时间分配特性

通常是在雨区内，选取若干个雨量站的观测资料作为代表，统计各代表站各种不同时段 t 的最大雨量 P_t，及长、短时段雨量所占的百分比 P_{t1}/P_{t2}，并绘出各站暴雨强度在时间上的变化过程，用来说明暴雨量的时程分配情况。

例如河南"75·8"暴雨，其过程是从 8 月 4 日起至 9 日止，历时 5 日。但暴雨量主要集中在 8 月 5—7 日，林庄站最大 3 日雨量 P_3 为 1605.3mm，而 5 日的雨量 P_5 为 1631.1mm，$P_3/P_5=98.4\%$；板桥站 $P_3=1422.4$mm，$P_5=1451.1$mm。而各代表站在 3 日中的最后 1 日（8 月 7 日）的雨量占 3 日的 $50\%\sim70\%$，这一日的雨量又集中在最后的 6h，6h 雨量 P_6 与 24h 雨量 P_{24} 之比为 $50\%\sim80\%$（林庄 $P_6/P_{24}=78.3\%$）。"75·8"暴雨为一次雨量集中在后期的暴雨过程，这种雨型对于水库防汛安全是极为不利的。

一般在做暴雨特性分析时，多绘出各代表站的暴雨强度过程线，其纵坐标为逐时雨量，横坐标为时间。有时可以绘制流域面积或一定地区上的面平均雨量随时间的变化过程线。

2. 暴雨在空间分布上的特性

降落在流域上的一次暴雨，其地区分布是不均匀的，可以用等雨量线图来表示。从等雨量线的中心起分别量取不同等雨量线所包围的面积，计算此面积内的平均雨深（简称面雨深），然后以横坐标表示面积，纵坐标表示面雨深，可点绘面积-面雨深曲线（图 7-1）。以历时（如暴雨历时为 1 日、2 日、3 日）为参数的面积-面雨深曲线，称为历时-面积-面雨深曲线（图 7-2）。

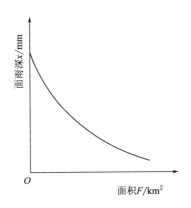

图 7-1　暴雨的面积-面雨深曲线

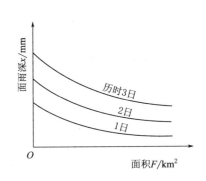

图 7-2　暴雨的历时-面积-面雨深曲线

二、暴雨资料的搜集、审查与插补延长

暴雨资料的主要来源是国家水文、气象部门所刊印的雨量站网观测资料，但也要注意搜集有关部门专用雨量站和当地群众雨量站的观测资料。强度特大的暴雨中心点雨量，往往不易为雨量站测到，因此必须结合调查搜集暴雨中心范围和历史上特大暴雨资料，了解当时雨情，尽可能估计出调查地点的暴雨量。

雨量资料按观测方法与观测次数的不同，有日雨量资料、分段雨量资料与自记雨量资料三种。由于定时观测资料人为地将一次降雨过程分开记载，因此一般根据它获得的时段最大值，往往比相应时段由自记雨量资料得到的小些。在应用时，可根据实际资料进行分析，求得校正系数，对定时观测的最大雨量进行修正。

审查暴雨资料要注意分析其代表性，即审查是否有足够数量的测站用来计算面雨量；

站网分布情况能否反映地理、气象、水文分区的特性；还要注意分析暴雨的特性。对不同类型的暴雨（如梅雨和台风雨），应按类型分别取样，与不分类型而按年最大值取样，频率计算成果不一样。因此计算设计暴雨时，要因地制宜，合理选定计算方法。

暴雨资料的可靠性也应进行审查，如审查特大或特小雨量观测记录是否真实，有无错记或漏测情况，必要时可结合实际调查，予以纠正。检查自记雨量资料有无仪器故障的影响，并与相应定时段雨量观测记录比较，尽可能审定其准确性。

第三节 设计面暴雨量的推求

设计断面以上流域的设计面暴雨量一般有两种计算方法：直接计算和间接计算。当设计流域雨量站较多、分布比较均匀、各站又有长期的同期资料，能求出比较可靠的流域平均雨量（面雨量）时，就可直接选取每年指定统计时段的最大面暴雨量，进行频率计算求得设计面暴雨量。

而当设计流域内雨量站稀少、观测资料系列甚短、同期观测资料很少甚至没有，无法直接求得设计面暴雨量时，则用间接方法计算，也就是先求流域中心附近代表站的设计点暴雨量，然后通过暴雨点面的关系，求相应的设计面暴雨量。

一、设计面暴雨量的直接计算

在搜集流域内和附近雨量站的资料并进行分析审查的基础上，先选定不同的统计时段，找出逐年各种时段的最大暴雨量。习惯上时段多采用单数日数，暴雨核心部分取得密些，一般取 4 种或 5 种统计时段，如 1 日、3 日、5 日、7 日、…。逐年各种时段的最大暴雨量，一般是根据逐日的流域面雨量选出来的。例如，某流域 2010 年 8 月的暴雨量大而集中，流域内测站分布较均匀，用算术平均法求得的该月逐日面暴雨量见表 7 - 1。从表中可以选出：最大 1 日面暴雨量为 69.6mm（8 月 14 日），最大 3 日面暴雨量为 85.3mm（8 月 12—14 日），最大 7 日面暴雨量为 153.9mm（8 月 12—18 日）。应予指出：短时段内的最大雨量可以包含在长时段之内（如本例所示），也可以不包含在内，主要以选取该种时段的最大值为准则。

表 7 - 1　　　　　　　　　　某流域 2010 年 8 月逐日面暴雨量表

日 期	1	2	3	4	5	6	7	8	9	10	11	12	13	14	15	16
面雨量/mm	0	10.3	0	0	0	10.7	28.2	0	0	0.7	4.7	10.2	5.5	69.6	2.9	0
日 期	17	18	19	20	21	22	23	24	25	26	27	28	29	30	31	
面雨量/mm	40.1	25.6	0	0	0	0	0	0.4	2.0	4.2	0	0	0.2	0	0	

有了逐年最大的各种时段面雨量作为样本系列，分别进行频率计算，可求得面暴雨量频率曲线，从而可以定出设计频率的最大 1 日、最大 3 日、……面暴雨量。频率计算的步骤、使用的线型及公式，与设计年径流和设计洪水的频率计算方法相同，不再赘述。

此外，针对实测系列内是否有特大暴雨，可分两种情况加以讨论：①系列内有特大暴雨时，其数量是实测的，重现期可通过流域历史洪水调查确定；②实测系列内没有特大值时，可在对本地区大暴雨形成的天气条件、自然地理条件等分析的基础上，考虑邻近地区发生的特大暴雨在本流域出现的可能性，尽可能移置一些过来。

二、设计面暴雨量的间接计算

1. 设计点暴雨量的计算

设计上所要求的点暴雨量，一般是指流域中心的点暴雨量。进行点暴雨量频率计算时，暴雨资料的统计一般可采用定时段（如1日、3日、5日、……）年最大值选样方法。资料系列必须包括有大、中、小暴雨的年份，可与邻近站较长系列资料比较判定。如资料不足，应设法延长雨量系列，也可插补或移用大暴雨的资料。

目前，我国各省（区）已将各种时段（1日、3日、5日、7日）年最大暴雨量均值及C_v等值线图和C_s/C_v的分区数值表编入水文手册，这对无资料地区计算点暴雨量甚为方便。由于等值线图往往只反映大地形对暴雨的影响，不能反映局部地形的影响，因此，在一般资料较少而地形又复杂的山区应用暴雨等值线图时要特别注意，应尽可能搜集一些实际资料，如近年来该地区所发生的特大暴雨，相似地区山上、山下的雨量同期观测资料，以及世界点最大暴雨记录等，对由等值线图查出的数据进行分析比较，必要时做一些修正。例如，小频率的设计暴雨属稀遇暴雨，一般应比当地和附近发生的特大暴雨记录大，否则，就有偏小的可能；图7-3所示是世界点最大暴雨记录值与历时的关系图，推求的设计值一般应小于这些极值，否则，就可能偏大。

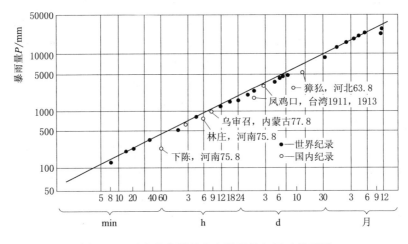

图7-3　国内外实测最大点暴雨量与历时关系图

2. 设计面暴雨量的计算

流域中心设计点暴雨量求得后，要用点面关系折算成设计面暴雨量。暴雨的点面关系在设计计算中，又有以下两种区别和用法：

（1）定点定面关系。如流域中心或附近有长系列资料的雨量站，流域内有一定数量且分布较均匀的其他雨量站资料时，可以用长系列站作为固定点，以设计流域作为固定面，根据同期观测资料，建立各种时段暴雨的点面关系。换言之，对于一次暴雨某种时段的固定点暴雨量，有一个相应的固定面暴雨量，则在定点定面条件下的点面折减系数α_0为

$$\alpha_0 = \frac{P_F}{P_0} \qquad\qquad (7-1)$$

式中 P_F、P_0——某种时段固定面及固定点暴雨量。

有了若干次某时段暴雨量，则可有若干个 α_0 值；对于不同时段暴雨量，则又有不同的 α_0 值。于是，可按设计时段选几次大暴雨的 α_0 值，加以平均，作为设计计算用的点面折减系数。将前面所求得的各时段设计点暴雨量，乘以相应的点面折减系数，就可得出各种时段设计面暴雨量。

应予指出，在设计计算情况下，理应用设计频率的 α_0 值，但由于面雨量资料不多，做 α_0 的频率分析有困难，因而近似地用大暴雨的 α_0 平均值，这样算出的设计面暴雨量与实际要求有一定出入。如果邻近地区有较长系列的资料，则可用邻近地区固定点和固定流域的或地区综合的同频率点面折减系数。但是流域面积、地形条件、暴雨特性等要基本接近，否则不宜采用。

（2）动点动面关系。过去在缺乏暴雨资料的流域上求设计面暴雨量时，曾以暴雨中心点面关系代替定点定面关系，即以流域中心设计点暴雨量，地区综合的暴雨中心点面关系去求设计面暴雨量。这种暴雨中心点面关系（图7-4）是按各次暴雨的中心与暴雨分布等值线图求得的，各次暴雨中心的位置和暴雨分布不尽相同，所以说是动点动面关系。

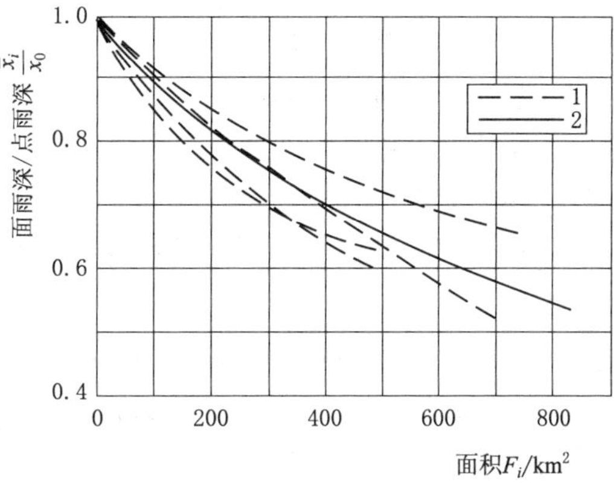

图7-4 某地区3日暴雨点面关系图
1—各次实际暴雨；2—地区平均暴雨

显然，这个方法包含了三个假定：①设计暴雨中心与流域中心重合；②设计暴雨的点面关系符合平均的点面关系；③假定流域的边界与某条等雨量线重合。理论上，这些假定缺乏足够根据；使用时，应分析几个与设计流域面积相近的流域或对地区的定点定面关系做验证，如差异较大，应做一定修正。

各省（区）水文手册中一般都有历时1日、3日、7日的暴雨点面关系线，可用于流域面积小于 3000km^2 的地区。对于暴雨分布比较集中的地区，适用范围要小些；反之可大些。

三、设计面暴雨量计算成果的合理性检查

以上计算成果可从下列各方面进行检查，分析比较其是否合理，而后确定设计面暴雨量。

（1）对各种历时的点、面暴雨量统计参数，如均值、C_v 值等进行分析比较，面暴雨量的这些统计参数应随面积增大而逐渐减小。

（2）将间接计算的面暴雨量与邻近流域有条件直接计算的面暴雨量进行比较。

（3）搜集邻近地区不同面积的面雨量和固定点雨量之间的关系，进行比较。

（4）将邻近地区已出现的特大暴雨的历时、面积、雨深资料与设计面暴雨量进行比较。

第四节　设计暴雨的时程分配

设计暴雨的时程分配一般用典型暴雨同频率控制缩放的方法。典型暴雨过程，应由实测暴雨资料计算各年最大面暴雨量的过程来选择。但如果资料不足，也可用流域或邻近地区有较长期资料的点暴雨量过程来代替。在缩放时，仍应以设计面暴雨量为准。选择的典型要具有一定的代表性，如该类型出现次数较多，分配形式接近多年平均和常遇的情况，雨量大，强度大等，并且是对工程安全较不利的暴雨过程，如暴雨核心部分出现在后期，则形成洪水的洪峰出现较迟，对水库安全影响较大。

选定典型后，就可用同频率设计暴雨量控制方法，对典型暴雨分时段进行缩放。时段的划分，在时程分配上，一般用1日、3日、7日3个时段，因一次暴雨历时一般约为3日，连续两次暴雨的过程约7日，其中1日的雨量对洪峰计算影响较大。对于24h暴雨的时程分配，时段划分视流域大小及汇流计算所用的时段而定，一般取3h、6h、12h、24h控制。在缺乏资料时，可以引用各省（区）水文手册中按地区综合概化的暴雨时程分配来进行计算。

【例7-1】某流域百年一遇的设计暴雨量，历时1日的暴雨量为110.0mm，3日暴雨量为198.5mm，7日暴雨量为275.0mm。试在流域内某代表站历年实测最大7日暴雨资料中（表7-2）选定典型过程，并进行放大，拟出设计暴雨过程。

表7-2　　　　　　　　　　　某代表站历年最大7日降雨过程　　　　　　　　　　单位：mm

日次 年份	1	2	3	4	5	6	7	7日雨量	日次 年份	1	2	3	4	5	6	7	7日雨量
2001	17.0	66.0	21.0	65.3	10.3	0.0	11.2	190.8	2006	32.4	12.3	2.7	39.2	16.2	63.4	0.4	166.6
2002	16.5	73.1	22.2	0.1	13.9	0.9	1.2	127.9	2007	3.2	40	17.6	25.3	34.1	40.1	13.3	173.6
2003	21.5	50.5	85.4	32.8	10.6	1.1	27.2	229.1	2008	35.8	9.6	29.6	17	40.4	49.2	31.4	213.0
2004	21.2	21.3	9.1	21.9	19.6	19.4	0.5	113.0	2009	4.8	8.3	22.1	14.5	34.7	41.3	56.0	181.7
2005	21.9	19.6	22.7	0.5	13.1	37.7	39.9	155.4									

注　数字下画"＿＿"线的为最大7日中的最大3日雨量，画"＿＿"线的为最大3日中的最大1日雨量。

选定典型过程及放大计算步骤如下：

（1）从表7-2中选出1日雨量大于5mm的日数做雨日统计，则最大3日与最大7日的实际雨日及其平均日数统计见表7-3。

表7-3　　　　　　　　　　　各种历时中实际降雨日数统计表

项目 年份	2001	2002	2003	2004	2005	2006	2007	2008	2009	实际雨日平均数
最大3日实际降水日	3	3	3	3	3	3	3	3	3	3
最大7日实际降水日	6	4	6	6	6	5	6	7	6	6

（2）由表7-2再统计最大3日、7日降雨中的最大1日及最大3日的雨日出现位置（前、中、后）及次数，结果见表7-4。

表 7-4　　　　　　　　短时段雨日在长时段雨日中出现的位置及次数统计

项　　目	出　现　次　数		
	在前面	在中间	在后面
最大 1 日降雨在最大 3 日降雨中的位置	2	3	4
最大 3 日降雨在最大 7 日降雨中的位置	3	0	6

（3）按照多年平均及出现次数较多的情况，由表 7-3 和表 7-4 的统计结果，从表 7-2 中可选择 2009 年作为典型年，其最大 3 日雨量为 132.0mm，最大 7 日雨量为 181.7mm，3 日雨量中实际雨日为 3 日，7 日雨量中实际雨日为 6 日。该年最大 7 日雨量较大，最大 3 日与最大 1 日均偏后，对工程安全不利。

（4）根据已求出的设计暴雨量和选出的典型暴雨量（表 7-5），计算放大倍比。其中最大 1 日雨量放大倍比

$$K_1 = \frac{110.0}{56.0} = 1.96$$

最大 3 日与最大 1 日的雨量差额放大倍比

$$K_3 = \frac{198.5 - 110.0}{132.0 - 56.0} = \frac{88.5}{76.0} = 1.16$$

最大 7 日与最大 3 日的雨量差额放大倍比

$$K_7 = \frac{275.0 - 198.5}{181.7 - 132.0} = \frac{76.5}{49.7} = 1.54$$

（5）根据放大倍比，将 2009 年典型过程分时段放大，便得出百年一遇的设计暴雨时程分配，见表 7-6。

表 7-5　　　　　　　最大 1 日/3 日设计暴雨量与典型暴雨量表　　　　　　单位：mm

项　　目	$P=1\%$ 设计暴雨量	2009 年典型暴雨量
最大 1 日暴雨量	110.0	56.0
最大 3 日暴雨量	198.5	132.0
最大 5 日暴雨量	275.0	181.7

表 7-6　　　　　　　　　　设计暴雨时程分配表　　　　　　　　　单位：mm

日　　次	1	2	3	4	5	6	7
2009 年典型分配	4.8	8.3	22.1	14.5	34.7	41.3	56.0
放大倍比 K_i	K_7	K_7	K_7	K_7	K_3	K_3	K_1
设计暴雨分配	7.5	12.9	34.1	22.4	40.4	47.9	109.8

第五节　设计净雨的推求

求得设计暴雨后，还要扣除损失，才能算出设计净雨。扣除损失的计算，常用暴雨径流相关图法和初损后损法等。

一、暴雨径流相关图法

暴雨径流相关图法建立在蓄满产流的基础上。

（一）蓄满产流方式

在湿润地区（或干旱地区的多雨季节），由于雨量充沛，地下水位一般较高，通气层较薄，通常不到几米。并且通气层（包气带）下部，含水量常年保持着田间持水量，渗入这部分土壤中的水量以重力水的形式注入饱和层使含水量保持不变，而其上部由于蒸发的亏耗往往低于田间持水量。汛期，通气层上部的缺水量很容易为一次降雨所补充，可以认为每次大雨后，流域蓄水量都能达到最大蓄水量 I_m。一次降雨损失量 I 可由流域最大蓄水量减去降雨开始时的土壤含水量 W_a 求得。从降雨量中扣除损失量，即得净雨深 h，也就是形成洪水的总径流深 R。以上这种产生径流的方式称为蓄满产流。蓄满产流情况下的总径流深 R，可用水量平衡方程式表达，即

$$R = P - I = P - (I_m - W_a) \tag{7-2}$$

式中　P——一次降雨量，mm；

$\quad$ W_a——降雨开始时刻的土壤含水量，mm；

$\quad$ I_m——降水结束时流域达到的最大蓄水量（对于特定流域，I_m 为常数），mm；

$\quad$ I——一次降雨的损失量，mm。

总径流深 R 包括地表径流深 $R_表$ 和地下径流深 $R_下$ 两部分，即

$$R = R_表 + R_下 \tag{7-3}$$

一般可以认为，在流域缺水量（主要是通气层的缺水量）蓄满后，产流量中有一部分按稳定不变的下渗强度下渗，其下渗率为 f_c（mm/h）。稳定下渗的水量 $f_c t$ 即形成地下径流 $R_下$，超过稳渗强度的部分形成地表径流 $R_表$。

利用式（7-2）进行产流计算时，必须知道降雨开始时刻的土壤含水量 W_a 和降雨量 P。

（二）暴雨径流相关图的绘制

要分析次降雨径流关系，就得根据历年实测的降雨、蒸发、径流资料，通过计算，求得各次洪水的流域平均雨量 P、相应的径流深 R、本次降雨开始时刻的土壤含水量 W_a。

1. 流域平均面雨量 P

详见本书第二章的内容。

2. 径流深 R

（1）流量过程线的分割。流域出口流量过程线除本次降雨形成的径流以外，往往还包括前期降雨径流中尚未退完的水量，如图 7-5 中的虚线 ag 以下的水量，它表示如果没有这次降雨 I，河中仍有持续的径流，称基流。

退水曲线表示了流域蓄水量的消退过程，应用退水曲线可进行不同次降雨形成的流量过程线的分割。取多次实测洪水过程的退水部分，绘在透明纸上，然后沿时间轴平移，使它们的尾部重合，形成一簇退水线，作光滑的下包线，就是流域地下水退水曲线，如图 7-6 所示。图 7-7 给出了古田溪达才站根据各场洪水的退水流量过程线取下包线得到的地下水退水曲线 $Q_g - t$。有了退水曲线，就可以将各次降雨所形成流量过程线分割，得出对应于本次降雨所形成的流量过程线。

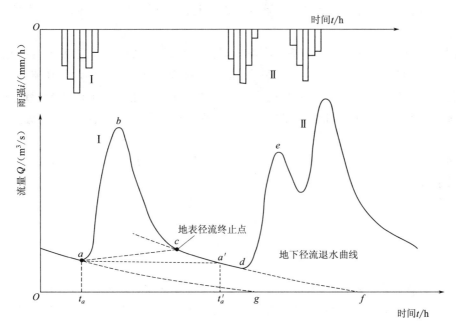

图 7 - 5　次降雨径流划分及地表地下径流分割示意图

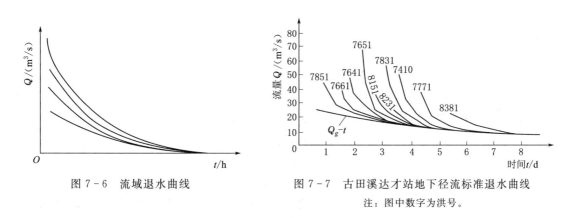

图 7 - 6　流域退水曲线

图 7 - 7　古田溪达才站地下径流标准退水曲线

注：图中数字为洪号。

流域地下径流退水过程比较稳定且时间较长，地下水退水曲线可以用下式描述

$$Q(t)=Q(0)e^{-t/k_g} \tag{7-4}$$

式中　$Q(t)$——t 时刻地下水流量；

$\quad\quad\ Q(0)$——初始地下水流量；

$\quad\quad\ k_g$——地下水退水参数。

图 7 - 5 中，根据 ag 和 $ca'df$ 退水曲线，可求得降雨 I 所形成的洪水总量 W_r，即 $abca'df$ 线与 agf 线所包的面积。将 W_r 除以流域面积 F，即得这次降雨形成的总径流深 R，它包括地表径流深和地下径流深，即

$$R=\frac{W_r}{F} \tag{7-5}$$

（2）地表地下径流分割及计算。上面得到的总径流还要进一步分割为地表径流和地下

径流，以便分别研究它们的产汇流规律，斜线分割法是较简便而且应用广泛的径流分割方法。

如图 7-5 所示，斜线分割法是从实测流量过程线的起涨点 a 到地表径流终止点 c 连一斜线 ac，近似作为洪水期间实际的地下径流上涨过程，该线即地表地下径流分割线，它的上面部分为地表径流，下面部分为地下径流。地表径流终止点 c 可以用流域地下水退水曲线来确定，使地下水退水曲线的尾部与流量过程线退水段尾部重合，分离点即为地表径流终止点。

地表地下径流分割后，如图 7-5 所示，ac 线以上 $abca$ 所包围面积代表的水量即本次洪水的地表径流量 W_s，除以流域面积 F，得地表径流深 R_s

$$R_s = W_s / F \qquad (7-6)$$

从总径流深 R 中减去 R_s，即得相应洪水的地下径流深 R_g

$$R_g = R - R_s \qquad (7-7)$$

3. 流域土壤含水量 W_a 的计算

流域土壤含水量一般缺乏实测资料，必须通过间接方法计算得到。土壤含水量的增加主要靠降雨来补充；土壤含水量的亏耗，则取决于流域的蒸发量。土壤含水量 W_a 的计算就要考虑这两方面因素的消长作用。

（1）若计算时段 Δt 取为一日，流域水量平衡方程式可写成下列形式

$$W_{a(t+1)} = W_{a(t)} + P_{(t)} - R_{(t)} - E_{(t)} \qquad (7-8)$$

式中 $W_{a(t)}$、$W_{a(t+1)}$——t 日、$t+1$ 日开始时刻的土壤含水量；

          $P_{(t)}$——t 日的流域平均降雨量；

          $R_{(t)}$——$P_{(t)}$ 这一日形成的径流量；

          $E_{(t)}$——t 日流域蒸发量。

对于无雨日，则式（7-8）可写成

$$W_{a(t+1)} = W_{a(t)} - E_{(t)} \qquad (7-9)$$

对于有雨而不产流日，则式（7-8）可写成

$$W_{a(t+1)} = W_{a(t)} + P_{(t)} - E_{(t)} \qquad (7-10)$$

（2）降雨开始时的土壤含水量与前期的降雨量有密切关系，如前期降雨与本次降雨的间隔越短，则影响越大；反之则越小。很多情况下，直接推求土壤含水量时，会遭遇资料缺乏的问题，在生产实际中常采用前期影响雨量 P_a 来替代土壤含水量 W_a。可以假定一个小于 1 的系数 K（折减系数）的 n 次方来表示影响程度，则有

$$P_{a(t)} = KP_{t-1} + K^2 P_{t-2} + \cdots + K^n P_{t-n} \qquad (7-11)$$

式中 P_{t-1}、P_{t-2}、$\cdots$、P_{t-n}——本次降雨前 1 日、2 日、$\cdots$、n 日的降雨量，n 一般取
                             10～15 日；

            K——折减系数，一般取 0.8～0.9；

          $P_{a(t)}$——本次降雨初的前期影响雨量（代表 t 日的土壤含水量）。

将式（7-11）进行变换，即

$$P_{a(t)} = K(P_{t-1} + KP_{t-2} + \cdots + K^{n-1} P_{t-n}) = K[P_{t-1} + P_{a(t-1)}] \qquad (7-12)$$

利用式（7-12）逐日计算前期影响雨量 P_a 值，当所计算出来的某日的 P_a 值大于

$I_{\max}$ 时，则只取 $I_{\max}$ 作为该日的 P_a 值，即前期影响雨量不应大于土壤最大含水量 $I_{\max}$。计算 P_a 时，$I_{\max}$ 是一个控制数字。

【例 7-2】　某流域 2007 年 5 月 10 日发生一次大暴雨，求该日的 P_a 值，即该日开始时的前期影响雨量估计值。据过去资料分析，本流域的 $K=0.9$，$I_{\max}=100\text{mm}$。由表 7-7 求得该流域某一个雨量站的 $P_a=77.7\text{mm}$。

表 7-7　　　　　　　　　　　　　　　　某流域上某站 P_a 计算表

日　期	4 月						5 月									
	25	26	27	28	29	30	1	2	3	4	5	6	7	8	9	10
降雨量/mm	0	0	0	0	0	0.5	124.3	0	6.7	0	19.5	30.7	6.6	0	0	63.0
P_a/mm						0	0.45	100.0	90.0	87.0	78.3	88.0	100.0	95.9	86.3	77.7
备注	4 月 30 日以前很久无雨															

4. 土壤最大含水量 I_m 及折减系数 K 的确定方法

在分析暴雨径流关系时所谈的土壤最大含水量，是指水分能够蒸发出去并在降雨时需要补充的最大水量，这一数值在不同的流域是不同的。在流域久旱之后有大雨，雨后影响土层的需水量刚好完全得到满足，且没有多余的水渗漏到地下潜水层去，则此次降雨的最大损失就是 I_m。但是，在实际水文分析工作中，很难判断哪场雨恰好属于这种情况。一般认为，在流域的下渗曲线不易求得的情况下，可根据流域上各地点的下渗实验资料，先求得各地点的 I_m，然后通过综合分析，求得流域的 I_m 值。另外，也可选若干次洪水，其前期十分干旱（即认为 $P_a\approx0$），且降雨量相当大，能达到全流域蓄满产流，取各次洪水损失的最大值为 I_m。我国湿润地区的 I_m 值为 $80\sim140\text{mm}$。还应指出，这样求出来的土壤最大含水量除包括影响土层的最大蒸发量外，还包括一次暴雨中的最大植物截留量、雨期蒸发量和流域最大填洼需水量。由于后面这三项一般数量较小，故常并入土壤含水量中，而不另做分析。

前期影响雨量折减系数 K 值的确定是按流域蒸发能力来计算的。流域蒸发量的大小与气象因素和流域湿润情况有关。当前期影响雨量达最大值 I_m 时（即充分供水），流域的蒸发量达最大值，用 E_m 表示，称流域蒸发能力。E_m 随当日气象条件而变化，是日期 t 的函数，即 $E_m(t)$。若 t 这一日前期影响雨量 $P_a(t)$ 达到 I_m 值，则流域实际蒸发量 $E(t)=E_m(t)$。当流域供水不充分时〔即前期影响雨量 $P_a(t)<I_m$〕，流域的实际蒸发量 $E(t)$ 小于流域蒸发能力 $E_m(t)$，即 $E(t)/E_m(t)<1$，且此比值将随前期影响雨量的减小而减小。当前期影响雨量为 P_a 时，假定流域蒸发量 $E(t)$ 符合下列比例关系

$$E(t)=(1-K)P_a(t) \tag{7-13}$$

当前期影响雨量达到最大值 I_m 时，其日蒸发量为 E_m，从而可得

$$E_{\max}=(1-K)I_{\max} \tag{7-14}$$

所以

$$K=1-\frac{E_{\max}}{I_{\max}} \tag{7-15}$$

式中　$E_{\max}$——一定条件下的流域日蒸发能力，但一般各流域无实测值。

根据试验资料得知，$E_{\max}$ 与同条件下的 80cm 套盆式蒸发皿的日蒸发量相近。因此，可用此项水面蒸发量代替 $E_{\max}$。水面蒸发量随地区、季节、晴雨等条件的不同而不同。在同一地区，应按不同的月份和天气的阴晴采用不同的数值。目前一般按晴天或雨天采用相应月份的多年平均值，从而可以得到各月晴天的 K 值和雨天的 K 值。

计算出各次暴雨的 P_a、P、R 后，就可以绘制 $P - P_a - R$ 三变量相关图，如图 7-8 所示。三变量相关图有时简化为如图 7-9 所示形式。

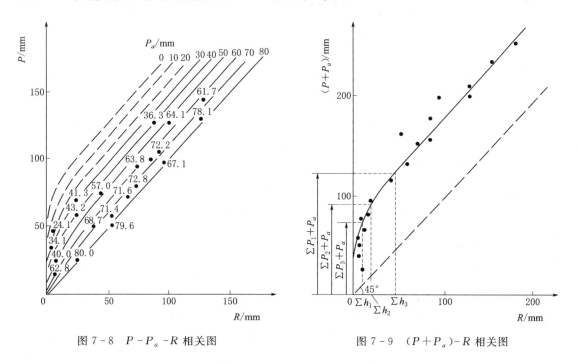

图 7-8 $P - P_a - R$ 相关图   图 7-9 $(P + P_a) - R$ 相关图

对这种 $R = f(P, P_a)$ 三变量相关图，有两条定量规律值得注意：

（1）相关图中的 P_a 等值线是根据实测点据用内插法求得的，它代表一种平均情况，因此，设计或预报时按已知的 P 和 P_a 从相关图上查出来的 R 值应是该 P 和 P_a 值下的 R 的平均值。

（2）P 越大，P_a 等值线的坡度越小，这表示在同一 P_a 的情况下，P_a 等值线每增加一个 ΔP 所增加的径流量 ΔR，较 P 小时同样所对应增加的 ΔR 为大，即 P 越大，径流系数越大。

但是，降雨量很大时，流域中仍有雨水损失，这部分雨水不产生径流，因此，在相关图上，P_a 等值线的上部仍应比 45° 线陡一些。

（三）暴雨径流相关图的应用

暴雨径流相关图所反映的是各次暴雨量与其对应的径流量之间的关系。因此，在设计或预报时，有了一次暴雨的流域平均深度以后，便可以从图上推出此次暴雨的净雨深度。如果利用三变量相关图，在设计或预报时，还需要先计算出该次降雨开始日的流域前期影响雨量，才能从图上查出所需要的净雨深度。

实际上，应用暴雨径流相关图不但可以求出一次降雨所产生的径流总量，而且还可以推求出每个时段的净雨量。例如，一次降雨按 Δt 分成许多时段，时段雨量为 P_1、P_2、P_3、…待求的相应净雨量为 R_1、R_2、R_3、…求法如下：按已经算出的前期影响雨量值，在前期影响雨量等于该值的 P_a 等值线上（必要时需要内插一条 P_a 等值线）由 P_1 查得 R_1，再由 P_1+P_2 查得 R_1+R_2，由 $P_1+P_2+P_3$ 查得 $R_1+R_2+R_3$，依此类推。当逐时段累加的净雨量都查得以后，就可以计算出各时段的净雨量：$R_1=R_1$，$R_2=(R_1+R_2)-R_1$，$R_3=(R_1+R_2+R_3)-(R_1+R_2)$，具体做法参见图 7-10。

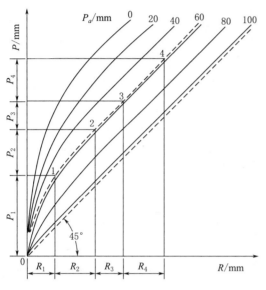

图 7-10 时段净雨量的推求示意图

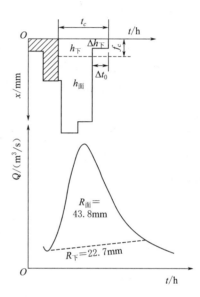

图 7-11 计算 f_c 示意图

（四）稳定下渗强度 f_c 的确定及地表净雨和地下净雨的划分

蓄满产流计算公式（7-2）中的径流深是地表径流 $R_表$ 和地下径流 $R_下$ 两部分之和。由于地表径流和地下径流的汇流特性不同，在推求洪水过程线时要分别处理。为此，在降雨过程 $P(t)$ 中，也要相应地划分成产生地表径流的净雨 $h_表$ 和产生地下径流的净雨 $h_下$。前已说明，当流域蓄水量达 I_m 后，降雨强度 i 小于稳定下渗强度 f_c 时，全部降雨形成地下径流；i 大于 f_c 时，大于 f_c 的部分降雨则形成地表径流。所以将降雨过程划分成 $h_表$ 和 $h_下$ 的关键在于确定 f_c 值。f_c 是流域土壤、地质、植被等因素的综合反映。如流域自然条件无显著变化，一般认为 f_c 是不变的。因此，通过分析实测雨洪资料所确定的 f_c 值，可供设计洪水计算中使用。目前确定 f_c 常用的方法是试算法，如图 7-11 所示，现结合算例说明如下：

（1）根据实测降雨资料，求出各时段流域平均雨量，列于表 7-8 中第（2）栏。

（2）根据本次降雨形成的洪水资料，分割地表径流和地下径流，求得 $R_表=43.8\text{mm}$、$R_下=22.7\text{mm}$、$R=66.5\text{mm}$。

（3）求净雨深和相应的净雨历时 t_c。方法是在降雨过程上由后面的雨量向前累加到等于径流深 R 为止，这部分降雨全部成为净雨深 h，相应的历时，即为净雨历时 t_c，列于表 7-8 中第（3）、（4）栏。前面的降雨量作为损失量。

（4）用试算法求 f_c 值，计算 f_c 的公式如下

$$f_c = \frac{R_\text{下} - \Delta h_\text{下}}{t_c - \Delta t_0}$$

式中　Δt_0、$\Delta h_\text{下}$——净雨强度 r 小于稳定下渗强度 f_c 的时段及其雨量（图 7 - 11）。

本算例 $R_\text{下} = 22.7\text{mm}$，$t_c = 20.4\text{h}$，则 $f_c = 22.7/20.4 = 1.11\text{mm/h}$。检查净雨强度过程 $r(t)$ 发现 17 日 8—14 时这一时段的 r 小于计算的 f_c，应扣除这一时段的 Δt 和 $\Delta h_\text{下}$，进行重新试算，则

$$f_c = \frac{22.7 - 3.2}{20.4 - 6.0} = 1.35(\text{mm/h})$$

经检查，符合要求。故本次洪水的 f_c 采用 1.35mm/h。

（5）分析多次实测雨洪资料，可得多次的 f_c 值。一般取其平均值作为本流域采用的稳定下渗强度 f_c 值。

有了 f_c 后，可应用它来划分地表净雨和地下净雨，见表 7 - 8 中第（7）、（8）栏。当 $f_c t$ 值大于时段净雨量 h 时，则下渗量就等于 h 值，本时段的净雨全部为地下径流，不产生地表径流。

表 7 - 8　　　　　　　　　　　　　　　　f_c 及 $h_\text{面}$、$h_\text{下}$ 计算表

日期 /（月．日　时）	降雨量 x /mm	净雨深 h /mm	净雨历时 t_c /h	净雨强度 r /(mm/h)	稳定下渗强度 f_c /(mm/h)	地下净雨 $h_\text{下}$ /mm	地表净雨 $h_\text{表}$ /mm
(1)	(2)	(3)	(4)	(5)	(6)	(7)	(8)
4.16　8							
	4.2						
4.16　14							
	14.6	5.8	2.4	2.4	1.35	3.3	2.5
4.16　20							
	31.6	31.6	6.0	5.3	1.35	8.1	23.5
4.17　2							
	25.9	25.9	6.0	4.3	1.35	8.1	17.8
4.17　8							
	3.2	3.2	6.0	0.53	1.35	3.2	
4.17　14							
合计	79.5	66.5	20.4			22.7	43.8

（五）设计 P_{ap} 的计算

由三变量暴雨径流相关图推求设计净雨时，需要先求出设计 P_{ap}。设计暴雨发生时，流域土壤湿润情况是未知的，可能很干（$P_a = 0$），也可能很湿（$P_a = I_m$）。所以，设计暴雨可以与任何 P_a 值（$0 \leqslant P_a \leqslant I_\text{max}$）相遇，这属于两个随机变量的遭遇组合问题。目前，设计 P_{ap} 的计算方法有下述三种：

1. 取设计 $P_{ap}=I_m$

在湿润地区，当设计标准较高，设计暴雨量较大时，P_a 的作用相对较小。原因是汛期雨水充沛，土壤经常保持湿润状态。为了安全和简化，可以取 $P_{ap}=I_m$。这种方法在干旱地区不宜采用。

2. 扩展暴雨过程法（或称典型年法）

在统计暴雨资料时，加长最大统计时段，可增加到 15～30 日，使其包括前期降雨在内。在计算出设计频率的最大 30 日暴雨量后，用同频率控制典型放大的方法，求设计暴雨的 30 日分配过程。再根据式（7-11）计算 P_a，即设计的 P_a 值。

3. 同频率法

选择每年最大的暴雨量 P 与暴雨量加土壤含水量 $P+P_a$ 值，同时进行 P 及 $P+P_a$ 的频率计算，由设计频率的 $P+P_a$ 值减去同频率的 P 值可得设计 P_a 值。如设计 $P_a>I_m$，则以 I_m 为控制，取设计 $P_{ap}=I_m$。

扩展暴雨过程法和同频率法适用于较干旱地区或设计标准较低的湿润地区。

有了设计 P_{ap} 值，便可在 P_a 为参数的暴雨径流相关图［或（$P+P_a$)-R 相关图］上，由设计面暴雨量求相应的径流深，此径流深即为设计净雨深。

二、初损后损法

蓄满产流是以满足包气带缺水量为产流的控制条件。但是在一些地区，即土层未达田间持水量之前，因降雨强度超过入渗强度而产流，这种产流方式称为超渗产流。这种情况下，可采用初损后损法计算设计净雨（图 7-12）。

在一次暴雨过程中，各项损失的强度随时间而变化，总的趋势是降雨初期各项损失强度大，以后逐渐减小，而趋于稳定。因此，可将一次暴雨的损失过程分为初期损失（以 I_0 表示）和后期损失（产生地表径流以后的损失，

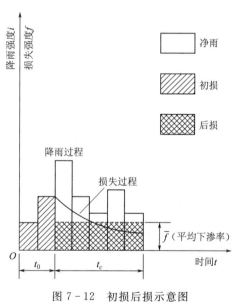

图 7-12 初损后损示意图

简称后损）。后损阶段的损失过程也是由大到小以至稳定的过程，但在实际计算中，常把它概化为平均损失过程，并以平均下渗率 $\overline{f}$ 表示。因此，流域内一次降雨所产生的径流深可用下式表示

$$R=P-I_0-\overline{f}t_c-P' \tag{7-16}$$

式中 R——一次暴雨的净雨量，mm；

      P——一次暴雨的降雨量，mm；

      I_0——初损，mm；

      $\overline{f}$——后期损失的平均入渗率（或称平均后渗率），mm/h；

      t_c——后损阶段的产流历时，h；

P'——降雨后期不产流的雨量，mm。

（一）初损值的确定

各次降雨的初损值 I_0，可根据实测的雨洪资料分析求得。对于小流域，由于汇流时间短，出口断面的流量起涨点大体反映了产流开始时刻。因此，起涨点以前的雨量累积值可作为初损的近似值（图 7-13）。对较大流域，也可在其中找小面积流量站按上述方法近似确定。

各次降雨的初损值 I_0 大小与降雨开始时的土壤含水量有关，P_a 大，I_0 小；反之则大。因此，可根据各次实测雨洪资料分析得来的 P_a、I_0 值，点绘两者的相关图。如关系不密切，可加降雨强度作参数，降雨强度大，易超渗产流，I_0 就小；反之则大。也可以月份为参数，这是考虑到 I_0 受植被和土地利用的季节变化影响。图 7-14 所示是以月份 M 为参数的 P_a-I_0 相关图。

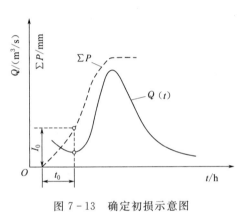

图 7-13　确定初损示意图　　　　　图 7-14　P_a-M-I_0 相关图

（二）平均后渗率的确定

平均后渗率 $\overline{f}$ 在初损量确定后，可用下式进行计算

$$\overline{f} = \frac{P - R - I_0 - P'}{t - t_0 - t'} \tag{7-17}$$

式中　I_0——初损，mm；

　　　t——降水总历时，h；

　　　t_0——初损历时，h；

　　　t'——降雨后期不产流的降雨历时，h；

其他符号意义同前。

对多次实测雨强资料进行分析，就可确定流域后渗率 $\overline{f}$ 的平均值。有了初损后损方案后，就可由已知的降雨过程推求净雨过程。

【例 7-3】 见表 7-9，降雨开始时的 $P_a = 15.4\,\mathrm{mm}$，查 P_a-I_0 图得 $I_0 = 31.0\,\mathrm{mm}$，又知该流域的平均后渗率 $\overline{f} = 1.5\,\mathrm{mm/h}$，故 9—12 时段后损量为 $2 \times 1.5 = 3.0\,\mathrm{mm}$，21—24 时段后损量等于降雨量。最后求得本次降雨的净雨深（即径流深）为 29.4mm，净雨过程 $h(t)$ 见表 7-9。

表 7 - 9　　　　　　　　　　　　　初损后损法求净雨深计算表

时间/(日　时)	P/mm	I_0/mm	$\overline{f}$/mm	$h(t)$/mm
1　3—6	1.2	1.2		
1　6—9	17.8	17.8		
1　9—12	36.0	12.0	3.0	21.0
1　12—15	8.8		4.5	4.3
1　15—18	5.4		4.5	0.9
1　18—21	7.7		4.5	3.2
1　21—24	1.9		1.9	0
合计	78.8	31.0		29.4

第六节　设计洪水过程线的推求

产流问题解决以后，要进一步解决流域汇流的问题，也就是如何根据设计净雨过程推求流域出口断面的设计洪水过程线，这种推算称为汇流计算。流域出口断面的洪水过程，包括地表径流和地下径流两部分。由设计净雨通过流域汇流推求设计洪水过程线时，首先应将净雨划分为地表净雨和地下净雨两部分，然后分别进行流域汇流计算，推求出设计地表径流过程和设计地下径流过程，两者同时叠加，就得到总的设计洪水过程线。

目前流域汇流计算常用的方法是等流时线法和单位线法，而其中又以单位线法的应用最为广泛。下面先阐述流域汇流过程并结合说明等流时线法的概念，然后着重讲述单位线的原理、推求方法及其应用。

一、等流时线法汇流计算

地表径流的汇集过程，包括坡面汇流与河槽汇流两个相继发生的过程。在分析计算地表径流的汇集过程时，经常把坡面汇流过程和河槽汇流过程作为一个整体（即流域汇流过程）来处理。

流域上降雨以后，当满足了初损，净雨开始时，离出口断面最近坡面上的净雨首先注入河槽并流达出口断面，这时出口断面的流量起涨。当流域较远处的净雨也通过流域坡面与河槽流达出口断面，近处的漫流雨水仍在继续注入河槽时，出口断面的流量就逐渐增大。

净雨从流域上某点流至出口断面所经历的时间，称为汇流时间，用 τ 来表示。从流域最远一点流至出口断面所经历的时间，称为流域最大汇流时间，或称流域汇流时间，用 τ_m 表示。单位时间内径流通过的距离称为汇流速度 v_τ。流域上汇流时间相等的点的连线称为等流时线，如图 7 - 15中虚线所示。图中 1 - 1 线上的净雨流达出口断面的汇流时间为 Δt，2 - 2 线上净雨的汇流时间为 $2\Delta t$，最远处净雨的汇流时间为 $3\Delta t$。这些等流时线间的部分面积（f_1、f_2、

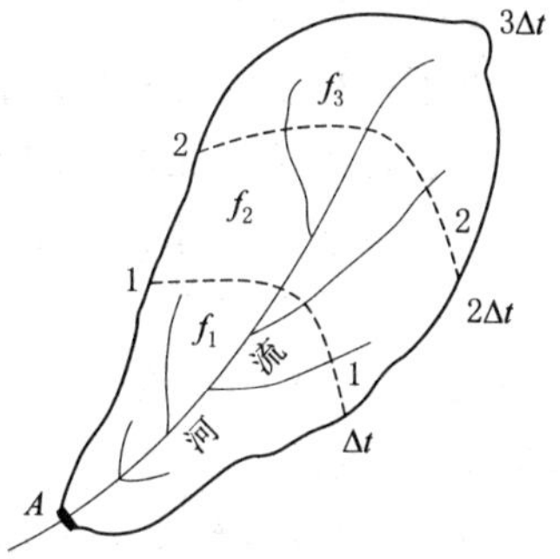

图 7 - 15　等流时线示意图

f_3）称为等流时面积，全流域面积 $F = f_1 + f_2 + f_3$。接下来分析在该流域上由不同历时的净雨所形成的地表径流过程。假定净雨历时 $t = 2\Delta t$，流域汇流时间 $\tau_m = 3\Delta t$，即 $t <$ τ_m。两个时段的净雨深分别为 h_1、h_2，则所产生的地表径流过程计算公式见表 7 - 10。

表 7 - 10　　　　　　　　　两个时段净雨深产生地表径流过程计算表

时间 t	净雨深 h_1 在出口断面形成的地表径流	净雨深 h_2 在出口断面形成的地表径流	出口断面径流过程
0	0	0	0
Δt	$\dfrac{h_1 f_1}{\Delta t}$	0	$\dfrac{h_1 f_1}{\Delta t}$
$2\Delta t$	$\dfrac{h_1 f_2}{\Delta t}$	$\dfrac{h_2 f_1}{\Delta t}$	$\dfrac{h_1 f_2 + h_2 f_1}{\Delta t}$
$3\Delta t$	$\dfrac{h_1 f_3}{\Delta t}$	$\dfrac{h_2 f_2}{\Delta t}$	$\dfrac{h_1 f_3 + h_2 f_2}{\Delta t}$
$4\Delta t$	0	$\dfrac{h_2 f_3}{\Delta t}$	$\dfrac{h_2 f_3}{\Delta t}$
$5\Delta t$	0	0	0

同理，还可求出 3 个时段（即 $t = \tau_m = 3\Delta t$）与 4 个时段（即 $t = 4\Delta t > \tau_m = 3\Delta t$）净雨所形成的地表径流过程。可以分析出：

（1）当 $t < \tau_m$ 时，部分面积及全部净雨深参与形成最大流量。

（2）当 $t = \tau_m$ 时，全部面积及全部净雨深参与形成最大流量。

（3）当 $t > \tau_m$ 时，全部面积上的部分净雨深参与形成最大流量。

分析可知，任一时刻的地表流量 $Q_\text{表}$ 是由许多项组成的，即第一块面积 f_1 上 t 时段净雨 $h_t/\Delta t$，第二块面积 f_2 上 $t-1$ 时段净雨 $h_{t-1}/\Delta t$，……同时到达出口断面组合成 t 时段的地表流量 $Q_\text{表}$。计算式为

$$Q_{\text{表}t} = \frac{h_1 f_1 + h_{t-1} f_2 + h_{t-2} f_3 + \cdots}{\Delta t} \times \frac{1000}{3600} = 0.278 \frac{1}{\Delta t} \sum_{i=1}^{n} h_{t-i+1} f_i \qquad (7-18)$$

径流过程线的底宽，即洪水涨落总历时为 $T = t + \tau_m$。由此可见，径流过程不仅与流域汇流时间有关，而且随净雨历时而变化。

用等流时线的汇流原理，便可由设计净雨推求设计洪水过程线。但在实际情况下，汇流速度随时随地变化，等流时线的位置也不断发生变化，且河槽还有调蓄作用，所以推求出的洪水过程线与实际情况有较大出入，还需经过河网调蓄修正。

二、经验单位线法汇流计算

单位线法汇流计算，在水文预报和水文计算中应用较为普遍，效果也较好。在单位线上加上"经验"二字，主要是与用数学方程表达的瞬时单位线相区别。本节讲的实际上是指谢尔曼提出的单位线法。为与瞬时单位线法区别，或称本节所讲的为时段单位线法，也常称单位线法。

（一）单位线的意义及基本假定

单位过程线（简称单位线）是一种特定的地表径流过程线，反映暴雨和地表径流的关

系。它是指一个单位时段内，均匀降落到一特定流域上的单位净雨深，所产生的出口断面处地表径流过程线。单位时段常选为 3h、6h、12h、24h 等，单位净雨深一般采用 10mm。

在分析与使用单位线时，为简化起见，归纳了以下两个基本假定：

（1）同一流域上，如两次净雨的历时相同，但净雨深不同，各为 h_1、h_2，则两者所产生的地表径流过程线形状完全相似，即两者的洪水过程线底宽（洪水历时）与涨洪、退洪历时完全相等，相应时段的流量坐标则与净雨量大小成正比 $\left(\dfrac{Q_{a1}}{Q_{b1}} = \dfrac{h_1}{h_2}\right)$，如图 7-16 所示。

（2）同一流域上，两相邻单位时段 Δt 的净雨深 h_1、h_2 各自在出口断面形成的地表径流过程线 $Q_a - t$ 和 $Q_b - t$ 彼此互不影响，即它们的形状仍然相似，只是因为净雨深 h_1 比 h_2 错后一个单位时段 Δt，所以两条过程线的相应点（如起涨、洪峰、终止等）也恰好错开一个 Δt，如图 7-17 所示。

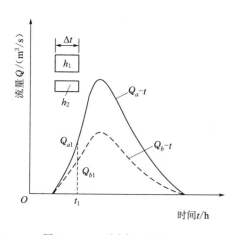
图 7-16　不同净雨深的地面

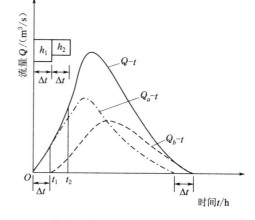
图 7-17　两相邻单位时段净雨深的地表径流复合示意图

即连续两时段净雨深 (h_1, h_2) 所产生的总的地表径流过程线 $Q - t$，是由 h_1 产生的地表径流过程线 $Q_a - t$ 和 h_2 产生的地表径流过程线 $Q_b - t$（比前者错后一个单位时段）叠加而得。

（二）单位线的推求步骤和方法

1. 单位线的推求步骤

推求单位线是根据实测的流域降雨和相应的出口断面流量过程，运用单位线的两个基本假定来反求。推求的步骤大体如下：

（1）根据实测的暴雨资料制作单位线时，首先应选择历时较短、孤立而分布较均匀的暴雨和它产生的明显的孤立洪水过程线，作为分析对象。有时很难遇到恰好一个单位时段的降雨及其形成的孤立洪水过程线，则须先从复合的降雨径流过程线中分解出相应于一个单位时段降雨所形成的洪水过程线。

（2）推求各时段净雨量时，应先求出本次暴雨各时段的流域平均流量，再用扣除损失的方法求出各时段的净雨。净雨时段长要小于流域汇流时间，以接近涨洪历时的 1/4～1/3 为宜。

（3）在实测流量过程线上，割除地下径流，求得地表径流深。要使地表径流深等于净雨深，如不等时，应修正地下径流，直至相等。

（4）由地表径流过程线与各时段净雨量，应用前述基本假定分析出单位线，并检验其相应的地表径流总量是否等于 10mm。倘若不等，则需适当修正单位线。

2. 单位线的推求方法

（1）放缩法。如果流域上恰有一个时段分布均匀的净雨 h 所形成的一个孤立的洪水过程线，那么只要将流量过程线割去地下径流，即可得到这一时段净雨所对应的地表径流过程线。利用单位线的倍比假定，对该地表径流过程线按倍比 $10/h$ 进行缩放，便可得到所推求的单位线。

（2）分析法。如流域上的某次洪水系由几个时段的净雨所形成，则用分析法推求单位线逐一求解。如地表径流过程为 Q_1、Q_2、Q_3、…，单位线的纵坐标值为 q_1、q_2、q_3、…时段净雨量为 h_1、h_2、h_3、…根据单位线的基本假定可得：

因此单位线为

$$\left.\begin{aligned}
Q_1 &= \frac{h_1}{10} q_1 \\
Q_2 &= \frac{h_1}{10} q_2 + \frac{h_2}{10} q_1 \\
Q_3 &= \frac{h_1}{10} q_3 + \frac{h_2}{10} q_2 + \frac{h_3}{10} q_1 \\
&\cdots
\end{aligned}\right\} \quad (7-19)$$

$$\left.\begin{aligned}
q_1 &= Q_1 \frac{10}{h_1} \\
q_2 &= \left(Q_2 - \frac{h_2}{10} q_1\right) \frac{10}{h_1} \\
q_3 &= \left(Q_3 - \frac{h_2}{10} q_2 - \frac{h_3}{10} q_1\right) \frac{10}{h_1} \\
&\cdots
\end{aligned}\right\} \quad (7-20)$$

将已知的 Q_1、Q_2、…及 h_1、h_2、…代入式（7-20）中，即可求得 q_1、q_2、q_3、…。

【例 7-4】 表 7-11 中第（5）栏为某流域 2008 年 6 月 23 日 7 时至 24 日 1 时降落的一次暴雨量，由此在流域出口断面测得一次洪水过程见表中第（2）栏所列。现从这次实测暴雨洪水资料中分析单位线。

计算过程：

（1）按水平分割基流方法得表 7-11 中第（3）栏，第（2）栏减去第（3）栏得第（4）栏。

（2）将第（4）栏的累加值化为地表径流总量，$W = 965 \times 6 \times 3600 = 2.084 \times 10^7$（m³）。将地表径流总量除以流域面积 $F = 441 \text{km}^2$，即得该次暴雨净雨深 $h = W/F = \dfrac{2.084 \times 10^7}{441 \times 1000^2} \times 1000 = 47.3$（mm）。

表 7－11　　　　　　　　　　　　　　某河某站单位线计算

日期 日	日期 时	实测流量 /(m³/s)	基流 /(m³/s)	地表径流量 Q /(m³/s)	降雨量 P /mm	净雨量 h /mm	37.0mm 净雨的地表径流流量 /(m³/s)	10.3mm 净雨的地表径流流量 /(m³/s)	单位线流量 /(m³/s)	修匀后的单位线流量 q	单位线时段 (6h)
(1)		(2)	(3)	(4)	(5)	(6)	(7)	(8)	(9)	(10)	(11)
	1	9	9	0							
	7	9	9	0			0				
					43.6	37.0					
23	13	30	9	21			21	0	0	0	0
					13.3	10.3					
	19	106	9	97			91.2	5.8	5.6	5.6	1
					2.8	0					
	1	324	9	315			289.6	25.4	24.7	24.7	2
24	7	190	9	181			100.4	80.6	78.3	78.3	3
	13	117	9	108			80.0	28.0	27.2	30.0	4
	19	80	9	71			48.7	22.3	21.7	20.0	5
	1	56	9	47			33.4	13.6	13.2	13.5	6
25	7	41	9	32			22.7	9.3	9.0	9.0	7
	13	34	9	25			18.7	6.3	6.1	6.1	8
	19	28	9	19			13.8	5.2	5.1	4.5	9
	1	23	9	14			10.1	3.9	3.8	3.4	10
26	7	20	9	11			8.2	2.8	2.7	2.7	11
	13	17	9	8			5.7	2.3	2.2	2.1	12
	19	15	9	6			4.4	1.6	1.6	1.6	13
	1	13	9	4			2.8	1.2	1.2	1.2	14
27	7	12	9	3			1.4	0.8	0.8	0.8	15
	13	11	9	2			1.4	0.6	0.6	0.5	16
	19	10	9	1			0.6	0.4	0.4	0.2	17
28	1	9	9	0				0.2	0.2	0	18
合计				965(合 47.3mm)	59.7	47.3			204.4(合 47.3mm)	202.2(合 47.3mm)	

注　1. $F=441\text{km}^2$，$\Delta t=6\text{h}$。
　　2. 洪水资料：2008 年 6 月 23—28 日。

（3）本次暴雨总量为 59.7mm，则损失量为 59.7－47.3＝12.4（mm）。

根据水文站大量资料分析，后损期平均入渗率 $\bar{f}=0.5\text{mm/h}$，此次暴雨的前期降雨量甚大，总损失量较小。可以看出，23 日 13 时至 24 日 1 时属于后损阶段，按 $\bar{f}=0.5\text{mm/h}$ 扣除时，每一时段应加除 3mm（$\Delta t=6\text{h}$），时段雨量不足 3mm 的，有多少扣多少，从而得到 23 日 13—19 时的净雨量为 10.3mm，填入表中第（6）栏，19 时以后全部损失，没有净雨。由上面计算可知，23 日 13 时至 24 日 1 时这两个阶段的损失量为 3＋2.8＝5.8mm，从总损失量 12.4mm 中减去 5.8mm，可得 23 日 7—13 时这一时段的损失量为 6.6mm，其中包括初损和部分后损。由此可得到这一时段的净雨量为 37.0mm，填入表中第（6）栏。

（4）分解地表径流过程线，见表 7-12，将 37.0mm 及 10.3mm/h 产生的地表径流结果分解列于表 7-11 中第（7）栏及第（8）栏。

表 7-12　　　　　　　　　　　　　分解总的地表径流过程线示例

时间 /(日·时)	总地表净流量 /(m³/s)	按假定(2)推求 37.0mm 净雨 产生的地表径流量/(m³/s)	按假定(1)推求 10.3mm 净雨产生的 地表径流量/(m³/s)
23.7	0	$Q_{1-0}=0$	
13	21	$21=Q_{1-1}+Q_{2-0}$ $Q_{1-1}=21-Q_{2-0}$ $=21-0=21$	$Q_{2-0}=0$
19	97	$97=Q_{1-2}+Q_{2-1}$ $Q_{1-2}=97-Q_{2-1}$ $=97-5.8$ $=91.2$	$\dfrac{Q_{1-1}}{Q_{2-1}}=\dfrac{37.0}{10.3}$ $Q_{2-1}=\dfrac{10.3}{37.0}Q_{1-1}$ $=\dfrac{10.3}{37.0}\times 21=5.8$
24.1	315	$315=Q_{1-3}+Q_{2-2}$ $Q_{1-3}=315-Q_{2-2}$ $=315-25.4$ $=289.6$	$\dfrac{Q_{1-2}}{Q_{2-2}}=\dfrac{37.0}{10.3}$ $Q_{2-2}=\dfrac{10.3}{37.0}Q_{1-2}$ $=\dfrac{10.3}{37.0}\times 91.2=25.4$
…	…	…	…

（5）由第（8）栏，按单位线假定（1），以 10/10.3 分别乘上第（8）栏各个流量值，则得第（9）栏单位线的流量。

（6）验算和修正：由单位线的流量求得的地表径流深不等于 10mm 时，要加以修正，使其等于 10mm 并为光滑的曲线。

修正后的单位线流量之和 $\sum q=204.2\text{m}^3/\text{s}$，如果把它的径流总量均匀分布到流域面积（$F$）441km² 上，径流深 R 应正好等于 10mm，即

$$R=\frac{\sum Q\times \Delta t}{F}=\frac{204.2\times 6\times 3600}{441\times 1000^2}\times 1000$$
$$=10.0(\text{mm})$$

（三）不同时段单位线的转换

如流域上有 10mm 的净雨，但净雨历时不同，也即雨强不同，则形成的单位线面积相同而形状有所差异（图 7-18）。图中 1h 10mm 净雨的单位线峰现时间早，洪

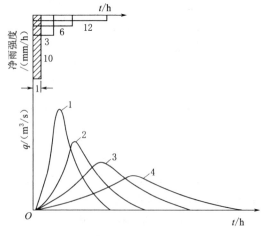

图 7-18　不同时段单位线比较图

峰也高；3h 10mm 净雨的单位线峰现时间较迟，洪峰较低。因此，需要转换单位线的时段长，满足不同时段净雨推求流量过程的要求。单位线的时段转换常采用 S 曲线法来解决。

假定流域上降雨持续不断，每一单位时段有一单位净雨，则可以求得出口断面的流量过程，该过程线称为 S 曲线。用单位线连续推流即可求得 S 曲线（表 7-13）。由表 7-13 所列计算过程可知，S 曲线就是单位线的累积曲线，可由单位线纵坐标值逐时段累加求得。

表 7-13 S 曲 线 计 算 表

时段 $(\Delta t = 6\text{h})$	单位线 q /(m³/s)	净雨深 h /mm	部分径流/(m³/s)					S 曲线 /(m³/s)
			$h_1 = 10$	$h_2 = 10$	$h_3 = 10$	$h_4 = 10$	⋯	
(1)	(2)	(3)	(4)					(5)
0	0	10	0					0
1	430	10	430	0				430
2	630	10	630	430	0			1060
3	400	10	400	630	430	0		1460
4	270	10	270	400	630	430	0	1730
5	180	10	180	270	400	630	⋮	⋮
6	118	10	118	180	270	400	⋮	⋮
7	70	10	70	118	180	270	⋮	⋮
8	40	10	40	70	118	180	⋮	⋮
9	16		16	40	70	118	⋮	⋮
10	0		0	16	40	70	⋮	⋮
11				0	16	40	⋮	⋮
12					0	16	⋮	⋮
⋮						0	⋮	⋮
⋮							⋮	⋮

　　有了 S 曲线后，就可以利用 S 曲线转换单位线的时段长。如果已有时段长为 6h 的单位线，需要转换为 3h 的单位线，只需将时段长为 6h 的 S 曲线往后平移半个时段即 3h（图 7-19），则两根 S 曲线之间各时段的流量差值过程线相当于 3h 5mm 净雨所形成的流量过程线 $q'(t)$。把 $q'(t)$ 乘以 2 即为 3h 10mm 的单位线。计算过程见表 7-14。同理，可将 6h 转换为 9h 单位线［见表 7-14 第（8）栏］。用数学表达式表示为

$$q(\Delta t, t) = \frac{\Delta t_0}{\Delta t}\left[S(t) - S(t - \Delta t)\right] \tag{7-21}$$

式中　$q(\Delta t, t)$——所求的时段单位线；

　　　　Δt_0——原来单位线时段长，h；

　　　　$S(t)$——时段为 Δt_0 的 S 曲线；

　　$S(t - \Delta t)$——移后 Δt 的 S 曲线。

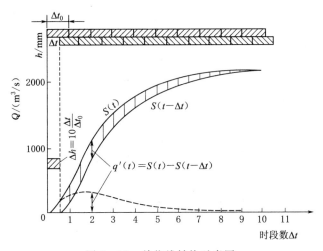

图 7-19　单位线转换示意图

表 7-14　　　　　　　　不同时段单位线转换计算表　　　　　　　　单位：m³/s

时段 （$\Delta t = 6h$）	$S(t)$	$S(t-3)$	$S(t)-S(t-3)$ (4)=(2)-(3)	3h 单位线 q (5)=(4)×2	$S(t-9)$	$S(t)-S(t-9)$ (7)=(2)-(6)	9h 单位线 q (8)=(7)×$\frac{6}{9}$
(1)	(2)	(3)	(4)	(5)	(6)	(7)	(8)
0	0	0	0	0	0	0	0
	1.0		1.0	2.0		1.0	0.7
1	2.0	1.0	1.0	2.0		2.0	1.3
	8.0	2.0	6.0	12.0	0	8.0	5.3
2	17.0	8.0	9.0	18.0	1.0	16.0	10.7
	31.0	17.0	14.0	28.0	2.0	29.0	19.3
3	52.0	31.0	21.0	42.0	8.0	44.0	29.3
	74.0	52.0	22.0	44.0	17.0	57.0	38.0

时段 ($\Delta t = 6\text{h}$)	$S(t)$	$S(t-3)$	$S(t)-S(t-3)$ (4)=(2)-(3)	3h单位线 q (5)=(4)×2	$S(t-9)$	$S(t)-S(t-9)$ (7)=(2)-(6)	9h单位线 q (8)=(7)×$\frac{6}{9}$
(1)	(2)	(3)	(4)	(5)	(6)	(7)	(8)
4	93.0	74.0	19.0	38.0	31.0	62.0	41.4
	107.0	93.0	14.0	28.0	52.0	55.0	36.7
5	118.0	107.0	11.0	22.0	74.0	44.0	29.3
	126.0	118.0	8.0	16.0	93.0	33.0	22.0
6	133.0	126.0	7.0	14.0	107.0	26.0	17.3
	138.0	133.0	5.0	10.0	118.0	20.0	13.3
7	142.0	138.0	4.0	8.0	126.0	16.0	10.7
	145.0	142.0	3.0	6.0	133.0	12.0	8.0
8	148.0	145.0	3.0	6.0	138.0	10.0	6.7
	150.0	148.0	2.0	4.0	142.0	8.0	5.3
9	152.0	150.0	2.0	4.0	145.0	7.0	4.7
	154.0	152.0	2.0	4.0	148.0	6.0	4.0
10	155.0	154.0	1.0	2.0	150.0	5.0	3.3
	156.0	155.0	1.0	2.0	152.0	4.0	2.7
11	157.0	156.0	1.0	2.0	154.0	3.0	2.0
	158.0	157.0	1.0	2.0	155.0	3.0	1.5
12	158.0	158.0	0	0	156.0	2.0	1.0
	158.0	158.0			157.0	1.0	0.6
13	158.0	158.0			158.0	0	0
	158.0	158.0			158.0	0	0

（四）单位线存在的问题及处理方法

单位线是由实测洪水资料分析得来的，洪水过程是流域上各点净雨通过流域汇流所形成的结果。因此，根据它分析得来的单位线也必然反映一次洪水过程中影响汇流的一切因素，如汇流速度及其变化、河网调蓄作用等，这是单位线的重要优点。所以，单位线法汇流计算在生产实践中用得较为普遍，计算简便。但是，从降雨-径流的系统关系与特性看，单位线方法实质是一种线性水文系统分析方法。单位线的倍比性和叠加性的两个假定是近似的，并不完全符合实际，因此，单位线也存在一些问题，有必要弄清并寻找解决问题的处理方法。

1. 净雨强度对单位线的影响及处理方法

理论和实践都表明，其他条件相同时，净雨强度越大，流域汇流速度越快，用净雨强度大的洪水求出的单位线的洪峰比较高，峰现时间也提前；反之，由净雨强度小的中小洪水分析的单位线，洪峰低，峰现时间也滞后，如图 7 - 20 中 3 线所示。这种水文现象也称为由于雨强影响的单位线非线性变化问题。针对这一问题，目前的处理方法是：分析出不同净雨强度的单位线，并研究单位线与净雨强度的关系，进行预报或推求设计洪水时，可根据净雨强度分组选用相应的单位线。但必须指出：净雨强度对单位线的影响是有限的，当净雨强度超过一定界限后，汇流速度将趋于稳定，单位线的洪峰将不再随净雨强度的增加而增加。

2. 净雨地区分布不均匀的影响及处理方法

同一流域，净雨在流域上的平均强度相同，但当暴雨中心靠近下游时，汇流途径短，河网对洪水的调蓄作用减少，从而使单位线的洪峰偏高，峰现时间提前。相反，暴雨中心在上游时，河网对洪水的调蓄作用就大，用这样的洪水分析出的单位线，洪峰较低，峰现时间推迟（图 7 - 21）。针对这种情况，应当分析出不同暴雨中心位置的单位线，以便用于洪水预报和推求设计洪水，根据暴雨中心的位置选用相应的单位线。

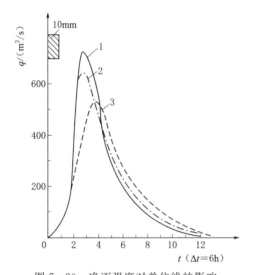 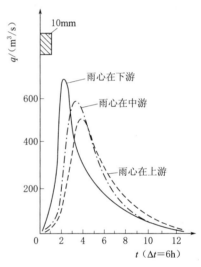

图 7 - 20　净雨强度对单位线的影响　　　　　图 7 - 21　暴雨中心对单位线的影响
1—$R_5 \geqslant 50\text{mm}$；2—$35\text{mm} \leqslant R_5 < 50\text{mm}$；3—$R_5 < 35\text{mm}$

（五）单位线的应用

根据单位线的两个基本假定，应用单位线可以推求设计的地表洪水过程。其方法是先求各时段净雨所产生的地表径流过程线，然后叠加起来，再加上基流，即得设计洪水过程线。

【例 7 - 5】　表 7 - 15 中第（2）栏是百年一遇洪水各时段净雨量，第（3）栏是［例 7 - 4］分析确定的单位线，第（4）、（5）、（6）、（7）栏是各时段净雨分别产生的地表径流过程，做法是根据单位线第一假定，以 $h/10$ 乘上单位线各时段的流量，便得到各时段净雨深 h 所产生的地表径流过程。例如净雨深为 155.2mm，则以 155.2/10 分别乘上单位线各时段的流量，于是得第（4）栏的地表径流过程。同理，第（5）栏是以 93.6/10 乘单位线各时段的流量而得到的，其余类推。第（8）栏是复合地表径流，即各时段净雨所产生的地表径流过程的叠加。第（8）栏加上第（9）栏的设计基流，就得到第（10）栏的设计洪水过程线。

表 7-15　　由单位线推求设计地表洪水过程线计算示例（某河某站，$F=441\text{km}^2$）

时间 /h	设计净雨 /mm	单位线 q /(m³/s)	155.2mm 净雨产生 的地表径 流/(m³/s)	93.6mm 净 雨产生的 地表径流 /(m³/s)	76.7mm 净 雨产生的 地表径流 /(m³/s)	42.8mm 净 雨产生的 地表径流 /(m³/s)	复合地 表径流 /(m³/s)	设计 基流 /(m³/s)	设计洪水 流量 /(m³/s)
(1)	(2)	(3)	(4)	(5)	(6)	(7)	(8)	(9)	(10)
0	155.2	0	0				0	20	20
6	93.6	5.6	87	0			87	20	107
12	76.7	24.7	384	52	0		436	20	456
18	42.8	78.3	1215	231	43	0	1489	20	1510
24		30.0	466	733	190	24	1413	20	1433
30		20.0	310	281	601	106	1298	20	1318
36		13.5	210	187	230	335	962	20	982
42		9.0	140	126	153	128	547	20	567
48		6.1	95	84	104	86	369	20	389
54		4.5	70	57	69	58	254	20	274
60		3.4	53	42	47	39	181	20	201
66		2.7	42	32	34	26	134	20	154
72		2.1	33	25	26	19	103	20	123
78		1.6	25	20	21	15	81	20	101
84		1.2	19	15	16	12	62	20	82
90		0.8	12	11	12	9	44	20	64
96		0.5	8	7	9	7	31	20	51
102		0.2	3	5	6	5	19	20	39
108		0	0	2	4	3	9	20	29
114				0	2	2	4	20	24
120					1	1	2	20	21
126						0	0	20	20
合计	368.3						7525（合 368.5mm）		

必须指出，单位线法在许多地方运用虽然都比较成功，但是这并不意味着可以到处搬用。如若暴雨洪水条件与单位线基本假定相差太远，就不宜直接使用。例如流域面积太大，暴雨在地区上的分布极不均匀，此时则应缩小分析单位线的流域面积（如小于 1000km^2），分别推算设计的流量过程线，然后通过洪水演算，再求得出口断面的设计洪水过程线。

最后还应指出，对由单位线法所求得的设计洪水要进行合理性检查，特别是要结合历史洪水调查资料进行分析。

三、瞬时单位线法汇流计算

克拉克（C. O. Clark）1945 年提出瞬时单位线的概念之后，纳希（J. E. Nash）1957年进一步推导出瞬时单位线的数学方程，用矩法确定其中的参数，并提出时段转换等一整套方法，从而发展了谢尔曼（L. K. Sherman）提出的单位线法。目前纳希的瞬时单位线法在我国已得到比较广泛的运用。所谓瞬时单位线，就是指无穷小时段内流域上均匀的单位净雨所形成的地表径流过程线，可用数学式表示。瞬时单位线的纵坐标值通常以 $u(0,t)$ 表示。

（一）瞬时单位线的数学推导

纳希设想由降雨产生的洪水过程线是流域净雨过程 $h(t)$ 受流域调节的结果，流域上均匀的瞬时单位净雨经过 n 个相同的线性串联水库调节，在出口断面形成的流量过程就是瞬时单位线，如图 7-22 所示。

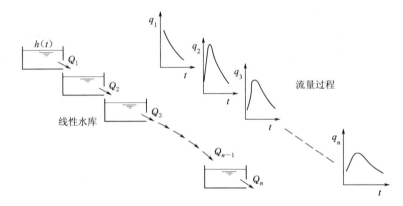

图 7-22　纳希模型示意图

设串联水库的蓄量 W_i 与 Q_i 的关系为线性函数关系，即

$$W_i = K_i Q_i \tag{7-22}$$

式中　K_i——蓄泄系数，$i=1$，2，$\cdots$，n。

设有净雨过程 $h(t)$ 或 h，用流量表示，相当于水库入流，第一个水库的出流过程为 $Q_1(t)$ 或 Q_1，其连续方程为

$$h - Q_1 = \frac{\mathrm{d}W_1}{\mathrm{d}t} \tag{7-23}$$

解联立方程式（7-22）、式（7-23）并以微分运算符 D 表示 $\mathrm{d}/\mathrm{d}t$，可得

$$Q_1 = \frac{1}{1+K_1 D} h$$

同理，对于第二个水库，第一个水库的出流 Q_1 即为第二个水库的入流，第二个水库的出流用 Q_2 表示，则

$$Q_2 = \frac{1}{1+K_2 D} Q_1 = \frac{1}{1+K_2 D} \frac{1}{1+K_1 D} h$$

经 n 个水库调蓄，出口断面的流量过程应为

$$Q(t) = \frac{1}{1 + K_1 D} \frac{1}{1 + K_2 D} \frac{1}{1 + K_3 D} \cdots \frac{1}{1 + K_n D} h(t)$$

因为是 n 个相同的线性水库，即假定 $K_1 = K_2 = K_3 = \cdots = K_m = K$，故

$$Q(t) = \frac{1}{(1 + KD)^n} h(t)$$

当 $h(t)$ 为极小时段（瞬时）的单位净雨量，$Q(t)$ 即为瞬时单位线。应用脉冲函数及拉普拉斯变换，可得出瞬时单位线的基本公式

$$u(0,t) = \frac{1}{K \Gamma(n)} \left(\frac{t}{n} \right)^{n-1} e^{-t/k} \tag{7-24}$$

式中　n——相当于水库数或调节次数；

　　　K——相当于流域汇流时间的参数。

式（7-24）中仅有两个参数 n、K，当 n、K 一定时，便可由该式绘出瞬时单位线 $u(0,t)$，如图 7-23 所示，它表示流域上在瞬时（$\Delta t \to 0$）降 1 个水量的净雨于出口断面形成的流量过程线。

瞬时单位线的横坐标代表时间 t，具有时间的因次，例如 h；纵坐标代表流量，具有抽象的单位 $1/\mathrm{d}t$。$u(0,t)$ 下的面积，按水量平衡原理自然应等于 1 个水量，即

$$\int_0^\infty u(0,t) \mathrm{d}t = 1.0 \tag{7-25}$$

分析式（7-24）可以看出，纳希瞬时单位线的两个参数 n 和 K 对 $u(0,t)$ 形状的影响很

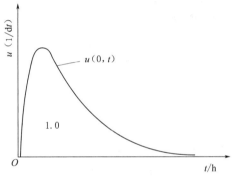

图 7-23　瞬时单位线示意

相似，它们减小时，$u(0,t)$ 的洪峰增高，峰现时间提前；反之，它们增大时，$u(0,t)$ 的洪峰降低，峰现时间推后。掌握这一规律，对推求和使用瞬时单位线都很有意义。n、K 一经确定，就可以很容易地求得 $u(0,t)$ 及其相应的时段单位线。另外，也便于对单位线（即 n、K）进行单站和地区综合，故在缺乏资料的小流域设计洪水计算中应用较为普遍。

（二）参数 n、K 的确定

纳希利用统计数学中的矩法来确定参数 n、K 值。可以证明净雨过程 $h(t)$、瞬时单位线 $u(t)$ 和出流过程 $Q(t)$ 三者的关系如图 7-24 所示。三者的一阶原点矩和二阶中心矩之间有如下的关系式

$$M_u^{(1)} = M_Q^{(1)} - M_h^{(1)} \tag{7-26}$$

$$N_u^{(2)} = N_Q^{(2)} - N_h^{(2)} \tag{7-27}$$

式中　$M_u^{(1)}$、$M_Q^{(1)}$、$M_h^{(1)}$——瞬时单位线 u、出流 Q、净雨 h 的一阶原点矩；

　　　$N_u^{(2)}$、$N_Q^{(2)}$、$N_h^{(2)}$——瞬时单位线 u、出流 Q、净雨 h 的二阶中心矩。

根据上述两式，瞬时单位线的一阶原点矩 $M_u^{(1)}$ 和二阶中心矩 $N_u^{(2)}$ 即可由实测地表径流过程线和净雨过程线求得。

又瞬时单位线的一阶原点矩及二阶中心矩与参数 n、K 存在如下关系

$$M_u^{(1)} = nK \tag{7-28}$$

$$N_u^{(2)} = nK^2 \tag{7-29}$$

由于二阶中心矩的计算较原点矩为繁杂，故利用数学上已证明的原点矩与中心矩的关系，即二阶中心矩等于二阶原点矩减一阶原点矩的平方，最后可得出 n、K 的实用计算公式

$$K = \frac{M_Q^{(2)} - M_h^{(2)}}{M_Q^{(1)} - M_h^{(1)}} - \left[M_Q^{(1)} + M_h^{(1)} \right] \tag{7-30}$$

$$n = \frac{M_Q^{(1)} - M_h^{(1)}}{K} \tag{7-31}$$

式中　$M_Q^{(2)}$、$M_h^{(2)}$——出流 Q 与净雨 h 的二阶原点矩。

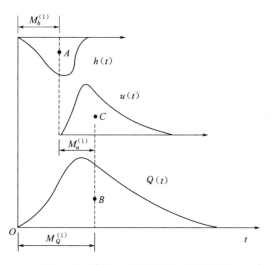

图 7-24　净雨、径流过程一阶原点矩

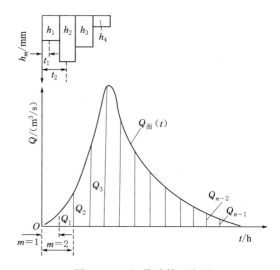

图 7-25　矩值计算示意图

由实测净雨过程和出流过程用差分方式计算各阶原点矩。净雨和出流的原点矩计算如图 7-25 所示，公式为

$$M_h^{(1)} = \frac{\sum h_i t_i}{\sum h_i} \tag{7-32}$$

$$M_h^{(2)} = \frac{\sum h_i (t_i)^2}{\sum h_i} \tag{7-33}$$

$$M_Q^{(1)} = \frac{\sum Q_i m_i}{\sum Q_i} \Delta t \tag{7-34}$$

$$M_Q^{(2)} = \frac{\sum Q_i m_i^2}{\sum Q_i} (\Delta t)^2 \tag{7-35}$$

$$m_i = 1, 2, \cdots, n-1$$

将式（7-32）～式（7-35）代入式（7-30）及式（7-31），即可求出 n、K。

利用矩法算出的 n、K 往往是最终的成果，一般要利用计算出的 n、K 得到的时段单位线进行还原洪水计算，若还原洪水与实测的地表洪水过程吻合不好，则要对 n、K 进行修正。

n、K 代表流域的调蓄特性，对于同一流域，这两个数值比较稳定。如不稳定，可取若干次暴雨洪水资料进行分析，最后优选出 n、K 值。不同流域具有不同的 n、K 值。

n、K 对瞬时单位线形状的影响如图 7－26 所示。

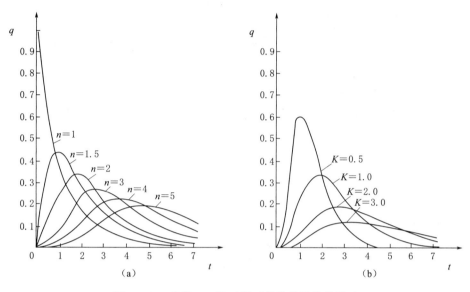

图 7－26　参数 n、K 对瞬时单位线形状的影响

【例 7－6】　某河某站流域面积 $F=349\text{km}^2$，其中 2009 年 8 月 7—10 日有一次洪水，试根据净雨过程和地表径流过程计算瞬时单位线的参数。

计算步骤如下：

（1）选择流域上分布均匀、强度大的暴雨所形成的孤立洪水过程线作为分析对象。

（2）计算本次暴雨的净雨量和相应的地表径流量，两者的总量应相等。

（3）计算净雨和流量的一阶、二阶原点矩。计算时段位的选择，对计算成果有一定影响，净雨过程和流量过程可以采用不同的时段。计算见表 7－16 和表 7－17。

表 7－16　　　　　　　　　净雨原点矩 $M_h^{(1)}$、$M_h^{(2)}$ 计算表

时间			地表净雨 h /mm	t_i /h	$h_i t_i$ /(mm·h)	$h_i t_i^2$ /(mm·h²)	备　　注
月	日	时					
8	7	20					
		23	11.9	1.5	17.85	26.78	
	8	2	23.8	4.5	107.10	481.95	$M_h^{(1)}=\dfrac{\sum h_i t_i}{\sum h_i}=\dfrac{1159.80}{138.6}=8.37\text{(h)}$
		5	50.9	7.5	381.75	2863.13	
		8	31.2	10.5	327.60	3439.80	$M_h^{(2)}=\dfrac{\sum h_i t_i^2}{\sum h_i}=\dfrac{12024.47}{138.6}=86.76\text{(h}^2)$
		11	10.4	13.5	140.40	1895.40	
		14	5.9	16.5	97.35	1606.28	
		17	4.5	19.5	87.75	1711.13	
合计			138.6		1159.80	12024.47	

表 7 - 17 流量原点矩 $M_Q^{(1)}$、$M_Q^{(2)}$ 计算表

时间			$Q_{表}$ /(m³/s)	m_i	$Q_i m_i$ /(m³/s)	$Q_i m_i^2$ /(m³/s)	备　　注
月	日	时					
	7	20	0				
		23	69	1	69	69	
		2	269	2	538	1076	
		5	624	3	1872	5616	
		8	909	4	3636	14544	
	8	11	781	5	3905	19525	
		14	536	6	3216	19296	
8		17	392	7	2744	19208	$M_Q^{(1)}=\dfrac{\sum Q_i m_i}{\sum Q_i}\Delta t=\dfrac{24784}{4479}\times3=16.60(\text{h})$
		20	291	8	2328	18624	
		23	200	9	1800	16200	$M_Q^{(2)}=\dfrac{\sum Q_i m_i^2}{\sum Q_i}(\Delta t)^2=\dfrac{168720}{4479}\times3^2=339.02(\text{h}^2)$
		2	143	10	1430	14300	
		5	102	11	1122	12342	
		8	71	12	852	10224	
	9	11	47	13	611	7943	
		14	26	14	364	5096	
		17	11	15	165	2475	
		20	5	16	80	1280	
		23	2	17	34	578	
	10	2	1	18	18	324	
		5	0				
合计			4479		24784	168720	

（4）参数计算。

$$K=\frac{M_Q^{(2)}-M_h^{(2)}}{M_Q^{(1)}-M_h^{(1)}}-\left[M_Q^{(1)}+M_h^{(1)}\right]$$

$$=\frac{339.02-86.76}{16.60-8.37}-(16.60+8.37)=5.68(\text{h})$$

$$n=\frac{M_Q^{(1)}-M_h^{(1)}}{K}=\frac{16.60-8.37}{5.68}=1.45$$

（三）由瞬时单位线推求时段单位线

两参数 n、K 求得后，瞬时单位线也就定了。但汇流计算时仍需将瞬时单位线转换成净雨时段为 Δt、净雨深度为 10mm 的时段单位线，这种转换也利用 S 曲线，方法如下：

先求瞬时单位线方程的积分

$$S(t) = \int_0^t u(t)\mathrm{d}t = \frac{1}{\Gamma(n)} \int_0^{t/K} \left(\frac{t}{K}\right)^{n-1} \mathrm{e}^{-t/K} \mathrm{d}\left(\frac{t}{K}\right) \qquad (7-36)$$

此积分式的图形如图 7-27 所示，也是一种 S 曲线。

当 $t \to \infty$ 时

$$S(t)_{\max} = \int_0^\infty u(t)\mathrm{d}t = 1$$

如将 $t=0$ 为起点的 S 曲线 $S(t)$ 向后平移一个时段，就可得到另外一条 S 曲线 $S(t-\Delta t)$，如图 7-27 所示。这两条 S 曲线之间的纵坐标差值可用方程式表示为

$$u(t-\Delta t) = S(t) - S(t-\Delta t) \qquad (7-37)$$

即图 7-28 中的 $u(\Delta t, t)_1$、$u(\Delta t, t)_2$、$\cdots$ 这些 $u(\Delta t, t)$ 又构成一新的图形，称为时段 Δt 的无因次时段单位线。把这些 $u(\Delta t, t)$ 值加起来，从图 7-28 中可以看出

$$\sum u(\Delta t, t) = 1 \qquad (7-38)$$

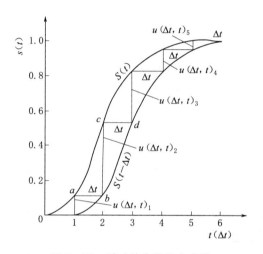

图 7-27　瞬时单位线的 S 曲线

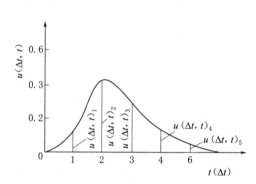

图 7-28　无因次时段单位线

有了无因次时段单位线，还须换成 10mm 净雨的单位线。设净雨时段为 Δt、净雨深为 10mm 的单位线也每隔一个时段 Δt 读取一个流量 q，则

$$\sum q \Delta t \times 3600 = \frac{10}{1000} F \times 1000^2$$

或

$$\sum q = \frac{10F}{3.6\Delta t}$$

式中　$\sum q$——10mm 净雨时段单位线纵坐标之和，m^2/s；

　　　　Δt——净雨时段，h；

　　　　F——流域面积，km^2。

又 $\sum u(\Delta t, t) = 1$，故

$$\frac{\sum q}{\sum u(\Delta t, t)} = \frac{\dfrac{10F}{3.6\Delta t}}{1}$$

由此，10mm 净雨时段单位线的各纵高可由下式求出

$$q_i = \frac{10F}{3.6\Delta t} u_i(\Delta t, t) \tag{7-39}$$

当 n、K 已知时，瞬时单位线的 S 曲线可用积分法求得。为了实用方便，已制成以 n、K 为参数的 S 曲线查用表供查用。

（四）瞬时单位线参数非线性改正

与谢尔曼单位线类似，由每次暴雨洪水分析的瞬时单位线（即参数 n、K）并不完全相同，而是随净雨强度的大小而变化，水文学上把这种现象称为非线性。对此，无论是做洪水预报还是推求设计洪水，都必须考虑和处理。目前，一般是在分析 n、K 的基础上，寻求它们随净雨强度的变化规律，以便在使用时按照具体的雨情选择相应的 n、K。

许多地区的经验表明，一个流域的 n 值比较稳定，可取为常数。瞬时单位线的一阶原点矩 m_1（$=nK$）则与平均净雨强度 $\bar{i}_s$ 有较好的关系，一般为

$$m_1 = a(\bar{i}_s)^{-\lambda} \tag{7-40}$$

式中 m_1——瞬时单位线 $u(0,t)$ 的一阶原点矩，h；

$\bar{i}_s$——平均地表净雨强度，mm/h；

a、λ——反映流域特征的系数和非线性指数，对固定的流域均可取为常数。

一个流域有了具体的 m_1 随净雨强度变化的公式之后，便可在预报和设计时，根据实际的净雨强度算出 m_1，进而由下式求得 K 值

$$K = m_1/n \tag{7-41}$$

但应注意，式（7-40）中的 $\bar{i}_s$ 超过某一临界值后，m_1 即趋于稳定，基本上不再随 $\bar{i}_s$ 的增加而增加。

另外，流域降雨不均匀也能引起 n、K 的非线性，这时可采用与第六节类似的方法，即考虑暴雨中心位置的不同对 n、K 进行分类来处理。

【例 7-7】 某流域 $F = 349\text{km}^2$，已求得瞬时单位线参数 $n = 1.5$，$K = 5.68$，求 3h 时段单位线。

由 $n = 1.5$，$K = 5.68$，根据插值计算得 $S(t)$ 值，见表 7-18 第（3）栏。第（4）栏为错后 3h 的 S 曲线，第（3）、（4）两栏相减，得第（5）栏的无因次单位线，再按式（7-39）换算为第（6）栏的 3h 10mm 时段单位线 $q(t)$。

表 7-18　　　　　　　　　　由瞬时单位线推求时段单位线计算表

时间 t/h	t/K	$S(t)$	$S(t-\Delta t)$	$u(\Delta t, t)$	3h 单位线 $q(t)$/(m³/s)
（1）	（2）	（3）	（4）	（5）	（6）
0	0	0		0	0
3	0.528	0.209	0	0.209	67.5
6	1.056	0.450	0.209	0.241	77.8
9	1.585	0.634	0.450	0.184	59.4
12	2.113	0.761	0.634	0.127	41.0
15	2.641	0.847	0.761	0.086	27.8
18	3.169	0.904	0.847	0.057	18.4

时间 t/h	t/K	$S(t)$	$S(t-\Delta t)$	$u(\Delta t, t)$	3h 单位线 $q(t)/(m^3/s)$
(1)	(2)	(3)	(4)	(5)	(6)
21	3.697	0.940	0.904	0.036	11.7
24	4.225	0.963	0.940	0.023	7.5
27	4.754	0.977	0.963	0.014	4.5
30	5.282	0.986	0.977	0.009	2.9
33	5.810	0.991	0.986	0.005	1.6
36	6.338	0.994	0.991	0.003	1.0
39	6.866	0.997	0.994	0.003	1.0
42	7.394	0.998	0.997	0.001	0.3
45	7.923	0.999	0.998	0.001	0.3
48	8.451	1.000	0.999	0.001	0.3
51	8.979	1.000	1.000	0	0
合计				1.000	323 （合 10mm）

四、地下径流的汇流计算

在湿润地区的一次洪水过程中，地下径流量一般可达总径流量的 $20\%\sim30\%$，甚至更多。但地下径流的汇流远较地表径流为慢，因此地下径流过程较为平缓。

地下径流过程的推求可以采用地下水单位线法、地下线性水库法等。线性水库是指水库的蓄水量与出流量之间的关系为线性函数。将流域地下水含水层近似为一个线性水库，设下渗的地下净雨量 R_g 为其入流量，经地下水库调节后得出地下径流的出流量 Q_g，可以认为地下水库的蓄量 W_g 与其出流 Q_g 的关系为线性函数，如式（7-43），于是与地下水库的水量平衡方程式（7-42）联解，即可求得地下径流过程。

对某一时段 Δt，地下水线性水库的水量平衡方程与蓄泄方程组为

$$R_g F-[(Q_{g1}+Q_{g2})/2]\Delta t=W_{g2}-W_{g1} \tag{7-42}$$

$$W_g=k_g Q_g \tag{7-43}$$

联立两式求解得

$$Q_{g2}=\frac{0.278F}{k_g+0.5\Delta t}R_g+\frac{k_g-0.5\Delta t}{k_g+0.5\Delta t}Q_{g1} \tag{7-44}$$

式中　Q_{g1}、Q_{g2}——时段 Δt 初、末地下径流流量，m^3/s；

　　　　R_g——Δt 内的地下净雨深，mm，它与流域面积 F（km^2）的乘积 $R_g F$ 代表 Δt 内的地下水库入流水量，m^3；

　　　　k_g——地下水库的蓄泄系数，近似代表地下水汇流时间，h；

　　　　W_g——地下水库蓄水量，m^3。

当地下净雨 R_g 停止后，则有

$$Q_{g2}=\frac{k_g-0.5\Delta t}{k_g+0.5\Delta t}Q_{g1} \tag{7-45}$$

根据式（7-45），采用实测的流域地下水退水曲线，可推求出地下水汇流参数 k_g。

【例7-8】　某流域面积 $F=5290\text{km}^2$，由多次退水过程分析得 $k_g=228\text{h}$。2005年4月该流域发生一次暴雨洪水，起涨流量为 $50\text{m}^3/\text{s}$，并通过产流计算求得该次暴雨产生的地下净雨过程 R_{gi}，列于表7-19中第（2）栏。取 $\Delta t=6\text{h}$，同 k_g 一起代入式（7-44）得该流域的地下径流演算方程为

$$Q_{g2}=\frac{0.278\times5290}{228+0.5\times6}R_g+\frac{228-0.5\times6}{228+0.5\times6}Q_{g1}=6.366R_g+0.974Q_{g1}$$

由起始流量 $Q_{g1}=50\text{m}^3/\text{s}$ 和 R_{gi}，从开始向后逐时段连续演算，即得第（5）栏所示的整个地下径流过程。

表7-19　　　　　　　　　　某流域一次雨洪的地下径流计算

时间/（月.日.时）	地下净雨 R_{gi}/mm	$6.366R_{gi}$/（m³/s）	$0.974Q_{gi}$/（m³/s）	$Q_g=Q_{gi}$/（m³/s）
（1）	（2）	（3）	（4）	（5）
4.16.14				50
	3.3			
16.20		21	49	70
17.2	8.1	52	68	120
17.8		52	117	169
	8.2			
17.14		20	164	184
17.20			179	179
18.2			174	174
18.8			169	169
⋮			⋮	⋮

习　　题

7-1　任务

根据流域的暴雨洪水资料推求华兴河丁峡站千年一遇3日暴雨所产生的设计洪水过程线。

7-2　资料及部分计算成果

（1）流域概况：华兴河为某河下游的主要支流之一。丁峡站以上流域面积为 5600km^2，流域上有4个雨量站（即甲长、乙江、丙三、丁峡）。流域属山区，该流域多年平均降水量约790mm，降雪量很少，不及全年降水量的10%，大洪水均由暴雨所形成，并且多出现在7—8月。

（2）根据2003年7月29日—8月4日实测暴雨洪水资料（表7-20和表7-21），已求出该流域平均雨量 $\bar{x}=90.9\text{mm}$，地表径流深 $y_\text{表}=55.1\text{mm}$。

表 7-20　　　　　　　　　　　**2003 年 7 月 29—30 日降雨量表**

雨量站	控制面积 f /km²	权重 f/F	29 日 6—18 时		29 日 18 时—30 日 6 时		备　注
			雨量	权雨量	雨量	权雨量	
甲长	1920	0.343	29.7	10.2	71.9	24.7	用泰森多边形
乙江	1040	0.186	26.7	5.0	34.3	6.4	图法，计算得此
丙三	1690	0.302	50.6	15.3	33.3	10.1	结果
丁峡	950	0.169	38.1	6.4	75.7	12.8	
全流域	5600	1.000		36.9		54.0	一次暴雨量 $\bar{x}=90.9$mm

表 7-21　　　　　　　　　　**2003 年 7 月 29—30 日降雨洪水过程线**　　　　　　　单位：m³/s

时间 /（月.日.时）	流量 Q	基流 $Q_{基}$	地表径流 $Q_{表}$	时间 /（月.日.时）	流量 Q	基流 $Q_{基}$	地表径流 $Q_{表}$
7.28.6	200	200	0	8.1.6	802	241	561
18	168	168	0	18	540	257	283
29.6	145	145	0	2.6	414	273	141
18	325	161	164	18	355	289	66
30.6	952	177	775	3.6	305	305	0
18	2660	193	2467	18	271	271	0
31.6	1870	209	1661	4.6	239	239	0
18	1250	225	1025				

（3）2003 年 7 月 29 日前的流域降水资料见表 7-22。

表 7-22　　　　　　　　　　**前期影响雨量 P_a 计算表（峰号：162003）**　　　　　　单位：mm

时间 /（月.日）	前次 日期	甲长		乙江		丙三		丁峡		备　注
		x	P_a	x	P_a	x	P_a	x	P_a	
7.14	15	11.0	0	20.5		10.3	0	9.1		
15	14	0	9.4	0		0	8.6	0		
16	13	0	8.0	0		7.0	7.3	0		
17	12	0	6.8	0		0	12.2	0		
18	11	20.9	5.8	1.7		2.4	10.4	5.9		
19	10	3.6	22.8	19.3		45.5	12.6	27.5		
20	9	0	22.4	0		3.8	49.4	0		
21	8	11.5	19.0	14.8		9.8	45.3	25.8		$K=0.85$，$I_{max}=$
22	7	0	25.9	8.6		0	46.9	0		50.0mm，采用计算式
23	6	19.9	22.0	34.1		22.5	39.8	15.7		$P_{at}=K(x_{t-1}+P_{at-1})$
24	5	23.5	35.6	25.7		13.6	50.0	4.8		$\leqslant I_{max}$
25	4	0	50.0	0		0	50.0	0		
26	3	1.4	45.5	0		7.2	42.5	2.6		
27	2	0	37.4	0		0	42.5	0		
28	1	0	31.8	0		0	35.8	0		
29	本日	—	27.0	—		—	30.5	—		
权重		0.343		0.186		0.302		0.169		
权 P_a		9.26				9.21				
流域平均										

（4）汛期流域平均的前期影响雨量折减系数 $K = 0.85$，最大初损值 $I_m = 50\text{mm}$。

（5）各次雨洪分析所得降雨径流成果见表 7 - 23。

表 7 - 23　　　　　　　　　　降 雨 径 流 分 析 结 果　　　　　　　　　　单位：mm

峰　号	起始日期 /（年．月．日）	降雨量 x	地表径流深 y	前期影响雨量 P_a	备　注
1	2003.6.10	46.8	3.4	2.3	
2	2002.8.15	75.6	32.5	18.7	
3	2001.6.17	22.0	12.3	41.0	
4	2001.6.28	47.2	22.6	30.6	
5	2001.8.10	95.1	36.2	8.6	
6	2002.5.29	57.3	17.8	13.6	
7	2002.9.11	70.2	23.1	11.1	
8	2007.7.15	43.1	35.8	48.3	
9	2007.7.29	20.9	4.9	33.0	
10	2007.8.4	80.7	62.2	14.1	
11	2007.10.2	130.6	72.4	12.3	
12	2003.6.18	115.5	47.1	2.9	暴雨集中
13	2003.9.10	42.0	8.4	18.3	
14	2003.9.16	34.8	16.3	35.1	
15	2003.10.17	57.6	25.6	25.2	
16	2003.7.29	90.9	55.1	23.2	
17	2003.8.15	56.2	14.5	14.8	
18	2004.7.22	188.8	107.2	3.4	
19	2004.8.21	45.6	33.1	42.1	
20	2006.8.3	89.7	22.5	8.7	
21	2006.10.11	85.7	23.8	1.0	
22	2006.10.15	14.0	7.6	43.3	
23	1999.6.15	102.5	83.2	43.9	
24	1999.8.7	61.2	35.7	31.4	

（6）$P = 0.1\%$ 的最大连续 12h、1 日、3 日设计面雨量分别为

$$x_{12\text{h},0.1\%} = 130\text{mm}$$

$$x_{1日,0.1\%} = 176\text{mm}$$

$$P_{3日,0.1\%} = 240\text{mm}$$

（7）统计历年最大连续 3 日流域平均雨量 $P_{3日}$ 与其降雨开始时所对应的前期影响雨量 P_a 的和，即（$P_{3日} + P_a$），计算得（$P_{3日} + P_a$）$_{0.1\%} = 279\text{mm}$。

（8）连续 3 日典型暴雨分配见表 7 - 24。

表 7 - 24　　　　　　　　　　暴 雨 分 配 表

时段顺序（$\Delta t = 12\text{h}$）	1	2	3	4	5	6	合计
雨量/mm	0	5.8	16.2	20.7	84.0	2.2	128.9

（9）$P=0.1\%$的设计条件下，取基流为 $200m^3/s$。

7-3　要求

（1）按同频率典型放大法计算设计暴雨过程。

（2）建立丁峡站以上流域以前期影响雨量为参数的暴雨径流相关图，并由此推算设计净雨过程。

（3）分析 2003 年 7 月 29 日—8 月 4 日这次雨洪的单位线。

（4）由设计净雨，用单位线法求 $P=0.1\%$ 的设计洪水过程。

第八章　小流域及城市设计洪水计算

第一节　概　　述

为了在小流域上修建农田灌溉排水措施、公路和铁路的桥涵建筑、城市和工矿地区的防洪排水工程，都必须进行设计洪水计算。因此，小流域设计洪水计算在工农业生产和城市水安全保障中有着重要的意义。小流域设计洪水计算，与大中流域有所不同，主要有以下一些特点：

（1）在小流域上修建的工程数量很多，往往缺乏暴雨和流量资料，特别是流量资料。

（2）小型工程一般对洪水的调节能力较小，工程规模主要受洪峰流量控制，因而对设计洪峰流量的要求，高于对设计洪水过程的要求。

（3）小型工程的数量较多，分布面广，计算方法应力求简便，使广大基层水文工作者易于掌握和应用。

（4）城市区域的径流和降雨资料短缺，产汇流特性与天然流域相比也发生了很大的变化，城市区域的设计洪水需要制定一套适用的方法。

小流域设计洪水计算工作已有130多年的历史。计算方法在逐步充实和发展，由简单到复杂，由计算洪峰流量到计算洪水过程，归纳起来，有经验公式法、推理公式法、综合单位线法以及水文模型等方法。本章主要介绍推理公式法、经验公式法和综合单位线法。

第二节　小流域设计暴雨计算

小流域设计洪水计算，大多数采用由暴雨推求洪水方法，因此，首先需要推求设计暴雨。设计暴雨是具有某一规定频率的一定时段的暴雨量或平均暴雨强度。用暴雨资料推求设计洪水时，一般是假定暴雨与其所形成的洪峰流量或洪量具有相同的频率。

一、暴雨公式及参数的推求

在小流域上推求设计暴雨时，因为流域面积较小，忽略暴雨在地区上分布的不均匀性，可以把流域中心的点雨量作为流域面雨量，无需考虑点面雨量的折算。根据地区的雨量观测资料，独立选取不同历时最大暴雨量进行统计，绘出不同历时的最大暴雨量频率曲线（图8-1），并转换为不同频率的平均暴雨强度-历时曲线（图8-2），从而按此选配设计暴雨公式。

图8-2可以用数学方程表达，它是在一定频率情况下时段平均暴雨强度 i 与历时 t 的关系式，称为暴雨公式，暴雨公式最常见的形式有：

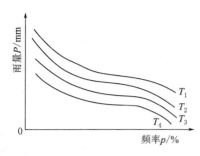

图 8-1　不同历时最大暴雨量频率曲线图

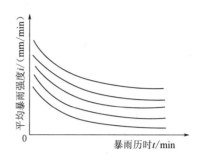

图 8-2　平均暴雨强度-历时曲线图

$$i = \frac{S_d}{(t+d)^{n_d}} \qquad (8-1)$$

$$i = \frac{S}{t^n} \qquad (8-2)$$

式中　S、S_d——单位历时的暴雨平均强度，或称雨力，随地区和重现期而变；

　　　　d——参数；

　　　n_d、n——暴雨递减指数，随地区及历时长短而变。

我国水利部门广泛应用的暴雨公式是式（8-2）。根据实测雨量资料，采用图解分析法可以求出式（8-2）中的参数。对式（8-2）两边取对数，得

$$\lg i = \lg S - n \lg t \qquad (8-3)$$

式（8-3）为一直线方程式，$\lg S$ 为截距，n 为斜率，如果 t 以小时计，S 就是 $t=1\text{h}$ 的暴雨强度。若从平均暴雨强度-历时曲线上读取同频率各种暴雨历时 t 的暴雨强度 i，在双对数坐标格纸上以 i 为纵坐标，t 为横坐标，可点绘出一组近乎平行的直线，由线上量取 $t=1\text{h}$ 的纵坐标值和斜率值，即为 S 和 n 值。

事实上，在双对数坐标格纸上的 i-t 关系往往会出现转折点，此时可将 i-t 线绘成两段不同斜率 n 值的折线（图 8-3），n 值随历时不同而变化，即当 $t<t_1$ 时，取 $n=n_1$；当 $t>t_1$ 时，取 $n=n_2$。当 $t_1 = 1\text{h}$ 时，转折点的纵坐标值即为 S。此时，无论 $t>t_1$，或 $t<t_1$，暴雨公式中的 S 是相同的，只是 n 有区别。为了工作方便，水利部门将折点统一取在 $t_1 = 1\text{h}$ 处，如图 8-3 所示。

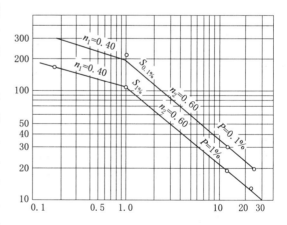

图 8-3　暴雨强度-历时-频率曲线图

二、设计净雨计算

由暴雨推求洪水过程，一般分为产流和汇流两个阶段。产流计算是解决由降雨过程求净雨过程的问题，汇流计算是解决由净雨过程求流量过程的问题。

设计净雨的概念和计算方法，在第七章中已作了较详细的论述，为了与小流域设计洪

水计算方法相适应，本节着重介绍利用损失参数 μ 值的地区综合规律计算设计净雨的方法。

损失参数 μ 是指产流历时 t_c 内的平均损失强度。图 8-4 表示 μ 与降雨过程的关系，从图中可以看出，在 $i \leqslant \mu$ 的时期，降雨全耗于损失，不产生净雨；$i > \mu$ 时，损失按 μ 值进行，超渗部分（图 8-4 中的阴影部分）即为净雨量。由此可见，当设计暴雨和 μ 值确定后，便可求出任一历时的净雨量及平均净雨强度。

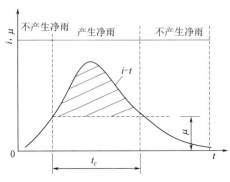

图 8-4　降雨过程与入渗过程示意图

为了便于小流域设计洪水计算，各省区水利水文部门在分析大量暴雨洪水资料之后，均提出了决定 μ 值的简便方法。有的部门建立单站 μ 与前期影响雨量 P_a 的关系，有的选用降雨强度 $\overline{i}$ 与一次降雨平均损失率 $\overline{f}$ 建立关系，以及 μ 与 $\overline{f}$ 建立关系，从而用这些 μ 值作地区综合，可以得出各地区在设计时应取的 μ 值。具体数值可参阅各地区的《水文手册》。

第三节　计算洪峰流量的推理公式

推理公式又称合理化公式，合理化公式已有 130 多年历史，是历来小流域由暴雨推求洪峰流量的一种比较常用的方法。原始的方法有 3 个假定，即：①采用平均净雨强度，其历时等于汇流历时 τ；②暴雨与洪水同频率；③流域上的净雨强度在时间上和空间上都是不变的。

随着生产实践的需要和理论研究的开展，多年来出现了不同形式的合理化公式，有的被赋予了新的含义。我国提出的推理公式是对合理化公式的改进和深化。

一、推理公式的基本形式

推理公式可从线性汇流推导出来。从等流时线的概念出发，假定产流强度在时间、空间上都均匀的情况下，流域上的平均产流强度与一定面积的乘积即为出口断面的流量，当此乘积达到最大值时即出最大流量。而且，在充分供水条件下，即净雨历时大于汇流时间 τ 时，净雨产生以后，每一时刻总有一部分流域面积上的净雨同时汇集到流域出口断面。此时流域出口断面的最大流量是由 τ 时段的净雨在全流域面积上形成的，此种情况称为全面汇流。洪峰流 Q_m 计算公式用下式表示：

$$Q_m = K(\overline{i} - \overline{f})F \qquad (8-4)$$

式中　$\overline{i}$——平均降雨强度，mm/h；

　　　$\overline{f}$——平均下渗强度，mm/h；

　　　F——流域面积，km²；

　　　K——单位换算系数。

当供水不充分时，即净雨历时小于汇流时间 τ，流域出口断面的最大流量由全部降雨、部分流域面积形成，此部分流域面积称为共时径流面积，此种情况称为部分汇流。洪峰流量计算公式用下式表示：

$$Q_m = K(\bar{i} - \bar{f})F_0 \tag{8-5}$$

式（8-4）和式（8-5）是推理公式的基本形式，并可概括为以下的一般形式：

$$Q_m = K(\bar{i} - \bar{f})\varphi F \tag{8-6}$$

或

$$Q_m = K\psi \bar{i}\varphi F \tag{8-7}$$

式中　ψ——洪峰径流系数，等于形成洪峰的净雨量与降雨量之比值；

　　　φ——共时径流面积系数，$\varphi = F_0/F$；

　　　F_0——共时径流面积，km^2。

二、水文研究所公式及其计算方法

原北京水科院水文研究所提出的小流域设计洪水计算方法，是多年来水利部门广泛使用的推理公式法。该公式的基本形式为

$$Q_m = 0.278\psi i F \tag{8-8}$$

式中　Q_m——洪峰流量，m^3/s；

　　　ψ——洪峰径流系数，意义同前；

　　　i——平均降雨强度，mm/h；

　　　F——流域面积，km^2。

该所采用的暴雨公式为

$$i = \frac{S}{t^n}$$

当 $t = \tau$ 时，$i = S/t^n$，则

$$Q_m = 0.278 \frac{\psi S}{\tau^n} F \tag{8-9}$$

上式中共有 5 个参数，即 ψ、S、τ、n 以及 F。雨力可由时段雨量通过式（8-2）求得，暴雨递减指数 n 值查地区等值线图得出，流域面积 F 从地形图上量出。参数 ψ 和 τ 以及其他相应的参数将在下面分别介绍。

（一）洪峰径流系数 ψ 的计算

式（8-8）和式（8-9）中的 ψ 值，是反映流域内降雨形峰过程的一种损失参数。假定在流域平均降雨强度大于地面平均入渗能力的情况下，地面才能产生径流。此时，产流部分的降雨损失决定于地面下渗能力的大小，而不产流部分的损失则是该部分的所有降雨量。由于形峰过程的汇流条件不同，可能出现两种汇流情况。

（1）全面汇流情况，如图 8-5（a）所示。图中纵坐标表示瞬时降雨强度 I，虚线以下表示下渗量，t_c 为产流历时，τ 为流域汇流时间，μ 为产流历时

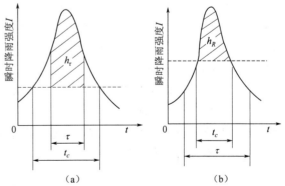

图 8-5　形峰过程的两种汇流情况示意图

(a) $t_c \geqslant \tau$；(b) $t_c < \tau$

内的平均损失强度。当 $t_c \geqslant \tau$ 时，出口断面处的洪峰流量是由相当于汇流时间 τ 内的最大净雨量 h_τ 在全流域面积上形成的，洪峰径流系数 ψ 是 τ 时段的最大净雨量 h_τ 与同时段的降雨量 P_τ 之比值。

（2）部分汇流情况，如图 8-5（b）所示。当 $t_c < \tau$ 时，出口断面处最大流量是由相当于产流历时 t_c 内的最大净雨 h_R 在部分流域面积上形成的，洪峰径流系数 ψ 是 t_c 时段的最大净雨量 h_R 与 τ 时段的降雨量 P_τ 之比值，因此，两种汇流情况的洪峰径流系数可用下式表示：

当 $t_c \geqslant \tau$ 时：

$$\psi = \frac{h_\tau}{P_\tau} \tag{8-10}$$

当 $t_c < \tau$ 时：

$$\psi = \frac{h_R}{P_\tau} \tag{8-11}$$

产流历时 t_c 可以根据设计暴雨公式，将其对 t 进行微分导出，即

$$I = \frac{\mathrm{d}P_t}{\mathrm{d}t} = \frac{\mathrm{d}}{\mathrm{d}t} S t^{1-n} = (1-n)\frac{S}{t^n}$$

由图 8-5 可知，当 $I = \mu$ 时，$t = t_c$，代入上式求得产流历时 t_c 的计算式：

$$t_c = \left[(1-n)\frac{S}{\mu} \right]^{\frac{1}{n}} \tag{8-12}$$

因此，当 $t_c \geqslant \tau$ 时：

$$\psi = \frac{h_\tau}{P_\tau} = \frac{P_\tau - \mu\tau}{P_\tau} = 1 - \frac{\mu\tau}{P_\tau} = 1 - \frac{\mu}{S}\tau^n \tag{8-13}$$

当 $t_c < \tau$ 时：

$$\psi = \frac{h_R}{P_\tau}$$

由于　$h_R = P_{tc} - \mu t_c = i_{tc} t_c - \mu t_c = (i_{tc} - \mu) t_c = [i_{tc} - (1-n)i_{tc}] t_c = nS t_c^{1-n}$

所以

$$\psi = \frac{nS t_c^{1-n}}{S\tau^{1-n}} = n\left(\frac{t_c}{\tau}\right)^{1-n} \tag{8-14}$$

式（8-13）和式（8-14）分别代表全面汇流和部分汇流情况下洪峰径流系数 ψ 的计算式。

（二）流域汇流时间 τ 的计算

流域汇流过程按其水力特性的不同，可分为坡面汇流和河槽汇流两个阶段。原北京水科院水文研究所在计算流域汇流时间 τ 时，采用平均的流域汇流速度来概括地描述径流在坡面和河槽内的运动。设 L 代表流域最远流程长度，v_τ 代表沿流程 L 的流域平均汇流速度，则流域汇流时间 τ 的计算式为

$$\tau = 0.278 \frac{L}{v_\tau} \tag{8-15}$$

其中，τ 以 h 计，v_τ 以 m/s 计，L 以 km 计。

流域平均汇流速度 v_τ 可近似地用下式计算：

$$v_\tau = mJ^\sigma Q_m^\lambda \qquad (8-16)$$

式中 　m——汇流参数；

　　　J——沿流程的平均纵比降；

　　Q_m——待求的最大流量，m^3/s；

　　σ、λ——反映沿流程水力特性的经验指数。

对于一般山区河道，该所把出口断面形状近似地概化为三角形，上式的经验指数采用 $\sigma = 1/3$，$\lambda = 1/4$，将其代入式（8-16）得

$$\tau = 0.278 \frac{L}{mJ^{1/3}Q_m^{1/4}} \qquad (8-17)$$

将式（8-17）与式（8-9）结合并进行代换演算，得

$$\tau = \frac{0.278^{\frac{3}{4-n}} L^{\frac{4}{4-n}}}{(mJ^{1/3})^{\frac{4}{4-n}}(SF)^{\frac{1}{4-n}} \psi^{\frac{1}{4-n}}} \qquad (8-18)$$

若令

$$\tau_0 = \frac{0.278^{\frac{3}{4-n}} L^{\frac{4}{4-n}}}{(mJ^{1/3})^{\frac{4}{4-n}}(SF)^{\frac{1}{4-n}}} \qquad (8-19)$$

则可得流域汇流时间 τ 的计算式：

$$\tau = \tau_0 \psi^{-\frac{1}{4-n}} \qquad (8-20)$$

（三）设计洪峰流量的计算

利用原北京水科院水文研究所建议的公式计算设计洪峰流量，有试算法、交点法以及图解法等方法，下面结合算例介绍试算法。

当本地区降雨时程分配中的最大时段雨量历时关系能较好地满足式（8-2）的时段雨量时，可用试算法推求设计洪峰流量。计算步骤如下：

（1）由暴雨资料确定 $\overline{P}_{24}$、C_v、n_1 或 n_2，并计算 S_P。

（2）根据已知流域特性参数 J、L 和 F 值，由 m 值的地区综合公式或相应图表查算汇流参数 m 值。

（3）用已算出的 $P_{24,P}$ 值，由当地暴雨径流关系图表查得 $h_{24,P}$，然后利用地区水文手册中相应的 μ 值诺模图查算出 μ 值。

（4）用试算法求 Q_m。先假定一个 Q_m 值代入式（8-17）求 τ。如 $\tau \leqslant t_c$，则按全面汇流公式计算；如 $\tau > t_c$，则按部分汇流公式计算。例如，当 $\tau \leqslant t_c$，在求出 τ 以后，利用式（8-13）计算 ψ 值，将 ψ、τ、S、F 各值代入式（8-9）计算 Q_m。如算得的 Q_m 与假设的 Q_m 相符，则为所求，如不相符需再试算，直至两者一致为止。

【例 8-1】 某地区欲修建一座小型水库，该水库集水面积为 7.4km^2，干流长度为 4.1km，干流坡降 0.036。用试算法计算坝址处百年一遇的洪峰流量。

（1）计算 S_P。根据某地区水文手册中的有关图表，查得该水库集水面积中点的 $\overline{P}_{24} = 100\text{mm}$，$C_v = 0.6$，$C_s = 3.5C_v$，$n_2 = 0.7$。

按 $C_s/C_v = 3.5$，查皮尔逊Ⅲ型频率曲线的模比系数 K_P 值表，得百年一遇的 $K_P = $

3.20，于是：

$$P_{24,P} = P_{24,1\%} = K_P \overline{P}_{24} = 3.20 \times 100 = 200(\text{mm})$$

根据 $P_t = it = St^{1-n}$，计算：

$$S_P = S_{1\%} = \frac{P_{24,P}}{t^{1-n_2}} = \frac{320}{24^{1-0.7}} = 123.3(\text{mm/h})$$

（2）查算汇流参数 m。已知该地区流域特征因素 θ 与流域特征值的关系为

$$\theta = \frac{L}{J^{1/3} F^{1/4}} = \frac{4.1}{0.036^{1/3} \times 7.4^{1/4}} = \frac{4.1}{0.545} = 7.52$$

已知该地区的 $m - \theta$ 关系为

$$m = 0.5\theta^{0.21}$$

代入 θ 得：

$$m = 0.5 \times 7.52^{0.21} = 0.76$$

（3）计算产流历时内流域平均下渗率 μ 值。在某地区水文手册中 24h 的降雨径流关系曲线图上，由已知的 $P_{24,1\%}$ 为 320mm 查得 $h_{24,1\%} = 220$mm，并将此值代入

$$h_{24,1\%}^{n_2} = 220^{0.7} = 43.6$$

则

$$\mu = (1 - n_2) n_2^{\frac{2}{1-n_2}} \left(\frac{S_{1\%}}{h_{24,1\%}^{n_2}} \right)^{\frac{1}{1-n_2}} = 4.17(\text{mm/h})$$

（4）试算 Q_m。设 $Q_m = 150\text{m}^3/\text{s}$，计算：

$$\tau = \frac{0.278L}{mQ^{1/4} J^{1/3}} = \frac{0.278 \times 4.1}{0.76 \times 150^{1/4} \times 0.036^{1/3}} = 1.298(\text{h})$$

由于 $\tau < t_c$ 采用：

$$\psi = 1 - \frac{\mu}{S_P} \tau^n = 1 - \frac{4.17}{123.3} \times 1.298^{0.7} = 0.96$$

$$Q_m = 0.278 \times \frac{0.96 \times 123.3}{1.298^{0.7}} \times 7.4 = 202(\text{m}^3/\text{s})$$

与假设 $Q_m = 150\text{m}^3/\text{s}$ 不符，再设 $Q_m = 200\text{m}^3/\text{s}$，计算：

$$\tau = \frac{0.278 \times 4.1}{0.76 \times 200^{1/4} \times 0.036^{1/3}} = 1.209(\text{h})$$

$$\psi = 1 - \frac{4.17}{123.3} \times 1.209^{0.7} = 0.96$$

$$Q_m = 0.278 \times \frac{0.96 \times 123.3}{1.209^{0.7}} \times 7.4 = 213(\text{m}/\text{s})$$

再设 $Q_m = 215\text{m}^3/\text{s}$，按上述步骤进行第三次试算，得 $Q_m = 215\text{m}^3/\text{s}$，与假设相符记得所求的设计洪峰流量。

第四节　计算洪峰流量的地区经验公式

计算洪峰流量的地区经验公式是根据一个地区各河流的实测洪水和调查洪水资料，找出洪峰流量与流域特征、降雨特性之间的相互关系，建立起来的关系方程式。这些方程都

是根据某一地区实测经验数据制定的，只适用于该地区，所以称为地区经验公式。

一、单因素公式

目前，各地区使用的最简单的经验公式，是以流域面积作为影响洪峰流量的主要因素，把其他因素用一个综合系数表示，其形式为

$$Q_p = C_p F^n \tag{8-21}$$

式中　Q_p——设计洪峰流量，m^3/s；

　　　F——流域面积，km^2；

　　　n——经验指数；

　　　C_p——随地区和频率而变化的综合系数。

这种公式过于简单，较难反映小流域的各种特性，只有在实测资料较多的地区，分区范围不太大，分区暴雨特性和流域特征比较一致时，才能得出符合实际情况的成果。

二、多因素公式

为了反映小流域上形成洪峰的各种特性，目前各地较多地采用多因素的经验公式。公式的形式有：

$$Q_p = C h_{24,p} F^n \tag{8-22}$$

$$Q_p = C h_{24,p}^\alpha f^\gamma F^n \tag{8-23}$$

$$Q_p = C h_{24,p}^\alpha J^\beta f^\gamma F^n \tag{8-24}$$

式中　f——流域形状系数，$f = F/L^2$；

　　　J——河道干流平均坡度；

　　$h_{24,P}$——设计年最大 24h 净雨量，mm；

α、β、γ、n——指数；

　　　C——综合系数。

选用因素的个数以多少为宜，可从两方面考虑：①能使计算成果提高精度，使公式的使用更符合实际，但所选用的因素必须能够通过查勘、测量、等值线圈内插等手段加以定量，否则就无法应用于缺乏资料的设计流域；②与行峰过程无关的因素不宜随意选用，因素与因素之间关系十分密切的，不必都选用，否则无补于提高计算，反而增加计算难度。

此外，有的地区采用计算洪峰流量系列统计参数的经验公式，其一般形式为

$$Q_0 = C F^n \tag{8-25}$$

$$C_v = f(F) \tag{8-26}$$

$$C_s = f(C_v) \tag{8-27}$$

这些经验公式可以应用水文观测资料和历史洪水调查资料按水文分区制定出来。有了统计参数，就可以用频率计算方法求出设计洪峰流量。我国公路部门已绘制了全国 C_v 和 C_0（$C_0 = Q_0/F^n$）等值线图以及 C_s/C_v 关系表，可供无实测流量资料地区的设计工作参考。

第五节　设计洪水过程线的推求

应用推理公式或地区经验公式，只能算出设计洪峰流量。对于一些中小型水库，有时

要求提供设计洪水过程线，以便分析水库的调洪能力和防洪效果。一般用于计算小流域设计洪水过程线的方法有概化过程线法和综合单位线法。本章着重论述综合单位线法。

综合单位线分为时段综合单位线和瞬时综合单位线。

一、时段综合单位线

在有实测暴雨径流资料的流域上，利用单位线便可以由暴雨推求洪水过程。对于一般小流域，由于缺乏实测暴雨径流资料，往往不能直接求得单位线。此时，可根据附近地区从实测暴雨径流资料分析得出的单位线，建立单位线要素与流域特征之间的经验关系，在没有单位线的小流域上，只要知道它的流域特征，便可通过地区经验关系找到它的单位线要素，从而求得它的单位线。上述经验关系是根据地区的各种流域特征资料综合而来的，故称为综合单位线。

单位线要素主要有洪峰流量 Q_m、洪峰滞时 t_p 和单位线总历时 T_0。影响单位线要素的因素是多方面的，主要有降雨特性、流域几何特征以及流域自然地理特征。降雨特性包括降雨强度和时空分布，它对单位线诸要素有一定的影响。为了消除其影响，在制作综合单位线时，必须采用某一标准雨量的单位线进行综合。

流域几何特征是影响单位线的主要因素，常用的有流域面积 F、河道干流长度 L、河道干流坡降 J、流域重心点至出口处的距离 L_{ca} 等。在一个地区内，分析综合单位线的关键在于如何抓住影响单位线要素的主要流域几何特征，建立切合地区实际情况的关系式。选择流域几何特征作为参数时，数目不宜太多，以 2～3 个为合适，并注意不要同时选用两个相关系数非常密切的参数。

自从 20 世纪 30 年代美国史奈德（F. F. Snyder）提出综合时段单位线的概念和计算公式以来，在国内有一定的发展。

20 世纪 50 年代我国治淮委员会工程部采用 G. T. 麦卡锡（G. T. M. cCarthy）模型转换的办法，提出时段净雨深 $h=20\text{mm}$ 的淮河综合单位线公式

$$t_r = \frac{t_p}{5.5} \tag{8-28}$$

$$t_p = K \frac{F}{q_m} \tag{8-29}$$

$$q_m = kF^{0.857}[(S_F S_R)^{1/4} f^{1/2}]^{0.875} \tag{8-30}$$

$$T = 9.35 \frac{F^{0.85}}{q_m^{0.8}} \tag{8-31}$$

式中　S_F——流域的面积坡度，m/km^2；

$\quad\quad S_R$——流域的有效面积重心到测站的河道平均坡度，m/km；

$\quad\quad k$——流域形态系数，单干型 $k=0.445$，双干型 $k=0.541$，三干型 $k=0.687$；

$\quad\quad K$——流域停滞系数，山区 $K=1.75$，坡水区 $K=1.38$；

其他符号意义同前。

二、瞬时综合单位线

由瞬时单位线的数字表达式：

$$u(0,t) = \frac{1}{K\Gamma_{(n)}}\left(\frac{t}{K}\right)^{n-1} \mathrm{e}^{-t/K}$$

可以看出，瞬时单位线的线型由参数 n、K 确定。因此，瞬时单位线的综合，实质上就是参数 n、K 的综合。在进行综合工作时，并不直接去综合 n、K，纳希首先根据英国河流的资料，采用与一阶原点矩 $M^{(1)}$ 和二阶中心矩 $N^{(2)}$ 有关的参数 m_1 和 m_2 与流域特性建立相关关系。

令
$$m_1 = M^{(1)} = nK \tag{8-32}$$

$$m_2 = \frac{N^{(2)}}{(M^{(1)})^2} = \frac{1}{n} \tag{8-33}$$

纳希建立的瞬时单位线方程为

$$m_1 = 276 F^{0.3} S^{-0.3} \tag{8-34}$$

$$m_2 = 0.41 L^{-0.1} \tag{8-35}$$

式中　F——流域面积；

　　　S——流域平均坡度，（°）/10000；

　　　L——沿主河槽从流域最远点至出口断面的长度。

按瞬时单位线的原理可知，瞬时单位线的峰现历时 t'_p 为

$$t'_p = (n-1)K \tag{8-36}$$

其中 K 为瞬时单位线峰与形心的时矩（图 8-6）。由于 n、K 两个参数具有相互补偿的功能，且 n 值一般相对稳定，故习惯上常用 m_1 作为单站取值和地区综合的指标。

当 m_1 值确定之后，尚须计算 n 值，方能解出瞬时单位线。但是，n 值一般比较稳定，因此许多部门取单站或地区的平均值作为设计值，有的将 n 值与流域特性建立相关关系，由关系式计算 n 值。例如湖北省将山丘区瞬时单位线分 3 个片进行参数的地区综合，

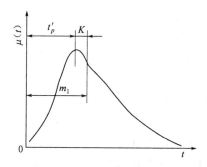

图 8-6　纳希单位线参数示意图

第一片包括京广线两侧及鄂东黄冈、咸宁地区，其计算公式如下：

$$m_1 = 0.82 F^{0.29} L^{0.23} J^{-0.20} \tag{8-37}$$

$$n = 0.34 F^{0.35} J^{0.1} \quad J > 5‰ \tag{8-38}$$

$$n = 1.04 F^{0.3} L^{-0.1} \quad J \leqslant 5‰ \tag{8-39}$$

第二片包括鄂北、鄂西北及宜昌地区长江以北一带，其计算公式如下：

$$m_1 = 1.64 F^{0.23} L^{0.131} J^{-0.08} \tag{8-40}$$

$$n = 0.529 F^{0.25} J^{0.20} \tag{8-41}$$

第三片包括清江流域和鄂西自治州地区，其计算公式如下：

$$m_1 = 0.8 F^{0.3} L^{0.1} J^{-0.06} \tag{8-42}$$

$$n = 0.69 F^{0.224} J^{0.092} \tag{8-43}$$

纳希瞬时单位线是线性汇流计算模型，模型中的参数没有考虑非线性影响。事实上，暴雨洪水汇流过程是非线性的，尤其是中小流域更为明显。因此，我国在编制《暴雨径流查算图表》时，除个别省区因其特殊的水文特性未作非线性改正外，其余诸省区都考虑了

参数 m_1 的非线性改正。改正的方法是建立单站的滞时 m_1 与平均净雨强度 i 之间的关系，通过关系，求得不同雨强的相应的 m_1 值。其关系式为

$$m_1 = ai^{-b} \tag{8-44}$$

式中 m_1——瞬时单位线滞时，$m_1 = M^{(1)}$；

$\quad\quad i$——平均净雨强度，mm/h；

$\quad\quad a$——反映流域特征的系数；

$\quad\quad b$——指数，有随流域面积增大而减小的趋势。

有了 m_1、n 值，代入式（8-32）可以算出参数 K，然后按照第七章介绍的方法，由 n、K 值算出瞬时单位线。

第六节 城市化对水文过程的影响

城市水文问题的研究起源于 20 世纪 60 年代。一些发达国家，例如美国和西欧的一些国家，由于工业化程度不断提高，人口向城市大量集中，城市规模不断扩大，由此而带来一系列新的水文问题，超出了传统水文学的研究范畴，向科学家和工程师们提出了新的研究课题。

城市水文研究的最显著特点是研究发生在城市化环境里的水文过程，它涉及城市水利工程建设、市政工程学、城市环境学、城市气象学及市政管理学以及"海绵城市"建设面临的多学科的研究与发展，它与城市规划与设计、城市防洪与排涝、城市水环境、城市水资源的开发、利用与保护，以及市政管理"海绵城市"规划与建设等有着密切的关系。

城市化对水文过程的影响主要表现在以下几个方面，即对流域下垫面条件的改变、对城市区域小气候的影响、洪水过程线的变化、对洪峰频率及其分布的改变、城市水土流失以及对城市水质的影响等。

一、流域下垫面条件的改变

城市化对下垫面条件的改变主要表现在不透水面积的增加和河道断面流速的改变两个方面。流域的天然下垫面一般植被良好，下渗能力较大，但城市化使其改变为楼房的屋顶、道路、街道、高速公路、机场、停车场、公园及建筑工地等，不透水面积大量增加，使天然的径流过程改变为具有城市特性的径流过程。城市化对河道进行整治，使河道顺直，水流通畅，过水能力加强，水流速度加快，糙率相对降低。

二、对城市区域小气候的影响

城市化后，由于植被条件发生变化，使地表的辐射平衡及空气的热动力特性受到影响，从而形成具有区域特征的小气候变化。与植被完好的天然流域相比，城市区的建筑物结构具有较高的热导率和热容量，特别是现代化城市的商业中心区，高层建筑将入射的辐射热吸收，使城市中心的温度高于周围郊区或乡村的温度，因而，城市上空的暖空气上升，周围乡村的冷空气吹向城市。当大范围的气压梯度较小时，空气由四周向城中的浅低压区吹送，形成一种特殊的辐合风场，被人们称之为"城市热岛"现象。城市热岛现象造成市区的热特性与周围天然流域的热特性的较大差异，影响城市区域的小气候。城市化后，由于人类活动造成的尘埃及工业烟尘，特别是二氧化硫的排放，使空气的能见度降

低，太阳辐射的入射量及日照量减少，大气中的凝结核增多，热湍流及机械湍流发生的几率增加，影响到城市的降水特征。

三、对降水的影响

城市化对气象因子的影响非常复杂，虽然目前已经就城市化对一些气象因子的影响做了一定的研究，但是要精确地得出定量的结果尚不可能。

由于城市化导致降雨的变化主要有两方面的原因。

（1）"城市热岛"现象对水汽蒸发、空气对流产生明显的影响，从而影响到降雨特征。因此，城市雷雨天气会高于周围乡村。对美国人口超过100万的七大城市的研究表明，与周围乡村相比，每增加100万居民，雷雨日增加8%左右。

（2）城市化产生的大量大气尘埃为城区降雨提供了更多的凝结核，增加了降雨概率和降雨量。据世界各地统计表明，一般城市的雾、云、雨天气显著多于周围农村，其降水量也比天然情况高5%～10%。这些无疑是城市水利规划中不可忽视的因素。

四、对径流形成及洪水过程的影响

随着城市化的发展，城区土地利用情况的改变，如清除树木、平整土地、建造房屋、街道以及整治排水河道，兴建排水管网等，直接改变了当地的雨洪径流形成条件，使城市水文情势发生变化。流域部分地区为不透水表面所覆盖，如屋顶、街道、人行道和停车场等，不透水区域洼地蓄水大量减少，下渗几乎为零，壤中流减少或为零，使汇流速度加快，地表径流量增加，一般减少基流并降低地下水位。城市中的天然河道往往被裁弯取直和整治，并设置道路的边沟、雨水管网和排洪沟，使河槽流速增大，导致径流量和洪峰流量加大，洪峰流量提前出现。

很多研究者用试验室模拟的方法，证实了不透水面积对洪水过程线有显著的影响。罗伯兹（Roberts）和克宁曼（Klingeman）（1970）通过实验研究了透水面积为0、50%和100%在相同降雨强度情况下流量过程线的变化。其结果表明，随着透水面积的减少，涨洪段变陡，洪峰滞时缩短，退水段历时也有所减少，如图8-7所示。

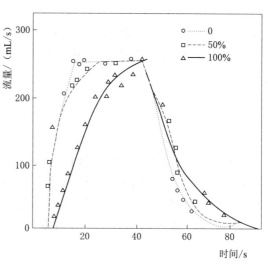

图8-7 透水面积为0、50%和100%的流量过程线比较图

五、对城市水质的影响

城市化对水质的影响主要表现为对城市水体的污染。污染源来自3个方面，一是工业废水，二是生活废水，三是城市非点源污染。工业废水主要指由工厂或企业排放的废水、废气，其特点是排放集中、浓度高、成分复杂，有的毒性大，甚至带有放射性；生活废水主要指城市居民日常生活排放的废水、废气，其特点是有机含量高、生化耗氧量低，易腐败，特别是由医院排放的含有细菌或带病毒的污水、污物，对水体具有极大的危害性；城市非点源污染主要指工厂和机动

车辆排放的废气，大气尘埃，生活垃圾，街道、路面的废弃物，建筑工地上的建筑材料及松散泥土等。

城市降雨径流污染是非点源污染的重要途径。降雨将大气、地面上的污染物淋洗、冲刷，随径流一起通过下水道排放进河道。污染径流的成分十分复杂，含有重金属、腐烂食物、杀虫剂、细菌、粉尘等若干有害物质，量也很大，对水体污染的危害性要比其他污染途径严重得多。城市降雨径流污染的浓度及成分随时间、季节、各次降雨的不同而不同。例如，每年春季的初次降雨径流一般污染物含量较大；每年雨季的大雨既能冲刷长期积存在街面和下水道中的污物，也能稀释河道天然径流与污水量的比例，但并不改善水质。

第七节　城 市 设 计 洪 水

城市地区的排水主要是由地下排水管网完成的。在排水管网设计中，管道尺寸大小主要是根据设计流量来确定的，在确定设计流量之前，首先要进行暴雨强度的计算。

一、暴雨强度公式

降雨量是降雨的绝对量，用深度 h 表示。在降雨量累积曲线上取某一段时间，称为降雨历时，用 t 表示。降雨强度指某一连续降雨时段内的平均降雨量，用 i 表示。即

$$i = \frac{h}{t} \tag{8-45}$$

式中　i——降雨强度，mm/min；

　　t——降雨历时，即连续降雨时段，min；

　　h——降雨历时内的降雨量，mm。

降雨强度也可以用单位时间内单位面积上的降雨体积 q 表示。q 和 i 有如下的数值关系：

$$q = \frac{1 \times 1000 \times 10000}{100 \times 60} i = 167i \tag{8-46}$$

式中　i——降雨强度，mm/min；

　　q——单位时间内单位面积上的降雨体积，$L/(s \cdot 10^4 m^2)$。

在设计管渠时，假定降雨在汇水面积上均匀分布，并选择降雨强度最大的雨作为设计依据，根据当地多年（至少 10 年以上）的自记雨量记录，经过分析整理，可以推算出暴雨强度的公式。按照《室外排水设计规范》（GB 50014—2006）暴雨公式一般采用下列形式：

$$q = \frac{167A(1 + C\lg P)}{(t + B)^n} \tag{8-47}$$

式中　　q——设计暴雨强度，$L/(s \cdot 10^4 m^2)$；

　　　P——设计重现期，a；

　　　t——集水时间，min；

A、B、C、n——地方参数，根据统计方法进行计算确定。

我国部分大城市暴雨强度公式的参数见表 8-1。其他主要城市的降雨量公式可参见《给水排水设计手册》第 5 册。目前，我国尚有一些城镇无暴雨强度公式，当这些城镇需设计雨水管渠时，可以选用附近地区暴雨强度公式。

表 8-1 我国部分大城市暴雨强度公式参数表

城市名称	A	B	C	n	城市名称	A	B	C	n
北京	11.98	8	0.811	0.711	厦门	5.09	0	0.745	0.514
天津	22.95	17	0.35	0.85	郑州	18.40	15.1	0.892	0.824
石家庄	10.11	7	0.898	0.729	汉口	5.886	4	0.65	0.56
太原	5.27	4.6	0.86	0.62	长沙	Z3.47	17	0.68	0.86
包头	0.0596	5.4	0.985	0.85	广州	14.52	11	0.533	0.686
哈尔滨	17.30	10	0.9	0.88	西安	0.0362	14.72	1.474	0.704
长春	9.581	5	0.8	0.76	银川	1.449	0	0.831	0.477
吉林	12.97	7	0.680	0.831	兰州	6.826	8	0.68	0.8
沈阳	11.88	9	0.77	0.77	西宁	1.844	0	1.39	0.58
济南	28.14	17.5	0.753	0.898	乌鲁木齐	1.168	7.8	0.82	0.63
南京	17.90	13.3	0.671	0.8	成都	16.80	$12.8T^{0.231}$	0.808	0.768
合肥	21.56	14	0.76	0.84	贵阳	11.30	$9.35T^{0.031}$	0.707	0.695
杭州	60.92	25	0.844	1.038	昆明	4.192	0	0.755	0.496
南昌	8.30	1.4	0.69	0.64					

从暴雨强度公式可知，暴雨强度随着重现期的不同而不同。《室外排水设计规范》（GB 50014—2006）规定，设计重现期的选用，应根据汇水面积的地区建设性质（广场、干道、厂区、居住区）、地形特点、汇水面积和气象特点等因素确定，一般地区重现期为 0.5～3 年，对于重要干道、立交道路的重要部分、重要地区或短期积水即能引起较严重损失的地区，一般为 2～5 年。表 8-2 列出了暴雨重现期的取值。

表 8-2 设 计 暴 雨 的 重 现 期

地 形		地区使用重要性质		
地 形 分 级	地面坡度	一般居住区 一般道路	中心区、使馆区、工厂区、 仓库、干道、广场	特殊重要地区
有两向地面排水出路的平缓地形	<0.002	0.333～0.5	0.5～1	1～2
有一向地面排水出路的谷线	0.002～0.01	0.5～1	1～2	2～3
无地面排水出路的封闭洼地	>0.01	1～2	2～3	3～5

集水时间通常指汇水面积最远点的雨水流到设计断面所需要的时间，对于任一雨水管道的设计断面集水时间通常包括两部分：雨水从汇水面积最远点流至雨水口所需时间（地面集水时间）t_1 和雨水从雨水设计管道的起点流至计算断面所需的时间 t_2，可用公式表达如下：

$$t = t_1 + mt_2 \tag{8-48}$$

式中　m——折减系数，我国《室外排水设计规范》（GB 50014—2006）规定，管道采用
$\qquad$ $m=2$，明渠 $m=1.2$。

　　地面集水时间 t_1 的计算公式很多，公式形式差别也较大，使用条件也有所不同。以下介绍了四种公式：

　　（1）运动波公式。

$$t_1=1.359L^{0.6}n^{0.6}i^{-0.4}J^{-0.3} \tag{8-49}$$

式中　L——坡面流长度，m；

$\qquad$ n——地面糙率；

$\qquad$ i——降雨强度，mm/min；

$\qquad$ J——地面平均坡度。

　　（2）机场排水公式。

$$t_1=0.703(1.1-\varphi)L^{0.5}J^{-0.333} \tag{8-50}$$

式中　φ——径流系数。

　　（3）Schaake 公式。

$$t_1=1.397L^{0.24}J^{-0.16}I^{-0.26} \tag{8-51}$$

式中　I——不透水面积百分比。

　　（4）Kerby-Hathaway 公式。

$$t_1=1.444L_f^{0.47}n^{0.47}J^{-0.385} \tag{8-52}$$

式中　L_f——水力坡度，m。

　　在实际的设计工作中，要准确地计算 t_1 是非常困难的，常采用经验数值。根据《室外排水设计规范》（GB 50014—2006）规定：地面集水时间视距离长短和地形坡度及地面覆盖情况而定，一般采用 $t_1=5\sim15$min。这一经验值是根据国内外的资料确定的，国内外采用的 t_1 分别见表 8-3 和表 8-4。

表 8-3　　　　　　　　　　　　国内一些城市采用的 t_1

城市	t_1/min	城市	t_1/min
北京	5~15	重庆	5
上海	5~15,某工业区 25	哈尔滨	10
无锡	23	吉林	10
常州	10~15	营口	10~30
南京	10~15	白城	20~40
杭州	5~10	兰州	10
宁波	5~15	西宁	15
广州	15~20	西安	<100m,5；<200m,8
天津	10~15		<300m,10；<400m,13
武汉	10	太原	10
长沙	10	唐山	15
成都	10	保定	10
贵阳	12	昆明	12

表 8 - 4	国 外 采 用 的 t_1	
资料来源	工 程 情 况	$t_1/\min$
日本指南	人口密度大的地区	5
	人口密度小的地区	10
	平均	7
	干线	5
	支线	7～10
美国土术学会	全部铺装-下水道完备的密集地区	5
	地面坡度较小的发展区	10～15
	平坦的住宅区	20～30
苏联规范	街道内部无雨水管网	由计算确定。居住区采用不小于10
	街道内部有雨水管网	5

管流时间 t_2 通过下面的公式计算:

$$t_2 = \sum \frac{L_i}{60 v_i} \qquad (8-53)$$

式中　L_i——各设计管道的长度,m;

　　　v_i——各设计管段满流时的流速,m/s。

二、排水管网设计流量

在暴雨强度 q 确定后,可以利用推理公式法求得管道设计流量的大小,本章第三节详细介绍了推理公式法的原理,这里主要结合城市化对径流的影响特点,做简要介绍。城市排水管网设计流量 Q 推理公式如下:

$$Q = \varphi F q \qquad (8-54)$$

式中　φ——径流系数;

　　　F——汇水面积,hm^2;

　　　q——设计暴雨强度,$L/(s \cdot 10^4 m^2)$。

径流系数 φ 表征了径流量和降雨量之比,其值小于 1.0。影响径流系数的因素有汇水面积上地面覆盖情况、降雨强度、植物和洼地的截留量、集流时间和暴雨雨型等。规范中主要根据地面种类对径流系数做了规定,见表 8 - 5。

表 8 - 5	单 一 覆 盖 径 流 系 数		
地 面 种 类	径流系数	地 面 种 类	径流系数
各种屋面、混凝土和沥青路面	0.90	级配碎石路面	0.45
大块石铺砌路面、沥青	0.60	非铺砌土路面	0.30
表面处理的碎石路面		公园和绿地	0.15

在实际设计计算中,一块汇水面积上兼有多种地面覆盖的情况,需要计算整个汇水面积上的平均径流系数 φ。计算平均径流系数 φ 常用方法是加权平均值法,即

$$\varphi = \frac{\sum f_i \varphi_i}{\sum f_i} \qquad\qquad (8-55)$$

式中　f_i——汇水面积上各类地面的面积；

　　　φ_i——相应于各类地面的径流系数。

城市综合径流系数可参考表 8-6。

表 8-6　　　　　　　　　　城 市 综 合 径 流 系 数

序号	区 域 不 透 水 性	综合径流系数
1	建筑稠密的中心区（不透水面积>70%）	0.6～0.8
2	建筑较密的居住区（不透水面积50%～70%）	0.5～0.7
3	建筑较稀的居住区（不透水面积30%～50%）	0.4～0.6
4	建筑很稀的居住区（不透水面积<30%）	0.4～0.5

将暴雨强度公式（8-47）代入式（8-54）中，得到各雨水管道设计流量公式如下：

$$Q = \frac{167A(1+C\lg P)}{(t_1 + mt_2 + B)^n}\varphi F \qquad\qquad (8-56)$$

第九章　可能最大暴雨和可能最大洪水的估算

我国大多数河流的大洪水主要是由暴雨形成的。推求可能最大暴雨和可能最大洪水是水文计算中的一个重要课题。根据《水利水电工程等级划分及洪水标准》（SL 252—2000）对于大（1）型土石坝工程，按可能最大洪水 PMF 或重现期为 10000 年的洪水作为校核洪水。对于混凝土坝、浆砌石坝，如洪水漫顶将造成严重损失时，其 1 级建筑物校核洪水标准，经专门论证并报主管部门批准可取可能最大洪水 PMF 或取重现期为 10000 年为标准。另外，改革开放以来，很多国际合作的水利水电工程项目，如世界银行和亚洲银行贷款的水利水电工程项目等，均以可能最大洪水 PMF 作为校核洪水标准。

第一节　基　本　概　念

一、可能最大暴雨和可能最大洪水

可能最大降水（probable maximum precipitation，PMP）是指现代气候条件下，特定地区一定历时内物理上可能发生的最大降水量。这种降水量对于特定地理位置给定面积上，某一时期在物理上是可能发生的，中国又称为可能最大暴雨。

由可能最大降水及其时空分布，通过流域产流和汇流计算，推算出相应的洪水，称为可能最大洪水（probable maximum flood，PMF）。

在特定的地理位置，一定时段内的最大暴雨量应有一个物理上限，如果求出这个上限，并计算出相应的洪水作为设计洪水，则可保证水利工程的安全。事实上，可能最大暴雨是一种不采用概率的设计暴雨，主要用于推求设计流域的可能最大洪水。推求可能最大暴雨在理论上的困难是既难于确切论证它是可能发生的，也难于论证它是不可能被超过的。由于现代条件下能掌握的气象和水文资料有限，计算方法也不完善，所以估算得到的可能最大暴雨并不是真正的上限，仅仅是一个近似值。

二、大气中的可降水量

大气中的可降水量 W 是指单位面积上，自地面至高空水汽顶层空气柱中的总水汽量全部凝结后，降落到地面上所形成的水深。

降水的产生必须具备水汽和动力两个基本条件，而特大暴雨的产生必须有源源不断的充沛的水汽输入和持续强烈的上升运动。

水汽是形成暴雨的原料。大暴雨的产生，仅靠当地的水汽量是不够的，还必须有持续不断的充沛水汽输向暴雨区。这种条件，常是暴雨区外围的大尺度流场中出现了水汽通量的辐合。

上升运动是使水汽变雨的加工机，它把低层水汽向上输送，是水汽转换成雨滴的重要机制。上升运动包括大尺度的天气系统造成的上升和中小尺度对流上升，以及地形引起的抬升。不同尺度天气系统造成的上升速度的量级是不同的，因而相应的雨强量级也是不同的。

天气中可降水量的计算方法如下：

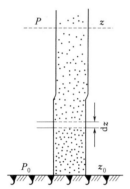

图 9-1　空气柱示意图

如图 9-1 所示，取单位面积厚度为 $\mathrm{d}z$ 的空气层，其水汽含量 $\mathrm{d}m$ 为

$$\mathrm{d}m = \rho_{汽}\mathrm{d}z \tag{9-1}$$

式中　$\rho_{汽}$——水汽的密度，$\mathrm{g/cm}^3$。

根据可降水量的定义，当单位面积空气柱中的水汽全部凝结为水时，设其深度为 $\mathrm{d}W$，则

$$\rho_{汽}\mathrm{d}z = \rho_{水}\mathrm{d}W \tag{9-2}$$

式中　$\rho_{水}$——水的密度，$\mathrm{g/cm}^3$。

由此得

$$\mathrm{d}W = \frac{\rho_{汽}}{\rho_{水}}\mathrm{d}z \tag{9-3}$$

则单位面积的空气柱中的可降水量可由式（9-3）积分得到

$$W = \int_{z_0}^{z}\mathrm{d}W = \int_{z_0}^{z}\frac{\rho_{汽}}{\rho_{水}}\mathrm{d}z \tag{9-4}$$

又，根据空气静力学方程，单位面积上 $\mathrm{d}z$ 厚度的空气重量，即空气压力 $\mathrm{d}P$ 为

$$\mathrm{d}P = -\rho_{湿}g\mathrm{d}z \tag{9-5}$$

$$\mathrm{d}z = -\frac{\mathrm{d}\rho}{\rho_{湿}g} \tag{9-6}$$

将式（9-6）代入式（9-4）中，则

$$W = -\frac{1}{\rho_{水}g}\int_{P_0}^{P_z}\frac{\rho_{汽}}{\rho_{水}}\mathrm{d}P = \frac{1}{\rho_{水}g}\int_{P_z}^{P_0}q\mathrm{d}P \tag{9-7}$$

式中　q——比湿，$q = \rho_{汽}/\rho_{水}$，$\mathrm{g/kg}$；

$\rho_{湿}$——湿空气的密度，$\mathrm{g/cm}^3$。

对于具体的一次降雨，若具有各高度层的比湿实测资料，可根据式（9-7）直接计算可降水量。但由于高空资料少，观测年限不长，常用的方法是用地面露点推求可降水量。

利用地面露点推求可降水量，是假定大暴雨时，自地面至高空各层空气全部成饱和状态，即各层的温度均等于该层的露点温度 t_d。

露点温度 t_d（简称露点）是保持气压和水汽含量不变，使温度下降，当水汽恰到饱和时的温度。

可以证明，比湿 q 与露点 t_d、气压 P 具有下列关系：

$$q = \frac{3800}{P}\times 10^{\frac{7.445t_d}{235+t_d}} \tag{9-8}$$

将式（9-8）代入式（9-7）得

$$W = \frac{1}{\rho_{水}g}\int_{P_z}^{P_0}3800\times 10^{\frac{7.45t_d}{235+t_d}}\frac{\mathrm{d}P}{P} \tag{9-9}$$

在湿绝热状态下，湿空气的状态方程为

$$\rho_{湿} = \frac{P}{R'(273+t_d)} \tag{9-10}$$

式中　P——气压，hPa；

　　　R'——湿空气的气体常数，随湿空气中水汽含量的多少而变化。

将式（9-10）代入式（9-6）中得：

$$dP = -\frac{Pg}{R'(273+t_d)}dz$$

$$\frac{dP}{P} = -\frac{g}{R'(273+t_d)}dz \tag{9-11}$$

将式（9-11）代入式（9-9）得：

$$W = \frac{3800}{\rho_{水}R'}\int_{z_0}^{z}\frac{1}{273+t_d}\times10^{\frac{7.45t_d}{235+t_d}}dz \tag{9-12}$$

根据露点 t_d 沿高度 z 的分布情况，可用数值积分的方法求出式（9-12）的积分值。可以证明，假绝热递减垂直分布如图9-2所示。因此式（9-12）的积分值应为

$$W_{z_0}^{z} = W(t_{d,z_0}) \tag{9-13}$$

式（9-13）说明 $z_0 \sim z$ 层的可降水量是地面露点的单值函数，并有专用表可查。现举例说明。

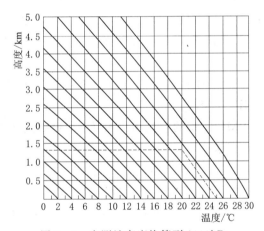

图9-2　由测站高度换算到1000hPa
（高度为零）露点的假绝热图

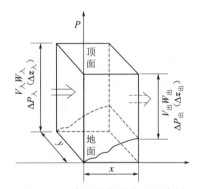

图9-3　单方向水汽输送示意图

三、降水量计算近似公式

对一个地区及一个区域，常对边界条件加以简化，如图9-3所示。若水汽输送系单一方向进行，以 $V_入W_入$ 及 $V_出W_出$ 分别表示水汽输入量及输出量（图9-3）。其中，$W_入$、$W_出$ 分别为入流端与出流端的地面至顶面的气柱可降水；$V_入$、$V_出$ 分别代表入流端与出流端的平均风速。图中 y 代表入流端和出流端的边长，F 为气柱的底面积，则历时 t 内可降水量 P 的计算公式为

$$P = \frac{1}{F}\int_0^t(V_入W_入y - V_出W_出y)dt = (V_入W_入y - V_出W_出y)\frac{yt}{F} \tag{9-14}$$

根据空气质量连续原理：$V_入y\Delta z_入 = V_出y\Delta z_出$，并引用大气静力方程后，可得 $V_出 =$

$V_入 \Delta P_入 / \Delta P_出$，把它代入式（9-14）得

$$P = V_入 \left(W_入 - W_出 \frac{\Delta P_入}{\Delta P_出} \right) \frac{yt}{F} \tag{9-15}$$

令 $(1 - W_出 \Delta P_入 / W_入 \Delta P_出) \dfrac{y}{F} = \beta$，则式（9-15）变为

$$P = \beta V_入 W_入 t \tag{9-16}$$

令 $\beta V_入 = \eta$，则得到水文上应用的近似降水量公式：

$$P = \eta W_入 t \tag{9-17}$$

式中　η——降水效率；

β——幅合因子。

第二节　可能最大暴雨估算方法

可能最大暴雨是根据已有的暴雨和气象资料，运用水文气象学理论和方法估算的最大暴雨值，估算可能最大暴雨是估算可能最大洪水的重要组成部分。推求可能最大暴雨的水文气象法始于美国 20 世纪 30 年代中期，不少国家在工程设计中应用。目前国内外在可能最大暴雨 PMP 估算方面是多种方法并存，这些方法大体上可以概括为两大类：

（1）间接式。间接式即首先针对暴雨面积求出可能最大暴雨 PMP，然后再设法转换成设计流域的可能最大暴雨 PMP，其主要步骤为：高效暴雨→水汽放大→移植→外包→PMP→PMF。

（2）直接式。直接式即针对设计流域特定工程的积水面积直接推求可能最大暴雨 PMP，其主要步骤是：暴雨模式→极大化→PMP→PMF。

根据不同的暴雨来源，推求可能最大暴雨 PMP 使用的方法可以分为：①当地暴雨放大法；②暴雨移植法；③暴雨组合法；④推理模式法。

此外，可能最大暴雨 PMP 的估算方法还有统计估算法和经验公式法。

采用水文气象法推求可能最大暴雨时，应分析设计流域和邻近地区暴雨特性及成因，并根据资料条件和设计要求，选用多种方法计算可能最大暴雨，然后综合比较、合理选用。

一、时面深概化法

暴雨时面深概化法是指充分利用可移入设计地区的实测暴雨资料，通过暴雨放大、移置、时面深外包等步骤求得各历时暴雨等值线所包围的各面积上的可能最大暴雨，然后再转换成流域面积所需历时的可能最大暴雨。

该方法适用于平原地区 50000km² 以下，山区 13000km² 以下面积，6～72h 的可能最大暴雨估算。

1. 地形雨分割方法

降水可分为两个分量：天气系统所产生的辐合雨分量和由地形影响所产生的地形雨分量。只有把地形雨先分割出来，才能采用时面深概化法推求辐合雨分量的极限值。

通过地形增强因子用以增加辐合分量来表示地形增加量，其计算公式为

$$\overline{f}_{\Delta t}(x,y) \approx \overline{p}_{\Delta t}(x,y)/\overline{p}_{0,\Delta t} \tag{9-18}$$

式中 $\overline{f}_{\Delta t}(x,y)$——点 (x,y) 上 Δt 时段平均地形增强因子；

$\overline{p}_{\Delta t}(x,y)$——点 (x,y) 上 Δt 时段实测雨量的多年平均值；

$\overline{p}_{0,\Delta t}$——$\Delta t$ 时段平均暴雨辐合分量，可选择设计地区或暴雨发生地附近，水汽入流方向上地形起伏不明显地区的多年平均最大雨量近似代替。

2. 时面深概化法

针对辐合雨，采用时面深概化法。概化可用于特定流域，也可用于包含许多大小不同流域的大区域。概化内容可以理解为包含时面深关系的概化和可能最大暴雨 PMP 时空分布的概化。时面深概化法推求可能最大暴雨 PMP 步骤为：

（1）将实测大暴雨加以极大化（一般只进行水汽放大）。

（2）将极大化后的暴雨移置到设计地区。

（3）将极大化了的并可移入设计地区的大暴雨时面深关系加以外包，作为各暴雨面上的可能最大暴雨量。

（4）将暴雨面上的可能最大暴雨量应用于设计流域，求得流域面上的可能最大暴雨。

使用暴雨时面深概化法时，可只对典型暴雨进行水汽放大。外包是该方法的重要环节，在作外包曲线时，需注意不同历时的面深曲线协调一致，小面积及短历时应逐渐靠拢，随着面积的增大和历时的增长，曲线应逐渐趋于平行。推求流域可能最大暴雨，关键是制作所需历时的和流域面积最接近的暴雨等值线所包围的面积（临界面积）以内和以外的面深关系，并使得临界面积的雨量达到可能最大暴雨。使用该方法既可推求流域的可能最大暴雨，也可推求某地区的可能最大暴雨；可使计算结果在地区上相互协调一致；并能合理解决梯级水库相应暴雨洪水的问题。

暴雨时面深概化法在美国和其他一些国家应用较为广泛，也是世界气象组织（WMO）出版的《PMP 估算手册》中的主要方法。国内已在昌化江大广坝、长江支流清江水布垭、黄河小花区间等地使用了该方法。

二、当地暴雨放大法

计算可能最大暴雨时，需对所选典型暴雨进行放大。放大时，应根据所选暴雨的具体情况，确定放大方法。当所选暴雨为罕见特大暴雨时，只作水汽因子放大；当所选暴雨为非罕见特大暴雨，而动力因子与暴雨有正相关趋势时，可作水汽和动力因子放大。

无论作水汽或水汽动力因子放大，对所选因子及放大指标，应有统一规定，以减少成果的任意性。根据研究分析，用地面露点推求的可降水，比用探空资料推求的可降水要大，但在雨天时两者数值比较接近，说明在雨天大气中的水汽分布接近饱和假绝热直减率的假定是合适的。地面露点观测站网密、测次多、资料年限较长，又有专用表可查，计算方便，所以确定用地面露点作为水汽因子指标。

风速指标以选离地面 1500m 以内的风速为宜。地面高程低于 1500m 的地区，采用850hPa 高度上的风速；地面高程超过 1500m（或 3000m）时，可用 700hPa（或 500hPa）高度上的风速。

放大指标选取实测资料极值的规定是根据资料条件和指标的稳定情况而定的。对于露点和风速指标，到目前为止，一般气象站的观测年限已超过 40 多年。根据分析，地面露点比较稳定，在 40 年以上记录中的持续最大露点所相应的水汽含量，接近可能最大暴雨发生时的水汽含量。风速指标虽没有露点稳定，但有 40 年以上资料也基本能满足于计算需要。若某站大暴雨情况下风速资料缺测，可用邻近站资料插补。当实测露点或风速资料短于 40 年时，可用重现期为 50 年的数值。

当地暴雨不一定正好落在设计流域，一般均需将放大后的暴雨雨轴和暴雨中心稍作调整，才能使设计流域达到可能最大暴雨。

放大当地典型暴雨应按暴雨特性、稀遇程度及流域特性等不同情况，选取适当的方法放大，主要的放大方法有以下几种。

1. 水汽放大

大气中的水汽是降水的根本条件，水汽含量越高，转化为降水的数量和可能性越大。若选取的典型暴雨属于高效暴雨或罕见特大暴雨，即效率因子已达到足够大，则可采用水汽放大。水汽放大的基本假定是水汽与效率的相互独立，对高效暴雨作水汽调整不影响其效率。放大公式如下：

$$R_m = \frac{W_m}{W} R \qquad\qquad (9-19)$$

式中　R_m、R——可能最大暴雨及典型暴雨，mm；

　　　W_m、W——最大可降水及典型暴雨可降水，mm。

2. 水汽效率放大

在设计流域及邻近地区缺乏特大暴雨资料而有较大的实测暴雨或特大历史洪水资料的情况下，要推求可能最大暴雨 PMP 必须对水汽和动力因子进行放大，而效率是表示动力因子的一种较好方法。同一水汽量可以与各种不同的效率组合，同一效率也可以与不同的水汽组合，而特大暴雨则是水汽与高效率相遇的结果。因此设计流域或邻近地区缺乏特大暴雨资料，而有较大的实测暴雨或特大历史暴雨洪水资料时，可采用水汽效率放大，水汽效率放大的假定是水汽与效率相互独立，即放大水汽不改变其效率，放大效率不改变其水汽；可能最大暴雨 PMP 系高水汽与高效率同时遭遇形成。放大公式如下：

$$R_m = \frac{\eta_m W_m}{\eta W} R \qquad\qquad (9-20)$$

式中　η_m、η——最大暴雨效率及典型暴雨效率。

典型暴雨效率计算可根据实测暴雨，用雨湿比 R/W 表示其一定面积上某一时段的效率。可能最大暴雨效率的估算，可取实测暴雨效率的外包值，或根据本流域历史特大洪水资料反推。

水汽效率放大法中的降水效率是根据流域平均雨量来计算的，因而它是唯一能间接反映整个设计流域内空气辐合上升运动情况的指标，效率是根据地面观测雨量和露点资料计算的，且地面观测站较多，系列较长，精度高。因此，水汽效率放大法是最容易计算且精度较高的一种方法。

3. 水汽输送率放大及水汽风速联合放大

空气动力因子是将可降水转化为降水的催化剂，在形成可能最大暴雨 PMP 过程中发挥着极为重要的作用。从理论上讲,当典型暴雨的可降水条件已经达到最大,只要再做动力因子放大,即可求得可能最大降水。但在实际暴雨中,可降水已经达到最大的情况非常少,因此做动力因子放大时,常与水汽因子放大联合进行,动力因子有降水效率和风速等可供选用。水汽风速联合放大及水汽输送率放大法只是在指标的选取上有所不同,前者是对风速和水汽分别取可能最大值进行放大,后者是取风速与水汽乘积的可能最大值进行放大。

$$R_m = \frac{(VW)_m}{VW}R \qquad (9-21)$$

$$R_m = \frac{V_m}{V}\frac{W_m}{W}R \qquad (9-22)$$

式中　V_m、V——最大风速及典型暴雨的风速,m/s。

该方法适用于入流指标 VW 或 V 与相应的 R 呈正相关趋势,且暴雨期间入流风向和风速较稳定。典型暴雨指标选择中,代表站应选取本地区暴雨的水汽入流方向的测站;风指标应选取暴雨发生时间前一个时段,离地面 1500m 以内的风速。

水汽输送率放大及水汽风速联合放大是最不稳定的一种放大方法,它要求在暴雨期间入流风向与风速较稳定。这种条件在实际中是很难实现的,因此采用此法时需要慎重。

4. 水汽净输送放大

设计流域面积大、计算时段长、暴雨天气系统稳定时宜采用水汽净输送放大。放大公式如下:

$$R \approx \frac{F_\omega}{A\rho} = \frac{10^{-2}}{A\rho g}\sum_{k=1}^{n}\sum_{j=1}^{m}v_{kj}q_{kj}\Delta L \Delta P \Delta t \qquad (9-23)$$

式中　R——Δt 时间的面平均雨深,mm;

$\quad F_\omega$——Δt 时间的水汽输送净量,g;

$\quad v_{kj}$——第 k 层计算周界上第 j 个控制点的垂直于周界的风速分量,m/s;

$\quad q_{kj}$——第 k 层计算周界上第 j 个控制点的比湿,g/kg;

$\quad \rho$——水的密度,g/cm³;

$\quad g$——重力加速度,cm/s²;

$\quad A$——计算周界所包围的面积,km²;

$\quad \Delta P$——相邻两层气压差,hPa;

$\quad \Delta L$——计算周界上控制点所代表的步长,km;

$\quad \Delta t$——计算历时,s;

$\quad m$——计算周界上的控制点数;

$\quad n$——气层数。

选用流域内典型暴雨资料进行检验,如计算值与实测值相对误差在 15% 以内,则此法在该流域对所选典型暴雨适用。

三、暴雨移置法

可能最大暴雨 PMP 是近似上限的暴雨,对于任意一个特定流域来说,其暴雨观测资料越长,其中的极值应越接近于暴雨的物理上限。但设计流域缺少足够的时空分布较恶劣的特大暴雨资料，而气象一致区内具有可供移置的实测特大暴雨资料时，可以采用暴雨移置法推求设计流域的可能最大暴雨 PMP。暴雨移置的实质，从资料样本的角度看，就是用空间代替时间。暴雨移置法适用于罕见特大暴雨，并且广泛采用。

1. 暴雨移置可能性分析

暴雨移置的关键是移置可行性分析，设计流域与被移置暴雨发生地区应有相似的天气、气候、地形条件。具体可从以下方面考虑：①地理和气候特征，即比较设计流域和移置对象所在地区是否在同一气候区，两地区的地理位置（经纬度）的差别以及距离海边远近；②从地形地势的总趋势和两地区的山脉情况进行地形条件比较；③分析暴雨洪水的时面分布特性和暴雨的天气成因相似性。

2. 暴雨移置改正

经论证所选的典型暴雨可进行移置后，由于特大暴雨发生地区和设计流域在自然地理、气候条件上仍然存在些差异，大多仍然需要做必要的改正。移置改正一般包括流域形状改正、地理改正和地形改正，其中地理改正只考虑水汽改正，地形改正包括水汽和动力改正。

推求面的可能最大暴雨 PMP 时，首先必须进行流域形状改正；推求点的可能最大暴雨 PMP 时，则不存在此项改正。地理和地形改正则根据设计区和移置区具体地形、地理条件而定。一般应根据具体流域和资料情况选择合适的地理地形改正方法。地形对暴雨的影响难于精确计算，所以暴雨移置由于山区地形条件复杂，应用时应谨慎，但对地形相似的山区以及沿山脉迎风坡面的移置是可行的。

（1）流域形状的改正。移置区与设计区暴雨天气形势相似，地形、地理条件基本相同，可直接将拟移置的暴雨等值线搬移到设计区，再按设计区的边界，量算面平均雨量。若两地区的地形、地理条件差异显著，则应进行水汽或高程等改正。

（2）地理水汽改正。位移水汽改正系指两地高差不大、但位移距离较远、致使水汽条件不同所作的改正，暴雨由 A 地移到 B 地，可用下式表示：

$$R_B = K_1 R_A \qquad (9-24)$$

$$K_1 = \frac{(W_{Bm})_{ZA}}{(W_{Am})_{ZA}} \qquad (9-25)$$

式中　　R_B——移置后暴雨量，mm；

　　　　K_1——位移水汽改正系数；

　　　　R_A——移置前暴雨量，mm；

W_{Am}、W_{Bm}——移置区和设计流域的最大可降水量，mm；

ZA（足标）——移置区地面高程，m。

（3）地形改正。米勒（J. F. Miller）与汉森（1984）、林炳章（1988）、熊学农（1987）和澳大利亚气象局（1994）都曾先后提出地形分割的方法进行地形改正。

1）米勒与汉森等（1984）提出的经验方程：

$$PMP = K \cdot FAFP \qquad (9-26)$$

$$K = M^2 \left(1 - \frac{T}{C}\right) + \frac{T}{C} \qquad (9-27)$$

式中　$FAFP$——辐合雨 PMP；

$\quad\quad M$——暴雨强度因子，时降雨最强部分与所考虑历时雨量之比，一般取一场暴雨中强度最大的 6h 雨量与 24h 雨量的比值；

$\quad\quad T$——实测雨量；

$\quad\quad C$——辐合分量；

$\dfrac{T}{C}$——地形因素，T 和 C 一般都采用 100 年一遇的 24h 雨量，M、T、C、K 可以绘出等值线图。

2）林炳章等（1988）提出的分时段地形增强因子法：

$$PMP_{\Delta t} = \frac{1}{mn}\left[\sum_{i=1}^{m}\sum_{j=1}^{n}PMP_{0,\Delta t}(x_i,y_j)\,\overline{f}_{\Delta t}(x,y)\right] \qquad (9-28)$$

式中　$PMP_{0,\Delta t}(x,y)$——时段辐合雨 PMP；

$\quad\quad \overline{f}_{\Delta t}(x,y)$——时段平均地形增强因子；

$\quad\quad m$、n——网格数。

山区暴雨较平原区的大，主要是地形的增幅作用所致，可以用该概念来解决山区移置暴雨的地形调整问题。该方法是把由天气系统引起的降水量从实测雨量中分离出来，移置这部分雨量至研究区域或设计流域，再受研究区域地形增强因子的作用。辐合降水用实测降水量除以地形增强因子求得，地形增强因子可通过对山区和平原区雨量的对比分析中求得。

3）熊学农等（1987）提出的地形改正综合法：

$$R_B = \frac{W_B}{W_A}(R_A - R_{Ad}) + R_{Bd} \qquad (9-29)$$

式中　R_A、R_B、W_A、W_B、R_{Ad}、R_{Bd}——暴雨发生地区和设计流域的暴雨总量、可降水和地形雨。

4）澳大利亚气象局（1994）方法：

$$PMP = (SD_s + RD_R)EAF \qquad (9-30)$$

式中　S、R——设计流域平滑地区和粗糙地区的权重因子，S 和 R 之和为 1；

$\quad\quad D_s$、D_R——从时面深概化图上读得的平滑地区和粗糙地区的雨深；

$\quad\quad EAF$——流域高程调整因子。

5）高程或入流障碍改正。高程或入流障碍改正是指移置前后两地区地面平均高程不同或水汽入流方向障碍高程差异使入流水汽增减而作的改正。若流域入流边界的高程接近流域平均高程，采用高程改正；若高于流域平均高程，采用障碍高程改正。其计算式如下：

$$R_B = K_2 R_A \qquad (9-31)$$

$$K_2 = \frac{(W_{Bm})_{ZB}}{(W_{Bm})_{ZA}} \qquad (9-32)$$

式中　K_2——高程或入流障碍高程水汽改正系数；

$\quad\quad ZB$（足标）——设计区地面或障碍高程，m。

实际进行暴雨移置时，往往兼有位置和高程的差异，此时可综合考虑进行改正，即

$$R_B = \frac{(W_{Bm})_{ZB}}{(W_{Am})_{ZA}} R_A \qquad (9-33)$$

（4）地理地形综合改正。当两地地形差异较大，对暴雨机制特别是温压场低层结构产生较大影响时，必须考虑地理地形对水汽和动力因子的影响，需要进行综合改正。地理地形综合改正方法有等百分数法、直接对比法、以当地暴雨为模式的改正法及雨量分割法等。

百分数线法也称汛期雨量比值法，适用于当两地暴雨成因相似，而地理地形条件有差异，是水汽和动力因子综合改正方法之一。实测资料表明，山区多年平均雨量分布受地形的影响较大，许多地带多年平均汛期雨量等值线的走向，大致有平行于地形等高线的趋向。应用等百分线法进行暴雨移置地形调整，在求暴雨占多年平均时段雨量的百分数时，时段雨量通常取年或季雨量。但是年或季雨量中包含有一些小雨，不能反映地形对大暴雨的影响，为了把小雨去掉，近来的一些研究采取移置雨量占某一频率的年或季雨量的百分比进行移置暴雨的地形调整。

3. 水汽放大

暴雨移置法选用的特大暴雨一般是高效暴雨，可以认为其效率达到了最大，一般情况下只对移置的暴雨进行水汽放大，如果判断所选的暴雨并不是高效暴雨，适当地进行效率放大也是可取的。先放大后移置的水汽放大系数公式如下：

$$K_w = (W_{Am})_{ZA} / (W_A)_{ZA} \qquad (9-34)$$

式中　K_w——水汽放大系数；

W_{Am}、W_A——移置区最大可降水及典型暴雨可降水。

四、暴雨组合法

将两场或两场以上的暴雨，按天气学的原理，合理地组合在一起，构成一新的理想特大暴雨序列，以之作为典型暴雨来推求可能最大暴雨 PMP 的方法，称为组合模式。选择理想特大暴雨序列中的典型暴雨进行放大，从而推出可能最大暴雨，这就是暴雨组合法。

一般采用组合暴雨的方式进行大流域的可能最大暴雨与可能最大洪水的情况有：①流域面积较大的河流，单独一场暴雨不足以形成大洪水；②在研究大型水电站水库调度，特别是梯级水库调度时，往往需要提供较长历时的暴雨洪水，即连续天气过程造成的洪水；③若设计流域内缺少长历时大范围的特大暴雨资料等。

组合暴雨法是根据我国工程设计需要发展起来的。该法主要适用于大面积、长历时可能最大暴雨计算。经过对三峡、丹江口、万安、五强溪、小湾、漫湾、石泉等数十个工程的应用，积累了一定的经验。暴雨组合本身就是一种放大，其关键是暴雨大气环流形势及天气系统衔接的可能性。为解决组合可能性问题，可分别采用典型年替换、连续性分析和历史洪水模拟等方法。典型年替换应以典型年为主，替换场次不宜过多。当组合暴雨场次较少或所选暴雨不够大时，需对其中1～2场暴雨进行放大。我国在暴雨组合方面有时间组合和空间组合两种方式。

1. 时间组合

时间组合又有两种：相似过程代换法和演变趋势分析法。

（1）相似过程代换法：此法是以设计流域实测特大暴雨（一般称为典型暴雨）过程作为基础，将典型中降雨较少的一次或数次降雨过程，用历史上环流形势基本相似、天气系统大致相同而降雨较大的另一个或几个暴雨过程予以替换，从而构成一新的暴雨序列。

（2）演变趋势分析法：此法是从天气形势的发展上进行组合。就是以实测资料中降雨最大的一个或连续天气过程作为组合基点，然后从这个基点出发，按天气过程演变趋势的统计规律向前进行组合，以构成一较长的新的暴雨序列。

2. 空间组合

对大流域尤其是特大流域，可采用水文气象学与水文学相结合的办法来解决空间组合问题。其基本思路是：把对设计断面的可能最大洪水 PMF 影响较大的部分用水文气象学的方法解决，影响较小的部分用水文学的方法（如典型年来水比例分配或相关法等）解决。

组合模式不仅延长了实际典型的降雨历时，同时也增加了典型的降雨总量，这在某种意义上说，已经是一种放大，故在作气象因子极大化时应慎重。在组合模式中的组合间距、放大时间，任意性较大，空间组合更缺乏经验，这些都需要进行研究。

五、推理模式法

推理模式法为美国气象学家锐尔（H. Riehl）于 1960 年提出。所谓推理模式，就是能够反映设计流域特大暴雨主要特征的理想模型，这种模型是把暴雨天气系统的三度空间结构进行适当的概括，从而使得影响降雨的主要物理参数，能够用一个暴雨物理方程式表示出来。现有的推理模式建立降水量公式的基本出发点，都是基于水汽输送概念。根据流场形势的不同，降水公式可以按全部流域周界的水汽进出来建立（如水汽输送法），可以按单一方向的水汽进出来建立（如层流模式），也可以按上下对流来建立（如辐合模式）。

推理模式法抓住了影响降水的主要因子，物理概念比较直观、明确。但其对暴雨过程结构的概化过于简单，在参数的确定上困难较多，要求有高空观测资料。

六、统计估算法

统计估算法为美国学者 D. M. 赫希菲尔德于 20 世纪 60 年代初期提出。它是根据实际雨量资料计算出一个统计量 K_m 以用于估算可能最大暴雨 PMP 的方法。它适用于面积在 1000km^2 以下的流域，要求设计流域有较充足的雨量资料。

我国运用此法时采用下列公式估算可能最大暴雨 PMP：

$$\Phi_m = \frac{X_m - \overline{X_n}}{\overline{X_n} C_m} \qquad\qquad (9-35)$$

式中　C_m——包括特大值在内的 n 年系列的变差系数。

$$PMP = \overline{X_n}(1 + \Phi_{mn} C_m) \qquad\qquad (9-36)$$

式中　$\overline{X_n}$、C_m——设计站 n 年系列（包括特大值）的均值和变差系数；

　　　　Φ_{mn}——大范围各站离均系数的外包值。

统计估算法基本上属于频率分析法，但不同于传统的频率分析方法。首先，统计估算法在使用资料上不是像频率分析法那样只着眼于一个单站或流域，而是着眼于一个广大的区域，来寻找近似于物理上限的暴雨；其次，频率分析法是统计外延，而统计估算法是统计外包。

统计估算法的实质是暴雨移植，但它不是移植一场暴雨的具体数值，而是移植一个经过抽象化了的统计量 K_m。移植方法是用设计站经过修正后的均值 $\overline{X_n}$ 去查 $K_m = f(D, \overline{X_n})$ 图，得出 K_m 值。在移植改正上，它是利用设计站的均值 $\overline{X_n}$ 和变差系数 C_m 来改正的。

第三节　可能最大暴雨等值线图集的应用

一、可能最大暴雨等值线图

可能最大暴雨等值线图能够很好地反映 PMP 在地区上的分布。对于中小型水利工程，流域面积小于 $1000 \mathrm{km^2}$，暴雨资料又较缺乏时，可根据本地区的可能最大 24h 点暴雨等值线图和点面关系查算设计流域的可能最大暴雨，因此可能最大暴雨等值线图便成为计算 PMP 的有力工具。

可能最大暴雨等值线图是在完成单站可能最大暴雨估算工作的基础上进行绘制的。它反映了一定历时、一定流域面积可能最大暴雨在地区上的变化和分布规律，为区域内任何流域提供了可能最大暴雨的估算数据，并能对区域内各流域的可能最大暴雨进行比较和协调。

我国 1977 年以后已陆续编制出全国及各省区可能最大 24h 点暴雨等值线图，虽然至今已近 40 多年，但目前尚无新的成果可以替代，因此仍可供缺乏雨量资料地区的小流域查算，或作分析比较用。但有些地区出现过罕见特大暴雨，如陕西丹凤县宽坪村 1998 年 7 月出现的 24h 内 1315mm 的特大暴雨，河南伊河石涡 1982 年 8 月出现的 24h 内 734.3mm 的特大暴雨，甘肃阿克塞地区 1979 年 7 月出现的 24h 内 123.3mm 的大暴雨，已接近或超过等值线图的可能最大点暴雨。因此，采用此图时，必须首先查明编图后本地区及邻近地区新出现的大暴雨情况，然后进行检验，必要时对采用成果作适当调整。

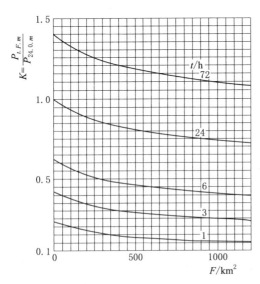

图 9-4　江苏省 PMP 时-面-深
（t-F-K）关系图

二、暴雨时面深关系

全国各省区制定了可能最大 24h 点雨量等值线图后，为了满足中小流域推算可能最大洪水 PMF 的需要，还必须分析暴雨随时间和空间分布的变化规律，亦即暴雨的时面深关系，配合可能最大 24h 暴雨等值线图集，用来计算不同流域面积和历时的可能最大平均雨量。如图 9-4 所示，为江苏省 PMP 时-面-深（t-F-K）关系图。

三、暴雨时程分配

在设计时，除了需要不同历时的面平均雨量外，还必须分析可能最大暴雨的时程分配。可能最大暴雨的时程分配，应根据本地区或邻近地区的大暴雨资料综合分析得出，一般都是采用对工程防洪运用较不利的暴雨作为典型进行放大。当典型暴雨计算的洪水峰、量不协调时,可采用综合概化的时空分配进行放大。当采用暴雨时面深概化法,或由可能最大点暴雨计算流域可能最大面暴雨时,一般多用综合概化的时空分配进行放大。

为方便,有关可能最大暴雨的时程分配雨型都刊印在各省区的水文手册或水文图集中,可直接查用。

第四节 可能最大洪水的推求

目前由可能最大暴雨 PMP 转化为可能最大洪水 PMF 的方法,从水文学角度出发的大体上可分为两大类:第一类是传统方法,即汇流计算法;第二类是使用流域模型。另外还有把水文气象学与水文学结合法及经验公式法等。

一、传统方法推求可能最大洪水

1. 产流计算

常用的产流计算方法有扣损法、暴雨径流相关法和径流系数法。在可能最大洪水 PMF 条件下的产流计算,对湿润地区来说,无论采用什么方法,对可能最大洪水 PMF 成果的影响不大。但对干旱和半干旱地区来说,产流计算方法仍很重要。根据我国的实践经验,在干旱和半干旱地区,产流计算以扣损法较之相关法更为适合。

2. 流域汇流计算

将可能最大暴雨 PMP 转化为可能最大洪水 PMF 的所谓汇流计算,就是把可能最大暴雨 PMP 产生的净雨过程,转为设计断面的直接径流(地面径流)过程,然后再加上地下径流(基流),以得出可能最大洪水 PMF 的流量过程。在可能最大洪水 PMF 计算中所采用的流域汇流计算方法,主要有单位线法、单元汇流法、差值流量汇流法、典型洪水放大修正法和峰量控制放大法。

(1)差值流量汇流计算法。此法为长江水利委员会于 20 世纪 80 年代初提出,是一种适合于以可能最大暴雨 PMP 为典型暴雨放大,典型暴雨组合或典型暴雨组合放大的简便而计算误差较常规产汇流方法小的线性汇流计算方法。

这种汇流计算方法只对净雨差值进行汇流计算,而保留了占比重很大的实测洪水部分 $Q(t)$,使误差局限在比重较小的 ΔQ 计算内。

此法其实是差值净雨汇流法,因为它是把可能最大暴雨 PMP 的净雨与典型暴雨净雨的差值,用单位线或汇流曲线的方法推出径流过程线,再与典型洪水的流量过程相加,得出可能最大洪水 PMF 的流量过程。该方法因抓住了汇流的主要部分(实测洪水),计算误差是在差值净雨汇流部分,因而成果精度较高。

(2)典型洪水放大修正法。此法适用于当地模式的推流。采用可能最大暴雨 PMP 的净雨过程与典型暴雨的净雨过程两相对照,相应部分按典型洪水的地面径流过程,用该历时内净雨同倍比放大;不相应部分另作处理(用单位线法或汇流曲线法)再加上去,即

$$Q_{PMP} = K[Q_r(t) - Q_0(t)] + \int_0^1 \Delta RU(t)\mathrm{d}t + Q_0(t) \qquad (9-37)$$

式中　$Q_r(t)$、$Q_0(t)$——典型洪水的流量过程线和基流；

　　　　　ΔR——提前产流量；

　　　　　$U(t)$——单位线或汇流曲线。

该方法的基本思路与差值流量汇流法相同，都是利用典型洪水的实测流量过程线。其差别是：本法是只对提前产流期间的净雨 ΔR 用单位线或汇流曲线推出流量过程，后面的净雨差值就不推流了，而是用把典型洪水的地面径流过程放大 K 倍的办法处理。差值流量汇流法是对所有的差值净雨都推流。显然本法比差值流量汇流法更简单。

（3）峰量控制放大法。此法是采用其数理统计法推求设计洪水的方法，当可能最大洪水 PMF 的洪峰和洪量用某种方法求得以后，可选一典型洪水流量过程线，按峰量控制放大。此法适用于产汇流资料条件较差的地区。这种推求洪峰、洪量的方法，关键在于关系线的外延是否合理，这需要结合流域的具体情况，多方面进行分析。

二、流域模型推求可能最大洪水

随着计算机技术的迅速发展，涌现了很多产汇流计算的流域模型，都有各自的特点和适用条件。差别主要在产流部分考虑的因素有多有少以及时间步长的不同，对于汇流部分，则差别不大，如流域汇流一般采用谢尔曼单位线或纳西瞬时单位线，河道汇流一般也采用马斯京根法。

三、水文气象学与水文学结合法

基本思路是：把对设计断面的可能最大洪水 PMF 影响较大的部分用水文气象学的方法解决，影响较小的部分用水文学的方法解决。所谓影响较大或者较小的部分是指：从洪水来源上，即从空间上说，影响较大的部分就是形成可能最大洪水 PMF 的主要来源地区，影响较小的部分就是其余地区；从洪水过程线上，即从时间上说，影响较大的部分就是在设计洪水历时内，对工程防洪影响较大的某一较短时段最大洪量的流量过程线，影响较小的部分就是其余时段的流量过程线。所谓水文学方法是指：按典型洪水的空间来源比例或者时程分配比例处理的方法、相关法、多年平均情况或丰水情况分配法等。

解决空间分布的一般步骤：

（1）把设计断面以上的流域，按暴雨的天气成因划分成两大部分，即上游某断面以上和剩余区间。

（2）运用水文气象法求出剩余区间的可能最大暴雨 PMP。

（3）将剩余区间的可能最大暴雨 PMP 通过产流汇流计算，再加上基流得出剩余区间的可能最大洪水 PMF。

（4）运用水文学的方法，求出在剩余区间发生可能最大洪水 PMF 的情况下，上游某断面以上相应的洪水，然后将其推演到设计断面与剩余区间的可能最大洪水 PMF 相加，即得出设计断面的可能最大洪水 PMF，上游某断面以上的相应洪水，按典型来水比例或上游河道堤防过水能力等方法确定。

解决时间分布的一般步骤：

（1）运用水文气象学的方法求出设计洪水时段 T 内的主要时段 t_1 的可能最大洪水 PMF。

（2）对其余时段 t_2 洪水的计算方法视区间面积大小而定：当区间面积相对较小时，

用水文气象学法；当区间面积相对较大时，用水文学方法。

（3）将以上两步所得的洪水过程线连接起来，即得设计洪水时段的可能最大洪水 PMF。

这种方法是一种抓主要矛盾的办法，物理概念清楚，在作法上也不违背水文气象规律，因而是一种可行的方法。

第五节　可能最大暴雨/可能最大洪水成果的合理性检查

目前世界上许多国家对可能最大暴雨/可能最大洪水 PMP/PMF 的成果开展了合理性检查（国外称为一致性比较、比较研究、检验等）。

（1）检查方法。检查方法主要有：①与本流域（地区）历史（包括实测、调查）最大暴雨/洪水比较；②与邻近流域（地区）历史最大暴雨/洪水比较；③用本流域（地区）局地暴雨与一般暴雨比较；④与本流域（地区）以往的 PMP/PMF 成果比较；⑤与世界暴雨/洪水记录比较；⑥与本流域（地区）的暴雨/洪水频率计算成果比较。

（2）下列几种方法可供参考。

1）较大流域，同一类型（如峰高量小历时短，或峰低量大历时长等）的非常洪水，其暴雨特征是相似的，天气成因类型是唯一的。因此，对一个特定工程而言，其可能最大洪水 PMF 的天气成因类型也是唯一的。

2）从历史上看，较大流域的历史特大洪水，其洪峰流量的数值一般都相差不大。因此，可能最大洪水 PMF 的洪峰数值，一般都不应比已知的远年（例如近 600 年以来）的特大洪水大出很多。

3）较大河流，若 C_v 和 C_s 较大，则按现有上端无限的频率曲线所推得的所谓万年一遇洪水，一般都是当地不可能发生的。故不能把它作为一把尺子来衡量可能最大洪水 PMF 的大小，并要求可能最大洪水 PMF 必须大于它。

4）世界暴雨和洪水记录的外包线，是衡量 PMP/PMF 大小的重要尺度，一般都不能超它。对于地理、地形和气候条件与外包线上点据相似的河流，其 PMP/PMF 的数值一般也不能超过外包线太多（例如 20％）。

5）美国是 PMP/PMF 的创始国，开展这项工作已 60 多年，根据美国 600 多座工程统计，其可能最大洪水 PMF 的外包线上的点据，仅有个别略微超过世界洪水记录的外包线，但按其设计的水库，至今没有垮坝的实例，说明可能最大洪水 PMF 的数值并非大得令人难以想象。

第十章 水 文 预 报

第一节 概 述

一、水文预报及其重要作用

水文预报是根据水文现象的客观规律，利用实测的水文气象资料，对水文要素未来变化情况进行预报的一门科学与技术，是水文学的一个重要组成部分。它与水文计算不同之处在于，后者主要是根据水文变化的统计规律，预测未来工程长期运用期间水文现象的大小和出现的可能性（概率），不涉及具体发生的时间；而水文预报则主要是根据水文变化的确定性规律，由现时观测的资料，预报将要出现水文现象的大小和发生的具体时间。

水文预报对防洪、抗旱、水利工程管理、调度等都具有非常重要的作用。例如防汛工作中，水文预报能事先提供洪水的发生和发展变化信息，以便在洪水到来之前做好防汛抢险的准备工作，必要时有计划地动用分蓄洪措施，把洪水灾害控制到最低限度。在水库管理中，根据水文预报合理安排调度运用方式，就可以较好地解决防洪和兴利的矛盾，充分发挥工程效益。河流航运和城市供水需作枯水预报，以便估计通航和供水困难的程度和天数。中长期水文预报，对提高流域单个或者梯级水电站的发电效益作用显著。因此，水文预报得到了迅速发展，受到越来越广泛的重视。

二、水文预报分类

水文预报按其预报的项目可分为径流预报、冰情预报、沙情预报和水质预报。径流预报又可分为洪水预报和枯水预报，预报的要素主要是水位和流量。冰情预报是利用影响河流冰情的前期气象情况，预报流凌开始、封冻和开冻日期与冰厚及凌汛最高水位等。沙情预报则是根据流域的产沙规律，预报河流输沙量和输沙过程。

水文预报按其预见期的长短，又可分为短期水文预报和中长期水文预报。预报的预见期是指从发布预报到预报要素出现所间隔的时间。例如由流域降雨预报出口断面的洪水过程，流域的汇流时间是该法所能提供的预见期；又如由上游站洪峰预报下游站洪峰，可能的预见期则是洪峰从上游断面传播到下游断面的历时，称洪峰传播时间。可见水文预报预见期的长短，将受预报方法的限制。习惯上，把主要用水文要素作出的预报，预见期仅几小时至几天者，称为短期预报，而把包括气象预报性质在内的，预见期比较长的水文预报，称为中长期预报。

三、水文预报工作的基本程序

水文预报工作大体分为两大步骤。

（1）制定预报方案。根据预报的任务，收集降雨、蒸发、水位，流量等水文气象资料，分析预报要素的形成规律，建立由这些观测资料推算未来水文要素大小和出现时间的一整套计算方法，即水文预报方案。例如第八章介绍过的产汇流计算方法，对预报而言，就是降雨径流预报方案。如图 10 - 1 所示，是由上游站的洪峰水位预报下游站洪峰水位和该水位出现时间的水位预报方案。对于制定的方案必须按规范要求的允许误差进行评定和检验。只有质量优良和合格的方案才能付诸应用，否则，应分析原因，加以改进。

（2）进行作业预报。将现时发生的水文气象信息，通过报汛设备迅速传送至预报中心（如水文站），随即经过预报方案计算出即将发生的水文要素大小和出现时间，及时发布出去，

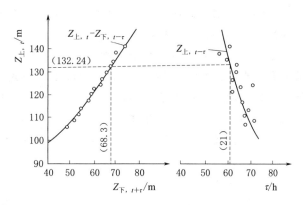

图 10 - 1　上、下游站相应洪峰水位
及传播时间关系曲线图

供有关的部门应用，这个过程称为作业预报。若现时水文气象信息是通过自动化采集、自动信息传输到预报中心的计算机内，由计算机直接按存储的水文预报模型程序计算出预报结果，这样的作业预报称联机作业实时水文预报。

第二节　短期洪水预报

短期洪水预报包括河段洪水预报和降雨径流预报。河段洪水预报方法是以河槽洪水波运动理论为基础，由河段上游断面的水位、流量过程预报下游断面的水位和流量过程。降雨径流预报方法则是以流域产汇流理论为基础，由流域的降雨预报出口断面的洪水过程。

一、河段中的洪水波运动

流域上大量降雨后，产生的净雨迅速汇集，注入河槽，引起流量剧增，水位猛涨，形成沿河道水面高低起伏的一种波动，称为洪水波。天然河道里的洪水波是一种主要受重力作用而惯性力较小的渐变不稳定流，属于扩散波。假定如图 10 - 2 所示河段为棱柱形河槽，则稳定流的水面比降与河道坡降相同，记为 i_0，而洪水波的水面坡降 i 与之不同，波前部分 $i > i_0$，波后部分 $i < i_0$。洪水波水面比降与同水位的稳定流水面比降之差，称为附加比降 i_Δ，即 $i_\Delta = i - i_0$。附加比降的存在是洪水波的重要特征，是引起洪水波在运动中发生变形的内在原因。当水流稳定时，$i_\Delta = 0$；涨洪时 $i_\Delta > 0$，落洪时 $i_\Delta < 0$。

洪水波沿河道往下游传播过程中，不断发生变形，洪水波变形有展开与扭曲两种形态。在无支流汇入的棱柱体河道中，洪水波的变形如图 10 - 3 所示，在图中从 t_1 到 t_2 时刻，洪水波的位置自 $A_1 S_1 C_1$ 传播到 $A_2 S_2 C_2$，由于波前 SC 的附加比降大于波后 AS 的

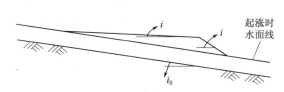

图 10 - 2　河道洪水波水面比降示意图

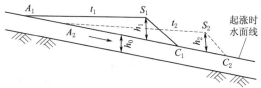

图 10 - 3　河道洪水波变形示意图

附加比降，波前的流速也就大于波后的流速，使洪水在传播过程中，波长不断加大，波高不断降低，即 $A_1C_1 < A_2C_2$，$h_1 > h_2$，这种现象称为洪水波的展开。同时，由于洪水波上的水深各处不同，也使其在运动过程中发生变形。波峰 S_1 处水深最大，流速也最大；波的开始点 C_1 处水深最小，其流速也最小。因此，随着洪水波向下游传播，波峰向它的始点逼近，波前长度不断减小，即 $S_2C_2 < S_1C_1$，附加比降不断加大；而波后的长度不断增加，即 $A_2S_2 > A_1S_1$，附加比降（绝对值）不断减少，波前的部分水量不断向波后转移，称这种现象为洪水波的扭曲。这两种现象是同时并存与连续发生的，其原因正是因为附加比降的影响。

实际上，天然河道边界条件的变化复杂，例如有调蓄能力大的滩地，调蓄能力很小的峡谷深槽，以及区间支流来水变化大等。这些外在因素有时影响很大，使得洪水波的变形更为复杂。因此，在作预报方案时，必须具体河段具体分析，针对洪水波因附加比降产生的展开、扭曲和外在因素引起的调蓄、汇入和分流等影响，采用适当的方法进行处理。

二、相应水位（流量）法

根据河段洪水波运动和变形规律，利用河段上游站实测水位（流量），预报下游站相应的未来水位（流量）的方法，称相应水位（流量）法。用相应水位（流量）法制作预报方案时，一般不直接去研究洪水波的变形问题，而是用断面实测同次水位（流量）资料，建立上、下游站洪水水位（流量）间的相关关系和洪水传播时间关系，综合反映该河段洪水波变形的各项因素。

（一）基本原理

相应水位是指河段上、下游站同次洪水过程线上同位相的水位。如图 10-4 所示是某次洪水在上游站形成的水位过程线 $Z_上\text{-}t$ 及在下游站形成的过程线 $Z_下\text{-}t$，起涨点 1 和 $1'$、洪峰点 2 和 $2'$、峰谷点 3 和 $3'$ 等，都是同位相点。处于同一位相点的上、下游站水位即为相应水位，处于同一位相点的流量即为相应流量。相应水位之间的时距 τ，为该相应水位自上游站传播到下游站的传播时间。因此，相应水位可表示上游站的水位 $Z_{上,t}$ 经过 τ 时段后传播到下游站，形成下游站相应的水位 $Z_{下,t+\tau}$。

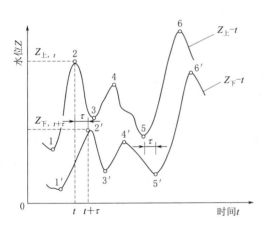

图 10-4 上、下游站相应水位过程线示意图

断面的水位变化总是由流经断面的流量变化引起的。在河道情况一定的情况下研究相应水位关系，实质上是研究形成该水位的流量在河段传播过程中的变化规律。由于流量容易从水量平衡的角度研究，所以，将在研究相应流量变化的基础上分析相应水位的变化。

设河段上、下游站间的距离为 L，t 时刻上游站流量为 $Q_{上,t}$，经过 τ 后，形成下游站的流量 $Q_{下,t+\tau}$，若无区间入流，则相应流量间的关系为

$$Q_{下,t+\tau} = Q_{上,t} - \Delta Q_L \tag{10-1}$$

式中 ΔQ_L——河段洪水波展开量，与水位、流量和附加比降有关。

若河段有区间入流，并在 $t+\tau$ 时刻于下游站形成流量 q，则：

$$Q_{\text{下},t+\tau}=Q_{\text{上},t}-\Delta Q_L+q \tag{10-2}$$

上式即为相应水位（流量）法的基本方程。显然，在建立相应水位（流量）预报方案时，应分析河段内洪水波由内因（主要是水位、流量和附加比降）所引起的展开量和外因（主要是区间面积上的降雨）引起的区间入流量对预报值的影响。

当河段没有大的支流和冲淤影响时，一定流量下的稳定流水面比降 i_0 近似为常量，洪水波展开量 ΔQ_L 将是流量 $Q_{\text{上},t}$（水位 $Z_{\text{上},t}$）和水面比降 i 的函数。因此，下游站的相应水位和流量可用下列关系式表示：

$$Z_{\text{下},t+\tau}=f(Z_{\text{上},t},i) \tag{10-3}$$

$$Q_{\text{下},t+\tau}=f(Q_{\text{上},t},i) \tag{10-4}$$

洪水波的传播时间 τ 是洪水波运动的另一特征量，它是洪水以波速 c 由上游站传播到下游站的时间，即

$$\tau=\frac{L}{c} \tag{10-5}$$

式中 L——上、下游站间的距离；

c——波速，即洪水波上某一位相点的传播速度，与断面平均流速 u 的关系如下式：

$$c=\left(1+\frac{m}{n}\right)u \tag{10-6}$$

式中，m/n 约为 $0.25\sim0.5$，与河道断面形状有关。因为 u 是流量（水位）和水面比降的函数，故：

$$\tau=f(Z_{\text{上},t},i)\text{或}\tau=f(Q_{\text{上},t},i) \tag{10-7}$$

式（10-3）、式（10-4）及式（10-7）就是无支流河段进行相应水位法预报的基本关系式。对于多支流河段，则需采用合成流量的方法作为考虑区间入流流量 q 作用的方式。

在制定相应水位法的预报方案时，要从实测资料中找出各个相应水位及其传播时间是比较困难的。一般采取水位过程线上的特征点，如洪峰等，作出该特征点的相应水位关系曲线与传播时间曲线，代表该河段的相应水位关系。

（二）无支流河段的相应水位预报

1. 简单的相应水位法预报洪峰水位

在河道断面基本稳定冲淤变化不大，无回水顶托，且区间入流较小的无支流河段，洪水波在河段传播过程中主要受内在因素制约，上、下游站的洪水过程线相应性好，如图 10-4 所示。此时，可根据以往实测的上、下游站的水位过程线，摘录相应的洪峰水位 $Z_{\text{上},t}$、$Z_{\text{下},t+\tau}$ 及其出现时间（表 10-1），并算出传播时间 τ，绘成如图 10-1 所示的相应洪峰水位关系曲线及其传播时间相关曲线，即为预报方案。作业预报时，按 t 时上游出现的洪峰水位 $Q_{\text{上},t}$，在 $Z_{\text{上},t}$-$Z_{\text{下},t+\tau}$ 线上查得 $Z_{\text{下},t+\tau}$，在 $Z_{\text{上},t}$-τ 线上查得 τ，从而预报出 $t+\tau$ 时下游站将要出现的洪峰水位 $Z_{\text{下},t+\tau}$。例如，利用图 10-1 进行预报时，已知上游站在 9 月 9 日 5 时出现洪峰水位 $Z_{\text{上},t}=132.24\text{m}$，查 $Z_{\text{上},t}$-$Z_{\text{下},t+\tau}$、$Z_{\text{上},t}$-τ 曲线，分别得

$Z_{下,t+\tau}=68.30\text{m}$，$\tau=21\text{h}$，即可预报出下游站于 9 月 10 日 2 时将出现洪峰水位 68.30m。

表 10 - 1   **上下游站相应洪峰水位及传播时间摘录表**

上 游 站 洪 峰 水 位			下 游 站 洪 峰 水 位			传播时间
日期/(月. 日)	时间/时	水位/m	日期/(月. 日)	时间/时	水位/m	τ/h
6. 13	2	112. 40	6. 14	8	54. 08	30
6. 22	14	116. 74	6. 23	17	57. 20	27
7. 31	10	123. 78	8. 1	17	62. 76	31
8. 12	15	137. 21	8. 13	22	71. 43	17
…	…	…	…	…	…	…

这种简单的相应洪峰水位预报方法，通常对无支流汇入的山区性河段比较好。而在中、下游河道，由于附加比降相对影响较大，常使得绘制如图 10 - 1 所示的关系比较散乱，这种情况下应在预报关系中考虑附加比降的影响，例如绘制以下游同时水位 $Z_{下,t}$ 为参数的相关图。

2. 以下游站同时水位为参数的相应水位法预报洪峰水位

下游站同时水位 $Z_{下,t}$ 就是上游站水位 $Z_{上,t}$ 出现时刻的下游水位，它与 $Z_{上,t}$ 一起既反映 t 时刻水面比降的大小，同时还反映了河槽底水的高低和区间入流、回水顶托、断面冲淤等因素的影响。这种情况只需将式（10 - 3）和式（10 - 7）中的 i 换成 $Z_{下,t}$，即得以下游同时水位为参数的相应水位法关系式：

$$Z_{下,t+\tau}=f(Z_{上,t},Z_{下,t}) \qquad (10-8)$$

$$\tau=f(Z_{上,t},Z_{下,t}) \qquad (10-9)$$

按上式制作预报方案的具体方法是：在点绘 $Z_{上,t}$ 与 $Z_{下,t+\tau}$ 的点据时，在点旁注明下游站的同时水位 $Z_{下,t}$ 值，然后如图 10 - 5 所示绘出以 $Z_{下,t}$ 为参数的等值线，即 $Z_{上,t}$ - $Z_{下,t}$ - $Z_{下,t+\tau}$ 相关线；同理，可以绘出 $Z_{上,t}$ - $Z_{下,t}$ - τ 相关线，二者一起组成如图 10 - 5 所示的以下游同时水位为参数的相应水位法预报方案。预报时，t 时刻的 $Z_{上,t}$ 及 $Z_{下,t}$ 为已知，即可按图 10 - 5 上的箭头方向查得 $Z_{下,t+\tau}$ 和 τ。

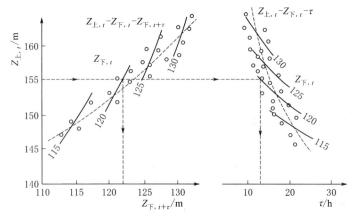

图 10 - 5 以下游站同时水位为参数的相应水位及传播时间关系曲线图

3. 以上游站涨差为参数的水位相关法预报洪水过程

上述各种洪峰水位预报方案，也可近似地用来预报下游站的洪水过程。但由于它们没有反映涨洪和落洪过程中附加比降的变化等因素，就会使预报的洪水过程常常有比较大的系统误差。为克服这种缺点，可用以上游站水位涨差为参数的水位相关法。

洪水波通过某一断面时，波前的附加比降为正，水面比降大，使涨水过程的涨率 $dZ_{上}/dt(dQ_{上}/dt)$ 为正；波后的附加比降为负，水面比降小，使落水过程的涨率 $dZ_{上}/dt(dQ_{上}/dt)$ 为负。水位（流量）过程线的这种涨（落）率在很大程度上反映了附加比降和水面比降的变化，因此用涨率代替式（10-3）和式（10-4）中的 i，更能反映附加比降 i_{Δ} 在洪水涨落过程中对洪水波变形的影响。从而可得到以上游洪水涨率为参数的相应水位关系：

$$Z_{下,t+\tau}=f\left(Z_t,\frac{dZ_{上}}{dt}\right) 或 Z_{下,t+\tau}=f\left(Z_t,\frac{dQ_{上}}{dt}\right) \tag{10-10}$$

洪水涨率在实用上可取有限差形式 $\Delta Z_{上}/\Delta t$（或 $\Delta Q_{上}/\Delta t$），且取 Δt 为平均的河段洪水传播时间 $\bar{\tau}$，则涨差 $\Delta Z_{上}$（或 $\Delta Q_{上}$）就反映了涨率的变化，于是可得以上游站洪水涨差为参数的水位预报关系为

$$Z_{下,t+\bar{\tau}}=f(Z_t,\Delta Z_{上}) 或 Z_{下,t+\bar{\tau}}=f(Z_t+\Delta Q_{上}) \tag{10-11a}$$

$$\Delta Z_{上}=Z_{上,t}-Z_{上,t-\bar{\tau}} 或 \Delta Q_{上}=Q_{上,t}-Q_{上,t-\bar{\tau}} \tag{10-11b}$$

式中 Z_t 可以取 $Z_{上,t}$，也可以取 $Z_{下,t}$，都在一定程度上反映了涨水中的底水影响。应用过去的资料，先分析和确定河段平均传播时间 $\bar{\tau}$；其次，在各次洪水的上、下游站实测过程上摘取 $Z_{上,t}$，$\Delta Z_{上}=Z_{上,t}-Z_{上,t-\bar{\tau}}$（或 $\Delta Q_{上}=Q_{上,t}-Q_{上,t-\bar{\tau}}$），$Z_{下,t}$、$Z_{下,t+\bar{\tau}}$；于是，便可点绘出以 $\Delta Z_{上}$（或 $\Delta Q_{上}$）为参数的水位预报方案，如图 10-6 所示是长江万县站-宜昌站河段以 $\Delta Q_{上}$ 为参数的水位预报方案。预报时，t 时刻的 $Z_{上,t}$（或 $Z_{下,t}$）、$\Delta Z_{上}$（或 $\Delta Q_{上}$）为已知，在图上查出预报的下游水位 $Z_{下,t+\bar{\tau}}$，预见期为 $\bar{\tau}$。

（三）多支流河段相应水位（流量）预报——合成流量法

在有多条支流汇入的河段，下游站的洪水主要是上游站、支流站洪水合成的结果，可采用合成流量法制定预报方案。该法预报下游站流量的关系式为

$$Q_{下,t}=f\left[\sum_{i=1}^{n}Q_{上_i,t-\tau_i}\right] \tag{10-12}$$

式中　$Q_{下,t}$——预报的下游站 t 时刻流量；

　$Q_{上_i,t-\tau_i}$——上游干、支流各站相应流量，$i=1,2,\cdots,n$；

　　τ_i——上游干、支流各站到下游站的洪水传播时间；

　　n——上游干、支流站的数目。

该法按照上游干、支流各站的传播时间 τ_i，把各站同时刻到达下游站的流量叠加起来得合成流量 $\sum_{i=1}^{n}Q_{上_i,t-\tau_i}$，然后建立合成流量与下游站相应流量的关系曲线。如图 10-7 所示是闽江南平站的合成流量法预报方案，其上游站分别为建瓯、洋口、沙县三站。该法的预见期取决于上游各站中传播时间最短的一个。一般情况下，上游各站中以干流站流量最大，从预报精度的要求出发，常常采用它的传播时间 $\tau_{干}$ 作为方案的预见期 τ。预报时，

假定当时的时间是 t'，要预报未来 t（$=t'+\tau$）时的下游流量，则以上游干流站的 t' 时实测流量，加上其余支流站错开传播时间后 $t-\tau_i$ 的流量得合成流量，即可预报 t 时刻下游站流量 $Q_{下,t}$。如果支流站的传播时间小于干流站的传播时间，在求合成流量时，还需对该支流站的相应流量作出预报。

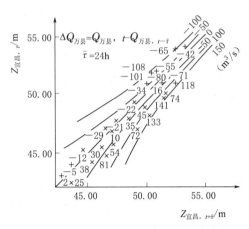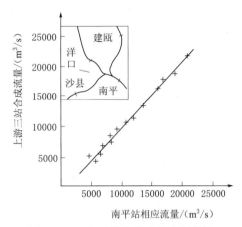

图 10-6　长江万县站-宜昌站以上游站涨差为参数的水位预报方案　　　图 10-7　南平站合成流量法预报图

如果附加比降和底水影响较大，则在相关图中加入下游站同时水位 $Z_{下,t-\tau}$ 为参数建立预报方案。

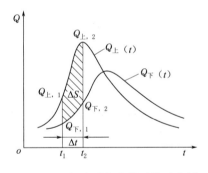

图 10-8　河段时段水量平衡示意图

三、流量演算法

天然河道里的洪水波运动属于不稳定流，洪水波的演进与变形可用圣维南（Saint-Venant）方程组描述，但是直接求解该方程组比较烦琐，而且需要详细的河道地形和糙率资料。因此，水文计算上常把其中的连续方程简化为河段水量平衡方程，把动力方程简化为河槽蓄泄方程，然后联立求解，将河段的入流过程演算为出流过程。

（一）基本原理

无区间入流情况下（图 10-8），河段某一时段的水量平衡方程为

$$\frac{1}{2}(Q_{上,1}+Q_{上,2})\Delta t-\frac{1}{2}(Q_{下,1}+Q_{下,2})\Delta t=S_2-S_1 \tag{10-13}$$

河段蓄水量与泄流量关系的蓄泄方程为

$$S=f(Q) \tag{10-14}$$

式中　$Q_{上,1}$、$Q_{上,2}$——时段始、末的上断面入流量；

$\qquad Q_{下,1}$、$Q_{下,2}$——时段始、末的下断面出流量；

$\qquad \Delta t$——计算时段；

$\qquad S_1$、S_2——时段始、末的河段蓄水量；

$\qquad S$——河段任一流量 Q 对应的槽蓄量。

图 10-8 反映在上、下断面流量过程线上的水量平衡情况，涨水时 $Q_上 > Q_下$，河段蓄水，ΔS 为正；退水时，$Q_上 < Q_下$，蓄量减少，ΔS 为负。

水量平衡方程式（10-13）中，当河段有区间入流时，在式的左端应增加 Δt 内的区间入量 $(q_1 + q_2)\Delta t/2$ 一项。其中 q_1、q_2 为时段始、末的区间入流量。求解上述两式的关键，在于能否建立比较好的蓄泄方程。如果蓄泄方程已经建立，入流过程 $Q_上(t)$、初始条件 $Q_{下,1}$ 和 S_1 已知，就可通过逐时段连续联解式（10-13）和式（10-14），求得出流过程 $Q_下(t)$。

根据建立蓄泄方程的方法不同，流量演算可分为马斯京根法、特征河长法等。限于篇幅，这里仅对得到广泛应用的马斯京根法进行介绍。

（二）马斯京根法

1. 马斯京根流量演算方程

G. T. 麦卡锡（G. T. Mccarthy）于 1938 年提出流量演算法，此法最早在美国马斯京根河流域上使用，因而称为马斯京根法。该法的主要特点是马斯京根槽蓄曲线方程建立，并与水量平衡方程联立求解，进行河段洪水演算。

在洪水波经过河段时，由于存在附加比降，洪水涨落时的河槽蓄水量情况如图 10-9 所示。在马斯京根槽蓄曲线方程中，河段槽蓄量由两部分组成：①柱蓄，即同一下断面水位 $Z_下$ 稳定流水面线以下的蓄量；②楔蓄，即稳定流水面线与实际水面线之间的蓄量，如图 10-9 中的阴影部分。

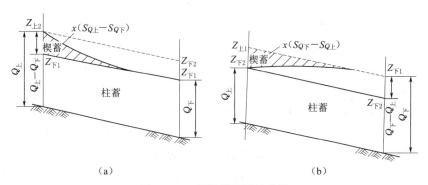

图 10-9　河段槽蓄量示意图

（a）河段涨水情况；（b）河段落水情况

令 x 为流量比重因素，$S_{Q_上}$、$S_{Q_下}$ 分别为上下断面在稳定流情况下的蓄量，S 为河段内的总蓄量。如图 10-9 中所示，分别建立河段涨水、落水情况的蓄量关系：

$$S = S_{Q_下} + x(S_{Q_上} - S_{Q_下}), \quad S = S_{Q_下} - x(S_{Q_下} - S_{Q_上})$$

上述两式相同，均为

$$S = xS_{Q_上} + (1-x)S_{Q_下} \tag{10-15}$$

稳定流情况下，河段槽蓄量与流量存在如下的关系：

$$S_{Q_上} = KQ_上, \quad S_{Q_下} = KQ_下 \tag{10-16}$$

式中　K——稳定流情况下的河段传播时间。

将上式代入式（10-15），得马斯京根蓄泄方程为

$$S = K[xQ_上 + (1-x)Q_下] = KQ' \tag{10-17}$$

$$Q' = xQ_上 + (1-x)Q_下 \tag{10-18}$$

联解式（10-13）和式（10-17），得马斯京根法流量演算方程为

$$Q_{下,2} = c_0 Q_{上,2} + c_1 Q_{上,1} + c_2 Q_{下,1} \tag{10-19}$$

其中

$$\begin{cases} c_0 = \dfrac{0.5\Delta t - Kx}{K - Kx + 0.5\Delta t} \\[2mm] c_1 = \dfrac{0.5\Delta t + Kx}{K - Kx + 0.5\Delta t} \\[2mm] c_2 = \dfrac{K - Kx - 0.5\Delta t}{K - Kx + 0.5\Delta t} \end{cases} \tag{10-20}$$

$$c_0 + c_1 + c_2 = 1.0 \tag{10-21}$$

式中，c_0、c_1、c_2 都是 K、x、Δt 的函数。对于某一河段而言，只要确定了 K 和 x 值，c_0、c_1、c_2 便可求得，从而由入流 $Q_上(t)$ 和初始条件 $Q_{下,1}$，通过式（10-19）逐时段演算，求得出流过程 $Q_下(t)$。

2. K、x 的确定

马斯京根蓄泄方程的 S 和 Q' 呈线性关系，这表明 Q' 是 S 的稳定流量。该流量可以通过调整 x，使由式（10-18）计算的 Q' 与 S 的关系为单一直线来求得。因此，由实测流量资料率定 K、x 的时候，常采用试算法。即对某一次洪水，一方面计算各个时刻的槽蓄量 S；另一方面设一 x 值，由式（10-18）计算各时刻的 Q'，点绘 $S-Q'$ 关系线，当成为单一直线时，该 x 即为所求的 x，而该直线的斜率即为所求的 K 值。取多次洪水进行相同的计算，就可确定该河段的 K、x 值。

【例 10-1】 根据沅水沅陵站至王家河站 1968 年 9 月的一次实测洪水资料（表 10-2），计算 K、x 和进行流量演算。

（1）根据河段和资料情况，取计算时段 $\Delta t = 6h$。

（2）表 10-2 的第（1）~（3）栏为实测值。由于有少量的区间入流，使上断面的入流总量 39480 [6h·/(m³/s)] 比下断面出流总量 40590 [6h·/(m³/s)] 小 1110 [6h·/(m³/s)]，为保持水量平衡，近似按比例将此水量分配到入流过程中，得第（4）栏的入流 $Q_上 + q$。

表 10-2　　　　　　　　　　　　马斯京根法 S 与 Q' 值计算表

时间 /(日.时)	$Q_上$ /(m³/s)	$Q_下$ /(m³/s)	$Q_上+q$ /(m³/s)	$Q_上+q-Q_下$ /(m³/s)	ΔS /[6h·(m³/s)]	S /[6h·(m³/s)]	Q'/(m³/s) $x=0.40$	$x=0.45$
(1)	(2)	(3)	(4)	(5)	(6)	(7)	(8)	(9)
20.8	2210		2110					
20.14	2800		2950					
20.20	4300	2100	4430	2330	2030	0	2980	3090
21.2	4820	3250	4970	1720	970	2030	3880	3960
21.8	4700	4620	4840	220	−100	3000	4650	4660
21.14	4350	4900	4480	−420	−620	2900	4680	4650

续表

时间 /(日·时)	$Q_上$ /(m³/s)	$Q_下$ /(m³/s)	$Q_上+q$ /(m³/s)	$Q_上+q-Q_下$ /(m³/s)	ΔS /[6h·(m³/s)]	S /[6h·(m³/s)]	Q'/(m³/s)	
							$x=0.40$	$x=0.45$
(1)	(2)	(3)	(4)	(5)	(6)	(7)	(8)	(9)
21.20	3750	4680	3860	−820	−890	2280	4310	4260
22.2	3200	4260	3300	−960	−940	1390	3840	3780
22.8	2700	3700	2780	−920	−870	450	3300	3250
22.14	2400	3300	2470	−830	−740	−420	2940	2890
22.20	2200	2920	2270	−650	−550	−1160	2630	2600
23.2	2050	2550	2110	−440		−1710	2350	2330
23.8		2210						
23.14		2100						
总计	39480	40590						

（3）按水量平衡方程

$$\Delta S=\frac{1}{2}\left[(Q_{上,1}+q_1-Q_{下,1})+(Q_{上,2}+q_2-Q_{下,2})\right]\Delta t$$

计算各时段的槽蓄增量，列于表 10−2 中第（6）栏。将其累积，得第（7）栏所示的槽蓄量 S。

（4）假定 x 分别等于 0.40 和 0.45，按式（10−18）计算 Q'，列于表中第（8）、第（9）栏。

（5）按第（7）、第（8）栏对应数值点绘 $x=0.40$ 的 $S-Q'$线，如图 10−10 中的虚线所示，可见还有比较大的绳套，而点绘的 $x=0.45$ 的 $S-Q'$线（图中的点线），则基本合拢成单一直线，故 $x=0.45$ 即为所求，该直线的斜率 $K=\Delta S/\Delta Q'=4200$ [6h·(m³/s)]/2100 (m³/s)＝11h。按上述步骤分别求出各次洪水的 K、x 值。如果各次洪水的 K、x 值比较接近，则取平均的 K、x 作为本河段综合确定的成果；如变化较大，则需分析其变化规律，以便演算时依实际情况选用。

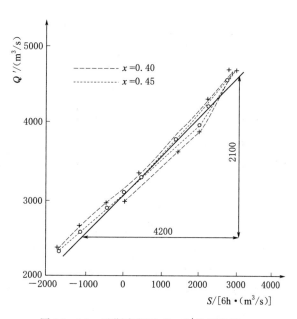

图 10−10 马斯京根法 $S-Q'$关系曲线

根据确定的 K、x 和 Δt 值，代入式（10−20）计算 c_0、c_1、c_2，再代入式（10−19）得具体的演算方程，即可逐时段由入流推算出流过程。作为一例，假定该河段综合确定的 $K=11$h、$x=0.45$、$\Delta t=6$h，由式（10−20）算得：$c_0=-0.251$，$c_1=0.876$，$c_2=$

0.375。校核 $c_0 + c_1 + c_2 = 1.0$，计算无误。代入式（10-19），得该河段的流量演算方程为

$$Q_{下,2} = -0.251Q_{上,2} + 0.876Q_{上,1} + 0.375Q_{下,1}$$

上游站沅陵发生一次洪水，就取本例中这次洪水，其入流过程列于表 10-3 中第(1)、第(2)栏，然后，见表 10-3 中第(3)~(6)栏，由上式可算出下游王家河站的这次洪水过程（第 6 栏）。与第(7)栏的实测过程相比，可见洪峰出现时间与实测的一致，流量值则偏小 5.3%。

3. 马斯京根法中几个问题的分析

（1）K 值的综合。从 $K = S/Q'$ 可知，K 具有时间的因次，基本上反映河道稳定流的传播时间。不少实测资料表明 K 随流量的增大而减小，因此，当各次洪水分析的 K 值变化较大时，可建立 K 与流量的关系。应用时，根据不同的流量取不同的 K 值。

表 10-3　马斯京根法推算出流过程（$C_0 = -0.251$，$c_1 = 0.876$，$c_2 = 0.375$）

时间/(日.时)	$Q_{上}$/(m³/s)	$C_2 Q_{上,3'}$/(m³/s)	$C_1 Q_{上,3'}$/(m³/s)	$C_1 Q_{下,3'}$/(m³/s)	$Q_{下,3'}$/(m³/s)	$Q_{实测}$/(m³/s)
(1)	(2)	(3)	(4)	(5)	(6)	(7)
20.8	2050				2050	2050
20.14	2860	-720	1800	770	1850	2000
20.20	4300	-1080	2500	690	2110	2100
21.2	4820	-1210	3760	790	3340	3250
21.8	4700	-1180	4220	1250	4290	4620
21.14	4350	-1090	4120	1610	4640	4900
21.20	3750	-940	3810	1740	4610	1680
22.2	3200	-800	3280	1730	4210	4260
22.8	2700	-680	2800	1580	3700	3700
⋮	⋮	⋮	⋮	⋮	⋮	⋮

（2）x 值的综合。流量比重因素 x，主要反映楔蓄在河槽调蓄中的影响。对于一定的河段，x 在洪水涨落过程中基本稳定，但也有随流量增加而减小的趋势。天然河道的 x，一般从上游向下游逐渐减少，介于 0.2~0.45 之间，特殊情况下也有小于零的。实用中，当发现 x 随流量变化较大时，也可建立 x-Q 关系线。对不同的流量取不同的 x。

（3）计算时段 Δt 的选择。Δt 的选取涉及马斯京根法演算的精度。为使摘录的洪水数值能比较真实地反映洪水的变化过程，首先 Δt 不能取得太长，以保证流量过程线在 Δt 内近于直线；其次为了计算中不漏掉洪峰，选取的 Δt 最好等于河段传播时间 τ。这样上游在时段初出现的洪峰，Δt 后就正好出现在下游站，而不会卡在河段中，使河段的水面线呈上凸曲线。但有时为了照顾前面的要求，也可取 Δt 等于 τ 的 1/2 或 1/3，这样计算洪峰的精度差了一些，但能保证不漏掉洪峰。若使二者都得到照顾，则可把河段划分为许多子河段，使 Δt 等于子河段的传播时间，然后自上而下进行多河段连续演算，推算出下游站的流量过程。

（4）预见期问题。马斯京根法流量演算公式中，只有要知道时段末的流量 $Q_{上,2}$，才

能推算 $Q_{下,2}$，因此，该方法用于预报一般没有预见期。不过如果取 $\Delta t = 2Kx$，则 $c_0 = 0$，$Q_{下,2} = c_1 Q_{上,1} + c_2 Q_{下,1}$，就可以有一个时段的预见期了。如果上断面的入流是由降雨径流预报等方法先预报出来，该法推算的下断面出流就可以得到一定的预见期。因此，该法在预报中仍得了广泛的应用。

四、降雨径流预报

对于中、小流域的洪水预报，降雨径流预报法是主要的途径。该法一般分为两部分：①产流计算，即由实测的流域降雨推算净雨过程；②汇流计算，即由净雨过程推求流域出口的洪水过程。由于篇幅所限，这里只结合预报问题，补充说明三点：

（1）编制降雨径流预报方案。应用已学习过的产汇流原理和方法，建立产汇流计算方案，如降雨径流相关图、单位线等。并对方案的预报精度进行检查，只有合乎要求时才能在实际中应用。这要比由暴雨推求设计洪水要求的严格。

（2）作业预报。为了快速、准确地进行预报，应将预报方案图表化和计算机化。并尽可能应用预报中反馈的信息，及时调整计算，使预报有良好的精度。在作业预报过程中，要对每次预报进行评定，及时发现问题和改进。

（3）降雨径流预报的预见期。其预见期随降雨过程而变化。如图 10-11 所示，流域汇流时间 τ 是其上限，净雨终止后，可预报出其后 τ 时间内的整个洪水过程，但对洪峰来说。大体上只有单位线上涨历时的预见期，约 2~3 个时段。若能利用短期降雨预报，则可增长预见期。但由于天气预报精度不高，只能适当参考。

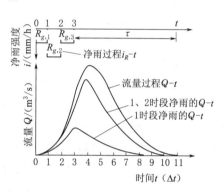

图 10-11　降雨径流法预报洪水过程

第三节　实时洪水预报

通常短期洪水预报方案都是根据以往的实测资料制定的，其中的相关曲线或参数反映的是以往平均最优情况，用于作业预报时，当实际情况偏离过去确定方案的状态时，就会使预报的结果出现偏差。实时洪水预报就是利用在作业预报过程中，不断得到预报值与实测值的误差信息，运用现代系统理论方法及时地校正、改善预报估计值或水文预报模型中的参数，使以后阶段的预报误差尽可能减小，预报结果更接近实测值。

一、实时洪水预报方法的分类

自然界的水文现象及其要素（流量、水位等）都遵循其内在的运动规律，每时每刻都处在运动和变化之中，当人们认识和掌握了这些水文变化规律时，就可以以基本物质运动原理为基础，建立各种水文预报方法或水文模型，模拟或预测未来的水文现象及其运动要素特征值。然而，水文现象受到自然界中众多因素的影响，这些影响因素又大多具有不确定性的时变特征，给人们在认识和掌握水文现象运动规律时造成困难。因此，人们在水文预报中所采用的各种方法或模型都不可能将复杂的水文现象模拟得十分确切，水文预报估计值与实际出现值的偏差，即预报误差是不可避免的。

为了提高洪水预报精度，就必须尽量减少预报误差。根据预报误差来源的不同，实时洪水预报可分为以下三种校正方法。

1. 对模型参数实时校正

采用这种方法认为水文预报方法或水文模型的结构是有效的，只是由于优选模型参数计算方法非完善的缘故，使识别的模型参数对其真值来讲存在着误差，或是识别的模型参数对具体场次的洪水并非最优。因此，在实际作业预报过程中，根据实际的预报误差不断地修正模型参数，以提高此后的预报精度。对模型参数进行实时校正的方法有最小二乘估计等算法。

2. 对模型预报误差进行预测

对已出现的预报误差时序过程进行分析，寻求其变化规律，建立合适的预报误差模型，通过推求未来的误差值以校正尚未出现的预报值，从而提高预报的精度。

3. 对状态变量进行估计

预报模型中能控制当前及以后时刻系统状态和行为的变量，称为状态变量。对状态变量的估计是认为预报误差来源于状态估计的偏差和实际观测的误差，通过实时修正状态变量来校正以后的预报值，从而提高预报的精度。卡尔曼滤波或自适应滤波方法就是对状态变量进行实时校正的一种算法。

二、实时洪水预报的最小二乘方法

在洪水预报模型参数的估计中，最小二乘法是一种常用的估计方法，由最小二乘法获得的估计，在一定条件下具有最佳的统计特性，估计是一致的、无偏的和有效的。这种方法可用于线性系统模型，也可用于非线性系统模型。可用于利用历史资料进行模型参数识别的离线估计，也可用在利用现实观测资料进行模型参数识别的在线估计。在洪水预报中，衰减记忆递推最小二乘可以充分利用新信息，实时跟踪模型参数的变化，不断对预报误差进行修改，提高洪水预报精度。

（一）最小二乘估计的基本算法

通过最小二乘估计可以获得一个在最小方差意义上与实测数据拟合最好的模型。假定变量 y 与一个 n 维变量 $X = (x_1, x_2, \cdots, x_n)$ 的线性关系为

$$y = \theta_1 x_1 + \theta_2 x_2 + \cdots + \theta_n x_n \tag{10-22}$$

式中　　　　y——系统观测输出值；

　　　　　　x——系统观测输入值；

$\theta_1, \theta_2, \cdots, \theta_n$——一组待定的参数，可以通过不同时刻对 y 及 X 的观测值估计出它们的
　　　　　　　　　　数值。

设 $y(i)$ 和 $x_1(i)$, $x_2(i)$, $\cdots$, $x_n(i)$ 为在 i 时刻所观测得的数据，可以用 m 个方程表示这些数据的关系为

$$y(i) = \theta_1 x_1 + \theta_2 x_2 + \cdots + \theta_n x_n \quad (i = 1, 2, \cdots, m) \tag{10-23}$$

可用矩阵形式表示为

$$Y = X\theta \tag{10-24}$$

其中 $Y=\begin{bmatrix} y(1) \\ y(2) \\ \vdots \\ y(m) \end{bmatrix}$, $X=\begin{bmatrix} x_1(1) & x_2(1) & \cdots & x_n(1) \\ x_2(2) & x_2(2) & \cdots & x_n(2) \\ \vdots & \vdots & \vdots & \vdots \\ x_1(m) & x_2(m) & \cdots & x_n(m) \end{bmatrix}$, $\theta=\begin{bmatrix} \theta_1 \\ \theta_2 \\ \vdots \\ \theta_n \end{bmatrix}$

当 $m=n$ 时，若 X 的逆矩阵存在时，式（10-24）可以得到唯一解。由于测量的数据不可避免地存在着误差，用 n 组数据估计 n 个参数，必然带来较大的估计误差。为了获得更可靠的结果，常增加测量次数，使 $m>n$。m 超过一般方程组所需的定解条件数 n，这种情况在水文问题中经常遇到。最小二乘原理指出，最可信赖的参数值 θ 应在使残余误差平方和最小的条件下求出。

设估计误差向量 $E=[e(1)，e(2)，\cdots，e(m)]^T$，并令

$$E=Y-X\theta \tag{10-25}$$

目标函数：

$$J=\sum_{k=1}^{m} e^2(k)=\sum_{k=1}^{m} E^T E=\min \tag{10-26}$$

即

$$J=E^T E=(Y-X\theta)^T(Y-X\theta)=(Y^T-\theta^T X^T)(Y-X\theta)$$
$$=Y^T Y-\theta^T X^T Y-Y^T X\theta+\theta^T X^T X\theta$$

将 J 对 θ 求偏导数，且令其为零，则可求得使 J 趋于最小的 $\hat{\theta}$，即

$$\frac{\partial J}{\partial \theta}\Big|_{\theta=\hat{\theta}}=-2X^T Y+2X^T X\hat{\theta}=0$$

由此可得： $\qquad\qquad X^T X\hat{\theta}=X^T Y$

解得 θ 的最小二乘估计值为

$$\hat{\theta}=(X^T X)^{-1} X^T Y \tag{10-27}$$

（二）最小二乘估计的递推算法

最小二乘估计的基本算法是利用已获得的所有观测数据进行整批运算处理，又称为最小二乘的整批算法。整批算法适用于模型参数的离线估计。最小二乘的递推算法就是在每次取得新的观测数据后，在前次估计结果的基础上，利用新加入的观测数据对前次估计的结果进行修正，从而递推地估算出新的参数估计值。这样随着新的观测数据的逐次加入，一步一步地进行参数修正，实现参数的在线估计。

矩阵方程式（10-24）是一个包含 m 个方程的方程组。现引入 m 作为 Y 和 X 的下标：

$$Y_m=X_m\theta \tag{10-28}$$

同时式（10-27）中的 $\hat{\theta}$ 也就相应改为 $\hat{\theta}(m)$，表示是由 m 组观测值所估计的参数。

$$\hat{\theta}(m)=(X_m^T X_m)^{-1} X_m^T Y_m \tag{10-29}$$

假定又获得一组新的观测数据 $[y(m+1)，X(m+1)]$，则第 $m+1$ 个方程为

$$y(m+1)=\theta_1 x_1(m+1)+\theta_2 x_2(m+1)+\cdots+\theta_n x_n(m+1)$$

若定义 $X^T(m+1)=[x_1(m+1)，x_2(m+1)，\cdots，x_n(m+1)]$，则有：

$$y(m+1)=X^T(m+1)\theta \tag{10-30}$$

现在 $m+1$ 个方程的方程组可以写为

$$Y_{m+1} = X_{m+1}\theta \qquad (10-31)$$

其中
$$Y_{m+1} = \begin{bmatrix} y(1) \\ \vdots \\ y(m) \\ y(m+1) \end{bmatrix} = \begin{bmatrix} Y_m \\ y(m+1) \end{bmatrix}$$

$$X_{m+1} = \begin{bmatrix} x_1(1) & x_2(1) & : & x_n(1) \\ \cdots & \cdots & : & \cdots \\ x_1(m) & x_2(m) & : & x_n(m) \\ x_1(m+1) & x_2(m+1) & : & x_n(m+1) \end{bmatrix} = \begin{bmatrix} X^T \\ X^T(m+1) \end{bmatrix} \qquad (10-32)$$

新的最小二乘估计是：

$$\hat{\theta}(m+1) = (X_{m+1}{}^T X_{m+1})^{-1} X_{m+1}{}^T Y_{m+1} \qquad (10-33)$$

定义矩阵：

$$P(m) = (X_m^T X_m)^{-1} \qquad (10-34)$$

则

$$P(m+1) = (X_{m+1}^T X_{m+1})^{-1} = \left\{ \begin{bmatrix} X_m^T & X(m+1) \end{bmatrix} \begin{bmatrix} X_m \\ X^T(m+1) \end{bmatrix} \right\}^{-1}$$

$$= [X_m^T X_m + X(m+1)X^T(m+1)]^{-1}$$

$$= [P^{-1}(m) + X(m+1)X^T(m+1)]^{-1} \qquad (10-35)$$

式（10-35）中矩阵的求逆运算，可以利用矩阵求逆引理将矩阵 $P(m+1)$ 转化为不必求逆的递推计算形式，若 A、$A+BC^T$ 和 $C^T A^{-1} B$ 都是满秩矩阵，则有下面式子成立：

$$(A+BC^T)^{-1} = A^{-1} - A^{-1}B(I+C^T A^{-1} B)^{-1} C^T A^{-1} \qquad (10-36)$$

因此，式（10-35）转化成：

$$P(m+1) = [P^{-1}(m) + X(m+1)X^T(m+1)]^{-1}$$

$$= P(m) - P(m)X(m+1)[I+X^T(m+1)P(m)X(m+1)]^{-1}X^T(m+1)P(m)$$

$$(10-37)$$

注意到式中 $[I+X^T(m+1)P(m)X(m+1)]$ 是一个标量，它的求逆只是求它的倒数。为此令

$$r(m+1) = [I+X^T(m+1)P(m)X(m+1)]^{-1}$$

于是

$$P(m+1) = P(m) - r(m+1)P(m)X(m+1)X^T(m+1)P(m)$$

$$= [I - r(m+1)P(m)X(m+1)X^T(m+1)]P(m) \qquad (10-38)$$

从而

$$\hat{\theta}(m+1) = P(m+1)X_{m+1}^T Y_{m+1}$$

$$= P(m+1)[X_m^T \quad X(m+1)] \begin{bmatrix} Y_m \\ y(m+1) \end{bmatrix}$$

$$= P(m+1)[X_m^T Y_m + X(m+1)y(m+1)]$$

由式（10-29）和式（10-35）有：

$$X_m^T Y_m = P^{-1}(m)\hat{\theta}(m) = [P^{-1}(m+1) - X(m+1)X^T(m+1)]\hat{\theta}(m)$$

所以

$$\hat{\theta}(m+1) = P(m+1)\{[P^{-1}(m+1) - X(m+1)X^T(m+1)]\hat{\theta}(m) + X(m+1)y(m+1)\}$$

$$= \hat{\theta}(m) + P(m+1)X(m+1)[y(m+1) - X^T(m+1)\hat{\theta}(m)]$$

$$= \hat{\theta}(m) + K(m+1)[y(m+1) - X^T(m+1)\hat{\theta}(m)] \qquad (10-39)$$

其中 $K(m+1) = P(m+1)X(m+1)$

$$= [P(m) - r(m+1)P(m)X(m+1)X^{Ti}(m+1)P(m)]X(m+1)$$

$$= P(m)X(m+1)r(m+1)\left[\frac{1}{r(m+1)} - X^T(m+1)P(m)X(m+1)\right]$$

$$= r(m+1)P(m)X(m+1) = \frac{P(m)X(m+1)}{1 + X^T(m+1)P(m)X(m+1)} \qquad (10-40)$$

因此，式（10-38）进一步可写为

$$P(m+1) = P(m) - K(m+1)X^T(m+1)P(m) \qquad (10-41)$$

由式（10-39）、式（10-40）和式（10-41）构成了最小二乘递推算法。在这种算法中，根据 $P(m)$ 以及新的观测数据可以直接计算矩阵 $K(m+1)$，以此再根据 $\hat{\theta}(m)$ 计算出 $\hat{\theta}(m+1)$，下一次递推计算所需要的 $P(m+1)$ 可以根据 $P(m)$ 和 $K(m+1)$ 计算出来。这种算法的优点在于 $\hat{\theta}(m+1)$ 的递推估计只需当前获得的新数据 $y(m+1)$、$X(m+1)$，不需逐时扩大的数据矩阵参与计算，降低了计算机的存储量及计算的复杂程度。

（三）衰减记忆的最小二乘递推算法

上述的最小二乘递推算法是假定模拟的对象为定常的线性系统，最新的测量数据与老的数据对参数值的估计都提供同样好的信息。因此，在递推运算的过程中，全部参入计算的观测数据都给予同样的重视。如若模拟的对象为时变的线性系统时，系统动态特征将随时间而变化，最新的观测数据较之老的数据更能反映对象的现时动态特性。衰减记忆最小二乘递推算法就是在递推估计中，通过人为地给数据加权，将过时的老的数据逐渐"遗忘"掉，而突出当前数据的作用。

具体的作法是，每当取得一个新的观测数据时，就将以前的所有数据乘上一个小于1的加权因子，即 $0 < \lambda < 1.0$。在 m 次观测的基础上，当又增加一次新的观测时，有：

$$Y_{m+1} = \begin{bmatrix} \lambda Y_m \\ y(m+1) \end{bmatrix}, \quad X_{m+1} = \begin{bmatrix} \lambda X_m \\ X^T(m+1) \end{bmatrix} \qquad (10-42)$$

与式（10-32）相比，只是在式（10-32）中 Y_m 和 X_m 的基础上乘上加权因子 λ，λ 是个标量，因此采用类似上述的推导方法，可得：

$$\hat{\theta}(m+1) = \hat{\theta}(m) + K(m+1)[y(m+1) - X^T(m+1)\hat{\theta}(m)] \qquad (10-43)$$

$$K(m+1) = P(m)X(m+1)[\lambda^2 + X^T(m+1)P(m)X(m+1)]^{-1} \qquad (10-44)$$

$$P(m+1) = \frac{1}{\lambda^2}[I - K(m+1)X^T(m+1)]P(m) \qquad (10-45)$$

选择不同的 λ 值就可以得到不同的加权效果，λ 越小，表示对过去数据"遗忘"得越快，所以称 λ 为"遗忘因子"。由式（10-43）～式（10-45）组成的一组算式称为衰减记忆的最小二乘递推算法。

应用上述衰减记忆最小二乘递推算式进行实时洪水预报时，首先必须确定遗忘因子 λ 值和递推计算的初值 $\hat{\theta}(0)$ 和 $P(0)$。遗忘因子选择是根据参数估计值 $\hat{\theta}$ 跟踪其真值 θ 的程度，由实时预报的效果，对 λ 值进行优选确定的。对初值 $\hat{\theta}(0)$ 和 $P(0)$ 的选取，有两种方法：①整批计算，由最初的 m 个数据直接用最小二乘的整批算法求出 $\hat{\theta}(m)$ 和 $P(m)$，以此作为递推计算的初值，从 $m+1$ 个数据开始逐步进行递推计算；②预设初值，直接设定递推算法的初值 $\hat{\theta}(0)$，$P(0)=\alpha I$，其中 α 为一个充分大的正数，I 为单位矩阵。在进行递推计算中，尽管开头几步误差较大，但经过多次递推计算后，$\hat{\theta}$ 将逐步逼近真值。

应用递推最小二乘方法作实时洪水预报，是一个预报、校正、再预报、再校正、……，连续不断的预报校正过程。即每一时刻的模型参数估计值，可以用该时刻的观测值进行校正，并将校正后的模型参数，用于下一时刻的模型预报之中。以下结合算例，说明洪水实时预报中的衰减记忆最小二乘递推算法。

【例 10-2】 某河道断面的洪水流量过程，经分析可采用如下的自回归模型来预报：

$$Q(t+1)=\theta_1 Q(t)+\theta_2 Q(t-1)+\theta_3 Q(t-2)$$

式中 $\theta=(\theta_1,\theta_2,\theta_3)$ 为模型参数。该断面 1985 年 4 月 8—16 日发生一次洪水过程，应用衰减记忆最小二乘递推算法进行洪水实时预报，步骤如下。

（1）将选定的水文预报模型写成递推最小二乘的规范形式，有：

$$y(t+1)=X^T(t+1)\hat{\theta}(t) \tag{10-46}$$

其中

$$y(t+1)=Q(t+1)$$

$$X^T(t+1)=\begin{bmatrix} Q(t) & Q(t-1) & Q(t-2) \end{bmatrix}$$

$$\hat{\theta}(t)=\begin{bmatrix} \theta_1(t) & \theta_2(t) & \theta_3(t) \end{bmatrix}^T$$

（2）根据该河段以往的洪水流量资料，经综合分析选取遗忘因子 $\lambda^2=0.95$，$\hat{\theta}(0)=(2.298 \quad -1.821 \quad 0.598)^T$，$P(0)=10^{-6}I$。

（3）设 4 月 8 日 20 时为计算初始时间，其计算时段序号 $t=0$，由初始条件 $\hat{\theta}(0)$、$P(0)$ 以及 $X^T(1)=(523 \quad 570 \quad 640)$，应用预报模型式（10-46）预报 4 月 9 日 2 时，即时段序号 $t=1$ 的流量：

$$\hat{y}(1)=X^T(1)\hat{\theta}(0)=(523 \quad 570 \quad 640)(2.298 \quad -1.821 \quad 0.598)^T=547(\text{m}^3/\text{s})$$

（4）在 4 月 9 日 2 时，获得实测流量 $y(1)=510\text{m}^3/\text{s}$ 时，需对模型参数进行校正，应用式（10-44）和式（10-43），有：

$$K(1)=P(0)X(1)[\lambda^2+X^T(1)P(0)X(1)]^{-1}$$

$$=\begin{bmatrix} 10^{-6} & 0 & 0 \\ 0 & 10^{-6} & 0 \\ 0 & 0 & 10^{-6} \end{bmatrix}\begin{bmatrix} 523 \\ 570 \\ 640 \end{bmatrix}\left\{0.95+(523 \quad 570 \quad 640)\begin{bmatrix} 10^{-6} & 0 & 0 \\ 0 & 10^{-6} & 0 \\ 0 & 0 & 10^{-6} \end{bmatrix}\begin{bmatrix} 523 \\ 570 \\ 640 \end{bmatrix}\right\}^{-1}$$

$$=(0.000267 \quad 0.000291 \quad 0.000327)^T$$

$$\hat{\theta}(1) = \hat{\theta}(0) + K(1)[y(1) - X^T(1)\hat{\theta}(0)]$$

$$= \begin{bmatrix} 2.298 \\ -1.821 \\ 0.598 \end{bmatrix} + \begin{bmatrix} 0.000267 \\ 0.000291 \\ 0.000327 \end{bmatrix}(510 - 547) = (2.289 \quad -1.831 \quad 0.587)^T$$

（5）应用 $K(1)$ 和实测流量 $y(1)$，便可进行下一步递推计算，有：

$$P(1) = \frac{1}{\lambda^2}[I - K(1)X^T(1)]P(0) = 10^{-7}\begin{bmatrix} 9.06 & -1.60 & -1.80 \\ -1.60 & 8.78 & -1.96 \\ -1.80 & -1.96 & 8.32 \end{bmatrix}$$

预报 4 月 9 日 8 时，即时段序号 $t=2$ 的流量：

$$\hat{y}(2) = X^T(2)\hat{\theta}(1) = (510 \quad 523 \quad 570)(2.298 \quad -1.831 \quad 0.587)^T = 549(\text{m}^3/\text{s})$$

（6）依上述步骤逐时递推计算，可计算得洪水实时预报过程，见表 10 - 4 第（4）栏。若在第（2）步初值选取时 $\hat{\theta}(0)$ 未知，可设 $\hat{\theta}(0) = (0 \quad 0 \quad 0)^T$，$P(0) = 10^6 I$。经同样步骤递推计算，其结果见表 10 - 4 中第（5）栏，可以看到预报开始时段误差较大，但经过几个时段的计算之后，也可以获得好的预报结果。

表 10 - 4　　　　　　　　　　某河流断面洪水实时预报结果　　　　　　　　　单位：m³/s

时序	时间/(月.日 时)	实测流量	预报流量	预报流量	时序	时间/(月.日 时)	实测流量	预报流量	预报流量
(1)	(2)	(3)	(4)	(5)	(1)	(2)	(3)	(4)	(5)
	4.8　8	640	0	0	15	4.12　14	3440	3882	3790
	4.8　14	570	0	0	16	4.12　20	2970	3254	3018
0	4.8　20	523	0	0	17	4.13　2	2430	2245	2238
1	4.9　2	510	547	0	18	4.13　8	2020	2286	2598
2	4.9　8	547	549	473	19	4.13　14	1860	1939	2026
3	4.9　14	579	621	655	20	4.13　20	1740	1965	2012
4	4.9　20	796	633	290	21	4.14　2	1660	1689	1696
5	4.10　2	1010	1118	789	22	4.14　8	1620	1629	1634
6	4.10　8	1230	1202	1936	23	4.14　14	1730	1612	1615
7	4.10　14	1240	1455	1540	24	4.14　20	1790	1885	1892
8	4.10　20	1110	1127	1460	25	4.15　2	1600	1779	1778
9	4.11　2	954	943	1220	26	4.15　8	1400	1310	1307
10	4.11　8	850	839	933	27	4.15　14	1190	1270	1274
11	4.11　14	1070	818	851	28	4.15　20	948	1051	1054
12	4.11　20	1470	1442	1550	29	4.16　2	696	774	776
13	4.12　2	2360	1862	1820	30	4.16　8	535	529	531
14	4.12　8	3200	3510	3710					

三、卡尔曼滤波实时校正算法

（一）系统状态方程和观测方程

卡尔曼滤波理论由卡尔曼（R·E·Kalman）等于 20 世纪 60 年代初期提出，当时主要用于通讯和自动控制。70 年代中期，开始引入实时水文预报方面，对提高洪水预报精度起到了良好作用。卡尔曼滤波是根据对水文系统建立的状态方程和观测方程，采用线性递推的算法进行实时预报的。即由现时段的预报值和获得的观测资料作滤波计算，然后预报下一时段的系统状态；待下一时段的观测值出现后，再滤波，再预报下下个时段的状态，如此连续循环滤波和预报。

1. 状态方程

一个流域或一个河段，都可看作是由输入、系统作用和输出组成的一个水文系统。系统的基本特征是它的状态、输入、输出和干扰。在任意时刻 t_0，对某一给定的输入信息，能够唯一决定在未来时刻（$t > t_0$）的系统状态的一组最小数目的信息变量，称为系统的状态变量。状态变量所组成的向量 $X = (x_1, x_2, \cdots, x_n)^T$ 称为状态向量。

系统的状态在不断变化，当它在 t 时刻的状态唯一地由 $t_0 \leqslant t$ 时刻的状态和时间区间 $[t_0, t]$ 上已知的输入信息所决定，与 t_0 前的输入和状态无关时，其动态特性可用下述的系统状态方程和观测方程来完整地表达。

对于离散的线性系统，第 $k+1$ 时段的系统状态方程可表示为

$$X(k+1) = \Phi(k)X(k) + B(k)U(k) + \Gamma(k)W(k) \tag{10-47}$$

式中 k——计算时段序号；

$X(k)$、$X(k+1)$——k、$k+1$ 时刻系统的 n 维状态向量，如水位、流量等；

$U(k)$——k 时段外界环境对系统的输入，是已知的 p 维确定性向量，如河段的上断面和区间入流；

$W(k)$——k 时刻的系统噪声，是 r 维随机向量，如流域水文模型的误差；

$\Phi(k)$——系统由 k 时刻状态转变为 $k+1$ 时刻状态的 $n \times n$ 维状态转移矩阵；

$B(k)$——k 时段的 $n \times p$ 维矩阵，称输入分配矩阵；

$\Gamma(k)$——$n \times r$ 维矩阵，称系统噪声分配矩阵。

系统状态方程可以根据系统构造特点和变化规律确定，它体现系统后来的状态与前面的状态及输入变量间的联系。若不考虑外部控制，则状态方程为

$$X(k+1) = \Phi(k)X(k) + \Gamma(k)W(k) \tag{10-48}$$

2. 观测方程

对离散的线性系统，k 时刻的观测方程可表示为

$$Y(k) = H(k)X(k) + V(k) \tag{10-49}$$

式中 $Y(k)$——m 维观测向量，为 k 时刻对系统的观测值；

$V(k)$——k 时刻 m 维随机向量，反映观测误差，称观测噪声；

$H(k)$——$m \times n$ 维矩阵，称观测矩阵。

由此矩阵实现从状态向量 $X(k)$ 向观测向量 $Y(k)$ 的转换。

不论是系统噪声或是观测噪声，当用一个特定的随机过程描述时，它们的特性就由随机过程（如预报误差组成的序列）的统计特性所反映，如序列的均值、方差、协方差等。在卡尔曼滤波中，一般假定 $W(k)$、$V(k)$ 为互不相关的白噪声。当噪声系列具有零均值和常数方差时，称之为白噪声。故有：

$$E[W(k)] = 0$$

$$E[V(k)]=0$$

$$Cov[W(i),W(j)]=E[W(i)WT(j)]=\begin{cases}Q & (i=j)\\ 0 & (i\neq j)\end{cases}$$

$$Cov[V(i),V(j)]=E[V(i)VT(j)]=\begin{cases}R & (i=j)\\ 0 & (i\neq j)\end{cases}$$

式中 $E[W(k)]$、$E[V(k)]$——$W(k)$ 和 $V(k)$ 的系列均值；

  $Cov[W(i),W(j)]$、$Cov[V(i),V(j)]$——序列 $W(i)$、$V(i)$ 滞时为 $j-i+1$ 时段的协方差；

           Q、R——序列 $W(i)$、$V(i)$ 的方差。

这里只讨论 $W(i)$、$V(i)$ 为白噪声的卡尔曼滤波。

现就系统状态方程和观测方程的建立，举例如下。

设由一个自回归模型模拟某站的流量过程 $Q(k)$：

$$Q(k+1)=aQ(k)+bQ(k-1)+cQ(k-2)+W(k+1)$$

式中 a、b、c——模型参数，已用最小二乘法离线识别出为 $a=0.43$，$b=0.28$，$c=0.30$；

     $W(k+1)$——系统噪声。

离线识别，是指用过去的资料，在建立预报模型时优化确定的参数；在线识别参数，则是指作业预报过程中，随着观测的不断积累，不断地优化模型参数，这种情况下的参数随时在改变，故称为时变参数。

令状态向量为

$$X(k+1)=\begin{bmatrix}Q(k+1)\\ Q(k)\\ Q(k-1)\end{bmatrix} \qquad X(k)=\begin{bmatrix}Q(k)\\ Q(k-1)\\ Q(k-2)\end{bmatrix}$$

则由式（10-47）得系统的状态方程为

$$X(k+1)=\Phi X(k)+\Gamma W(k+1)$$

其中的 Φ、Γ 分别为

$$\Phi=\begin{bmatrix}a & b & c\\ 1 & 0 & 0\\ 0 & 1 & 0\end{bmatrix} \qquad \Gamma=\begin{bmatrix}1\\ 0\\ 0\end{bmatrix}$$

因 k 时刻的 $Q(k)$、$Q(k-1)$ 已经测得，故它们的系统噪声项均为零。

考虑观测误差的存在，k 时刻对系统状态 Q 的观测方程为

$$y(k)=Q(k)+v(k)$$

其向量形式为

$$Y(k)=HX(k)+V(k)$$

式中 $Y(k)=y(k)$，$Q(k)=HX(k)$，$V(k)=v(k)$

$$H=\begin{bmatrix}1 & 0 & 0\end{bmatrix}$$

状态向量的选择不是唯一的。若选择模型参数为状态向量，则定义：

状态向量 $X(k)=\begin{bmatrix}a\\ b\\ c\end{bmatrix}$

状态方程 $\qquad\qquad X(k+1)=\Phi X(k)+W(k)$

则 $\qquad\qquad\qquad\Phi=I=\begin{bmatrix} 1 & 0 & 0 \\ 0 & 1 & 0 \\ 0 & 0 & 1 \end{bmatrix}$

观测方程 $\qquad\qquad Y(k)=H(k)\theta(k)+V(k)$

则 $\qquad\qquad H(k)=\begin{bmatrix} Q(k-1) & Q(k-2) & Q(k-3) \end{bmatrix}$

(二) 卡尔曼滤波的递推步骤

由卡尔曼滤波方程进行连续预报，就是根据上述滤波递推方程连续递推的过程。

(1) 预报开始，选定初值 $X(0/0)$、$P(0/0)$。

(2) 状态预报。

$$\hat{X}(k+1/k)=\Phi(k+1)X(k) \qquad (10-50)$$

(3) 预报误差的协方差。

$$P(k+1/k)=\Phi(k+1/k)P(k/k)\Phi^T(k+1/k)+\Gamma(k+1)Q(k+1)\Gamma^T(k+1)$$
$$(10-51)$$

(4) 增益矩阵。

$$K(k+1)=P(k+1/k)H^T(k+1)\begin{bmatrix} H(k+1)P(k+1/k)H^T(k+1)+R(k+1) \end{bmatrix}^{-1}$$
$$(10-52)$$

(5) 状态滤波。

$$\hat{X}(k+1/k+1)=\hat{X}(k+1/k)+K(k+1)\begin{bmatrix} Y(k+1)-H(k+1)\hat{X}(k+1/k) \end{bmatrix} \quad (10-53)$$

(6) 滤波值误差协方差。

$$P(k+1/k+1)=\begin{bmatrix} I-K(k+1)H(k+1) \end{bmatrix}P(k+1/k) \qquad (10-54)$$

(7) 将 $k+1 \rightarrow k$，转到 (2)，连续计算。

(三) 卡尔曼滤波算法的讨论

1. 初值的选定

在实现卡尔曼滤波器递推前，必须确定初值 $\hat{X}(0/0)$、$P(0/0)$。

(1) 状态初值 $\hat{X}(0/0)$ 的选定。若以参数作为状态变量，则可以先用一组数据对参数作出离线最小二乘估计，求出 $\hat{X}$ 作为 $\hat{X}(0/0)$。若以流量作为状态变量，当前期流量平稳时，则可直接选用前期流量作为 $\hat{X}(0/0)$。

(2) 估计误差协方差矩阵的初值 $P(0/0)$。假定 $P(0/0)=2Q$，Q 为模型噪声协方差阵。

2. 噪声协方差阵的确定

(1) 模型噪声协方差阵 Q。对于定常系统，Q 可以看作定常矩阵，其值可以通过优选或分析确定。采用优选法时，令 $Q=AI$，I 为单位矩阵，A 为常数，通过优选确定，A 反映并不灵敏，比较容易确定。采用分析法时，Q 可取模型离线识别时的预报残差的方差。

(2) 观测噪声协方差阵 R。根据流量与雨量的观测误差估计 R，例如流量与雨量的测验误差分别为 $\pm 5\%$ 和 $\pm 2\%$，则：

$$R = \frac{1}{n}\sum_{i=1}^{n}\left[0.05y(i) - \frac{1}{n}\sum_{i=1}^{n}0.05y(i)\right]^2$$

或
$$R = \frac{1}{n}\sum_{i=1}^{n}\left[0.02y(i) - \frac{1}{n}\sum_{i=1}^{n}0.02y(i)\right]^2$$

式中 n——数据个数；

$y(i)$——第 i 个观测值。

第四节 中 长 期 水 文 预 报

随着预见期的加长，许多影响因素变化的不确定性增强，从而导致中长期预报成果的精度大大下降，甚至失去了指导生产管理的价值，因此，除少数中长期预报方法较为成功外，大多数还属探索性的研究，尚难在实际中应用。另外，中长期预报还要求有广泛的气象学知识。因此，这里仅作一些概要的介绍，使读者对中长期径流预报有一初步的了解。

一、中长期水文预报作用

防洪抗旱、水库调度、水电站运行、航运管理等，都要求水文预报有比较长的预见期，以便及早采取措施，合理解决防洪与抗旱、蓄水与供水、各部门用水之间的矛盾。因此，积极开展中长期水文预报是非常必要的。中长期水文预报内含的不确定性成分较多，它包括系统动力学本身的复杂性、变化的随机性以及人们认识上的不完善性等因素，所以中长期水文预报是水文学上难度较大的一个课题。由于影响因素的复杂与目前科学水平的限制，中长期水文预报还处于探索、发展阶段，预报精度还不高，定量预报误差较大。中长期水文预报是介于水文学、气象学与其他学科之间的一门边缘学科，因此要提高预报精度就必须开展多学科的协作，进一步弄清影响水文过程各种因素的物理本质以及它们之间的内在联系。

二、中长期水文预报途径

中长期径流预报的研究，可大致分为成因分析和水文统计两种途径。

（一）成因分析途径

河川径流的变化主要取决于大气降水，而降水又是由一定的环流形势与天气过程决定的，即径流的长期变化应与大型天气过程的演变有密切关系。若能找到天气过程的长期演变规律，预报出长期降水过程，结合流域产汇流规律，便能作出长期的径流预报。随着遥感技术的发展，对全球天气资料掌握的越来越全面，不仅范围广，而且及时，加上大型计算机准确快速分析，必将促进这一途径的突破性进展。不过，就目前的天气预报水平来说，还难以作出准确的中长期天气预报。

（二）水文统计途径

该途径又可分为两类：一类是分析水文要素自身随时间变化的统计规律，然后用这种规律进行预报，如历史演变法、时间序列分析法等；另一类是从分析影响预报对象的因素着手，从中挑出一批预报因子，然后用多元回归分析法，直接与后期的水文要素建立起定量的关系进行预报，这是目前比较常用的方法。

多元回归分析法，一是挑选预报因子，二是建立多元回归方程。预报因子就是多元回归方程中的自变量，是影响径流的主要前期因素，应结合径流形成和天气演变进行全面分析和选择，既要防止把那些不相干的因子选入，也不要漏掉了一些颇有作用的因素。对初选的预报因子作多元回归分析，不断剔除对预报对象作用甚微的因子（其作用低于规定的标准），最后即可得到主要因子与预报对象间的相关关系——多元回归方程。例如下式就是新安江水库长期径流预报的多元回归方程：

$$y=24900-427x_1-261x_2-129x_3-236x_4 \tag{10-55}$$

式中　　　　y——预报的下一年 4—7 月平均流量，m^3/s；

x_1、x_2、x_3——屯溪气象站本年 7 月月平均气温、月平均绝对湿度和月平均气压；

x_4——屯溪气象站本年 1 月月平均气压。

该回归方程的复相关系数为 0.8547，并大于信度水平为 0.01 的临界相关系数，说明有比较好的相关关系，预报方案基本上是可行的。该方案的预见期为本年 7 月到下年 7 月，长达一年。

三、几种常用的中长期水文预报模型

（一）多元线性回归模型

回归模型有多元线性回归模型、逐步回归模型、门限回归模型等。下面介绍多元线性回归模型。

1. 模型结构

设已挑选到 m 个预报因子 x_1，x_2，$\cdots$，x_m，现在建立预报对象与它们之间的回归方程。设它的数学模型为

$$y=b_0+b_1x_1+b_2x_2+\cdots+b_mx_m \tag{10-56}$$

式中　b_0，b_1，b_2，$\cdots$，b_m——$m+1$ 个待定参数，可直接用最小二乘法求解。

设在 t（$t=1,2,\cdots,n$）时刻，Y 及 $X=[1,x_1,x_2,\cdots,x_m]^T$ 的观测值序列已经获得，则可得到 n 个方程的方程组来表示这些数据之间的关系。

$$y_t=b_0+b_1x_{1t}+b_2x_{2t}+\cdots+b_mx_{mt} \quad (t=1,2,\cdots,n)$$

方程组式（10-56）可用矩阵形式表示如下：

$$Y=XB \tag{10-57}$$

式中

$$Y=\begin{bmatrix} y_1 \\ y_2 \\ \vdots \\ y_n \end{bmatrix} \quad X=\begin{bmatrix} 1 & x_{11} & \cdots & x_{m1} \\ 1 & x_{12} & \cdots & x_{m2} \\ \vdots & \vdots & \cdots & \vdots \\ 1 & x_{1n} & \cdots & x_{mn} \end{bmatrix} \quad B=\begin{bmatrix} b_0 \\ b_1 \\ \vdots \\ b_m \end{bmatrix}$$

因为 $n\gg m+1$，因此式（10-57）是一个矛盾方程组，它不存在通常意义下的解。如何在最优条件下解矛盾方程组呢？最小二乘原理指出：最可信赖的参数值 B 应在使残余误差平方和最小的条件下求得。

设估计误差向量 $e=[e_1, e_2, \cdots, e_n]^T$，并令：

$$e = Y - XB$$

目标函数为

$$J = \sum_{i=1}^{n} e_i^2 = e^T e = \min$$

$$J = (Y - XB)^T (Y - XB) = Y^T Y - B^T X^T Y - Y^T XB + B^T X^T XB$$

将 J 对 B 求偏导数，并令其等于零，则可求得使 J 趋于最小的估计值 B。即

$$\left. \frac{\partial J}{\partial B} \right|_{B=\hat{B}} = -2X^T Y + 2X^T XB = 0$$

可解得 B 为

$$\hat{B} = (X^T X)^{-1} X^T Y \qquad\qquad (10-58)$$

若 $(X^T X)$ 是非奇异矩阵，则解向量 $\hat{B}$ 是唯一的。

2. 模型建立的步骤

（1）选择预报因子，构造多元线性回归模型。

（2）收集整理预报对象和预报因子实测资料，构造系数矩阵 X。用最小二乘离线识别方法计算模型参数向量 $\hat{B}$，并对模型进行检验，即可用于预测。

3. 应用分析

某水库有 1955—1974 年共 20 年 4—7 月径流量（以 4—7 月各月平均流量之和表示），选用多元线性回归模型进行径流预报。挑选流域邻近某气象站上年 7 月平均气温 x_1、上年 7 月平均绝对湿度 x_2、上年 7 月平均气压 x_3 和上年 1 月平均气压为预报因子 x_4。用 1955—1973 年共 19 年资料建立模型，建模资料及模型精度分析见表 10-5，预报方程为

$$y = 25793 - 4334x_1 - 282x_2 - 146x_3 - 233x_4$$

表 10-5　　某水库 4—7 月入库径流量多元线性回归模型建模资料及精度分析

年份	x_1	x_2	x_3	x_4	实测径流/(m³/s)	模拟径流/(m³/s)	绝对误差/(m³/s)	相对误差/%
1955	26.4	29.1	4.1	5.8	3467	4197	730	21.1
1956	27.6	28.8	12.3	6.0	2622	2520	−102	−3.9
1957	29.1	30.0	5.8	8.0	1880	2012	132	7.0
1958	29.0	28.7	7.3	7.8	1997	2250	253	12.7
1959	29.4	27.8	11.1	5.3	2615	2359	−256	−9.8
1960	28.2	29.3	8.7	6.9	2091	2434	343	16.4
1961	28.4	28.6	8.2	10.0	1503	1894	391	26.0
1962	29.9	26.7	9.9	7.0	1993	2230	237	11.9
1963	28.6	30.9	10.0	7.3	1618	1527	−91	−5.6
1964	28.5	29.7	9.1	9.0	1938	1643	−295	−15.2
1965	28.4	29.5	8.2	10.5	1725	1524	−201	−11.6
1966	28.0	29.6	7.0	7.9	2680	2450	−230	−8.6
1967	28.1	29.9	7.5	8.8	2327	2040	−287	−12.3

年份	x_1	x_2	x_3	x_4	实测径流/(m^3/s)	模拟径流/(m^3/s)	绝对误差/(m^3/s)	相对误差/%
1968	28.4	29.6	11.5	6.6	1701	1924	223	13.1
1969	27.6	28.2	7.0	7.1	3634	3205	−429	−11.8
1970	27.3	29.6	5.4	8.5	3375	2847	−528	−15.6
1971	26.7	28.5	9.7	7.4	2397	3047	650	27.1
1972	30.0	29.9	8.8	7.5	992	1329	337	34.0
1973	27.7	28.0	8.0	5.4	4345	3468	−877	−20.2

根据 1973 年实测预报因子 $x_1=27.0$、$x_2=30.0$、$x_3=7.7$、$x_4=8.3$，对 1974 年 4—7 月入库径流量进行预报，预报值为 2576m^3/s，实测值为 2588m^3/s，绝对误差−11.8m^3/s，相对误差−0.5%，预见期长达一年。

（二）灰色预测模型

1. 模型结构

基于系统分析的观点，具有指数律因果规律的单元系统关系在连续变量空间可用高阶微分方程描述。在水文中长期预报中，目的是根据年径流量和年降水量历史数据，如果可以分析出一些指数律关系，就可以建立年径流预报模型。如果系统变量个数取为 1，即根据单一数据（年径流量）进行预报，灰色系统模型为 GM（1，1）模型。GM（1，1）模型的微分方程形式为

$$\frac{\mathrm{d}x^{(1)}(t)}{\mathrm{d}t}+ax^{(1)}(t)=u \tag{10-59}$$

式中　a——系统参数，表示系统自身响应特性，表明系统动态特征；

　　　u——内生变量，反映系统外界的影响。

$\{x^{(1)}(i)\}$（$i=1,2,\cdots,n$）是原始数据序列 $\{x^{(0)}(i)\}$ 的一次累加生成序列。

微分方程的解为

$$x^{(1)}(t)=\left[x^{(1)}(0)-\frac{u}{a}\right]\mathrm{e}^{-at}+\frac{u}{a} \tag{10-60}$$

令 $x^{(1)}(0)=x^{(0)}(1)$，则 GM（1，1）模型的时间函数为

$$x^{(1)}(t+1)=\left[x^{(0)}(1)-\frac{u}{a}\right]\mathrm{e}^{-at}+\frac{u}{a} \tag{10-61}$$

$\hat{a}$、$\hat{u}$ 为参数，可用最小二乘法求解：

$$\begin{bmatrix}\hat{a}\\\hat{u}\end{bmatrix}=(A^TA)^{-1}A^TY_n \tag{10-62}$$

式中　$A=\begin{bmatrix}-[\alpha x^{(1)}(2)+(1-\alpha)x^{(1)}(1)] & 1\\-[\alpha x^{(1)}(3)+(1-\alpha)x^{(1)}(2)] & 1\\\vdots & \vdots\\-[\alpha x^{(1)}(n)+(1-\alpha)x^{(1)}(n-1)] & 1\end{bmatrix}$　$Y_n=\begin{bmatrix}x^{(0)}(2)\\x^{(0)}(3)\\\vdots\\x^{(0)}(n)\end{bmatrix}$

$Y=[x^{(0)}(2),x^{(0)}(3),\cdots,x^{(0)}(n)]$

α 为 GM 模型的背景值权重系数，$\alpha\in[0,1]$，通常取 $\alpha=0.5$。

2. 模型建立的步骤

（1）给出原始数据系列：

$$\{x^{(0)}(i)\} \quad (i=1,2,\cdots,n)$$

相应地，有一次累加生成系列：

$$\{x^{(1)}(i)\} \quad (i=1,2,\cdots,n)$$

（2）构造矩阵 $A[\alpha]$ 与 Y_n，计算系统向量 $\hat{a}$、$\hat{u}$。

（3）求微分方程的时间函数，用模型求生成数的回代计算值 $\hat{x}^{(1)}(i)$。

（4）求原始数据还原值 $x^{(0)}(i)$。

$$\hat{x}^{(0)}(i)=\hat{x}^{(1)}(i)-x^{(1)}(i-1) \quad (i=1,2,\cdots,n)$$

（5）求残差 $\varepsilon^{(0)}(i)=x^{(0)}(i)-\hat{x}^{(0)}(i)$ 和相对误差 $q=\dfrac{\varepsilon^{(0)}(i)}{x^{(0)}(i)}\times 100\%$。

（6）进行后验差检验。

1）求原始数据系列的均值 $\overline{x}^{(0)}=\dfrac{1}{n}\sum\limits_{i=1}^{n}\hat{x}^{(0)}(i)$。

2）求原始数据系列的方差和均方差。

$$S_1^2=\sum_{i=1}^{n}\left[\hat{x}^{(0)}(i)-\overline{x}^{(0)}\right]^2$$

$$S_1=\sqrt{\frac{S_1^2}{n-1}}$$

3）求残差的均值。

$$\overline{\varepsilon}^{(0)}=\frac{1}{n}\sum_{i=1}^{n}\varepsilon^{(0)}(i)$$

4）求残差的方差和均方差。

$$S_2^2=\sum_{i=1}^{n}\left[\varepsilon^{(0)}(i)-\overline{\varepsilon}^{(0)}\right]^2$$

$$S_2=\sqrt{\frac{S_2^2}{n-1}}$$

5）计算方差比。

$$C=\frac{S_2}{S_1}$$

6）计算小误差概率。

$$P=p\{|\varepsilon^{(0)}(i)-\overline{\varepsilon}^{(0)}|<10.6745S_1\}$$

根据经验，一般可按表 10-6 划分精度等级。

表 10-6　　　　　　　　　　　灰色系统 GM 模型预测精度等级

预测精度	P	C
好	>0.95	<0.35
合格	>0.80	<0.50
勉强	>0.70	<0.65
不合格	$\leqslant 0.70$	$\geqslant 0.65$

如果 q、P、C 都在允许范围之内，则可计算预测值。如果不在允许范围内，则需进行残差修整。

3. 应用分析

长江宜昌水文站控制流域面积 100 万 km^2，基于该站 1965—1977 年共 13 年年径流资料建立 GM(1, 1) 模型，取 $\alpha = 0.5$，率定得模型参数 $\hat{a} = -0.01165$，$\hat{u} = 12297$。$C = 0.63$，$P = 0.92$ 在允许范围内。预测 1978 年年径流量 $14600 m^3/s$（以年平均流量表示），实测年平均流量为 $12400 m^3/s$，相对误差 $q = 18.8\%$，在允许误差范围之内。

（三）分级退水曲线模型

1. 模型结构

退水曲线模型适用于枯水期径流预报。枯水期降雨较少，径流主要由流域蓄水消退补给。枯水期，时段 dt 内流域的水量平衡方程为

$$-Qdt = ds \qquad (10-63)$$

地下蓄水量 S 与出流量 Q 的关系近似为线性关系，即

$$S = KQ \qquad (10-64)$$

式中　S——地下蓄水量；

　　　Q——枯水期退水流量；

　　　K——具有时间因次，称地下径流汇流时间。

联解以上两式，得地下水退水方程为

$$Q_t = Q_0 e^{-t/k} = Q_0 e^{-\beta t} \qquad (10-65)$$

式中　Q_0、Q_t——时间 $t = 0$ 和 t 时刻的退水流量，m^3/s；

　　　$\beta = 1/k$——退水系数。

退水系数 β 与起退流量 Q_0 关系密切，一般按起退流量分级，采用不同的退水系数建立预报模型。

2. 模型建立的步骤

（1）选择水电站枯水期的逐月平均流量，计算模型各月退水系数 β。按起退流量分级，采用不同的退水系数建立预报方程。

（2）作业预报时，先确定起退流量 Q_0，据此选择相应的退水系数，预报下一时段的退水流量。

3. 应用分析

长江宜昌水文站以上流域，10 月以后，降水锐减，进入枯水季节。径流的形成主要取决于流域蓄水的消退，变化比较平稳。模型采用 1885—1985 年共 101 年的月平均流量资料，以 10 月上旬旬平均流量作为起退流量并进行分级，采用不同的退水系数建立预报模型。各时段退水系数见表 10-7。

表 10-7　　　　　　　宜昌站 10—12 月旬平均流量分级退水系数 β 值

10月上旬流量/(m^3/s)	10月中旬	10月下旬	11月上旬	11月中旬	11月下旬	12月上旬	12月中旬	12月下旬
$Q_{10月上旬} > 24600$	0.224	0.250	0.240	0.218	0.254	0.236	0.212	0.208
$20700 < Q_{10月上旬} \leq 24600$	0.191	0.151	0.216	0.233	0.209	0.228	0.246	0.213
$Q_{10月上旬} \leq 20700$	0.033	0.153	0.253	0.147	0.180	0.214	0.186	0.192

（四）径流时间序列模型

1. 自回归模型

一个自回归模型描述的过程为：现在值 $y(t)$ 可用由这个过程过去值的加权值的有限线性和及一个干扰量 a_t 来表示，即

$$Y(t)=\varphi_1 Y(t-1)+\varphi_2 Y(t-2)+\cdots+\varphi_p Y(t-p)+a(t)$$

$$=\sum\varphi_i Y(t-i)+a(t) \qquad (t=1,2,\cdots,n;p>0) \qquad (10-66)$$

称为 p 阶自回归模型，表示为 AR(p)。在自回归分析中，有 $(p+1)$ 个未知参数，即 φ_1、φ_2、$\cdots$、φ_p 和 $a(t)$ 的方差 σ_a^2。这些未知参数只能从过去的观测资料中确定。

干扰 $a(t)$ 对于 $a(t-1)$、$a(t-2)$、$\cdots$独立，所以一般认为干扰 $a(t)$ 是均值为零，但有一定方差的正态分布白噪声。

2. AR(p) 模型的参数估计

根据样本估计模型参数，方法有矩法、极大似然法、最小二乘法和递推算法等。

当已知 AR(k) 模型参数 φ_{k1}、φ_{k2}、$\cdots$、φ_{kk} 后，由 AR(k) 递推出 AR$(k+1)$ 模型参数 $\varphi_{k+1,1}$、$\varphi_{k+2,2}$、$\cdots$、$\varphi_{k+1,k}$ 的递推算式为

$$\begin{cases} \varphi_{11}=r(1) \\ \\ \varphi_{k+1,k+1}=\dfrac{r(k+1)-\sum\limits_{j=1}^{k}\varphi_{kj}r(k+1-j)}{1-\sum\limits_{j=1}^{k}\varphi_{kj}r(j)} \qquad (j=1,2,\cdots,k) \\ \\ \varphi_{k+1,j}=\varphi_{kj}-\varphi_{k+1,k+1}\varphi_{k,k+1-j} \end{cases}$$

式中　$r(k)$——序列 $Y(t)$ 的 k 阶自回归系数。

递推开始，先根据 $Y(t)$ 算出一步自回归系数 $r(1)$，确定初始值 $\varphi_{11}=r(1)$，再逐步递推直至模型检验适用为止。当发现 $\varphi_{kk}=0$（$k>p$）时，模型阶数为 $(k-1)$。

3. AR(p) 模型阶数的识别

模型阶次升高，则模型逼近真实系统的准确性提高，预报残差下降，这是有利的一面。然而，模型阶次升高意味着模型参数增多，则导致计算误差增大，这是不利的一面。因此，综合两方面的影响，应该存在一个较为合适的阶次，同此阶次相应的模型就是适用模型，这就是这类准则的思想。这类准则（Akaike 信息准则）计算简单，便于计算机上实现，并具有良好的有效性，在实际中得到广泛应用，特别是其中的 AIC、BIC 准则。

AIC（final prediction error）准则由赤弘治于 1973 年提出，该准则从提取出观测序列中的最大信息量出发，定义准则函数为

$$AIC(k)=\ln FPE(k)=\ln\sigma_k^2+\ln\frac{n+k}{n-k}$$

$$=\ln\sigma_k^2+\frac{2k}{n} \qquad (10-67)$$

$\ln\sigma_k^2$ 是 k 的减函数，随着 k 的增大而减小，而 $2k/n$ 是随着 k 的增加而增加。两者相权，取 $\min AIC(k)$ 的 k 作为模型阶次 p 的估值。

4. AR(p) 模型的预测

在进行模型识别、参数估计和模型检验之后，已对平稳序列 $Y(t)$ 建立了一个合适的 AR 模型，就可利用这个模型进行预测。

时间序列 $Y(t)$ 的预测是指，已经知道 t 时刻及以前各时刻的观测值 $Y(t)$，$Y(t-1)$，$Y(t-2)$，…，$Y(t-p+1)$，要对该序列在 $t+1>t$ 的取值 $Y(t+1)$ 进行估计，记其估计值为 $\hat{Y}(t+1)$，并称它为 t 时刻向前 1 步的预测。

在均方误差最小的意义下，对未来时刻 $t+1$ 的预报值 $\hat{Y}(t+1)$，是 $Y(t+1)$ 在时刻 t 的条件期望值，即 $E[Y(t+1)]$。

对于 AR(p) 模型，在 t 时刻向前一步的最佳预测值为

$$\hat{Y}(t+1)=E[Y(t+1)]$$
$$=E[\varphi_1 Y(t)+\varphi_2 Y(t-1)+\cdots+\varphi_p Y(t-p+1)+a(t+1)]$$

由于在 t 时刻以前的各值已经确定了，而 $a(t+1)$ 尚未发生，即 $E[a(t+1)]=0$，故 AR(p) 模型可写为

$$\hat{Y}(t+1)=\Phi_1 Y(t)+\Phi_2 Y(t-1)+\cdots+\Phi_p Y(t-p+1)$$

同理，在 t 时刻向前两步的最佳预测值为

$$\hat{Y}(t+2)=\Phi_1 \hat{Y}(t+1)+\Phi_2 Y(t)+\cdots+\Phi_p Y(t-p+2)$$

显然，在 t 时刻向前 l 步的最佳预测值应为

$$\begin{cases} \hat{Y}(t+l)=\varphi_1 \hat{Y}(t+l-1)+\varphi_2 \hat{Y}(t+l-2)+\cdots+\varphi_{l-1}\hat{Y}(t+1)+\varphi_l \hat{Y}(t) \\ \qquad +\varphi_{l+1}Y(t-1)+\cdots+\varphi_p Y(t-p+1) \qquad (l\leqslant p) \\ \hat{Y}(t+l)=\varphi_1 \hat{Y}(t+l-1)+\varphi_2 \hat{Y}(t+l-2)+\cdots+\varphi_p \hat{Y}(t-p+1) \quad (l>p) \end{cases} \qquad (10-68)$$

从预测公式（10-68）可知，$\hat{Y}(t+1)$ 的递推计算不涉及 $a(t+l)$，则不必利用模型去迭代计算 $a(t+l)$，从而就不必使用 $Y(t)$ 的全部数据，而只用到自 t 时刻的 p 个数据。因此，AR(p) 模型预测计算简单，正是因为 AR(p) 模型建模与预测的简单性，它成为预测问题中用得最为广泛的时序模型。

5. 应用分析

以长江三峡明渠截流期 11 月中旬流量预报为例，模型输入为 1892—1991 年共 100 年宜昌站流量系列。应用 $AIC(k)$ 准则计算得模型阶数 $k=5$。采用递推估计计算得模型参数 $\varphi_1=0.216$，$\varphi_2=-0.134$，$\varphi_3=0.141$，$\varphi_4=-0.096$，$\varphi_5=-0.078$。用该模型对 1992—2001 年 11 月中旬流量进行预报检验，成果见表 10-8。

表 10-8　　　三峡明渠截流期 11 月中旬流量 AR(p) 模型预报检验成果表

年　份	1992	1993	1994	1995	1996	1997	1998	1999	2000	2001
预报值 $Q_{预报}/(\text{m}^3/\text{s})$	8540	9290	8010	8730	8810	10150	7360	11000	10300	9750
实测值 $Q_{实测}/(\text{m}^3/\text{s})$	8074	12230	9717	8612	12100	7230	7200	12700	9400	10800
相对误差/%	6.2	−24.0	−17.6	1.4	−27.2	40.1	2.1	−13.4	10.3	−9.7

（五）总径流线性响应模型

1. 模型结构

如果流域是一个线性、时不变、集总的确定性水文系统，总降雨 $x(t)$ 经过系统作用 $h(t)$ 转化为总径流过程 $y(t)$ 输出，则总径流线性响应模型（SLM 模型）的系统方程，可用如下线性卷积方程表达：

$$y(t) = \int_0^t h(\tau)x(t-\tau)\mathrm{d}\tau \tag{10-69}$$

线性指系统满足倍比（齐次性）性和叠加性，即

$$\int_0^t h(\tau)[ax(t-\tau)]\mathrm{d}\tau = a\int_0^t h(\tau)x(t-\tau)\mathrm{d}\tau = ay(t)$$

$$\int_0^t h(\tau)[x_1(t-\tau)+x_2(t-\tau)]\mathrm{d}t = \int_0^t h(\tau)x_1(t-\tau)\mathrm{d}\tau + \int h(\tau)x_2(t-\tau)\mathrm{d}\tau$$

$$= y_1(t) + y_2(t)$$

时不变系统反映在系统方程中是指系统的响应函数 $h(\cdot)$ 并不随时间 t 而变化，它仅仅是积分变量 t 的函数。

系统方程的离散化表达式为

$$Y(k) = \sum_{i=1}^m H(i)X(k-i+1) \tag{10-70}$$

式中　m——流域记忆长度，即任一输入 x 的作用效应只持续 m 个时段。

当系列足够长时，有：

$$\sum Y(k) = \sum H(i)\sum X(k)$$

则

$$\sum H(i) = \frac{\sum Y(k)}{\sum X(k)} = \alpha_{Y/X} = G_a$$

G_a 称为系统的增益因子，等于响应函数 $H(i)$ 之和，也即总径流与总降雨之比，也即流域的平均径流系数。

把响应函数标准化，并记为 $Z(i)$：

$$Z(i) = \frac{H(i)}{G_a}$$

总径流响应模型系统方程为

$$Y(k) = \sum_{i=1}^m Z(i)G_a X(k-i+1) = \sum_{i=1}^m Z(i)R(k-i+1) \tag{10-71}$$

响应函数可用最小二乘法推求。总径流响应模型水文概念简单，它表达了水文传统的汇流质量守恒系统，即

$$\sum_{i=1}^m Z(i) = 1.0 \qquad \sum Y(k) = \sum R(k)$$

本模型用在大江大河的日径流预报，有一定的预报精度，也可用在缺乏资料的流域。

2. 模型建立的步骤

（1）选择多场雨洪资料 $[x(k), y(k)]$，分析计算响应函数 $H(i)$。响应函数 $H(i)$ 的识别可采用"离线"识别，如最小二乘法、正交逼近的最小二乘法；也可采用"在线"

识别，如递推最小二乘法、卡尔曼滤波方法等。

（2）以日降雨量为系统输入，由系统方程计算系统输出，即日平均流量，逐日连续计算。

3. 应用分析

清江长阳站控制流域面积 $15080km^2$，收集到 1973—1980 年 8 年连续日径流资料和流域平均日降水资料。选用 1973—1978 年连续 6 年降雨-径流资料建立总径流线性响应模型，用 1979—1980 年 2 年降雨-径流资料对模型进行预报检验。精度评定采用纳希建议的模型效率准则 DC。通过离线识别推求响应函数，系统记忆长度 $m=15$ 天。流域系统增益因子 $G_a=0.6878$，相当于 6 年平均的日径流系数。模型率定期的效率 $DC=79.31\%$，预报检验期的效率 $DC=83.04\%$。水文过程的模拟比较满意，洪峰模拟存在系统偏差。

第五节 水 文 预 报 精 度 评 定

水文预报指对江河、湖泊、渠道、水库和其他水体的水文要素实时情况的报告和未来情况的预报，涉及水资源开发、利用、节约和保护，水生态环境监测等方面。由于影响水文要素的因素很多，情况比较复杂，水文预报的水文特征值与实际的水文特征值总有一定的差别，这种差别称为预报误差。预报误差的大小反映了预报精度。很明显，精度不高的预报作用不大，至于精度太差的预报，反而会带来损失和危害。因此，在发布水文预报成果时，对预报精度必须进行评定。

精度评定的目的在于，应用预报方案时了解方案的可靠性以及预报值的精确程度，做到心中有数，以便对预报方案是否可用做出判断；同时通过精度评定，分析存在问题，及时改进，促进水文预报技术和理论的发展和提高。

评定和检验都应采取统一的许可误差和有效性标准。评定是对编制方案的全部点距，按其偏离程度确定方案的有效性。然后，没有参加方案编制的预留系列对方案进行检验。

我国正在使用的 2008 年水利部水文局制定的《水文情报预报规范》（GB/T 22482—2008），这里主要针对洪水预报精度评定进行阐述。

一、洪水预报精度评定

洪水预报的主要对象一般是江河、湖泊及水工程控制断面的洪水要素，包括洪峰流量（水位）、洪峰出现时间、洪量（径流量）和洪水过程等。应不断提高洪水预报精度和增长有效预见期。

（一）洪水预报方案编制

洪水预报方案的可靠性取决于编制方案使用的水文资料的质量和代表性。应采用代表年的全部水文资料制作洪水预报方案。对洪水场次选样时，要求使用不少于 10 年的水文气象资料，其中应包括大、中、小洪水各种代表性年份，并有足够代表性的场次洪水资料，湿润地区不应少于 50 次，干旱地区不应少于 25 次，当资料不足时，应使用所有洪水资料。

对于代表年份中大于样本洪峰中值的洪水资料应全部采用，不得随意舍弃。当资料代表性达不到此要求时，洪水预报方案应降一级使用。

洪水预报方案建立后，应进行精度评定和检验，衡量方案的可靠程度，确定方案精度等级。方案的精度等级按合格率划分，精度评定要用参与洪水预报方案编制的全部资料，精度检验要用未参与洪水预报方案编制的资料（不少于2年）。当检验精度等级低于评定精度等级时，应分析原因，如果情况不明又无法增加资料再检验时，洪水预报方案应降级使用。

经精度评定，洪水预报方案精度达到甲、乙两个等级者，可用于发布正式预报；方案精度达到丙级者，可用于参考性预报；方案精度丙级以下者，只能用于参考性估报。

（二）洪水预报精度评定

洪水预报精度评定包括预报方案精度评定、作业预报的精度等级评定和预报时效等级评定等。评定的项目主要有洪峰流量（水位）、洪峰出现时间、洪量（径流量）和洪水过程等。

洪量（径流量）预报有不同的实现形式，在降雨径流预报中直接预报次洪水的径流量，在预报水库入库流量过程时，也就预报了入库流量，在预报河道洪水流量过程时，也就预报了洪水流量。洪水过程预报是指以固定时段长 Δt 采样，将洪水的变化过程预报出来，过程预报的特点是一次发布多种预见期（Δt，$2\Delta t$，$3\Delta t$，…）的洪水要素预报。由于一次洪水过程预报包括多个不同预见期的水文要素预报，而预见期越长预报误差一般也越大，因此，评定过程的预报精度时，其精度都需与对应预见期联系起来，一般预报精度评定只对预见期内的预报结果有效，超过洪水预见期的预报结果不作精度评定。

1. 误差指标

洪水预报误差指标采用绝对误差、相对误差及确定性系数3种。

（1）绝对误差。水文要素的预报值减去实测值为预报误差，其绝对值为绝对误差。多个绝对误差值的平均值表示多次预报的平均误差水平。

（2）相对误差。预报误差除以实测值为相对误差，以百分数表示。多个相对误差绝对值的平均值表示多次预报平均值相对误差水平。

（3）确定性系数。洪水预报过程与实测过程之间的吻合程度可用确定性系数作为指标，按式（10-72）计算。

$$DC = 1 - \frac{\sum_{i=1}^{n}(y_{ci} - y_{oi})^2}{\sum_{i=1}^{n}(y_{oi} - \overline{y_o})^2} \qquad (10-72)$$

式中　DC——确定性系数（取两位小数）；

$\quad y_c$——预报值，m^3/s；

$\quad y_o$——实测值，m^3/s；

$\quad \overline{y_o}$——实测值的均值，m^3/s；

$\quad n$——资料系列长度。

2. 许可误差

许可误差是依据预报精度的使用要求和实测预报技术水平等综合确定的误差允许范围。由于洪水预报方法和预报要素的不同，对许可误差规定也不同。

（1）洪峰预报许可误差。降雨径流预报以实测洪峰流量的20％作为许可误差；河道流量（水位）预报以预见期内实测变幅的20％作为许可误差。当流量许可误差小于实测值的5％时，取流量实测值的5％，当水位许可误差小于实测洪峰流量的5％所相应的水位变幅度值或小于0.10m时，则以该值作为许可误差。

（2）峰现时间预报许可误差。峰现时间以预报根据时间至实测洪峰出现时间之间时距的30％作为许可误差，当许可误差小于3h或一个计算时段长，则以3h或一个计算时段长作为许可误差。

（3）径流深预报许可误差。径流深预报以实测值的20％作为许可误差，当该值大于20mm时，取20mm；当小于3mm时，取3mm。

（4）过程预报许可误差。过程预报许可误差规定有以下几项。

1）取预见期内实测变幅20％作为许可误差，当该流量小于实测值的5％，水位许可误差小于相应流量的5％对应的水位幅度值或小于0.10m时，则以该值作为许可误差。

2）预见期内最大变幅的许可误差采用变幅均方差σ_Δ，变幅为零的许可误差采用$0.03\sigma_\Delta$，其余变幅的许可误差按上述两值用直线内插法求出。

当计算水位许可误差$\sigma_\Delta > 1.00$m时，取1.00m，计算的$0.3\sigma_\Delta < 0.10$m时，取0.10m。算出流量许可误差$0.3\sigma_\Delta$小于实测流量的5％时，即以该值作为许可误差。

变幅均方差用式（10-73）计算：

$$\sigma_\Delta = \sqrt{\frac{\sum_{i=1}^{n}(\Delta_i - \overline{\Delta})^2}{n-1}} \qquad (10-73)$$

式中　Δ_i——预报要素在预见期内的变幅，m；

$\overline{\Delta}$——变幅的均值，m；

n——样本数；

σ_Δ——变幅的方差。

3. 预报项目精度评定

预报项目的精度评定规定有以下几项。

（1）合格预报。一次预报的误差小于许可误差时，为合格预报。合格预报次数与预报总数之比的百分数为合格率，表示多次预报总体的精度水平。合格率按式（10-74）计算：

$$QR = \frac{n}{m} \times 100\% \qquad (10-74)$$

式中　QR——合格率（取1位小数）；

n——合格预报次数；

m——预报总次数。

（2）预报项目精度等级。预报项目的精度按合格率或确定性系数的大小分为3个等级，见表10-9。

表 10 - 9 预报项目精度等级表

精度等级	甲	乙	丙
合格率/%	$QR \geqslant 85.0$	$85.0 > QR \geqslant 70.0$	$70.0 > QR \geqslant 60.0$
确定性系数	$DC > 0.90$	$0.90 \geqslant DC > 0.70$	$0.70 > DC \geqslant 0.50$

4. 预报方案精度评定

(1) 预报方案包含多个预报项目。当一个预报方案包含多个项目预报时，预报方案的合格率为各预报项目合格率的算术平均值。其精度等级仍按表 10 - 9 的规定确定。

(2) 主要项目合格率低于各预报项目合格率的算术平均值。当主要项目的合格率低于各预报项目合格率的算术平均值时，以主要项目的合格率等级作为预报方案的精度等级。

5. 作业预报精度评定

(1) 作业预报精度评定方法。作业预报精度评定方法与预报方案精度评定方法相同。用预报误差与许可误差之比的百分数作为预报作业精度分级指标，划分的精度等级见表 10 - 10。

表 10 - 10 作业预报精度等级表

精度等级	优 秀	良 好	合 格	不 合 格
分级指标/%	分级指标≤25	25<分级指标≤50	50<分级指标≤100	分级指标>100

(2) 洪峰预报时效性评定。洪峰预报时效用时效性系数描述，按式（10 - 75）计算：

$$CET = \frac{EPF}{TPF} \tag{10 - 75}$$

式中 CET——时效性系数（取两位小数）；

EPF——有效预见期，指发布预报时间至本站洪峰出现的时距（取 1 位小数），h；

TPF——理论预见期，指主要降雨停止或预报依据要素出现至本站洪峰出现的时距（取 1 位小数），h。

单河段（流域）洪峰预报时效等级按表 10 - 11 规定确定。当 $CET > 1.00$ 时为超前预报，它是在洪峰预报依据要素尚未出现时发布的洪峰预报，预报时效达不到丙级者为时效不合格。水位流量过程预报的时效也可用预见期最长的预报值比照洪峰预报时效等级规定确定。

经精度评定后，洪水预报方案精度达到甲、乙两个等级者，可用于正式发布预报；方案精度达到丙级者，可用于参考性预报；丙级以下者，只能用于参考性预报。洪峰预报时效等级见表 10 - 11。

表 10 - 11 单河段（流域）洪峰预报时效等级表

实效等级	甲（迅速）	乙（及时）	丙（合格）
时效性系数	$CET \geqslant 0.95$	$0.95 > CET \geqslant 0.85$	$0.85 > CET \geqslant 0.70$

二、中长期预报精度评定

中长期定量预报的项目应包括最高（大）、最低（小）水位（流量）及其出现时间、平均水位（流量）、径流量等，各要素均有年、汛期、季、月或旬之分。中长期定性预报主要根据要素距平值，按表 10-12 划分成 5 个等级，对于年、汛期、季、月或旬径流量和最高水位（最大流量）进行预报。

表 10-12　　　　　　　　　　　　中长期定性预报等级表

分　级	枯(低)水	偏枯(中低水)	正常(中水)	偏丰(中高水)	丰(高水)
要素距平值/%	距平<-20	-20≤距平<-10	-10≤距平≤10	10<距平≤20	距平>20

对中长期预报的精度评定规定如下：

（1）对于水位（流量）的特征值定量预报，按多年同期实测变幅的 10%、其他要素按多年同期实测变幅的 20%、要素极值的出现时间按多年同期实测变幅的 30% 作为许可误差，根据所发布的数值或实测变幅的中值进行评定。

（2）定性预报的评定分合格和不合格两个等级：当预报与实况在同一量级时为合格，否则为不合格。

第十一章 水 文 模 型

第一节 概 述

水文模型是在对复杂的水文物理现象进行抽象的基础上，采用系统理论方法、数学物理方法或者利用一些简单的物理概念和经验关系，对流域产汇流过程进行描述而建立起来的数学模型，通过电子计算机来分析、模拟、显示和实时预测各种水体的存在、循环、分布以及物理和化学特性。流域水文模型的产生是对水文循环规律研究的必然结果，模型的发展一方面归功于计算机的应用，另一方面也归功于从模型比较研究中获得的对水文过程进一步的认识。

一般的流域水文模型可以有以下几种分类方法：①根据模拟水文现象的成因规律，将模型分为确定性水文模型和随机水文模型，确定性水文模型模拟水文现象的必然规律，随机水文模型模拟水文现象的随机过程；②根据模型的性质可分为概念性模型、系统模型和物理模型；③根据反映水流运动的空间变化特点，分为集总式流域水文模型和分布式流域水文模型；④根据所建模型的时间尺度将模型分为时段、日或月等流域水文模型。

世界上第一个流域水文模型是 1960 年美国的斯坦福模型，这是一个以入渗理论、单位过程线和回归函数为基础的以日为步长的模型，随后又发展成为一个包含土壤水平衡、蒸散发估计以及汇流技术等的以小时为步长的模型。在 20 世纪 60 年代到 80 年代初，流域水文模型进入蓬勃发展期，国外具有代表性的集总概念性水文模型主要有：由美国天气局 Sitten 研制的 API 模型，美国农业部水土保持局研制的 SCS 模型，由日本国立防灾科学技术中心菅原正已等研制的水箱模型（Tank），Bernash 提出的 Sacramento 模型，最初由丹麦技术大学于 1973 年提出，后由丹麦水力研究所在实践中逐渐完善的 NAM 模型，爱尔兰国立大学工程水文系研制的 SMAR 模型，瑞典水文气象局研制的 HBV 模型，美国陆军工程师团水文工程中心研制的 HEC-1 模型，英国 Beven 和 Kirkby 于 1979 年研制的 TOPMODEL 模型，意大利 Todini 所研制的 ARNO 模型，Jakeman 等于 1990 年研制的 IHACRES 模型，澳大利亚人 Chiew 研制的概念性日降雨径流模型 SIMHYD 等。

我国从 20 世纪 70 年代开始，一方面研制适合我国水文条件的流域水文模型，另一方面积极引进和研究国外的流域水文模型。新安江模型是我国最具有代表性的模型。1973 年，赵人俊等将多年的预报经验归纳成一个完整的降雨径流模型——新安江模型，起初的模型为两水源，此后，模型研制者将水箱模型中的用线性水库函数划分水源的概念引入新安江模型，先后提出了三水源、四水源新安江模型。此后，又出现了比如姜湾径流模型，双 11 超产流模型，河北雨洪模型，蓄满-超渗兼容模型及垂向混合模型等，这些模型都是在新安江模型基础上发展起来的。

流域水文模型经历了几十年的发展，随着科学技术的发展，模型也在不断的改进和完善。到目前为止，据不完全统计至少有上百种流域水文模型。需要指出的是，目前得到广泛应用的仍是在 20 世纪 60—80 年代初期建立的模型，或者是在此基础上进行一些修订和改进，新模型的研制并没有出现大的突破。尤其进入 20 世纪 90 年代，流域水文模型相对处于缓慢的发展阶段。随着计算机技术和一些交叉学科的发展，流域水文模拟的研究方法也开始产生了根本性的变化。流域水文模型研究的方向主要反映在计算机技术、空间遥感技术（RS）、地理信息系统（GIS）等的应用，分布式流域水文模型的研究开发得到普遍的关注。但由于受到技术和资料等原因的制约，分布式水文模型的推广应用还比较困难。

第二节　系　统　理　论　模　型

系统是输入与输出相互联系起来，在一定的环境下具有一定功能的任何结构、装置或

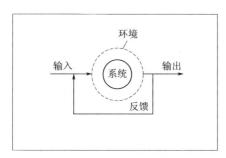

图 11-1　系统示意图

运用程序的总体机（图 11-1）。水文系统可以理解为流域水文循环的整体过程，包括由降雨转化为出流的全部过程。系统可以从不同的角度、以不同的方法进行分类，例如线性与非线性，连续时间与离散时间，时不变与时变，集总与分散等。

一个系统若能满足叠加性和均匀性，则称为线性系统；否则，称为非线性系统。表达线性系统的基本运算方程为

$$Q(t) = \int_0^t u(t-\tau) I(\tau) \mathrm{d}\tau \tag{11-1}$$

式中　$u(t)$——系统的脉冲响应函数或称卷积方程的核函数。

非线性系统的基本运算方程为

$$Q(t) = \sum_{n=1}^{\infty} \int_{-\infty}^{+\infty} \cdots \int_{-\infty}^{+\infty} u_n(t, \tau_1, \tau_2, \cdots, \tau_n) I(\tau_1) I(\tau_2) \cdots I(\tau_n) \mathrm{d}\tau_1 \mathrm{d}\tau_2, \cdots, \mathrm{d}\tau_n$$

$$\tag{11-2}$$

式中　$u_n(t, \tau_1, \tau_2, \cdots, \tau_n)$——$n$ 维的核函数。

系统理论模型的识别过程就是求解上述核函数的过程。

求解系统理论模型的方法可以分为两类，即黑箱方法和参数方法。前者利用实测的入流和出流资料，用数学手段直接求解卷积方程的核函数；后者利用流域的调蓄概念，拟定模型结构，导出核函数的数学模型，然后用实测资料计算模型参数。系统模型是一种具有统计性质的时间序列回归模型，但又是确定性模型。该模型的核心是根据系统的输入和输出资料，用某种方法求出系统的脉冲响应函数。系统模型有线性的和非线性的，时变和时不变的，单输入单输出、多输入单输出和多输入多输出等多种类型，这里介绍其中常用的几个有代表性的模型。

一、简单线性模型（SLM）

简单线性模型也称为总径流响应模型，其主体思想就是假设在总降雨 R_i 和总径流 Q_i 之间存在一个输入 R_i 与输出 Q_i 的线性响应关系。1982 年 Nash 和 Foley 提出了简单线性模型的离散形式，作为其他降雨-径流模型与之相比较的原始模型。离散无参数形式的 SLM 中包含有一个误差项 e_i，通常由下面的卷积关系表示：

$$Q_i = \sum_{i=1}^{m} R_{i-j+1} h'_j + e_i \qquad (11-3)$$

式中　m——系统的记忆长度；

　　　h'_j——第 j 个离散脉冲响应函数的纵标值。

式（11-3）可以看成是一个有 m 个前期观测降雨值的多元线性回归模型。脉冲响应函数的纵标值的计算可以根据一般最小二乘法求得。

在 SLM 中，如果降雨量和径流量用同样的测度单位表示，那么离散脉冲响应函数的纵标值的总和则被定义为模型的增益因子 G，即

$$G = \sum_{i=1}^{m} h'_j \qquad (11-4)$$

增益因子 G 代表长期径流系数，反映了实测径流量对降雨总量的比值。式（11-3）又可以写成包含有增益因子的形式：

$$Q_i = G \sum_{j=1}^{m} R_{i-j+1} h_j + e_i \qquad (11-5)$$

式中　h_j——h'_j 按 G 的比例减少的值。

$$\sum_{j=1}^{m} h_j = 1 \qquad (11-6)$$

二、可变增益因子线性模型（VGFLM）

在式（11-5）中，G 为常数，也就是说降雨量中有一个固定比例的部分转化为径流量，这反映出简单线性模型（SLM）公式在数学上存在的线性特征和时序恒定特征。但是，降雨量中的固定比例转化为径流量的假设存在一定的不合理性，合理的模型假设应该是流域湿度越大，产生的径流量越多。可变增益因子线性模型，给出了一个变化的增益因子 G_i，并假定与土壤湿度状态 Z_i 存在线性关系，即

$$G_i = a + bZ_i \qquad (11-7)$$

式中　a、b——常数。

VGFLM 模型的数学表达式为

$$\begin{aligned}
Q_i &= a \sum_{j=1}^{m} R_{i-j+1} B_j + bZ_i \sum_{j=1}^{m} R_{i-j+1} B_j + e_i \\
&= \sum_{j=1}^{m} R_{i-j+1} B'_j + \sum_{j=1}^{m} (Z_i R_{i-j+1}) B''_j + e_i \qquad (11-8)
\end{aligned}$$

式中　B_j——一系列离散的权重函数值，总和为 1，$B'_j = aB_j$，$B''_j = bB_j$。

土壤湿度 Z_i 可用简单的线性模型来计算：

$$Z_i = \frac{\hat{G}}{\overline{Q}} \sum_{j=1}^{m} R_{i-j+1} \hat{h}_j \tag{11-9}$$

式中　$\hat{G}$、$\hat{h}_j$——增益因子的计算值和 SLM 脉冲响应函数的纵标值；

　　　$\overline{Q}$——模型率定期的平均径流量。

虽然从系统的角度上看，整个可变增益因子线性模型是一个非线性模型，但根据模型参数，式（11-8）可以看作一个多元线性回归模型。因此，在计算权重函数 B_j 值时，可用一般最小二乘法求解。

三、单门栏值约束线性系统模型（CLS - T_S）

在简单线性模型中，用一般最小二乘法计算脉冲响应函数时，可能会出现震荡现象或出现负值。而且，从一致性意义上来看，计算流量过程与实测流量过程的比值会有所偏离。这些一般最小二乘解的特性与水文系统所具有的数值稳定、守恒的特征是不一致的。

在约束线性系统模型（CLS）中，根据一系列土壤湿度状态值确定的不同门栏值指标，采用不同的非线性响应函数演算各时段的降雨。通常情况下，CLS 应用前期降雨指数 API 来估算流域土壤湿度。若将 API 看作是一个线性水库的输出量，则可通过下面简单的递推关系求得：

$$API_i = q API_{i-1} + (1-q) R_i \tag{11-10}$$
$$q = \exp(-\overline{T}/K_d)$$

式中　$\overline{T}$——计算时段长；

　　　K_d——水库退水系数。

CLS 可以选择多个门栏值。这里仅考虑 1 个门栏值的 CLS，因此称为单门栏值约束线性系统模型（CLS - T_S）。原始的输入时序系列按大于或小于 API 门栏值分成两个时序系列，把大于 API 门栏值的所有降雨量放在一组内，小于 API 门栏值的降雨量放在另一组，其余的值均为零。两组系列的和即为总降雨量。两部分系列通过各自的线性系统分别进行计算，两个输出系列的和就是 CLS 模型的计算流量。

模型运行遵循以下的方程约束条件：

$$Q_i = \sum_{j=1}^{m(1)} R_{i-j+1}^{(1)} H_j^{(1)} + \sum_{j=1}^{m(2)} R_{i-j+1}^{(2)} H_j^{(2)} + e_i \tag{11-11}$$

非负约束

$$H_j^{(1)} \geqslant 0 \qquad [j=1,2,\cdots,m(1)] \tag{11-12}$$
$$H_j^{(2)} \geqslant 0 \qquad [j=1,2,\cdots,m(2)]$$

增益因子守恒

$$C_1 \sum_{i=1}^{m(1)} H_j^{(1)} + C_2 \sum_{i=1}^{m(2)} H_j^{(2)} = G \tag{11-13}$$

其中　　　　$\left.\begin{array}{l} R_i^{(1)} = R_i \\ R_i^{(2)} = 0 \end{array}\right\} \qquad \text{if} \quad API_i > T_S \tag{11-14}$

$$\left.\begin{array}{l} R_i^{(1)} = R_i \\ R_i^{(2)} = 0 \end{array}\right\} \qquad \text{if} \quad API_i < T_S$$

$H_j^{(1)}$ 和 $H_j^{(2)}$ 是两个线性水库系统的脉冲响应函数的纵标值；$m(1)$ 和 $m(2)$ 是两个水库系统的记忆长度；C_1 和 C_2 是两个系统各自的系数，与 API 门栏值有关。$H_j^{(1)}$ 可以被看作一个快速脉冲响应函数；$H_j^{(2)}$ 看作为慢速响应函数。当降雨量和径流量用相同的单位进行量度时，增益因子 G 通常由率定期内实测径流总量与实测降雨总量的比例来求得。

四、线性扰动模型（LPM）

Garrick 等（1978）提出一个季节模型，亦称"农民模型"。季节均值 q_d 可用下式计算，即

$$q_d = \frac{1}{n}(q_{d,1} + q_{d,2} + \cdots + q_{d,i} \cdots + q_{d,n}) \tag{11-15}$$

式中 $q_{d,i}$——第 i 年第 d 天的水文变量；

n——计算年数。

Nash 和 Barsi（1983）提出和建立了线性扰动模型，该模型假设：①若某年第 d 天的降雨量正好等于该天的季节均值 i_d，则输出的流量也等于该天流量的季节均值 q_d；②任何一天降雨量离均差（即第 d 天的实测值减去该天的季节均值）与相应流量的离均差之间存在线性关系。LPM 模型的数学方程式为

$$Q'_i = \sum_{j=1}^{m} R'_{i-j+1} h'_j + e_i \tag{11-16}$$

其中 $\qquad\qquad Q'_i = Q_i - q_d, \ R'_i = R_i - i_d$

式中 R'_i 和 Q'_i——相应于季节均值的降雨和径流量离均差。

与 SLM 相似，式（11-16）可用最小二乘法求出脉冲响应值。

第三节 概 念 性 模 型

概念性模型是把流域径流形成过程作为一个完整的系统来研究，诸如降水、蒸发、截留、下渗、地表径流、壤中流、地下径流以及调蓄和流量演算，分别用数学方法作定量描述，是对复杂水文现象的一种概化。现有的概念性流域水文模型众多，本节重点介绍几个国内外常用的概念性水文模型，包括 SCS 模型、水箱模型、HBV 模型、SMAR 模型、新安江模型、TOPMODEL 模型、HEC-HMS 模型、VIC 模型、DTVGM 模型。IHACRES 模型、SIMHYD 模型可自行学习了解。

一、SCS 模型

美国农业部水土保持局（Soil Conservation Service）于 1954 年研制的 SCS 模型，已在流域工程规划、水土保持及防洪、城市水文、土地房屋的洪水保险及无资料流域等诸多方面得到应用，并取得较好的效果。SCS 模型的显著特点和优点是模型结构简单，参数少，而且易应用于无资料地区。

（一）SCS 模型基本原理

图 11-2 是一次暴雨过程中降雨和径流累积量关系的示意图，这种关系的一般形式从

理论上和观测上已经建立，在降雨达到初始损失值 I_a 之前，无径流产生，在 I_a 满足后，径流深 Q 为净雨扣除 F 的余项，F 是降雨入渗到流域土壤中的水量（不包括 I_a），持水能力 S 是长历时暴雨中 $(F+I_a)$ 达到的极限数值。

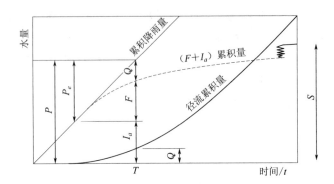

图 11 - 2　一次均匀暴雨过程中降雨、损失和径流过程的累积过程

令 P_e 为净雨，等于 $(P-I_a)$，假定：

$$\frac{F}{S}=\frac{Q}{P_e} \tag{11-17}$$

这一假定相当主观，无理论或经验验证，只是从图 11 - 2 中看到这两个比值属同一量级而已。因为 $F=P_e-Q$，所以：

$$Q=\frac{P_e^2}{P_e+S}=\frac{(P-I_a)^2}{P-I_a+S} \tag{11-18}$$

根据实测资料，取 $I_a=0.2S$，作为最佳近似值，于是：

$$P_e=P-0.2S \tag{11-19}$$

故有：

$$Q=\frac{(P-0.2S)^2}{P+0.8S} \tag{11-20}$$

为方便起见，使方程标准化，将持水能力表达为无因次的径流曲线数 CN（在英制单位中，S 以英寸计）：

$$CN=\frac{1000}{S+10} \tag{11-21}$$

联立式（11 - 20）和式（11 - 21），约去 S，得 SCS 的降雨径流基本关系，如图 11 - 3 所示。这一关系图和式（11 - 20）的优点是仅有一个参数，CN 值取决于土壤、地面覆盖和陆面水文状态，有表可查。

SCS 方法除用于总径流，还可用于估算一次暴雨的逐时径流过程，虽然方法建立时并无此项目的。逐时径流过程的推求是用每个时段末的累积降雨推求相应的累积 Q，相邻时段的累积径流相减，就得每个时段的径流。

SCS 模型的汇流计算采用单位线法。该单位线是一个三角形单位线，如图 11 - 4 所示，即单位线由降雨开始到洪峰出现的时间 T_p(h)、单位线峰值 q_p(m^3/s) 和单位线底宽 T_b(h) 确定，定义 T_p 由下式计算：

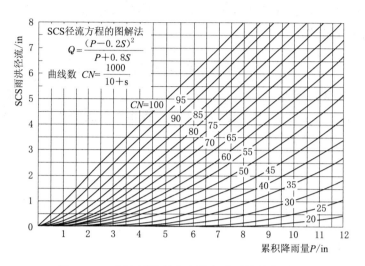

图 11-3 SCS 雨洪径流和累积降雨量的关系图

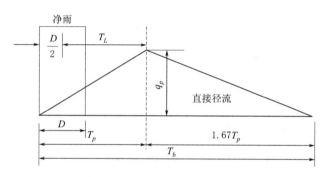

图 11-4 SCS 三角形单位线

$$T_p = T_L + 0.5D \tag{11-22}$$

式中 D——降雨有效时段长，h；

T_L——降雨过程重心至洪峰的滞后时间，h。

美国陆军工程师兵团（USACE）利用地理参数来计算 T_L，公式如下：

$$T_L = a \left(\frac{LL_{ca}}{\sqrt{G}} \right)^b \tag{11-23}$$

式中 L——主河道长度，km；

L_{ca}——主河道上离流域重心点最近的一点到流域出口处的河道长度，km，该参数反映了流域的形状对单位线的影响；

G——主河道的平均坡度；

a、b——模型参数，USACE 推荐值：$a = 0.655$，$b = 0.38$。

周文德教授在研究大量流量单位线的基础上，认为峰现时间 T_p 和单位线底宽 T_b 之间有着密切的关系，并建议使用如下经验公式：

$$T_b = 2.67 T_p \tag{11-24}$$

因此，在面积为 $A(\mathrm{km}^2)$ 的流域单元上，平均降 1mm 的有效雨量，产生径流过程的洪峰值 q_p 可由下式计算：

$$q_p = \frac{2A}{3.6 \times 2.67 T_p} \tag{11-25}$$

（二）改进的通用 SCS 模型

Mishra 和 Singh 在总结 SCS 模型的基础上，提出了改进的通用 SCS 日模型，下面分别从产流和汇流两部分介绍其模型结构。

1. 产流部分

直接地面径流计算如下：

$$RO_{i+1} = \frac{(P_{i+1} - I_{a,i} - F_{c,i+1})(P_{i+1} - I_{a,i} - F_{c,i+1} + M_i)}{P_{i+1} - I_{a,i} - F_{c,i+1} + M_i + S_i} \tag{11-26}$$

式中 i——计算时段；

M_i——前期土壤含水量；

$F_{c,i+1}$——下渗静态部分，Mishra 和 Singh 将累积下渗 F 分为下渗静态部分 F_c 和动态部分 F_d。

式（11-26）在 $P_{i+1} \geqslant I_{a,i} + F_{c,i+1}$ 时成立，否则 $RO_{i+1} = 0$。如果 $P_{i+1} \leqslant I_{a,i}$，那么 $F_{c,i+1} = 0$ 且 $RO_{i+1} = 0$。如果 $P_{i+1} \leqslant I_{a,i} + F_{c,i+1}$，那么 $F_{c,i+1} = P_{i+1} - I_{a,i}$，其中 $I_{a,i} = \lambda S_i$。

由水量平衡有：

$$F_{d,i+1} = P_{i+1} - I_{a,i} - F_{c,i+1} - RO_{i+1} \tag{11-27}$$

该式在 $RO_{i+1} \geqslant 0$ 时成立，否则 $F_{d,i+1} = 0$。另外，$F_{d,i+1}$ 还反映了 i 到 $i+1$ 时段土壤含水量的增量，即 $\Delta M = F_{d,i+1}$。而 S_i 的更新公式为

$$S_{i+1} = S_i - \Delta M + ET_{i+1} \tag{11-28}$$

式中 ET_{i+1}——蒸散发，其计算公式如下：

$$ET_{i+1} = E_{i+1} \left[1 - \left(\frac{S_t}{S_0} \right)^2 \right] \tag{11-29}$$

式中 E_{i+1}——实测水面蒸发；

S_0——初始时刻（$t=0$）可能最大滞留量。

Mishra 和 Singh 建议 λ 取为 S_i / S_0。

2. 汇流部分

为了简化计算，地面汇流采用线性水库的方法，计算公式如下：

$$DO_{i+1} = d_1 RO_i + d_2 DO_i \tag{11-30}$$

式中 d_1、d_2——汇流系数，由下式计算：

$$d_1 = \frac{\Delta t}{K + 0.5 \Delta t}, \quad d_2 = \frac{K - 0.5 \Delta t}{K + 0.5 \Delta t} \tag{11-31}$$

式中 Δt——计算时段长，这里取 1d；

K——容量系数。

另外，该模型中还加入了基流计算，计算公式如下：

$$O_{b,i+1} = g_1 F_{c,i} + g_2 O_{b,i} \tag{11-32}$$

式中　g_1、g_2——系数，由下式计算：

$$g_1 = \frac{\Delta t}{K_b + 0.5\Delta t}, \quad g_2 = \frac{K_b - 0.5\Delta t}{K_b + 0.5\Delta t} \tag{11-33}$$

式中　K_b——基流调蓄出流系数。

流域总径流计算如下：

$$O_i = DO_i + O_{b,i} \tag{11-34}$$

由上可知，该模型的参数有 4 个：S_0、F_c、K 和 K_b，可以通过参数自动优化技术来优选，也可以通过物理方法来得到。

二、水箱模型

水箱模型又名坦克（Tank）模型，20 世纪 60 年代初由日本国立防灾研究中心菅原正已首先提出，后经不断改进发展成为一种应用比较广泛的降雨径流模型。模型的基本结构是用蓄水水箱将降雨转换为径流的复杂过程，简单地归纳为若干个蓄水水箱的调蓄作用，以水箱中的蓄水深度等参数来计算流域的产流、汇流及下渗过程。如流域较小，可用若干个相串联的直列式水箱模拟出流和下渗过程。考虑降雨和产、汇流不均匀，因而对于需要分区计算的较大流域，可用若干个串并联相结合的水箱，模拟整个流域的雨洪转换过程。

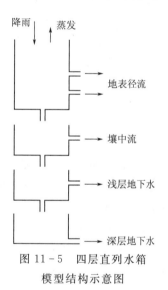

图 11-5　四层直列水箱
模型结构示意图

（一）湿润地区的水箱模型

在湿润地区，全年有雨，由于得到降雨或地下水的补给，所以土壤经常保持在湿润状态。用几个垂直串联的水箱组合构成的模型就能相当成功地分析流域径流结构。如图 11-5 所示为一串联式四层直列水箱模型，顶层水箱有两个边孔出流，而其他三层水箱，都只有一个边孔出流，每一层水箱边孔出流孔的数目多少可根据具体情况任意设定，通常在顶层水箱设置两个或三个边孔，其他层水箱每一层只设一个边孔，一般地，最底层水箱的边孔安排在与水箱底同一水平上。

多层的水箱模型可以粗略的代表不同的径流成分，一般认为顶层水箱相应于地表结构和地表径流，第二层水箱相应于壤中流，而第三、四层水箱相应于来自地下水的基流。

水箱模型每个水箱一般有三个参数：边孔的出流系数、底孔的出流系数和边孔的孔口高度。

图 11-6 为最简单的单一水箱模型，设 H_t 为时段初的蓄水深度，$Q(t)$、$F(t)$ 分别为 t 时段的径流量和下渗量，则：

$$Q(t) = \begin{cases} 0 & \text{当 } H_t \leqslant h \\ \alpha_1(H_t - h) & \text{当 } H_t > h \end{cases} \tag{11-35}$$

$$F(t) = \begin{cases} \alpha_0 H_t & \text{当 } H_t \leqslant H_s \\ F_s & \text{当 } H_t > H_s \end{cases} \tag{11-36}$$

式中 H_s——土壤蓄水量的饱和深度；

　　　 F_s——最大下渗量，$F_s = \alpha_0 H_s$。

以上为一个边孔时的出流量计算，H 与 Q 及 F 呈线性关系，如图 11-6(b) 所示。

若有二个边孔的出流量计算，如图 11-7(a) 所示，则为

$$Q(t)=\begin{cases}0 & \text{当 } H_t \leqslant h_1 \\ \alpha_1(H_t-h_1) & \text{当 } h_1 < H_t \leqslant h_2 \\ \alpha_1(H_t-h_1)+\alpha_2(H_t-h_2) & \text{当 } H_t > h_2\end{cases} \qquad (11-37)$$

此时 H-Q 关系成折线形，表示出流量呈非线性关系，如图 11-7(b) 所示。如果边孔开得更多，则 H-Q 关系将接近于曲线。一般只用到 3~4 个边孔就可以了。

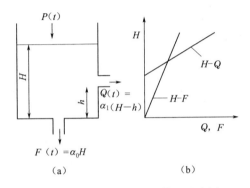

图 11-6 一孔出流水箱模型示意图

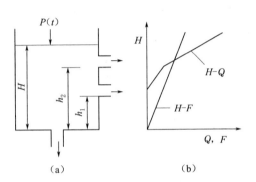

图 11-7 二孔出流水箱模型示意图

（二）非湿润地区的水箱模型

在非湿润流域，一部分地区湿润，其余地区则干旱。只有在湿润面积上才产生地表径流，而在干旱面积上的所有雨量都被土壤所吸收成为土壤水。当雨季开始，湿润面积由沿河小块而逐渐扩大。为了近似估计湿润面积的连续变化，把流域划分成 S_1、S_2、S_3、$\cdots$、S_m 几个带，如图 11-8 所示，此时 $m=4$。分成 m 带之后，每一个带用一组串联水箱来模拟，其中顶层水箱具有土壤水的结构。为此，得到一组并联水箱模型，由 $n \times m$ 个水箱组成，如图 11-9 所示。此处，$n=4$，$m=4$，左边是山区，右边是河岸。每个带中所对应的第一、第二、……第 n 层水箱都是同样的结构，只是在土壤水结构上有些不同。

在这个模型中，自由水沿水平和垂直两个方向运动。每个水箱接受来自同一带上层水箱和同一层山区水箱的来水，同时向同一带下层水箱和同一层的相邻河岸水箱送水。另外，还有一个重要的输水环节，即由毛细管作用将第二层水箱的自由水补给第一层水箱的土壤水。

当干旱季节来临时，最高带由较高层向较低层输送的自由水减少要比其他带来的快。自由水消退后，由于第二层水箱没有自由水供给，第一层水箱的土壤水开始减少。这样，最高带最先变成干旱，然后第二、第三、……带相继变成干旱。相反，当湿润季节来临时，最低带首先湿润，然后其他带由低到高相继湿润。湿润面积的变化，可用这个方法自动的表现出来。

模型中各带的面积比 $S_1 : S_2 : S_3 : \cdots : S_m$ 是重要参数。如果有详细水文、地形、

地质资料时，可以直接求定。如果资料少或者没有，就必须用试错法优选，为方便起见，通常假定设 S_1、S_2、S_3、…、S_m 为几何级数，并可采用如下一些关系：

$$S_1 : S_2 : S_3 : S_4 = \begin{cases} 3^3 : 3^2 : 3 : 1 \\ 2.5^3 : 2.5^2 : 2.5 : 1 \\ 2^3 : 2^2 : 2 : 1 \end{cases}$$

由于各带的面积不同，在计算中要注意面积折算关系。

模型顶层水箱的边孔出流有两种型式：甲型出流孔的输出全部直接进入河道；乙型出流孔的输出，除最下面一个孔直接进入河道外，其他输入到下一带的顶层水箱中去，如图 11-9 所示。

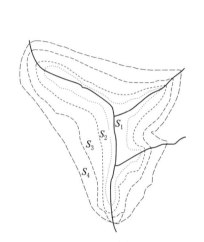

图 11-8 流域面积沿河槽分带

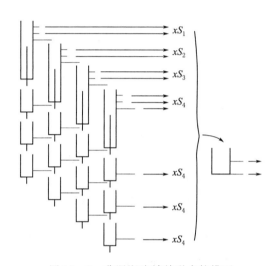

图 11-9 非湿润流域并联水箱模型

（三）水箱模型中为土壤水设置的结构

在干旱或半干旱流域或湿润地区的干旱季节，考虑土壤水分的作用，对径流的模拟更为有效。方法是把第一层水箱的下渗孔开在水箱底以上 C 处，C 这一层称为土壤水层，如图 11-10所示。在该层中，重力和毛管力对水的运动不起显著作用，也没有下渗，水分只消耗于蒸散发。土壤水层里的水叫封存水，该层以上的水叫自由水。

详细的考察土壤水层的作用，便须将土壤水层分为两部分——上土壤含水层和下土壤含水层。上、下土壤含水层的位置如图 11-10 所示。

当有降雨时，雨水首先供给上层，直到上层饱和，然后剩余降雨作为第一层水箱的自由水，其中一部分下渗到第二层水箱，另一部分作为地表径流流出。而上层的水分逐渐缓慢的供给下层。当干旱第一层水箱的自由水耗尽时，则由上层的水分供给蒸发，当上层的水分耗尽时，则蒸发水分由下层土壤水和第二层水箱的自由水供给。

（1）上土壤含水层的水向下土壤含水层的输送。假定输送速度 T_2 是下土壤含水层储量 x_s 的线性函数，则：

$$T_2 = c_0 + c\left(1 - \frac{x_s}{C_s}\right) \tag{11-38}$$

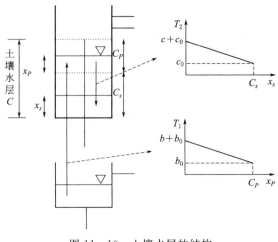

图 11-10　土壤水层的结构

式中　c_0——常数；

　　　c——常数；

　　　C_s——下土壤含水层饱和容量。

上式涵义是当下土壤含水层全干时，每天输送量是 c_0+c，当下土壤含水层接近饱和值时，则输送量接近 c_0。

根据模型研制者的经验，可采用 $c_0=0.5\text{mm/d}$、$c=1\text{mm/d}$、$C_s=250\text{mm}$ 作为初值。

（2）第二层水箱向第一层水箱的水分输送。当上土壤含水层未达饱和，下层水箱有自由水时，水分可借毛管作用上升，补充到上土壤含水层中来。输送速度 T_1 假定与上土壤含水层储量 x_P 成线性函数，则：

$$T_1=b_0+b\left(1-\frac{x_P}{C_P}\right) \tag{11-39}$$

式中　b_0——常数；

　　　b——常数；

　　　C_P——上土壤含水层饱和容量。

根据模型研制者的经验，可采用 $b_0=b=3\text{mm/d}$、C_P 约 50mm 作为初值。

（四）模型参数的率定和计算步骤

水箱模型的参数率定比较困难。如果考虑第一个水箱其输入是降雨，输出是地表径流和下渗，然而没有下渗的观测资料，也就无法用数学方法进行计算。到了第二层水箱，甚至连输入都无法确定，解决这个问题的唯一办法是通过试算法进行优选，这就要求使用者从实践中积累经验，掌握不同参数变化时对径流过程的影响。

水箱模型按照不同的计算步骤，结果会有所不同，模型研制者规定按以下固定的顺序来进行数值计算（以非湿润地区的河流用 $n\times m$ 的水箱结构为例）。

（1）顶层水箱的计算：①减去蒸散发量；②从下层水箱自由水吸收到上土壤含水层的水量 T_1 和从上土壤含水层传递给下土壤含水层的水量 T_2；③加降水量（包括融雪）；

④从自由水蓄水量计算出流量和入渗量。

（2）下层水箱计算：①传递水量给上土壤含水层；②从上层水箱或从同一层靠山边的水箱那里得到水量；③水量传递给下层水箱或同一层靠河边的水箱。

三、HBV模型

HBV模型是由瑞典水文气象局于1970年开发的一个概念性水文模型，经过几十年的发展，模型的不同版本已经在全世界30多个国家得到广泛应用。它是一个半分布式模型，可根据不同高程、湖泊区域和植被覆盖划分子流域。HBV模型一般包括积融雪计算、土壤水分计算和汇流响应三个部分，模型输入包括降雨、气温及蒸发能力资料，模型输出为流量，模型结构如图11-11所示。本文以日模型为例进行介绍，降雨和融雪首先进入土壤，通过土壤水分计算分离出贮存水（保留在土壤中）、蒸发水（实际蒸发）和产流水（流出土壤贡献给产流），产流水直接进入上层水箱，上层水箱只要不为空就有恒量下渗到下层水箱，如果应用地区有湖泊区域，则下层水箱的输入还包括直接降雨，最后上、下层水箱分别模拟出快速径流及基流。

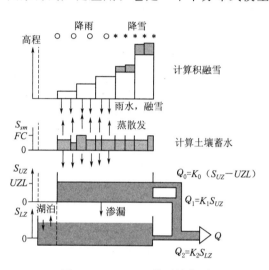

图11-11　HBV模型结构图

（一）融雪量计算

在不同的高程和植被覆盖地区，积融雪计算是独立进行的。当气温低于临界值TT时，降水以雪的状态积蓄在地面。当气温高于临界值TT时，雪开始融化，采用度-日公式计算融雪量：

$$Q_m(t)=C[T(t)-TT] \tag{11-40}$$

式中　Q_m——融雪量，mm；

$\quad\quad T$——日平均气温，℃；

$\quad\quad TT$——融雪临界温度，℃；

$\quad\quad t$——时段；

$\quad\quad C$——度日系数，表示1天内气温每超过临界温度TT1℃的融雪量，mm/℃。

当融雪量不超过积雪的10%时，融水仍然储存在积雪中，当气温下降到TT以下时，融水又重新凝固成雪，计算式如下：

$$Q_r(t)=C_rC[TT-T(t)] \tag{11-41}$$

式中　Q_r——凝固量，mm；

$\quad\quad C_r$——凝固系数。

（二）土壤水

在不同的高程和植被覆盖地区，土壤水计算也是独立进行的。降雨和融水进入土壤后被分为三部分：一部分保留在土壤中；一部分被蒸发掉；剩余则从土壤进入上层水箱，贡献给产流，它与土壤湿度及进入土壤的水量有关，计算式如下：

$$Q_s(t) = \left[\frac{S_{sm}(t)}{FC}\right]^\beta I(t) \tag{11-42}$$

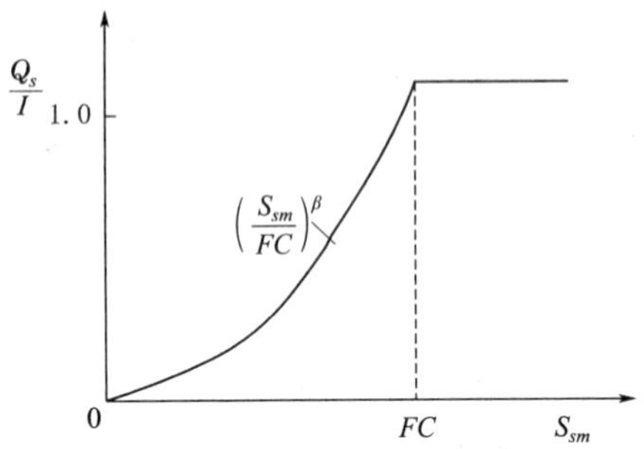

图 11-12　HBV 模型产流贡献量
计算示意图

式中　S_{sm}——土壤蓄水量，mm；

　　　FC——土壤蓄水容量，mm；

　　　I——进入土壤的水量，mm；

　　　β——参数，随着土壤湿度的增长，产流率逐渐增加。

当土壤中无水分时，无产流；而当土壤蓄满至 FC 时，进入土壤中的水全部贡献给产流，如图 11-12 所示。

（三）蒸发

蒸发是蒸发能力和土壤湿度的函数，计算式如下：

$$E_a(t) = \begin{cases} \dfrac{E_P S_{sm}(t)}{LP} & S_{sm} \leqslant LP \\ E_P & S_{sm} > LP \end{cases} \tag{11-43}$$

式中　$E_a(t)$——实际蒸发，mm；

　　　E_P——蒸发能力，mm；

　　　LP——参数，表示达到蒸发能力的土壤蓄水量临界值，mm。

（四）径流响应

$Q_s(t)$ 作为该部分的输入，该部分通过两个水箱描述的径流响应函数模拟产流。下层水箱是一个线性水库，产生基流。它的水源有两个：一部分是上层水箱的渗漏水 $PERC$（一个模型参数，除非上层水箱水量不足，否则均以该参数值渗漏），另一部分来自于降水（该部分只有在开阔水体才有，比如湖泊）。通过下式模拟基流：

$$Q_2(t) = K_2 S_{lz}(t) \tag{11-44}$$

式中　Q_2——基流量，mm；

　　　K_2——基流系数；

　　　S_{lz}——下层水箱蓄水量，mm。

当 $Q_s(t)$ 大于渗漏能力 $PERC$ 时，上层水箱开始蓄水。它有两个出口，如图 11-11 所示，上孔高 UZL，下孔位于水箱的底部，通过下式模拟出流：

$$Q_0 = K_0(S_{UZ} - UZL) \tag{11-45}$$

$$Q_1 = K_1 S_{UZ} \tag{11-46}$$

式中　Q_0、Q_1——上、下孔出流，mm；

　　　S_{UZ}——上层水箱蓄水量，mm；

　　　K_0、K_1——出流系数。

汇流部分采用马斯京根法进行河网演算，两个参数分别是 x 和 K。x 为流量比重因素，除反映楔蓄对流量的作用外，还反映河段的调蓄能力。K 具有时间的因次，它基本上反映河道稳定流时河段的传播时间。

（五）模型参数

HBV 模型共 13 个参数：积融雪部分 3 个，分别为 TT、C、C_r；产流部分 8 个，分别为 FC、LP、$PERC$、β、UZL、K_0、K_1、K_2；汇流部分 2 个参数，分别为 x 和 K。

四、SMAR 模型

SMAR 模型是由爱尔兰国立大学 O'Connell 和 Nash 教授等于 20 世纪 70 年代提出，后经不断改进完善，在世界各地得到广泛应用的一个水文模型。SMAR 是 soil moisture accounting and routing（土湿计算和汇流演算）的缩写。该模型具有两大特点：①模型结构中有两个截然不同并相互补充的组成部分，即非线性水量平衡和线性汇流演算，前者保证了降雨、蒸散发、下渗、截流、填洼等产流过程中水量的总体平衡，后者通过 Nash 单位线和线性地下水库等计算各种不同径流成分的汇流过程；②SMAR 模型在蒸散发模拟过程中，采用纵向分层的思想并运用具有物理意义的经验函数或假设函数关系来模拟水量在土壤中的存储过程。

（一）模型计算流程

在 SMAR 模型中，当降水量大于蒸发能力时，就会产生径流。满足蒸发能力后的净雨 X 的一部分将形成地表直接径流量 $r_1 = H'X$。H' 假定是最上面 5 层土壤实际含水量的函数，且与直接径流系数 H 有关，由下式计算。

$$H' = H \frac{\text{最上面 5 层土壤的实际含水量}}{\text{最上面 5 层土壤的蓄水容量}} \tag{11-47}$$

从上式可以看出，H' 既体现了不透水面积，同时又体现了土壤含水量对直接径流的影响，H' 介于 0 与 H 之间。

H 的含义类似于不透水面积，通常不透水面积仅是全流域面积的一小部分。不透水面积上的降雨直接产生径流，只有蒸发损失，直接进入河槽而没有下渗损失。

Khan 认为地表直接径流除了不透水面积外，还与土壤的含水量有关。当上层张力水贮存达到饱和时，与河网直接相连的土壤湿润了，就增加了一小块具有不渗透特性的面积，即土壤中存在暂时相对不透水层，也就是原来的透水面积出现临时饱和带，其上的降雨不能马上进入土壤，就沿着坡面流动也就是形成了饱和坡面流。这部分水流与不透水面积上的产流类似。

形成直接径流 r_1 后的剩余净雨量，用来满足土壤最大下渗能力 Y。若剩余量 $(1-H')X$ 超过 Y，则其多余的部分将会形成超渗径流，超渗部分 $r_2 = (1-H')X - Y$，Y 则全部下渗进入土壤；若不大于 Y，则不形成超渗径流，$(1-H')X$ 全部下渗，进入土壤依次满足各土壤层，直到没有剩余的雨量或者所有的土壤层都蓄满为止。

土壤含水量超过蓄水能力后的剩余雨量 r_3' 又根据权重系数 G 划分为两部分：一部分地下径流 r_g 和壤中流 r_3，其中壤中流 $r_3 = (1-G)r_3'$；另一部分为地下径流 $r_g = Gr_3'$。SMAR 模型的总体结构如图 11-13 所示。

（二）土壤蒸发结构

在 SMAR 模型中，认为流域土壤由若干个土层组成，每一个土壤层的蓄水能力为 25mm（底层除外），Z 为土壤总蓄水能力，也就是将土壤分为 $Z/25$ 层。土壤蒸发结构

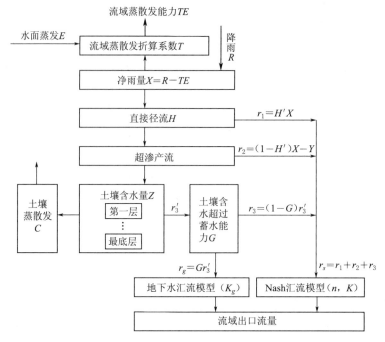

图 11-13 SMAR 模型结构流程图

图如图 11-14 所示，其中：TE 为蒸发能力，E_i 为第 i 层实际蒸发量。首先，在第一层土壤中，所含的水分按蒸发能力蒸发；如果第一层土壤水分和降水不能满足蒸发能力，则第二层土壤水分开始蒸发，第二层蒸发速度＝剩余蒸发能力（蒸发能力-降水-第一层土壤水分）$\times C$；若蒸发能力仍未满足，则第三层土壤水分开始蒸发，第三层蒸发速度＝剩余蒸发能力 $\times C^2$，依此类推，当蒸发能力到第 $n-1$ 层时还没有得到满足时，第 n 层的蒸发速度＝剩余蒸发能力 $\times C^{n-1}$。流域土壤含水量将以指数的形式递减，直到所有的水分全都被蒸发掉或蒸发能力得到满足为止。

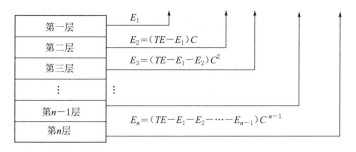

图 11-14 SMAR 模型土壤蒸发结构图

（三）水源划分

SMAR 模型将水源划分为地表直接径流 r_1、超渗径流 r_2、壤中流 r_3 及地下径流 r_g。其中地表直接径流、超渗径流以及壤中流统称为地面径流。一般来说，由于地面径流和壤中流在进入河槽之前，相互转化，在其产生和运动过程中，SMAR 模型没有将两者截然分开，即壤中流 r_3 与地表直接径流 r_1 和超渗径流 r_2 相加，构成了地面径流 $r_s = r_1 + r_2 + r_3$ 一起用 Nash 瞬时单位线进行汇流演算，两个参数分别是 N 和 NK，N 反映流域调蓄能力，相当于线性水库的个数或水库的调节次数，NK 为线性水库的蓄泄系数，相当于流域汇流时间的参数，具有时间因次。地下径流 r_g 单独用线性水库模拟汇流计算，参数 K_g 为线性水库的出流系数。

（四）模型参数

SMAR 模型共 9 个参数：产流部分 7 个，分别为 T、H、Y、Z、C、G、K_g；汇流部分 2 个参数，分别为 N 和 NK。

五、新安江模型

新安江模型是赵人俊等在 1973 年对新安江水库做入库流量预报工作中，归纳成的一个完整的降雨径流模型。它的特点是认为湿润地区主要产流方式为蓄满产流，所提出的流域蓄水容量曲线是模型的核心。三水源新安江模型在国内外湿润半湿润地区得到了广泛的应用。

（一）模型的基本构想

模型的产流部分采用了蓄满产流的概念：在降雨过程中，直到包气带蓄水量达到田间持水量时才能产流。产流后，超渗部分为地面径流，下渗部分为地下径流。模型主要由四部分组成，即蒸散发计算、蓄满产流计算、流域水源划分和汇流计算。按照蓄满产流概念计算降雨产生的总径流，采用流域蓄水曲线考虑下垫面不均匀对产流面积变化的影响。在径流划分方面，采用自由水蓄水水库把径流划分成地面径流、壤中流和地下径流。在汇流计算方面，单元面积的地面径流一般采用 Nash 单位线法，壤中流和地下径流采用线性水库法计算。三水源新安江模型的流程图如图 11 - 15 所示。

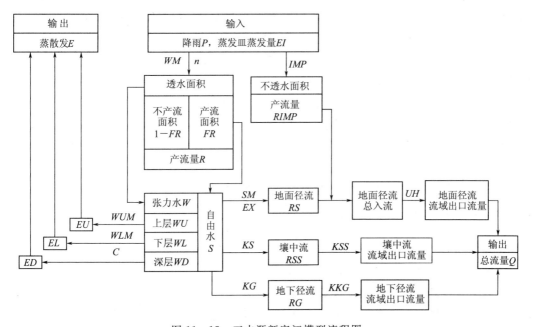

图 11 - 15 三水源新安江模型流程图

（二）模型的结构

在产流计算中，模型为了解决流域土壤湿度在空间上的分布不均的问题，引入张力蓄水容量曲线（图 11-16），并以 n 次抛物线来表示降雨分布均匀时的产流面积的变化情况，即

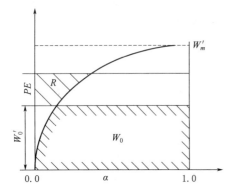

$$\alpha = 1 - \left(1 - \frac{W}{W'_m}\right)^n \qquad (11-48)$$

式中　W——点蓄水容量，mm；

$\quad W'_m$——流域的最大点蓄水容量，mm；

$\quad \alpha$——相对面积，表示小于等于 W 的面积占流域面积的比值；

$\quad n$——经验性指数。

图 11-16　新安江模型产流示意图

当净雨 PE（即降雨量减去蒸发量）大于 0 时，则产流，否则不产流。产流时：

$$R = PE - (W_m - W_0) + W_m \left(1 - \frac{PE + W'_0}{W'_m}\right)^{1+n} \qquad PE + W'_0 < W'_m \qquad (11-49)$$

$$R = PE - (W_m - W_0) \qquad PE + W'_0 \geqslant W'_m \qquad (11-50)$$

式中　W_m——流域上的平均蓄水容量，与 W'_m 的关系为 $W_m = \dfrac{W'_m}{1+n}$，mm；

$\quad W'_0$——与 W_0 相应的纵坐标值，即有：

$$W'_0 = W'_m \left[1 - \left(1 - \frac{W_0}{W_m}\right)^{\frac{1}{1+n}}\right] \qquad (11-51)$$

采用三层计算模型，将 W_m 分为上层 WUM、下层 WLM 和深层 WDM，关系为：$W_m = WUM + WLM + WDM$。上、下、深各层的流域蒸散发量 EU、EL 和 ED 的关系为：$E = EU + EL + ED$。各层蒸发计算过程是：上层按蒸散发能力蒸发；上层含水量不够蒸发时，剩余蒸散发能力从下层蒸发；下层蒸发与剩余蒸散发能力及下层含水量成正比，与下层蓄水容量成反比。要求计算的下层蒸发量与剩余蒸散发能力之比不小于深层蒸散发系数 C，否则，不足部分由下层含水量补给，当下层水量不够补给时，用深层含水量补给。

采用自由蓄水容量曲线将径流划分为地面径流、壤中流和地下径流（图 11-17）。自由蓄水容量曲线为

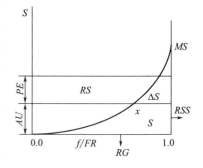

图 11-17　径流划分示意图

$$\frac{f}{FR} = 1 - \left(1 - \frac{S'M}{MS}\right)^{EX} \qquad (11-52)$$

式中　$S'M$——流域自由水蓄水容量，mm；

$\quad MS$——自由水最大的点蓄水容量，mm；

$\quad f$——自由水蓄水量小于等于 $S'M$ 的面积；

$\quad FR$——产流面积；

EX——抛物线指数。

平均自由蓄水容量 SM 与 MS 的关系为：$MS = SM(1 + EX)$。因此，与自由蓄水容量相对应的蓄水容量曲线的纵坐标值 AU 可以表示为

$$AU = (1 + EX)SM \left[1 - \left(1 - \frac{S}{SM} \right)^{\frac{1}{1+EX}} \right] \tag{11-53}$$

如果 $AU + PE < MS$，则有：

$$RS = FR \left[PE - SM + S + SM \left(1 - \frac{PE + AU}{MS} \right)^{1+EX} \right] \tag{11-54}$$

否则

$$RS = FR(PE + S - SM) \tag{11-55}$$

地面径流 RS 采用 Nash 瞬时单位线进行汇流演算，两个参数分别是 N 和 NK。

其余的径流量 ΔS 填充自由蓄水 S，转换为壤中径流 RSS 和地下径流 RG，即

$$RSS = S \cdot KS \cdot FR \tag{11-56}$$

$$RG = S \cdot KG \cdot FR \tag{11-57}$$

式中　KS——自由蓄水库对壤中流的出流系数；

　　　KG——自由蓄水库对地下径流的出流系数。

壤中流和地下径流经线性水库分别演算到流域出口，两参数 KSS、KKG 分别是壤中流和地下径流的消退系数。

（三）模型参数

模型中共有参数 15 个，即产流参数 W_m、n、WUM、WLM、IMP、EX、SM、KS、KG，蒸发系数 CKE、C，汇流参数 KSS、KKG、N、NK。

六、TOPMODEL 模型

TOPMODEL 是英文 TOPgraphy based hydrological MODEL 的简称。它是一个以地形为基础的半分布式流域水文模型，1979 年由 Beven 和 Kirkby 提出。自 TOPMODEL 提出以来，已在水文领域里获得广泛的应用，其主要特征是利用地貌指数 $\ln(\alpha/\tan\beta)$ 来反映流域水文现象，特别是径流运动的分布规律。该模型具有结构简单，优选参数少，物理概念明确，在集总式和分布式流域水文模型之间起到了一个承上启下的作用。

（一）TOPMODEL 的物理概念

TOPMODEL 的一个主要特点利用地貌信息［即地貌指数 $\ln(\alpha/\tan\beta)$ 或土壤-地貌指数 $\ln(\alpha/T_0\tan\beta)$］形式描述水流趋势，基于重力排水作用径流沿坡向运动原理，模拟径流产生的变动产流面积概念，尤其是模拟地表或地下饱和水源面积的变动。TOPMODEL 的径流形成机制类似于我国的蓄满产流机制。TOPMODEL 假设在流域任何一处的土壤层有 3 个不同的含水区：①植被根系区，即 S_{rz}；②土壤非饱和区，即 S_{uz}；③饱和地下水区，用饱和地下水水面距流域土壤表面的深度在 z_i（也叫缺水深）来表示。模型认为，降水首先下渗进入植被根系区，贮存在这里的水分部分被蒸发，部分进入土壤非饱和区。在土壤非饱和区中的水分以一定速率 Q_v 垂直进入饱和地下水带，然后通过侧向运动形成壤中流 Q_b。如果饱和地下水水面不断升高，在流域某一山脚低洼处汇合冒出，就会形成饱和坡

面流 Q_s，如图 11-18 所示。

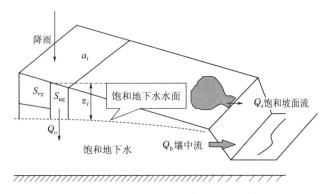

图 11-18 TOPMODEL 物理概念示意图

因此流域的总径流 Q 是壤中流 Q_b 和饱和坡面流 Q_s 之和，即

$$Q = Q_b + Q_s \tag{11-58}$$

地下水水面距流域土壤表面的深度 z_i 的计算是 TOPMODEL 的重点，模型用了以下 3 个假设：

模型的第一个假定是，假定在该土层中的壤中流始终处于稳定状态，即任何地方的单位过水宽度的壤中流流量 q_i 等于上游来水量，即

$$q_i = R a_i \tag{11-59}$$

式中　R——流域产流速率，在全流域均匀分布；

　　　 a_i——单宽积水面积。

第二个假定是饱和层的水位总是与坡面平行，即饱和地下水的水力坡度 $\mathrm{d}H/\mathrm{d}L$ 由地表局部坡度 $\tan\beta$ 来近似。

第三个假定是土壤导水率 T_i 是缺水深 z_i 的负指数关系，即

$$T_i = T_0 \exp(-z_i / S_{zm}) \tag{11-60}$$

式中　T_i——点 i 处的土壤导水率；

　　　 T_0——饱和导水率；

　　　 S_{zm}——非饱和区最大蓄（缺）水深度，饱和土壤渗透系数 K_s 可由 T_0 和 S_{zm} 求出，即

$$K_s = T_0 / S_{zm} \tag{11-61}$$

TOPMODEL 中最主要的水文参数有 4 个，分别是根系区最大容水量 $S_{r\max}$（m）、时间参数 t_d（s）、饱和导水率 T_0（m²/s）、非饱和区最大蓄水深度 S_{zm}（m），初始壤中流 Q_b^1（m³/s）和植被根系层的初始含水量 SR_0（m）可由经验方法确定。模型的结构流程图如图 11-19 所示。

（二）流域地貌指数的物理意义及确定

地貌指数，其数学表达式为：$\ln(\alpha/\tan\beta)$，亦称为"地形指数"。α 为单宽集水面积，即指排向第 i 点的单宽汇水面积，$\tan\beta$ 为该点处坡角的正切函数，也即地表坡度 S，地表坡度即表示单位距离上的势能变化，显然对于坡面流而言，地表坡度是其最主要的作用

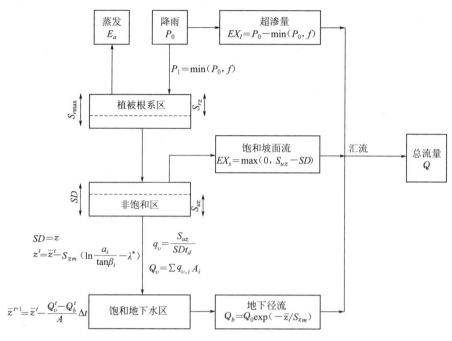

图 11-19 TOPMODEL 的计算流程图

力，表示该点的排水状况，所以 $\ln(\alpha/\tan\beta)$ 是一个综合表达式。

流域水文过程（包括下渗、蒸发、径流等）是一个高度非线性空间上变化的复杂过程，影响径流形成的因素众多，在影响水文特性空间不均匀性的众多因素中，地形是处于第一位的主导因子，降水、土壤、植被及蒸发等均受其影响，Beven 等的研究曾指出，地形的空间变化对流域尺度内土壤水分的空间分布起着重要的作用。因此地貌指数用于反映流域上每点长期的土壤水分状况以及径流生成过程的空间分布，或者说反映流域蓄满产流面积占流域面积的百分比。地貌指数 $\ln(\alpha/\tan\beta)$ 的分布曲线在 TOPMODEL 中被用来代表流域的土壤含水量分布，地貌指数是 TOPMODEL 的核心所在，由于 TOPMODEL 的成功应用，地貌指数已被广泛应用于分析流域水文过程的空间不均匀性。但地貌指数只是地形特征参数化的一种途径，是概化地形水文效应的一种有效的参数化方法，它具有水文学中产汇流的特点。其重要意义也在于它能为蓄满产流机制提出一个比较合理的物理解释和数学描述，对于研究流域地貌对降雨-径流关系的影响非常有用。但是地貌指数作为一个静态指数，还难以预测流域地貌上水文状况的每一个细节，主要原因是静态的地貌指数无法反映出随时间而变化的动态水文过程。即使这样，目前地貌指数仍然是一个能反应流域中水量空间分布规律的重要流域指数。

地貌指数 $\ln(\alpha/\tan\beta)$ 及其频率分布的计算成为水文模拟的重要一步。在 TOPMODEL 中，地貌指数的提取是通过数字高程模型（DEM）的栅格尺寸来求出相应的地貌指数 $\ln(\alpha/\tan\beta)$ 分布曲线。首先对径流路径进行分析，确定进入一个网格单元的上坡面积 A 及流向垂直的有效等高线长度 L，计算 $\alpha = A/L$，坡角也是根据径流流向计算，可以有单一流向法、多向流向法等计算，从而得到地貌指数 $\ln(\alpha/\tan\beta)$ 的分布。只要给定一个合适的

DEM，就可以根据数字地面分析计算出地貌指数的分布。

在对 TOPMODEL 的大量研究中，得出了两个共同的结论：①TOPMODEL 的模拟结果对流域地貌指数 $\ln(\alpha/\tan\beta)$ 分布曲线的形状并不很敏感，因此在实际应用中并不一定要从实测的数字高程模型（DEM）来推求 $\ln(\alpha/\tan\beta)$ 的分布曲线，而可以通过优化选择某种合适的理论曲线来代替模型中的地貌指数；②优选出来的饱和土壤导水率 T_0 总是特别大，与实际情况相距甚远。但是在实际应用中，TOPMODEL 基本上都很成功，主要原因是理论上的误差被计算机程序中对微分方程进行随意离散化时所带来的更大误差所掩盖。TOPMODEL 在国内外已有广泛应用。

因此对于暂时无法获得数字高程模型的流域，其地貌指数 $\ln(\alpha/\tan\beta)$ 的分布曲线，可以采取以下方法来解决：假设一种理论分布曲线来代替 $\ln(\alpha/\tan\beta)$，很多研究发现，地貌指数 $\ln(\alpha/\tan\beta)$ 在大部分流域上的概率分布曲线一般可以用三参数伽玛（Gamma）分布来拟合。三参数的伽玛分布的函数式可以写为

$$f(x)=\frac{1}{b^a\Gamma(a)}(x-c)^{a-1}e^{-(x-c)/b} \tag{11-62}$$

式中　a、b、c——伽玛分布的形状、尺度和位置参数，这三个参数可以通过最优化方法得到，也可以通过借用流域地貌或水文特征相似的流域地貌指数 $\ln(\alpha/\tan\beta)$ 分布曲线。

七、HEC‐HMS 模型

美国陆军工程师团 HEC（hydrologic engineering center）1964 年成立于美国加州，研究领域包括地表及地下水文、河道水力及泥沙迁移、水文统计及风险分析、水库系统分析、实时水资源控制及管理等。针对不同领域，研制开发了一系列模型，统称 HEC 模型。早期的模型包括 HEC‐1（流域水文计算）、HEC‐2（河道水力计算）、HEC‐3（水库系统分析）、HEC‐4（流速随机生成）、HEC‐5（洪水控制）和 HEC‐6（一维泥沙迁移）模型等。下面介绍最新应用于计算降雨径流的 HEC‐HMS（hydrologic modeling system）。

（一）HEC‐HMS 模型结构

HEC‐HMS 模型是由 HEC‐1 继承和发展起来的，主要用于树状流域降雨‐径流过程的模拟。从模型结构上看，它属于松散耦合型分布式水文模型，即分布式概念模型，其基本建模思路是：首先将流域划分成若干格网单元或自然子流域和演算河段，每个子流域为一计算单元，计算每一单元的产流量，进行子流域内的坡面汇流，然后将各子流域的出流在对应河道上进行河道演算，直至流域出口断面。分块分段原则上要求各子流域上有雨量站、子流域出口、分段河道上下游有流量站。

HEC‐HMS 将水流划分为地表径流和地下基流，模型分为三个模块：集水模块、气象模块和控制规则，模型结构和运行方式框图如图 11‐20 所示。

集水模块选取子流域、河道、水库、洼地、水源地、取水点、交汇点等水文要素中的几个或者全部，按自然流域的顺序组成该流域的水流过程。它包括了流量站资料的输入和各模拟部分计算方法的选择、参数值的设定。

气象模块拟定各子流域的降雨和蒸发过程。

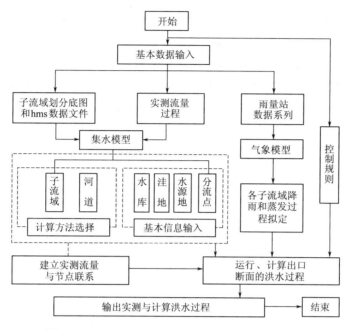

图 11-20 HEC-HMS模型结构和运行方式框图

控制规则模块用来设定模拟计算的起止时间，在参数优化时，它限定了目标函数计算的时间范围。

（二）模型基本原理

HEC-HMS的模拟要素分为降水损失（包括截留损失与下渗损失）、坡面汇流、基流计算和河段上的洪水演算。对每一要素 HEC-HMS 都提供了几种计算方法：如有 7 种不同的降水损失和坡面汇流计算方法；有 4 种不同的基流和河道汇流计算方法。实际应用时要依计算目的、资料情况和使用者经验进行选择。下面对其中的部分方法作扼要介绍。

1. 降水损失计算

HEC-HMS 提供了 7 种降水损失的计算方法，包括 Green & Ampt 法、SCS 曲线法、SMA 法、格网 SMA 法、Deficit and Constant 法、格网 SCS 曲线法、初损稳损法。下面仅介绍 SMA 法。

SMA 法是 soil moisture accounting 的简称，它应用一个包括蒸散发和下渗的五层模型计算土壤水分。该法较适用于长系列的径流模拟，其结构框图如图 11-21 所示。

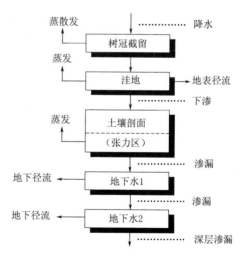

图 11-21 SMA 法模型结构框图

降水首先满足树冠截留；接着经历洼地，储存在洼地中的水以一定速率下渗至土壤剖

263

面，当洼地蓄满后，超过最大下渗率的降水形成地表径流。土壤剖面被分为非张力区和张力区两部分，非张力区的水有蒸发和渗漏到地下水 1 层两个去向，而张力区的水仅用于蒸发。储存在地下水 1 层的水一部分以地下径流流出，另一部分渗漏给地下水 2 层；地下水 2 层中的水一部分形成基流，另一部分深层渗漏流出系统。

SMA 法认为蒸发仅在树冠截留、洼地、土壤剖面发生。首先，树冠截留的水分按蒸发能力蒸发；如果树冠截留水分不能满足蒸发能力，则洼地截留水分开始蒸发；若蒸发能力仍未满足，则土壤剖面非张力区水分开始蒸发；若蒸发能力仍未满足，则土壤张力区部分的水开始蒸发，由于土壤颗粒吸附力的存在，该区的水分不可能全部满足蒸发。

蒸发能力等于每月日平均蒸发皿实测值乘以蒸发折算系数，同一月份具有相同的折算系数。参数包括每层的蓄水容量、初始含水量及下渗率，地下水 1、2 层的出流系数。

2. 坡面汇流

HEC - HMS 模型坡面汇流计算的基本方法有两种，即运动波和单位线。模型提供的单位线有 Synder、Clark、SCS、ModClark 及经验单位线。下面介绍 Clark 单位线。

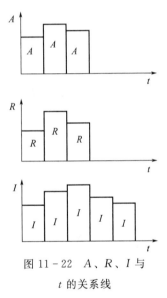

图 11 - 22 A、R、I 与 t 的关系线

克拉克单位线的形状取决于洪水经过流域的传播时间、流域形状与蓄水特征。该法的基本假定是，出口断面的地面径流过程是径流在流域上经平移和调蓄两方面作用后而产生的。这种方法有两个参数：汇流参数 TC、调蓄参数 R，其计算思路是由净雨与时面曲线卷积推求平移后的地面径流过程 $I(t)\text{-}t$，然后调蓄推求流域出口断面的地面径流过程线 $Q'(t)\text{-}t$，如图 11 - 22 所示。

（1）平移计算。时面曲线 $A\text{-}t$ 的计算是平移计算的关键，HEC - HMS 采用以下两种方法：

1）由流域地形图作时面曲线。这种方法的一般作法是，从流域出口开始，按传播时间作等流时线，将流域划分为若干分块，量出两条等流时线之间的面积，绘制时间-面积曲线。推求某一特定流域的时面曲线目前还没有简单而严格的方法，通常假定流域汇流时间 TC 与河槽长度成正比，与坡度成反比。例如 Kirpich 公式：

$$TC = 0.0078(L/S^{0.5})^{0.77} \tag{11-63}$$

式中 TC——流域汇流时间，min；

L——离出口最远点至出口沿河槽的水平投影距离，ft；

S——两者之间的坡度。

2）当缺乏流域地形图时，可用以下简化公式作时面曲线：

$$\left.\begin{aligned} AI &= 1.414T^{1.5} & 0 \leqslant T < 0.5 \\ 1 - AI &= 1.414(1-T)^{1.5} & 0.5 \leqslant T \leqslant 1 \end{aligned}\right\} \tag{11-64}$$

$$AI = A_t/ATOT, T = t/TC$$

式中 $ATOT$——流域总面积；

A_t——汇流历时 t 对应的流域面积。

根据上式算出 $A_0=c$，$A_{\Delta t}$，…，$A_{n\Delta t}=ATOT$，然后两两相减，就可求出时面曲线。

时面曲线 $A-t$ 求得后，就可由净雨与时面曲线卷积求得平移后的流量过程线 $I(t)-t$。其计算公式如下：

$$I_i = \sum_{j=1}^{i} R_i A_{i+1-j} \tag{11-65}$$

式中 I_i、R_i——i 时段平移后的流量和净雨。

A、R、I 关系如图 11-22 所示。

（2）调蓄计算。将平移后的 $I(t)-t$ 进行调蓄之后便可推出流域出口断面的地面径流过程 $Q'(t)-t$，其计算式如下：

$$Q'(i)=CAI(i)+CBQ'(i-1) \tag{11-66}$$
$$CA=\Delta t/(R+0.5\Delta t)，CB=1-CA$$

式中 $Q'(i)$——第 i 时段末的流量；

$\quad$ $Q'(i-1)$——第 i 时段初的流量；

$\quad\quad$ Δt——计算时段；

$\quad\quad$ R——流域调蓄参数。

3. 基流计算

HEC-HMS 提供了 4 种基流的计算方法，包括退水曲线法、月演算法、线性水库法和地下水消退曲线法。

4. 河道汇流

HEC-HMS 提供了 4 种河道洪水演算方法，其中采用较多的有马斯京根法和运动波法，还提供了标准 Musking & Cunge 法和 8 点 Musking & Cunge 法。

5. 模型率定

HEC-HMS 模型为了满足用户多种需求，提供了 6 种目标函数和两种最优搜索方法，而参数率定的时间范围则由控制规则模块中设定的时间确定。

八、VIC 模型

可变下渗能力模型（variable infiltration capacity model，VIC）是由梁旭在 1994 年提出并之后不断发展和完善的大尺度分布式模型。VIC 模型已经被全球众多项目研究检验，在水资源管理、陆气相互作用研究、气候变化等方面广泛应用。VIC 模型的主要特点有：植被类型的空间差异性、具有可变下渗能力的多层土壤和非线性基流。图 11-23 给出了 VIC-3L 模型的结构原理示意图。

VIC 模型的每个计算网格中有 $N+1$ 种植被类型组成，当 $n=1,2,\cdots,N$ 时，代表第 n 种植被，当 $n=N+1$ 时，代表裸土。植被的特征值，如叶面积指数、反照率、最小气孔阻抗、建筑阻抗、植被糙率长度、植被根系分布比例、零平面位移等，与植被类型一一对应。蒸散发根据 Penman-Monteith 计算，有植被覆盖的部分计算植被冠层蒸发和植物蒸腾，裸土部分计算裸土蒸发，网格内的实际总蒸散发量根据植被覆盖比例进行加权平均得到。和每一种地面覆盖类型对应的是单层植物冠层和多层土壤。冠层截留降水，第一层顶薄层土壤反映降雨较小时裸土的蒸发，上层（第一层和第二层）土壤描述土壤对下渗水的

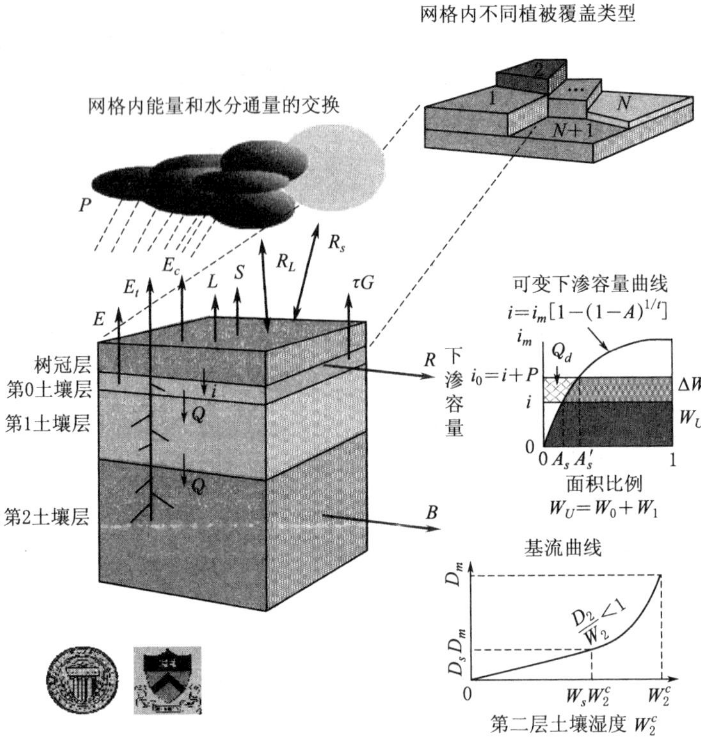

网格内不同植被覆盖类型

网格内能量和水分通量的交换

P

可变下渗容量曲线
$i = i_m[1-(1-A)^{1/r}]$

E_c　L　S　R_L　R_s　τG

E_t

E

树冠层
第0土壤层
第1土壤层

第2土壤层

R　下渗容量　$i_0 = i + P$

Q_d

ΔW_U

W_U

0　$A_s A'_s$　1
面积比例
$W_U = W_0 + W_1$

基流曲线

D_m

$\frac{D_2}{W_2} < 1$

$D_s D_m$

0　$W_s W_2^c$　W_2^c
第二层土壤湿度 W_2^c

图 11-23　VIC-3L 模型结构原理示意图

响应,只有当上层土壤饱和时下层(第三层)土壤才会响应,下层土壤主要刻画土壤含水量的季节性变化。在 VIC 模型的计算中,每个网格独立计算,不考虑水分的侧向运动。

1. 蒸散发计算

VIC 模型中考虑三种蒸发:植被冠层蒸发、植被蒸腾以及裸土蒸发。

植被冠层蒸发是指植物冠层截留水分的蒸发。实际冠层蒸发的计算公式如下:

$$E_c = fE_c^* \tag{11-67}$$

式中　f——冠层截留水分被蒸发耗尽所需时间占计算时段的比例;

E_c^*——最大冠层蒸发量。

两者分别由式(11-68)和式(11-69)计算:

$$f = \min\left(1, \frac{W_i + P\Delta t}{E_c^* \Delta t}\right) \tag{11-68}$$

$$E_c^* = \left(\frac{W_i}{W_{im}}\right)^{2/3} \frac{r_w}{r_w + r_0} E_p \tag{11-69}$$

式中　P——降雨强度;

Δt——计算时段步长;

W_i——冠层的截留总量;

W_{im}——冠层的最大截留量,指数 2/3 是根据 Deardorff 给的指数确定的;

E_p——基于 Penman-Monteith 公式,将叶面气孔阻抗设为零的地表蒸发潜力;

r_0——在叶面和大气湿度梯度差产生的地表蒸发阻抗；

r_w——水分传输的空气动力学阻抗。

植被蒸腾是指水分从植物表面以水蒸气状态进入到大气中，计算公式为

$$E_t = (1.0-f)\frac{r_w}{r_w+r_0+r_c}E_p + f\left[1-\left(\frac{W_i}{W_{im}}\right)^{2/3}\right]\frac{r_w}{r_w+r_0+r_c}E_p \qquad (11-70)$$

式中 r_c——叶面气孔阻抗。

第一项表示没有冠层截留水分蒸发时的植被蒸腾，第二项表示有冠层截留水分蒸发时的植被蒸腾。

裸地蒸发只发生在上层土壤。土壤实际蒸发是潜在蒸发量和土壤湿度函数的乘积。土壤湿度函数在空间上不均匀变化，与土壤的入渗、地形和土壤特性有关。计算采用 Francini 和 Paciani 公式。该公式借鉴了新安江模型蓄水容量曲线的思想，假设入渗能力在空间上是变化的，由下式表示：

$$i = i_m[1-(1-A)^{1/b}] \qquad (11-71)$$

式中 i、i_m——入渗能力和最大入渗能力；

A——入渗能力小于 i 的面积比例；

b——入渗形状参数。

如果让 A_s 表示裸地土壤水分饱和的面积比例，i_0 表示相应点的入渗能力，那么，裸土蒸发 E_1 可表示为

$$E_1 = E_p\left\{\int_0^{A_s}\mathrm{d}A + \int_{A_s}^1\frac{i_0}{i_m[1-(1-A)^{1/b}]}\mathrm{d}A\right\} \qquad (11-72)$$

式中：第一个项为饱和土壤部分的蒸发量，第二项为未饱和土壤部分的蒸发量。当 $A_s=1$ 即上层土壤饱和时，公式变为

$$E_1 = E_p \qquad (11-73)$$

2. 冠层水平衡

冠层的水平衡可以表示为

$$\frac{\mathrm{d}W_i}{\mathrm{d}t} = P-E_c-P_t \qquad 0 \leqslant W_i \leqslant W_{im} \qquad (11-74)$$

式中 P_t——该植被最大截留能力 W_{im} 时，降雨量穿过冠层落到地面的部分。

3. 地表径流

地表径流主要有蓄满产流和超渗产流两种机制。对于一个大的区域，这两种产流方式都会发生，忽略任何一种都会造成计算误差。

VIC 模型同时计算蓄满产流和超渗产流。蓄满产流和超渗产流分别用土壤蓄水容量面积分配曲线和下渗能力面积分配曲线来表示土壤不均匀性对产流的影响。曲线公式如下：

$$i = i_m[1-(1-A)^{1/b}] \qquad (11-75)$$

$$f = f_m[1-(1-C)^{1/B}] \qquad (11-76)$$

式中 i、i_m——土壤蓄水和最大土壤蓄水能力；

A——土壤蓄水能力小于或等于 i 的面积比例；

b——土壤蓄水能力形状特征参数；

f、f_m——入渗能力和最大入渗能力；

C——入渗能力小于或等于 f 的面积比例；

B——入渗能力形状参数。

蓄满产流（用 R_1 表示）发生在初始饱和的面积 A_s 和在时段内变为饱和的部分 $(A_s' - A_s)$ 内，如图 11-24(a) 所示，超渗产流（用 R_2 来表示）发生在剩下的面积（$1-A_s$）上并且在整个超渗产流计算面积［图 11-24(a) 中虚线阴影部分］内重新分配。

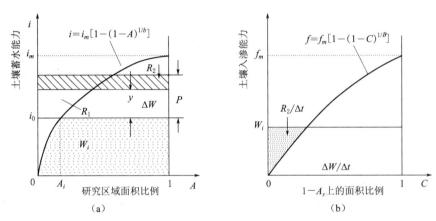

图 11-24 VIC 模型的径流形成示意图

(a) 蓄满产流土壤含水量空间分布；(b) 超渗产流入渗能力空间分布

在给定时段降雨量 P 的情况下，根据水量平衡公式，可以得到：

$$P = R_1(y) + R_2(y) + \Delta W(y) \tag{11-77}$$

$$y \times 1 = R_1(y) + \Delta W \tag{11-78}$$

式中　y——如图 11-24(a) 所示的垂直深度。

蓄满产流 $R_1(y)$ 和式 (11-78) 中土壤水分含量变化 $\Delta W(y)$ 可分别表示为

$$R_1(y) = \begin{cases} y - \dfrac{i_m}{b+1}\left[\left(1-\dfrac{i_0}{i_m}\right)^{b+1} - \left(1-\dfrac{i_0+y}{i_m}\right)^{b+1}\right] & 0 \leqslant y \leqslant i_m - i_0 \\ R_1(y)|_{y=i_m-i_0} + y - (i_m - i_0) & i_m - i_0 < y \leqslant P \end{cases} \tag{11-79}$$

和

$$\Delta W(y) = \begin{cases} \dfrac{i_m}{b+1}\left[\left(1-\dfrac{i_0}{i_m}\right)^{b+1} - \left(1-\dfrac{i_0+y}{i_m}\right)^{b+1}\right] & 0 \leqslant y \leqslant i_m - i_0 \\ i_m - i_0 - R_1(y) & i_m - i_0 < y \leqslant P \end{cases} \tag{11-80}$$

式中　i_0——在图 11-24(a) 中土壤湿度 W_t 的点相应的土壤蓄水能力。

式 (11-77) 中超渗产流 R_2 的值，即图 11-24(b) 的阴影部分乘以时段长度 Δt，等于图 11-24(a) 中所示的 R_2。同时，入渗到上层土壤的总水量 ΔW 应该相等，如图 11-24(a) 和 (b) 所示，由式 (11-78)，可以得到水量输入率 W_p 及 R_2，分别可以表示为

$$W_p = \frac{P - R_1(y)}{\Delta t} \tag{11-81}$$

$$R_2(y) = \begin{cases} P - R_1(y) - \dfrac{f_m}{B+1}\Delta t\left\{1 - \left[1 - \dfrac{P - R_1(y)}{f_m\Delta t}\right]^{B+1}\right\} & \dfrac{P - R_1(y)}{f_m\Delta t} \leqslant 1 \\[4mm] P - R_1(y) - \dfrac{f_m}{B+1}\Delta t & \dfrac{P - R_1(y)}{f_m\Delta t} \geqslant 1 \end{cases}$$
$$\tag{11-82}$$

除了降雨量 P 以外，式（11-77）的所有项都可以表示为 y 的函数，运用数学方法可以证明，对于某一时刻的降水 P，式（11-77）有唯一解，从而可以计算出地表径流量为 $R_d = R_1 + R_2$。

4. 基流

基流的计算借用 Arno 概念模型。基流只在下层土壤产生。当下层土壤水分含量较低时，基流线性消退；较高时，基流非线性消退，大量基流发生（图 11-25），公式如下：

$$Q_b = \begin{cases} \dfrac{D_s D_m}{W_s W_2^c}W_2^- & 0 \leqslant W_2^- \leqslant W_s W_2^c \\[4mm] \dfrac{D_s D_m}{W_s W_2^c}W_2^- + \left(D_m - \dfrac{D_s D_m}{W_z}\right)\left(\dfrac{W_2^- - W_s W_2^c}{W_2^c - W_s W_2^c}\right)^2 & W_2^- \geqslant W_s W_2^c \end{cases} \tag{11-83}$$

式中　Q_b——基流；

　　　　D_m——下层土壤日最大基流；

　　　　D_s——D_m 的比例系数；

　　　　W_2^c——下层的土壤蓄水容量；

　　　　W_s——W_2^c 的一个比例系数，满足 $D_s \leqslant W_s$；

　　　　W_2^-——下层土壤计算时段初土壤水分含量。

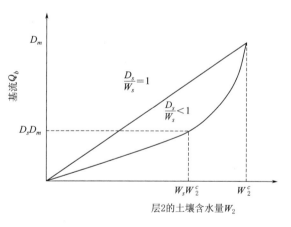

图 11-25　VIC 模型的基流曲线

5. 网格总蒸发和径流量

网格内总的蒸散发量和径流量，计算公式分别如下：

$$E = \sum_{n=1}^{N} C_v[n](E_c[n] + E_t[n]) + C_v[n+1]E_1 \tag{11-84}$$

$$Q = \sum_{n=1}^{N+1} C_v[n](Q_d[n] + Q_b[n]) \tag{11-85}$$

式中　$C_v[n]$——第 n 类（$n=1, 2, \cdots, N$）地表覆盖类型所占总面积的比例；

　　　　$C_v[n+1]$——裸地占总面积的比例，$\displaystyle\sum_{n=1}^{N+1} C_v[n]=1$；

$E_c[n]$、$E_t[n]$、$Q_d[n]$、$Q_b[n]$——对应于第 n 类（$n=1,2,\cdots,N+1$）陆面覆盖的对应各量。

6. 汇流模型

以网格为基础的 VIC 模型只能计算每个网格的水量平衡，得到网格径流时间序列。为了将流量模拟值和实测值进行比较，就需要得到流域出口端面的流量过程，因此需要将 VIC 模型与汇流模型耦合。本文中考虑到计算单元足够小，地表径流的坡面汇流时间较小，可以忽略不计，基流进入地下水线性水库进行调蓄；河道汇流演算采用马斯京根演算法，经过演算得到出口断面的流量过程。图 11-26 为汇流模型原理的示意图。

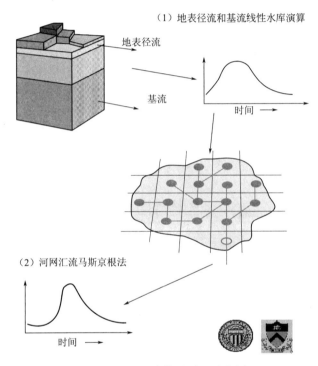

图 11-26　汇流模型原理示意图

（1）线型水库演算法。由于地下水的水面比降很平缓，地下水的水量平衡和蓄泄关系可以表示为

$$I_g-Q_g-E_g=\frac{\mathrm{d}W_g}{\mathrm{d}t}$$

$$W_g=k_gQ_g \tag{11-86}$$

式中　I_g、E_g——地下水库的入流量和蒸发量；

　　　　Q_g——出流量；

　　　　W_g——地下水库蓄水量；

　　　　k_g——蓄泄常数，反映地下水的平均汇集时间。

通过推导可以得到：

$$Q_{g2}=RG(1-KKG)U+Q_{g1}KKG \tag{11-87}$$

式中 Q_{g1}、Q_{g2}——时段初、末地下径流出流量，m^3/s；

$\qquad U$——折算系数，$U = \dfrac{F(km)}{3.6\Delta t(h)}$，$\Delta t$ 为计算时段；

$\qquad KKG$——地下径流消退系数，$KKG = \dfrac{k_g - 0.5\Delta t}{k_g + 0.5\Delta t}$。

（2）马斯京根法。马斯京根法以水量平衡和槽蓄方程为基础。槽蓄方程和水量平衡方程为

$$W = KQ' \tag{11-88}$$

$$I - Q = \frac{\mathrm{d}W}{\mathrm{d}t} \tag{11-89}$$

式中 I、Q、W——河段的入流、出流和河段槽蓄量；

$\qquad Q'$——储流量；

$\qquad K$——蓄量流量关系曲线的坡度。

将水量方程和槽蓄方程进行差分求解，得到流量演算方程式为

$$Q_2 = C_0 I_2 + C_1 I_1 + C_2 Q_1 \tag{11-90}$$

其中 $\quad C_0 = \dfrac{0.5\Delta t - Kx}{0.5\Delta t + K - Kx}$，$C_1 = \dfrac{0.5\Delta t + Kx}{0.5\Delta t + K - Kx}$，$C_0 = \dfrac{-0.5\Delta t + K - Kx}{0.5\Delta t + K - Kx}$

$$\tag{11-91}$$

$$C_0 + C_1 + C_2 = 1 \tag{11-92}$$

式中 Δt——计算时段；

$\qquad x$——流量比重系数。

九、DTVGM 模型

时变增益水文非线性系统模型（time variant gain model，TVGM）是夏军于 1989—1995 年期间在爱尔兰国立大学（U.C.G.）参加国际河川径流预报研讨班提出的一种非线性水文模型方法，在国内外曾经受各种不同气候条件下流域实测资料的检验。初步应用表明：在受季风影响的半湿润、半干旱地区和中小流域，实际应用效果较好。相对于可变增益因子线性模型式(11-7)，TVGM 假定为水文系统增益 G 是土壤湿度（Z_i）、降雨强度（i_p）和下垫面类型的非线性指数函数。它的概念是：降雨径流的系统关系是非线性的，其中重要的贡献是产流过程中土壤湿度（即土壤含水量）、降雨强度和土地利用下垫面不同所引起的产流量变化。

分布式时变增益模型（distributed time variant gain model，DTVGM）（夏军，王纲胜等，2002，2004）则是在 TVGM 基础扩展到流域空间分异的时变水文过程模拟。DTVGM 模型根据 DEM 的精度与流域尺度的实际情况，可以采取划分子流域或网格上计算。汇流是在 DEM 提取的河网中采用运动波汇流。根据不同的目的与流域尺度可以选择不同的时间尺度进行模拟。月模型主要针对流域尺度比较大，进行中长期水资源分析；时段尺度模型主要针对小流域或试验流域，进行产汇流机理分析；日尺度模型介于二者之间。

（一）模型结构

分布式模型根据不同的应用目的与建模思路可以有不同的建模结构。分布式模型大都将流域划分为网格或子流域（统称：计算单元）进行计算。在每个计算单元上仍然可以采

用集总模型的产流模式进行计算。单元计算中主要的几个水文物理过程是不可少的，包括降水、蒸散发、下渗、地表径流和地下径流。在高寒山区还必须考虑融雪问题。很多模型的产流计算是通过计算下渗，然后根据水量平衡计算各个水文要素。时变增益模型是总结了水循环规律，通过优先计算地表产流来计算各个水文要素的。DTVGM 的模型结构如图 11-27所示。

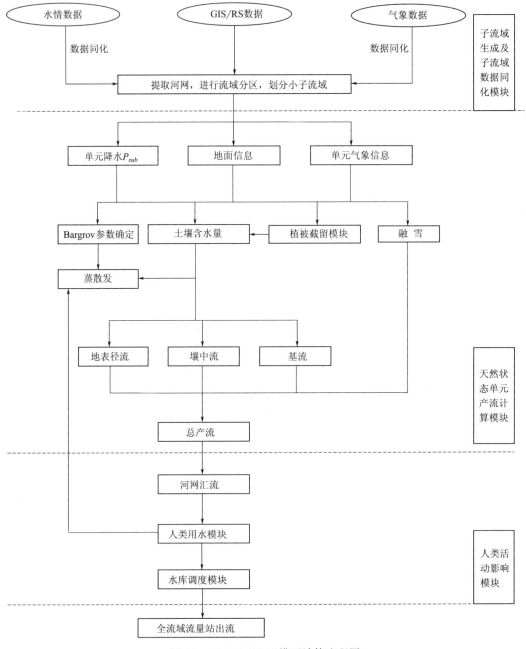

图 11-27　DTVGM 模型计算流程图

（二）DTVGM 模型产流模型

在 DTVGM 中，产流发生在每个水文单元（子流域或网格）上，产流模型在垂直方向上分三层：地表以上，表层土壤，深层土壤。地表以上产生地表径流，表层土壤产生壤中流，深层（中间层与潜水层）土壤主要产生基流（地下径流），产流模型如图 11-28 所示。

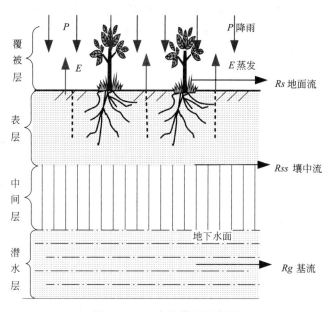

图 11-28　产流模型示意图

DTVGM 产流模型是一水量平衡模型。实际计算中通过迭代计算出蒸散发、土壤水含量、地表径流、壤中流与基流。

水量平衡方程为

$$P_i + W_i = W_{i+1} + Rs_i + E_i + Rss_i + Rg_i \tag{11-93}$$

式中　P——降雨，mm；

$\quad W$——土壤含水量，mm；

$\quad E$——蒸散发，mm；

$\quad Rs$——地表径流，mm；

Rss——壤中流，mm；

$\quad Rg$——地下径流，mm；

$\quad i$——时段数。

1. 降雨蒸散发计算模型

蒸散发分为潜在蒸散发（水面蒸散发或蒸散发能力）与实际蒸散发。

潜在蒸发的计算具有物理机制的方法是 Penman 公式，Penman（1948）依据热量平衡和湍流扩散原理，利用波文比，提出在无水汽平流输送时可能蒸发的估算式。但 Penman 公式计算比较复杂，后来很多学者对 Penman 公式进行了改进，如 Penman - Monteith 公式。潜在蒸散发经验公式法是将温度、湿度、辐射或蒸发皿资料直接与陆面的潜在蒸散建立经验关系。应用气温和太阳辐射两项来拟合潜在蒸散的经验公式比较多，其中比较有名的主要有 Makkink 公式、Jensen _ Haise 公式和 Hargreaves _ Samani 公式。

在水文模型中需要的是实际蒸散发，实际蒸散发的计算可以根据能量平衡得到。但计算要求的资料过多，计算过于复杂。所以在水文模型中大都通过潜在蒸散发来计算实际蒸散发。由于建立的分布式模型实际蒸散发由潜在蒸散发得来，所以必须先得到潜在蒸散发。通常依靠流域中的水文站或气象站能够得到一个或多个点潜在蒸散发信息，然后空间插值到整个流域中。这样计算简单，但由于流域中的测潜在蒸散发的站点一般非常少，导致精度不高。很多学者尝试从气象学角度去计算潜在蒸散发（邱新法，曾燕等，2003），即将站点测得的气温、风速、气压等气象要素，考虑地形后插值到流域中每个单元，然后用经验公式计算每个点的潜在蒸散发。

影响实际蒸散发的因素有：降雨、土壤湿度、覆被、潜在蒸散发等。不同的时间尺度在实际蒸散发中主要的影响因素不一样，所以计算公式也不一样。对于月以上的时间尺度，覆被对实际蒸散发影响很大，覆被越密集的地方实际蒸散发越大，模型计算就必须充分考虑覆被影响。互补相关理论也能够成立，即随着潜在蒸散发的增大，实际蒸散发是减小的。对于日及以下的时间尺度，土壤湿度在实际蒸散发计算中就占主导因素，实际蒸发是随着潜在蒸散发的增大而增大的，蒸发互补相关理论在小时尺度上是不合理的。蒸散发互补理论之所以能够满足月以上的时间尺度而不满足小时的尺度，原因在于月以上的时间段内，如果潜在蒸散发大，说明降雨少、空气湿度小、气温高、土壤湿度小，可能导致土壤完全蒸干而无水蒸发，所以实际蒸散发就小，当潜在蒸散发很小时，说明空气湿度大、气温不高、降雨多、土壤湿度也大，这样实际蒸散发就大。可在最小时尺度的水文模拟时，一般只考虑雨期的计算，土壤一般很少出现蒸干的情况，所以互补相关理论是不适合日以下时间尺度的模型计算。

在分布式时变增益水文模型中采用的还是实测的潜在蒸散发，主要的计算实际蒸散发模型是改进的 Bagrov 降雨蒸散发模型。

对于月尺度影响潜在蒸散发的主导因素考虑降雨、土壤湿度、潜在蒸散发与覆被，采用的是 Bagrov 模型。在 Bagrov 模型中认为降雨 P、潜在蒸散发 ET_p、实际蒸散发 ET_a 之间存在如下关系：

$$\frac{\mathrm{d}ET_a}{\mathrm{d}P} = 1 - \left(\frac{ET_a}{ET_p}\right)^N \tag{11-94}$$

式中　P——实测降雨，mm；

　　ET_p——潜在蒸散发，mm；

　　ET_a——实际蒸散发，mm；

　　N——反映覆被与土壤类型的参数，覆被越密集土壤颗粒越小 N 则越大，即覆被越密集实际蒸散发将越大。

上式在给定 N 后可以求得数值解，给出 $\dfrac{ET_a}{ET_p}$ 与 $\dfrac{P}{ET_p}$ 的关系，即

$$\frac{ET_a}{ET_p} = f\left(\frac{P}{ET_p}\right) \tag{11-95}$$

此处没有考虑到土湿的影响，故（XIA Jun，WANG Gangsheng，2005）将其改进成：

$$\frac{ET_a}{ET_p} = f\left(\frac{AW}{AWC},\ KET_{\text{Bagrov}}\right) \tag{11-96}$$

式中　AW——土壤含水量，mm；

　　AWC——饱和土壤含水量，mm。

其中
$$KET_{\text{Bagrov}} = f\left(\frac{P}{ET_p}\right) \tag{11-97}$$

在实际模型中简化计算公式为

$$\frac{ET_a}{ET_p} = (1-KAW)KET_{\text{Bagrov}} + KAW\,\frac{AW}{AW_M} \tag{11-98}$$

式中　KAW——权重，0～1。

Bagrov 模型在小时与日尺度是不合适的，因为在 Bagrov 模型中降雨为 0 时，认为实际蒸发为 0，显然是不合理的，所以在计算日、小时尺度时候，将 KAW 赋值 1。

在实际流域中，当土壤含水量低于田间持水量后实际蒸散发量很小，不是同蒸发成正比的，故给定一很小的稀疏 k，实际蒸发按照下式计算：$ET_a = kAW$。计算时需判断实测蒸散发必须小于降雨与土壤含水量之和。

在实际流域中我们能够测到的土壤含水量一般是体积比或者重量比，而不是土壤中含水的质量多少（mm），所以在分布式时变增益模型中，给定土壤厚度 $Thick$，然后通过土壤含水率（体积比）W，计算出土壤实际，即

$$AW = ThickW \tag{11-99}$$
$$AWM = ThickWM \tag{11-100}$$

式中　AW——土壤含水量，mm；

　　AWM——饱和土壤含水量，mm；

　　$Thick$——土壤厚度，mm；

　　W——土壤含水率，$\mathrm{m^3/m^3}$；

　　WM——饱和土壤含水率，$\mathrm{m^3/m^3}$。

根据流域的实际情况，如果土层很厚（如我国的黄土高原地区），一般实际蒸散发都是表层土产生，深层土壤中除了少量的植物蒸腾外，蒸发量非常小。为了简化计算可以忽略深层土壤蒸散发，所以蒸散发模型中的土壤湿度可以只用表层土壤湿度与饱和土壤湿度计算。

2. 地表水产流模型

很多水文模型是通过计算下渗来计算地表产流的，分布式时变增益模型中总结了降雨产流的关系后，通过时变因子优先计算地表径流，而后计算下渗量。对地表径流影响最大的因素是土壤表层的植被与表层很薄的一层土壤。所以在分布式时变增益模型中将采用下式计算地表径流：

$$Rs = g_1\left(\frac{AW_u}{WM_uC}\right)^{g_2} P \tag{11-101}$$

式中　Rs——子流域地表产流量，mm；

AW_u——子流域表层土壤湿度，mm；

WM_u——表层土壤饱和含水量，mm；

P——子流域雨量，mm；

g_1、g_2——时变增益因子的有关参数，$0<g_1<1$，$1<g_2$，g_1 为土壤饱和后径流系数，g_2 为土壤水影响系数；

C——覆被影响参数。

其中表层土壤湿度的计算采取的仍是土壤厚度与土壤含水率的乘积形式，即

$$AW_u = Thick_u W_u \qquad (11-102)$$

$$AWM_u = Thick_u WM_u \qquad (11-103)$$

如果我们能够得到实际流域中的土壤厚度，当土壤厚度很小，低于理论上对产流的影响厚度时就用实际的土壤厚度值（如我国南方的山区），当土壤厚度很厚时（如我国黄土高原地区），就用理论上对产流影响土壤厚度计算。针对不同的雨强与降雨历时以及不同的模拟时间尺度该厚度是有所不同的，在实际模拟时往往是通过模型拟定得到该值。基本的规律是模拟时间尺度越长影响产流的土壤厚度就越厚，雨强越大也就越小。

对于覆被的影响现在仍然存在很多的争论，但大多数学者认为随着覆被的密度增加是减小产流量的。如密林地相对于草地，密林地植被截留能力显然要强一些，直接导致地表径流的产流起始时间晚，产流量小。大量的人工降雨实验也说明草地的地表径流产流量远远小于裸地产流量，甚至只有裸地的 1/3。但植被的存在使下渗的水量多，对土壤水的补充较多，这样壤中流与地下径流将增大（刘昌明，2004）。流域中的总产流量一般认为还是减小的，因为植被增加了无效蒸发。

C 为覆被影响参数，一般按照裸地、耕地、草地、林地，C 依次增大，具体值将由实验与模型拟合确定，表 11-1 给出的是 C 值的参考值。

表 11-1　　　　　　　　　　不同土地类型 C_j 值表

土地类型	水田	旱地	有林地	灌木林	疏林地	其他林地	高覆盖度草地	中覆盖度草地	低覆盖度草地	河渠	湖泊	水库坑塘
C	1	0.7	1	1	1	1	0.8	0.8	0.8	0.1	0.1	0.1

土地类型	滩涂	滩地	城镇用地	农村居民点	其他建设用地	沙地	戈壁	盐碱地	沼泽地	裸土地	裸岩石砾地	其他
C	0.4	0.4	0.5	0.5	0.5	0.5	0.58	0.5	0.5	0.5	0.5	0.5

3. 土壤水产流模型

降雨下渗后，当土壤湿度达到田间持水量后，下渗趋于稳定。继续下渗的雨水，沿着土壤空隙流动，一部分会从坡侧土壤空隙流出，转换为地表径流，注入河槽，一般称该部分径流为表层流或壤中流。

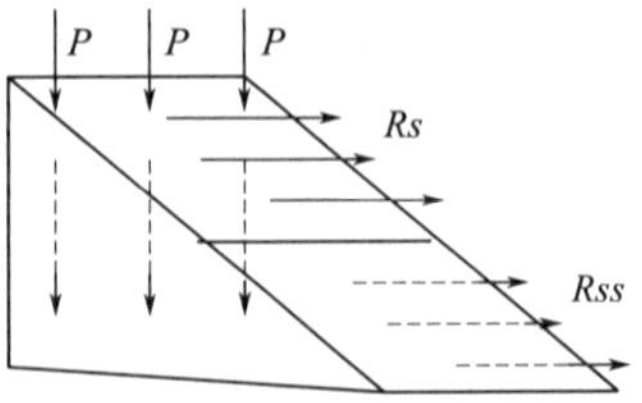

在分布式时变增益水文模型中，为了简化计算，让模型可行，假设壤中流正比于土壤含水量，壤中流产流示意图如图 11-29 所示。故在表层土壤含水量大于田间持水量后可以用下式计算壤中流：

图 11-29　壤中流产流示意图

$$Rss_i = AW_u K_r \qquad (11-104)$$

式中　Rss——壤中流；

　　AW——表层土壤平均含水量；

　　K_r——土壤水出流系数；

　　i——计算时段。

土壤水是运动的，土壤湿度是一个过程量，在实际计算时采取的是时段起止土湿平均值，如果时段较长，建议取多点平均。

$$AW_u = \frac{W_{ui} + W_{ui+1}}{2} \qquad (11-105)$$

实际流域中每个计算单元的 K_r 应该是不一样的，K_r 是土壤颗粒粒经 S_R、土层的厚度 S_H、土壤间隙 S_C 以及坡度 S_S 的函数，即

$$K_r = f(S_R, S_H, S_C, S_S) \qquad (11-106)$$

K_r 与 S_R、S_H、S_C、S_S 的定性关系是：土壤的粒经越大、间隙越大、土层越薄、坡度越陡 K_r 则越大，反之 K_r 则越小。如果计算的流域面积不是很大，流域中土壤属性差异不大时，为了简化计算，可以假设每个单元的 K_r 值是一致的。

4. 地下水产流模型

地下径流是深层土壤或基岩的裂隙中蓄存的水。地下水有交换周期长、出流稳定的特点，一般是径流分割中的基流部分。由于流域地下水的分水线往往同地表水的分水线不是一致，这就导致了水文模拟的难度。在分布式时变增益模型中，将土壤划分了二层，认为当水下渗到第二层（深层）后主要是补充地下水。为了模型能计算，此处有两个假设：①流域中地下水分水线与地表水一致，忽略外流域输入与输出；②地下径流正比于深层土壤含水量。故采用下式计算：

$$R_{gi} = AW_{gi} K_g \qquad (11-107)$$

式中　R_g——地下径流；

　　AW_g——深层土壤含水量；

　　K_g——地下水出流系数。

其中深层土壤湿度的计算采取的仍是土壤厚度与土壤含水率的乘积形式，即

$$AW_g = Thick_g W_g \qquad (11-108)$$

$$AWM_g = Thick_g WM_g \qquad (11-109)$$

式中　AWM_g——地下水饱和含水量，mm；

　　$Thick_g$——深层土壤厚度，mm；

　　WM_g——上层土壤含水率，m^3/m^3。

由于地下水出流小且稳定，所以 K_g 是一个数量级非常小的数。在计算时当土壤湿度大于饱和土湿时，认为进入稳定下渗状态，下渗量等于地下水出流量。

假设①在基流所占比例很小的流域中是可以满足的，尤其在计算洪水时可以忽略外流域的水交换。但在进行枯水计算时，该假设往往不成立。需要建立复杂的地下水模型才能计算。

5. 单元产流计算

分布式时变增益模型中采用的是水量平衡方程，通过迭代计算出各个水文要素。将蒸发、地表水产流、壤中水产流、地下水产流模型代入水量平衡方程中可得：

$$P_i + AW_i = AW_{i+1} + g_1 \left(\frac{AW_{ui}}{WM_uC_j} \right)^{g_2} P_i + AW_{ui}K_r + Ep_iK_e + W_{gi}K_g$$

(11 - 110)

考虑到上层土壤水到下层的土壤水传递较慢与模型的可实现性，此处将上层与下层分开计算，即先计算上层土壤水，再计算下层。

故上式可简化为

$$P_i + AW_{ui} = AW_{ui+1} + g_1 \left(\frac{AW_{ui}}{WM_uC_j} \right)^{g_2} P_i + AW_{ui}K_r + Ep_iK_e \quad (11 - 111)$$

$$AW_u = \frac{AW_{ui} + AW_{ui+1}}{2} \quad (11 - 112)$$

令

$$f(AW_u) = 2AW_u - P_i - AW_{ui} + g_1 \left(\frac{AW_{ui}}{WM_uC_j} \right)^{g_2} P_i + AW_{ui}K_r + Ep_iK_e$$

(11 - 113)

$$f'(AWu) = 2 + g_1 g_2 \left(\frac{AW_{ui}}{WM_uC_j} \right)^{g_2 - 1} P_i (WM_uC_j)^{-1} + K_r + Ep_iK_e' \quad (11 - 114)$$

则牛顿迭代公式为

$$AW_u^{j+1} = AW_u^j - \frac{f(AW_u^j)}{f'(AW_u^j)} \quad (11 - 115)$$

在给定初始土壤含水量后即可迭代出每个时段的上层土壤含水量，通过含水量即可解出地表产流。计算时当土壤湿度低于田间持水量后迭代公式应相应的变化。

计算完表层土湿后，给定表层到深层的下渗率为 $f(\mathrm{mm/h})$，即可得到上层土壤渗入到下层的水量 $f\Delta t$，即可计算出深层的土壤含水量：

$$AW_{g,i+1} = AW_{g,i} + f\Delta t \quad (11 - 116)$$

式中　AW_g——深层土壤含水量，mm；

　　　　f——土壤下渗率，mm/h；

　　　　Δt——计算时段长，h。

通过深层土壤湿度，即可得到地下水出流。

此处需要注意的是土壤湿度边界情况的控制，当土壤湿度低于田间持水量时，没有重力水，上层对下层的下渗量是非常小的，当下层饱和后这部分下渗量将会转变为壤中流的形式产流。下渗率 f 可参考流域实验确定，由于实验只能在一个点上进行，很难完全代表整个流域的属性，实际带入模型计算的是参考实验后的模型拟合值。

6. 总产流

子流域总产流量即为地表水产流量、土壤水产流量、地下径流之和，也就是：

$$R = Rs + Rss + Rg \quad (11 - 117)$$

式中 R、Rs、Rss——子流域总产流量、地表水产流量和土壤水产流量，mm。

7. 水保工程耗水模型

人类为了满足自己的生存要求，总是在不断的征服自然、改造自然、甚至破坏自然，受到自然的惩罚后开始保护自然。这些都完全改变了天然的降雨产流模式。此处将考虑覆被变化与水保工程的影响。

现在一般我们能够得到的覆被变化资料是不同覆被的面积。从土地利用图上我们能够得到的覆被类型是 25 种，一般综合考虑其中主要的 5 种类型，分别是耕地、林地、草地、水域、沙漠。水保工程现在主要有梯田、林地、草地、淤地坝等。不同的覆被类型对降雨产流的影响能力是不同的，定义每种覆被的影响能力为 $\gamma_i(\gamma_i')$，其表示的意义是若某流域的覆被只有一种类型，且覆盖度为 100% 时，流域单位产流（或降雨）被减少的量。假设实际减少的量同流域的覆盖度成正比。则以上产流模型计算的产流就变为

$$R' = R\left(1 - \sum_{i=1}^{n} \frac{\gamma_i S_i}{S}\right) \tag{11-118}$$

式中 S_i——植被面积；

　　S——子流域总面积；

　　R'——经过截留后的产流；

　　i——不同的覆被类型；

　　n——覆被类型总数；

　　γ_i——对产流的影响能力。

或将以上模型降雨改为经过影响后的实际降水：

$$P' = 1 - \sum_{i=1}^{n} \frac{\gamma_i' S_i}{S} P \tag{11-119}$$

式中 γ_i'——对降雨的影响能力。

据统计发现 $\gamma_i(\gamma_i')$ 在不同时期是不同的，如在枯水期可能会等于 1，而在汛期相对要小一点。对于不同的雨强 $\gamma_i(\gamma_i')$ 是不同的，一般随着雨强的增大而减小。所以 $\gamma_i(\gamma_i')$ 是雨强、降水历时、土壤湿度（前期降雨）的函数。

$$\gamma_i = f(I, t, AW) \tag{11-120}$$

式中 I——雨强；

　　t——降雨历时；

　　AW——土壤湿度。

在实际分布式月模型中，考虑到模型的复杂度及实现的可能性，本文针对不同的植被类型，每个月给出不同的值。

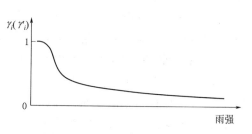

图 11-30 $\gamma_i(\gamma_i')$ 同雨强关系

受植被影响而损失的水量主要是产生了无效的蒸散发，所以在模型中将将这部分水量补充到蒸散发中。则实际蒸散发变为

$$ETa' = ETa + R' - R \tag{11-121}$$

8. 人类用水模型

人类用水主要包括农业用水、工业用水、生活用水等。在干旱半干旱地区人类的用水

占水资源的比重越来越大，甚至是全部的水资源。尤其是农业用水，大面积的漫灌造成河流的断流。在分布式水文模型中必须得考虑这部分的影响。

人类用水中以农业用水为主。农业灌溉用水由灌溉的面积及作物的种类决定，本文中考虑到可行性与实用性，采用下式模拟农业用水。

$$Ir = \alpha_j \beta S_1 / S \qquad (11-122)$$

式中　α_j——农业耗水不同月的分配，由灌溉时期确定，$j=1，2，\cdots，12$；

　　　β——农业的单位面积年耗水量，mm，由作物的类型及灌溉方式确定，一般有实测资料；

　　　S_1——耕地面积。

α_j、β 理论上是随时间变化的，并且受气候、人类需求，以及先进的灌溉技术使用都将改变其值。在短时间内 α_j、β 变化不是很大。

农业用水除了很少部分回归到了流域中，大部分还是被蒸散发消耗。此处的 β 是扣除了灌溉回归后的农业耗水，该部分水量在模型中最终加到蒸散发中。

除了农业用水，大流域中的工业用水、生活用水的比重虽然很小，在模型中进行综合考虑，加入 W 项。W 是工业产值 In、人口总数 Po、城乡、工矿、居民用地面积 S_5 的函数，即

$$W = f(In, Po, S_5) \qquad (11-123)$$

W 随着工业产值、人类生活水平的提高是快速增大，所以其影响程度也在越来越大。

考虑人类用水后的产流量变为

$$R'' = R' - \alpha_j \beta S_1 / S - W \qquad (11-124)$$

则实际蒸散发变为

$$ETa' = ETa + R'' - R \qquad (11-125)$$

9. DTVGM 汇流模型

汇流在水文模型中同样重要，尤其在分布式水文模型中，汇流模型是否合理与优劣直接影响整个水文模型的模拟效果。分布式水文模型的产流是在网格或划分的子流域中进行，比集总模型要精细得多，所以必须配备同样精细的汇流模型。现有的分布式模型常用的汇流方法是马斯京根法与运动波法。在产流单元间的汇流计算，不同的模型做了不同的简化，如将流域分层计算。这些简化很多情况下是同流域中实际汇流不一致的。

结合动力网络的理论，将河网建立成无尺度网络。又将网络分成坡面与河道两部分来进行汇流计算。在每个节点（产流单元）内用运动波计算，节点间通过网络连接汇流计算。该法完全模拟实际的流域汇流路径与模式进行计算，理论合理。

(1) 子流域内汇流计算。为了使汇流模型简单可行，首先假设动量方程中忽略摩阻项，认为摩阻比降 S_f 等于坡度比降 S_0。

径流深度 h 采用下式计算：

$$h = \frac{A}{w} \qquad (11-126)$$

式中　h——断面平均深度，m；

　　　A——断面面积，m^2；

w——断面平均宽度，m。

流速 v(m/s) 则采用曼宁公式计算，如下：

$$v = \frac{1}{n}h^{\frac{2}{3}}S_0^{\frac{1}{2}} \tag{11-127}$$

式中　n——曼宁糙率系数，根据流域下垫面和土地利用类型的不同而选取相应的值，具体参考 L. F. Huggins 等人的成果；

S_0——坡度比降。

则断面流量 Q(m³/s) 为

$$Q = Av \tag{11-128}$$

流域中的汇流一般分成坡面汇流与河道汇流。若有实测流域的河道资料很容易区分坡面与河道，可实际中很难得到实测河道的资料。本文采用 DEM 直接提取河道，通过汇水面积的大小来判断栅格是坡面还是河道。即给一个阈值 N，大于该阈值的认为是河道，小于该阈值的认为是坡面。

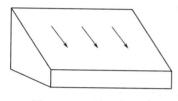
图 11-31　坡面示意图

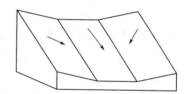
图 11-32　河道示意图

对于坡面汇流，断面平均宽度即是网格的宽度：

$$w = \Delta x \tag{11-129}$$

式中　w——断面平均宽度，m；

Δx——网格宽度，m。

联立式 (11-126)~式(11-129) 可得：

$$Q = Av = A\frac{1}{n}h^{\frac{2}{3}}S_0^{\frac{1}{2}} = A\frac{1}{n}\left(\frac{A}{\Delta x}\right)^{\frac{2}{3}}S_0^{\frac{1}{2}} = \frac{1}{n}\Delta x^{-\frac{2}{3}}S_0^{\frac{1}{2}}A^{\frac{5}{3}} = \alpha A^{\beta} \tag{11-130}$$

$$\alpha = \frac{1}{n}\Delta x^{-\frac{2}{3}}S_0^{\frac{1}{2}} \quad \beta = \frac{5}{3} \tag{11-131}$$

对于河道汇流，断面平均宽度是随水深变化的，即随着流量的增大，断面面积增大，水深增大，断面平均宽度增大，故假设断面平均宽度与平均水深呈线性关系，即

$$w = ah \tag{11-132}$$

式中　h——断面平均深度，m；

a——参数，由河道属性决定；

w——断面平均宽度，m。

联立式 (11-126)~式(11-128)、式(11-132) 可得：

$$h = \frac{A}{w} = \frac{A}{ah}, h = \left(\frac{A}{a}\right)^{\frac{1}{2}} \tag{11-133}$$

$$Q = Av = A \frac{1}{n} h^{\frac{2}{3}} S_0^{\frac{1}{2}} = A \frac{1}{n} \left(\frac{A}{a}\right)^{\frac{1}{3}} S_0^{\frac{1}{2}} = \frac{1}{n} a^{-\frac{1}{3}} S_0^{\frac{1}{2}} A^{\frac{4}{3}} = \alpha A^{\beta} \tag{11-134}$$

$$\alpha = \frac{1}{n} a^{-\frac{1}{3}} S_0^{\frac{1}{2}}, \beta = \frac{4}{3} \tag{11-135}$$

河道的水流属于明槽非恒定渐变流，其连续性方程为

$$\frac{\partial A}{\partial t} + \frac{\partial Q}{\partial x} = q \tag{11-136}$$

式中　A——断面面积，m^2；

　　　　t——时间，s；

　　　　Q——流量，m^3/s；

　　　　x——流程，m；

　　　　q——测向入流，m^3/s。

差分解得

$$\frac{\Delta A}{\Delta t} + \frac{\Delta Q}{\Delta x} = q, \Delta A \Delta x + \Delta Q \Delta t = q \Delta x \Delta t \tag{11-137}$$

在一个栅格中，测向入流主要是净雨，则

$$\Delta A \Delta x + \Delta Q \Delta t = R Area \tag{11-138}$$

对于 t 时刻：

$$\Delta A = A_t - A_{t-1} \quad \Delta Q = Q_O - Q_I \tag{11-139}$$

式中　$Area$——节点面积；

　　　　A——断面面积，m^2；

　　　　t——时间，s；

　　　　Q_I——流入栅格的流量，m^3/s；

　　　　Q_O——流出栅格的流量，m^3/s。

流入栅格的流量 Q_I 等于上游汇入的网格流出流量的和，流出栅格的流量 Q_O 可由下式计算：

$$Q_O = \alpha \left(\frac{A_t + A_{t-1}}{2}\right)^{\beta} \tag{11-140}$$

将式（11-139）、式（11-140）代入式（11-138）可得：

$$A_t - A_{t-1} = \left[Q_I - \alpha \left(\frac{A_t + A_{t-1}}{2}\right)^{\beta} \right] \frac{\Delta t}{\Delta x} + R \frac{Area}{\Delta x} \tag{11-141}$$

令　　　$$f(A_t) = \left[Q_I - \alpha \left(\frac{A_t + A_{t-1}}{2}\right)^{\beta} \right] \frac{\Delta t}{\Delta x} + R \frac{Area}{\Delta x} - A_t + A_{t-1} \tag{11-142}$$

$$f'(A_t) = -\frac{\alpha \beta}{2} \left(\frac{A_t + A_{t-1}}{2}\right)^{\beta-1} \frac{\Delta t}{\Delta x} - 1 \tag{11-143}$$

则牛顿迭代式为

$$A_t^{(k)} = A_t^{(k-1)} - \frac{f[A_t^{(k-1)}]}{f'[A_t^{(k-1)}]} \tag{11-144}$$

通过迭代即可求出断面面积 A_t，代入式（11-140）中可以计算出栅格的出流 Q_o。

（2）河网汇流计算。利用上文提出的提取河网的方法，通过 DEM 能够得到每个网格的流向、水流累积值。确定出每个栅格的流入、流出栅格。该法将整个流域建成了一个有向无环图，能够保证流域中的每个栅格的水流都能够流到流域的出口。

取阈值为－1 提取河网，则提取的河网包含了流域中的所有栅格。河网的编码是从流域出口到流域边界逐河段编码的，汇流计算则需从河源向流域出口逐河段计算，即按照编码从大到小计算。给出区分坡面与河道的阈值 N，该阈值需要结合网格尺度的大小与流域特性定。如在黄河流域的多沟壑区则比较小，对于平原区则比较大。将该阈值与每个网格的水流累积值进行比较。小于该阈值的用坡面汇流计算，大于该阈值用河道汇流计算。如此即可计算出每个网格的入流与出流。一般流域中至少有流域出口的实测流量，可以通过实测流量来拟定模型中参数。

第十二章　水质、生态需水及河流健康评价

传统水文学以研究水文循环、水量变化及其分布的基本规律为主。随着社会经济的不断发展，水污染与水生态退化问题日益严重，水污染治理与水生态修复受到广泛的关注。面对水生态环境保护的需求，现代水文学则还要研究水质和水生态、人类活动对水文循环和水文过程的影响以及水文循环与生态环境的相互作用问题。

由于工农业发展、人口膨胀和城市扩张，一方面一定数量的污水排入江河，引起了水体污染；另一方面工农业和生活用水量激增，一定程度挤占了河湖生态用水，导致了水生态系统退化，对河湖健康造成了极大的威胁。因此，水质改善和河湖健康保障问题已提到生态保护与水文科学研究的重要议事日程上来。为了使工程水文学与水环境、水生态建立相互联系，本章着重介绍水体污染、水质评价、河流生态需水和河流健康的一些基本概念与评估方法。

第一节　水　体　污　染

降雨过程及其伴随的大气中的微粒物质降落到地面，与地面中被溶解物质一起，通过地表径流进入河流或渗入地下和土壤产生化学变化，形成一些物质或溶解其他一些物质。因此，地面径流、壤中流和地下径流都具有一定的化学特性。另外，工业废水、城市生活污水、农田的肥料、农药通过暴雨径流被输送入河流或湖泊，形成水体污染，给人类和生态环境带来不同程度的危害。

自然界中水体污染，从不同的角度可以划分为不同的污染类别。

（1）从污染成因上划分可分为自然污染和人为污染。自然污染是指由于特殊的地质或自然条件，使一些化学元素大量富集，或天然植物腐烂中产生的某些有毒物质或生物病原体进入水体，从而污染了水质。人为污染则是指由于人类活动（包括生产性的和生活性的）污水排放引起水体污染。

（2）从污染源划分可分为点污染源和面污染源。环境污染物的来源称为污染源。点污染是指污染物质从集中的地点（如工业废水及生活污水的排放口）排入水体，它的特点是经常排污，其变化规律服从工业生产废水和城市生活污水的排放规律，它的量可以直接测定或者定量化，其影响可以直接评价。面污染亦称为非点源污染，它主要指污染物质来源于集水面积的地面上（或地下），如农田施用化肥和农药，灌排后常含有农药和化肥的成分，城市、矿山在雨季，雨水冲刷地面污物形成的地面径流等。面源污染的排放是以扩散方式进行的，时断时续，并与气象因素有联系。

（3）从污染的性质划分可分为物理性污染、化学性污染和生物性污染。物理性污染是指水的浑浊度、温度和水的颜色发生改变，水面的漂浮油膜、泡沫以及水中含有的放射性

物质增加等；化学性污染包括有机化合物和无机化合物的污染，如水中溶解氧减少，溶解盐类增加，水的硬度变大，酸碱度发生变化或水中含有某种有毒化学物质等；生物性污染是指水体中进入了细菌和污水微生物等。事实上，水体不只受到一种类型的污染，而是同时受到多种性质的污染，并且各种污染互相影响，不断地发生着分解、化合或生物沉淀作用。

第二节　水　质　指　标

如上所述，水体的水质污染种类繁多，受污染水体的水质性状各异，为了能确切反映各种污染状况，必须确定一些水质指标和参数。

一、无机物指标

一般情况下，根据江河湖泊水体特点，确定以下几个方面的指标和参数：

（1）颜色纯洁的水，在水层浅时是无色的，深时为浅蓝色。水中含有污染物质时，水色随污染物质的不同而变化。如含低铁化合物为淡绿蓝色，含高铁化合物呈黄色。

（2）味道纯洁的水是无味的，水中溶解不同物质，会产生不同味道。

（3）臭味清洁的水没有气味，水体污染后常产生一些气味，根据人的嗅觉，将臭味的强度分为 6 级（表 12-1）。

表 12-1　　　　　　　　　　　水体中臭味强度分级表

强度等级	程　度	反　应	强度等级	程　度	反　应
0	无臭	不发生任何气味	3	明显	易于察觉,不处理不能饮用
1	极微弱	一般不易察觉	4	强	嗅后使人不快,不能饮用
2	弱	未指出前,一般不易感觉	5	极强	臭气极强

二、有机物指标

废水中有机物浓度是一个重要的水质指标。水质浓度单位主要采用 1L 水中含有各种离子的毫克数（mg/L），也可以用 1kg 水样中含有 1mg 被测物质的比值。由于有机物的组成比较复杂，要想分别测定各种有机物的含量比较困难，一般采用下面几个氧平衡指标（或称参数）来表示有机物的浓度。

（1）溶解氧（DO）。溶解氧是指溶解在水中的氧气，它是反映自然水体水质优劣的一个重要指标。耗氧有机物在水体中分解时会消耗水中大量的溶解氧，如果耗氧速度超过了氧由空气中进入水体内和水生植物的光合作用产生氧的速度，水中的溶解氧会不断减少，甚至被消耗殆尽。这时水中的厌氧微生物繁殖，有机物腐烂，水发出恶臭，并给鱼类生存造成很大威胁。因此水中溶解氧含量的大小是衡量水体是否受到有机物污染的一个重要指标，是保证水体感官质量及保护鱼类和其他水生物的重要项目。一般在较清洁的河流中 DO 在 7.5mg/L 以上。DO 在 5mg/L 以上利于浮游生物生长，3mg/L 以下不足以维持鱼群的良好生长，4mg/L 的 DO 浓度是保障一个多鱼种鱼群生存的最低浓度。

（2）生化需氧量（BOD）。生化需氧量表示在好气条件下，水中有机污染物经微生物分解所需的氧量。水中有机物越多，生化需氧量就越高，即水中溶解氧含量就越少，则水质状况越差。在实际工作中，通常用被检测水样在 20℃条件下，经过 5 天后减少的溶解氧量来表示生化需氧量，称为 5 日生化需氧量（BOD$_5$），用生化需氧量判断水质，见表 12 - 2。

表 12 - 2　　　　　　　　　　　　用生化需氧量判断水质

生化需氧量 /(mg/L)	水 质 性 状	生化需氧量 /(mg/L)	水 质 性 状
1.0 以下	非常清净	7.5	不良
2.0	清净	10.0	恶化
3.0	良好	20.0 以上	严重恶化
5.0	有污染		

（3）化学耗氧量（COD）。化学耗氧量是指用化学方法（通过氧化剂如高锰酸钾、重铬酸钾）氧化水中有机物质所需要消耗的溶氧数量，又简称耗氧量。化学耗氧量测定速度快，但不同的氧化反应条件，测出耗氧量也不同，并且测定时被氧化的有机物质中包括水中能被氧化的有机物和还原性无机物，而不包括化学上较为稳定的有机物。因此，化学耗氧量只能相对反映出水中的有机物含量。

三、酸、碱类污染物指标

酸性、碱性废水破坏水体的自然缓冲作用，妨碍水体的自净功能，不利于人类水上娱乐活动和水生生物繁殖，而且产生腐蚀作用，长期使用碱性强的灌溉水，会使蔬菜作物死亡。

pH 值是检测水体受酸、碱污染程度的一个重要指标。pH 值表示溶液中氢离子浓度的单位，它的定义是以 10 为底的氢离子浓度的负对数，用每升中氢离子的当量数来表示，其关系如下式：

$$pH = -lg[H^+] \tag{12 - 1}$$

式中　[H$^+$]——氢离子浓度。

理论上说，pH<7 为酸性，pH>7 为碱性，pH=7 是中性。习惯上，人们用表 12 - 3 表示酸碱性程度与 pH 值的关系。

表 12 - 3　　　　　　　　　　　酸、碱性程度与 pH 值关系表

酸碱性程度	强酸性	弱酸性	中 性	弱碱性	强碱性
pH 值	<5.0	5.0~6.5	6.5~8.0	8.0~10.0	>10.0

世界卫生组织规定的饮用水标准中 pH 值的合适范围为 7.0~8.5，极限范围是 6.5~9.2。我国地表水环境质量标准规定为 6.5~8.5；极限范围为 6.0~9.0，农田灌溉用水水质标准为 5.5~8.5。

四、氮、磷类污染物指标

从农作物生长需要上看，氮、磷、钾、硫等化合物是宝贵的营养物质，但过多的营养

物质进入天然水体,将恶化水质,形成污染。

在天然的地表水中,氮化合物(NH_4^+,NO_2^-,NO_3^-)和磷化合物($H_2PO_4^-$,HPO_4^{-2})的总量一般很少,由于工业废水和生活污水的排放,以及农业施肥等,使大量的含氮、磷元素的营养物质进入水体,导致各种藻类大量繁殖,使水体严重缺氧,产生异臭和毒性,加速水体向富营养化阶段发展。

水生生物所需要的营养物质是多种的,如氧、氢、碳、硅、氮、磷、钙、镁、硫、氯化物、锰、铁、锌、铜等,其中氮、磷两种元素在天然水体和藻类细胞中的浓度相对较低,随着大量富含氮磷的污水排入水体,氮、磷日益成为藻类生长的控制元素。

在藻类细胞所含的各种物质元素中,氮、磷、氧、碳是 4 种主要元素,没有这些元素藻类就不可能生长。根据 Liebig 的最小值原理,即"植物的生长决定于外界供给它所需养分中数量最少的那一种",常采用限制氮、磷元素含量的办法来控制水体富营养化的速度。在这两个元素中,虽然氮可能会由于污水负荷的递增而成控制因素,但控制藻类的异常增殖,不易从控制氮的负荷上达到。而磷主要来自于污水中,易于控制,因此,磷是富营养化作用中的主要控制因素。

R. A. 沃兰威德(R. A. Vollenweider)提出不同湖水深度氮、磷的允许负荷量,以防止水体富营养化(表 12 - 4)。

表 12 - 4   **总氮、总磷允许负荷量**

项 目	水深/m	总　　氮/(mg/L)		总　　磷/(mg/L)	
		允许	危险	允许	危险
理论推算值	5	1.0	2.0	0.07	0.14
	10	1.5	3.0	0.10	0.20
	50	4.0	8.0	0.25	0.50
	100	6.0	12.0	0.4	0.80
	200	9.0	18.0	0.6	1.20

五、重金属指标

在环境污染方面所说的重金属主要指汞、镉、铅、铬以及类金属砷等生物毒性显著的元素,也包括具有毒性的锌、铜、钴、镍、锡等,重金属以汞毒性最大,镉次之,铅、铬、砷也有相当毒性,俗称为"五毒"。

采矿和冶炼是向环境中释放重金属的主要污染源,此外不少工业部门也通过"三废"向环境中排放重金属。重金属污染物的主要特征是在水体中不能被微生物降解,而只能发生各种形态之间的相互转化,以及分散和集富的过程。重金属在水体中的迁移,一是通过沉淀作用,即重金属生成氧化物或硫化物、碳酸盐等而沉淀,并大量聚集在排水口附近的底泥中,成为长期的次生污染源;二是通过吸附作用,重金属吸附在水中的悬浮物和各种胶体物质上被水流搬运。此外还有氧化还原作用(如三价铬被氧化为六价铬)、铬合作用等。我国规定地表水环境质量标准中主要重金属标准值见表 12 - 5。

表 12 - 5 地表水环境质量重金属标准值 单位：mg/L

类 别 项 目	Ⅰ类	Ⅱ类	Ⅲ类	Ⅳ类	Ⅴ类
	标 准 值				
汞 ≤	0.00005	0.00005	0.0001	0.001	0.001
镉 ≤	0.001	0.005	0.005	0.005	0.01
铅 ≤	0.01	0.05	0.05	0.05	0.1
总铬 ≤	0.01	0.05	0.05	0.05	0.1
砷 ≤	0.05	0.05	0.05	0.1	0.1

六、病原微生物指标

病原微生物是指进入水体的病菌、病毒和动物寄生物。这些病原微生物主要来自制革厂、生物制品厂、屠宰场、洗毛厂、医院等排放废水和生活污水的部门，致使水体受到细菌污染。目前用作水体水质病菌指标的是大肠菌群，我国地面水环境质量标准规定，为防止地面水被污染的最低水质要求为：大肠菌群必须少于 50000 个/L。

第三节 水 质 评 价

河流水体水质评价是判断河流水体的污染程度，划分污染等级，确定污染类型，为水资源开发利用及水源保护提供依据。

最早的水质评价，主要是根据水的色、味、嗅、浑浊度等感观性状，作定性描述，概念比较含糊。随着科学技术的发展，人们对水体的物理、化学和生物性状，有了深入认识，并要求用数量指标，定出各种水质标准，作为评价的依据。国内现行水质评价方法很多，各地使用的方法不尽相同，下面介绍几种方法，其他方法可参考有关书籍。

一、污染指数法

污染指数法是根据评价指标（或参数）的实测资料，进行数学上的归纳与统计，求出其参数的评价指数，以判别该项污染物对河流水体的污染程度。

1. 单项污染指数法

计算某一评价指标的污染指数公式为

$$P_i = \frac{C_i}{C_0} \tag{12-2}$$

或

$$P_i = \frac{C_i - C_0}{C_0} \tag{12-3}$$

$$P = \sum_{i=1}^{n} \frac{P_i}{n} \tag{12-4}$$

式中 P_i——某一评价指标的相对污染值；

$\quad\quad C_i$——某一评价指标的实测浓度值；

C_0——某一评价指标的最高允许标准值；

P——某一评价指标的污染指数；

n——某一评价指标的实测次数。

单项污染指数法只能评价水体中某污染物的危害程度，不能给出对水体中各种污染物的综合评价。

2. 综合污染指数法

综合污染指数表示水体中各种污染物质的综合污染程度，以 K 表示，它的计算公式如下：

$$K = \sum_{i-1}^{n} \frac{C_K}{C_{0i}} C_i \qquad (12-5)$$

式中　C_K——根据具体条件规定的地面水中各污染物的统一最高标准，简称"统一标准"；

C_{0i}——各种污染物地面水最高允许标准；

C_i——地面水中各种污染物的浓度。

C_K/C_{0i} 称为等标系数，$C_K/C_{0i} \cdot C_i$ 称为等标污染指数，用此关系可将各污染物的污染指数化成统一标准，然后相加，即可得出各种污染物的总体对水质的综合污染程度。

C_K 值的大小根据具体条件来确定，一般取 $C_K = 0.1$。当 $C_K < 0.1$ 时，定 $K < 0.1$ 为"一般水体"或"未受污染水体"，此时水中各种污染物质浓度的总和不超过统一的地面水最高允许标准。当 $K > 0.1$ 时，表明水中各种污染物的总和已超过地面水的统一最高标准，定为"污染水体"。中山大学用这个指数评价广东省主要水系污染情况时，曾拟定污染程度分级，见表 12-6。

表 12-6　　　　　　　　　　　污 染 程 度 分 级

综合污染指数 K	污 染 分 级	综合污染指数 K	污 染 分 级
<0.1	未受污染	$0.5\sim1.0$	中度污染
$0.1\sim0.2$	微度污染	$1.0\sim5.0$	重度污染
$0.2\sim0.5$	轻度污染	>5.0	严重污染

二、水质质量系数法

水质质量系数法采用的水质质量系数 P 的基本形式与综合污染指数 K 相同，只是去掉了"统一标准 C_K"，其计算公式如下：

$$P = \sum_{i-1}^{n} \frac{C_i}{C_{0i}} \qquad (12-6)$$

式中　C_i——各种污染物的实测含量；

C_{0i}——各种污染物的地面水最高允许标准。

根据北京西郊一些河流的具体情况，将此水质质量系数 P 按照地面水环境质量分为 7 个等级，见表 12-7。

表 12 - 7　　　　　　　　　　北京西郊地面水环境质量分级

级　　别	水质质量系数	级　　别	水质质量系数
Ⅰ清洁	<0.1	Ⅴ较重污染	5.0～10
Ⅱ微污染	0.2～0.5	Ⅵ严重污染	10～100
Ⅲ轻污染	0.5～1.0	Ⅶ极严重污染	>100
Ⅳ中度污染	1.0～5.0		

三、有机污染综合评价

本法采用有机污染综合评价值作为评价水质污染的指数，综合地说明水质受有机污染的情况，适用于受有机物污染较严重的水体。

有机污染综合评价值 A 按下式计算：

$$A = \frac{BOD_i}{BOD_0} + \frac{COD_i}{COD_0} + \frac{NH_3 - N_i}{NH_3 - N_0} - \frac{DO_i}{DO_0} \qquad (12-7)$$

式中　　BOD_i、COD_i、$NH_3 - N_i$、DO_i——实测值；

$\qquad$ BOD_0、COD_0、$NH_3 - N_0$、DO_0——规定的标准值。

例如，在评价黄浦江水质时，由于水体污染主要是由有机物质引起的，因此应采用"有机污染综合评价值"进行评价。上式分母各项为 BOD、COD、$NH_3 - N$ 和 DO 四项指标的地面水水质卫生要求的标准值，或根据评价水体的具体情况定出允许的标准值。根据黄浦江的具体情况，规定 BOD_0 和 DO_0 为 4mg/L、$NH_3 - N$ 为 1mg/L、COD_0 为 6mg/L。

以 E 表示各单项指标评价值，式（12-7）可写为

$$A = E_{BOD} + E_{COD} + E_{NH_3-N} - E_{DO} \qquad (12-8)$$

上述各 E 值均为无因次的比值。当 BOD、COD 和 $NH_3 - N$ 的实测值均超过各自的卫生要求或规定的允许标准，而 DO 的实测值又低于其卫生要求或规定的允许标准时，即 E_{BOD}、E_{COD} 和 E_{NH_3-N} 均大于 1，而 $E_{DO} < 1$，则 A 值必大于 2。因此，取 $A > 2$ 作为有机质影响下，黄浦江水质开始受到污染的标志。于是，根据 A 值的大小，分级评定黄浦江的水质污染程度。

黄浦江的有机污染程度分级，见表 12 - 8。

表 12 - 8　　　　　　　　　　黄浦江有机污染程度分级

有机物污染综合评价值 A	污染程度分级	水质质量评价	有机物污染综合评价值 A	污染程度分级	水质质量评价
<0	0	良好	2～3	3	开始污染
0～1	1	较好	3～4	4	中等污染
1～2	2	一般	>4	5	严重污染

第四节　河流生态需水

河流生态需水指将河流生态系统结构、功能和生态过程维持在一定水平所需要的水量，指一定生态保护目标对应的河流水生态系统对水量的需求。本节主要介绍河川径流与

水生生物的关系和河流生态需水量基本计算方法。

一、河川径流与水生生物的关系

由生物群落与生境的统一性可知，在天然状况下，生态系统已形成与生境同等丰富程度的生物群落，一个地区丰富的生境能造就丰富的生物群落，而如果生境多样性受到破坏，生物多样性必然会受到影响，生物群落的性质、密度和比例等都会发生变化。而在生境各要素中，水又具有特殊的不可替代的重要作用。水是生物群落生命的载体，又是能量流动和物质循环的介质。地球上不同地区径流量的大小，对于形成不同类型生态系统以及生物多样性的丰富程度起决定性作用。

河流流域特征中平均流量和径流深与鱼种类多样性呈极显著的正相关。河道水量减少最直接效应是流速降低、水深变小和水面面积减少。流速降低造成水流挟沙能力的减小，造成河道淤积，改变河床形态。河流形态的变化会潜在地影响河流生物的分布和丰富度。流速的降低还可能影响像鱼类产卵这样的生理活动。河道流量的减小还造成低水流量时间变长，进而改变水生栖息地的环境，对物种分布和丰富度产生长期影响。水深和水面面积的减少，造成水生生物栖息地总面积减少，进而造成生物的数量减少，详见表 12-9。

表 12-9　　　　　　　　　河道径流变化与生物关系

第 一 级	第 二 级	第 三 级	第 四 级	第 五 级
水量减小	流速降低	水流挟沙能力减小,河道淤积,河床形态改变	生物分布和丰富度降低	生物数量减少
		鱼类不能正常产卵或产卵量下降		
	低水流量时间变长	水生栖息地环境恶化		
	水面面积缩小	水生生物栖息地总面积和空间减少		
	水深变小			

径流中，除水量与生物多样性直接相关外，脉冲流量也与生物有密切关系。澳大利亚 Cooper Creek 河的研究中发现，在天然状态下，12 种鱼中有 11 种鱼需要在洪水脉冲的刺激下产卵和生长；长江流域四大家鱼的产卵往往发生在洪水期涨水的第一天，产卵的持续时间与洪水脉冲的持续时间呈正相关关系。这些研究成果都表明，洪水脉冲对河流中植物种子的传播、鱼类的产卵有着重要意义。洪水脉冲过程中主要生物群落随水文过程的变化过程如图 12-1 所示，从图 12-1 可以看出，在洪水季节，水生植物、鱼类占优势，水位下降后，陆生植物、鸟类占优势。流量要素与生态系统的关系见表 12-10 及图 12-2。

表 12-10　　　　　　　　　流 量 要 素 及 其 作 用

环境流量要素	生 态 系 统 影 响
极端低流量	①补充一定洪漫滩植物种类；②消除入侵物种，有利于水生生物和河岸带植物生长；③把被捕食者限制在一定区域内，有利于捕食者
低流量	①为水生生物提供足够栖息地；②维持适合水温、溶解氧和水质；③维持洪泛区地下水位及土壤湿度；④为陆地动物提供饮用水；⑤保持鱼类和两栖类的卵漂浮；⑥使鱼类能向捕食区和产卵场移动；⑦支持底栖生物生活的饱和沉积物

环境流量要素	生态系统影响
高流量脉冲	①构成河道物理特性；②决定河床基质大小；③防止岸边植物侵占河道；④通过延长低流量时间，冲刷废弃物和污染物重新恢复水质条件；⑤使鱼卵到产卵的沙砾层以防止淤塞；⑥维持河口适宜盐度
洪水	①驱动河道横向运动，形成洪泛区物理栖息地；②将有机物质冲入河道，为水生生物提供饵料；③通过营养物的沉积重新更新洪泛区土壤；④为鱼类提供洄游和产卵刺激，使鱼类进入洪泛区产卵，为幼鱼提供生长场所，为鱼类、水鸟和其他生物提供新的捕食机会；⑤再补充地下水；⑥通过延长幼苗与土壤水分接触，为洪泛区植物提供补充营养机会；⑦维持洪泛区森林类型的生物多样性，控制洪泛区植物的分布和丰富度，扩散生物繁殖体（如种子、果实）

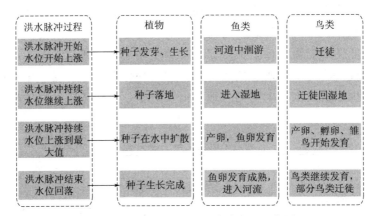

图 12-1　河岸湿地洪水脉冲过程示意图

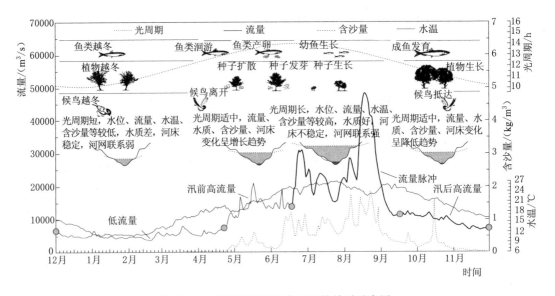

图 12-2　流量过程与生态过程的关系示意图

二、河流生态需水的计算方法

河流生态需水量的计算方法众多，主要有水文学法、水力学法、栖息地法及综合法等，各方法均有各自优缺点及适用范围，其中水文学法与水力学法只需基本的水文数据与水力学参数，计算简便，应用比较广泛，本节着重介绍这两类方法。

1. Tennant 法

Tennant 法是由生态流量开拓者 Tennant D. Leroy 于 1975 年提出的，属水文学方法。该法基于水文学家和生物学家在大西洋与洛基山（Rocky Mountain）之间的梅森-迪克森线（Mason-Dixon Line，美国马里兰州与宾夕法尼亚州之间的分界线）的 100 多条冷、暖水河 17 年的研究经验（经验水文数据）以及 Tennant 在 1964—1974 年对美国蒙大拿、怀俄明和内布拉斯加三个州 11 条河流 58 个断面的野外调查和现场试验，并在先后研究了 38 个流量状态下，而得出的野外试验统计分析结果，详见表 12-11。

表 12-11　　　　　　　　Tennant 法野外试验统计分析结果

年均值比	覆盖底质	平均水深	平均流速
10%	覆盖 60%底质	0.3m	0.23m/s
30%~100%	湿润底质增加 40%	0.46~0.61m	0.46~0.61m/s
100%~200%	湿润底质平均提高 10%	0.61~0.91m	0.61~1.1m/s

在开展不同河流、不同流量对鱼类影响研究情况下，建立了河流流量、水生生物与河流景观之间的关系，其将年平均流量的百分比作为生态流量，一般用水期为 10 月—次年 3 月，鱼类产卵育幼期为 4—9 月。据表 12-12 可计算出其河道生态需水量。

表 12-12　　　　　　　　Tennant 法对栖息地质量的描述

流量值及相应 栖息地的定性描述	推荐的基流占平均流量百分比%	
	一般用水期（10 月—次年 3 月）	鱼类产卵育幼期（4—9 月）
最大	200	200
最佳范围	60~100	60~100
极好	40	60
非常好	30	50
好	20	40
中	10	30
差或最差	10	10
极差	0~10	0~10

Tennant 法是水文学法中最具代表性的方法，该法的不足之处是没有考虑生物学因素的联系及流量季节性的变化。

2. 逐月最小生态需水计算法

逐月最小生态径流计算法是在长系列天然月径流（一般多于 20 年）中取最小值作为该月的最小生态需水量，并由各月最小生态需水组成年最小生态需水过程。

考虑到水生生物生活史周期已完全适应了河流水文年内变化过程，计算得到的最小生态需水过程应该具有与天然径流相似的年内变化特征，即连续变化且具有丰、平、枯特性，而不应是一固定值。逐月最小生态需水计算法得到的最小生态需水过程可满足这一要求。同时，其又考虑了河流生态系统不同时期的水文需求，在该法得到的这种极限水文条件下，河流生态系统所遭受的损害具有可恢复性，而当河流中的流量过程小于河流在自然条件下的最小生态需水过程时，河流的水文条件超过了生态系统中某物种耐受能力，会导致部分物种消失，种群结构发生变化，生态系统可能遭受不可恢复的破坏。

一般情况下，逐月最小生态需水计算法可作为计算河流最小生态需水的一种方法。

3. 逐月频率计算法

逐月频率计算法是应用天然月径流系列进行频率计算，根据不同时期径流系列的统计特征、生态系统的稳定和物种的生存繁衍对水文条件的需求等，把不同保证率条件下的月径流过程作为适宜生态需水过程。一般情况下，保证率冬季取 80%、春秋两季取 75%、夏季取 50%，或者枯水期取 90%、平水期取 70%、丰水期取 50%。

逐月频率计算法是计算河流适宜生态需水的一种方法，其优点在于提出了河流生态系统需求的最佳水文条件，并考虑不同时期生态系统不同要求，生态需水丰枯年内变化过程，使计算所得适宜生态需水与河流的多年平均流量状态及其丰枯变化特征较为吻合，更有利于河流生态系统健康。

4. 流速法

流速法是吉利娜于 2006 年提出，该方法借鉴水力半径法与 R2－CROSS 法，以流速为栖息地指标来确定河流生态需水量。

流速法应用的基本前提是选取河流水生生态系统的指示物种，以及能反应指示物种生态需水的重要指标。以鱼类为例，流速法以流速作为反映指示物种鱼类的栖息地的指标，来确定河道内生态需水量。该方法需要首先进行鱼类生活习性调查，确定各种鱼类

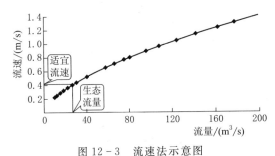

图 12-3　流速法示意图

的喜爱流速范围。因为产卵是鱼类繁殖的关键，所以要结合鱼类产卵对流速的要求，确定一个最小及适宜流速。然后根据水文站实测流量资料，建立各站平均流速和流量关系曲线。最后按照建立的流速和流量关系曲线查取相应生态流速对应的流量，该流量即为河道内最小及适宜生态需水量，如图 12-3 所示。

表 12-13 给出了淮河主要鱼类的喜爱流速与极限流速。需要注意的是，在保证最小流速的同时，也要考虑为水生生物栖息地提供一定的水深。

表 12-13　　　　　　　　　　淮河鱼类的喜爱流速与极限流速　　　　　　　　　　单位：m/s

种　类	产卵期	卵类型	感觉流速	喜爱流速	极限流速
刀鲚	5—6 月	浮性	—	0.2～0.5	0.7
乌鳢	5—7 月	浮性	0.3	0.4～0.6	1.0
鲫鱼	4—7 月	黏性	0.2	0.3～0.6	0.8
鲤鱼	2—5 月	黏性	0.2	0.3～0.8	1.1
鲇鱼	4—6 月	黏性	0.3	0.4～0.6	1.0
草鱼	3—6 月	漂流性	0.2	0.3～0.6	0.8

种　类	产卵期	卵类型	感觉流速	喜爱流速	极限流速
鲢鱼	4—7月	漂流性	0.2	0.3～0.6	0.9
鳜鱼	5—7月	漂流性	—	0.6～0.8	—
其余鱼类	各产卵期	—	0.2	0.3～0.6	0.9

第五节　河流健康评估

河流健康是在河流生命存在的前提下，人类对其生命存在状态的描述，是一个生态学概念下的社会属性的理念。河流健康概念的提出，迄今仅有十多年的历史，但由于它易被决策者与公众理解和接受，迅速成为河流管理的目标与方向，也成为现代河流管理的一种重要的评估方法。作为人类健康的类比概念，河流健康的涵义目前尚不十分统一，许多学者给出了不同的定义与解释。一般而言，体现人类价值判断的河流健康是将河流自然生态特征维护与生态服务功能的持续供给协调起来，健康的河流不但保持生态学意义上的完整性，还应强调对人类的生态服务功能的发挥，通过二者的统一实现河流生态系统的良性循环与服务的持续供应，促进人与自然的和谐。由于目前河流健康评估还没有形成一套标准的方法体系，本节简要介绍《河流健康评估指标、标准和方法（试点工作用）》的技术文件和《汉江中下游河流健康评估报告》（长江水利委员会，2012）中使用的河流健康评估指标和方法。

一、河流健康评估指标

河湖健康状况的属性和水平需要从水文水资源、河湖的物理结构、水质、水生生物、社会服务功能等多个方面来反映，因此河流健康评估指标必须能刻画它们的变化特征。

1. 水文水资源指标 HD

（1）流量过程变异程度 FD。流量过程变异程度由评估年逐月实测径流量与天然月径流量的平均偏离程度表达。计算公式如下：

$$FD = \left[\sum_{m=1}^{12} \left(\frac{q_m - Q_m}{\overline{Q_m}} \right)^2 \right]^{1/2}; \quad \overline{Q_m} = \frac{1}{12} \sum_{m=1}^{12} Q_m \qquad (12-9)$$

式中　　q_m——评估年实测月径流量；

Q_m——评估年天然月径流量；

$\overline{Q_m}$——评估年天然月径流量年均值。

天然径流量是按照水资源调查评估相关技术规范得到的还原量。流量过程变异程度指标 FD 值越大，说明相对天然水文情势的河流水文情势变化越大，对河流生态的影响也越大。

（2）生态流量满足程度 EF。河流生态流量是指为维持河流生态系统的不同程度生态系统结构、功能而必须维持的流量过程。采用最小生态流量进行表征，指标表达式如下：

$$EF_1 = \min\left[\frac{q_d}{\overline{Q}}\right]_{m=4}^{9} \tag{12-10}$$

$$EF_2 = \min\left[\frac{q_d}{\overline{Q}}\right]_{m=10}^{3} \tag{12-11}$$

式中 q_d——评估年实测径流量；

$\overline{Q}$——多年平均径流量；

EF_1——4—9月日径流量占多年平均流量的最低百分比；

EF_2——10月—次年3月日径流量占多年平均流量的最低百分比，其值越大，表明生态流量满足程度越高。

2. 物理结构完整性 PF

（1）河岸带状况 RS。

1）河岸稳定性指标 BKS。河岸岸坡稳定性评估要素包括：岸坡倾角、河岸高度、基质特征、岸坡植被覆盖度和坡脚冲刷强度，指标表达式如下：

$$BKSr = \frac{SAr + SCr + SHr + SMr + STr}{5} \tag{12-12}$$

式中 $BKSr$——岸坡稳定性指标赋分；

SAr——岸坡倾角分值；

SCr——岸坡覆盖度分值；

SHr——岸坡高度分值；

SMr——河岸基质分值；

STr——坡脚冲刷强度分值。

河岸稳定性评估得分越高，说明河岸越稳定。

2）河岸植被覆盖度 RVS。乔木、灌木及草本植物覆盖度赋分标准可参考表12-14。

表 12-14　　　　　　　　河岸植被覆盖度指标直接评估赋分标准

植被覆盖度(乔木、灌木、草本)	说　明	赋　　分
0	无该类植被	0
0~10%	植被稀疏	25
10%~40%	中度覆盖	50
40%~75%	重度覆盖	75
>75%	极重度覆盖	100

3）河岸带人工干扰程度 RD。对评估河段采用每出现一项人类活动减少其对应分值的方法进行河岸带人类影响评估。河岸带人类活动可分为河岸硬性砌护、采砂、沿岸建筑物（房屋）、公路（或铁路）、垃圾填埋场或垃圾堆放、河滨公园、管道、农业耕种、畜牧养殖等，无上述人类活动的河段赋分为100分，根据所出现人类活动的类型及其位置减除相应的分值，直至0分。

（2）河流连通阻隔状况 RC。对评估断面下游河段每个闸坝按照阻隔分类分别赋分，然后取所有闸坝的最小赋分，按照下式计算评估断面以下河流纵向连续性赋分。

$$RCr = 100 + \min[(DAMr)_i, (GATREr)_j] \qquad (12-13)$$

式中　　RCr——河流连通阻隔状况赋分；

$(DAMr)_i$——评估断面下游河段大坝阻隔赋分，$i=1,\cdots,NDam$，$NDam$ 为下游大坝座数；

$(GATREr)_j$——评估断面下游河段水闸阻隔赋分，$j=1,\cdots,NGate$，$NGate$ 为下游水闸座数。

闸坝阻隔赋分见表 12-15。

表 12-15　　　　　　　　　　　　　　闸坝阻隔赋分表

鱼类迁移阻隔特征	水量及物质流通阻隔特征	赋　　分
无阻隔	对径流没有调节作用	0
有鱼道，且正常运行	对径流有调节，下泄流量满足生态基流	−25
无鱼道，对部分鱼类迁移有阻隔作用	对径流有调节，下泄流量不满足生态基流	−75
迁移通道完全阻隔	部分时间导致断流	−100

(3) 天然湿地保留率 NWL。天然湿地保留率指标计算公式如下：

$$NWL = \frac{\sum_{n=1}^{N_s} AW_n}{\sum_{n=1}^{N_s} AWR_n} \qquad (12-14)$$

式中　　NWL——天然湿地保留率；

AW——评估基准年天然湿地面积，km^2；

AWR——历史的湿地面积，km^2；

N_s——与评估河段有水力联系的湿地个数。

天然湿地保留率越高，指标赋分越大。

3. 水质评估指标 WQ

(1) DO 水质状况 DO。采用全年 12 个月月均浓度，按照汛期和非汛期进行平均，分别评估汛期与非汛期赋分，取其最低赋分为指标的赋分。

等于及优于Ⅲ类的水质状况满足鱼类生物的基本水质要求，因此采用 DO 的Ⅲ类限值 5mg/L 为基点（赋 60 分）进行指标赋分。

(2) 耗氧有机污染状况 OCP。高锰酸盐指数、化学需氧量、五日生化需氧量、氨氮分别赋分，以Ⅲ类限值为基点（赋 60 分）进行指标赋分。选用评估年 12 个月月均浓度，按照汛期和非汛期进行平均，分别评估汛期与非汛期赋分，取其最低赋分为水质项目的赋分，取 4 个水质项目赋分的平均值作为耗氧有机污染状况赋分。

$$OCPr = \frac{CODMNr + CODr + BODr + NH_3Nr}{4} \qquad (12-15)$$

(3) 重金属污染状况 HMP。汞、镉、铬、铅及砷分别赋分，以Ⅲ类限值为基点（赋 60 分）进行指标赋分。选用评估年 12 个月月均浓度，按照汛期和非汛期进行平均，分别评估汛期与非汛期赋分，取其最低赋分为水质项目的赋分，取 5 个水质项目最低赋分作为重金属污染状况指标赋分。

$$HMPr = \min(ARr, HGr, CDr, CRr, PBr) \qquad (12-16)$$

4. 生物指标 AL

（1）底栖动物完整性指数 BIB。采用比值法来统一各个指标参数的量纲，根据各指标值在参照点和所有样点中的分布，确定计算各指数分值的比值法计算公式，并依次计算各样点的指数分值，要求计算后分值的分布范围为 0~1，若大于 1，则都记为 1。比值法计算方法为：对于外界压力响应下降或少的参数，以所有样点由高到低排序的 5% 的分位值作为最佳期望值，该类参数的分值等于参数实际值除以最佳期望值；对于外界压力响应增加或上升的参数，则以 95% 的分位值为最佳期望值，该类参数的值等于（最大值－实际值）/（最大值－最佳期望值）。

将各评估参数的分值进行加和，得到 BIB 指数值。以参照系样点 BIB 值由高到低排序，选取 25% 分位值作为最佳期望值，BIB 指数赋分 100。

评估河段 BIB 赋分采用下式计算：

$$BIBr = \frac{BIB}{BIBE} \times 100 \qquad (12-17)$$

式中 $BIBr$——评估河段底栖动物完整性指标赋分；

BIB——评估河段底栖动物完整性指标值；

$BIBE$——河流所在评估单元底栖动物完整性指标最佳期望值。

对评估河段监测底栖动物调查数据按照评估参数分值计算方法，计算其 BIB 指数值，根据河段所在评估单元底栖动物 BIB 最佳期望值，按照公式计算评估河段 BIB 指标赋分。

（2）鱼类种类变化指数 FOE。鱼类生物损失指标标准建立采用历史背景调查方法确定。选用某年代作为历史基点。基于历史调查数据分析统计评估河流的鱼类种类数，在此基础上，开展专家咨询调查，确定本评估河流所在评估单元的鱼类历史背景状况，建立鱼类指标调查评估预期。

鱼类种类变化指标计算公式如下：

$$FOE = \frac{FO}{FE} \qquad (12-18)$$

式中 FOE——鱼类种类变化指数，取值范围一般为 [0, 1]；

FO——评估河段调查获得的鱼类种类数量；

FE——历史基点以前评估河段的鱼类种类数量。

FOE 值为 1 时，指标赋分 100。FOE 值越小，指标赋分越小。

5. 社会服务功能指标 SS

（1）水功能区达标指标 WFZ。评估年内水功能区达标次数占评估次数的比例大于或等于 80% 的水功能区确定为水质达标水功能区；评估河流达标水功能区个数占其区划总个数的比例为评估河流水功能区水质达标率。

水功能区水质达标率指标赋分计算如下：

$$WFZr = WFZP \times 100 \qquad (12-19)$$

式中 $WFZr$——评估河流水功能区水质达标率指标赋分；

$WFZP$——评估河流水功能区水质达标率。

（2）水资源开发利用指标 WRU。有关水资源总量及开发利用量的调查统计遵循水资源调查评估的相关技术标准。水资源开发利用率计算公式如下：

$$WRU = WU/WR \qquad (12-20)$$

式中 WRU——评估河流流域水资源开发利用率；

WR——评估河流流域水资源总量；

WU——评估河流流域水资源开发利用量。

水资源开发利用率指标健康评估概念模型：水资源开发利用率指标赋分模型呈抛物线，在 $30\%\sim40\%$ 为最高赋分区，过高（超过 60%）和过低（0）开发利用率均赋分为0。概念模型公式为

$$WRUr = a(WRU)^2 + bWRU \qquad (12-21)$$

式中 $WRUr$——水资源利用率指标赋分；

WRU——评估河段水资源利用率；

a、b——系数。

概念模型仅适用于水资源供水需求量与可供水量之间存在矛盾的河流流域。不适用于无水资源开发利用需求的评估河段，或水资源供水需求量远低于可利用量的河段。对于这些评估河段，可以根据实际情况对水资源开发利用率指标进行赋分，如果供水量占水资源总量的比例低于 10%，且已经满足流域经济社会的用水需求，则可以赋100分。

（3）河流防洪指标 FLD。河流防洪指标 FLD 计算公式如下：

$$FLD = \frac{\sum_{n=1}^{N_s}(RIVL_n \cdot RIVWF_n \cdot RIVB_n)}{\sum_{n=1}^{N_s}(RIVL_n \cdot RIVWF_n)} \qquad (12-22)$$

式中 FLD——河流防洪指标；

$RIVL_n$——河流 n 的长度，评估河流根据防洪规划划分的河段数量；

$RIVB_n$——根据河段防洪工程是否满足规划要求进行赋值，达标 $RIVB_n=1$，不达标 $RIVB_n=0$；

$RIVWF_n$——河段规划防洪标准重现期（如 100 年）。

（4）公众满意度指标 PP。收集分析公众调查表，统计有效调查表调查成果，根据公众类型和公共总体评估赋分，计算公众满意度指标赋分。

$$PPr = \frac{\sum_{n=1}^{NP_s} PERr \cdot PERw}{\sum_{n=1}^{NP_s} PERw} \qquad (12-23)$$

式中 PPr——公众满意度指标赋分；

$PERr$——有效调查公众总体评估赋分；

$PERw$——公众类型权重。

二、河流健康评估标准与方法

河流健康评估可采用加权指标评分法，求得河流健康指数（RHI，river health index）。根据河流健康指数，河流健康分为 5 级：理想状况、健康、亚健康、不健康、病态。所谓"健康"就是系统结构协调、恢复力强、服务功能完善、有较强的活力和稳定性。所谓"病态"是系统结构已经失调、服务功能差、系统稳定性与恢复力差。而"亚健康"就是系统并无明确的疾病，却呈现活力下降，适应能力呈不同程度的减退，是介于健康和疾病二者之间的一种临界状态。具体描述见表 12-16。

表 12-16 河流健康分类标准及特征描述

等级	健康状况类别	河流健康指数	等级	健康状况类别	河流健康指数
1	理想状况	80～100	4	不健康	20～40
2	健康	60～80	5	病态	0～20
3	亚健康	40～60			

河流生态健康评估需要综合考虑河段生态完整性和社会服务功能两个方面，河段生态完整性指标主要包括水文水资源指标 HD、物理结构指标 PF、水质指标 WQ 和生物指标 AL，社会服务功能主要包括水功能区达标指标 WFZ、水资源开发利用指标 WRU、河流防洪指标 FLD 和公众满意度指标 PP。首先确定河段生态完整性指数，根据各指标赋分计算结果，考虑个指标的重要性，采用加权综合方法来确定，河段生态完整性指数计算公式如下：

$$REI_n = HDrHDw + PFrPFw + WQrWQw + ALrALw \qquad (12-24)$$

式中 REI_n——河段生态完成性指数；

                     n——评估的河段数；

HDr、PFr、WQr、ALr——水文水资源指标 HD、物理结构指标 PF、水质指标 WQ 和生物指标 AL 的评估值；

HDw、PFw、WQw、ALw——水文水资源指标 HD、物理结构指标 PF、水质指标 WQ 和生物指标 AL 的权重。

在河段完整性评价的基础上，河流生态完整性指数 REI 计算公式如下：

$$REI = \sum_{n=1}^{Nsects} \left(\frac{REI_n SL_n}{RIVL} \right) \qquad (12-25)$$

式中 REI——评估河流生态完整性指数；

        REI_n——评估河段生态完整性指数；

        SL_n——评估河段河流长度，km；

        $RIVL$——评估河流总长度，km。

同理可以计算社会服务功能指数 SSI。

综合考虑河流生态完整性和社会服务功能，得到河流健康评估指数 RHI 计算公式如下：

$$RHI = REI \cdot REw + SSI \cdot SSw \qquad (12-26)$$

式中 REw、SSw——河流生态完整性和社会服务功能的权重。

第十三章 水库的兴利调节计算

天然径流在时间上和空间上变化很大，往往因不能满足国民经济各用水部门在时间上和数量上对用水的需求而产生矛盾。例如在大水年或汛期洪水泛滥成灾，需要防洪减灾，而在干旱年或枯水期，河流中的水量往往不能满足工农业用水及水电站发电等用水的需要等等。因此，常通过兴建一些专门的水利工程，如蓄水、拦水、引水等措施来调节和改变径流的天然变化状态，解决供水和需水的矛盾，达到兴利除害的目的。水库是最常见的蓄水工程之一，建造水库调节河川径流蓄丰补枯是解决来水与需水之间矛盾的一种常用的、积极的方法。

第一节 水库特性曲线、特征水位及特征库容

一、水库特性曲线

在河流上筑坝形成了水库，一般坝筑得越高，水库的容积（即库容）就越大。在不同的河流上，即使相同的坝高，其库容也不相同，这主要与库区内的地形有关。一般将反映水库地形特性的曲线称为水库特性曲线，水库特性曲线有水库水位与面积关系曲线和水库水位与容积关系曲线，简称水库面积曲线及水库容积曲线，它们是径流调节计算不可缺少的基本资料。

（一）水库面积曲线

库区内某一水位高程的等高线和坝轴线所包括的面积，即为该水位的水库水面面积。面积曲线可根据库区 1/50000～1/5000 比例尺地形图，用求积仪或数方格法，在等高线与坝轴线所围成的闭合地形图（图 13-1）上量计不同高程的水库面积 A，并以水位 Z 为纵坐标，以水库水面面积为横坐标点绘成水位-面积关系曲线，如图 13-2 中的 $Z-A$ 曲

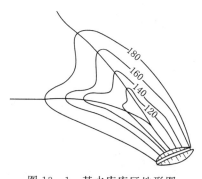

图 13-1 某水库库区地形图

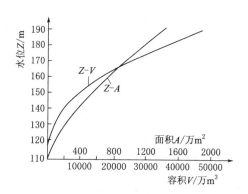

图 13-2 某水库水位-面积、水位-容积关系曲线

线所示。水面面积随水库水位的变化而改变，曲线形状取决于水库河谷平面形状。在平原河流或山区河流上建水库，因库盆形状及河道坡度不同，其 $Z-A$ 曲线的特性也不相同，平原河流水库面积随水位增加而很快增加，面积曲线的坡度较小；山区河流水库面积随水位增加较慢，面积曲线的坡度较大。

（二）水库容积曲线

水库容积曲线是面积曲线的积分曲线，即水位 Z 与累积容积（即库容）V 的关系曲线。分别计算各相邻高程间隔内的部分容积，自河底向上累加得相应水位的累计容积，即可绘出水位-容积曲线，如图 $13-2$ 中的 $Z-V$ 曲线所示。按下式计算容积：

$$V = \int_{Z_0}^{Z} A \, \mathrm{d}Z \tag{13-1}$$

$$V = \sum_{Z_0}^{Z} \overline{A} \Delta Z = \sum_{Z_0}^{Z} \Delta V$$

或

$$\overline{A} = \frac{1}{2}(A_1 + A_2) \tag{13-2}$$

或按较精确的公式计算：

$$\overline{A} = \frac{1}{3}(A_1 + \sqrt{A_1 A_2} + A_2) \tag{13-3}$$

式中　　　V——水库容积，m^3；

ΔZ——相邻两水位间的水层深度或等高距，m；

A_1、A_2、$\overline{A}$——相邻水位的水库面积及两者的平均值，m^2；

ΔV——与 ΔZ 相应的容积，m^3；

Z_0——库底高程，m。

用地形资料绘制水库特性曲线的计算实例，见表 $13-1$。

表 13-1　　　　　　　　　　　　某 水 库 容 积 计 算 表

水位 Z/m	水面面积 F /万 m^2	平均面积 /万 m^2	水层深度 ΔZ /m	分层库容 ΔV /万 m^3	累积库容 V /万 m^3
50.5	0.0				0.0
51.0	8.1	2.7	0.5	1.4	1.4
52.0	32.0	18.7	1.0	18.7	20.1
53.0	60.0	45.3	1.0	45.3	65.4
54.0	90.8	74.9	1.0	74.9	140.2
55.0	123.0	106.5	1.0	106.5	246.7
56.0	157.0	139.7	1.0	139.7	386.4
57.0	192.0	174.2	1.0	174.2	560.6
58.0	228.0	209.7	1.0	209.7	770.3
59.0	265.0	246.3	1.0	246.3	1016.6
60.0	302.0	283.3	1.0	283.3	1299.9

上述计算水库容积时是假定入库流量为零，水库水面为水平，称为静水容积，简称静库容。静库容对于流速甚小的、大的湖泊式水库，水面曲线接近水平，仅回水尾端上翘，以静库容计算误差不大。

对于大型河川式水库，因入库流量大、流速大，水面曲线并非水平，在洪水调节计算及淹没计算中，若按水库水面为水平计算，则误差较大，应按动水容积来计算，即除静库容外，还有一部分楔形蓄量（图13-3阴影部分）。由非水平上翘的水面线与坝前水位水平线所构成的容积为动水库容（即楔形蓄量），简称动库容。

动库容曲线的绘制方法是：在可能出现的洪水范围内拟定各种入库流量，对某一入库流量假定不同的坝前水位，根据水力学公式，推求出一组以入库流量为参数的水面曲线，并计算相应的库容，计算至回水末端为止，然后以水位为纵坐标，以入库流量为参数，以库容为横坐标绘制动库容曲线。如图13-4所示。

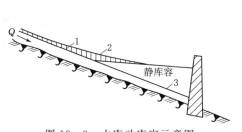

图13-3　水库动库容示意图

1—楔形蓄量；2—入库流量为 Q 时的水库水面线；

3—流量为 Q 的河流水面线

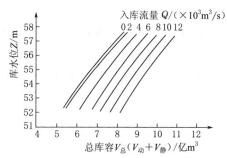

图13-4　水库总（动+静）库容曲线

二、水库的特征水位和特征库容

反映水库不同工作状况的水位称为特征水位。特征水位及其相应库容反映了水库在利用和正常工作时的各种特定要求，也是规划设计阶段确定主要水工建筑物尺寸（如坝高、溢洪道宽度）及估算工程效益的基本依据。水库特征水位和相应库容（特征库容）如下。

1. 死水位 $Z_{死}$ 和死库容 $V_{死}$

在正常运行情况下，允许水库消落的最低水位，称为死水位。死水位以下的库容称为死库容。死库容一般情况下是不能动用的，除非特殊干旱年份为了保证重要的供水或发电，经慎重研究，才允许临时动用死库容部分存水。

2. 正常蓄水位 $Z_{蓄}$ 和兴利库容 $V_{兴}$

正常蓄水位是指水库在正常运行的情况下，为满足兴利部门枯水期的正常用水，在供水期开始时水库应蓄到的水位。正常蓄水位与死水位之间的库容，是水库实际可用于调节径流的库容，称为兴利库容。正常蓄水位与死水位之间的深度称为消落深度。如水库采用自由式溢洪的无闸门溢洪道，溢洪道的堰顶高程就是正常蓄水位（图13-5）。如水库溢洪道上装有闸门，水库的正常蓄水位一般就是闸门关闭时的门顶理论高程，实际的门顶还要高一些（图13-6）。

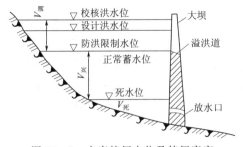

图 13-5　水库特征水位及特征库容
示意图（防洪和兴利不结合）

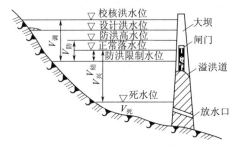

图 13-6　水库特征水位及特征库容
示意图（防洪与兴利部分结合）

3. 汛期限制水位 $Z_限$ 和结合库容 $V_结$

水库在汛期为防洪兴利，允许兴利蓄水的上限水位，称为汛期限制水位。这个水位以上的库容汛期用于滞蓄洪水的库容，只有在发生洪水时，水库滞洪时，水库水位才允许超过汛期限制水位，当洪水消退时，如汛期未过，水库应尽快地泄洪，使水库水位回落到汛期限制水位。在进行水库设计时，通常应根据洪水特性和水文预报条件，尽可能把汛期限制水位定在正常蓄水位之下，腾出部分兴利库容以容纳洪水，并在汛末拦蓄部分洪水尾巴以蓄满兴利库容。在这种情况下，汛期限制水位与正常蓄水位之间的库容，称为结合库容，兼作防洪与兴利之用，以减少专门的防洪库容。

4. 防洪高水位 $Z_防$ 和防洪库容 $V_防$

当水库承担下游防洪任务要求时，遇下游防洪标准的洪水时从汛期限制水位开始调节，经水库调蓄后所达到的最高库水位，称为防洪高水位。它与汛期限制水位之间的库容称为防洪库容。

5. 设计洪水位 $Z_设$ 和拦洪库容 $V_拦$

当发生大坝设计标准洪水时，从汛期限制水位起调，经水库调蓄后所达到的坝前最高水位称为设计洪水位。它至汛期限制水位之间的库容称为拦洪库容。

6. 校核洪水位 $Z_校$ 和调洪库容 $V_调$

当发生大坝校核标准洪水时，从汛期限制水位起调，经水库调蓄后水库坝前所达到的最高水位，称为校核洪水位。它至汛期限制水位之间的库容称为调洪库容。

7. 总库容

在防洪与兴利部分结合的情况下水库总库容为

$$V_总 = V_死 + V_兴 - V_共 + V_调$$

小型水库，特别是溢洪道上不设闸门的水库，正常蓄水位与汛期限制水位相同，没有结合库容，这时总库容为

$$V_总 = V_死 + V_兴 + V_调$$

8. 有效库容

$$V_{有效} = V_总 - V_死 = V_兴 + V_调 - V_共$$

水库满蓄时，总库容 $V_总$ 是水库的一个重要指标。通常按此值的大小，把水库区分为

下列五级：

$$大Ⅰ型\ V > 10\ 亿\ m^3$$
$$大Ⅱ型\ V = 1\ 亿 \sim 10\ 亿\ m^3$$
$$中型\ V = 0.1\ 亿 \sim 1\ 亿\ m^3$$
$$小Ⅰ型\ V = 0.01\ 亿 \sim 0.1\ 亿\ m^3$$
$$小Ⅱ型\ V = 0.001\ 亿 \sim 0.01\ 亿\ m^3$$

第二节　设计保证率及设计代表期的选择

一、设计保证率

由于河川径流的多变性和随机性，在很少或较少出现的特别枯水年份若也要保证各部门的正常用水要求，则需用有很大的水库库容。将耗费较高的建设成本，也可能导致水库常年蓄不满，造成不必要的浪费。为了避免不合理的耗费，一般不要求在将来水库运行的全部时间内都能绝对保证正常用水，而是允许在非常情况下可以有一定的断水或减少用水，即正常用水遭到破坏。

在多年工作期间，用水部门的正常用水得到保证的程度，常用正常用水保证率表示，简称设计保证率（以 $P\%$ 表示）。

设计保证率通常有年保证率 $P_年$ 和历时保证率 $P_历$ 两种表示形式。年保证率是指多年期间正常工作年数占运行总年数的百分比，公式为

$$P_年 = \frac{总工作年数 - 破坏年数}{总工作年数 + 1} \times 100\% = \frac{正常工作年数}{总工作年数 + 1} \times 100\% \tag{13-4}$$

历时保证率是指多年期间正常工作历时（一般为日数）占运行总历时的百分比公式为

$$P_历 = \frac{总工作日数 - 破坏日数}{总工作日数 + 1} \times 100\% = \frac{正常工作日数}{总工作日数 + 1} \times 100\% \tag{13-5}$$

一般根据用水特性、水库调节性能及设计要求等因素决定采用保证率形式。一般对蓄水式水电站、灌溉用水等采用年保证率，对径流式电站、航运等部门，多采用历时保证率。

二、设计保证率的选择

在规划设计中，设计保证率不是由公式计算求得的，设计保证率选定的问题，与用水部门的重要性和工程的等级规模等有关。一般根据《水电工程动能设计规范》（NB/T 35061—2015）中的规定，结合具体情况选用。

1. 水电站设计保证率的选择

水电站设计保证率的取值直接影响到供电可靠性、水能资源的利用程度以及电站的造价，通常考虑以下原则：

（1）大型水电站应选择较高的设计保证率，而中、小型水电站应选择较低的设计保证率。

（2）系统中水电容量的比重大时，所选设计保证率应较高。这是因为系统中水电容量的比重越大，本电站正常工作遭受破坏时，其不足出力就越难用系统中其他电站的备用容

量来替代。

（3）系统中重要用户多时，因水电站正常工作遭受破坏时所产生的损失大，故应选择较高的设计保证率。

（4）在水能资源丰富的地区，水电站设计保证率可选得高些，在水能资源缺乏地区，设计保证率可选得低些。

（5）水库调节性能好，天然径流变化小时，设计保证率应选择得较高；反之，所选设计保证率不宜过高。

（6）在综合利用工程中，如果以其他目标为主（如以灌溉为主），水电站的设计保证率应服从主要目标的要求而适当降低。

2. 灌溉设计保证率的选择

灌溉设计保证率是指设计灌溉用水量获得满足的保证程度。灌溉设计保证率选择的一般原则为：水源丰富地区比缺水地区高，大型工程比中、小型工程高，远景规划工程比近期工程高，自流灌溉比提水灌溉高。

有的地区采用抗旱天数作为灌溉设计标准。所谓抗旱天数是指依靠灌溉设施供水，能够抵御的连续无雨保丰收的天数。以抗旱天数为灌溉设计标准的地区，旱作物和单季稻灌区抗旱天数为 $30 \sim 50$ 天，有条件的地区可提高。

3. 供水设计保证率的选择

供水设计保证率是工业及城市民用供水的保证程度。供水设计保证率定得较高，一般采用 $95\% \sim 99\%$（年保证率）。

4. 通航设计保证率的选择

通航设计保证率是最低通航水位的保证程度，通常用历时（日）保证率表示。通常根据航道等级，并考虑其他因素由航运部门提供。

在综合利用水库的水利计算中，各用水部门的设计保证率通常不相同，应以其中主要用水部门的设计保证率为准，进行径流调节计算。

三、设计代表期

设计水利水电工程时，根据长系列水文资料进行水利计算，所得结果精度较高；但计算工作量大。特别是进行多方案比较，需要进行大量的水利水能计算。

对计算精度要求不高时，通常采用简化方法，即从实测的长系列资料中，选择若干典型年份或典型多年径流系列作为设计代表期进行计算，所得成果精度一般能满足规划设计的要求。

1. 设计代表年的选择

第五章介绍了确定设计代表年年径流量及径流年内分配的方法。按典型年法确定设计代表年时，设计枯水年的年径流量按 $P_{枯}=P_{设}$（$P_{设}$ 为设计年保证率）确定，设计丰水年的年径流量按 $P_{丰}=1-P_{枯}$ 确定，设计中水年的年径流量按 $P_{中}=50\%$ 确定。径流的年内分配仍按第五章介绍的方法确定。

2. 设计多年径流系列的选择

对于多年调节水库，为简化计算，一般选择设计代表期进行水利计算，即从长系列资料中，选出具有代表性的短系列，对其进行计算，便可满足规划设计要求。

（1）设计枯水系列。设计枯水系列主要用于推求符合设计要求的水库兴利库容或相应于设计保证率的调节流量及水电站出力。

由于多年调节水库的调节周期较长，而水文资料有限，能获得的完整调节周期数不多，所以，很难应用频率分析的方法来确定设计枯水系列，通常取 n 年实测资料，计算恰好满足设计保证率要求时正常工作允许破坏年数 $T_破$：

$$T_破 = n - P_设(n+1) \tag{13-6}$$

然后，在长系列实测资料中选出最枯的连续枯水年组，从该枯水年组最末，逆时序扣除允许破坏年数 $T_破$，余下的即为设计枯水系列。

（2）设计中水系列。设计中水系列主要用于确定水库兴利的多年平均效益。应满足下列要求：

1）系列中连续径流资料至少包括一个完整的调节周期。

2）系列的年径流均值应接近于长系列的均值。

3）系列中应包括丰水年、中水年、枯水年三种年份，且其比例关系要与长系列的大体相当。

采用设计代表年和设计代表期进行计算，可减少计算工作量，但计算精度相对低些。目前，随着电子计算机的广泛应用，对长系列资料进行计算的效率已大为提高。在水利水电工程规划设计的各个阶段，应针对不同的精度要求及计算的工作条件选取相应的计算方法。

第三节　水库水量损失及水库死水位的选择

一、水库的蒸发损失

水库的蒸发损失是指水库兴建前后因下垫面条件改变，蒸发量改变，所造成的水量损失差值。修建水库前，除原河道的水面蒸发外，整个库区都是陆面蒸发，而这部分陆面蒸发量已反映在坝址断面处的实测年径流资料中。建库之后，库区内部分陆面面积变为水库水面的面积，由原来的陆面蒸发变成为水面蒸发。水面蒸发 $E_水$ 比陆面蒸发 $E_陆$ 大，蒸发损失就是指由陆面面积变为水面面积所增加的额外蒸发量，以 ΔW 表示为

$$\Delta W = 1000(E_水 - E_陆)(F_库 - f) \tag{13-7}$$

式中　ΔW——年内水库的蒸发损失，m^3；

　　　$F_库$——水库实际水面面积，km^2；

　　　f——建库前库区原有天然河道水面及湖泊水面面积，km^2。

水库水面蒸发 $E_水$ 一般根据水面蒸发器实测资料折算成自然水面蒸发的方法确定：

$$E_水 = K E_器 \tag{13-8}$$

陆面蒸发 $E_陆$ 在水库设计中常采用多年平均降雨量 P 和多年平均径流深 R 之差，作为陆面蒸发的估算值。

$$E_陆 = P - R \tag{13-9}$$

二、渗漏损失

建库使库水位抬高，水压力增大，水库蓄水量的渗漏损失随之加大。水库的渗漏损失

主要通过下面几方面：

（1）经过能透水的坝身（如土坝、堆石坝等），以及闸门、水轮机等的渗漏。

（2）通过坝址及坝的两翼渗漏。

（3）通过库底流向较低的透水层或库外的渗漏。

前2项若做好防渗措施，严格控制施工质量，则损失水量可减小。一般情况下，库床的渗漏损失，在水库总渗漏损失水量中占比较大的比重，它与库区的水文地质条件有关，影响因素较复杂。

常根据水文地质情况，定出一些经验性的数值作为初步估算渗漏损失的依据。若以一年或一月的渗漏损失相当于水库蓄水容积的一定百分数来估算时，则初步可采用如下数值：

（1）水文地质条件优良（指库床为不透水层，地下水面与库面接近），0～10％/年或0～1％/月。

（2）透水性条件中等，10％～20％/年或1％～1.5％/月。

（3）水文地质条件较差，20％～40％/年或1.5％～3％/月。

若以水库年平均水位相应的水面面积的水层深来表示渗漏损失水量时，则可采用下列数据：

（1）水文地质条件优良 0～0.5m/年。

（2）条件中等 0.5～1.0m/年。

（3）条件恶劣 1.0～2.0m/年。

三、水库淹没与浸没

库区的淹没通常分为经常性淹没和临时性淹没两类。经常性淹没区域，一般指正常蓄水位以下的库区。此范围内的居民、城镇等大多需搬迁，土地也很少能被利用。临时性淹没区域，一般指正常蓄水位以上至校核洪水位之间的区域，被淹没机会较小，受淹时间也短暂，可根据具体情况确定哪些迁移，哪些进行防护，区内的土地资源大多可以合理利用。

浸没是指库水位抬高后引起库区周围地区地下水位上升所带来的危害，如可能使农田发生次生盐碱化，不利于农作物生长；可能形成局部的沼泽地，使环境卫生条件恶化；还可能使土壤失去稳定，引起建筑物地基的不均匀沉陷，以致发生裂缝或倒塌。淹没和浸没损失不仅是经济问题，也是具有一定环境、社会和政治影响的问题。由于淹没损失过大或需搬迁的移民太多，常会限制水库高程，使其规模受限。

四、水库死水位的确定

水库死水位是水库正常运用下允许达到的最低水位。死水位以下的库容为死库容，该库容里的水不能用于径流的兴利调节。确定水库的死水位应考虑以下几方面的需求。

1. 满足自流灌溉引水要求

承担灌溉任务的水库，自流灌溉是一种运行成本低、较经济的取水方式。为此，干渠渠首取水口、渠道设计流量等要求一定的引水高程，即水库的死水位要高于引水高程，才能满足自流灌溉用水需求。

2. 满足水库泥沙淤积要求

在河流上修建水库,须考虑未来水库运用期泥沙淤积的影响。在水库的使用年限 T 年内,有满足泥沙淤积所需的死库容,使水库的正常运用不受泥沙淤积影响。

假定部分泥沙从库底开始呈水平状态沉积在库内,水库运行 T 年后的淤积总容积为

$$V_{沙,总} = V_{沙,悬移} + V_{沙,推移} \tag{13-10}$$

其中

$$V_{沙,悬移} = \frac{m\rho_0 \overline{W} T}{(1-\alpha)\gamma_沙}; \quad V_{沙,推移} = \eta V_{沙,悬移} \tag{13-11}$$

式中 ρ_0——坝址断面多年平均含沙量,kg/m^3;

     $\overline{W}$——坝址断面多年平均年径流量,m^3;

     m——水库中泥沙的沉积率,%;

     $\gamma_沙$——泥沙的干容重,kg/m^3;

     α——淤积泥沙的孔隙度。

推移质泥沙占悬移质泥沙比重为 η,计入总入库泥沙中。以此淤积总容积查库容曲线,即可得满足泥沙淤积要求的死水位。

3. 满足水电站最低水头要求

承担发电任务的水库,为保证水轮机工作所需要的最低水头要求,据此来选择死水位。

4. 满足其他兴利部门的要求

当水库上游有航运要求时,水库的死水位不能低于最小航深的要求。为满足库区鱼类生存、河流生态环境要求,死水位的确定要保证有足够的水面面积和容积,北方严寒地区,还要考虑结冰的影响。

对于综合利用水库,确定的死水位需同时满足各部门对死水位的要求。

第四节 径流调节计算

人类对水的需要和利用广泛且不可缺少,河川径流在时间上的分配是不均匀的,有季节变化和年际变化,在干旱年或枯水期,河流中的水量往往不能满足发电、农田灌溉等的需要。在冬季一般用电量较大,水电站发电需用水较多,但河中的来水量却较少;这些都反映了来水与用水之间的矛盾。径流调节通过建造水利工程——拦河坝和水库,把多水年份或多水季节的水蓄起来,并在需要时从水库放出,通过蓄和放来控制和重新分配河川径流,人为地增加或减少某一时期的流量,来适应各用水部门的用水需要,解决天然来水与需水的矛盾,达到兴利除害目的。径流调节的任务是协调来水和用水在时间和地区上的矛盾和不一致,并统一协调各用水部门之间的矛盾要求,提高水资源的开发利用的价值和效率,进行水资源的有效管理。

一、径流调节的分类

（一）按调节周期长短分

（1）日调节。河川径流在一昼夜间的变化基本上是均匀的,而某些部门的用水（如发

电、灌溉），则白天和夜晚差异较大。有了水库，就可将一天负荷少时的多余水量蓄存起来，增加当天负荷增长时的发电水量。其调节周期为一天（图 13-7）。

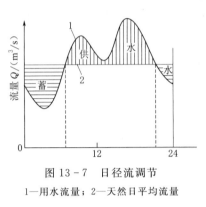

图 13-7　日径流调节

1—用水流量；2—天然日平均流量

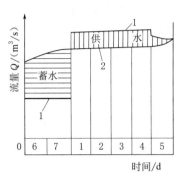

图 13-8　周径流调节

1—用水量；2—天然流量

（2）周调节。河川径流在一周内变化很小，而用水部门由于假日休息而用水减少，水库将一周内假日的多余水量蓄起来，留作其他工作日专用，称为周调节（图 13-8）。

（3）年调节。河川径流一年内的丰水期和枯水期的水量相差悬殊，在枯水期天然来水量不足，使发电、灌溉用水部门用水受到影响，丰水期天然来水量又过剩。修建水库蓄丰补枯，天然径流在一年内进行重新分配，称为年调节。其调节周期为一年（图 13-9）。

（4）多年调节。河川径流的年际变化剧烈，枯水年份缺水，丰水年份余水。将丰水年多余的水量蓄入库内，跨年度补足枯水年水量的不足，这种调节就称为多年调节。其调节周期可长达好几年（图 13-10）。

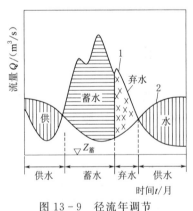

图 13-9　径流年调节

1—天然流量过程；2—用水流量过程

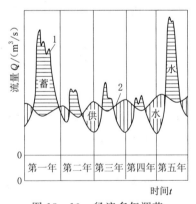

图 13-10　径流多年调节

1—天然流量过程；2—用水流量过程

对于一定的河流来水，如果水库蓄水容积越大，它的调节周期就越长，调节径流的程度也越完善。多年调节的水库可同时进行年调节和日调节。年调节水库也类似。

（二）**按径流利用程度分**

（1）完全年调节将设计年内全部来水量完全按用水要求重新分配，而不发生弃水的径流调节为完全年调节。

（2）不完全年调节仅能存蓄丰水期部分多余水量的径流调节为不完全年调节。

完全年调节和不完全年调节的概念是相对的，例如对同一水库而言，可能在一般年份能进行完全年调节，但遇丰水年就可能发生弃水，只能进行不完全年调节。

二、径流调节计算原理及基本方法

将整个调节周期划分为若干较小的计算时段，逐时段进行水量平衡计算，并确定水库蓄水量的变化过程，称为径流调节计算。其公式如下：

$$(Q-q)\Delta T = V_2 - V_1 \tag{13-12}$$

式中　ΔT——计算时段；

V_1、V_2——时段初、末水库蓄水量；

Q——时段内平均入库流量；

q——时段内自水库取用或消耗的平均流量，包括各兴利部门的用水流量，以及水库蓄满后产生的无益弃水、蒸发、渗漏损失流量等。

第五节　年调节水库兴利调节计算

只需要进行年调节就可以满足设计保证率供水要求的水库称为年调节水库。

年调节水库兴利调节计算所要解决的问题有：在来水、用水及用水设计保证率已定的情况下，计算所需要的兴利库容；或在来水、兴利库容、用水设计保证率已知情况下，核算水库实际供水能力；或在来水、兴利库容、供水能力已定的情况下，核算水库供水所能达到的保证率。这一节主要介绍第一类问题，即通过兴利调节计算求出兴利库容和正常蓄水位。

一、水库兴利调节计算原理

按照水库各时段来水量、用水量的水量平衡计算，可以得出水库所需的库容。由于水库的来水（以 Q 表示）和用水（以 q 表示）过程配合情况不同，确定库容的方法亦有所差别。

1. 水库为一次运用

在一个调节周期内，水库只有一个余水期和一个缺水期，称为水库为一次运用情况。如图 13-11 所示，$t_0 \sim t_1$ 来水大于用水，为余水期，余水量为 V_1，$t_1 \sim t_2$ 来水小于用水，为缺水期，缺水量为 V_2。在这种情况下，所需库容就是 V_2。水库从库空开始，余水期蓄纳多余水量，使水库蓄满，在 $t_1 \sim t_2$ 期间放水以补充来水之不足，到 t_2 刻止，水库放出的水量正好为 V_2，水库又呈库空状态。

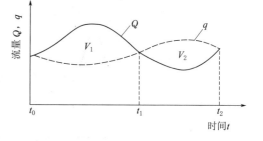

图 13-11　水库一次运用情况

2. 水库为两次运用

在一个调节周期内有两个余水期和两个缺水期，称为水库两次运用情况。根据各次余水量和缺水量的相对大小，可能出现三种情况：

（1）当 $V_1 > V_2$，$V_3 > V_4$ ［图 13-12(a)］时，库容应为 V_2 或 V_4 中的较大者，即两个缺水量中较大的缺水量为水库的库容值。

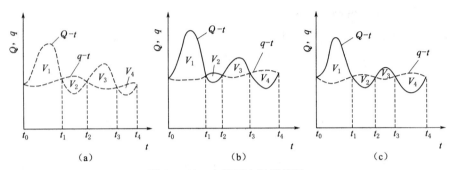

图 13-12　水库两次运用情况

(a) $V_1 > V_2$，$V_3 > V_4$；(b) $V_2 < V_3 < V_4$；(c) $V_2 > V_3$，$V_3 < V_4$

（2）当 $V_2 < V_3 < V_4$ ［图 13-12(b)］时，则库容就是 V_4。

（3）当 $V_2 > V_3$，$V_3 < V_4$ ［图 13-12(c)］时，则库容为两个缺水量之和减去中间的余水量，即 $V = V_2 + V_4 - V_3$。

3. 水库为多次运用

在一个调节周期中有多次余水期和多次缺水期的称水库为多次运用。在多次运用情况下，确定库容与两次运用情况相似。亦可用逆时序推算方法来确定库容。即假定年末水库放空，蓄水量为零，逆时序往前计算，遇缺水相加，遇余水相减，若得负值时取为零。这样就可求得各时刻水库所需要的蓄水量，其中最大的蓄水量即为所求的库容。如图 13-13 所示，设 $V_1 = 20 \times 10^6 \, \mathrm{m}^3$，$V_2 = 8 \times 10^6 \, \mathrm{m}^3$，$V_3 = 9 \times 10^6 \, \mathrm{m}^3$，$V_4 = 10 \times 10^6 \, \mathrm{m}^3$，$V_5 = 5 \times 10^6 \, \mathrm{m}^3$，$V_6 = 11 \times 10^6 \, \mathrm{m}^3$，则 $t = t_6$ 时，蓄水量 $W_6 = 0$；$t = t_5$ 时，$W_5 = V_6 = 11 \times 10^6 \, \mathrm{m}^3$；$t = t_4$ 时，$W_4 = (11 - 5) \times 10^6 \, \mathrm{m}^3 = 6 \times 10^6 \, \mathrm{m}^3$；$t = t_3$ 时，$W_3 = (6 + 10) \times 10^6 \, \mathrm{m}^3 = 16 \times 10^6 \, \mathrm{m}^3$；$t = t_2$ 时，$W_2 = (16 - 9) \times 10^6 \, \mathrm{m}^3 = 7 \times 10^6 \, \mathrm{m}^3$；$t = t_1$ 时，$W_1 = (7 + 8) \times 10^6 \, \mathrm{m}^3 = 15 \times 10^6 \, \mathrm{m}^3$；$t = t_0$ 时，$W_0 = 0$。比较各时刻蓄水量最大值为 $16 \times 10^6 \, \mathrm{m}^3$，故水库库容 $V = 16 \times 10^6 \, \mathrm{m}^3$。

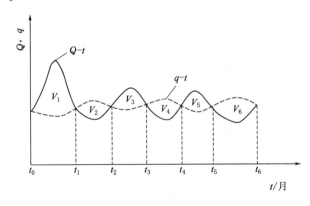

图 13-13　水库多次运用情况

二、年调节水库兴利调节计算的长系列法

年调节水库兴利调节计算的时历列表法是将水库坝址断面设计来水过程系列和用水过程系列，按时历列表法进行逐时段（月或旬）的水量平衡计算，其具体方法有不计水量损失及计入水量损失两种。

（一）不计水量损失的年调节列表计算法

1. 水库一次运用年调节计算

【例 13-1】 某水库一次运用时的年调节计算。

设用水部门用水量（即水库调节流量）为已知［表13-2第（3）栏］。该年的入库流量列于表13-2第（2）栏。表中第（1）栏为月份。在水利计算中一般不用日历年而是采用水利年，即以水库蓄泄过程循环为一年的起讫点。本例采用 4 月—次年 3 月为水利年进行调节计算。

表 13-2　　　　　　　　　　列表法年调节计算（一次运用）　　　　　　　　单位：$\times 10^6 \text{m}^3$

月	来水量	用水量	来水量－用水量		早 蓄 方 案		迟 蓄 方 案	
			余水（＋）	缺水（一）	水库月末蓄水量	弃水量	水库月末蓄水量	弃水量
(1)	(2)	(3)	(4)	(5)	(6)	(7)	(8)	(9)
4	264	162	102		0		0	45
5	151	109	42		102		57	
6	161	153	8		144		99	
7	139	131	8		152		107	
8	187	165	22		160		115	
9	210	171	39		182		137	
10	166	113	53		221		176	
11	139	153		14	229	45	229	
12	102	134		32	215		215	
1	88	143		55	183		183	
2	68	125		57	128		128	
3	55	126		71	71		71	
合计	1730	1685	274	229	0	45	0	45
校核	1730－1685＝45		274－229＝45					

表 13-2 中第（4）栏和第（5）栏，分别表示各月的余、缺水量（来水量与用水量的差值，正为余，负为缺）。本例中 11 月至次年 3 月为缺水期，5 个月总缺水量为 $229 \times 10^6 \text{m}^3$ 而 4—10 月为余水期，7 个月总余水量为 $274 \times 10^6 \text{m}^3$。余水期多余的水量超过缺水期缺少的水量，但余水期只需要蓄 $229 \times 10^6 \text{m}^3$，即可满足本年用水需要，即为该年所需库容。

年来水量 $274 \times 10^6 \text{m}^3$，应等于该年用水量与弃水量之和 $229 + 45 = 274 \times 10^6 \text{m}^3$。该年余水量 $274 \times 10^6 \text{m}^3$，应等于缺水量与弃水量之和 $229 + 45 = 274 \times 10^6 \text{m}^3$，这些可作为列表计算的校核。

求得水库调节所需的兴利库容后，根据水库运行方式可得出水库各月的蓄水量变化情

况见表13-2中第（6）栏及水库弃水情况见表13-2中第（7）栏。

即使在来水和用水一定的条件下，由于水库操作方式不同，水库蓄水过程也可以不同，其差别主要反映在蓄水期。蓄水期水库的蓄水和弃水可以有许多种方式，但最终都能在蓄水期末水库蓄满，早蓄方案和迟蓄方案便是其中两种极端情况。早蓄方案是水库在蓄水期有余水就蓄，兴利库容蓄满后还有多余水则弃水。早蓄方案一般采用顺时序计算。迟蓄方案是水库在蓄水期末水库保证蓄满的前提下，有多余的水先弃后蓄，迟蓄方案采用逆时序计算较为方便，在水库的规划设计中主要采用早蓄方案顺时序计算，而迟蓄方案的逆时序计算则多用于水库兴利调度图的编制工作（第十七章第二节）。当计算时段 Δt 取为一个月时，由于一年内不同月份的天数不同，所以每个计算时段的实际秒数并不相同。为简便计，一般采用常数值，即取平均值 $\Delta t = 30.4$ 天 $= 2626560s$。$1(m^3/s)\cdot$ 月 $= 1m^3/s \times 2626560s = 2626560m^3$。将表13-2中的水量值除以 $2626560m^3$ 得流量值，点于图13-14中。图13-14为水库蓄水过程，蓄水期分早蓄和迟蓄，供水期早蓄和迟蓄过程相同，

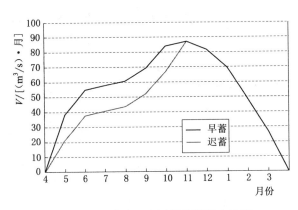

图 13-14　水库一次运用情况蓄水过程

相应数据见表13-2第（6）栏、第（8）栏。此例一年中只有一个余水期和一个缺水期，称为一回运用。

【例13-2】　某水库多次运用时的年调节计算。

由于来水和用水在年内分配不同，一年内可能有若干个余水期和缺水期。例如表13-3中就有两个余水期、两个缺水期。9—11月缺水量为 $44 \times 10^6 m^3$，2—6月缺水量为 $98 \times 10^6 m^3$。这种情况如何确定该年所需库容呢？主要看两个缺水期中间余水期的余水量是否大于前后两个缺水期的亏水量。下面分两种情况说明如下。

（1）如果余水量不同时小于两个缺水量，则所需库容为两个缺水量中的较大者。表13-3中的例子就属于这种情况，因此库容等于2—6月的亏水量 $98 \times 10^6 m^3$。因9—11月所缺水量 $44 \times 10^6 m^3$，余水可由12月至次年1月余水补充。不需另设库容。表13-3中1月末为库满点，水库蓄水 $98 \times 10^6 m^3$。否则不能保证该年2—6月的正常用水。6月末为库容点，此时水库兴利蓄水，正好放空。早蓄、迟蓄方案计二次运用情况如图13-15所示。

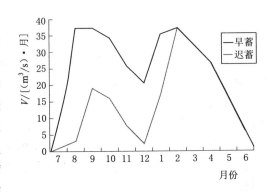

图 13-15　水库二次运用情况

表 13-3　　　　　　　　　　列表法年调节计算（一次运用）　　　　　　单位：×10⁶m³

月	来水量	用水量	来水量－用水量		早蓄方案		迟蓄方案	
			余水(+)	缺水(－)	水库月末蓄水量	弃水量	水库月末蓄水量	弃水量
(1)	(2)	(3)	(4)	(5)	(6)	(7)	(8)	(9)
					0	0	0	94
7	264	162	102					
					98		8	
8	151	109	42					
					98	4	50	
9	153	161	(144)	8				
					90	42	42	
10	139	161		22				
					68		20	
11	187	201		14				
					54		6	
12	210	171	39	(44)				
					93		45	
1	166	113	53					
					98		98	
2	139	153	(92)	14				
					84	48	84	
3	120	134		14				
					70		70	
4	116	143		27				
					43		43	
5	98	125		27				
					16		16	
6	110	126		16				
					0		0	
				(98)				
合计	1853	1759	236	142		94		94
校核	1853－1759=94		236－142=94		V=98			

（2）如果中间余水期的余水量同时小于前后两个缺水期的缺水量，则库容为两个缺水量和其中余水量的代数和，见表 13-4。从表 13-4 第（4）栏、第（5）栏两栏数字可以看出，9—11 月和 2—6 月为缺水期，其中 12 月至次年 1 月为余水期，因其余水量既小于 9—11 月缺水量也小于 2—6 月缺水量，为满足全年的用水，库容等于 9 月至次年 6 月余、缺水量的代数和，即 $V=64+98-42=120 \times 10^6 \mathrm{m}^3$。该年 10 月末为库满点，即 10 月末水库必须蓄水 $120 \times 10^6 \mathrm{m}^3$，6 月末为库空点，此时水库兴利蓄水量正好用完。表 13-4 中第（6）～（9）栏为分析该年所需库容后，采用早蓄及迟蓄方案计算的蓄水过程和弃水过程。

表 13-4　　　　　　　　　　列表法年调节计算（二次运用）　　　　　　单位：×10⁶m³

月	来水量	用水量	来水量－用水量		早蓄方案		迟蓄方案	
			余水(+)	缺水(－)	水库月末蓄水量	弃水量	水库月末蓄水量	弃水量
(1)	(2)	(3)	(4)	(5)	(6)	(7)	(8)	(9)
					0	0	0	
7	264	162	102					
					102		0	94
8	151	109	42					
					120	24		
9	153	181	(144)	28				
						28	120	
10	139	161		22				
					92		120	
11	187	201		14				
					70		92	

续表

月	来水量	用水量	来水量—用水量		早蓄方案		迟蓄方案	
			余水(+)	缺水(一)	水库月末蓄水量	弃水量	水库月末蓄水量	弃水量
(1)	(2)	(3)	(4)	(5)	(6)	(7)	(8)	(9)
12	210	181	29	(64)				
					56		70	
1	166	153	13					
					85		56	
2	139	153	(42)	14				
					98		85	
3	120	134		14				
					84		98	
4	116	143		27				
					70		84	
5	98	125		27				
					43		70	
6	110	126		16				
					16		43	
				(98)				
					0		16	
合计	1853	1829	186	162		24	0	94
校核	1853-1829=24		186-162=24		$V=64+98-42=120$			

2. 计入水量损失的年调节列表计算法

水库对来水进行调节以满足用水要求时，还需考虑水库的各种水量损失。因此，实际所需的兴利库容应较前不计水量损失计算的库容要大些，以抵偿这部分耗水，保证正常供水。考虑水库水量损失计算兴利库容时，某一时段的水库水量平衡方程式可写成：

$$\Delta V=(Q-q_{用}-q_{损}-q_{弃})\Delta t=W_{来}-W_{用}-W_{损}-W_{弃} \qquad (13-13)$$

由于水库的水量损失是在蓄水和供水过程中陆续产生的，而且与水库当时的蓄水量及水面面积有直接关系。因此只有知道了某时段初、末的水库蓄水量，才能确定该时段的水库损失量。实际上，时段末的水库蓄水量为未知值，所以要先假定某时段末的水库蓄水量，由此计算出水库损失量，再进行水量平衡计算求出时段末的水库蓄水量，如此值与开始假定的值不符，则重新假定，直到两者一致为止。按此法计算工作量大，所以常采用更为简便的方法进行计算。首先不考虑水量损失进行计算，近似求得各时段的蓄水情况，用各时段的水库平均蓄水量（包括死库容）算出各时段的损失，然后用考虑损失的水量平衡方程式（13-11）逐时段进行计算。

【例13-3】　应用［例13-2］中表13-3的资料，进行计入水库水量损失时的年调节列表计算。见表13-5。

（1）首先不计水量损失，计算各时段的蓄水量，表中第（1）～（5）栏即表13-3中的第（1）～（5）栏，第（6）栏为表13-3中第（6）栏加死库容（60×10^6 m³）。

（2）考虑水量损失，用列表法进行调节计算，第（7）栏 $\overline{V}=(V_1+V_2)/2$，即各时段初、末蓄水量的平均值。

第（8）栏 A 为与月平均蓄水量 $\overline{V}$ 相应的水库月平均水面面积，可由第（7）栏 $\overline{V}$ 查水库的 $Z-V$ 曲线和 $Z-A$ 曲线得出。

表 13-5　计入损失的年调节计算（多次运用）

单位：万 m³

月(1)	来水量(2)	用水量(3)	余水(+)(4)	缺水(-)(5)	水库蓄水量(6)	月平均蓄水量(7)	月平均水面面积/(×10⁴m²)(8)	蒸发 标准/mm(9)	W蒸	渗漏 标准(10)	W渗	总损失(11)	考虑损失的用水量(12)	余水(+)(13)	缺水(-)(14)	水库蓄水量(15)	弃水量(16)
7	264	162	102		60	109	8.5	162	1.37		1.09	2.46	164.5	99.5		60	
8	151	109	42		158	158	11	109	1.18		1.58	2.76	111.8	39.2		160	29.74
9	153	161	(144)	8	158	154	11	161	1.71		1.5	3.21	164.2		11.2	169	
10	139	161		22	150	139	9.9	161	1.6		1.28	2.88	163.9		24.9	158	
11	187	201		14	128	121	9.1	201	1.82		1.14	2.96	204		17	133	
12	210	171	39	(44)	114	133.5	9.7	171	1.66		1.53	3.19	174.2	35.8		116	32.97
1	166	113	53		153	156	11	113	1.21		1.58	2.79	115.8	50.2		152	
2	139	153	(92)	14	158	151	11	153	1.61		1.44	3.05	156		17	169	
3	120	134		14	144	137	9.8	134	1.32		1.3	2.62	136.6		16.6	152	
4	116	143		27	130	117	8.8	143	1.26		1.03	2.29	145.3		29.3	135	
5	98	125		27	103	89.5	7.5	125	0.93		0.76	1.69	126.7		28.7	106	
6	110	126		16	76	68	6.2	126	0.79		0.6	1.39	127.4		17.4	77	
				(98)	60							1.39				60	
合计	1853	1759	236	142										1759	1759	109.041	62.71
校核	1853－1759=94		236－142=94		V＝98												

第（9）栏蒸发损失标准由当年的实测蒸发资料计算而得。年蒸发损失深度$=KE_皿-E_陆$，并按当年各月蒸发皿蒸发量的分配比例分配到各月中去。其中$K=0.80$，$E_皿=1515\mathrm{mm}$，$E_陆=X_0-Y_0=1312.4-787.8=524.6（\mathrm{mm}）$，故年蒸发损失深度$=0.8\times1515-524.6=687.4（\mathrm{mm}）$。分配到各月后得当年的蒸发损失标准。

第（10）栏蒸发损失水量$W_蒸=$第（8）栏$\times$第（9）栏$\div1000$。

第（11）栏为渗漏损失标准，由于库区地质及水文地质条件属中等，故按水库当月蓄水量的1%计。

第（12）栏渗漏损失水量$W_渗=(7)$栏$\times1\%$。

第（13）栏损失水量总和$W_损=(10)$栏$+(12)$栏。

第（14）栏考虑水库水量损失后的用水量$M=(3)$栏$+(13)$栏。

第（15）栏为多余水量，当第（2）栏$-$第（14）栏为正时，填入此栏。

第（16）栏为不足水量，当第（2）栏$-$第（14）栏为负时，填入此栏。

（3）求水库的年调节库容从第（15）、（16）栏可以看出，水库为两次运用的情况，求得兴利库容$V=109.041$万m^3，总库容$=109.041+60=169.041（万\mathrm{m}^3）$。

（4）求各时段水库蓄水及弃水情况计算方法与不计水量损失的计算方法相同。

第（17）栏为加上死库容后的各时段水库蓄水量，反映水库的蓄、泄水过程。第（18）栏为水库的弃水量。

（5）校核水库经过充蓄和泄放，到6月末水库兴利库容应放空，即放到死库容60万m^3。另外，$\sum W_来-\sum W_用-\sum W_损-\sum W_弃=0$，本例计算结果$1853-1759-31.29-62.71=0$，说明计算无误。

由表13-7计算得该年的兴利库容$V_兴=109.041$万m^3，比不计水量损失的$V_兴=98$万m^3增大了11.041万m^3。这样计算得出的库容已接近实际一些。若要求更精确的成果，可将第（17）栏的水库蓄水量移作第（6）栏运用同样方法再作一次计算就可得到比较满意的结果。

3. 计入水量损失的简算法

在作初步设计时，或水量损失所占总水量的比例不大的情况，可采用比较简单的近似计算法。根据不计水量损失计算求得的水库兴利库容，计算水库供水期的平均库容即$\overline{V}=V_死+\dfrac{1}{2}V_兴$，由此值查水库$Z-V$和$Z-A$曲线得出相应的水库平均水面面积，据此计算出水库供水期的蒸发和渗漏损失水量，将此损失水量与不计损失的兴利库容相加即得计入损失的兴利库容值。蓄水期的损失水量也应考虑，以便检查扣除损失水量后的余水量是否能蓄满兴利库容。

如上例，不计损失的兴利库容为98万m^3，死库容为60万m^3，平均库容$\overline{V}=98+60/2=128（万\mathrm{m}^3）$，水库供水期2—6月的渗漏损失水量为$128\times5\times1\%=6.4（万\mathrm{m}^3）$，相应于平均库容的平均水面面积为9.417万$\mathrm{m}^2$，计算蒸发损失水量为2—6月蒸发损失标准$\times$平均水面面积$/1000=(153+134+143+125+126)\times9.417/1000=6.414（万\mathrm{m}^3）$，水库总损失水量$=6.4+6.414=12.81（万\mathrm{m}^3）$。计入损失后的库容为$98+12.81=110.81（万\mathrm{m}^3）$，它

与上例计入损失的详算成果 109.041 万 m^3 相差 1.78 万 m^3，两者十分接近。经计算，余水期扣除水量损失后尚有余水，足够充蓄兴利库容。

（二）设计兴利库容的确定

假定有 n 年来水及用水资料，按上述方法进行每年的调节计算，得到 n 个年调节库容。然后按由小到大的次序排列，求出相应每一库容的频率，点绘库容频率曲线 $V-P$，如图 13-16 所示。根据给定的设计保证率 $P_设$，查 $V-P$ 曲线即可求得相应的年调节设计库容 $V_设$。

【例 13-4】　已知某水库坝址断面处 30 年各月来水量及用水量的差值（表 13-6），已知用水设计保证率 $P=80\%$，求该年调节水库的兴利库容 V_p。

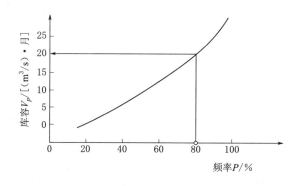

图 13-16　调节库容频率曲线

将 30 年的来、用水过程进行调节计算，得各年所需库容，列于表 13-6 中，其中属一次运用的有 22 年，属两次运用的有 8 年，还有 1966—1967 年、1967—1968 年两年因年来水量小于年用水量，在年调节范围内水库供水遭到破坏，已不属于年调节范围，可以不计库容，但库容排列时应留有它们的位置。

将 30 年的库容值按由小到大排列，计算每一库容的经验频率，得库容频率曲线（表 13-7、图 13-16）。由已定的设计保证率 $P=80\%$，查曲线即可求得相应的年调节兴利库容 $V_兴=20(m^3/s)\cdot$ 月。

由此可见长系列法求得的年调节水库兴利库容（即设计库容），其设计保证率概念比较明确，成果比较可靠，所以，资料条件许可时尽可能按长系列法进行计算。

三、年调节水库兴利调节计算的代表年法

年调节水库兴利调节计算的长系列法需要较长系列（15 年以上）的来水和用水资料。中、小型水库常常资料缺乏或不足，长系列法就不能应用。即使有较长的实测资料，因计算工作量大，在中、小型水库的规划设计中，也不大便于进行多方案比较，因而常采用实际代表年法或设计代表年法来进行调节计算，通过一年的调节计算确定出符合用水设计保证率的年调节库容。

（一）实际代表年法

实际代表年法就是选用某种年型的实测来水过程及用水过程为代表，进行调节计算来推求水库的兴利库容及其蓄水过程的方法。

表 13-6

某水库长系列来、用水量调节计算表

单位：(m³/s)·月

| 年份 | 各月余缺水量 | | | | | | | | | | | | 库容 | 年来水量 | 年用水量 | 备注 |
	11	12	1	2	3	4	5	6	7	8	9	10				
1950—1951	3.1	0.16	2.33	1.4	6.02	2.96	3.55	8.3	−5.32	−1.81	4.58	7.8	7.13	63.6	12.9	
1951—1952	1.35	2.02	1.53	0.12	2.05	5.34	8.68	−6.42	−2.09	7.12	13.9	2.86	8.51	56.5	18.2	两次运用
1952—1953	2.14	3.38	1.91	1.63	0.81	6.31	20.7	1.84	−3.73	6.95	−4.01	−0.22	4.23	60.7	10.6	
1953—1954	1.35	1.91	2.52	5.02	3.97	9.3	10.8	12.6	5.79	−3.17	−2.24	3.91	5.41	55.8	14.3	两次运用
1954—1955	1.16	2.77	0.21	2.87	5.84	2.48	1.51	−6.04	−6.96	11.1	−2.09	2.52	13	26.8	11.4	两次运用
1955—1956	2.12	2.51	3.33	0.47	3.08	6.26	2.44	−3.17	6.21	−6.68	−4.69	−3.36	17.12	22.5	12.9	两次运用
1956—1957	−2.39	1.63	2.39	1.74	5.2	4.02	14.94	−4.8	−3.92	−7.06	−6.41	−4.1	26.29	37.2	20.6	
1957—1958	3.73	12.25	10.28	2.56	1.77	−2.6	8.35	−7.62	−3.03	−5.41	−7.34	1.07	23.4	55.4	31.3	两次运用
1958—1959	1.53	1.88	3.52	6.44	5.73	4.36	6.2	5.26	41.6	7.6	−2.44	−0.58	3.02	46.7	20.7	
1959—1960	3.46	2.74	4.28	3.9	7.72	5.28	5.66	7.6	17.4	−5.96	−3.43	2.96	9.39	54.1	33.1	
1960—1961	2.1	1.16	1.33	3.4	8.02	3.96	4.55	10.3	−7.32	−0.81	6.58	9.8	8.13	50.7	23.6	
1961—1962	2.35	1.02	1.33	1.12	1.05	6.34	9.68	−7.42	−1.09	8.12	15.9	1.86	8.51	52.3	20.2	
1962—1963	2.14	2.38	0.91	0.63	0.81	9.31	21.7	0.84	−2.73	7.95	−3.01	−0.22	3.23	51.9	11.3	两次运用
1963—1964	2.35	0.91	2.52	6.02	4.97	8.3	9.8	14.6	6.79	−2.17	−1.24	2.91	3.41	60.5	13.7	
1964—1965	1.16	0.77	0.21	2.87	2.84	4.48	1.51	−7.04	−6.96	10.1	−1.09	2.52	14	31.2	19.1	两次运用
1965—1966	1.12	1.51	1.33	1.47	5.08	8.26	1.44	−2.17	7.21	−7.68	−4.69	−3.36	16.12	36.3	20.4	两次运用
1966—1967	−0.39	0.63	0.39	0.74	4.2	5.02	6.94	−3.8	−2.92	−6.06	−6.41	−3.1	(22.29)	20.85	25.61	多年调节
1967—1968	2.73	0.25	0.28	0.56	0.77	−0.6	7.35	−6.62	−2.03	−5.41	−6.34	0.07	(31.81)	18.1	27.2	多年调节
1968—1969	−0.53	0.88	4.52	8.44	4.73	3.36	4.2	1.26	45.6	5.6	−1.44	−0.58	2.02	90.2	20.5	
1969—1970	0.46	0.74	1.28	4.9	6.72	7.28	4.66	5.6	16.4	−3.96	−3.43	1.96	7.39	66.1	22	
1970—1971	2.07	3.5	3.11	8.82	11.5	4.62	11.1	−1.2	−4.24	2.87	7.88	3.47	5.44	72.4	30.4	
1971—1972	1.86	1.61	2.66	4.2	5.36	2.2	−0.56	9.73	8.5	−5.67	−3.56	1.61	9.23	46.1	20.5	
1972—1973	4.87	2	10	7.98	4.59	5.95	30.4	32.4	31	−6.79	−1.05	−0.38	8.22	120.5	33.3	两次运用
1973—1974	0.07	1.54	2.52	3.54	10.1	11.9	6.9	20.8	7.1	−0.84	−7.24	−3.71	12.25	66.9	12.3	
1974—1975	−0.46	0.35	0.07	0.67	12.8	8.54	21.7	18.6	1.26	10.4	13.8	−2.38	2.38	80.5	5.6	
1975—1976	0.77	0.39	2.03	5.6	4.3	6.69	14.6	1.5	16	10.6	−0.1	−2.14	2.24	68.4	12.1	
1976—1977	1.51	3.11	0.42	1.19	5.09	8.22	13.4	−2.44	−7.63	−1.02	9.84	5.32	11.09	55.2	21.1	
1977—1978	1.51	0.88	1.79	9.66	2.7	13	5.2	1.37	−1.44	−6.45	−2.62	−2.17	12.68	46.5	23	
1978—1979	1.05	1.33	1.89	0.77	7.84	8.61	28.3	10.9	−4.46	−4.84	−1.26	0.46	10.56	80.2	25.2	
1979—1980	3.51	1.88	2.79	10.66	3.7	12	7.2	2.37	−3.44	−5.46	−3.62	−3.17	15.68	61.2	30.6	两次运用

表 13 - 7　　　　　　　　　　某水库库容频率计算表　　　　　库容单位：(m³/s) · 月

序号	1	2	3	4	5	6	7	8	9	10	11	12	13	14	15
V	2.0	2.2	2.4	3.0	3.2	3.4	4.2	5.4	5.4	7.1	7.4	8.1	8.2	8.5	8.5
$P/\%$	3.2	6.5	9.7	12.9	16.1	19.4	22.6	25.8	29.0	32.3	35.5	38.7	41.9	45.2	48.4
序号	16	17	18	19	20	21	22	23	24	25	26	27	28	29	30
V	9.2	9.4	10.6	11.1	12.3	12.7	13.0	14.0	15.7	16.1	17.1	22.3	23.4	26.3	31.8
$P/\%$	51.6	54.8	58.1	61.3	64.5	67.7	71.0	74.2	77.4	80.6	83.9	87.1	90.3	93.5	96.8

1. 单一选年法

单一选年法或以来水资料为选年依据，通过来水资料的频率计算选择符合或接近用水设计保证率、年内分配偏于不利的实际年来水过程和同年的年用水过程，通过调节计算推求水库的兴利库容（即设计库容），并求出该年的蓄、泄水过程；或单以年用水频率曲线为依据，选择符合或接近用水设计保证率、年内分配偏于不利的实际年用水过程和同一年的年来水过程，作调节计算，推求水库的兴利库容及该年的蓄水过程。

2. 库容排频法

在来水量频率曲线和用水量频率曲线上各选出 3～5 个接近用水设计保证率的实际年来、用水过程，并对其分别进行调节计算，求出它们所需的兴利库容。然后在选用频率范围内，各把 3～5 个库容按大小次序重新排位，求出对应于设计保证率的库容。

如某水库的设计保证率为 80%，根据系列资料选出相应 $P=80\%$ 的来水年份，在 $P=80\%$ 左右各取一点如 75%、85%，即在年来水量频率曲线上取用与 $P=75\%$、80%、85% 3 点对应的 3 个年份的实际来水过程及与 3 年来水同年的实际用水过程，分别进行调节计算，求得 3 个兴利库容。将 3 个库容按从小到大次序重新排位，求得 3 个年份的库容及重排库容。同理取 $P=75\%$、$P=80\%$、$P=85\%$ 相应的用水年份，与这 3 年用水同年的实际来水过程，分别进行调节计算，也得到 3 个兴利库容，并按从小到大的顺序重新排位，得到 3 个频率所对应的库容。在两种情况的重排库容中查出与 $P=80\%$ 对应的库容即为兴利库容 V_p。

3. 实际干旱年法——抗旱天数法

本法一般适用于资料缺乏的中小型水库。

通过调查及统计灌区历年旱情、河流水情和"抗旱天数"，根据规定的设计抗旱天数，选取实际旱情相当（指连续无雨天数与设计抗旱天数比较）或接近的几个年份作为设计典型年，用这些典型年的水库来水量和灌溉用水量进行调节计算，求得各年所需的库容，选取偏于安全的数值作为设计库容，这种方法计算的成果更能符合实际。

（二）设计代表年法

设计代表年法是按设计保证率选择一年的来、用水过程线，作为设计代表年，然后根据此设计代表年去进行调节计算，求得的库容作为设计的兴利库容。这种方法的成果精度取决于所选的设计代表年。其方法及步骤如下。

（1）对坝址断面设计站或参证站各水文年的年来水量及年用水量进行频率计算，

求得年来水量及年用水量的经验或理论频率曲线，或均值、C_v、C_s三个参数。若无较长系列的年月来水资料，则可根据该地区《水文手册》中年径流统计参数等值线图查得。

（2）由年来水、年用水频率曲线求得相应于用水设计保证率的设计年来水量$W_{来p}$，及设计年用水量$W_{用p}$。

（3）从实测资料中选择年来水量接近$W_{来p}$、年用水量接近$W_{用p}$且年内分配具有代表性的一年（或几年）作为典型年，其年来水量为$W_{来典}$，年用水量为$W_{用典}$。

（4）计算来、用水缩放倍比$K_来$、$K_用$，再用此$K_来$、$K_用$分别乘该典型年各月来水量及各月用水量，即得设计代表年的来、用水过程。

（5）对所推求的设计代表年进行来用水调节计算，求得兴利库容（即设计库容）。如由所选择的几个设计代表年求得的结果不一致，为安全起见，可选对工程较为不利的一年，即调节计算得出较大库容的一年作为设计代表年。

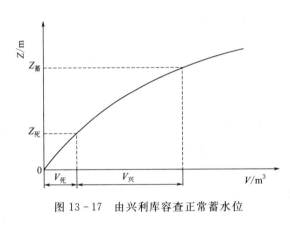

图 13-17　由兴利库容查正常蓄水位

如果设计水库以上流域与灌区不在同一气候区内，且来水与用水关系不密切，则典型年的选择可能有困难。在这种情况下可选若干典型年，并按设计来水与各年实际来水量之比缩放各年的来水过程线，按设计用水与各年实际用水量之比缩放各年的用水过程按相应的来、用水过程进行调节计算后，分析确定一个较大的库容作为设计的兴利库容。

确定了水库的兴利库容后，加上死库容，用此库容在水位-容积曲线上查得相应的水位，即为正常蓄水位（图 13-17）。

第六节　多年调节水库兴利调节计算的长系列法

一、多年调节计算长系列时历法的基本概念

多年调节计算长系列法的基本原理步骤与年调节计算基本相似，逐年调节计算，求得每年所需的库容，再进行频率计算，以求得满足设计保证率要求的兴利库容。多年调节水库要经过若干个连续丰水年水库才能蓄满，经过若干个连续枯水年水库放空。由此，完成一次蓄泄循环需要很多年。因此，确定某些年份所需的兴利库容不能只考虑本年度缺水期的不足水量，还须联系前期的不足水量进行分析，兴利库容取决于连续枯水年组的总亏水量。用时历法进行多年调节计算时，所需要的水文资料远较年调节为长，一般应具有30年以上且代表性好的径流资料。

图 13-18 是若干年的来用水过程及余、亏水情况的示意图。图中，前3个调节年度都是丰水年，来水大于用水，各年所需兴利库容分别为V_2、V_4、V_6，而第4～7年为连续

枯水年组。确定第 4 年的兴利库容时，将第 3、第 4 年组成一个大调节年，相当于水库两次运用第 4 年的兴利库容为 $V_{兴4}=V_6+(V_8-V_7)$。确定第 5 年的兴利库容，要和第 3、第 4 年一起考虑，相当于三次运用的情况，第 5 年的 $V_{兴5}=V_6+(V_8-V_7)+(V_{10}-V_9)$。同理，第 6 年的 $V_{兴6}=V_6+(V_8-V_7)+(V_{10}-V_9)+(V_{12}-V_{11})$，第 7 年的 $V_{兴7}=V_6+(V_8-V_7)+(V_{10}-V_9)+(V_{12}-V_{11})+(V_{14}-V_{13})$。

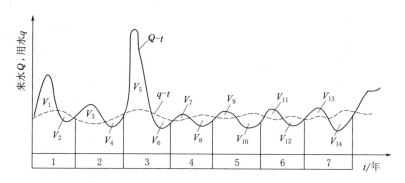

图 13-18　来、用水过程线

二、计算逐年兴利库容的列表法

根据多年的来水、用水过程线即可列表计算逐年兴利库容。

【例 13-5】 湖北省某水库具有 24 年实测年径流资料，经分析此年径流系列"三性"审查合格。经计算各年余、亏水量见表 13-8，其中 1952—1953 年、1954—1955年、1956—1957 年、1957—1958 年、1958—1959 年、1959—1960 年、1960—1961 年、1961—1962 年、1964—1965 年、1965—1966 年、1971—1972 年、1973—1974 年为多年调节。

调节年度视每年的余、亏水情况进行划分。如 1950—1951 年调节年的蓄泄过程为11 个月，1970—1971 年调节年的蓄泄过程有 13 个月，其中 1971 年 8—9 月为缺水段。

把由多年调节计算所得的多年调节库容，填入表 13-8 的第（6）栏，以此库容值，计算并绘制的库容频率曲线，即可求出已知 P 的设计库容 V_p。

表 13-8　　　　　　　　　　某水库逐年余、缺水量统计表

年　　份	起讫时间	余水量（＋）/万 m³	亏水量（一）/万 m³	累计水量/万 m³	库容/万 m³
（1）	（2）	（3）	（4）	（5）	（6）
				0	
1950—1951	11 月—次年 7 月	5744.5		5744.5	
	8—9 月		974.5	4770	974.5
1951—1952	10 月—次年 5 月	3722.2		8492.2	
	6—8 月		3188	5304.2	3188
1952—1953	9 月—次年 3 月	1215.1		6519.3	
	4—10 月		3365.7	3153.6	5338.6
1953—1954	11 月—次年 8 月	17781.1		20934.7	
	9—10 月		2159.2	18775.5	2159.2

年　份	起讫时间	余水量(+)/万 m³	亏水量(一)/万 m³	累计水量/万 m³	库容/万 m³
(1)	(2)	(3)	(4)	(5)	(6)
1954—1955	11 月—次年 8 月	1523.3		20298.8	
	9—12 月		4795.2	15503.6	5431.1
1955—1956	1—8 月	12344		27847.6	
	9—10 月		3279.7	24567.9	3279.7
1956—1957	11 月—次年 6 月	854.9		25322.8	
	7—11 月		10261.9	15160.9	12686.7
1957—1958	12 月—次年 8 月	1433.3		16594.2	
	9 月		2319.3	14274.9	13572.7
1958—1959	10 月—次年 6 月	4643.7		18918.6	
	7—10 月		11278.4	7640.2	20207.4
1959—1960	11 月—次年 7 月	6300.4		13940.6	
	8—10 月		6690.9	7249.7	20597.9
1960—1961	11 月—次年 3 月	149.2		7398.9	
	4—10 月		14903.2	−7504.3	35351.9
1961—1962	11 月—次年 2 月	659.1		−6845.2	
	3—10 月		4715.3	−11560.5	39408.1
1962—1963	11 月—次年 8 月	6932.9		−4627.6	
	9—10 月		1611	−6238.6	1611
1963—1964	11 月—次年 7 月	6137.3		−101.3	
	8—9 月		3628.5	−3729.8	3628.5
1964—1965	10 月—次年 2 月	1114.3		−2615.5	
	3—9 月		6210.7	−8826.2	8724.9
1965—1966	10 月—次年 3 月	430		−8396.2	
	4—10 月		12015.2	−20411.4	48259
1966—1967	11 月—次年 6 月	4321.1		−16090.3	
	7—9 月		3463.9	−19554.2	3463.9
1967—1968	10 月—次年 7 月	13718.2		−5836	
	8—10 月		4338.9	−10174.9	4338.9
1968—1969	11 月—次年 8 月	11198.9		1024	
	9—10 月		639.2	384.8	639.2
1969—1970	11 月—次年 7 月	10430.1		10814.9	
	8 月		2381.7	8433.2	2381.7
1970—1971	9 月—次年 7 月	4466.9		12900.1	
	8—9 月		3504	9396.1	3504
1971—1972	10 月—次年 6 月	3348.2		12744.3	
	7—9 月		7297.9	5446.4	7453.7

续表

年　份	起讫时间	余水量（+）/万 m³	亏水量（一）/万 m³	累计水量/万 m³	库容/万 m³
(1)	(2)	(3)	(4)	(5)	(6)
1972—1973	10 月—次年 9 月	16044.7		21491.1	
			0	2149.1	0
1973—1974	10 月—次年 6 月	7522.8		29013.9	
	7—10 月		7831.5	21182.4	7831.5

三、试算法

在多年调节的长系列时历法中，还有试算法。先假定一个兴利库容，从水库库满或库空，开始逐时段进行水量平衡计算，逐时段连续调节计算后，统计用水被破坏的年数并计算保证率。如果计算的保证率与规定的设计保证率相符，则假定的库容就是多年调节的兴利库容。否则，重新假定一个值再计算。

【例 13-6】 某多年调节水库，有 1950 年 7 月至 1973 年 6 月来水、用水资料，已知死库容为 7000 万 m³，用试算法求 $P=75\%$ 的设计兴利库容。

（1）将历年来、用水资料按时历列表，逐月计算出余水量及亏水量见表 13-9 中的第（4）栏、第（5）栏。

（2）假定兴利库容为 56600 万 m³，从 1950 年 7 月初水库蓄水量为 0（即死库容）开始起调，计算各月蓄水量。表 13-9 中 1966 年 5—6 月蓄水为 -2578 万 m³ 及 -10216 万 m³，即指水库放空后尚差的水量；经 7—8 月水库蓄水，至 9 月库满后还有多余水量，所以产生废弃水量为 $54023+4933-56600=2356$（万 m³），填入表 13-9 中第（6）栏，各月蓄水量填入表中第（7）栏。

（3）统计 24 年中蓄水量为负值的年数为 5 年，即 $V_{兴}$ 放空还缺水，供水受到破坏，其保证率为

$$P=\frac{24-5}{24+1}\times100\%=76\%$$

计算保证率等于或接近等于设计保证率 75%，所以该多年调节水库的设计兴利库容为 56600 万 m³。

为了避免试算的盲目性，可将试算得到的若干个 $V_{兴}$ 与 P 的相关数据点绘 $V_{兴}$-P 曲线以设计保证率 $P_{设}$，查此曲线即得设计兴利库容 $V_{兴,设}$。

四、多年调节水库水量损失的计算

多年调节水库考虑水库相似性，调节计算与年调节一般采用近似计算法。首先不计水量损失时初定的兴利库容，计算水库多年平均蓄水容积及多年平均水面面积，并计算出多年平均的逐月蒸发损失和渗漏损失；然后在水库用水系列中，逐年逐月加入水量损失，即得历年毛用水系列；再逐年计算求出水库的兴利库容。

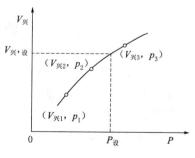

图 13-19　$V_{兴}$-P 曲线

表 13 - 9 　　　　　　**长系列时历列表试算法部分计算（摘录）表** 　　　　　单位：万 m³

时间/（年.月）	来水量	用水量	来水量－用水量		弃水	水库蓄水量	备注
			余水（＋）	缺水（－）			
（1）	（2）	（3）	（4）		（5）	（6）	（7）
.							
.							
1965.6						31070	
7	448	8215		7767		23303	
8	7670	7472	108			23501	
9	921	4838		3917		19584	
10	780	3711		2931		16653	
11	383	4155		3772		12881	
12	220	1976		1576		11305	
1966.1	130	350		220		11035	
2	160	350		190		10895	
3	622	350	272			11167	
4	170	7079		6309		4258	
5	113	6949		6836		－2578	供水被破坏
6	1130	8786		7638		－10216	供水被破坏
7	50710	8215	42495			42495	
8	19000	7472	11528			54023	
9	9771	4838	4933		2356	56600	蓄满弃水
10	1940	3711		1771		54829	
11	893	4155		3262		51567	
12	470	1976		1506		50061	
1967.1	240	350		110			
2							

第七节　数理统计在径流调节中的应用

河川径流的变化具有随机性，在径流多年调节计算中，由于时历法的缺陷，应用数理统计理论有其必要性和可能。

在径流多年调节计算中采用相对值，用水以径流调节系数 α 表示，为调节流量 Q_H 与多年平均流量 Q_0 的比值，即

$$\alpha = \frac{Q_H}{Q_0}$$

库容用库容系数 β 表示，为有效库容 V 与多年平均径流量 $\overline{W}$ 的比值：

$$\beta = \frac{V}{\overline{W}}$$

天然来水用模比系数 k 表示。

在应用数理统计法时，径流的 P-Ⅲ频率曲线可以概括为 Q_0、C_v、C_s，采用相对值使不同水库的水利计算的成果可以综合并相互比较。

频率和频率曲线的组合是数理统计法在多年调节计算方法的核心。国内外常用的计算方法可分成三大类：

（1）总库容分为多年库容和年库容两部分，分别计算两部分库容后，再组合得总库容，称为组合（或合成）总库容法。

（2）不进行有效库容划分的直接总库容法。

（3）由实测径流资料随机生成长系列径流资料，再根据来、用水资料逐年进行调节计算，确定出总库容的随机模拟法。

本节只讨论（1）、（2）两种方法。

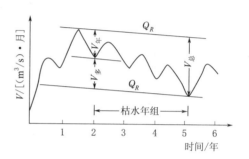

图 13-20　多年调节总库容的组成

一、合成总库容法

总库容可以分成年库容 $V_{年}$ 和多年库容 $V_{多}$，如图 13-20 所示，若用库容系数表示则多年库容为 $\beta_{多}$，年库容为 $\beta_{年}$。多年库容主要用于存蓄多水年的余水量，以补充枯水年组的不足水量，多年库容的计算以年为计算时段来进行调节计算。

（一）克—曼第二法计算多年库容

设已知年径流 P-Ⅲ频率曲线，年需水量 α，水库供水保证率 P，欲求多年库容 β。

设年径流间相互独立，年径流的概率分布以频率曲线来表示。假设一多年库容 β 值，若来水 $K < \alpha - \beta$，表明即使年初水库蓄满，也不能满足该年用水需求，是绝对缺水年，其多年中出现的频率为 $q_1 = 1 - P_{\alpha - \beta}$（图 13-21）。

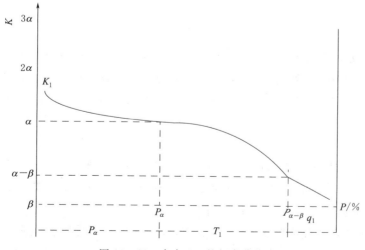

图 13-21　来水 K_1 的频率曲线

若年来水 $K \geqslant \alpha$，则不论年初水库是满或空，均能保证该年正常供水，为绝对足水年，其出现机率为 P_a。其余的年份来水介于 $[\alpha - \beta, \alpha]$，为中等水量年，正常供水量能否满足，与年初水库蓄水状态、前一年来水的丰枯有关，这样的年份称为条件缺水年，其出现机率为 T_1。

为了进一步缩小条件缺水的不确定区间，再分析 T_1 中的一年与前一年的来水量之和的频率曲线 $K_1 + K_2$，其宽度只有 T_1。两年总来水量为 $K_1 + K_2$，两年总用水量为 2α，如果 $K_1 + K_2 < 2\alpha - \beta$，那么即使初始状态水库是蓄满的，也不能保证后两年的正常供水，为绝对缺水年，其发生机率为 q_z。而 $K_1 + K_2 > 2\alpha$ 的那些年份为绝对足水年；介于 $[2\alpha - \beta, 2\alpha]$ 区间的来水年份则为条件缺水年，其发生机率为 T_2（图 13-22）。

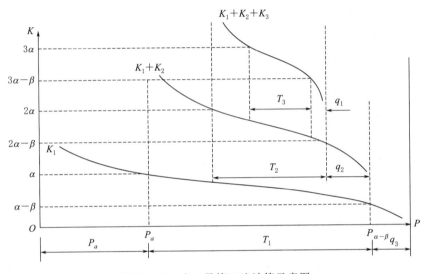

图 13-22 克—曼第二法计算示意图

用同样的方法，取 T_2 这段频率曲线再与年来水频率曲线组合，将 T_2 分成绝对缺水年、条件缺水年及绝对足水年。依次类推，不确定区域收缩到精度允许范围，即可得水库供水破坏机率为

$$q = q_1 + q_2 + q_3 + q_4 + \cdots$$

水库正常供水的保证率 $p' = 1 - (q_1 + q_2 + q_3 + q_4 + \cdots)$，若与给定的 p 相同，则假定的多年库容 β 即为所求，否则，重新假定 β，重复上述步骤，直到满足要求。

若考虑年径流间的相关，计算非常复杂，一般先按年径流间无相关进行调节计算，再对计算成果作修正。

（二）线解图

1939 年，普列什柯夫对年径流量服从 P-Ⅲ型理论频率曲线，$C_s = 2C_v$ 时，用克—曼第二法进行了一系列 α 和 β 的计算，并将结果整理绘制成几种常用供水保证率（$P = 75\%$、80%、85%、90%、95%、97%）的线解图。

给定保证率 P，年径流服从 P-Ⅲ型分布，由 $\alpha - \beta - C_v$ 的关系线图（图 13-23），且 $C_s = 2C_v$，由线图即可求出多年库容 β。

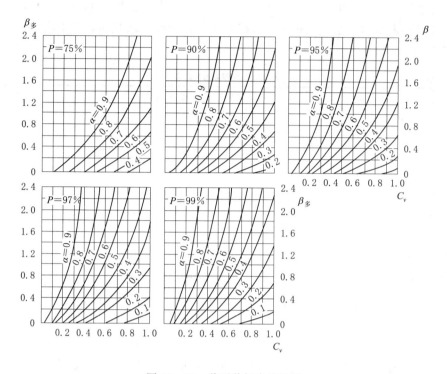

图 13-23　普列什柯夫线解图

当 $C_s \neq 2C_v$ 时，经过适当变量代换后，仍可用线解图求解。对于 P 值无对应线解图时，则取与之相近二图，分别求得两个 $\beta_{多}$，再直线内插求相应的 P 对应的库容值。

（三）年库容计算

多年库容的计算以年为计算时段，由于年内洪、枯期径流变化较大，仅多年库容是不够的。因此，除了满足年际间水量变化的多年库容外，还要有调节径流年内变化所需的年库容，这两部分合成为总的调节库容。年库容的确定采用典型年法，选择好典型年，按第五节的列表法求出多年调节所需年库容。确定年库容时，典型年的选择原则如下：

（1）年来水量等于或接近年需水量的年份作为典型年。

（2）年内分配取多年平均的情况。

多年调节水库的总库容为 $\beta_{总} = \beta_{多} + \beta_{年}$。

二、直接总库容法

合成总库容法与多年调节水库的实际运用不相符，1961 年 Gould 在水库存储论的基础上提出了基于水库状态转移概率的直接总库容法。假定一总库容值 V，将水库库容 V 分为从库空到库满的 $N-1$ 个状态，其中第 0 种状态为库空，而第 $N-1$ 种状态为库满，库空与满库之间，分成相等的 $N-2$ 份，则

$$\Delta V = \frac{V}{N-2}$$

每年初水库蓄水量可能有 $N-1$ 种状态，对每种状态分别用实测径流资料进行调节计算，可求得各年末水库蓄水量及正常用水破坏情况及水库蓄水状态，并求出水库状态转移的概率矩阵。

表 13-10　　　　　　　　　　　水库状态转移的概率

年末状态（蓄水区间）	年初状态（蓄水量）									
	0		1		2		…	$N-2$	$N-1$	
	年数	概率	年数	概率	年数	概率	…	…	年数	概率
0	2	0.24	5	0.43	4	0.32	…	…	0	0
1	3	0.36	2	0.21	2	0.25	…	…	3	0.41
2	1	0.12	1	0.11	1	0.13	…	…	2	0.27
…	…	…	…	…	…	…	…	…	…	…
$N-2$	…	…	…	…	…	…	…	…	…	…
$N-1$	0	0	1	0.11	2	0.25	…	…	0	0

稳定状态概率与水库蓄水初始状态无关，可任意假定第一年初水库所蓄水状态，由状态转移概率矩阵乘年初状态概率矩阵得年末状态概率，以此作为下一年的初始水库状态概率，逐年计算，直至达到稳定状态概率，可得各状态的水库用水破坏率，计算可得保证率，若与设计的保证率相符，假定的总库容即为所求，否则重新计算直至满足要求。

第十四章 水电站的水能计算

第一节 水能利用的基本知识

一、水能计算的基本原理

河流中流动着的水流蕴藏着一定的能量,称为水能。采取一定的工程技术措施后,可将水能变为电能,为人类服务。

天然河流的能量是一种尚未开发的水能资源,为了计算水流潜在的能量,取天然河道中的一个河段,研究水流流经断面 1-1 与断面 2-2 时能量变化的情况,如图 14-1 所示。

设断面过流量为 Q (m³/s),T 时间内 (s),其水体为 $W=QT$(m³),由水力学中的能量方程可知,W 的水体在断面 1-1 和断面 2-2 处所具有的能量分别为

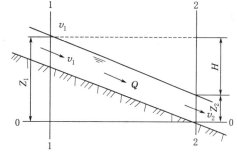

图 14-1　河段内蕴藏水能示意图

$$E_1=(Z_1+P_1/r+a_1v_1^2/2g)W_r$$
$$(14-1)$$

$$E_2=(Z_2+P_2/r+a_2v_2^2/2g)W_r$$

式中　Z——断面的水面高程,m;

　　　P/r——断面处水面的压力水头,m;

　　　a——断面流速的不均系数;

　　　v——断面的平均流速,m/s;

　　　r——水的容重,通常取 1000kg/m³。

在不太长的天然河段中,断面 1-1 至断面 2-2 的平均流速相差不大,且两断面的压力差亦是极小的,则两断面的水流蕴藏能量之差可近似地取为

$$E_{1-2}=E_1-E_2=r(Z_1-Z_2)W=rHW \quad (kg \cdot m) \qquad (14-2)$$

式中　H——两断面间的水位差,称为落差,m,由水工建筑物集中后的落差亦称为水头。

单位时间内的水能称为功率,它表征水流做功的能力。在电力系统中,把功率称为出力(或容量),并用千瓦(kW)作为计量单位。则从断面 1-1 至断面 2-2 出力为 $N=E_{1-2}/T=rWH/T=rQH$(kg·m/s)。因为功率的单位换算为 1kW=102kg·m/s,因此 $N=1000QH/102 \approx 9.81QH$(kW),即河段理论上水能蕴藏量出力估算公式为

$$N=9.81QH \quad (kW) \qquad (14-3)$$

式(14-3)是假定断面 1-1 至断面 2-2 的流量是相等的情况下得出的。但在天然河道中向下游流量逐渐加大,所以计算理论出力时,必须采用两个断面的平均流量。

T 小时内具有的水能，在电力系统中，称为发电量，并用千瓦时（kW·h）作为计量单位，则发电量计算公式为

$$E = NT = 9.81QHT \quad (kW \cdot h) \tag{14-4}$$

二、水能资源开发方式

因为河流的水能资源利用取决于落差和流量两个因素，所以开发利用水能资源的方式就表现为集中落差和引用流量的方式。由于河段水能在一般情况下是沿程分散的，为了开发利用河段蕴藏的水能，就必须根据各河段的具体情况，采用经济有效的工程措施，将分散的水能集中使用。根据集中落差方式的不同，水电站的基本开发方式可分为坝式（蓄水式）、引水式、混合式三种。

1. 坝式（蓄水式）水电站

在天然河道中拦河筑坝，形成水库，以抬高上游水位，集中河段落差，这种开发方式称为坝式开发。其优点是由于形成水库，能调节水量，提高径流利用率；缺点是基建工程较大，且上游形成淹没区。这一类水电站大多见于流量大，河段坡降较缓，同时还有适合建坝的地形、地质条件的河段。坝式水电站按其建筑物的布置特点，又可分为坝后式、河床式、坝内式等类型，前一种类型布置形式如图14-2所示。

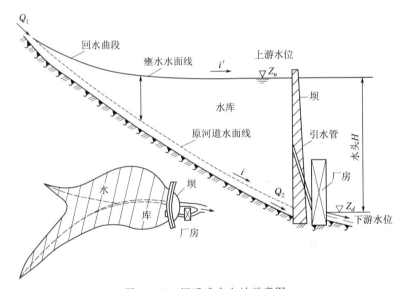

图 14-2　坝后式水电站示意图

显然，坝式水电站的水头取决于坝高。平原河流的低水头水电站，因厂房能承受上游水压力，通常将厂房和坝一起建在河床中，厂房成为挡水建筑物的一部分，故称为河床式水电站，如葛洲坝水电站。对水头较高的坝式水电站，其厂房修建在拦河坝后，因而称为坝后式水电站，如三峡水电站。如果坝址河面很窄，可将厂房设在坝体内，称为坝内式水电站，也可将厂房设在坝体一侧，如小浪底水电站。

2. 引水式水电站

在河道上建坝和引水工程，将水导入人工建造的引水道（明渠、隧洞、管道等），并引到引水道末端以集中落差，再接上压力水管，导入电站厂房发电，这种开发方式称为引

水式开发。根据引水道中水流的不同流态可分为有压引水式水电站和无压引水式水电站，布置形式如图 14 - 3 所示。

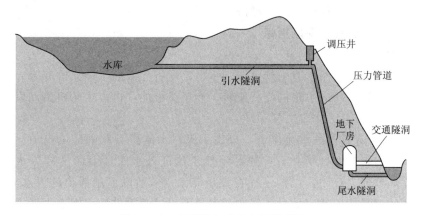

图 14 - 3　有压引水式水电站示意图

引水式水电站的优点是不会形成大的水库，淹没损失较小，工程量亦较小，但引水流量较小，水量利用率较低。引水式水电站适用于流量较小、河道坡度较陡的山区河流，这是因为通过短距离引水就可获得较大的落差。在瀑布或连续急滩的河段，用不长的引水道可获得较大的水头；在河道急弯处，以裁弯取直引水方式，可集中河段落差修建引水式电站；当两条相邻河道的河段接近且水面高程相差很大时，则可用隧洞跨流域将高河的水引向低河处发电。

3. 混合式水电站

在一个河段上，用坝集中一部分落差，再通过有压引水道（如隧洞）集中坝后河段的另一部分落差，这种开发方式称为混合式开发。混合式水电站布置形式如图 14 - 4 所示。

图 14 - 4　混合式水电站示意图

1—大坝；2—进水口；3—溢洪道；4—水库；5—输电线；

6—调压塔；7—引水管；8—压力钢管；9—水电站厂房

混合式开发方式必须具备合适的条件。一般来说，如果河段上游坡降较小且筑坝后淹没损失不大，有筑坝建库条件，下游坡降陡（如有急滩或大河弯）且有条件集中较大落差时，采用混合式开发方式往往是比较经济的。

三、水电站生产过程及动能指标

1. 水力发电原理

水力发电就是利用天然水能生产电能。水电工程将分散的水能集中起来，由引水建筑物将水流引进水轮机，冲击水轮机使其旋转，产生机械能，再由水轮机带动发电机，便可发出电能。

由式（14-3）计算出的水流出力，只表示天然水流所具有的理论出力。水电站在实际运行时，这个出力要大打折扣。首先，天然水流进入水库后会产生部分水量损失，同时，由于水库调节能力有限，汛期还存在大量弃水（从泄洪设施泄出的洪水），所以，水轮机实际引用的流量比天然流量小。其次，水流通过过流部件从上游至下游，在整个流动过程中，水流必定会产生各种水头损失 ΔH。水电站坝前水位与尾水管出口断面水位差称为毛水头（亦称静水头）$H_毛$，所以作用在水轮机上的净水头（亦称工作水头）为 $H_净 = H_毛 - \Delta H$。水头损失 ΔH 可由水力学公式计算，实际运行阶段应根据现场效率试验求得；工程应用中常可先绘制出水电站引用流量与相应水头损失关系曲线，以备计算时查用。

此外，在实现能量转化过程中，还将有一部分能量损失，它们是考虑水轮机效率 $\eta_水机$、传动设备效率 $\eta_传动$ 及发电机效率 $\eta_电机$，并以 η 表示水电站的总效率，即 $\eta = \eta_水机 \eta_传动 \eta_电机$。则水电站的实际出力为

$$N = 9.81 \eta Q H_净 \quad (\text{kW}) \tag{14-5}$$

水电站机组的效率因水轮机和发电机的类型和参数而不同，且随其工况而变化。在水电站规划阶段或初步设计阶段，因为引水道尺寸以及机电设备型号尺寸均未确定，常把 9.8η 近似记为一个常数 K，K 称为出力系数。因此，水电站出力的简化计算式为

$$N = KQH_净 \quad (\text{kW}) \tag{14-6}$$

通常，凭经验或参照同类已建电站的资料对 K 取值。根据水电站规模的大小，一般对大型水电站取 $K = 8.5$；中型水电站 $K = 8.0 \sim 8.5$；小型水电站 $K = 6.0 \sim 7.5$。待进行机组选择时，根据水轮机模型试验，再考虑效率不同的影响，给予修正。

2. 主要动能指标及其含义

水电站主要动能指标是指符合设计保证率的保证出力和多年平均发电量。

水电站的出力是指从发电机端线送出的功率，其计算公式为式（14-6），计算本身并不复杂，但考虑到水电站的引用流量、工作水头和机组效率受许多因素的影响，且彼此之间又有密切联系时，则水电站的出力计算并不简单。由于电力系统中用户的需电要求随时间变化，因此，水电站的出力也是随时间变化的，如图14-5所示。

水电站在一段时间内生产的电能即为其发电量。知道了水电站的出力变化过程，

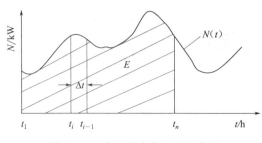

图 14-5 水电站出力过程示意图

就不难计算任何时段内的发电量了。如水电站在 $t_1 \sim t_n$ 时段内的发电量为

$$E = \int_{t_1}^{t_n} N(t) \mathrm{d}t \qquad (14-7)$$

在实际计算中，常用有限差求和公式，即

$$E = \sum_{i=1}^{n} N_i \Delta t \qquad (14-8)$$

式中　E——水电站在 $t_1 \sim t_n$ 时段内所生产的电能，$kW \cdot h$；

$\quad\quad N_i$——第 i 时段内的平均出力，kW；

$\quad\quad \Delta t$——计算时段长，根据水电站水库调节性能的不同，可取月、旬、日、时，并换算为小时数；

$\quad\quad n$——时间 $t_1 \sim t_n$ 所划分的时段数。

水电站的出力是多变的，需要从中选出若干特征值作为衡量其效益的主要动能指标。符合水电站设计保证率要求的一定供水期的平均出力称为保证出力，由它决定水电站承担电力系统最大负荷的工作容量，为可靠性指标或容量效益指标。多年平均年发电量指水电站在多年工作时期内，平均每年所能生产的电能量，为经济性指标，或电量效益指标。这两项指标都是水电站的重要动能指标。

四、水能计算的基本方法

确定水电站动能指标的计算，称为水能计算。水能计算的目的，在规划设计阶段，为了选择水电站及水库的主要参数；在运行阶段，则需根据水电站及水库的实际运行情况，计算水电站在各时段的出力，以确定在电力系统中合理的运行方式。水能计算一般与水库的调节方式有关，在初步水能计算时，常采用简化的水能调节方式，例如按等流量调节方式。在详细水能计算时，则需根据负荷要求，进行给定出力调节计算，例如按等出力调节方式。

1. 按等流量调节方式的水能计算方法

按等流量调节方式的水能计算是在给定水库的正常蓄水位和死水位，即已知兴利库容的情况下，按等流量调节方式计算水电站的出力和发电量。按等流量调节方式是一种简化的理想调节方式，它设想可以利用水库兴利库容尽量把流量调配均匀一些。对于年调节水库，当水库年内一次蓄放运用时，供水期水库可提供的可用水量包括两部分：①供水期来水总量（扣除水量损失）；②水库兴利的全部蓄水。可用下式计算供水期调节流量，即

$$Q_{调} = \left(\sum W_{设供} - \sum \Delta W_{供损} + V_{兴} \right) / T_{供} \qquad (14-9)$$

式中　$\sum W_{设供}$——设计枯水年供水期来水总量，m^3；

$\quad\quad \sum \Delta W_{供损}$——供水期总水量损失，$m^3$；

$\quad\quad T_{供}$——为供水期历时，s。

在蓄水期水库应蓄满。因此，蓄水期的可用水量应为蓄水期的来水总量（扣除水量损失）减去兴利库容，即可用下式计算蓄水期调节流量 $Q_{蓄}$，即

$$Q_{蓄} = \left(\sum W_{设蓄} - \sum \Delta W_{蓄损} - V_{兴} \right) / T_{蓄} \qquad (14-10)$$

式中　$\sum W_{设蓄}$——设计枯水年蓄水期来水总量，m^3；

$\sum \Delta W_{蓄损}$——蓄水期总水量损失，m³；

$T_{蓄}$——蓄水期历时，s。

应用上式时应注意以下两个问题：

（1）水库调节性能问题。首先应确定水库是否属年调节水库，因只有年调节水库的 $V_{兴}$ 才是当年蓄满且存蓄的水全部用于该调节年度的供水期内。若判断结果水库属于多年调节类型时，则应按径流多年调节计算方法求调节流量。

（2）划定蓄、供水期的问题。应用公式计算调节流量时，需正确划分蓄、供水期。一定要明确，供水期系指天然来水流量小于用水流量，需由水库补充放水的时期；蓄水期系指天然来水流量大于用水流量，水库可以蓄水的时期。当某月的天然流量介于供水期的调节流量和蓄水期的调节流量之间时，为了提高水量利用率，该月的可用流量就等于天然流量，该月属于不供不蓄期。这种调节方式也称为水量最大可能利用方式。

水库在调节年度内一次充蓄、一次供水的情况下，供水期开始时刻应是天然流量开始小于调节流量之时，而终止时刻则应是天然流量开始大于调节流量之时。可见，蓄、供水期的长短是相对的，调节流量愈大，要求供水的时间愈长。由于调节流量是待求值，故不能很快地定出供水期，通常需要试算：先假定供水期，待求出调节流量后进行核对，如不符则重新假定后再算。

以上等流量调节计算完成后，还需要计算水电站的工作水头，这时需要提供下游水位与水库泄流量的关系曲线。注意水库泄流量包括发电流量和弃水流量。

【例 14 - 1】 设某年调节水电站的正常蓄水位 $Z_{蓄} = 760\text{m}$，死水位 $Z_{死} = 720\text{m}$。计算所依据的资料有：水库水位-容积曲线（表 14 - 1）；水电站下游水位-流量关系曲线（表 14 - 2）；设计枯水年入库径流资料［表 14 - 3 中第（2）栏］；出力系数 K 取 8.2；假设水头损失为定值，取 $\Delta H = 1.0\text{m}$；无其他用水要求。本例不计水量损失，故表 14 - 1 未列出水库面积曲线；现按等流量调节方式，计算设计枯水年水电站的出力和发电量，以及供水期平均出力。

表 14 - 1   水 库 水 位 - 容 积 曲 线

水位 $Z_{上}$/m	630	650	670	700	710	720	730	740	750	760	770
库容 V/亿 m³	0	0.2	1.0	4.2	5.9	7.9	10.5	13.4	17.0	21.4	26.7

表 14 - 2   下 游 水 位 - 流 量 关 系 曲 线

水位/m	625.0	625.5	626.0	626.5	627.0	627.5	628.0	628.5	629.0	629.5	630.0	635.5
流量/(m³/s)	97	153	226	317	421	538	670	806	950	1090	1230	2620

解：（1）计算兴利库容。由已知 $Z_{蓄} = 760\text{m}$ 和 $Z_{死} = 720\text{m}$，查库容曲线表 14 - 1 得出 $V_{蓄} = 21.4$ 亿 m³ 与 $V_{死} = 7.9$ 亿 m³，则兴利库容 $V_{兴} = V_{蓄} - V_{死} = 21.4 - 7.9 = 13.5$（亿 m³）$= 513 [(\text{m}^3/\text{s}) \cdot 月]$。

（2）确定供水期及其引用流量。先假定供水期 12 月—次年 4 月共 5 个月，即 $T_{供} = 5$，则 12 月—次年 4 月的天然来水量 $W_{供} = 457 (\text{m}^3/\text{s}) \cdot 月$。由式（14 - 9）算得水电站引用流量为 $Q'_{引} = (W_{供} + V_{兴}) / T_{供} = (457 + 513)/5 = 194 (\text{m}^3/\text{s})$，与表 14 - 3 中第（2）栏的天

然流量对照，因为 $Q<Q'_引$，因此 12 月—次年 4 月为供水期。将 194m³/s 列入表中第（3）栏（12 月至次年 4 月）。

（3）确定蓄水期及其引用流量。类似的用蓄水期公式（14-10）试算，得蓄水期为 6—8 月，其引用流量为 $Q''_引=(W_蓄-V_兴)/T_蓄=(2264-513)/3=584(m³/s)$，将 584m³/s 列入表 14-3 第（3）栏（6—8 月）。

其余月份为不蓄不供期，水电站按天然流量发电，即水电站引用流量等于入库流量。

表 14-3　　　　　　按等流量调节方式水能计算表（水头损 $\Delta H=1.0m$）

时段/月	天然流量/(m³/s)	引用流量/(m³/s)	水库蓄水或供水		时段初蓄水/亿 m³	时段平均蓄水/亿 m³	上游平均水位/m	下游水位/m	平均水头/m	出力 N_i/万 kW
			流量/(m³/s)	水量/亿 m³						
(1)	(2)	(3)	(4)	(5)	(6)	(7)	(8)	(9)	(10)	(11)
5	259	259	0	0	7.90	7.90	720.0	626.2	92.8	19.7
6	751	584	167	4.40	7.90	10.10	729.0	627.7	100.3	48.0
7	792	584	208	5.54	12.30	15.03	744.5	627.7	115.8	55.4
8	721	584	138	3.65	17.75	19.58	755.5	627.7	126.8	60.6
			$\Sigma=513$	$\Sigma=13.5$	21.40	21.40	760.0	627.0	132.0	49.7
9	458	584	0	0	21.40	21.40	760.0	626.7	132.3	36.9
10	340	340	0	0	21.40	21.40	760.0	626.0	133.0	29.2
11	268	268	0	0	21.40	20.78	758.0	625.8	131.2	20.9
12	147	194	-47	-1.24	20.16	18.75	753.8	625.8	127.0	20.2
1	87	194	-107	-2.83	17.36	15.82	746.7	625.8	119.9	19.1
2	79	194	-115	-3.03	14.30	12.75	737.6	625.8	110.8	17.6
3	75	194	-119	-3.10	11.20	9.55	727.0	625.8	100.2	15.9
4	69	194	-125	-3.30	7.90				$\Sigma=393.2$	
			$\Sigma=-513$	$\Sigma=-13.5$						

（4）已知时段初蓄水量，利用水量平衡方程计算时段末蓄水量 $V(t+1)$，见表 14-3 第（6）栏。

（5）由表 14-3 第（7）栏时段平均蓄水量查库容曲线，求上游平均水位 $Z_上$，见表 14-3 第（8）栏。

（6）由表 14-3 第（3）栏时段引用流量，查水位-流量关系曲线，求下游水位 $Z_下$，见表 14-3 第（9）栏。

（7）计算平均净水头：$\overline{H}=Z_上-Z_下-\Delta H$，见表 14-3 第（10）栏。

（8）根据式（14-6）计算时段出力 $N_i=8.2Q\overline{H}$，见表 14-3 第（11）栏。

（9）计算设计枯水年发电量和水电站保证出力。

年发电量：根据式（14-8），计算时段 Δt 为一个月，按 30.4 天计，由表 14-3 第（12）栏月平均出力 N_i，得到年发电量 $E=\sum\limits_{t_1}^{t_n}N_i\Delta t=\Delta t\sum\limits_{t_1}^{t_n}N_i=30.4\times24\times$

$393.2 = 28.7$(亿 kW · h)。

保证出力:本次计算采用的是设计枯水年,其供水期为 12 月—次年 4 月共 5 个月,根据保证出力的定义,该水电站保证出力为设计枯水年供水期的平均出力,所以,将供水期 12 月—次年 4 月 5 个月的出力累加,得到总出力为 93.7 万 kW。其平均出力为 $93.7/5 = 18.74$ 万 kW,即为所求。同时供水期的发电量即为 $93.7 \times 30.4 \times 24 = 6.84$ 亿(kW · h),为供水期的保证电量。

需要说明的是,表中无弃水流量,这是因为本例未考虑水电站水轮机过流能力的限制。初步水能计算时,暂不考虑机组过流能力的限制,称为无限装机调节,由此计算的出力称为水电站水流出力。当装机容量确定后,最大过流能力就可确定,这时如果引用流量超过最大过流能力,只能按最大过流能力发电,超过部分为水电站弃水。

2. 按等出力方式的水能计算方法

当主要参数已经选定,需要精确地计算水电站的动能指标时,水电站调节方式应考虑按照电力系统分配的负荷(出力)工作,即按规定出力工作条件下,推求水电站引用流量与库水位的变化。

根据式(14-6)$N = KQH_{净}$,当出力 N 已知时,水电站引用流量 Q 取决于水头 $H_{净}$ 的大小,而水头 $H_{净}$ 又取决于上下游水位,上下游水位又与引用流量 Q 有关。因此,Q 与 $H_{净}$ 之间存在相互影响、相互制约的关系,需要通过试算才能求解。试算工作一般从假定水电站引用流量 Q 入手。计算步骤如下:

(1)设 t 时段出力为 N_0,计算精度为 ε。

(2)假设 t 时段水电站引用流量为 $Q_{引}$(也可以先假定水头)。

(3)由水量平衡方程,计算时段末库容 V_{t+1}。

(4)计算 t 时段平均库容 $\overline{V_t} = (V_t + V_{t+1})/2$,查库容曲线得出水电站上游平均水位 $\overline{Z}_{上}$。

(5)由 $Q_{引}$(若有弃水时,应为 $Q_{引}$ 与弃水之和)查水电站下游水位-流量关系曲线得到水电站下游水位 $Z_{下}$。

(6)计算 t 时段平均净水头,即 $\overline{H} = \overline{Z}_{上} - Z_{下} - \Delta H$。

(7)计算实际引用流量 $Q = N_0/K\overline{H}$,误差为 $B = |Q - Q_{引}|$。若 $B > \varepsilon$,则令 $Q'_{引} = (Q_{引} + Q)/2$,替代上一次的引用流量 $Q_{引}$,返回步骤(3);若 $B < \varepsilon$,该时段计算结束,继续下一时段已知出力的计算。

上述计算很适合于利用计算机进行编程计算。

第二节　各类水电站水能计算

水能计算的目的是计算水电站的保证出力和年发电量,以及它们随时间变化的规律。而水电站保证出力是指符合设计保证率要求的一定供水期的平均出力。不同调节性能水电站保证出力采用的供水期不同,因此水能计算与水电站调节性能密切相关。

一、无调节水电站的水能计算

无调节水电站,由于无法对天然径流进行重新分配,任何时刻的出力取决于河道中当时的天然流量，故无调节水电站又称为径流式水电站。无调节水电站的上游水位一般维持在正常蓄水位，只有在汛期宣泄洪水时才可能出现临时超高。无调节水电站的引用流量就是河道中的天然流量，只有在汛期天然流量超过了水轮机所能通过的最大流量时，水电站才按水轮机最大过水能力工作，并将多余水量作为弃水泄往下游。径流式水电站应注意是，在汛期有时因下游水位升高，发电水头减小，可能使发电受阻。由于现有的水文资料一般以日为计算时段进行整编，故无调节水电站一般也以日为计算时段进行水能计算。

无调节水电站各时段出力彼此无关，水能计算最为简单。但以日为计算时段，计算工作量太大，规划设计中常采用简化计算。其基本计算步骤如下：

（1）根据实测径流资料（n 天）的日平均流量变动范围，将流量划分为若干个流量等级。一般采用丰、平、枯三个代表年的日径流资料。

（2）统计各级流量出现的次数。

（3）计算各级流量的平均值 Q，查水位流量关系曲线，求得相应的下游水位 $Z_下$。

（4）计算各级流量相应的水电站净水头 $H = Z_上 - Z_下 - \Delta H$。

（5）计算电站出力 $N = KQH$。

通过这样的水能计算，便可以各级流量相应的出力为统计对象，由大到小排序，用经验频率公式计算其相应的频率，由此可绘制出日平均出力经验频率曲线 $N\text{-}P$，如图 14-6 所示。无调节水电站保证出力是指符合设计保证率（按历时保证率计）要求的日平均出力，根据水电站选定的设计保证率 P_0，便可在该曲线上查取水电站保证出力 N_p。

由于日平均水流出力保证率曲线是以频率形式表示水电站多年工作期间的出力变化情况，所以也可将它换算为以相对的持续时间表示的水流出力持续曲线，用以计算无调节水电站多年平均年发电量 E。若将保证率 $P = 100\%$ 改成一年的持续时间 $T = 8760h$，则任一保证率 P_i 相应的持续时间为 $T_i = P_i \times 8760h$，于是得到持续时间坐标 $T(h)$，由此便可将水流出力保证率曲线变换为水流出力持续曲线 $N\text{-}T$，如图 14-7 所示。

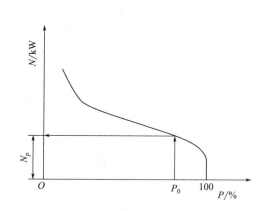

图 14-6　日平均出力经验频率曲线

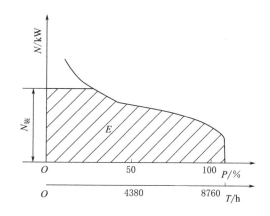

图 14-7　日平均出力持续曲线

当选定水电站装机容量 $N_装$ 后，可在图 14-7 上按"装机切头"去掉超过装机容量的那部分水流出力（即弃水出力），装机容量线以下出力持续曲线所包围的面积（图 14-7 中阴影线所示），即为所求的水电站多年平均年发电量。

【例 14-2】　某无调节水电站，其正常蓄水位为 469m。已知该水电站水库库容曲线，下游水位-流量关系线，多年日平均径流系列资料，则其水能计算过程与成果见表14-4。

表 14-4　　　　　　　　某无调节水电站水能计算

流量分级 /(m³/s)	平均流量 Q /(m³/s)	下游水位 /m	水头 H/m	出力 N /万 kW	出现次数	累积次数	保证率 P /%
(1)	(2)	(3)	(4)	(5)	(6)	(7)	(8)
601~700	651	434.26	34.23	18.50	4	4636	100.00
701~850	776	434.48	34.02	21.91	2	4632	99.90
851~1000	926	434.84	33.66	25.87	5	4630	99.80
1010~1250	1130	435.16	33.34	31.27	80	4625	99.60
1260~1500	1380	435.52	32.98	37.77	176	4545	98.00
1510~1750	1630	436.86	32.64	42.81	331	4369	94.30
1760~2000	1880	436.20	32.30	50.40	433	4038	87.20
2010~2250	2130	436.50	32.00	56.57	498	3605	77.80
2260~2500	2380	436.80	31.70	62.62	472	3107	67.00
2510~3000	2755	437.20	31.30	71.57	951	2635	56.80
3010~4000	3505	437.96	30.54	88.85	1173	1694	36.60
4010~5000	4505	438.94	29.56	110.53	394	521	11.20
5010~7000	6005	440.26	28.24	140.75	126	127	2.70
>7000	7010	441.04	27.46	159.77	1	1	0.02
>0					56	56	

注　1. 上游水位取正常蓄水位。

　　　2. 水头损失为 0.5m。

根据表 14-4 中第 (5) 栏和第 (8) 栏的计算数据，可点绘出该水电站的水流出力保证率曲线 $N-P$ 和水流出力持续曲线 $N-T$（图 14-8）。若该水电站的设计保证率取 85%，则从图 14-8 中用可查出该水电站的保证出力为 51.5 万 kW。若确定该水电站的装机容量定为 80 万 kW，从图 14-8 中可计算出该水电站的多年平均年发电量为 44.05 亿 kW·h。

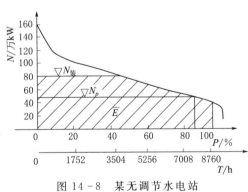

图 14-8　某无调节水电站
水能计算结果示意图

二、日调节水电站的水能计算

日调节水电站水库的库容一般较小，它只能调节一日之内的天然来水量，以适应日负荷变化的要求，而不能对相邻日之间的来水量起调节作用。因此，日调节水电站的日平均出力仍然取决于各天的日平均流量，也以日为计算时段。日调节水电站库水位在日内是变化的，一日内库水位至少在死水位与正常蓄水位之间波动一次，故以日为计算时段上游水位，一般取正常蓄水位与死水位的平均值。除上述特点之外，日调节水电站的水能计算方法与无调节水电站相同，此处不再赘述。

三、年调节水电站的水能计算

对年调节水电站来说，在一个调节年度内可分为蓄水期、弃水期、不蓄不供期和供水期等几个时期，其中供水期引用流量最小，故水电站出力也最小。年调节水电站在年内能否保证正常工作一般决定于供水期。因此，年调节水电站保证出力是指符合设计保证率要求的供水期平均出力。计算其保证出力一般有设计枯水年法和长系列法两种方法。[例14-2] 就是设计枯水年法，求出供水期的平均出力，即为年调节水电站的保证出力。长系列法是一种精度更高的计算方法。该法的要点是对实测径流资料逐年进行供水期水能计算，求出各年供水期的平均出力；将供水期平均出力按大小排序，计算其经验频率，并绘制出供水期平均出力的经验频率曲线，用规定设计保证率在曲线上查出相应的供水期平均出力，即为年调节水电站保证出力。由于此法直接对供水期平均出力进行统计分析，因此，可使所求保证出力更准确地符合设计保证率的要求。但必须看到，此法要求对每年都必须进行水能计算，计算工作大。

多年平均年发电量是指水电站多年工作期间平均每年所能生产的电量，因此应对多年进行全年的水能计算才能求得。根据不同设计阶段对计算精度不同的要求，可酌情选用下列的方法求多年平均年发电量。

多年平均年发电量的大小，一般取决于水电站装机容量和平均水头两个因素，而装机容量的大小又同保证出力和水电站在电力系统中的工作位置有关。在规划设计阶段，其计算精度要求不高，可采用简化方法计算，一般采用中水年或三个代表年法计算多年平均年发电量。

长系列法要求对实测径流资料依时序逐年逐时段进行水能计算，并在对逐时段平均出力进行统计计算的基础上求得水电站的多年平均年发电量。该法的特点是模拟水电站在实测径流系列为输入条件下长期运行的发电情况。若仍用上述水能列表计算方法就显得过于繁琐。为此，一般可采用按某种调度规则编制相应的电算软件来完成水电站长系列模拟运行操作。需要注意的是在水电站装机容量一定的情况下进行水能计算时，当某时段水流出力超过装机容量时，水电站只能按装机容量发电，多余部分为弃水。这样可以计算出在水电站装机容量一定的情况下各时段水电站平均出力，统计得到多年平均年发电量。

在模拟计算时，假定不同的装机容量，可以得到不同的多年平均年发电量，从而可绘制装机容量与多年平均年发电量的曲线，这为最终确定水电站装机容量和相应的多年平均年发电量提供参考。

四、多年调节水电站的水能计算

当水电站水库进行多年调节时，丰水年蓄存在水库中的多余水量，可以调配到连续几个枯水年份使用，因此，多年调节水电站的特点是其水库能进行年际间的水量调配，调节周期可长达若干年，使水电站在连续枯水年组内得到相同的平均出力和年发电量。

符合设计保证率要求的连续枯水年组的平均出力即为多年调节水电站的保证出力。用时历法进行多年调节水电站出力计算时，其计算程序基本上与年调节水电站相类似，只是连续枯水年组可长达若干年。选择设计枯水年组时，由于受水文资料的限制，通常采用从最严重的枯水年组中扣除正常工作允许破坏的年数，即按下式计算在设计保证率条件下正常工作允许破坏的年数 $T_{破}=n-P(n+1)$，P 为设计保证率（年保证率），n 为水文资料总年数。然后，在实测资料系列中选出最严重的连续枯水年，逆时序从该枯水年组末起扣除允许破坏年数 $T_{破}$，余下的年组即为所选的设计枯水年组。

在按上述方法选出设计枯水年组后，面临的问题是在给定兴利库容的条件下，根据设计枯水年组的入库径流过程，推求多年调节水电站的保证出力。可以采用按等流量调节方式或等出力调节方式进行水能计算。方法同年调节水电站的水能计算。

鉴于多年调节水电站水库调节周期长达若干年，因此，应选用长系列法。采用长系列法时，可按调度图操作或按模拟计算法的简化运行策略进行。实际上，简化运行策略非常适合于多年调节水库的水能计算。

由于多年调节水库并非每年都蓄满至正常蓄水位和放空至死水位，而只有遇到连续丰水年时才蓄满，遇到连续枯水年时才放空，因此，水能计算时，便会遇到起算时段初、末水库的蓄水量究竟有多少的问题。一般可以从死水位开始起算，采用长系列法模拟计算，求得水库多年的蓄水过程。然后统计各年初水库蓄水位，取其平均值作为第二次正式水能计算时的初始起算水位。第二次水能计算完成后，统计各年发电量的平均值，即为多年平均发电量。作为简化计算，也可取死水位至正常水位的 2/3 处作为初始起算水位。

第三节　水电站在电力系统中的运行方式

一、电力系统及其负荷图

（一）电力系统

在各电站之间及电站与用户之间用输电线联结而成的整体，称为电力系统或电网。由于电能难以储存，电能的发、输、耗需同时进行，因此要了解电力系统中地区能源的构成和各类电站的组成情况，以及电力用户的需电要求和发展趋势。

电力系统的用户，其用电特性是各种各样的，为了便于研究，一般按用户的性质划分为工业用电、农业用电、市政用电及交通运输用电四大类。

电力用户按其重要性可分为一级、二级和三级三类。一级用户最为重要，如果对它停止供电，将会引起严重后果，例如电炉炼钢、高炉供水、煤矿通风和照明，以及医院照明等。二级用户为重要的用户，如果对它停止供电，将对生产带来很大影响，例如重要的工业用户和电力灌排用户。凡不属于一级、二级的电力用户均归属于三级用户。

（二）电力负荷图

表示电力负荷随时间变化过程的图形称为电力系统负荷图。表示负荷在一日内变化过程的为日负荷图；表示负荷在一年内变化过程的为年负荷图。

1. 日负荷图

电力系统日负荷变化是有一定规律性的。通常日负荷会出现两次"峰"和"谷"，一般如图 14-9 所示。

（1）负荷图的特性。反映日负荷图特性的有三个特征值：日最大负荷 N''、日平均负荷 $\overline{N}$ 和日最小负荷 N'。日最大负荷 N'' 和日最小负荷 N' 可直接从日负荷图上看出，日平均负荷 $\overline{N}$ 可用日电量（日负荷曲线所包围的面积，kW·h）除以 24h 得出。

根据这 3 个特征负荷值，可以把日负荷图分为 3 个区域：日最小负荷值的水平线以下部分称为基荷，这一部分负荷在 24h 内是不变的；日平均负荷值的水平线以上部分称为峰荷，这部分负荷变化较大，但其在一天内出现的时间较少；日最小负荷值的水平线与日平均负荷值的水平线之间的部分称为腰荷，其负荷仅在部分时间内有变动。为便于对不同形状的日负荷图进行比较，常用基荷指数 α、日最小负荷率 β 和日平均负荷率 γ 共 3 个指数反映电力系统日负荷变化特征。

1）基荷指数 α。以日最小负荷与日平均负荷的比值表示。α 越大，基荷占负荷图的比重越大，这表示用户的用电情况比较平稳。

2）日最小负荷率 β。以日最小负荷与日最大负荷的比值表示。β 越小，表示负荷图中高峰与低谷负荷的差别越大，日负荷越不均匀。

3）日平均负荷率 γ。以日平均负荷与日最大负荷的比值表示。γ 越大，表示日负荷变化越小。

（2）日负荷分析曲线。为便于计算日负荷图上某负荷位置的相应电量，常绘制日负荷分析曲线（又称日电能累积曲线），如图 14-10 所示。日负荷分析曲线是日负荷的出力值（kW）与其相应的电量值（kW·h）之间的关系曲线。

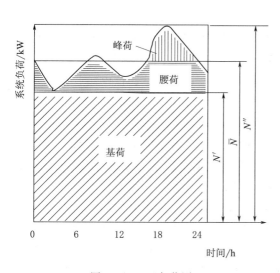

图 14-9 日负荷图

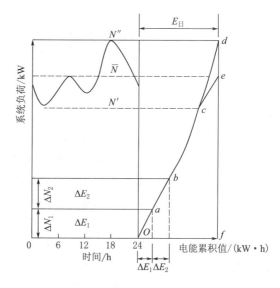

图 14-10 日负荷分析曲线

其绘制的步骤如下：将日负荷图的纵坐标 N 划分成若干分段 ΔN_1、ΔN_2、…；然后计算相应分段的面积即电量 ΔE_1、ΔE_2、…，且自下而上得到电量累积值 E_1、E_2、…；最后以负荷值为纵坐标（比例尺与日负荷图相同），电量累积值为横坐标即可绘成日负荷分析曲线。

从图 14-10 可以看出，在负荷图的基荷部分，因全日 24h 出力相等，故这部分呈直线；从腰荷到峰荷的顶端，负荷越大，其相应历时越短，即相应的电量 ΔE 值越小，曲线呈上凹形状。

日负荷分析曲线常被作为确定系统中水电站工作位置的辅助曲线，也可作为年最大负荷与年平均负荷转换的辅助曲线。

2. 年负荷图

日最大负荷的年变化曲线简称年最大负荷图，它反映年内各日系统最大负荷及电力系统承担电力负荷的发电设备的工作容量的变化。显然，系统内各电站装机容量的总和应大于等于电力系统的最大负荷。日平均负荷的年变化曲线简称年平均负荷图，它反映年内各日系统平均出力的变化，它所围面积相当于系统的年需电量，即系统内各电站年供电量的总和。

在实际工作中，为简化起见，常将年负荷图绘制成阶梯状，以月为一个阶梯。把曲线改成阶梯形状时，对年最大负荷图应取各月最大负荷值的上包阶梯线；而对年平均负荷图则应取各月平均负荷的平均阶梯线。

年最大负荷与年平均负荷可以通过日负荷分析曲线进行转换。由年最大负荷转换到年平均负荷的具体做法是：先选取年最大负荷图中某一月的负荷值，该值为该月最大负荷日的日最大负荷，在该月典型日负荷图及其分析曲线上可以得到该负荷所对应的日电能，除以 24 后即得该日的日平均负荷，乘以该月的月负荷率得该月的月平均负荷，将所得的月平均负荷绘到年平均负荷图相应的月份处。对每一月均进行这样的转换，即可得年平均负荷图。

二、电力系统的容量组成

电力系统总装机容量，是指向电力系统供电的各种类型发电站的全部机组额定容量的总和，也就是电力系统中全部机组铭牌出力的总和，用符号 $N_{系装}$ 表示。水电站全部机组的铭牌出力之和，就是水电站的装机容量，用符号 $N_{水装}$ 表示，火电站的装机容量用 $N_{火装}$ 表示，其余组成电站依此类推。如果某电力系统包括水电站、火电站、核电站、抽水蓄能电站及潮汐电站等，则其总装机容量为

$$N_{系装} = N_{水装} + N_{火装} + N_{核装} + N_{抽装} + N_{潮装} \tag{14-11}$$

在电力系统总装机容量中，按机组所担负任务的不同，又有不同的容量名称。从设计的角度看，用以承担系统最大负荷的机组容量，称为最大工作容量 $N''_{系工}$。用以准备当系统中电站突然发生故障或有计划地进行机组检修时使用的机组容量，称为备用容量 $N_{系备}$。最大工作容量和备用容量的总和，称为必需容量 $N_{系必}$。此外，系统中某些水电站水库的调节能力不强，汛期内常产生较多的弃水时，则可在必需容量之外增加部分容量，以便利用弃水生产季节性电能，以节省火电站的燃料耗费。由于这部分容量在枯水季节并不能替代火电站工作，因而称为重复容量 $N_{系重}$。这样，从设计的角度看，系统的总装机容量可表示为

$$N_{系统} = N''_{系工} + N_{系备} + N_{系重} \tag{14-12}$$

从电力系统运行的角度看，电力系统总装机容量并不是任何时刻都全部处于工作状态。在实际运行中，某些电站可能由于某种原因（如机组事故或检修停机，水电站水头不足或缺水，火电站燃料不足等）而部分容量不能参加工作。这种在运行中因故不能参加工作的容量称为受阻容量 $N_{系阻}$。系统总装机除受阻容量外其余部分称为可用容量。可用容量中为承担电力负荷而投入工作的容量称为工作容量 $N_{系工}$；其余暂时闲置的称为待用容量。待用容量包括性质不同的两部分：一部分是备用容量 $N_{系备}$，在容量设置上，是必需

容量的组成部分；另一部分是空闲容量 $N_{系空}$。因此，从运行角度看，系统装机容量的组成情况可表示为

$$N_{系装} = N_{系阻} + N_{系备} + N_{系空} + N_{系工} \qquad (14-13)$$

三、各类电站的工作特性

目前我国各地区的电力系统，大多是以水力、火力发电为主构成的。在水能资源丰富的地区，应以水电为主；在煤炭资源丰富而水能资源相对贫乏的地区，则应以火电为主；有些地区上述两大能源均较缺乏，则可考虑发展核电站；在火电、核电为主的电力系统中，当缺乏填谷调峰容量时，则可考虑发展抽水蓄能电站。为了使各类发电站合理地分担电力系统的负荷，应对各类电站的技术特性有个概括的了解。

1. 水电站的工作特性

水电站有如下主要工作特性：

（1）水电站所消耗的水能资源是天然可再生资源，发电成本低，无污染。

（2）水电站的电力生产受河川径流随机性的影响和制约。无调节水电站只能利用天然流量进行发电。具调节能力的水电站，可借助于水库的调节，在不同程度上增加保证电能，减少季节性电能损失及弃水。

（3）水电站的水轮发电机组启停迅速，调控灵便，机组出力可变幅度较大。机组从停机状态到满负荷运行一般仅需 $1 \sim 2 \text{min}$，可以迅速调整其出力以适应剧烈的负荷变化。因此水电站适宜于担任系统的调峰、调频及事故备用任务；还可以作为调相机运行，为系统提供无功功率，改善系统的功率因数。

（4）具有综合利用任务水库的水电站，其工作方式受其他部门用水的影响。如为了维持下游通航水深，水电站必须让部分容量承担基荷，均衡泄放水量。

2. 火电站的工作特性

火电站有凝汽式火电站、供热式火电站及燃气轮机电站等。以下首先就燃气式火电站说明其基本技术特性。

（1）工作时输入的一次能源不像水电站那样受自然条件的影响，只要备足燃料，就不会因能源问题而使正常工作遭到破坏。因此，火电站工作的保证率高于水电站的保证率，这也是火电站的一个主要优点。

（2）火电运行成本远比水电高，因为火电厂的运行费用与发电量几乎成正比。因此，从节省运行费用的角度来看，应当让火电站尽量少发电。

（3）火电站工作的"惰性"大，不宜担负峰荷。当火电厂担负峰荷时，由于锅炉的"惰性"而不能随着负荷的变化迅速改变产生的蒸汽量。如要求适应迅速上升的负荷，则必须预先多烧燃料准备，使机组经常处于热状态。这样，在负荷急剧升降的前后，就造成燃料的浪费，增加发电的单位燃耗。

（4）火电站机组启动比较费时，机组须先由冷状态达到热状态，即蒸汽要达到规定的初参数，才能逐渐对机组加载到满负荷，加载过程比水电站长得多，机组从启动到满负荷运行要经过 $2 \sim 3 \text{h}$ 甚至更长的时间。故火电机组不宜时停时开。

供热式火电站的主要任务是供热，当锅炉纯系根据热力负荷要求供给蒸汽时，供热式汽轮机只是利用锅炉高压与供热低压之间的蒸汽压差来发电，故只能按照热力负荷发相应

的出力。这样的出力称为强制出力，在负荷图的基荷工作。

由压气机、燃烧室和燃气轮机组成的燃气轮机火电机组以石油或天然气做燃料，其运行特性与水电站相似，由启动至满负荷运行只需几分钟时间，故适宜作为电力系统的备用容量和担负峰荷。但是燃耗高，电能成本高。

3. 抽水蓄能电站的工作特性

抽水蓄能电站在电力系统中的作用和运行方式可归纳为以下几点：

（1）日调节抽水蓄能电站系吸收夜间系统负荷低落处的多余电能抽水，使系统中其他电站如火电站、核电站等处在最有利工况下运行，从而节省煤耗，节省运行费。而季调节抽水蓄能电站利用汛期多余的电能抽水，充分利用水能，改善电站运行条件。

（2）蓄能机组对负荷急剧变化的适应性甚好，故最适宜于担任日负荷图的尖峰部分。

（3）由于抽水蓄能电站运行的高度灵活性与可靠性，它可代替水电机组担任事故备用，使火电机组不必处于旋转备用或热备用状态，从而减少煤耗。

（4）可逆式机组也适宜于作为负荷备用来调整周波。离负荷中心较近的抽水蓄能电站也可多带无功负荷，对系统起调相作用。

4. 核电站的主要特性和运行方式

核电站主要由核反应堆、蒸汽发生器、汽轮机及发电机等四部分组成。运行时铀在反应堆内发生裂变反应，而每次反应所产生的新中子，能连续不断地使铀发生核裂变。在反应堆堆芯内进行这种链式裂变反应时，同时释放大量热能，然后通过各种设备，把这种热能传递给管道中的水流，使其在高压情况下产生蒸汽，蒸汽进入汽轮机的汽缸内膨胀做功，驱动发电机而发电。

核电站的主要设备和辅助设备极为复杂，要求在非常稳定的情况下运行，即持续不断地以额定出力工作，所以在电力系统中只适宜承担基荷。

四、水电站在电力系统中的运行方式

电力系统中有各种不同类型的电站，它们互相配合、协同工作，以满足电力系统中电力用户的用电要求。系统的总负荷应由系统内所有电站共同承担，但每个电站到底承担多少负荷，以及担任哪一部分负荷，这就是如何根据各电站的技术特性进行负荷分配，以充分发挥各种类型电站的特长，使系统的供电既可靠又经济的问题。该问题的实质就是解决电力系统最优负荷分配，也就是确定水、火电站不同时期在负荷图上的工作位置和相应的负荷划分。下面分别介绍各种调节性能水电站在电力系统中的运行方式，定性说明如何考虑水电站在系统负荷图上的一般工作位置。

1. 无调节水电站

无调节水电站无调节径流能力，其出力的大小主要取决于河中天然流量的大小，因此它不宜担负变动负荷，而应担负系统日负荷图的基荷部分。在丰水年，可能全年大部分的水流出力均大于无调节水电站的装机容量，即便全年均以装机容量在基荷部分运行，也避免不了全年均有弃水。

2. 日调节水电站

日调节水电站的日发电量取决于当日的天然来水量。除弃水期外，日调节水电站在一日内所生产的电量应等于该日净来水量所能提供的电能。弃水期由于天然流量超过水电站最大过水能力而不得不弃水，这时水轮发电机组以额定出力保持满负荷工作。

　　鉴于日调节水电站的特点，原则上在不发生弃水情况下，应尽量让水电站担负随时变化的负荷（峰荷或腰荷），火电站承担基荷。

　　水电站负荷位置的具体确定还必须借助于电力电量平衡分析。其做法是首先通过水能计算求得日调节水电站日电量；其次按已知水电站日电量及工作容量，利用日对应的日负荷分析曲线，可确定水电站在系统负荷图上的工作位置。

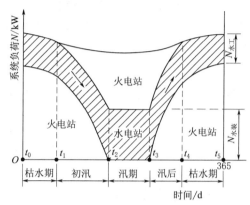

图 14-11　日调节水电站在设计枯水年的运行方式

　　日调节水电站在设计枯水年的运行方式如图 14-11 所示。由图可见，根据年内径流变化，可将全年划分为枯水期、初汛期、汛期和汛后等不同阶段。枯水期水电站以其最大工作容量担负系统的峰荷。初汛期开始进入丰水季，河流来水逐渐增加，水电站发出的日电量也随之增加。若进入丰水期之后，水电站仍保持其承担峰荷的工作位置，势必导致产生无益弃水。为了充分利用天然的水能资源，避免产生不必要的弃水，水电站在系统中的负荷位置应随初汛期天然来水量的增加而逐渐下移，直至汛期水电站下移到基荷，并且以全装机（除最大工作容量之外，还有重复容量）工作。汛期在发生洪水的情况下，即便水电站以全装机工作，也难免发生弃水。汛后阶段天然来水量逐渐减少，日调节水电站的负荷位置也随之上移，直至枯水期，水电站负荷位置又上升到峰荷。

　　3. 年调节水电站

　　年调节水库不仅可以调节日内径流，而且可以重新分配年内径流，将丰水季的一部分水量蓄存起来，用以提高枯水季的供水量；此外还可以对水电站供水期的电能进行合理分配，使水电站的出力过程与水、火电站负荷划分的方式相适应。

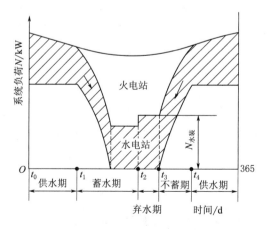

图 14-12　年调节水电站在年负荷图上的工作位置

　　以如图 14-12 所示年调节水电站运行方式为例，结合年调节水库径流调节年内不同阶段的特点，定性说明如何合理安排该类水电站在电力系统最大负荷图上的工作位置。供水期应让水电站承担峰荷。进入蓄水期之后，入库流量逐渐增长，水库逐渐蓄水，水电站的工作水头、引用流量及相应的发电出力逐渐加大。为了充分发挥水电效益，随着水电站出力的逐渐加大，蓄水期水电站的工作位置从峰荷逐渐下移到腰荷，甚至于移到基荷。

　　蓄水期后期，水库水位已上升到正常蓄水位，此时若入库流量仍大于水电站引用流量，应让水电站以全部装机满负荷在基荷运行。若入库流量较满负荷运行时的发电引用水量还大，将出现不可避免的弃水。

不蓄期是汛期后期至供水期开始的过渡阶段。这一阶段入库流量逐渐减小，这时水电站一般可按引用流量与入库流量相等的方式工作，库水位基本上保持正常蓄水位。随着入库流量及水电站出力的逐渐减小，水电站的负荷位置逐渐由基荷上移，直至供水期初上移至峰荷。

丰水年由于来水量较多，水电站根据来水量的增加而加大发电出力。为了充分利用水电能量，即使在供水期，水电站的工作位置也可以适当下移。

4. 多年调节水电站

多年调节水库的有效库容相对较大，其调节周期往往长达若干年。一般只有在遇到连续丰水年的情况下，水库才会蓄满并可能发生弃水；同样，一般只有出现连续枯水年时，水库才可能消落至死水位。

由前述年调节水电站的运行方式可知，年调节水电站可以利用其调节能力，使水电站在设计枯水年的整个供水期均处于对水、火电站负荷划分有利的峰荷工作；但是在丰水季为了充分利用水流能量，只能让水电站的工作位置适当从峰荷位置下移，从而让部分火电站承担峰部的变动负荷。多年调节水电站可以利用其良好的调节性能，对长达几年的供水期的水电站出力作出有利于负荷划分的径流调节。对于供水期的任一年份，均可以通过径流调节使水电站处于峰荷工作位置。

第四节　水电站水库主要参数选择

一、水电站装机容量选择

水电站装机容量是指水电站所有机组额定容量的总和，它是水电站的主要参数之一。水电站装机容量的选择是水能设计的一项重要任务，它的大小直接影响到水电站的规模、动能效益、水电站将发挥的作用和水能资源的利用程度，并且也影响到水电站资金和设备的合理使用。装机容量选择得过大，则设备利用率偏低；装机容量选择得过小，水能资源得不到充分合理的利用。因此，装机容量需根据水电站坝址的水文条件、水库的调节性能、电力系统的规模和特点，及水电站在电力系统中的作用综合研究确定。

水电站的装机容量由三部分组成，即

$$N_{水装} = N''_{水工} + N_{水备} + N_{水重} \tag{14-14}$$

式中　$N''_{水工}$、$N_{水备}$、$N_{水重}$——水电站的最大工作容量、备用容量和重复容量，各组成部分应根据水电站水库调节性能及水电站与电力系统其他电站联合运行情况而定。

下面分别对这三部分容量的确定进行论述。

1. 水电站最大工作容量的确定

确定水电站最大工作容量的原则是以水电站可提供的保证电能为前提，使水电站的工作容量尽可能大。为此。要让水电站尽可能担任负荷图的峰荷。下面分别讨论不同调节性能的水电站最大工作容量的确定方法。为讨论方便起见，假定电力系统中只有一个水电站，其余的都是火电站。

（1）无调节水电站。为了减少弃水量，这类水电站宜在日负荷图中担任基荷。根据可靠性和经济性的要求，无调节水电站的最大工作容量应等于保证出力。

（2）日调节水电站。首先求得日调节水电站的保证出力 N_p 及日保证电能 $E_\text{保}=24N_p$。然后根据设计水平年电力系统最大日负荷图，绘出相应的日负荷分析曲线，如图 14-13 所示。考虑可靠性和经济性原则，以保证电能为控制条件，一部分满足水电站下游河道用水 $Q_\text{基}$ 要求，在系统日负荷图上承担基荷 $N_\text{基}$（即 $N_\text{基}=KQ_\text{基}\overline{H}$），剩下的日电能为 $E_\text{峰}=E_\text{保}-24N_\text{基}$，承担系统峰荷，使水电站最大

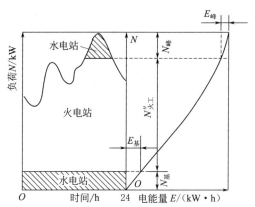

图 14-13　具有综合利用要求时日调节
水电站最大工作容量确定

工作容量尽可能大。这样，水电站的最大工作容量即为

$$N''_\text{水工}=N_\text{基}+N_\text{峰}$$

（3）年调节和多年调节水电站。年调节和多年调节水电站调节同时可以进日周期，其最大工作容量的确定和日调节水电站基本一致，在此不再赘述。

2. 电力系统各种备用容量的确定

为了保证电力系统的正常工作，提高供电的可靠性，除了满足电力系统年最大负荷所需的最大工作容量外，还必须装设一定的备用容量。电力系统的备用容量按其所担负的任务不同，可分为负荷备用、事故备用和检修备用三种。

（1）负荷备用容量。根据《水电工程动能设计规范》（NB/T 35061—2015）规定，电力系统负荷备用容量可采用系统最大负荷的 2%～5%。大系统用较小值，小系统用较大值。在一般情况下，调节性能较好、靠近负荷中心的大型蓄水式水电站宜担负电力系统的负荷备用容量。

（2）事故备用容量。根据《水电工程动能设计规范》（NB/T 35061—2015）规定，系统事故备用容量采用系统最大负荷的 10% 左右，但不得小于系统内最大一台机组的容量。一般在调节性能较好和靠近负荷中心的蓄水式水电站上多分配些事故备用容量是有利的。

（3）电力系统的检修备用容量。为了保证电站机组正常运行，电力系统内各电站的机组必须有计划地进行小修和大修（检修），以减少发生事故的可能性和延长机组的使用寿命。有计划的停机检修和事故性停机检修不同，计划性停机检修可以安排在系统负荷的低落时期，利用空闲容量进行检修。每台机组的平均年计划检修时间为：火电站为 30～45 天，水电站为 15～30 天。水电站机组检修的时间一般安排在枯水期，在此期间水量较少，水电站往往有一定的空闲容量进行检修。在系统无法安排所有机组检修完时，才需装置专门的检修备用容量 $N_\text{检备}$。

3. 水电站重复容量的选定

在无调节、日调节或调节性能不太高的年调节水电站，汛期可能会产生大量弃水。为了减少弃水，提高径流利用率，可考虑设置重复容量适当加大水电站的装机容量。设置重复容量只是利用弃水来增发季节性电能，以便替代火电站的电能，节省煤耗，它并不能替代火电站的工作容量。

重复容量的设置和季节性电能的利用是否经济合理，一方面与弃水量利用程度有关，另一方面与替代火电站煤耗的经济指标有关。因此，需进行动能经济分析，以确定设置重复容量的合理性。除此之外，还要考虑季节性电能的利用问题。若季节性电能不能有效地得到全部利用，则失去设重复容量的意义。

4. 装机容量年利用小时数

装机容量年利用小时数，是判别水电站装机容量大小，检验其合理性的一个指标。它反映了设备的利用程度。装机利用小时数过大，固然设备利用率高，但可能装机偏小，没有充分发挥水电站的作用，水能资源利用程度太低。影响装机容量年利用小时数的因素有地区水力资源状况、系统负荷特性、水电站工作位置、水火电站容量比重、水库调节性能和国家经济实力等多个方面，因此应根据每个电站具体情况而定。表 14 - 5 可作为分析装机容量合理性时的参考。

表 14 - 5　　　　　　　水电站装机利用小时数参考表　　　　　　单位：h

水电站调节性能	装机利用小时数	水电站调节性能	装机利用小时数
多年调节	2500～3500	日调节	4500～5500
年调节	3500～4500	无调节	5500～7000

在简化计算中也可以利用表 14 - 5 选定装机容量年利用小时数，利用计算的动能指标确定一个合理的装机容量。

二、水库特征水位选择

1. 正常蓄水位选择

（1）正常蓄水位的特性分析。正常蓄水位是水电站水库设计中非常重要的参数，其选定也是水利枢纽设计中极为重要的任务。在很大程度上决定着水利设施的规模、效益、费用与淹没等特性。

水电站的能量效益大小，随正常蓄水位的高低而变化。为了获得尽可能多的动能效益和其他综合利用效益，一般总希望抬高正常蓄水位。抬高正常蓄水位，水电站动能指标（保证出力 N_p 和多年平均年发电量 $\overline{E}_年$）的绝对值也随着增大，但其增量却逐渐减小。这是因为随着正常蓄水位的抬高，水库调节性能越来越好，弃水越来越少，水量利用也越来越充分，直到水库能够进行多年调节后，如再抬高正常蓄水位，往往只增加水头而调节流量的增值却呈逐渐减小的趋势，装机年利用小时也越来越小。所以，动能指标的增值逐渐递减。从经济指标方面来看，水库的正常蓄水位抬高时，相应的工程投资和年费用都是逐渐递增的。

在一般情况下，随着正常蓄水位的不断抬高，各水利部门效益的增加是逐渐减慢，而水工建筑物的工程量和投资的增加却是逐渐加快。因此，规划设计的任务是，分析研究正常蓄水位的可能选择范围，拟定若干比较方案，分别确定各方案的经济指标和效益，通过分析比较和综合论证，选取最有利的正常蓄水位。

（2）正常蓄水位比较方案的拟定。首先应根据河流梯级开发规划方案及水利枢纽的具体条件，经过初步分析论证，定出正常蓄水位的上限值和下限值，然后在此范围内拟定若干方案，以便进行深入的分析和比较。

正常蓄水位的下限方案，主要根据各水利部门的最低要求拟定。例如，以发电为主的水库，必须满足系统对规划水电站提出的最低出力要求；以灌溉或给水为主的水库，必须满足最必需的供水量。此外，某些水库还要考虑泥沙淤积的影响，保证水库有一定的使用年限。

正常蓄水位的上限涉及问题较多，主要影响因素有：

1）坝址及库区的地形地质条件。坝址及库区的地形地质条件直接影响正常蓄水位的提高。当坝高达到一定高度后，可能由于河谷过宽、坝身太大、工程量过大，或地质条件不良，可能引起水库大量渗漏增加基础处理及两岸衔接处理的困难，或出现垭口及单薄分水岭等，都将限制正常蓄水位的提高。

2）库区的淹没、浸没情况。过多地淹没农田、城镇厂矿及交通线路，造成大量人口迁移或城镇、厂矿企业搬迁等，都给国家和人民生活带来很大困难。因此，库区淹没损失也常常是限制正常蓄水位提高的决定性因素。在考虑正常蓄水位时，应对淹没问题加以慎重研究。

3）河流的梯级水库开发方案。在河流梯级开发规划中，应使水库的正常蓄水位不影响上一个梯级水库的坝址或其电站位置，尽可能使梯级水库群的上下游水位相互衔接。

4）径流利用程度和水量损失情况。当正常蓄水位达到一定高度后，调节库容已很大，因而弃水量很少，水量利用率很高，再抬高正常蓄水位，获益就不大了；此外，水库水位到达某一高度时，还可能由于库面突然扩大而导致过大的蒸发和渗漏损失。蒸发和渗漏便成为限制正常蓄水位提高的因素。

5）其他条件。劳动力、建筑材料和设备的供应、施工期限和施工条件等因素，都可能限制正常蓄水位的过分增高。

正常蓄水位的上、下限值选定以后，就可以在此范围内选择若干个中间比较方案。通常在此范围内，应在地形、地质、淹没情况发生显著变化的高程处选择中间方案。如在该范围内并无特殊变化，则各方案高程的间距可取等值。一般可选择 3～5 个比较方案。

（3）正常蓄水位的选择。以发电为主的水库正常蓄水位必须在计算各方案的水利动能指标的基础上，通过经济比较，并结合社会、环境等因素，综合论证合理选定。

2. 死水位选择

（1）死水位的能量特性分析。在给定正常蓄水位的条件下，水库死水位决定着水库的消落深度和有效库容。水库消落深度（或叫工作深度）是指正常蓄水位至死水位之间的水位变幅，其间水库容积称为有效库容。在正常蓄水位一定的条件下，水库消落深度不同，它所提供的水利动能效益也不同。随着死水位的降低，水库有效库容也随之增大，从而径流的利用程度和综合利用要求的满足程度也随之提高，但水电站的平均水头却随着死水位的降低而减小。所以，从能量的角度来看，考虑到水头因素的影响，并不总是死水位越低，有效库容越大，动能指标就越高。因此，对于以发电为主的水库来说，应按动能效益最优原则来定死水位。

水库进行调节时，在由库满到放空的整个供水期间，水电站所发的电能 $E_{供}$ 可看作是由水库放出的蓄水量所发的水库蓄水电能 $E_{蓄}$ 和供水期天然入库水量所发的不蓄电能 $E_{不蓄}$ 两部分组成。即

$$E_{供} = 0.00272\eta \overline{H} W_{供} = 0.00272\eta \overline{H}(W_{天} + V_{兴})$$
$$= 0.00272\eta \overline{H} W_{天} + 0.00272\eta \overline{H} V_{兴} = E_{不蓄} + E_{蓄} \qquad (14-15)$$

式中　$W_{供}$——供水期水量，它是天然来水量 $W_{天}$ 和水库兴利库容 $V_{兴}$ 中的之和。

水库工作深度的改变对这两部分电能的影响是不同的。对于水库蓄水电能 $E_{蓄}$，由于构成这部分电能的水库蓄水量随着工作深度的加大而不断增加，虽然供水期平均水头也随之减小，但其减小的影响一般小于 $V_{兴}$ 增加的影响，所以水库工作深度越大，$E_{蓄}$ 亦越大，只是其增率越来越小，如图 14-14 中①线所示；但对不蓄电能 $E_{不蓄}$ 而言，因供水期天然来水量是一定的，那么死水位降低必然使平均水头降低，故这部分电能总是随着工作深度的加大而减小，如图 14-14②线所示。既然水库工作深度不断增加时，水库电能不断增大而不蓄电能不断减小，死水位的变化过程中可能将有一个供水期电能最大的转折点 $E''_{供}$ 出现，如图 14-14③线所示。

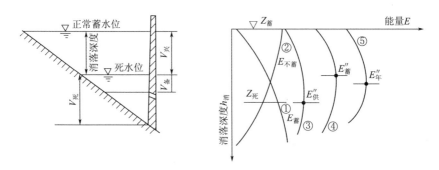

图 14-14　水库消落深度与水电站电能指标的关系

水库蓄水期由于天然来水较大，这时不蓄电能起主导作用，由于有弃水的影响，所以蓄水期电能的变化曲线也会有转折点 $E''_{蓄}$，但由于弃水的影响所占的比重不大，因此 $E''_{蓄}$ 比供水期 $E''_{供}$ 所要求的水库消落深度高一些，如图 14-14④线所示。

年电能为供水期电能和蓄水期电能的总和，且由于蓄水期所占的比重较供水期大，因此，具有最大年电能 $E''_{年}$ 的死水位应高于相应 $E''_{供}$ 的死水位，但又低于相应 $E''_{蓄}$ 的死水位，如图 14-14⑤线所示。

在动能经济比较中，保证出力和多年平均发电量是主要的动能指标。它关系到水电站的装机规模，主要动力设备的型式、布置以及在电力系统中联合运行的其他电站的有关指标。因此，在选择水库消落深度时，一般以获得较大的保证出力和多年平均年发电量为原则。

（2）影响死水位选择的其他因素。在一般情况下，除考虑动能效益最优之外，还应考虑其他因素，进行方案比较，综合分析之后最终确定死水位。

1）水轮机运行条件。上述动能效益最优的工作深度未计及水轮机运行效率特性的影响。当死水位过低水头过小时，机组效率将迅速下降，有时还影响到机组的安全运行，产生汽蚀振动等不良现象。此外，水头过低，机组受阻容量过大，可能使水电站的水头预想出力达不到保证要求，从而实际上得不到期望的替代容量效益。对某些低水头水电站，上述两种水轮机特性对最小水头的限制，有时可能成为确定水库工作深度的决定性条件。

2）泥沙淤积的要求。修建水库后，由于库内水深增大，水流速度减少，河中泥沙进入水库后大部分将淤积下来，必须留有一定的死库容以便沉积泥沙之用。在水流含沙量较大的河流上修建水库，如果死库容留得过小，可能很快被淤满，影响到水电站进水口的正常工作和水库使用寿命。

3）综合利用要求。首先，应考虑灌溉和给水取水高程对死水位的要求，因为死水位的高低影响到自流灌溉的控制高程和灌溉面积，影响到抽水的扬程和动力设备。其次，应考虑上游航运、筏运、渔业、水利卫生、旅游等对死水位的要求。死水位过低可能影响到航程、航深及港埠的淤积和建设，影响到渔业生产的最小水体的要求和渔场建设，水利卫生则要求避免出现大片浅水滩。

此外，应考虑死水位降低对闸门工作的影响，过深的闸门会带来制造上的困难和启闭运用上的不便。

总之，在确定死水位时，对以上因素应作出分析，尽可能满足综合利用要求，如出现矛盾突出的情况，要通过综合的技术经济比较论证，选择最优的水库死水位或工作深度。

（3）死水位的选择。以发电为主的水库死水位的选择，必须在计算各方案的水利动能指标的基础上，通过经济比较，并结合社会、环境等因素，综合论证合理选定。

3. 防洪限制水位选择

防洪限制水位是为防洪安全考虑汛期洪水来临前水库为兴利蓄水允许达到的上限水位。该水位在规划设计中作为水库调洪计算的起调水位。

防洪限制水位是根据洪水特性、防洪要求、兴利库容等因素确定的，对防洪而言，希望防洪限制水位定得低一些，以便汛期有更大的库容拦蓄洪水，保证防洪安全，同时还可以降低工程规模。但定得太低，汛后水库就有可能不能蓄满，这又会使兴利得不到保证。

根据水库水文特性与库容情况，防洪高水位、防洪限制水位及正常蓄水位之间的关系有以下三种：

（1）防洪、兴利完全不结合。水库的正常蓄水位即为防洪限制水位，防洪库容全部置于正常蓄水位以上。这种方式适用于洪水在汛期都可能发生，必须在整个汛期都需预留防洪库容的情况。

（2）防洪、兴利完全结合。水库的防洪高水位与正常蓄水位重合，防洪库容全部置于正常蓄水位之下，这是最理想的情况。这种情况可能产生于汛期洪水变化规律较为稳定的河流，且所需防洪库容较小。

（3）防洪、兴利部分结合。水库的防洪高水位在正常蓄水位之上，防洪限制水位在正常蓄水位之下，防洪库容与兴利库容部分重合。显然，这是一般综合利用水库常遇到的情况。

若洪水气象成因的分析表明，汛期前后期存在不同的洪水成因及存在洪水的分期规律，则可以推求各个分期的设计洪水，并确定各分期不同的防洪限制水位。如果前期所需的防洪库容大，后期防洪库容小，则防洪库容与兴利库容可部分结合使用。

可以通过对洪水变化规律及水库来、用水关系的分析，研究防洪库容与兴利库容结合使用的程度，若汛期结束后，入库径流除满足正常供水之外仍有多余水量蓄水，那么汛后水库充蓄的容积，即为防洪与兴利结合库容。下面通过以下算例加以说明。

【例 14-3】 设某水库已定的正常蓄水位为 710.0m，相应库容为 178.0 亿 m^3，该水库汛期 9 月底结束，10 月开始蓄水。表 14-6 为符合设计保证率的汛后 9 月底至 10 月的来、用水资料，其他月份的资料未列出。从 10 月底起水库转为供水，库水位开始消落。表 14-6 的具体计算是以 10 月下旬库水位处于正常蓄水位，相应的蓄水量为 178.0 亿 m^3 为起始条件，逆时序逐时段推算，至 9 月底得出期末蓄水量为 154.2 亿 m^3，相应水位 708.0m 即为防洪限制水位；汛后蓄水期增蓄水量 $V=178.0-154.2=23.8$（亿 m^3），即为防洪与兴利结合库容。

表 14-6　　　　　　　某水库汛期（9 月底）防洪限制水位的计算　　　　　　单位：亿 m^3

项　　　目	汛　　期	汛 后 蓄 水 时 期		
时间	9 月下旬	10 月上旬	10 月中旬	10 月下旬
入库来水量		21	18.3	15.4
出库供水量		10	10.3	10.6
水库蓄水量		11	8	4.8
旬末水库蓄水总量	154.2	165.2	173.2	178
旬末水库水位高程	708.0			710

思 考 题

1. 试阐述水能利用原理。
2. 河流水能资源如何估算？
3. 何谓混合式水电站？
4. 坝式水电站和引水式水电站各具有何特点？
5. 河中水流的落差如不集中起来，能否发电？
6. 水能计算的主要内容包括哪些？
7. 水电站出力公式与水流出力公式有何区别？
8. 计算水电站出力时应考虑哪些损失？
9. 什么是水电站的出力、发电量？什么是水电站的保证出力、多年平均年发电量？
10. 水电站的多年平均年发电量的大小主要取决于哪两个因素？
11. 水能计算有几种常用方法？分别是什么？

12. 何时采用等流量调节进行水能计算？等流量调节计算的基本原理是什么？

13. 电力生产的特点是什么？这一点对水电站的规划设计提出了什么要求？

14. 无调节、日调节、年调节、多年调节水电站的保证出力分别是什么含义？

15. 用代表年法进行水能计算时，如何选择设计代表年？

16. 分析无调节、日调节、年调节、多年调节水电站水能计算的不同之处。

第十五章 水库洪水调节计算

规划设计阶段，水库调洪计算的基本任务是对下游防洪标准设计洪水、水工建筑物安全标准相应的设计洪水和校核洪水分别进行洪水调节计算。本章主要介绍水库调洪计算的原理和方法，讨论水库调控洪水的方式，并简要介绍选择泄洪建筑物类型、规模及水库防洪参数的方法。

第一节 水库调洪作用与防洪标准

一、水库调洪作用

防洪是一项长期艰巨的工作。目前解决洪水问题，一般都趋向于采取综合治理的方针，合理安排蓄、泄、滞、分的措施。防洪措施是指防止或减轻洪水灾害损失的各种手段和对策，它包括防洪工程措施和非工程措施。防洪工程措施指为控制和抵御洪水以减免洪水灾害损失而修建的各种工程措施，主要包括堤防、分蓄洪工程、河道整治工程、水库等。防洪非工程措施是指为了减少洪泛区洪水灾害损失，采取颁布和实施法令、政策及防洪工程以外的技术手段等方面的措施。如洪泛区管理、避洪安全设施、洪水预报与警报、安全撤离计划、洪水保险等。

水库是水资源开发利用的一项重要的综合性工程措施，其防洪作用比较显著。在河流上兴建水库，使进入水库的洪水经水库拦蓄和阻滞之后，自水库泄入下游河道的洪水过程大大展平，洪峰被削减，从而达到防止或减轻下游洪水灾害的目的。防洪规划中常利用有利地形合理布置干支流水库，共同对洪水起有效的控制作用。

现以最简单的无闸门表面溢洪道泄流情况说明水库的调洪作用。图 15 - 1 中 Q - t 为入库流量过程，q - t 为出库流量过程，Z - t 为水库水位过程，$V_蓄$ 为水库滞洪库容。设洪水来临时水库水位达到堰顶高程，此时溢洪道的泄流量为 0，而此时图中洪水起涨点 A 处，水库泄流量 $q>0$，表明此时下泄流量就是用水部门引用流量 $q_兴$。稍后，入流渐增，库水位随之增高，溢洪道开始泄流，且随库水位上涨、堰顶水头增高而增加。库水位增长阶段入库流量大于出库流量，水库蓄纳洪水，直到入库流量等于出库流量时，水库出现了最高洪水位和最大下泄流量 q_{max}。此后，入库流量开始小于出库流量，堰顶高程以上蓄滞的洪水亦逐渐泄放出库，库水位亦随之下降，直到回落至堰顶高程为止，调洪任务结束。这种调洪过程表明水库对天然洪水起到了蓄滞作用。

当洪水开始进入水库时，若水库水位（起调水位）处于堰顶高程以下，则必须在水库充蓄至堰顶高程后，溢洪道才开始泄洪，其后的调节过程与上一种情况相同。这种情况比前一种情况的水库最高洪水位要低，最大下泄流量要小，取得的抗洪效果更佳。此时，其

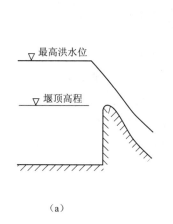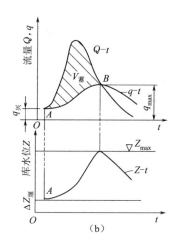

图 15-1　水库洪水调节示意图

堰顶以下的部分库容起到了蓄存洪水的作用，所蓄水量成为了兴利用水；堰顶以上库容亦起阻滞洪水的作用，所蓄之水在该次调洪过程中排出。这种情况的调洪效果是由水库的蓄洪和滞洪两种作用产生出来的。不难想象，如果大洪水发生前因干旱水库的蓄水位已经很低，那么所遭遇的洪水很可能排泄很少，大部分洪水就成了兴利用水的水源，洪水也当然不致成灾，也是洪水资源化的一种情况。

　　在大多数情况下，水库都采用设置控制闸门的泄洪设备，使泄洪过程受到控制。在这种情况下，水库的抗洪效果不仅与洪水开始时水库水位有关，还与水库的防洪运行方式有关。就一次洪水的调节作用而言，在人为控制下泄洪，可以按防洪要求进行，所以其调洪效果会比无闸门控制情况更好。

二、防洪标准的确定

　　在河流上修建水库，通过其对洪水的拦洪削峰，可防止或减轻甚至消除水库下游地区的洪水灾害。但是，若遇特大洪水或调度运用不当，大坝失事也会形成远远超过天然洪水的溃坝洪水，如板桥水库 1975 年 8 月入库洪峰 13100m³/s，溃坝流量竟达 79000m³/s，造成了下游极大的损失。因此，防洪设计中除考虑下游防护对象的防洪要求外，首先应确保大坝安全。下游防洪要求和大坝等水工建筑物本身防洪安全要求，一般通过防洪设计标准（常用洪水发生频率或重现期表示）来体现。

　　水库自身安全标准是指设计水工建筑物所采用的洪水标准。水工建筑物的洪水标准分正常运用和非常运用两种情况。与前者相应的洪水称为设计洪水；与后者相应的洪水称为校核洪水。水工建设物的洪水标准应按水利枢纽工程的"等"及建筑物的"级"，参照中华人民共和国水利行业标准《水利水电工程等级划分及洪水标准》（SL 252—2017）的规定，确定其相应的洪水标准。

　　当水库承担下游防洪任务时，还要考虑下游防洪保护对象的防洪标准。应根据防护对象的重要性、历次洪水灾害及其对政治经济的影响，按照国家规定的防洪标准范围，经分析论证后，与有关部门协商选定。具体参照中华人民共和国标准《防洪标准》（GB 50201—2014）关于防洪标准的有关规定。

第二节　水库调洪计算的原理和方法

入库洪水流经水库时，水库对洪水的拦蓄、滞留作用，以及泄水建筑物对出库流量的制约或控制作用，将使出库洪水过程产生变形。与入库洪水过程相比，出库洪水的洪峰流量显著减小，洪水过程历时大大延长。这种入库洪水流经水库后产生的上述变形，称为水库洪水调节。水库调洪计算的目的是在已拟定泄洪建筑物尺寸、防洪限制水位、调洪规则的条件下，利用泄洪建筑物的泄洪曲线及库容曲线等基本资料，按入库洪水过程，推求水库的水位过程、泄流过程及相应的特征值（相应时刻的最高水位和最大下泄流量）。

一、水库调洪计算的基本方程

洪水进入水库后形成的洪水波运动，其水力学性质属于明渠渐变不恒定流。常用的调洪计算方法，往往忽略库区回水水面比降对蓄水容积的影响，只按水平面的近似情况考虑水库的蓄水容积（即静库容）。水库调洪计算的基本公式是水量平衡方程式：

$$\frac{1}{2}(Q_t+Q_{t+1})\Delta t-\frac{1}{2}(q_t+q_{t+1})\Delta t=V_{t+1}-V_t \qquad (15-1)$$

式中　　Δt——计算时段长度，s；

Q_t、Q_{t+1}——t 时段初、末的入库流量，m^3/s；

q_t、q_{t+1}——t 时段初、末的出库流量，m^3/s；

V_t、V_{t+1}——t 时段初、末水库蓄水量，m^3。

当已知水库入库洪水过程线时，Q_t、Q_{t+1} 均为已知；V_t、q_t 则是计算时段 t 开始的初始条件。于是，式中仅 V_{t+1}、q_{t+1} 为未知数。必须配合水库蓄泄方程或水库蓄泄曲线 $q=f(V)$ 与上式联立求解 V_{t+1}、q_{t+1} 的值。当水库同时为满足兴利用水而泄流时，水库总泄流量应计入这部分兴利用水。

根据拟定的泄洪建筑物形式、尺寸，用水力学公式可得到反映泄流量 q 与库水位 Z 关系的泄洪能力曲线 $q=f(Z)$。参阅水力学书籍。借助于水库容积特性 $V=f(Z)$，可进一步求出水库下泄流量 q 与蓄水容积 V 的关系，即

$$q=f(V) \qquad (15-2)$$

必须指出，上述水库蓄泄方程式（15-2）为非线性函数。

二、水库调洪计算的基本方法

水库调洪计算就是联解式（15-1）和式（15-2）。常用的算法有试算法（迭代法）和图解法。试算法可达到对计算结果高精度的要求，但以往靠人工计算时，计算工作量非常大；图解法是为了避免繁琐的试算工作而发展起来的，它适用于人工操作，可大大减轻试算法的人工计算工作量，但精度要求方面不如试算法。随着计算机技术的迅速发展，试算法很适合编程计算。

1. 试算法

以图 15-2 水库洪水调节示意图说明如何进行一次洪水的水库调洪计算。已知库容曲

线 $V=f(Z)$、调洪开始时的初始条件（起调水位和相应的库容、下泄流量）。设 t 为计算过程的面临时段，由入库洪水资料，可知时段初、末的流量 Q_t、Q_{t+1} 的数值，V_t、q_t 为该时段已知的初始条件。图中阴影线的面积表示该时段水库蓄水量的增量 ΔV，即 $\Delta V=V_{t+1}-V_t$。利用式（15-1）、式（15-2）可求解时段末的水库蓄水量 V_{t+1} 和相应的出库流量 q_{t+1}。前一个时段的 V_{t+1}、q_{t+1} 求出后，其值即成为后一时段的初始条件值，使计算有可能逐时段地连续进行下去。

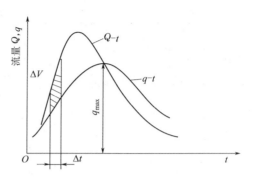

图 15-2 水库洪水调节示意图

进行迭代计算时，可先假定计算时段末的出库流量的 q_{t+1} 值，求出式中待定的时段末水库蓄水量 V_{t+1} 的值；或先假定 V_{t+1} 的值，求出式中待定的 q_{t+1} 值。最后，在迭代过程中算出满足精度的解。下述迭代算法（以先假定 q_{t+1} 的值为例）的步骤可以作为编制水库调洪计算软件的程序流程。

（1）初步假设计算时段末的出库流量 q_{t+1} 的值，代入式（15-1），可初步求出式中待定的时段末水库蓄水量 V_{t+1} 的值。

（2）利用 $q=f(V)$ 关系，用初步求得的 V_{t+1} 值，按插值算法求出对应的出库流量 q。

（3）检验步骤（1）所假设的时段末的出库流量 q_{t+1} 与步骤（2）得到的出库流量 q 的符合情况。设定的允许误差为 ε，若 $|q_{t+1}-q|\leqslant\varepsilon$，则满足计算精度要求，结束该时段计算，时段末出库流量 q_{t+1} 及水库蓄水量 V_{t+1} 即为计算的结果。否则，重新假设 $q_{t+1}=(q_{t+1}+q)/2$，返回步骤（1）进行下一轮迭代计算，至结果满足计算精度要求为止。

现用以下算例说明一下具体的演算过程。

【例 15-1】 某水库的泄洪建筑物形式和尺寸已定，溢洪堰设有闸门控制。水库的运行方式是在洪水来临时，先用闸门控制，使水库泄流量等于入库流量，水库保持汛期防洪限制水位（38m）不变。随着入库流量继续增大，闸门逐渐开启直至达到全部开启，水库泄流 q 随着水位的升高而加大，闸门全部开启后的流态为自由泄流。

已知堰顶高程为 36m，水库容积曲线 $V=f(Z)$，并根据泄洪建筑物形式和尺寸，算出水位和下泄量关系曲线 $q=f(Z)$，见表 15-1。计算过程见表 15-2。并按下列步骤计算。

表 15-1				Z-V、Z-q 关 系 表					
Z/m	36.0	36.5	37.0	37.5	38.0	38.5	39.0	39.5	40.0	40.5
V/万 m³	4330	4800	5310	5860	6450	7080	7760	8540	9420	10250
q/(m³/s)	0	22.5	55	105	173.9	267.2	378.3	501.9	638.9	786.1

表 15-2 调洪计算列表试算法

时间 t /h	入库洪水流量 Q /(m³/s)	时段平均入库流量 $\overline{Q}$ /(m³/s)	下泄流量 q /(m³/s)	时段平均下泄流量 $\overline{q}$ /(m³/s)	时段内水库存水量变化 ΔV /万 m³	水库存水量 V /万 m³	水库水位 Z /m
(1)	(2)	(3)	(4)	(5)	(6)	(7)	(8)
18	174		173.9			6450	38.0
		257		180.5	83		
21	340		187			6533	38.1
		595		224.5	400		
24	850		262			6933	38.4
		1385		343.5	1125		
27	1920		425			8058	39.2
		1685		522.5	1256		
30	1450		620			9314	39.9
		1280		677.0	651		
33	1110		734			9965	40.3
		1005		757.5	267		
36	900		781			10232	40.5
		830		785.5	48		
39	760		790			10280	40.51
		685		781.0	−104		
42	610		772			10176	40.4
		535		751.5	−234		
45	460		731			9942	40.3
		410		702.5	−316		
48	360		674			9626	40.1
		325		645.5	−346		
51	290		617			9280	39.9

注 表中数字下有横线者为初始已知值；$\Delta V = (\overline{Q} - \overline{q}) \Delta t$。

(1) 将已知入库洪水流量过程线列入表 15-2 中的第（1）、第（2）栏，取计算时段 $\Delta t = 3h = 10800s$；起始库水位为 $Z_限 = 38.0m$，在表 15-1 中可查出闸门全开时相应的 $q = 173.9m^3/s$。

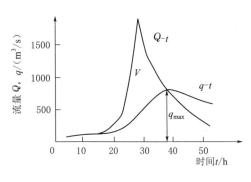

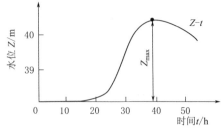

图 15-3 某水库调洪计算结果

(2) 在第 18h 以前，入库流量 Q 均小于 173.9m³/s，水库按 $q = Q$ 泄流。水库不蓄水，无需进行调洪计算。从第 18h 起，Q 开始大于 173.9m³/s，以第 18h 为开始调洪计算的时刻，此时初始的 q_1 即为 173.9m³/s，而初始的 V_1 为 6450 万 m³。然后，按水量平衡方程进行计算，将计算结果列入表 15-2 中相应时段的各栏，并点绘在图 15-3 上。

(3) 由表 15-2 可见，在第 36h，水库水位 $Z = 40.5m$，水库蓄水量 $V = 10232$ 万 m³，$Q = 900m^3/s$，$q = 781m^3/s$；而在第 39h，$Z = 40.51m$，$V = 10280$ 万 m³，$Q = 760m^3/s$，$q = 790m^3/s$。按前述水库调洪原理，当 q_{max} 出现时，$q = Q$，此时 Z、V 均达最大值。显然，q_{max} 将出现在第 36h 与第 39h 之间，在表中并未算出。在 36～39h 内，将 Δt 逐步减

小，通过进一步试算，可得在第 38h16min 处，$q_{max} = Q = 795m^3/s$，$Z_{max} = 40.52m$，$V_{max} = 10290$ 万 m^3。

了解以上试算过程后，如果借助程序将会很快得出计算结果。

必须注意到前面介绍水库调洪计算时，采用了泄水建筑物泄流能力曲线来反映水库出流量与水库蓄水量的函数关系，即 $q = f(V)$。其水库调洪计算方法只适用于泄洪建筑物不设闸门（如无闸溢洪道）或设闸门而全部开启，闸门不对水库泄洪形成制约的特定情况。然而，水利枢纽布置中泄洪建筑物一般由多孔泄洪设施组成，而且泄洪设施可能不止一种类型，在水库运行阶段，水利枢纽均应根据泄洪建筑物闸门的安全操作条件，制定闸门的操作规则，包括开孔数及其组合，以及每孔允许开启的状态（如允许闸门逐步开启逐步关闭或是只允许采用全开、全关两种状态）。因此，必须根据泄洪建筑物的组成情况及闸门的操作规则，进一步分析和研究闸门对出库流量起控制作用的水库调洪计算方法。

2. 半图解法

试算法概念明确，但计算工作量大，需要依靠计算机计算，而图解法则可避免试算。下面介绍另外一种方法——半图解法。

半图解法的计算原理与试算法相同。还是依靠式（15-1）和式（15-2）。它先将水量平衡方程进行变形，将方程中的已知项和未知项分别列于等式的两边，即

$$\left(\frac{V_{t+1}}{\Delta t} + \frac{q_{t+1}}{2}\right) = \frac{Q_t + Q_{t+1}}{2} - q_t + \left(\frac{V_t}{\Delta t} + \frac{q_t}{2}\right) \tag{15-3}$$

值得注意的是方程中的右边都是已知信息，而左右边括号内形式相同，包含的变量都是 q 的函数。将式（15-2）的泄流曲线 $q = f(V)$ 改写为

$$q = f\left(\frac{V}{\Delta t} + \frac{q}{2}\right) \tag{15-4}$$

进行调洪计算时，可根据泄洪能力曲线 $q = f(Z)$、库容曲线 $V = f(Z)$ 以及计算时段长 Δt，绘制 q-$(V/\Delta t + q/2)$ 辅助曲线。其辅助计算见表 15-3。

表 15-3　　　　　　　　　　辅助曲线 q-$(V/\Delta t + q/2)$ 计算表

库水位 Z /m	库容 V /m^3	泄流能力 q /(m^3/s)	$V/\Delta t$ /(m^3/s)	$q/2$ /(m^3/s)	$V/\Delta t + q/2$ /(m^3/s)
(1)	(2)	(3)	(4)	(5)	(6)

绘制辅助曲线可先通过表 15-3 的计算，假定不同的坝前水位 Z，由库容曲线 $Z = f(V)$，查得相应的 V，填于表 15-3 第（1）栏和第（2）栏，由泄流能力公式计算坝前水位 Z 对应的 q 填于第（3）栏，因而可计算第（6）栏数值，然后可用第（1）、第（6）栏数值绘出辅助曲线如图 15-4 所示。

为了避免繁琐的试算过程，在进行调洪计算之前，可以采用下述步骤联解式（15-3）

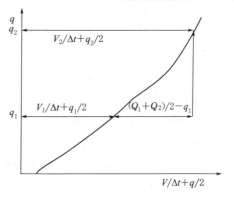

图 15-4　q-$(V/\Delta t + q/2)$ 辅助曲线

和式（15-4）：

（1）从第一时段开始，由入库洪水过程和起始条件就可以知道 Q_1、Q_2、q_1、V_1，从而可以计算出式（15-3）右端的值，并以此值查辅助曲线 $q\text{-}(V/\Delta t+q/2)$，便可得出第一时段末 q_2 值。

（2）第一时段末各项的值就是第二时段初始的各项值。重复第一时段的解算方法，又可以得第二时段末的 q_3 值，这样逐时段进行下去，就可以得出整个下泄流量过程线 $q\text{-}t$。

在解算过程中知道，一方面通过公式计算，另一方面进行查图计算，才能求解 $q\text{-}t$ 过程，因此称为半图解法。但需指出的是，该法在作辅助曲线时，Δt 是取固定值，并由泄洪能力曲线 $q=f(Z)$ 转换得来的，所以该法仅适用于自由泄流与时段 Δt 固定的情况。当用闸门控制泄流时，应按拟定的调洪方式确定下泄流量，当 Δt 变化时，可采用试算法计算，或应作出各种 Δt 相应的辅助曲线，查图计算时，应查与计算时段相应的曲线。

第三节　水库调洪方式及防洪特征水位

水库调洪方式是指根据水库防洪要求（包括大坝安全和下游防洪要求），对一场洪水进行防洪调度时，利用泄洪设施泄放流量的时程变化的基本形式，也常称为水库泄洪方式或水库防洪调度方式。所采用的水库调洪方式应根据泄洪建筑物的形式，是否担负下游防洪任务，以及下游防护地点洪水组成情况等方面因素综合考虑区分。

对于没有下游防洪任务的水库，水库调洪的出发点是确保水工建筑物安全。对于这种水库一般是采用水库水位达到一定高程后泄洪建筑物敞泄的方式，以确保大坝的安全运行。

对于有下游防洪任务的水库，既要考虑下游的防洪要求，又要保证大坝安全。若水库距防洪控制点很近，坝址至防洪控制点区间洪水很小，当洪水不超过下游防洪标准的洪水时，水库可按下游河道安全泄量下泄，这种泄洪方式常称为固定泄量调洪方式；当判断洪水已经超过下游防洪标准洪水时，水库应转为考虑水工建筑物安全的调洪方式。若坝址至防洪控制点有一定距离，二者之间的末控区间洪水较大，当出现洪水不超过下游防洪标准洪水时，为保证下游防洪安全，应控制水库下泄流量，使水库下泄流量与区间汇入流量之和不超过防洪控制点的河道安全泄量，这种泄洪方式常称为补偿调洪方式。此外，还有考虑洪水预报的调洪方式。

调洪计算时，首先应根据下游防洪要求、泄洪设施运用条件、洪水地区组成、是否有可靠预报等情况来拟定调洪方式，亦即定出各种条件下泄洪设施运用规则，调洪计算就根据所定的规则进行，下面分别叙述。

一、固定泄量调洪方式

固定泄量调洪方式适用于水库坝址距防洪控制点较近，区间洪水较小可以忽略或看作常数的情况。固定泄量是指当洪水不超过下游防洪标准洪水时，水库控制下泄流量使下游河道不超过安全泄量，调洪过程如图 15-5 所示。

对于图 15-5 中所示的不超过下游防洪标准的入库洪水过程，在洪水来临时，水库一般在汛限水位。$t_0 \sim t_1$ 段控制闸门开度，使水库按入库流量下泄。t_1 以后，来流大于汛限水位下对应的闸门全开的泄洪能力，但小于下游河道安全泄量时，闸门全开，按泄洪能力下泄。由于入库流量大于下泄流量，水库水位不断上涨，泄洪能力不断增加，如图 15-5 $t_1 \sim t_2$ 段所示。t_2 以后，当下泄流量大于 $q_安$ 时，为保护下游安全，闸门不能继续敞泄，这时闸门应逐渐关闭，使水库按下游河道安全泄量 $q_安$ 下泄，这时水库拦蓄部分洪水，至 t_3 时刻，入库流量退至等于 $q_安$，水库达到该次洪水的调洪最高水位。t_3 时刻以后，由于入库流量逐渐减小，下泄流量大于入库流量，水库水位下降，闸门开度可逐渐增加，但不允许下泄流量大于 $q_安$，直到水库水位消落到防洪限制水位，停止泄洪。

需要说明的是，当水库遭遇下游防洪保护对象防洪标准相应的设计洪水时，如图 15-5 所示，就说明对应的最高水位就是防洪高水位，最大泄流量就是下游防洪保护对象的安全流量。

上述只是一级固定泄量方式，当下游有不同重要性的防洪保护对象时，可采用分级控制泄量的调洪方式（图 15-6）。一般来讲，较重要的防洪保护对象往往具有相对较高的抗洪能力（如控制点可通过的河道安全流量较大），要求采用较高的防洪标准；重要性次之的防洪保护对象控制点的河道安全泄量相应较小，采用的防洪标准较低。通常可以按"大水多放，小水少放"的原则拟定水库的分级控制泄量方式。分级不宜过多，以免造成防洪调度困难。现以下游有两个不同重要性的防洪保护对象为例，将次重要防护对象相应的河道安全泄量作为第一级泄流量；更重要防护对象相应的河道安全泄量作为第二级泄流量。这种两级固定泄量的调洪方式的规则是，当发生洪水的量级未超过次要防护对象的防洪标准洪水时，水库按第一级泄流量控泄；直至根据当前水情判断，来水已超过次要防护对象的防洪标准时，水库改按第二级泄流量下泄；当为下游防洪而设的库容已经蓄满，而入库洪水依然较大时，说明入库洪水已超过了下游防洪标准洪水，应改为保证水工建筑物安全的调度方式：不再控制泄流，将闸门全开泄洪。

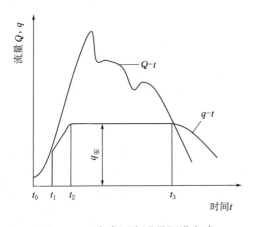

图 15-5　水库固定泄量调洪方式

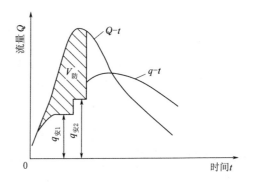

图 15-6　水库分级控制泄量调洪方式

二、补偿调洪方式

若水库坝址至下游防洪控制点之间存在较大区间面积，区间产生的洪水不能被忽视时，应考虑未控区间洪水的变化对水库泄流方式的影响。当发生洪水未超过下游防洪标准洪水时，水库应根据区间流量的大小控泄，使得水库泄流量与区间洪水流量的合成流量不超过防洪控制点的河道安全泄量。这种视区间流量大小控泄的调洪方式称为防洪补偿调节。当然，实现防洪补偿调节的前提条件是水库泄流到达防洪控制点的传播时间小于（至多等于）区间洪水的集流时间，否则无法获得确定水库下泄流量大小所需的相对应的区间流量信息；或者是具有精度较高的区间水文预报方案（包括产汇流预报、相应水位或相应流量预报等），其预见期不短于水库泄流量至防洪控制点的传播时间。

图 15-7 为水库防洪补偿调节示意图。图中 $Q_A - t$ 为水库 A 的入库洪水过程线；支流水文站 B 的流量可代表区间流量，以 $Q_区 - t$ 表示区间洪水过程线；防洪保护区控制点 C 的河道安全泄量为 $Q_安$。记水库泄流至控制点 C 的传播时间为 t_{AC}；B 点流量 $Q_区$ 至控制点 C 的传播时间为 t_{BC}；设 $t_{BC} > t_{AC}$，二者的传播时差为 $\Delta t = t_{BC} - t_{AC}$。即是说，$t$ 时刻水库下泄 $q_{A,t}$ 与 $(t-\Delta t)$ 时刻的区间流量 $Q_{区,(t-\Delta t)}$ 同时到达控制点 C。

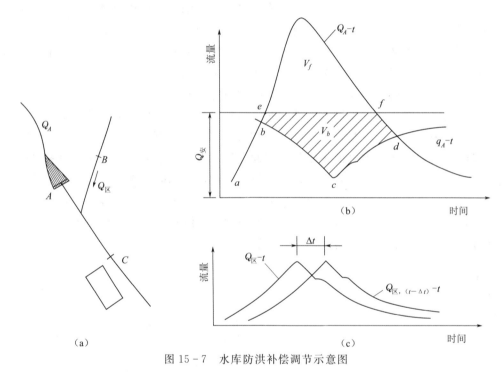

图 15-7　水库防洪补偿调节示意图

(a) 河流平面图；(b) 防洪补偿调节图；(c) 区间洪水过程

根据防洪要求，为保证下游防洪保护地区的安全，当出现的洪水不超过下游防洪标准的洪水时，应使水库泄流满足下式要求：$q_{A,t} + Q_{区,(t-\Delta t)} \leqslant Q_安$。可结合图 15-7 的作图方法说明水库 A 采用防洪补偿调节方式的控泄情况。为便于反映水库下泄流量和区间流量同时到达控制点 C 的情况，根据上述 $t_{BC} > t_{AC}$，传播时差 $\Delta t = t_{BC} - t_{AC}$ 的特定条件，在图 15-7(c) 中将区间流量过程线沿水平轴向右平移 Δt，将 $Q_{区,(t-\Delta t)} - t$ 倒置于图 15-7 (b) 中 $Q_安$ 水平线之下，即得出水库 A 按防洪补偿调节方式控泄的下泄流量过程线为 $abcd$。由图 15-7(b) 可见，b 点以前 $q_{A,t} + Q_{区,(t-\Delta t)} < Q_安$，水库按入库流量下泄，库水位维持起调水位不变；$bcd$ 段水库按该曲线所指示的流量过程下泄，使 $q_{A,t} + Q_{区,(t-\Delta t)} =$

$Q_安$。从图 15-7(b) 可以看出，若水库按固定泄量 $Q_安$ 下泄（即未考虑区间洪水的汇入），水库所需的蓄洪容积为 V_f；而对区间洪水进行补偿调节时，所需的防洪库容将增加至（$V_f + V_b$）。必须指出，若与下游防洪标准相应的区间洪水的洪峰流量本身大于防洪控制点的河道安全泄量，这时即使水库完全不泄流也无法达到下游防洪标准的安全要求。

上述的水库防洪补偿调节是一种理想化的调洪方式。实际上，由于各种条件的限制，通常只能采用近似的防洪补偿调节方式，或是转而采用一些带经验性的、偏于安全的水库控泄方式。例如，若严格按防洪补偿调节要求控泄，必将造成泄洪闸门操作过于频繁。当泄洪建筑物闸门只能按全开、全关两种状态运用时，显然只能合理改变开闸孔数来近似地体现防洪补偿调节的控泄方式。更重要的情况是当下游区间面积较大，区间洪水预报方案存在误差较大时，再考虑到区间洪水峰值以及峰现时刻的误差，则不得不采用错峰的调洪方式。

错峰调洪方式的基本做法是根据区间洪峰流量可能出现的某一时间段，水库按减小的流量下泄（甚至完全不泄水），以避免出现区间洪水与水库下泄流量的组合流量超过防洪控制点的安全泄量的情况。采用错峰调洪方式时必须合理确定错峰期的限泄流量及开始错峰与停止错峰的判断条件。

规划设计中一般可根据与下游防洪标准洪水相应的区间洪峰流量来确定水库的限泄流量，即取其限泄流量小于或等于防洪控制点河道安全泄量与区间洪峰流量的差值。与图 15-7(b) 防洪补偿调节的水库控泄方式相比可以看出，错峰调洪方式是在错峰期用该图中 c 点所示的水库最小泄流量作为水库错峰方式的限泄流量，而且在 c 点前后一段时期维持这一限泄流量，因此采用错峰调洪方式比防洪补偿调节需要更大的防洪库容。由此可见，错峰调洪方式是在不具备上述理想防洪补偿调节条件下采用的近似防洪补偿调节方式。

错峰期的长短及相应的起止时刻的确定目前还没有成熟的方法，一般应从区间洪水变化规律的分析入手，寻求可作为调度中判断错峰起止的指标。例如通常采用水库水位或入库流量作为判断开始错峰的指标，采用这类指标意味着认同了入库洪水与区间洪水的涨洪过程具有较好的同步趋势；另一种做法是直接利用区间雨洪信息作为判断开始错峰的指标，例如采用区间降雨量为指标。

可以根据下述两种情况分别得出停止错峰的条件。一种情况是水库已不具备继续错峰能力，应立即终止错峰。出现这种情况的判断条件是水库蓄水位已达到或超出水库的防洪高水位，这时，水库的调洪方式应立即转为保证大坝安全的敞泄方式而不应该继续为下游防洪而控泄。另一种情况是区间洪水明显消退，不需要继续实施错峰控泄。一般可根据区间洪水情况做出停止错峰判断，例如区间洪峰已出现，且其洪水过程呈明显消落，即可终止错峰。

三、预报调洪方式

水库防洪预报调洪可以简明地定义为依据预报的洪水过程实施防洪调洪的方法，它不同于依据实测洪水过程或实际发生的水位实施防洪调洪的方法。

建立洪水预报调洪及相应的预警系统是非常重要和有效的防洪非工程措施。洪水预报精度越高、预报预见期越长，调度决策耗时越少，就越能减少下游洪灾损失（包括采取有效抢险措施及对将产生洪灾区域及时发出预警和组织撤离）。如1975年8月淮河上游发生特大洪水时，薄山水库提前8h预报水库水位将要超过坝顶。根据这一预报，在洪水超坝顶之前，在坝上抢筑1m多高的子埝，从而避免了水库失事的严重后果。

　　图15-8是水库考虑短期洪水预报进行调洪计算的示意图。设入库洪水（图15-8中

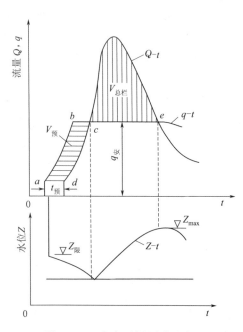

图15-8　水库预报预泄示意图

$Q-t$）为不超过下游防洪标准的洪水；图15-8中 $q-t$ 为考虑短期洪水预报进行预泄的下泄流量过程，该过程表明在入库洪水出现前，根据可靠的预报信息，预知洪水即将来临，并知道 $t_预$ 小时后相应时刻的入库流量值，水库可按预报值提前预泄，$t_预$ 即为提前预泄的时间；随后，由于预报洪水流量逐渐加大，水库预泄流量也随之增加，直到预报流量超过下游安全流量 $q_安$ 时，水库按 $q_安$ 控制预泄流量。图15-8中 $Z-t$ 为相应于预泄方式的库水位变化过程。

　　由图15-8可见，水库进行预报预泄的结果可以使水库水位消落到防洪限制水位之下，利用这部分预先腾空的容积提高水库的防洪效果。图中 $abcd$ 的面积表示利用预报信息水库预泄的水量，亦即预腾的库容 $V_预$。显然，在不考虑预报预泄的情况下，这部分蓄水量应由专设的防洪库容来蓄纳。

　　预报预泄流量应考虑下游河道安全泄量的限制。如果存在较大的区间洪水的汇入，还应考虑到水库预泄的流量与区间相应流量的组合流量不超过下游河道安全泄量。

四、保证水库安全的调洪方式

　　如水库不承担下游防洪任务，当库水位超过正常蓄水位，或水库承担下游防洪任务，水位超过防洪高水位时，应及时开启全部闸门敞开泄洪，以确保水库的安全。从水库安全的角度出发，要求当水库发生设计洪水时，采用正常运用方式应保证库水位不超过设计洪水位；当发生校核（保坝）洪水时，采用非常运用方式应能保证库水位不超过校核洪水位。

　　对于非常运用方式，有时需启用临时性非常泄洪设施，应特别慎重。因为启用非常泄洪设施，会使下游产生严重的淹没损失，或冲毁部分水工建筑物。若遭遇校核洪水而未能及时启用非常泄洪设施时，将可能危及大坝安全，后果更是不堪设想。因此必须合理拟定启用非常泄洪设施的启用条件（即判别洪水大小的指标）。通常，若入库流量有上涨趋势，以略高于设计洪水位，或以略高于设计洪峰流量作为启用临时性非常泄洪设施的启用条件。具有较大蓄洪能力的水库，以库水位作为启用条件比较安全，而且易于掌握；对蓄洪能力较小，或设计洪水与校核洪水标准较低的较小水库，以入库流量作为启用条件比较安全。非常泄洪设施运用时，要严格控制水库最大泄量不超过入库最大流量，以免造成人为

的洪灾损失。

各水库的具体情况不同，调洪方式也不一样。下面介绍一种较简单的情况，看如何拟定调洪方式。

若不考虑洪水预报，且洪水来临时，水库在汛限水位，此时的泄流能力为 $q_{限}$。图 15-9 中 ab 段表示，当洪水刚开始时，入库洪水 Q 小于 $q_{限}$，此时，要保证库水位不变，以保证兴利用水要求，则应该控制闸门开度，使泄流等于入流；随着入库洪水 Q 的增大，当来流 Q 大于汛限水位下对应的泄洪能力 $q_{限}$，但小于下游河道安全泄量时，闸门应全开，按泄洪能力下泄，如图 15-9 中 bc 段所示。由于入库流量大于下泄流量，水库水位不断上涨，泄洪能力不断增加，当它大于下游河道安全泄量时，为保护下游安全，这时闸门应逐渐关小，使水库按下游河道安全泄量下泄，如图 15-9 中 cd 段所示；由于入库洪水 Q 持续大于下游河道安全泄量，水库水位继续上涨，当水库水位超过防洪高水位时，说明该场次洪水超过了下游防洪保证，这时确保水库的安全成为主要目标，应及时开启全部闸门敞开泄洪，如图 15-9 中 ef 段所示；至 t_0 时刻，水库达到该次洪水的调洪最高水位。t_0 时刻以后，由于入库流量逐渐减小，下泄流量大于入库流量，水库水位下降，直到水库水位消落到防洪限制水位，停止泄洪，如图 15-9 中 fg 段所示。

值得注意的是，如图 15-9 所示说明当水库遭遇设计标准相应的设计洪水时，对应的最高水位就是设计洪水位。

若在 t_0 时刻，水库水位依然继续上涨，超过设计洪水位时，达到临时性非常泄洪设施的启用条件时，应该启用非常泄洪设施，以确保水库安全，如图 15-10 中 gh 段所示。这说明当水库遭遇校核标准相应的校核洪水时，得到的调洪计算过程，对应的最高水位就是校核洪水位。

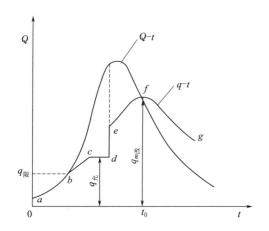

图 15-9　水库遭遇设计洪水时的调洪方式

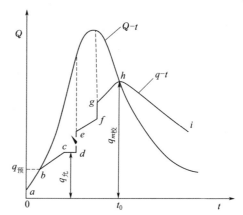

图 15-10　水库遭遇校核洪水时的调洪方式

思　考　题

1. 水库调洪计算的基本原理和任务是什么？它与水库兴利调节计算有何异同？
2. 溢洪道设置闸门且下游有防洪要求，当发生设计洪水时，试绘出下泄流量过程线。

试分析水库水位状况及闸门启闭情况，绘出水库水位过程线示意图，并说明何时闸门全开，何时库水位达最大值。

3. 水库下游防护对象的防洪标准与水工建筑物的设计洪水标准有何区别？水库的允许泄量与下游防洪控制点的河道安全泄量有何异同与联系？

4. 当下游有防洪要求时，能否采用无闸溢洪道？为什么？

5. 水库利用短期洪水预报进行预泄，所需专用防洪库容为什么可以减少？

6. 下游有防洪要求与无防洪要求时的防洪计算有何异同？

7. 水库调洪计算的试算法和单半图解线法的基本原理是否一样？它们各自适用于什么情况？

8. 利用动库容曲线进行调洪计算，与利用静库容曲线相比，其结果有什么差别？

9. 泄流过程与泄流能力的关系如何？

10. 有闸溢洪道的调洪计算与无闸情况相比有何特点？

11. 溢洪道设置闸门且下游有防洪任务时，如何推求水库的设计洪水位和校核洪水位？

12. 有哪些方法可以减少专设的拦洪库容，从而减少防洪与兴利之间的矛盾？

13. 已知水库设计洪水过程线 $Q\text{-}t$，试分别绘出下游有防洪要求（设闸门）及无防洪要求（不设闸门）时下泄流量过程线 $q\text{-}t$。

14. 已知 Δt 时段内的平均入库流量 $\overline{Q}=(Q_1+Q_2)/2$ 和时段初水库下泄流量 q_1 及相应的库容 V_1，试绘出调洪计算辅助线，示意地标绘出推求时段末下泄流量 q_2 的图解过程。

第十六章 水 库 调 度

第一节 水 库 调 度 的 意 义

所谓水库调度，也称水库控制运用，是对已建水利水电枢纽合理有效的控制运用，达到充分发挥防洪、兴利效益的一种技术措施，属于非工程措施。通常将水库调度分为防洪调度、兴利调度以及生态调度等多个部分。

开展水库科学管理、合理调度可以实现"一库多用，一水多用"，更好地满足各部门对水库和水资源的综合利用以及生态保护要求。通过合理调度可以协调防洪、兴利的矛盾；力求使同一库容能结合使用，既用于防洪，又用来为兴利蓄供水；可使水电站水库在承担电力负荷的同时，尽可能满足下游航运、灌溉用水和生态需水的要求。

因此，水库调度的基本任务有如下三项：①确保水库大坝安全，并承担水库上、下游的防洪任务；②保证满足电力系统的正常用电和其他有关部门的正常用水要求；③在保证各用水部门正常用水和生态需水的基础上力争尽可能充分利用河流水能多发电，使电力系统供电更经济。

为完成上述任务，水库调度必须遵循的基本原则是：在确保水电站水库大坝工程安全的前提下，分清发电与防洪及其他综合利用任务之间的主次关系，统一调度，使水库综合效益尽可能最大；当大坝工程安全与满足供电、防洪及其他用水要求有矛盾时，应首先满足大坝工程安全要求；当供电的可靠性与经济性有矛盾时，应首先满足可靠性的要求。

实现水库合理调度的方法主要分为常规调度和优化调度两种。常规调度是借助于常规调度图进行水库调度。而常规调度图则是根据实测的径流时历特性资料计算和绘制的一组调度线及水库特征水位划分的若干调度区组成的。优化调度是借助于优化方法寻求水库最优运行方式的一种调度方法，它能够更有效地利用水库的调蓄能力，获得更大的经济效益。

兴利调度包括发电、灌溉、供水、航运等各兴利部门的用水调度，不同的水库具有不同的兴利用水要求，即使是综合兴利用水水库也存在各用水部门的用水主次关系。本章重点介绍以供水为主兼顾防洪的水库常规调度。

第二节 水 库 兴 利 调 度

一、水库兴利调度图的绘制

水库兴利调度图是由一组以水库水位（或蓄水量）为纵坐标、以时间为横坐标表示的调度线及由这些调度线和水库特征水位划分的若干调度区所组成。调度线按其重要性可分为基本调度线和附加调度线两类。基本调度线包括上基本调度线（防破坏线）和下基本调度线（限制供水线），它们是指导水电站及其水库合理调度运行的基本依据。附加调度线，包括加大供水线、降低供水线和防弃水线等。这些调度线将水库兴利调度图划分为保证供水区、加大供水区、降低供水区、防洪区。

1. 年调节水库基本调度线的绘制

上、下基本调度线是在各种设计枯水年（具有不同年内分配）的来水条件下，水库按保证供水工作时，水库在年内各时刻的最高和最低蓄水指示线，是决定水库合理运行调度方式的基本依据。下面以年调节水库为例来介绍上、下基本调度线的绘制步骤。

首先选择符合设计保证率的 3～5 个不同分配代表年，并按设计枯水年进行修正，使代表年供水期的平均供水流量应等于或接近保证流量，供水期的终止时刻基本相同；然后对各年均按保证流量自供水期末死水位开始，逆时序进行水量平衡计算至供水期初，又接着算至蓄水期初回到死水位，得出各年水库运行的蓄水变化过程，如图 16-1 所示。

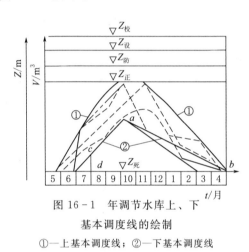

图 16-1　年调节水库上、下基本调度线的绘制

①—上基本调度线；②—下基本调度线

然后，取各年水电站运行蓄水过程线的上、下包线并经过对下包线的适当修正即得到上、下基本调度线，如图 16-1 中曲线①、②所示。

应该指出的是：

（1）前述所绘制的水库蓄水变化过程是自供水期末死水位开始，逆时序进行水量平衡计算至蓄水期初死水位，显然是一个典型的逆时序计算方式，所得到的结果是一个迟蓄水方案。对于任一典型的设计枯水年而言，这种蓄水方案是为了在供水期开始之前，确保水库蓄水位达到正常蓄水位，使供水期的正常供水得到保证。

（2）上、下基本调度线之间构成的区域称为保证供水区，即为保证水库正常工作的运行区域。高于上基本调度线的区域称为加大供水区，低于下基本调度线的区域称为降低供水区。从上述意义来看，上基本调度线是水库按保证流量工作的上限指示线，又是防止水库正常工作遭到破坏的最低指示线，故又称防破坏线；下基本调度线则是水库按保证流量工作的下限指示线，又是水库限制其供水（低于保证流量）所要求的最高指示线，故又称限制供水线。

（3）由于供水期末下基本调度线的末端点往往与上基本调度线的末端点不重合，当下一年汛期到来较迟时，可能引起正常工作的集中破坏。因此，需作出修正，具体办法是将下包线的上端点（即 a 点）与上基本调度线的下端点（即 b 点）连接起来，如图 16-1 中 ab 线所示。有时，在蓄水期初下包线的始端点与上基本调度线的始端点非常靠近，导致在蓄水期刚开始就可能要求水库降低供水，似乎不合常理，因为此时尚不知来水情况如何，在这种情况下一般对下包线的蓄水段按汛期开始最迟时刻 d 点作接近于垂直线的修正，如图 16-1 中 cd 线所示，如此修正后的下包线即为下基本调度线②，即为 $dcab$ 线。

2. 多年调节水库基本调度线的绘制

多年调节水库的基本调度线，原则上可如年调节水库那样来绘制。但是，考虑到多年调节水库的调节周期长达数年，加之水文资料有限，难以绘出可靠的包括整个调节周期的调度线。因此，在实际工作中多采用简化的方法来绘制多年调节水库的基本调度线，简化后的绘制方法不去研究多年调节的整个周期，而是研究枯水年组的第一年和最后一年的水库工作情况。

多年调节水库的兴利库容可以看成是由多年库容 $V_{多年}$ 和年库容 $V_{年}$ 两个部分组成。在绘制调度图时，必须确定 $V_{多年}$ 和 $V_{年}$。方法是先确定 $V_{年}$。选择几个年来水量等于用水量的年份，分别计算 $V_{年}$，这样的年份不需要动用多年库容 $V_{多年}$。由于实际年来水、用水年内分配的差异，致使不同年份所求的 $V_{年}$ 变幅很大。为了使所选择年份中不至于有过多的年份需要动用 $V_{多年}$，初步选取最大值的 $V_{年}$，然后再根据兴利库容计算 $V_{多年}$。这样 $V_{多年}$ 就相对较小，防破坏线偏低，即加大供水区的范围偏大。

$V_{多年}$ 是为了蓄存丰水年的余水量以补充枯水年组的不足水量，使枯水年组的各年都能得到正常供水。当水库的 $V_{多年}$ 未蓄满前，不应加大供水，即只有在 $V_{多年}$ 蓄满后才可能加大供水。这与枯水年组的第一年的工作情况有关，假设该年末多年库容保证蓄满，而且该年来水正好满足该年供水的需要，则对这一年份求出的水库蓄水过程点绘的水库蓄水指示线为上基本调度线（也称防破坏线）。同样，当 $V_{多年}$ 未放空前不应限制供水，也即只有在 $V_{多年}$ 放空后才可能限制供水。这与枯水年组的最后一年的工作情况有关，假定该年年初多年库容已经放空，且该年来水正好满足该年供水的需要，则由此绘出的该年水库蓄水指示线为下基本调度线（也称限制供水线）。

下面结合图形分别介绍防破坏线和限制供水线的绘制方法。

（1）防破坏线的绘制。若设计枯水年组第一年年初 $V_{多年}$ 满蓄，且当年径流量与年正常供水量相等时，则水库按正常供水量供水，年终仍可保持 $V_{多年}$ 满蓄。这一情况可视为加大供水与正常供水的分界。因此，多年调节水库防破坏线，可用年径流量等于年正常供水量的年份的来水过程为依据，并按年初年末 $V_{多年}$ 为满蓄的条件进行调节计算，即可得出防破坏线的供水支与蓄水支，如图 16-2 所示。

与年调节水库绘制防破坏线的原理相同，应选取几种不同径流分配典型进行计算，分别求得其相应的运行曲线，最后取其上包线作为上基本调度线（防破坏线）。

（2）限制供水线的绘制。多年调节水库的限制供水线的作用，是防止水库在设计枯水年组末期正常供水遭受集中的破坏。因此，必须研究水库在出现连续枯水年之后，$V_{多年}$ 蓄水量已被放空时设计枯水年组最后一年的水库工作情况。

在设计枯水年组最后一年年初 $V_{多年}$ 被放空的情况下，若水库年径流量与年正常供水量相等，则水库的正常供水可以得到维持，而且年终水库恰好放空，由此根据这一年的来水过程和年保证流量绘出的水库运行过程线，即为正常供水区与限制供水区的分界线——限制供水线。绘制该线时，可选出若干年年来水量接近年正常供水量，进行水量修正后，从年终水库放空开始进行调节计算，得到不同的水库蓄水过程线，取其下包线，即为所求的下基本调度线（限制供水线）。

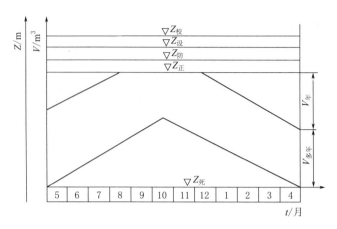

图 16-2 多年调节水库调度图

二、水库兴利调度图的应用

在水库的设计阶段和运行期间，都要用到水库调度图。在水库设计中确定建设方案时，水库调度图为方案比较提供统一基础，是选择方案所采用的主要调度原则。在水库运行管理中，水库调度图是完成水库调度基本任务、充分发挥水库综合效益的重要工具。概括而言有以下几方面的用途。

（1）在选择水库建设方案时，可按调度图根据长系列径流资料复核各方案的水利动能指标，为方案比较提供依据。

（2）在编制水库年运行调度计划时，可按长期预报径流资料，按调度图计算逐月和全年的水利动能指标及水库运行方式。

（3）在实施运行调度计划时，可按水库调度图及中、长期水文预报逐季逐月修正调度计划，并根据短期水文预报按调度图进行洪水预报调度及逐时段的兴利操作调度，决定水库的实施运行方式。

应用调度图进行操作计算的具体方法，有按时段初水库水位控制和按时段末水库水位控制两种算法。前者对上述三个方面都适用，这种算法的前提是不考虑面临时段的径流预报，水库的放水决策由时段初水库蓄水位按调度图指示值决定。后者一般用于运行调度计划的实施过程中，其与时段初水位控制算法不同之处是考虑了面临时段的径流预报，水库在该时段的放水决策等于该时段末水库水位决定的指示值。

【例 16-1】 某水利枢纽 1991 年发电计划的编制。

在编制水电站年发电计划时，首先采用来水保证率为 70%，并参考预报下限值作为年发电调度计划编制的来水依据。然后考虑水位控制约束，例如：①为照顾灌区春灌引水，4—6 月库水位不低于 145.0m；②按调度图要求年末库水位控制在 153.0m 以上；③7—8 月库水位不超过防洪限制水位 149m；④9 月库水位不超过 152.5m。同时考虑到该水电站在电网是骨干电站，是担负着电网的调峰、调频和事故备用的主力电站，为了满足电网的调峰要求，在汛期电站应承担 20 万～30 万 kW 的调峰容量。在弃水期间应通过电网调度尽可能地减少调峰，多发电、少弃水。其发电计划详见表 16-1、表 16-2。

表 16-1 　　　　**某水电站水库1991年（按来水70%保证率）兴利调度计划**

月　份	月末水位/m	入库流量/(m³/s)	发电出力/MW	发电量/(亿 kW·h)	耗水率/[m³/(kW·h)]	灌溉水量/亿 m³	蒸发水量/亿 m³
12	155.34						
1	152.61	250	500	3.72	6.77	0.527	0.209
2	150.77	230	350	2.35	7.05		0.176
3	147.40	330	500	3.72	7.34	1.1405	0.177
4	147.45	660	280	2.02	7.57	1.2874	0.264
5	146.25	870	500	3.72	7.70	0.8035	0.271
6	145.00	800	450	3.24	7.84	1.2614	0.251
7	147.43	1260	550	4.09	7.79	2.3673	0.268
8	148.98	1440	500	3.72	8.03	1.8835	0.284
9	152.50	1960	510	3.67	7.20	2.1825	0.295
10	154.88	1300	350	2.60	6.85		0.206
11	154.70	540	300	2.16	6.60	0.6480	0.207
12	153.50	300	315	2.34	6.79	0.2678	0.206
年		870	426	37.35	7.30	12.3690	2.814

表 16-2 　　　　**某水电站水库1991年（按预报下限值）兴利调度计划**

月　份	月末水位/m	入库流量/(m³/s)	发电出力/MW	发电量/(亿 kW·h)	耗水率/[m³/(kW·h)]	灌溉水量/亿 m³	蒸发水量/亿 m³
12	155.34						
1	152.80	300	500	3.72	6.77	0.527	0.209
2	151.20	280	350	2.35	7.00		0.177
3	148.81	500	500	3.72	7.27	1.1405	0.182
4	146.15	800	600	4.32	7.62	1.2874	0.267
5	145.53	1000	500	3.72	7.78	0.8035	0.262
6	145.00	900	430	3.10	7.88	1.2614	0.238
7	149.50	2500	700	5.21	7.68	2.3673	0.271
8	149.50	1400	640	4.76	7.42	1.8835	0.300
9	152.44	1800	500	3.60	7.06	2.1825	0.301
10	155.58	1700	450	3.35	6.80		0.209
11	155.09	700	450	3.24	6.60	0.6480	0.210
12	153.50	300	360	2.68	7.01	0.2678	0.214
年		1020	500	43.77	7.28	12.3699	2.84

以上两个表的计算结果说明，1991年灌溉引水量为12.369亿 m³ 时，发电量可达到37.35亿～43.77亿 kW·h。若按保证率70%的来水量作为年发电计划的依据，则1991年发电计划制订为37亿 kW·h。

第三节　水 库 防 洪 调 度

一、水库防洪调度图的绘制

水库防洪调度图是水电站水库调度图的重要组成部分，它由防洪调度线、防洪限制水位和各种标准洪水的最高洪水位以及由这些指示线所划分的各级调洪区所构成，这就是所谓的水库防洪调度区，该区时间范围为汛期。

水库防洪调度的任务有如下三项：①在发生设计洪水或校核洪水时确保水利水电枢纽的安全；②在发生下游防洪标准洪水时确保下游防洪安全；③合理解决防洪与兴利的矛盾。

1. 防洪调度线的绘制

绘制防洪调度线的调洪计算依据是：各种标准的设计洪水过程线和规定的下游河道安全泄量 $q_安$；起调水位是防洪限制水位；起调时刻，采用汛期最后一次是设计洪水来临的时刻，即汛末。

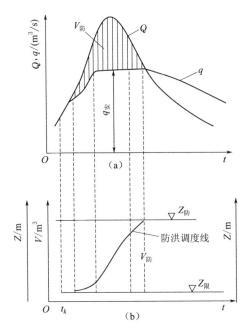

图 16-3　防洪调度线的绘制

现以下游防洪设计洪水为例来讲解防洪调度线的绘制过程。图 16-3(a) 是设计洪水过程 Q-t，在已定的 $q_安$ 下，从水库防洪限制水位以及设计洪水来临的最迟时刻 t_k 开始，经调节计算得出各时刻相应的水库蓄水量，并把各时刻蓄水量相应点连成曲线，即为防洪调度线，如图 16-3(b) 所示。

防洪调度线至防洪高水位的纵距表示水库在汛期各时刻所应预留的拦洪库容。t_k 为设计洪水可能出现的最迟时刻，在 t_k 之前的主汛期随时都可能出现设计洪水，因此，在 t_k 之前，水库必须同样预留足够的拦洪库容。

必须指出，上述防洪调度线只是根据下游防洪设计洪水过程线的一个典型绘制出来的，而设计洪水可能有不同的分配过程，为确保防洪安全，必须同时考虑各种可能的分配典型，以便最后合理地确定防洪调度线。为此，应选择几个不同分配典型的设计洪水过程线，分别绘出其蓄洪过程线，最后取其下包线作为防洪调度线，如图 16-4 所示。这样不论何种分配典型的设计洪水过程，其拦洪库容都可以得到满足，从而可以保证防洪的安全。

2. 水库防洪调度区的确定

水库防洪调度区是指汛期为防洪调度预留的水库蓄水区域，该区的下边界是防洪限制水位 $Z_限$，右边界是防洪调度线，上边界是对应各种标准设计洪水的防洪特征水位（$Z_防$、

$Z_设$、$Z_校$），如图 16-5 所示。

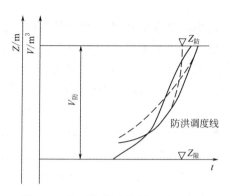

图 16-4　下包线法绘制防洪调度线

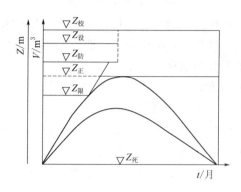

图 16-5　水库防洪调度区

由图 16-5 可知，防洪限制水位 $Z_限$、防洪调度线以及防洪高水位 $Z_防$ 之间的区域称为正常防洪区，该区是为防范下游设计洪水而预留的防洪库容，在这种情况下为了使下游免遭洪灾，水库最大泄洪流量 $q_m = q_安$；防洪高水位 $Z_防$、防洪调度线以及设计洪水位 $Z_设$ 之间的区域称为加大泄洪区，该区是针对大坝设计洪水而额外预留的调洪库容。在发生大坝设计洪水的情况下，为确保大坝安全，下游不可避免遭受洪灾，水库最大泄洪流量 $q_m = q_{m设} > q_安$；设计洪水位 $Z_设$、防洪调度线以及校核洪水位 $Z_校$ 之间的区域称为非常泄洪区，该区是针对大坝校核洪水而额外预留的调洪库容，在这种情况下为了确保大坝安全，下游肯定会遭受非常严重的洪灾，此时水库最大泄洪流量 $q_m = q_{m校} > q_{m设} > q_安$。

3. 分期洪水调度

对于有些河流，具有比较明显的前后期洪水规律，或下游河道允许泄量不同时期有不同的要求，则各时期所要求的防洪库容可以不同。假设主汛期为前期，次汛期为后期，为满足防洪要求，相应所需要的防洪库容前大后小，因此防洪限制水位分为两段，前低后高。此时可根据前后两期设计洪水绘出两条防洪调度线，如图 16-6 曲线①、②所示。换言之，即根据前期设计洪水求得防洪库容 $V_{防1}$ 和相应的防洪限制水位 $Z_{限1}$，又根据后期设计洪水求出防洪库容 $V_{防2}$ 和相应的防洪限制水位 $Z_{限2}$。图中 t_{k1}、t_{k2} 分别为前、后期洪水最迟发生时刻，可从历年洪水资料中分析得出。

这种计算的好处是：若后期所需防洪库容较小，汛期防洪限制水位可高一些，于兴利有利。

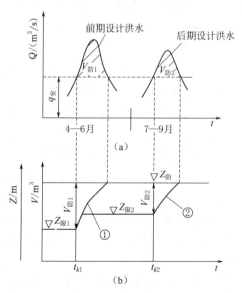

图 16-6　分期防洪调度线

二、水库汛期控制运用计划的编制

1. 水库防洪调度方案的编制

水库防洪调度方案是指导水库进行防洪调度的依据，是完成防洪任务的基本措施。在水库的规划设计阶段和运行期间都需要编制防洪调度方案。规划阶段的编制工作结合水库调洪参数的选择来完成；运行调度期间则根据实际情况的变化每隔若干年编制一次。编制防洪调度方案必须体现防洪调度原则。下面论述运行水库防洪调度方案编制的基本依据、方案的主要内容和编制的方法步骤：

（1）防洪调度方案编制的基本依据。运行水库防洪调度方案编制的主要依据有：党和国家的有关法规、方针政策及上级关于防汛工作和水库调度的指示文件；水库及水电站的原设计资料；水库防洪任务、兴利任务及相应的设计标准；水工建筑物及其设备等的历年运行情况和现状；水库面积、容积特性曲线和回水曲线、泄流特性曲线及各种用水特性曲线等；水库设计防洪调度图、洪水资料和水文气象预报资料等。

（2）防洪调度方案的主要内容。防洪调度方案的内容视各水库的具体情况决定，但一般应包括：阐明方案编制的目的、原则及基本依据；在设计洪水复核分析计算的基础上核定水库调洪参数和最大下泄流量；核定水库调洪方式和调洪规则；核定或编制防洪调度图及提出防洪调度方案的实施意见等。

（3）防洪调度方案编制的方法步骤。防洪调度方案各项内容之间，及其与兴利调度方案之间关系极为密切，影响因素甚多。因此方案编制比较复杂，有时要有一个由粗到细的反复过程。对运行水电站水库来说，大坝高程是已定的，校核洪水位和泄洪建筑物的型式与尺寸一般也是确定的；上游的移民标准洪水位也是已定的。在这种条件下，防洪调度方案编制的一般方法及步骤如下：

1）在分期洪水特性分析的基础上，研究进行分期洪水调度的可能性和防洪与兴利结合的程度，确定汛期各分期的分界日期，并研究各分期洪水的分布特性；根据各种防洪标准（如上下游防洪标准、大坝设计标准和校核标准等）推求各分期相应的设计洪水。

2）根据上下游防洪要求及泄洪建筑物的型式和尺寸，拟定水库控泄的判别条件及相应的调洪规则。

3）对汛期各分期分别拟定若干防洪限制水位 Z_{FX} 方案；对每一个 Z_{FX} 方案，用各种频率的设计洪水，按所拟定的判别条件及相应的调洪规则进行顺时序调洪计算，求出各种频率洪水的最高调洪水位 Z_m 与最大下泄流量 q_m。

4）根据所拟定的各 Z_{FX} 值以及用各种频率洪水计算求得的与之相应的 Z_m 值，绘制 Z_{FX}-Z_m 关系线。每一分期这种关系线的数目与水库防洪标准的数目相对应。如图 16-7 所示为某水电站水库的 Z_{FX}-Z_m 关系线。该水库汛期分成前汛期（4—6 月）和后汛期（7—9 月），根据上、下游防洪要求采用 5 个设计防洪标准，相应的洪水频率为 $P_{F1}=20\%$（下游防洪标准）、$P_{F2}=10\%$（上游防洪标准）、$P=5\%$（移民标准）、$P_{SJ}=0.1\%$（设计洪水标准）及 $P_{XH}=0.02\%$（校核洪水标准）。这样，每个分期各有五条 Z_{FX}-Z_m 关系线。

5）确定各分期防洪限制水位 Z_{FX}。各分期的 Z_{FX} 可根据给定的校核洪水位 Z_{XH} 及上游移民标准洪水位 Z_{F3}，利用各分期的 Z_{FX}-Z_m 关系线，并结合考虑有关因素经综合分析确定。根据图 16 - 7 已知的 $Z_{XH} = 172.7\text{m}$ 和 $Z_{F3} = 169.2\text{m}$ 在相应的 Z_{FX}-Z_m 关系线上查得防洪限制水位 Z_{FX}：前汛期都为162.6m，后汛期分别为 164.6m 和 164.25m（取低值）。这样，162.6m 和 164.25m 即分别为前、后汛期允许的最高的防洪限制水位。但考虑延迟泄洪时间、动库容等对调洪的种种不利因素及开展预报调度等有利因素，并考虑要留有一定余地，最后分析确定的 Z_{FX}前汛期为 162.5m、后汛期为 164m。

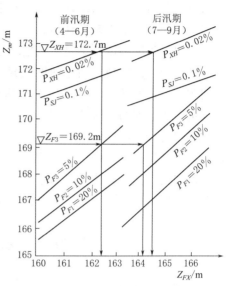

图 16 - 7 某水电站水库
Z_{FX}-Z_m 关系线

6）防洪调度核定演算。防洪调度核定演算包括：①根据各分期最后确定的 Z_{FX}，分别对各种频率设计洪水按与第 3）步同样的方法进行调洪计算，核定与 Z_{FX} 相应的各种频率设计洪水的最高调洪水位 Z_m、调洪库容 V_T（或 V_F）与最大控制泄量 q_m；②由最后一场洪水的水库蓄水过程线决定防洪调度线；③由汛期初的 Z_{FX} 与正常蓄水位 Z_{ZH} 之间的库容决定防洪与兴利结合库容 V_J。

7）绘制水库防洪调度图。由水库各种最高调洪水位 Z_m 线、各分期防洪限制水位 Z_{FX}、防洪调度线及由这些线所划分的各调洪区，构成水库防洪调度图。

8）编写防洪调度方案实施意见，最终形成防洪调度方案文件，并呈报主管部门审批。

不宜实施分期防洪调度的水库，其编制方法与分期防洪调度方案的做法完全相同。

2. 水库当年度汛计划的编制

由于通信手段的现代化和计算机的广泛使用，目前我国不少大中型运行水电站及水库，均在不同程度上结合水文气象预报进行水库的防洪预报调度。因此，水库年度防洪调度的实施工作，原则上是按照预先编制的防洪调度方案和利用长期水文预报制定的当年防洪度汛计划进行。按照它们规定控制各时期的水库水位和泄量，在具体的防洪调度及操作中，则利用中短期预报，分析当时的雨情和水情，在一定范围内灵活地实施操作调度，以求得更大的综合效益。下面介绍实施水库当年度汛计划的一些基本内容。

（1）汛前准备工作。为保证水库本身和上下游防洪安全，汛前必须做好防洪度汛的准备工作。其主要内容有：建立防洪指挥机构，组织防汛抢险队伍，做好水文测站的水情测报准备和洪水预报方案的编制修订；根据当年具体情况制定当年度汛调洪计划和对水库调洪规程、制度及各种使用图表进行检查，必要时应进行补充修正；对水库工程和设备进行全面检查修理；准备必要的防汛器材和照明通讯设备；有计划地将水库水位消落至防洪要求的防洪限制水位等。

（2）水库当年度汛计划的编制。每年汛前，水库调度管理部门应根据水库防洪任务、当年水文气象预报资料及汛期各方面对水库调度提出的要求，按水库防洪调度方案制定符合当年情况的水库度汛调洪计划。这个计划在内容、编制方法及步骤上基本与水库防洪调度方案相同。防洪调度方案是对近期若干年起指导作用的，而当年度汛计划则是防洪调度方案在当年的具体体现。当年的度汛调洪计划一般包括如下内容：根据平时工程观测资料和近期质量鉴定的结果、以往运行中达到过的最高库水位及其历时和当年库区的有关要求，规定当年水库的允许最高蓄洪水位（在一般情况下，它不得高于经核定的设计洪水位）；根据防洪调度方案中核定的设计洪水标准、下游防洪标准及以往运行经验，参考当年水文气象预报资料，确定水库当年各种防洪标准及相应的设计洪水；规定汛期各时期的防洪限制水位、错峰方式及汛末蓄水位等。以上各项，如水库各方面情况无大的变动，可采用防洪调度方案成果，如出现大的变动，则应重新计算确定。

第四节　水 库 生 态 调 度

一、生态调度相关概念

1. 河道内生态需水

河道内生态基本需水量是指为维持河道基本功能的需水量（包括防止河道断流、保持水体一定的稀释能力与自净能力、河道冲沙输沙以及维持河湖水生生物生存的水量）。河道内生态基流是根据坝下游河道的生态需水来确定的。河道内生态基流计算方法有数百种之多。这些方法大致上可分为水文学方法、水力学方法、栖息地法和整体分析法。生态基流大小的选取论证，目前尚缺乏比较完善、成熟的方法。我国根据河流所处的地区，也提出了确定河流生态流量的不同方法，一般采用90%或95%保证率的最枯月河流平均流量。

2. 水库设计要考虑河道内生态需水要求

对于改变了原河道径流分配、从而对环境和生态产生影响的水库，在水库调度设计中应考虑环境和生态的用水要求，将水库蓄放水对环境和生态的影响控制在允许的范围内。

一般做法是将河道内生态基流作为一个用水户，根据不同水平年河道内各项生态环境功能的目标要求，结合各地的实际情况，选择合适的计算方法，计算出的各项生态环境功能的需水量，再结合河道内生产需水量，采用分时段（月）取外包，得出综合的河道内需水过程。最后根据第十三章的内容进行水库径流调节计算。

3. 水库生态调度相关内容

近几年，流域水资源统一调度和河流生态健康等概念深入人心，水库调度也发生本质性的变化。水库环境和生态用水调度应遵循保护环境和生态的原则，根据工程影响范围内环境和生态用水要求，制定合理的调度方式和相应的控制条件。

当库区上游或周边存在污染源对水库水体净化能力影响大时，应结合对库水位的变化与水体自净化能力和纳污能力的分析成果，提出减少污染源进入水库的措施并制定相应的水位控制方案，以使水库水体达到满足环境和生态要求的水质标准。当水库下游河道有水生、陆生生物对最小流量的要求时，在调度设计中应充分考虑并尽可能满足，确难以满足的应采取补救措施。对水库下游河道有维持生态或净化河道水质、城镇生活用水的基本流量要求的，在调度中应予保证。

二、生态调度的目标和基本方法

1. 考虑下游水生态及库区水环境保护的调度

水库的调度运用对生态与环境造成的不利影响不可忽视。以三峡水利枢纽为例，根据目前长江流域水库的管理和调度现状，研究认为，在现有的调度方式中，根据各水库的实际情况可以通过下泄合理的生态基流（最小或适宜生态需水量），运用适当的调度方式控制水体富营养化、控制水体理化性状与水华爆发、控制河口咸潮入侵等，以达到减少或消除对水库下游生态和库区水环境不利影响的目的。

（1）确定合理的生态基流。根据生态基流控制水库下泄流量的措施多种多样，较经济的方法是设定在一定的发电水头下的电站最低出力值。通过电站引水闸的调节，使发电最低下泄流量不小于所需的河道生态基流，以维持坝下游生态用水。

（2）控制水体富营养化。水库局部缓流区域水体富营养化的控制，可通过改变水库调度运行方式，在一定的时段内降低坝前蓄水位，使缓流区域水体的流速加大，破坏水体富营养化的形成条件；或通过在一定的时段内增加水库下泄流量，带动水库水体的流速加大，达到消除水库局部水体富营养化的目的。另外，对水库下游河段也可通过在一定的时段内加大水库下泄量，破坏河流水体富营养化的形成条件；或采取引水方式（如汉江下游的"引江济汉"工程），增加河流的流量，消除河流水体的富营养化。

（3）控制"水华"暴发。可通过不同的调度方式，充分运用水动力学原理，改变污染物在水库中的输移和扩散规律以及营养物浓度场的分布，从而影响生物群落的演替和生物自净作用的变化。可利用水库调度对水资源配置的功能，"蓄丰泄枯"，增加枯水期水库泄放量，从而显著提高下游河道环境容量，改善水质。

（4）控制咸潮入侵。长江口属于受上游来水和口外咸潮入侵双重影响的敏感水域，上游来水和咸潮入侵直接关系到这一水域的生态安全。长江口盐水入侵是因潮汐活动所致的、长期存在的自然现象，一般发生在枯季11月—次年4月，其距离因各汊道断面形态、径流分流量和潮汐特性不同而存在较大差异。必要时需要上游水库加大下泄量，防止咸潮入侵。

2. 考虑水生生物及鱼类资源保护的调度

水库形成后，一方面产生了一些有利于部分水生生物繁衍生息的条件，其种类和数量会大幅度增加，生产力将提高。另一方面，水库对径流的调节作用，使库区及坝下河流水文情势和水体物理特性发生变化，对水生生物的繁衍和鱼类的生长、发育、繁殖、索饵、越冬等均会产生不同程度的影响，如：库区原有的急流生境萎缩或消失，一些适宜流水性环境生存和繁殖的鱼类，因条件恶化或丧失，种群数量下降，个别分布区域狭窄，对环境条件要求苛刻的种类甚至消失；大坝阻隔作用使生境片段化，影响水生生物迁移交流，导致种群遗传多样性下降；水库低温水的下泄，对大坝下游水生动物的产卵、繁殖具有不利影响；由于水库泄洪水流中进入了大量的氮气，使下泄水体中氮气过饱和，可能导致坝下游鱼类（尤其是鱼苗）发生"气泡病"。对这些不利影响，可采用以下调度措施减小或消除。

（1）采取人造洪峰调度方式。水库的径流调节使坝下河流自然涨落过程弱化，一些对水位涨落过程要求较高的漂流性产卵鱼类繁殖受到影响。根据鱼类繁殖生物学习性，结合坝下游水文情势的变化，通过合理控制水库下泄流量和时间，人为制造洪峰过程，可为这些鱼类创造产卵繁殖的适宜生态条件。

（2）根据水生生物的生活繁衍习性灵活调度。水库及坝下江段水位涨落频繁，对沿岸带水生维管束植物、底栖动物和着生藻类等繁衍不利。特别是产黏性卵鱼类繁殖季节，水位的频繁涨落会导致鱼类卵苗搁浅死亡。因此，水库调度时，应充分考虑这些影响，尤其是产黏性卵鱼类繁殖季节，应尽量保持水位的稳定。我国很多渔业生产水平比较高的水库，在水库调度中都采取了兼顾渔业生产的生态调度措施。如黑龙江省龙凤山水库在调度上采取春汛多蓄，提前加大供水量的方式，然后在鱼类产卵期内按供水下限供水，使水库水位尽可能平稳，取得了较好的效果。

（3）控制低温水下泄。水库低温水的下泄严重影响坝下游水生动物的产卵、繁殖和生长。可根据水库水温垂直分布结构，结合取水用途和下游河段水生生物生物学特性，利用分层取水设施，通过下泄方式的调整，如增加表孔泄流等措施，以提高下泄水的水温，满足坝下游水生动物产卵、繁殖的需求。

（4）控制下泄水体气体过饱和。高坝水库泄水，尤其是表孔和中孔泄洪，需考虑消能易导致气体过饱和，对水生生物、鱼类产生不利影响，特别是鱼类繁殖期，对仔幼鱼危害较大，仔幼鱼死亡率高。水库调度可考虑在保证防洪安全的前提下，适当延长溢流时间，降低下泄的最大流量；如有多层泄洪设备，可研究各种泄流量所应采用的合理的泄洪设备组合，做到消能与防止气体过饱和的平衡，尽量减轻气体过饱和现象的发生。此外，气体过饱和在河道内自然消减较为缓慢，需要水流汇入以快速缓解，可以通过流域干支流的联合调度，降低下泄气体中过饱和水体流量的比重，减轻气体过饱和对下游河段水生生物的影响。

3. 考虑泥沙调控的调度

水库库区泥沙淤积与大坝下游河床冲刷的调整，以及由此带来一系列的问题，是建库后的自然现象，无法避免。水库的调蓄改变了天然河流的年径流分配和泥沙的时空分布，汛期洪峰削减，枯季流量增大，大量泥沙在库区淤积。坝下游河道将发生沿程冲刷，同时因流量过程调整，下泄沙量减少，河势将发生不同程度的调整。河床冲刷及河势调整对防洪与航运带来一定程度的影响。河床冲深，降低洪水位，增加河槽的泄洪能力；年内径流分配的调整，有利于浅滩航槽的改善。但在河势调整过程中，可能危及防洪大堤与护岸工程的安全，也可能出现局部浅滩恶化。水库可按"蓄清排浑"、调整泄流方式以及控制下泄流量等方式，通过调整出库水流的含沙量和流量过程，尽量降低下游河道冲刷强度，减少常规调度情况出库水流对下游河道冲刷范围并延缓其进程，以减小不利影响。

4. 考虑湿地保护需要的调度

长江中下游为我国淡水湖泊湿地的集中分布区，河口地区在海陆交界处分布有大面积的滩涂湿地。长江流域水资源和水力资源开发利用，将会引起长江中下游及河口水文泥沙条件的变化，进而对洞庭湖、鄱阳湖和河口等湿地结构和功能产生一定影响。水库对湿地的影响产生的根本原因，是水库改变了天然河流水沙特性，造成天然湿地水沙补给规律的改变。因此，水库的调度应根据长江中下游湿地的特点，从保护湿地的角度，可通过对水库下泄流量和含沙量作季节性调整等措施，将水库对湿地的影响减小。

思 考 题

1. 调度调节的意义，基本上调度曲线的作用和绘制方法。为什么要取外包线？决定上调度曲线的因素有哪些（包括它如何体现处理基本要求之间矛盾的原则）。

2. 研究丰水年和枯水年调度的目的何在？为什么要慎重决定下调度曲线？

3. 什么是简化后的多年调节水库的调度图？它的绘制和年调节水库的不同点何在？

4. 什么叫防洪库容和兴利库容的结合？结合情况和洪水特性之间的关系，如何用调节线判别结合情况？

5. 调度全图的内容，会利用调度图，进行调节计算和水能计算。

6. 水库工程对周围生态环境有哪些有利和不利的影响？

7. 何为生态基流？

第十七章　水资源评价与规划管理

第一节　水资源的概念与分类

水资源的概念是随着社会的发展而发生变化的。1977 年联合国教科文组织定义"水资源是指可资利用或有可能被利用的水源，这个水源应具有足够的数量和可用的质量，并能在某一地点为满足某种用途而可被利用"。

水资源的理解可分为广义和狭义。广义的水资源是指地球上水的总体，包括：地面水体，指海洋、沼泽、湖泊、冰川、河水等；土壤水和地下水，主要存在于土壤和岩石中；生物水，存在于生物体中；气态水，存在于大气圈中。狭义水资源是指逐年可以恢复和更新的淡水量，即大陆上由大气降水补给的各种地表、地下淡水的动态量，包括河流、湖泊、地下水、土壤水、微咸水。

虚拟水是指包含在世界粮食贸易中水资源量，后来延伸到指隐含于水密集型产品中的水资源量。目前，虚拟水定义为"生产商品和服务所需要的水资源数量"。虚拟水不是真实意义上的水，而是以虚拟形式包含在产品中的看不见的水，因此也被称为嵌入水。由产品贸易引起的虚拟水的转移就是虚拟水贸易，而虚拟水战略是指贫水国家或地区通过贸易方式从富水国家或地区购买水密集型产品获得水和粮食的安全。

第二节　水　资　源　评　价

水资源评价通常是指对水资源的数量、质量、时空分布特征和开发利用条件的分析评定，是水资源合理开发利用、保护和管理水资源的基础和依据。评价的重点对象：一般是在现实经济、技术条件下便于开发利用的淡水资源，特别是能快速恢复补充的淡水资源，包括地表水资源和地下水资源。依定义可知，水资源评价可分为水资源数量评价、质量评价和开发利用及其影响评价。其中，水资源数量评价包含水汽输送、降水、蒸发、地表水资源量、地下水资源量和水资源总量评价；质量评价包括河流泥沙、天然水化学特征和水污染状况评价。

一、降水

根据水资源评价工作的要求，降水量的分析与计算，通常要确定区域年降水量的特征值，研究年降水量的地区分布、年内分配和年际变化等规律，为水资源供需分析提供区域不同频率代表年的年降水量。主要内容包括：研究降水量的年际变化，推求区域不同频率代表年的年降水量；研究降水量的年内变化，推求其多年平均及不同频率代表年的年内分配过程。

当区域内雨量站实测年降水量资料充分时，根据实测降水量资料情况，区域多年平均、不同频率年降水量及降水年内分配的直接计算步骤如下：

（1）根据区域内各雨量站实测年降水量，用算术平均法或面积加权平均法，算出逐年的区域平均年降水量，得到历年区域年降水量系列。

（2）对区域年降水量系列进行频率计算，即可求得区域多年平均的年降水量及不同频率的区域年降水量。

（3）降水量的年内分配通常采用典型年法。按降水的类型等特性划分小区，在每个小区中选择代表站，按实测年降水量与某一频率的年降水量相近的原则选择典型年，分析不同典型年年降水的月分配过程。除此以外，也可以关键供水期降水量推求其年内分配。

二、蒸发

蒸发量的分析计算对于探讨陆面蒸发量时空变化规律、水量平衡要素分析及水资源总量的计算都具有重要作用。水资源评价工作要求分析水面蒸发和陆面蒸发两个方面。

水面蒸发是反映陆面蒸发能力的一个重要指标。天然大水面蒸发量数值上等于某种型号水面蒸发器同期蒸发量与水面蒸发器折算系数的乘积。水面蒸发器折算系数的时空变化，一般取决于天然大水体蒸发量和蒸发器蒸发量的影响因素的地区差别。

陆面蒸发是指特定区域天然情况下的实际总蒸散发量，又称流域蒸发。它数值等于地表水体蒸发、土壤蒸发、植物散发量的总和。陆面蒸发量的大小受陆面蒸发能力和陆面供水条件的制约。陆面蒸发能力可近似地由实测水面蒸发综合反映。而陆面供水条件则与降水量大小及其分配是否均匀有关。一般来说，降水量年内分配比较均匀的湿润地区，陆面蒸发量与陆面蒸发能力相差不大；但在干旱地区，陆面蒸发量则远小于陆面蒸发能力，其陆面蒸发量的大小主要取决于供水条件。

陆面蒸发量因流域下垫面情况复杂而无法实测，通常采用间接估算方法求得，主要方法有流域水量平衡方程式间接估算法，以及基于水热平衡原理的经验公式验算法等。

三、河川径流量

河川径流量即水文站能测到的当地产水量，它包括地表产水量和部分（也可能是全部）地下产水量，是水资源总量的主体，也是研究区域水资源时空变化规律的基本依据。水资源评价工作要求分析研究区域的河川径流量及其时空变化规律，阐明径流年内变化和年际变化的特点，推求区域不同频率代表年的年径流量及其年内时程分配。河川径流量的计算方法主要有代表站法、年降雨径流相关法、水文模型法等。

1. 区域多年平均及不同频率年径流量

代表站法的基本思路是在研究区域内，选择一个或几个位置适中、实测径流资料系列较长并具有足够精度、产汇流条件有代表性的站作为代表站，计算代表站逐年及多年平均年径流量和不同频率的年径流量，然后根据径流形成条件的相似律，把代表站的计算成果按面积比或综合修正的办法推广到整个研究范围，从而推算区域多年平均及不同频率的年径流量。

（1）当研究区域与代表站所控制的面积相差不大，自然地理条件也相近时，可用下式计算研究区域逐年或多年平均年径流量：

$$W_{区} = \frac{F_{区}}{F_{代}} W_{代}$$

式中　$W_区$——研究区域年径流量或多年平均年径流量，m^3；

　　　$W_代$——代表站控制范围的年径流量或多年平均年径流量，m^3；

　　$F_区$、$F_代$——研究区域和代表站的面积，km^2。

（2）若研究区域内有两个或两个以上代表站，则将全区域划分为两个或两个以上部分。其各部分的计算同上，全区的年与多年平均径流以两个或两个以上分区的面积为权重计算之。

（3）当代表站的代表性不理想时，例如自然地理条件相差较大，此时不能采用简单的面积比法计算全区逐年及多年平均年径流量，而应当选择一些对产水量有影响的指标，对全区逐年及多年平均年径流量进行修正，方法如下：

1）用多年平均降水量进行修正。在以面积为权重的计算基础上，考虑代表站和研究区域降水条件的差异进行修正。

2）用多年平均年径流深修正。该法不仅考虑代表站和研究区域降水量的差异，也考虑下垫面对产水量的综合影响。因此引入多年平均年径流深进行修正。

3）用年降水量或年径流深修正。当研究区域和代表站有足够的实测降水和径流资料时可用此法，即在以面积为权重的基础上，仿上计算逐年的年径流量，求其算术平均值即为多年平均年径流量。

用以上方法求得研究区域连年径流量，构成了该区域的年径流系列。在此基础上进行频率计算即可推求研究区域不同频率的年径流量。

2. 河川径流量的年内分配

受气候和下垫面因素的综合影响，河川径流的年内分配情势常常是很不相同的。因此，需要研究河川径流量的年内分配，提出正常年或丰、平、枯等不同典型年的逐月河川径流量，为水资源的开发利用提供必要的依据。主要分多年平均年径流的年内分配和不同频率年径流的年内分配。

不同频率年径流的年内分配一般采用典型年法。即从实测资料中选出某一年作为典型年，以其年内分配形式作为设计年的年内分配形式。典型年的选择原则是使典型年某时段径流量接近于某一统计频率相应时段的径流量，且其月分配形式不利于用水部门的要求和径流调节。选出典型年后对其进行同倍比放缩求出设计年相应频率的径流年内分配过程。

四、地表水资源量

水资源评价的对象是天然状态下的年径流量，然而人类活动使得流域自然地理条件发生变化，如跨流域引水、修水库等，影响径流的时空分布规律。因此，将受人类活动调蓄和消耗的这部分径流量回加到实测值中，即为径流的还原计算。主要方法有分项调查法、降雨径流模式法、蒸发插值法等。

1. 山丘区地表水资源量计算

有水文站控制的河流，按实测径流还原后的同步系列资料推求多年平均年径流量，再加上或减去水文站至出山口由等值线图或水文比拟法计算出的产水量，即为河流出山口多年平均年径流量；没有水文站控制的河流，包括季节性河流和山洪沟，只要有山丘区集水面积的，可用等值线图或水文比拟法估算出年径流量。

将评价区内有水文站控制的河流的天然年径流量和用等值线图或水文比拟法估算的年径流量相加即为评价区内的河流总径流量。若评价区界限与流域天然界线一致，评价区河流径流量即为评价区内降水形成的地表水径流量。若评价区界线与流域天然界线不一致，当出山口河流径流量包含评价区外产流流入本区的水量时，评价区地表水资源量应从出山口河流总径流量中扣除区外来水量，当评价区内河流有水量在出山口前流出境外时，则评价区地表水资源量应为出山口水资源量加未控制的出境水量。

2. 平原区地表水资源量计算

在分析计算条件许可条件下，平原地区地表水资源量可仿照山丘区计算方法进行计算。然而，对于平原河网地区，缺乏流域控制站实测径流资料。同时，由于人类活动和城市化进程加快使流域下垫面发生较大改变，流域的产流机制和水资源情势也发生了相应的变化。流域经济发展程度较高，用水量和重复利用率增加，工程调蓄作用明显，河川径流的还原计算难度增加。在水资源评价时，可建立平原地区水文模型，利用模型进行模拟计算。

五、地下水资源量

地下水资源是总水资源的重要组成部分。地下水资源是指区域浅层地下水体在当地降水补给条件下，经水循环后的产水量。为正确计算和评价地下水资源量，通常按地形地貌特征、地下水类型和水文地质条件，将区域划分为若干不同类型的计算分区。各计算分区采用不同的方法计算地下水资源量，计算成果按流域和行政区划进行汇总。按地下水资源计算的项量、方法不同，主要分为山丘区和平原区两大类型。地下水资源计算的基本方法主要有地下水动力学法、数理统计法和水均衡法等。水均衡法以均衡区的水量平衡分析为基础，研究地下水各项补给量、各项排泄量和地下水量变量之间的动态关系，计算均衡区地下水的各项补给量、排泄量。山丘区以总排泄量估算总补给量，代表地下水资源量；平原区以总补给量代表地下水资源量。地下水开发程度较高的平原区，还需估算地下水可开采量。

1. 山丘区地下水资源量计算

根据水均衡法的原理，用地下水的排泄量近似作为补给量。计算公式为

$$\overline{W}_{g山} = \overline{R}_{g山} + \overline{C}_{潜} + \overline{C}_{侧山} + \overline{C}_{泉} + \overline{E}_{g山} + \overline{g}_{山}$$

式中　$\overline{W}_{g山}$——山丘区地下水的总排泄量；

$\overline{R}_{g山}$——河川基流量；

$\overline{C}_{潜}$——河床潜流量；

$\overline{C}_{侧山}$——山前侧向流出量；

$\overline{C}_{泉}$——未计入河川径流的山前泉水出露量；

$\overline{E}_{g山}$——山间盆地潜水蒸发量；

$\overline{g}_{山}$——浅层地下水开采的净消耗量。

上式各项排泄量中，各项均为多年平均值，计算单位均为 m^3。以河川基流量为主要部分，是本项计算的重点内容。对于我国南方降水量较大的山丘区，其他各项排泄量一般可忽略不计。河川基流量的估算方法有直线平割法、直线斜割法。后者关键在于退水拐点

的确定，常用方法有综合退水曲线法、消退流量比值法、消退系数比较法等。

2. 平原区地下水资源量计算

一般平原区地下水及气象等资料较山区丰富，因此可以直接计算各项补给量作为地下水资源量。有条件的地区，可同时计算总排泄量进行校核。平原区补给量是指天然或人工开采条件下，由大气降水及地表水体渗入、山前侧向径流及人工补给等流入含水层的水量，计算公式为

$$W_{g平} = \overline{U}_p + \overline{U}_s + \overline{U}_{侧山} + \overline{U}_{越补}$$

式中　$W_{g平}$——平原区地下水补给量；

$\overline{U}_p$——降水入渗补给量；

$\overline{U}_s$——地表水体对地下水的入渗补给量；

$\overline{U}_{侧山}$——山前侧向流入补给量；

$\overline{U}_{越补}$——越流补给量。

式中各项为多年平均值，单位均为 m^3。其中，降水入渗补给量是浅层地下水重要的补给来源，通常采用降水入渗补给系数法进行计算。

3. 不同频率代表年的地下水资源量计算

如前所述，山丘区以地下水总排泄量估算地下水资源量，而总排泄量中以河川基流量为主体。因此，计算一些代表年（8～10 年）的河川基流量和地下水资源量，建立两者相关关系，由不同频率的年河川基流量查相关图求得不同频率代表年的地下水资源量。有的山丘区，河川基流量之外的其他排泄量可以忽略不计，则不同频率的年河川基流量即代表不同频率的山丘区地下水资源量。

平原区地下水资源量通常由地下水总补给量估算。总补给量的主体为降水入渗补给量。因此可计算一些代表年（8～10 年）的降水入渗补给量与地下水资源量，建立两者之间的相关关系，利用地区综合的降水入渗补给系数与年降水量的相关图，即可根据年降水量系列的频率分析求得不同频率的降水入渗补给量，再由降水入渗补给量与地下水资源量相关图，推求得出不同频率代表年的平原区地下水资源量。

六、区域水资源总量计算

根据水资源评价工作的实际情况，在水量评价中，将河川径流量作为地表水资源量，将地下水补给作为地下水资源量分别进行评价，再根据转化关系，扣除互相转化的重复水量，计算出各水资源评价区的水资源总量。

$$W = R + Q - D$$

式中　W——水资源总量；

R——地表水资源量；

Q——地下水资源量；

D——地表水和地下水互相转化的重复水量。

分区重复水量的确定方法，根据不同地貌类型有所不同，其水资源总量计算方法也有所区别，一般可分为三种类型：

1. 单一平原区水资源总量

分区水资源总量可表示为

$$W_P = R_P + G_P - D_{rgp}$$

式中　　R_P——平原区地表水资源量；

　　　　G_P——平原区地下水水资源量，以补给量估算；

　　　D_{rgp}——两者之间重复计算水量，可按如下公式计算：

$$D_{rgp} = \overline{W}_{平基} + \overline{u}_{河渗} + \overline{u}_{渠渗} + \overline{u}_{库渗} + \overline{u}_{渠灌} + \overline{u}_{人工}$$

式中　　$\overline{W}_{平基}$——平原河道的基流量，可通过分割基流或由总补给量减去潜水蒸发求得；

　　　$\overline{u}_{河渗}$——多年平均河道渗漏补给量，亿 m^3；

　　　$\overline{u}_{渠渗}$——多年平均渠系渗漏补给量，亿 m^3；

　　　$\overline{u}_{库渗}$——多年平均水库（湖泊、塘坝）渗漏补给量，亿 m^3；

　　　$\overline{u}_{渠灌}$——多年平均渠灌田间入渗补给量，亿 m^3；

　　　$\overline{u}_{人工}$——多年平均人工回灌补给量，亿 m^3。

2. 单一山丘区水资源总量

分区水资源总量可表示为

$$W_m = R_m + G_m - D_{rgm}$$

式中　　R_m——山丘区地表水资源量；

　　　　G_m——山丘区地下水水资源量，以排泄量估算；

　　　D_{rgm}——两者之间重复计算水量，可直接用分割流量过程线的方法来推求。

3. 多种地貌类型混合区

在多数水资源分区内，往往存在两种以上的地貌类型区。水资源总量公式如下：

$$W_{总} = \overline{W}_{平表} + \overline{W}_{山表} + \overline{u}_{山} + \overline{u}_{降} + \overline{u}_{越补}$$

可见，混合区多年平均水资源总量等于山丘区、平原区多年平均地表径流量与山丘区地下水补给量、平原区降水入渗补给量、平原区地下水越流补给量之和。

七、水资源可利用量

水资源可利用量是区域水资源总量的一部分，具有独立性与整体性交织、动态性、模糊性和时空变异性等特征。水资源可利用量的概念尚不统一。全国水资源综合规划大纲给出了关于水资源可利用量的较规范定义：在可预见的时期内，在统筹考虑河道内生态环境和其他用水的基础上，通过经济合理、技术可行的措施，可供（河道外生活、生产、生态）一次性利用的最大水量（不包括回归水的重复利用）。水资源可利用量是从资源的角度分析可能被消耗利用的水资源量。

（1）地表水资源可利用量。地表水资源可利用量，是指在可预见的时期内，统筹河道内生态环境用水的基础上，通过经济合理、技术可行的措施可供一次性利用的最大水量，不包括回归水重复利用量。

（2）地下水资源可利用量。地下水资源可利用量，是指在可预见的时期内，通过经济合理、技术可行的措施，在不致引起生态环境恶化条件下允许从含水层中获得的最大水量。

（3）水资源可利用总量。水资源可利用总量，是指在可预见的时期内，在统筹考虑生活、生产和生态环境用水的基础上，通过经济合理、技术可行的措施在当地水资源中可以一次性利用的最大水量，可采取地表水资源可利用量与浅层地下水资源可开采量相加再扣除两者之间重复计算量的方法估算。

第三节 水 资 源 利 用

水资源利用，是指通过水资源开发为各类用户提供符合质量要求的地表水和地下水可用水源以及各个用户使用水的过程。按利用方式，可分为河道内和河道外用水，其中河道内包括水力发电、渔业、航运、水产养殖、生态用水等；河道外包括农业、工业、生活和生态用水等，具体见表17-1。按用水消耗状况，可分为消耗性用水和非消耗性用水。按用途性质，可分为农业、工业、生活、生态、航运、水力发电等。

表 17-1 用水方式及其层次结构

用 水 户 分 类				备 注
一级	二级	三级	四级	
河道外	生活		城镇居民生活	仅为城镇居民生活用水，不包括公共用水
			农村居民生活	仅为农村居民生活用水，不包括牲畜用水
	生产	工业	高用水工业	纺织、造纸、石化、冶金、化工、食品
			一般工业	除高用水工业和火（核）电工业外的工业行业
			火（核）电力工业	循环式、直流式
		建筑业		土木建筑业、线路管道和设备安装业、装饰业
		第三产业		第三产业及城市消防用水及城市特殊用水等
		农业	农田灌溉	水田	水稻等
				水浇地	小麦、玉米、棉花、蔬菜、油料等
				菜田	菜田
			林牧渔畜	灌溉林果地	果树、苗圃、经济林等
				灌溉草场	人工草场、灌溉的天然草场、饲料基地等
				牲畜	大、小牲畜
				鱼塘	鱼塘补水及换水
	生态		城镇生态环境	公园绿地、河湖补水、环境卫生用水等
			农村生态环境	湖泊、沼泽、湿地补水，林草、植被建设，地下水回灌
河道内	生产		水力发电	水力发电业
			航运	内河、内湖运输业
			水产养殖	自然水体的淡水养殖业（不包括鱼塘），在河道内生态环境需水中考虑其水量要求
			其他	漂木、水上旅游观光等
	生态		维持河道一定功能	生态基流、输沙、水生生物等
			河口生态环境	冲淤保港、防潮压咸、河口生物

第四节　水资源规划

水资源规划是水利规划的重要组成部分，主要是对流域或区域水利综合规划中进行水资源多种服务功能的协调，为适应各类用水需要的水量科学分配、水的供需分析及解决途径、水质保护及污染防治规划等方面的总体安排。

一、水资源需求预测

（一）生活需水预测

1. 生活用水计算

生活用水的计算方法一般有直接计算法和定额估算法两种。前者直接根据生活用水量的统计计算得到；后者根据当地统计资料，获得人均日生活用水量经验数据，再计算实际生活用水量。

2. 生活需水预测

（1）影响因素。一个城镇生活用水定额、用水结构与城镇的特点和性质有关。对未来生活需水量预测离不开城镇生活用水的历史和现状。据此应考虑以下因素的变化：住楼房与平房人数在未来水平年所占的比例；供水的普及程度；家庭人员构成变化和家庭收支增加；家庭用水设备；安装户表情况等。

（2）预测方法。城镇生活需水预测方法主要有趋势法或简单相关法、分类分析权重变化估算法等。趋势法预测公式如下：

$$W_i = p_o(1+\varepsilon)^n K_i$$
$$W_{i-m} = \alpha_m W_i$$

式中　W_i——某水平年城镇生活用水量，m^3；

　　　p_o——现状人口，人；

　　　ε——城镇人口计划增长率，%；

　　　n——起始年份与某一水平年份的时间间隔，年；

　　　K_i——某水平年份拟订的人均用水综合定额，$m^3/(人\cdot 年)$；

　　W_{i-m}——某一水平年内某一月份城镇生活需水量，m^3；

　　　α_m——某一月份需水量占全年总需水量百分数。

农村生活需水预测要通过典型调查，按人均需水标准进行估算。需水标准与各地水源条件、用水设备、生活习惯等相关，应进行实地调查拟订需水标准。

（二）农业需水预测

1. 现状灌溉需水量计算

现状灌溉需水量一般估算方法可分为直接估算法和间接估算法：①直接估算法，即直接选用各种作物的灌溉定额分别进行估算；②间接估算法，即先计算各时段综合灌溉定额，再算整个灌溉用水量。

2. 不同水平年不同保证率灌溉需水量估算

未来不同水平年的灌溉需水量估算，主要考虑以下几个因素：灌溉面积的发展速度；不同保证率情况下的不同灌溉方式；不同作物及组成的灌溉定额；渠系水利用系数提高程度等。不同水平年不同保证率农业灌溉需水量预估，可根据预测框图程序进行，如图 17-1 所示。

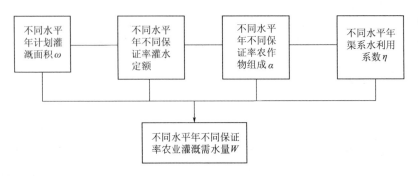

图 17-1　不同水平年不同保证率农业灌溉需水量预测

　　林牧渔畜需水量包括林果地灌溉、草场灌溉、鱼塘补水和牲畜用水等四项。灌溉林果地和草场需水量预测采用灌溉定额预测方法，其计算步骤类似于农业灌溉需水量。即根据当地试验资料或现状典型调查，分别确定林果地和草场灌溉净定额；根据灌溉水源和供水系统，分别确定田间水利用系数和各级渠系水利用系数；结合林果地和草场发展面积预测指标，进行林地和草场灌溉净需水量和毛需水量预测。渔业需水可定义为维持一定养殖水面面积和相应水深所需补充的水量，为养殖水面蒸发和渗漏所消耗水量的补充值，可采用水量平衡法和定额法预测计算。牲畜用水可结合调查分析，采用定额法进行预测计算。

　　（三）工业需水预测

　　工业需水所要把握的环节是：①掌握正确的工业需水分类；②做好现状工业用水调查和统计分析工作；③比较准确的预测未来的工业需水。

　　1. 工业用水调查

　　工业用水调查是获得用水资料的重要手段，是研究城市需水极其重要的一项工作。调查内容：①基本情况，包括人口、土地、职工人数、工业结构和布局，历年工业产值及主要工业产品、产量等；②供排水情况，包括供水水源、供水方式、排水出路和水质情况等。水源情况调查，除自来水用量可直接从自来水公司记载中取得外，各单位自取河水、地下水都要进行调查；③用水情况，包括地区的工业发展规划，城市建设发展规模，将来的工业结构及布局，工业产值、产量的计划，供排水工程设施规划等。

　　2. 工业需水预测计算

　　工业需水预测是一项比较复杂的工作，涉及的因素较多。一个城市或地区的工业用水的发展与国民经济发展计划和长远规划密切相关。通常采用的方法是：研究工业用水的发展史，分析工业用水的现状，考察未来工业发展的趋向和用水水平的变化，从中得出预测的规律。具体预测计算方法一般有趋势法、相关法、分行业重复利用率提高法、分块预测法等。

　　（四）生态需水预测

　　结合当地水资源开发利用状况、经济社会发展水平、水资源演变情势等，确定可行的生态与环境保护、修复和建设目标，在此基础上，分别进行河道内和河道外两类生态环境需水量的预测。

1. 河道内生态与环境需水

河道内生态与环境需水可根据各地河流水系实际情况，选择不同方法计算，经比较选取合理结果。

（1）维持河道一定功能的需水量。维持河道一定功能的需水量计算方法可分为整体计算法和分项计算法两类。前者主要方法有湿周法、Tennant 法。分项计算法中生态基流的计算可采用最小月流量平均法、典型年最小月流量法和 Q_{95} 法；输沙需水量计算中，如果是饱和输沙状态，则汛期输送泥沙所需的水量可近似等于多年平均输沙量/汛期多年平均含沙量；对于非饱和输沙状态，则采用多年平均输沙量/多年最大月平均含沙量（代表水流对泥沙的输送能力）。水生生物需水量的计算，由于资料有限，一般可采用多年平均径流量的百分比估算河道内水生生物的需水量，一般河流少水期可取多年平均径流量的 $10\%\sim20\%$，多水期可取多年平均径流量的 $20\%\sim30\%$，有国家级保护生物的河流可适当提高百分比。分别计算上述各项需水量，然后取分月最大值，得到维持河道一定功能的年需水量。

（2）河口生态与环境需水量。

1）河口冲沙需水量。冲沙需水量计算需要分析历年入海水量的变化特点及河口生态环境、泥沙冲淤平衡状况。河口泥沙受到河道水流与潮流的相互作用，水动力条件复杂，可用河口多年入海水量、含沙量、泥沙淤积量等进行估算。

2）防潮压咸需水量。有资料地区可根据河口流量与咸水位关系计算相应的入海压咸需水量，无资料地区可根据某一设计潮水位上溯可能造成的影响，分析计算防潮压咸所需的最小水量。

3）河口生物需水量。河口生物栖息地保护主要是维持河口入海水量与海水入侵的动态平衡，一般通过典型年入海水量的分析，确定其需水量。

上述各计算单项需水量的最大值作为河口生态与环境需水量。

2. 河道外生态与环境需水

（1）城镇生态与环境需水量。城镇绿地生态需水量采用定额法计算，为绿地面积与绿地灌溉定额的乘积。城镇河湖补水量采用水量平衡法与定额法预测计算。城镇环境卫生需水量采用定额法计算，为城市市区面积与单位面积的环境卫生需水定额（采用历史资料和现状调查法确定）乘积。

（2）林草植被建设需水量。林草植被建设需水量指为建设、修复和保护生态系统，对林草植被进行灌溉所需要的水量，主要包括防风固沙林草等，一般采用面积定额法计算。

（3）湖泊沼泽湿地生态与环境补水量。湖泊生态与环境补水量根据水面蒸发量、渗漏量、入湖径流量等采用水量平衡法估算。沼泽湿地生态与环境补水量根据进入沼泽湿地的径流量、降水量、蒸发量、渗漏量、需要恢复和保持的沼泽湿地面积等，采用水量平衡法估算。

（4）地下水回灌补水量。地下水回灌补水指为了防治地下水超采，需要通过工程措施对地下水超采区进行回灌所需要的水量。可根据地下水超采量、地下水采补平衡目标、地下水回灌系数和地下水回灌年数，合理确定地下水回灌量。

（五）综合用水分析

为了保障预测成果具有合理性，要对经济社会发展指标、用水定额以及需水量进行合理性分析。主要分析内容包括：各类预测指标发展变化趋势的合理性分析，区域间和各类用水间的数据协调性分析及国内外其他地区的指标比较等。然后，要进行河道内和河道外、城镇和农村需水预测成果的综合分析与计算。某些需水项之间有一定的重复，应综合考虑。

1. 河道外需水量

河道外需水量要参与区域或流域水资源的供需平衡分析，应分别提出不同代表年（50%、75%、90%），按城镇和农村分类汇总的需水量预测成果。

2. 河道内需水量

河道内生产需水量要与河道内生态环境需水量综合考虑，其超过河道内生态环境需水量的部分，要与河道外需水量统筹协调，参与区域或流域水资源的供需平衡分析。

二、可供水量的计算

1. 可供水量定义与内涵

一般公认的可供水量的定义为：不同水平年、不同保证率，考虑需水要求，供水工程措施可提供的水量。"不同保证率"可视作供水工程措施对用户供水的保证程度；"考虑需水要求"指的是在计算可供水量时，要把供水和需水结合考虑，弃水和不能为用户所利用的水量不能算作可供水量；"可"字表示某种计算条件下，供水工程设施"可能"、或"可以"提供的水量，可供水量只是供水能力中为用户利用了的那部分水量；"工程措施"表明可供水量一定是供水工程所提供的，没有通过供水工程措施直接为用户所利用的水量，都不能算作可供水量。因此，供水工程措施未控制的集雨面积上的水资源量是不可能成为可供水量的。

2. 可供水量的计算

目前在区域水资源供需分析中，可供水量常用计算方法有两种：一是系列调节法，二是典型年调节法。计算区域的工程可供水量，一般先从单项工程计算入手，单项工程的计算是基础，然后再进行综合分析计算。单一水利工程可分为蓄水工程、引水工程和提水工程等几种类型：

（1）单一水利工程可供水量。对于蓄水工程中的年调节水库，一般来说这种工程应按系列调节法或典型年调节法来计算不同水平年、不同保证率情况下的可供水量；对于多年调节水库，由于该类型水库来水并非为当年用，而要以丰补欠，一般要采用系列调节法，按月进行调算。对于水库供水计算，都有详算及简化计算之分。对于小型蓄水工程，这类工程的特点是数量多而且缺乏实测资料，通常采用复蓄指数法、倍比系数法和水量利用系数法来估算可供水量。

对于引水工程可供水量计算，必须把来水、用水结合起来考虑，否则由此计算出来的余缺水量将与实际不符。大、中型引水工程可供水量计算，一般按选择典型年逐一进行。当某一引水枢纽某一频率的逐日来水过程线确定时，则该引水枢纽可供水量大小，取决于渠道过水能力、下游河道流量要求和用户的用水要求等。对于小型引水工程，可采用简化计算，通常采用有效灌溉面积和毛灌溉面积来反推灌溉引水工程可供水量。

对于提水工程可供水量，必须从水源、用水两方面来分析。从河道提水，其最大可提水量取决于河道来水情况、下游河道的水流要求以及提水设备能力。这样算出的可能最大提水量，并不是提水工程可供水量。提水工程的可供水量必定小于可能最大提水量，它必须考虑用户所需及提水设备能力与开机时间，通常用提水设备能力与开机时间相乘来估算。

对于提取地下水，一般应以不致造成不良后果为前提。在区域水资源供需分析中，一般将多年平均综合补给量作为地下水可供水量的控制极限。现状地下水可供水量一般用机井提水能力乘运转时间来进行估算。未来水平年地下水可供水量一般根据机井发展规划来进行估算，但不得超过该地区多年平均综合补给水量；有些地区在分析未来地下水可供水量时，也有用地下水多年平均综合补给量的开采系数来进行估算。

（2）区域水利工程可供水量。区域内的各项供水工程组成一个体系，共同为用户供水，彼此相互联系，又互相影响。区域可供水量的计算，就是在各种用户的需水要求下，对区域内部所有水利工程的可供水量进行计算。来水时空分布也对整个区域可供水量大小产生直接影响，应在计算中予以考虑。

在研究区域内用水户概化及分区、水源划分、工程安排等基础上，按照供水工程、概化用户在流域水系上和自然地理上的拓扑关系，将水源与分区各类型用水户连接起来，形成系统网络图。区域可供水量，就是在区域系统网络概化图的基础上，通过建立区域可供水量模型进行调算。对于来水系列资料比较完整的区域，采用长系列调算法进行调算，否则采用典型年法进行调算。基于模拟的可供水量计算方法，就是以概化的系统网络图为基础，以事先拟定的各种调配规则为依据，按一定次序，对各水源、各计算单元进行各种水利工程调节计算的方法。即按水资源系统网络图，考虑水源水量、需水要求、工程供水能力等约束，按照统筹兼顾的原则，合理安排各种水源各类工程的供水策略。系统具体调算原则应根据系统具体情况制定，总的要求是统筹兼顾各分区各种类型的用水需求，合理安排各种水源各类工程的供水策略，以利于系统供需平衡。

区域可供水量计算的一般性调算规则：

1）自上而下，先支流后干流，逐计算单元计算。每一单元的计算遵循水量平衡的原则。计算时，可将水源分为本计算单元内部分配和多个单元间联合分配两种情形。前者包括对当地地表水及地下水等水源的分配，原则上只对本单元内部各用户供水，不跨单元利用；后者包括大型水库、外流域调水、处理后污水等水源或水量的分配与传递，可以为多个计算单元使用，其水量的传递和利用关系由网络图中传输线路确定，多用水单元采用"分散余缺"原则。后者是系统模拟的重点和难点。

2）一般供水次序：先用自流水，后用蓄水和提水；先用地表水，后用地下水；先用本流域的水（包括过境水），后用外流域调水；水质优的用于生活等用户，其他水用于水质要求较低的农业或部分工业用户。此外，应充分考虑各类水源之间存在的相互影响关系。

3）一般用水次序：在水资源短缺时，先尽量满足生活需水，再依次是河道内最小生态需水、工业和第三产业需水、农业需水、河道外生态需水等。

整个区域可供水量是区域各计算单元可供水量的集合，由于各计算单元丰枯情况不一致，整个区域来水为中等水平年，可能包括部分地区干旱年；整个区域为中等干旱年，可能包括部分地区的大旱年，因此，在计算整个区域可供水量时要考虑这种丰枯不均衡性的影响。

当计算整个区域某一保证率时可供水量，一般用两种办法考虑各计算单元的丰枯影响。

1）按某一典型年来水量分配，自上而下计算各计算单元可供水量。

2）按某一计算单元为同一频率来水，其他计算单元为相应频率来水，自上而下计算各计算单元可供水量。

当某一计算单元的几个典型频率可供水量计算出来之后，其他频率的可供水量可通过插值法求出，这种插值计算方法在计算区域综合可供水量时，可简化一定的计算工作量。

三、水资源供需分析

区域水资源供需分析是指在一定的区域内，在一定的时段内，对某一发展水平年和某一保证率的各部门供水量和需水量平衡关系的计算，旨在摸清区域内水资源供需现状，预测未来，揭示区域内水资源供需关系的内在规律和主要矛盾，探讨水资源开发利用的途径与潜力，提出实现水的长期稳定供给方案。涵盖以下三个方面：分析水资源供需现状和存在的问题；分析不同发展阶段（不同水平年）水资源供需情况和实现供需平衡的方向；分析实现本区域水的长期稳定供给的措施和方案计划。

供需分析从范围分：计算单元的供需分析；某一河段供需分析；整个流域的供需分析。从用水性质分：河道外用水的供需分析；河道内用水的供需分析。从用水发展分：现状供需分析；不同发展阶段的供需分析。从供需分析的深度分：一次供需分析；二次供需分析；三次供需分析等。上述供需分析，以区域的供需分析为最高层次，其余都是在区域内的各个不同角度来进行供需分析的，是区域供需分析的具体内容，彼此既有区别，又相互联系制约，目的是要使区域供需分析更清晰、更具条理。

四、水资源配置

一个区域的水资源是有限的，当这种有限性使区域水资源成为稀缺性的资源时，各种用户的水需求之间就具有了竞争性，就会面临把有限的水资源如何分配给各用户的问题。水资源优化配置就是从效益最大化角度出发进行水资源分配的方法，是从社会、经济、生态三个方面来衡量的，是追求综合效益的最大化。

1. 水资源配置的目标

按照用水类型的划分及用水后果的影响程度，可把水资源配置分成三个层次：

（1）在可持续发展层次，保持人与自然的和谐关系。人类为了发展社会经济，必需利用一部分水资源；而为了人类自身的存在，又必须维护适宜的生存环境。因此，必须研究如何与自然环境合理地分享水资源。兼顾当前与长远，在社会经济发展与生态环境保护两类目标间进行权衡，进行社会经济用水与生态环境用水的合理分配，力争使长期发展的社会净福利达到最大。

（2）在社会经济发展层次，兼顾社会公平与经济效益。人类为了发展经济，必需利用水资源；而经济发展，又必须有和谐的社会环境。因此，进行水资源合理配置时必须统筹考虑公平与效益问题。兼顾局部与全局，在社会公平与经济效益两类目标间进行权衡，进行区域水资源在各类用户之间的合理分配，保障社会和谐与经济快速发展。到目前为止，在理论上还找不到确切的指标来衡量，与国家不同的发展阶段相关，社会公平可采用缺水率来反映，经济效益以经济指标来反映。

（3）在水资源开发利用层次，对水资源需求侧与供给侧同时调控。调动各种手段，力求使需要与供给之间实现动态平衡。寻求技术可行、经济合理、环境无害的水资源开发、利用、保护与管理方案。

2. 水资源配置的手段

（1）工程手段。通过工程措施对水资源进行调蓄、输送和调配，达到合理配置的目的。时间调配工程包括水库、湖泊、塘坝、地下水等蓄水工程，用于调整水资源的时程分布；空间调配工程包括河道、渠道、运河，管道、泵站等输水、引水、提水、扬水和调水工程，用于改变水资源的地域分布；质量调配工程包括自来水厂、污水处理厂、海水淡化等水处理工程，用于调整水资源的质量。调配的方式主要有地表、地下水联合运用；跨流域调水与当地水联合调度；蓄、引、提水多水源统筹安排；污水资源化、雨水利用、海水利用等多种水源相结合等。

（2）行政手段。利用法律约束机制和行政管理职能，直接通过行政措施进行水资源配置，调配生活、生产和生态用水，调节地区、部门等各用水单位的用水关系，实现水资源的统一优化管理调度。水资源统一管理主要体现在两个方面，一是流域的统一管理，二是地域的主要是城市的水务统一管理。

（3）经济手段。按照市场经济要求，通过建立合理的水使用权分配和转让的经济管理模式，建立合理的水价形成机制，以及以保障市场运作的法律为基础的水管理机制，利用经济手段进行调节，利用市场加以配置，使水的利用方向从低效益的经济领域向高效益的经济领域、水的利用模式从粗放型向节约型转变，提高水的利用效率。

（4）科技手段。通过建立水资源实时监控系统，准确及时地掌握各水源单元和用水单元的水信息，科学分析用水需求，加强需水管理，采用系统工程方法进行优化决策，提高水资源调度的现代化水平，科学、有效、合理地进行水资源配置。

3. 水资源合理配置模式

按照水资源分配指导思想的不同，水资源配置经历了以下几种模式：

（1）"以需定供"的水资源配置。"以需定供"的水资源配置是以经济效益最优为唯一目标，认为水资源是"取之不尽，用之不竭"。这种思想在强调需水要求的基础上，着重考虑了供水方面的各种变化因素，通过修建水利水电工程的方法从大自然无节制或者说掠夺式地索取水资源，其结果必然带来不利影响。另外，没体现出水资源的价值，毫无节水意识，必然造成社会性的水资源浪费。

（2）"以供定需"的水资源配置。"以供定需"的水资源配置，是以水资源的供给可能性进行生产力布局，强调资源的合理开发利用，以资源背景布置产业结构。然而，水资源可供水量是随经济发展相依托的一个动态变化量，"以供定需"在可供水量分析时与地区经济发展相分离，没有实现资源开发与经济发展的动态协调，可供水量的确定显得依据不足。由于过低估计区域发展的规模，使区域经济不能得到充分发展。因此，这种配置理论也不适应经济发展的需要。

（3）"供需结合"的水资源配置。以上两种水资源配置，要么强调需求，要么强调供给，都是将水资源的需求和供给分离开来考虑，供需结合的配置模式从水资源和需求两个方面进行调控，经过多种方案的比较，能够选出较满意的区域水资源配置方案。

（4）基于经济效益最大的水资源配置。基于经济效益最大的水资源配置是从经济效益最大的角度出发，解决竞争性的用水分配问题，但未能考虑区域各经济部门的相互联系和相互制约。

（5）基于宏观经济的水资源配置。基于宏观经济的水资源优化配置，通过投入产出分析，从区域经济结构和发展规模分析入手，将水资源优化配置纳入宏观经济系统，以实现区域经济和资源利用的协调发展。然而，基于宏观经济的水资源优化配置与环境产业的内涵及可持续发展观念结合不足，环保并未作为一种产业考虑到投入产出的流通平衡中，会造成环境污染或生态遭受到潜在的破坏。

（6）可持续发展的水资源配置。可持续发展的水资源优化配置是基于宏观经济的水资源配置的进一步升华，遵循人口、资源、环境和经济协调发展的战略原则，在保护生态环境（包括水环境）的同时，促进经济增长和社会繁荣。然而，可持续发展理论作为水资源优化配置的一种理想模式，在模型结构及模型建立上与实际应用都还有一定的差距，但它必然是水资源优化配置研究的发展方向。

以上几种模式各有其一定的适用范围。水资源合理配置就是指利用水资源配置的适宜方法，进行区域水资源配置分析，提出区域相对公平的、高效的、和谐的水资源分配方案。

五、水资源综合规划

水资源综合规划即在掌握水资源的时空分布特征、地区条件、国民经济对水资源需求的基础上，协调各种矛盾，对水资源进行统筹安排，制定出最佳开发利用方案及相应的工程措施的规划。它是水资源管理的一个重要部分。目的是查清水资源现状，提出水资源合理开发、高效利用、优化配置、全面节约、有效保护、综合治理、科学管理的布局和方案，以水资源的可持续利用支撑经济社会的可持续发展。作为今后一定时期内水资源开发利用与管理活动的重要依据和准则。

1. 综合规划原则

（1）坚持水资源开发利用与生态环境保护相协调的原则。水资源开发利用要与生态环境建设、保护目标、格局相适应，确保生态环境的良性循环。生态环境系统建设目标要与当地水资源条件相适应，生态环境建设与保护要充分考虑水资源条件。

（2）坚持水资源开发利用与经济社会协调发展的原则。水资源开发利用要与经济社会发展的目标、规模、水平和速度相适应，并适当超前。经济社会的发展要与水资源的承载能力相适应，城市发展、生产力布局、产业结构调整以及生态环境建设都要充分考虑水资源条件。

（3）坚持全面规划和统筹兼顾的原则。坚持除害兴利结合，开源节流保护并重，防洪抗旱并举。统筹协调生活、生产和生态用水，合理配置地表水与地下水、当地水与外流域调水、常规水源与非常规水源等多种水源。

（4）坚持因地制宜，突出重点的原则。根据各地水资源状况和经济社会条件，确定适合本地实际的水资源开发利用模式。

（5）坚持科学治水的原则。要广泛应用先进的科学技术和现代化的技术手段，科学配置水资源，缓解面临的主要水资源问题。

2. 综合规划的内容

水资源综合规划涵盖以下内容：①水资源调查评价；②水资源开发利用现状评价；③水资源需求预测；④节约用水规划；⑤水资源保护与污水处理再生利用规划；⑥水资源开发利用潜力分析与供水预测；⑦水资源合理配置；⑧水资源开发利用布局与实施方案制定；⑨规划实施效果评价，即综合评价规划实施后将产生的经济、社会和生态效益；⑩水资源可持续利用保障措施制定。

3. 综合规划的流程

水资源综合规划流程如下：①按研究范围的大小，先按研究范围内的流域进行组织；②流域机构按照各自职责范围，组织本流域内各分区一起开展流域规划编制，在各分区反复协调基础上，形成初步成果；③在初步成果基础上，进行研究范围总体汇总，在上下成果多次协调基础上，形成总体性的水资源综合规划；④在总体规划的指导下，完成流域水资源综合规划；⑤在流域规划指导下，完成区域水资源综合规划；⑥规划成果的总协调。

4. 综合规划的技术

水资源综合规划技术主要包括：分析水资源和水需求变化的水资源评价方法；水需求预测方法；水资源供需分析与水资源优化配置方法等。

5. 综合规划方案的优选

水资源综合规划方案的设置涉及用水、供水、配水等多个方面。需水方面主要受经济社会发展和节水实施的影响，涉及一般措施下经济社会需水方案、强化节水下的经济社会需水方案以及生态环境需水方案等。供水方面涉及地表水工程建设规划、地下水开采利用规划、污水处理再利用规划、非常规水源利用规划、跨流域调水规划等。运行管理方面涉及不同用户优先级、水源利用次序、水利工程调度方式等。

（1）形成计算方案集。由于水资源配置具有多水源、多用户、多工程的特点，综合规划方案形成了一个极为复杂的多维空间，所以不可能将所有方案组合一一列出。应依据流域或区域的具体情况，有针对性地选取增大供水、加强节水等各种措施，筛选出有代表性的各类方案组合，得到配置计算的基本方案集。综合规划方案设置本身也是一个动态的过程，通过方案-反馈-新方案-再反馈的一系列过程完成方案设置，最后得到模型计算的基本方案集。

（2）选择推荐方案。从高效、公平和可持续性原则出发，在经济、社会、生态环境效益等方面制定具体的评比指标，采用适当的评价方法，对供需平衡计算或优化配置计算的结果进行分析比较，选出综合效益最好的方案作为推荐方案。

第五节　水资源管理

在人类开发利用水资源的过程中，水资源管理贯穿始终。只有通过实施有效的水资源管理措施，才能较为完满地使水资源开发利用达到预期的目标。

一、水资源管理的定义

水资源管理是水行政主管部门综合运用法律、行政、经济、技术等手段，对水资源的分配、开发、利用、调度和保护进行管理，以求可持续地满足社会经济发展和生态环境改善对水的需求的各种活动的总称。

广义的水资源管理，包括：法律——立法、司法、水事纠纷的调解处理；行政——机构组织、人事、教育、宣传；经济——筹资、收费；技术——勘测、规划、建设、运行调度。

狭义的水资源管理，包括：①制定合理的水资源开发利用规划，并逐步实施之；②制定水资源的合理分配方案、供水系统及水源工程的优化调度方案；③监督并限制各种不合理开发利用水资源和危害水源的行为；④对来水量变化及水质情况进行监测与相应措施的管理等。

二、水资源管理的手段

水资源管理的主要手段有以下几种：

（1）法律法规。即运用国家的行政权力，制定相应水管理法规，依法治水。

（2）行政手段。即运用政府的行政权力，以命令、规定、指示、条例等形式发挥行政组织在水资源管理中的作用。

（3）经济手段。即利用市场调控机制，达到管好、用好水资源的目的。

（4）技术手段。即充分认识当地水资源的特点和问题，采取合理的技术手段，开发利用并保护好水资源。

（5）宣传教育手段。重点是提高全民的水资源意识，达到能使公众自觉参与对水资源的保护和管理，节约用水。

（6）必要的国际协定或公约。对于边界河流、湖泊和出入国境的河流，要根据双方的共同利益，订立协定或公约，以保护水源，合理而公正地开发利用共有的水资源。

三、水资源管理的方式

根据区域不同发展阶段，对水资源管理的侧重点不同，可概括出以下几种水资源管理的方式：

（1）供水管理。供水管理是指通过工程与非工程措施将适时适量的水输送到用户的供水过程的管理，核心是尽量采取各种措施以减少水量在输送过程中的无效损耗。

（2）用水管理。用水管理是指运用法律、经济、行政手段，对各地区各部门、各单位和个人的供水数量、质量、次序和时间的管理过程。核心是尽量减少在用水过程中不必要的水量浪费，并不断改进工艺、设备及操作方法，以节约用水。

（3）需水管理。需水管理是指运用行政、法律、经济、技术、宣传、教育等手段和措施，抑制需水过快增长的行为。核心是调整产业结构，促进节水，提出最合理的各类用水对象的需水指标。

（4）水质管理。水质管理是指采取行政、法律、经济和技术等措施，保护和改善水质的行为。核心是经过污染源调查、水质监测，进行水资源质量评价和水质规划，保障区域水质安全。

四、水资源综合管理

水资源综合管理是指以人和自然和谐共处为原则，通过政府宏观调控、用户民主协商、水市场调节三者有机结合，依据法律法规，采用行政、经济、技术和宣传教育等手段，统筹考虑、综合治理人类社会所面临的水多、水少、水污染等问题。

（一）水资源管理的体制

水资源管理体制，是关于水资源管理活动中的组织结构、职权和职责划分等的总称。水资源管理体制是国家管理水资源的组织体系和权限划分的基本制度，是合理开发、利用、节约和保护水资源以及防治水害，实现水资源可持续利用的组织保障。

1. 国家对水资源实行流域管理与行政区域管理相结合的管理体制

水资源属于国家所有，水资源的所有权由国务院代表国家行使。国务院水行政主管部门（水利部）负责制定全国水资源的战略规划，对水资源实行统一规划、统一配置、统一调度、统一实行取水许可制度和水资源有偿使用制度等。为了实现全国水资源的统一管理和监督，国务院水行政主管部门在国家确定的主要江河、湖泊设立流域管理机构，在所管辖的范围内行使法律、行政法规规定和国务院水行政主管部门授予的水资源管理和监督职责。

2. 县级以上地方人民政府水行政主管部门依法负责本行政区域内水资源的统一管理工作

由于各地水资源状况和经济社会发展水平差异很大，实行流域管理和行政区域管理相结合的管理体制必须紧密结合各地实际情况，充分发挥县级以上地方人民政府水行政主管部门依法管理本行政区域内水资源的积极性和主动性。流域管理机构在依法管理水资源的工作中应当突出宏观综合性和民主协调性，着重于一些地方行政区域的水行政主管部门难以单独处理的问题，而行政区域内的经常性的水资源监督管理工作主要应由有关地方政府的水行政主管部门具体负责实施。

（二）水资源管理的法规体系

1. 水法

《中华人民共和国水法》起草始于 1978 年 4 月，至 1988 年 1 月正式颁布，历经十年。《中华人民共和国水法》是新中国第一部管理水事活动的基本法，它的颁布标志着我国水利事业进入了依法治水的新时期。修订后的《中华人民共和国水法》于 2002 年 10 月 1 日起开始施行，标志着我国依法治水进入全面推进传统水利向现代水利、可持续发展水利转变。最大突破在于，全面明确了流域管理机构的法律地位和主要职责，突出了水资源统一管理，规定了实行流域管理和区域行政管理相结合的管理体制，明确了流域管理机构在水资源管理上的地位和作用，赋予流域管理机构在所管辖的范围内行使法律、行政法规规定的和水利部授予的水资源管理和监督职责。新水法关于流域管理制度的确立，是一个历史性的进步。

2. 水法规体系

《中华人民共和国水法》是水的基本法，是调整各类各种水事关系的法律，内容简明扼要，但覆盖面广，比较原则。水是一种重要的自然资源和环境要素，是人类生产活动不可缺少的，同时，我国幅员辽阔，各地情况差异很大。因此，除《中华人民共和国水法》

外，还需根据需要制订其他有关的专项法律、行政法规、部规章和规范性文件。各地方也要结合当地的具体情况，制订相应的地方性法规、规章和规范性文件。这些就构成了我国完整的水法规体系。

水利部在调查研究的基础上，制定了"水法规体系总体规划方案"。水法规体系纵向分为4个层次：①法律，由全国人大及其常委会制定；②法规，包括行政法规（国务院制定）和地方性法规（由省、自治区、直辖市人民代表大会及其常委会制定）；③规章，包括部门规章（由水利部和有关部门制定）和地方政府规章（由省级人民政府制定）；④规范性文件。横向分为7个方面，即：①水资源开发利用和保护；②水土保持；③防洪、抗旱；④工程管理和保护；⑤经营管理；⑥执法监督管理；⑦其他。

（三）水资源管理的经济体制

1. 水资源费

水资源是经济社会发展的物质基础，其有用性决定了它具有价值和价格，国家以水资源费的形式来征收。从理论上讲，水资源费应包括三个方面的内涵：

（1）水资源作为一种自然资源，由于其有用性和稀缺性，它与其他自然资源一样，具有价值，其价格确定应符合资源定价的理论与方法。

（2）自然资源变为人类可直接利用的资源，往往需要追加一定的社会劳动，从而形成各种费用，如水资源的勘测、开发、水量水质监测等费用。

（3）为了保护水源地所在区域的生态环境，以保障水源地水资源的再生和使用价值，所在区域的社会生产模式将只能在有一定的范围选择，从而限制了当地社会经济发展和居民生活水平的提高。对此，其他地区水的使用者应给水源地所在区域以一定程度的补偿。

2. 水价

水价是指水利工程供水的价格。水价应体现价格的本质特征，应包括商品水的全部机会成本。从理论上讲，水价由三个组成部分，具体内涵如下：

（1）资源水价（即水资源费）。资源水价即水资源费，是由国家或地方政府的授权部门按水资源的价值所确定的收费标准。

（2）工程水价。工程水价属经济核算范畴，是根据各供水工程运行的单位成本、利润、税金计算形成的。

（3）环境水价。水资源开发利用活动往往会给生态环境造成影响。如人类过量取用河水引起河道水量锐减、河道功能退化，甚至造成河道断流和湖泊干涸；过量开采地下水造成地下水位下降、地面沉降；污水排放造成水体水质恶化等。这种外部性因为是一种损失，应由造成这一损失的用水户给以补偿。

3. 水市场

区域间的水资源配置作为一项政府行为，水资源配置的方案应该通过法规或协议的形式固定化。在通过水资源配置确定初始水权之后，就可通过水市场实现水权所有者之间的水权转让与交易。然而，水资源不同于其他资源，它是动态的、变化的、多功能的、循环的，并且水还具有战略资源的性质，一般来讲，战略性资源是不能全部进入市场的。同时，我国水资源属国家所有，作为国家资源应当体现共享的原则。因此，究竟建立一个什么样的水市场都要从中国的国情和水情进行深层次的研究。

水市场的建立应该有几条原则：①要认识到水是商品，是有价的；②水权是有价的，是为实现水资源的优化配置和可持续利用服务的；③水权是可以转让、可以交易的；④通过核算，通过协商，最后由政府来定价。

（四）水资源管理的技术体系

水资源管理的技术体系是指针对水资源开发、利用、保护的需要，在技术层面制定的相关技术规范或技术标准，用以规范水资源管理的相关工作，全面提高水资源管理的技术水平。

现代水资源系统是十分复杂的，一般具有以下特征：①规模大，涉及的时间和空间范围大；②功能多，涉及防洪、兴利、水生态环境保护等方方面面，影响巨大；③结构复杂，具有非线性、随机性和动态性等特征。因此，在分析研究和解决水资源问题时，应从系统论的观点出发，不断创新水资源管理的思想和理论方法。在水资源开发、利用、保护、管理的全过程中，要充分利用现代先进技术，如节水灌溉技术、污水处理技术、雨洪资源化技术等，为提高水资源管理水平提供技术支撑。

附　　表

附表1　　　　　　　　　　皮尔逊Ⅲ型曲线的离均系数 **Φ** 值表

偏差系数C_s \ 频率$P/\%$	0.01	0.10	0.20	0.33	0.50	1.0	2.0	5.0	10.0	20.0	50.0	75.0	90.0	95.0	99.0	频率$P/\%$ \ 偏差系数C_s
0.0	3.72	3.09	2.88	2.71	2.58	2.33	2.05	1.64	1.28	0.84	0.00	−0.67	−1.28	−1.64	−2.33	0.0
0.1	3.94	3.23	3.00	2.82	2.67	2.40	2.11	1.67	1.29	0.84	−0.02	−0.68	−1.27	−1.62	−2.25	0.1
0.2	4.16	3.38	3.12	2.92	2.76	2.47	2.16	1.70	1.30	0.83	−0.03	−0.69	−1.26	−1.59	−2.18	0.2
0.3	4.38	3.52	3.24	3.03	2.86	2.54	2.21	1.73	1.31	0.82	−0.05	−0.70	−1.24	−1.55	−2.10	0.3
0.4	4.61	3.67	3.36	3.14	2.95	2.62	2.26	1.75	1.32	0.82	−0.07	−0.71	−1.23	−1.52	−2.03	0.4
0.5	4.83	3.81	3.48	3.25	3.04	2.68	2.31	1.77	1.32	0.81	−0.08	−0.71	−1.22	−1.49	−1.96	0.5
0.6	5.05	3.96	3.60	3.35	3.13	2.75	2.35	1.80	1.33	0.80	−0.10	−0.72	−1.20	−1.45	−1.88	0.6
0.7	5.28	4.10	3.72	3.45	3.22	2.82	2.40	1.82	1.33	0.79	−0.12	−0.72	−1.18	−1.42	−1.81	0.7
0.8	5.50	4.24	3.85	3.55	3.31	2.89	2.45	1.84	1.34	0.78	−0.13	−0.73	−1.17	−1.38	−1.74	0.8
0.9	5.73	4.39	3.97	3.65	3.40	2.96	2.50	1.86	1.34	0.77	−0.15	−0.73	−1.15	−1.35	−1.66	0.9
1.0	5.96	4.53	4.09	3.76	3.49	3.02	2.54	1.88	1.34	0.76	−0.16	−0.73	−1.13	−1.32	−1.59	1.0
1.1	6.18	4.67	4.20	3.86	3.58	3.09	2.58	1.89	1.34	0.74	−0.18	−0.74	−1.10	−1.28	−1.52	1.1
1.2	6.41	4.81	4.32	3.95	3.66	3.15	2.62	1.91	1.34	0.73	−0.19	−0.74	−1.08	−1.24	−1.45	1.2
1.3	6.64	4.95	4.44	4.05	3.74	3.21	2.67	1.92	1.34	0.72	−0.21	−0.74	−1.06	−1.20	−1.38	1.3
1.4	6.87	5.09	4.56	4.15	3.83	3.27	2.71	1.94	1.33	0.71	−0.22	−0.73	−1.04	−1.17	−1.32	1.4
1.5	7.09	5.23	4.68	4.24	3.91	3.33	2.74	1.95	1.33	0.69	−0.24	−0.73	−1.02	−1.13	−1.26	1.5
1.6	7.31	5.37	4.80	4.34	3.99	3.39	2.78	1.96	1.33	0.68	−0.25	−0.73	−0.99	−1.10	−1.20	1.6
1.7	7.54	5.50	4.91	4.43	4.07	3.44	2.82	1.97	1.32	0.66	−0.27	−0.72	−0.97	−1.06	−1.14	1.7
1.8	7.76	5.64	5.01	4.52	4.15	3.50	28.50	1.98	1.32	0.64	−0.28	−0.72	−0.94	−1.02	−1.09	1.8
1.9	7.98	5.77	5.12	4.61	4.23	3.55	2.88	1.99	1.31	0.63	−0.29	−0.72	−0.92	−0.98	−1.04	1.9
2.0	8.21	5.91	5.22	4.70	4.30	3.61	2.91	2.00	1.30	0.61	−0.310	−0.710	−0.895	−0.949	−0.989	2.0
2.1	8.43	6.04	5.33	4.79	4.37	3.66	2.93	2.00	1.29	0.59	−0.320	−0.710	−0.869	−0.914	−0.945	2.1
2.2	8.65	6.17	5.43	4.88	4.44	3.71	2.96	2.00	1.28	0.57	−0.330	−0.700	−0.844	−0.879	−0.905	2.2
2.3	8.87	6.30	5.53	4.97	4.51	3.76	2.99	2.00	1.27	0.55	−0.340	−0.690	−0.820	−0.849	−0.867	2.3
2.4	9.08	6.42	5.63	5.05	4.58	3.81	3.02	2.01	1.26	0.54	−0.350	−0.680	−0.795	−0.820	−0.831	2.4
2.5	9.30	6.55	5.73	5.13	4.65	3.85	3.04	2.01	1.25	0.52	−0.360	−0.670	−0.772	−0.791	−0.800	2.5
2.6	9.51	6.67	5.82	5.20	4.72	3.89	3.06	2.01	1.23	0.50	−0.370	−0.660	−0.748	−0.764	−0.769	2.6
2.7	9.72	6.79	5.92	5.28	4.78	3.93	3.09	2.01	1.22	0.48	−0.370	−0.650	−0.726	−0.736	−0.740	2.7
2.8	9.93	6.91	6.01	5.36	4.84	3.97	3.11	2.01	1.21	0.46	−0.380	−0.640	−0.702	−0.710	−0.714	2.8

续表

偏差系数 C_s \ 频率 P/%	0.01	0.10	0.20	0.33	0.50	1.0	2.0	5.0	10.0	20.0	50.0	75.0	90.0	95.0	99.0	频率 P/% \ 偏差系数 C_s
2.9	10.14	7.03	6.10	5.44	4.90	4.01	3.13	2.01	1.20	0.44	−0.390	−0.630	−0.680	−0.687	−0.690	2.9
3.0	10.35	7.15	6.20	5.51	4.96	4.05	3.15	2.00	1.18	0.42	−0.39	−0.62	−0.658	−0.665	−0.667	3.0
3.1	10.56	7.26	6.30	5.59	5.02	4.08	3.17	2.00	1.16	0.40	−0.40	−0.60	−0.639	−0.644	−0.645	3.1
3.2	10.77	7.38	6.39	5.66	5.08	4.12	3.19	2.00	1.14	0.38	−0.40	−0.59	−0.621	−0.625	−0.625	3.2
3.3	10.97	7.49	6.48	5.74	5.14	4.15	3.21	1.99	1.12	0.36	−0.40	−0.58	−0.604	−0.606	−0.606	3.3
3.4	11.17	7.60	6.56	5.80	5.20	4.18	3.22	1.98	1.11	0.34	−0.41	−0.57	−0.587	−0.588	−0.588	3.4
3.5	11.37	7.72	6.65	5.86	5.25	4.22	3.23	1.97	1.09	0.32	−0.41	−0.55	−0.570	−0.571	−0.571	3.5
3.6	11.57	7.83	6.73	5.93	5.30	4.25	3.24	1.96	1.08	0.30	−0.41	−0.54	−0.555	−0.556	−0.556	3.6
3.7	11.77	7.94	6.81	5.99	5.35	4.28	3.25	1.95	1.06	0.28	−0.42	−0.53	−0.540	−0.541	−0.541	3.7
3.8	11.97	8.05	6.89	6.05	5.40	4.31	3.26	1.94	1.04	0.26	−0.42	−0.52	−0.525	−0.526	−0.526	3.8
3.9	12.16	8.15	6.97	6.11	5.45	4.34	3.27	1.93	1.02	0.24	−0.41	−0.506	−0.512	−0.513	−0.513	3.9
4.0	12.36	8.25	7.05	6.18	5.50	4.37	3.27	1.92	1.00	0.23	−0.41	−0.495	−0.500	−0.500	−0.500	4.0
4.1	12.55	8.35	7.13	6.24	5.54	4.39	3.28	1.91	0.98	0.21	−0.41	−0.484	−0.488	−0.488	−0.488	4.1
4.2	12.74	8.45	7.21	6.30	5.59	4.41	3.29	1.90	0.96	0.19	−0.41	−0.473	−0.476	−0.476	−0.476	4.2
4.3	12.93	8.55	7.29	6.38	5.63	4.44	3.29	1.88	0.94	0.17	−0.41	−0.462	−0.465	−0.465	−0.465	4.3
4.4	13.12	8.65	7.36	6.41	5.68	4.46	3.30	1.87	0.92	0.16	−0.40	−0.453	−0.455	−0.455	−0.455	4.4
4.5	13.30	8.75	7.43	6.46	5.72	4.48	3.30	1.85	0.90	0.14	−0.40	−0.444	−0.444	−0.444	−0.444	4.5
4.6	13.49	8.85	7.50	6.52	5.76	4.50	3.30	1.84	0.88	0.13	−0.40	−0.435	−0.435	−0.435	−0.435	4.6
4.7	13.67	8.95	7.56	6.57	5.80	4.52	3.30	1.82	0.86	0.11	−0.39	−0.426	−0.426	−0.426	−0.426	4.7
4.8	13.85	9.04	7.63	6.63	5.84	4.54	3.30	1.80	0.84	0.09	−0.39	−0.417	−0.417	−0.417	−0.417	4.8
4.9	14.04	9.13	7.70	6.68	5.88	4.55	3.30	1.78	0.82	0.08	−0.38	−0.408	−0.408	−0.408	−0.408	4.9
5.0	14.22	9.22	7.77	6.73	5.92	4.57	3.30	1.77	0.80	0.06	−0.379	−0.400	−0.400	−0.400	−0.400	5.0
5.1	14.40	9.31	7.84	6.78	5.95	4.58	3.30	1.75	0.78	0.05	−0.374	−0.392	−0.392	−0.392	−0.392	5.1
5.2	14.57	9.40	7.90	6.83	5.99	4.59	3.30	1.73	0.76	0.03	−0.369	−0.385	−0.385	−0.385	−0.385	5.2
5.3	14.75	9.49	7.96	6.87	6.02	4.60	3.30	1.72	0.74	0.02	−0.363	−0.377	−0.377	−0.377	−0.377	5.3
5.4	14.92	9.57	8.02	6.91	6.05	4.62	3.29	1.70	0.72	0.00	−0.358	−0.370	−0.370	−0.370	−0.370	5.4
5.5	15.10	9.66	8.08	6.96	6.08	4.63	3.28	1.68	0.70	−0.01	−0.353	−0.364	−0.364	−0.364	−0.364	5.5
5.6	15.27	9.74	8.14	7.00	6.11	4.64	3.28	1.68	0.67	−0.03	−0.349	−0.357	−0.357	−0.357	−0.357	5.6
5.7	15.45	9.82	8.21	7.04	6.14	4.65	3.27	1.65	0.65	−0.04	−0.344	−0.351	−0.351	−0.351	−0.351	5.7
5.8	15.62	9.91	8.27	7.08	6.17	4.67	3.27	1.63	0.63	−0.05	−0.339	−0.345	−0.345	−0.345	−0.345	5.8
5.9	15.78	9.99	8.32	7.12	6.20	4.68	3.26	1.61	0.61	−0.06	−0.334	−0.339	−0.339	−0.339	−0.339	5.9
6.0	15.94	10.07	8.38	7.15	6.23	4.68	3.25	1.59	0.59	−0.07	−0.329	−0.333	−0.333	−0.333	−0.333	6.0
6.1	16.11	10.15	8.43	7.19	6.26	4.69	3.24	1.57	0.57	−0.08	−0.325	−0.328	−0.328	−0.328	−0.328	6.1
6.2	16.28	10.22	8.49	7.23	6.28	4.70	3.23	1.55	0.55	−0.09	−0.320	−0.323	−0.323	−0.323	−0.323	6.2
6.3	16.45	10.30	8.54	7.26	6.30	4.70	3.22	1.53	0.53	−0.10	−0.315	−0.317	−0.317	−0.317	−0.317	6.3
6.4	16.61	10.38	8.60	7.30	6.32	4.71	3.21	1.51	0.51	−0.11	−0.311	−0.313	−0.313	−0.313	−0.313	6.4

附表 2　　　　　　　皮尔逊Ⅲ型曲线的模比系数 K_p 值表

(1)　$C_s = 2C_v$

C_v ＼ P/%	0.01	0.1	0.2	0.33	0.5	1	2	5	10	20	50	75	90	95	99	P/% ＼ C_s
0.05	1.20	1.16	1.15	1.14	1.13	1.12	1.11	1.08	1.06	1.04	1.00	0.97	0.94	0.92	0.89	0.10
0.10	1.42	1.34	1.31	1.29	1.27	1.25	1.21	1.17	1.13	1.08	1.00	0.93	0.87	0.84.	0.78	0.20
0.15	1.67	1.54	1.48	1.46	1.43	1.38	1.33	1.26	1.20	1.12	0.99	0.90	0.81	0.77	0.69	0.30
0.20	1.92	1.73	1.67	1.63	1.59	1.52	1.45	1.35	1.26	1.16	0.99	0.86	0.75	0.70	0.59	0.40
0.22	2.04	1.82	1.75	1.70	1.66	1.58	1.50	1.39	1.29	1.18	0.98	0.84	0.73	0.67	0.56	0.44
0.24	2.16	1.91	1.83	1.77	1.73	1.64	1.55	1.43	1.32	1.19	0.98	0.83	0.71	0.64	0.53	0.48
0.25	2.22	1.96	1.87	1.81	1.77	1.67	1.58	1.45	1.33	1.20	0.98	0.82	0.70	0.63	0.52	0.50
0.26	2.28	2.01	1.91	1.85	1.80	1.70	1.60	1.46	1.34	1.21	0.98	0.82	0.69	0.62	0.50	0.52
0.28	2.40	2.10	2.00	1.93	1.87	1.76	1.66	1.50	1.37	1.22	0.97	0.79	0.66	0.59	0.47	0.56
0.30	2.52	2.19	2.08	2.01	1.94	1.83	1.71	1.54	1.40	1.24	0.97	0.78	0.64	0.56	0.44	0.60
0.35	2.86	2.44	2.31	2.22	2.13	2.00	1.84	1.64	1.47	1.28	0.96	0.75	0.59	0.51	0.37	0.70
0.40	3.20	2.70	2.54	2.42	2.32	2.16	1.98	1.74	1.54	1.31	0.95	0.71	0.53	0.45	0.30	0.80
0.45	3.59	2.98	2.80	2.65	0.53	2.33	2.13	1.84	1.60	1.35	0.93	0.67	0.48	0.40	0.26	0.90
0.50	3.98	3.27	3.05	2.88	2.74	2.51	2.27	1.94	1.67	1.38	0.92	0.64	0.44	0.34	0.21	1.00
0.55	4.42	3.58	3.32	3.12	2.97	2.70	2.42	2.04	1.74	1.41	0.90	0.59	0.40	0.30	0.16	1.10
0.60	4.85	3.89	3.59	3.37	3.20	2.89	2.57	2.15	1.80	1.44	0.89	0.56	0.35	0.26	0.13	1.20
0.65	5.33	4.22	3.89	3.64	3.44	3.09	2.74	2.25	1.87	1.47	0.87	0.52	0.31	0.22	0.10	1.30
0.70	5.81	4.56	4.19	3.91	3.68	3.29	2.90	2.36	1.94	1.50	0.85	0.49	0.27	0.18	0.08	1.40
0.75	6.33	4.93	4.52	4.19	3.93	3.50	3.06	2.46	2.00	1.52	0.82	0.45	0.24	0.15	0.06	1.50
0.80	6.85	5.30	4.84	4.47	4.19	3.71	3.22	2.57	2.06	1.54	0.80	0.42	0.21	0.12	0.04	1.60
0.90	7.98	6.08	5.51	5.07	4.74	4.15	3.56	2.78	2.19	1.58	0.75	0.35	0.15	0.08	0.02	1.80

(2)　$C_s = 3C_v$

C_v ＼ P/%	0.01	0.1	0.2	0.33	0.5	1	2	5	10	20	50	75	90	95	99	P/% ＼ C_s
0.20	2.02	1.79	1.72	1.67	1.63	1.55	1.47	1.36	1.27	1.16	0.98	0.86	0.76	0.71	0.62	0.60
0.25	2.35	2.05	1.95	1.88	1.82	1.72	1.61	1.46	1.34	1.20	0.97	0.82	0.71	0.65	0.56	0.75
0.30	2.72	2.32	2.19	2.10	2.02	1.89	1.75	1.56	1.40	1.23	0.96	0.78	0.66	0.60	0.50	0.90
0.35	3.12	2.61	2.46	2.33	2.24	2.07	1.90	1.66	1.47	1.26	0.94	0.74	0.61	0.55	0.46	1.05
0.40	3.56	2.92	2.73	2.58	2.46	2.26	2.05	1.76	1.54	1.29	0.92	0.70	0.57	0.50	0.42	1.20
0.42	3.75	3.06	2.85	2.69	2.56	2.34	2.11	1.81	1.56	1.31	0.91	0.69	0.55	0.49	0.41	1.26
0.44	3.94	3.19	2.97	2.80	2.65	2.42	2.17	1.85	1.59	1.32	0.91	0.67	0.54	0.47	0.40	1.32
0.45	4.04	3.26	3.03	2.85	2.70	2.46	2.21	1.87	1.60	1.32	0.90	0.67	0.53	0.47	0.39	1.35
0.46	4.14	3.33	3.09	2.90	2.75	2.50	2.24	1.89	1.61	1.33	0.90	0.66	0.52	0.46	0.39	1.38

续表

C_v \ P/%	0.01	0.1	0.2	0.33	0.5	1	2	5	10	20	50	75	90	95	99	P/% \ C_s
0.48	4.34	3.47	3.21	3.01	2.85	2.58	2.31	1.93	1.65	1.34	0.89	0.65	0.51	0.45	0.38	1.44
0.50	4.55	3.62	3.34	3.12	2.96	2.67	2.37	1.98	1.67	1.35	0.88	0.64	0.49	0.44	0.37	1.50
0.52	4.76	3.76	3.46	3.24	3.06	2.75	2.44	2.02	1.69	1.36	0.87	0.62	0.48	0.42	0.36	1.56
0.54	4.98	3.91	3.60	3.36	3.16	2.84	2.51	2.06	1.72	1.36	0.86	0.61	0.47	0.41	0.36	1.62
0.55	5.09	3.99	3.66	3.42	3.21	2.88	2.54	2.08	1.73	1.36	0.86	0.60	0.46	0.41	0.36	1.65
0.56	5.20	4.07	3.73	3.48	3.27	2.93	2.57	2.10	1.74	1.37	0.85	0.59	0.46	0.40	0.35	1.68
0.58	5.43	4.23	3.86	3.59	3.38	3.01	2.64	2.14	1.77	1.38	0.84	0.58	0.45	0.40	0.35	1.74
0.60	5.66	4.38	4.01	3.71	3.49	3.10	2.71	2.19	1.79	1.38	0.83	0.57	0.44	0.39	0.35	1.80
0.65	6.26	4.81	4.36	4.03	3.77	3.33	2.88	2.29	1.85	1.40	0.80	0.53	0.41	0.37	0.34	1.95
0.70	6.90	5.23	4.73	4.35	4.06	3.58	3.05	2.40	1.90	1.41	0.78	0.50	0.39	0.36	0.34	2.10
0.75	7.57	5.68	5.12	4.69	4.36	3.80	3.24	2.50	1.96	1.42	0.76	0.48	0.38	0.35	0.34	2.25
0.80	8.25	6.14	5.50	5.04	4.66	4.05	3.42	2.61	2.01	1.43	0.72	0.46	0.36	0.34	0.34	2.40

(3) $C_s = 3.5 C_v$

C_v \ P/%	0.01	0.1	0.2	0.33	0.5	1	2	5	10	20	50	75	90	95	99	P/% \ C_s
0.20	2.06	1.82	1.74	1.69	1.64	1.56	1.48	1.36	1.27	1.16	0.98	0.86	0.76	0.72	0.64	0.70
0.25	2.42	2.09	1.99	1.91	1.85	1.74	1.62	1.46	1.34	1.19	0.96	0.82	0.71	0.66	0.58	0.88
0.30	2.82	2.38	2.24	2.14	2.06	1.92	1.77	1.57	1.40	1.22	0.95	0.78	0.67	0.61	0.53	1.05
0.35	3.26	2.70	2.52	2.39	2.29	2.11	1.92	1.67	1.47	1.26	0.93	0.74	0.62	0.57	0.50	1.22
0.40	3.75	3.04	2.82	2.66	2.53	2.31	2.08	1.78	1.53	1.28	0.91	0.71	0.58	0.53	0.47	1.40
0.42	3.95	3.18	2.95	2.77	2.63	2.39	2.15	1.82	1.56	1.29	0.90	0.69	0.57	0.52	0.46	1.47
0.44	4.16	3.33	3.08	2.88	2.73	2.48	2.21	1.86	1.59	1.30	0.89	0.68	0.56	0.51	0.46	1.54
0.45	4.27	3.40	3.14	2.94	2.79	2.52	2.25	1.88	1.60	1.31	0.89	0.67	0.55	0.50	0.45	1.58
0.46	4.37	3.48	3.21	3.00	2.84	2.56	2.28	1.90	1.61	1.31	0.88	0.66	0.54	0.50	0.45	1.61
0.48	4.60	3.63	3.35	3.12	2.94	2.65	2.35	1.95	1.64	1.32	0.87	0.65	0.53	0.49	0.45	1.68
0.50	4.82	3.78	3.48	3.24	3.06	2.74	2.42	1.99	1.66	1.32	0.86	0.64	0.52	0.48	0.44	1.75
0.52	5.06	3.95	3.62	3.36	3.16	2.83	2.48	2.03	1.69	1.33	0.85	0.63	0.51	0.47	0.44	1.82
0.54	5.30	4.11	3.76	3.48	3.28	2.91	2.55	2.07	1.71	1.34	0.84	0.61	0.50	0.47	0.44	1.89
0.55	5.41	4.20	3.83	3.55	3.34	2.96	2.58	2.10	1.72	1.34	0.84	0.60	0.50	0.46	0.44	1.92
0.56	5.55	4.28	3.91	3.61	3.39	3.01	2.62	2.12	1.73	1.35	0.83	0.60	0.49	0.46	0.43	1.96
0.58	5.80	4.45	4.05	3.74	3.51	3.10	2.69	2.16	1.75	1.35	0.82	0.58	0.48	0.46	0.43	2.03
0.60	6.06	4.62	4.20	3.87	3.62	3.20	2.76	2.20	1.77	1.35	0.81	0.57	0.48	0.45	0.43	2.10
0.65	6.73	5.08	4.58	4.22	3.92	3.44	2.94	2.30	1.83	1.36	0.78	0.55	0.46	0.44	0.43	2.28
0.70	7.43	5.54	4.98	4.56	4.23	3.68	3.12	2.41	1.88	1.37	0.75	0.53	0.45	0.44	0.43	2.45
0.75	8.16	6.02	5.38	4.92	4.55	3.92	3.30	2.51	1.92	1.37	0.72	0.50	0.44	0.43	0.43	2.62
0.80	8.94	6.53	5.81	5.29	4.87	4.18	3.49	2.61	1.97	1.37	0.70	0.49	0.44	0.43	0.43	2.80

（4） $C_s = 4C_v$

$P/\%$ ↗ C_v	0.01	0.1	0.2	0.33	0.5	1	2	5	10	20	50	75	90	95	99	$P/\%$ ↗ C_s
0.20	2.10	1.85	1.77	1.71	1.66	1.58	1.49	1.37	1.27	1.16	0.97	0.85	0.77	0.72	0.65	0.80
0.25	2.49	2.13	2.02	1.94	1.87	1.76	1.64	1.47	1.34	1.19	0.96	0.82	0.72	0.67	0.60	1.00
0.30	3.92	2.44	2.30	2.18	2.10	1.94	1.79	1.57	1.40	1.22	0.94	0.78	0.68	0.63	0.56	1.20
0.35	3.40	2.78	2.60	2.45	2.34	2.14	1.95	1.68	1.47	1.25	0.92	0.74	0.64	0.59	0.54	1.40
0.40	3.92	3.15	2.92	2.74	2.60	2.36	2.11	1.78	1.53	1.27	0.90	0.71	0.60	0.56	0.52	1.60
0.42	4.15	3.30	3.05	2.86	2.70	2.44	2.18	1.83	1.56	1.28	0.89	0.70	0.59	0.55	0.52	1.68
0.44	4.38	3.46	3.19	2.98	2.81	2.53	2.25	1.87	1.58	1.29	0.88	0.68	0.58	0.55	0.51	1.76
0.45	4.49	3.54	3.25	3.03	2.87	2.58	2.28	1.89	1.59	1.29	0.87	0.68	0.58	0.54	0.51	1.80
0.46	4.62	3.62	3.32	3.10	2.92	2.62	2.32	1.91	1.61	1.29	0.87	0.67	0.57	0.54	0.51	1.84
0.48	4.86	3.79	3.47	3.22	3.04	2.71	2.39	1.96	1.63	1.30	0.86	0.66	0.56	0.53	0.51	1.92
0.50	5.10	3.96	3.61	3.35	3.15	2.80	2.45	2.00	1.65	1.31	0.84	0.64	0.55	0.53	0.50	2.00
0.52	5.36	4.12	3.76	3.48	3.27	2.90	2.52	2.04	1.67	1.31	0.83	0.63	0.55	0.52	0.50	2.08
0.54	5.62	4.30	3.91	3.61	3.38	2.99	2.59	2.08	1.69	1.31	0.82	0.62	0.54	0.52	0.50	2.16
0.55	5.76	4.39	3.99	3.68	3.44	3.03	2.63	2.10	1.70	1.31	0.82	0.62	0.54	0.52	0.50	2.20
0.56	5.90	4.48	4.06	3.75	3.50	3.09	2.66	2.12	1.71	1.31	0.81	0.61	0.53	0.51	0.50	2.24
0.58	6.18	4.67	4.22	3.89	3.62	3.19	2.74	2.16	1.74	1.32	0.80	0.60	0.53	0.51	0.50	2.32
0.60	6.45	4.85	4.38	4.03	3.75	3.29	2.81	2.21	1.76	1.32	0.79	0.59	0.52	0.51	0.50	2.40
0.65	7.18	5.34	4.78	4.38	4.07	3.53	2.99	2.31	1.80	1.32	0.76	0.57	0.51	0.50	0.50	2.60
0.70	7.95	5.84	5.21	4.75	4.39	3.78	3.18	2.41	1.85	1.32	0.73	0.55	0.51	0.50	0.50	2.80
0.75	8.76	6.36	5.65	5.13	4.72	4.03	3.36	2.51	1.88	1.32	0.71	0.54	0.51	0.50	0.50	3.00
0.80	9.62	6.90	6.11	5.53	5.06	4.30	3.55	2.60	1.91	1.30	0.68	0.53	0.50	0.50	0.50	3.20

附表 3　　　　　　　　三点法用表——S 与 C_s 关系表

（1） $P = 1 - 50 - 99\%$

S	0	1	2	3	4	5	6	7	8	9
0.0	0.00	0.03	0.05	0.07	0.10	0.12	0.15	0.17	0.20	0.23
0.1	0.26	0.28	0.31	0.34	0.36	0.39	0.41	0.44	0.47	0.43
0.2	0.52	0.54	0.57	0.59	0.62	0.65	0.67	0.70	0.73	0.76
0.3	0.78	0.81	0.84	0.86	0.89	0.92	0.94	0.97	1.00	1.03
0.4	1.05	1.08	1.10	1.13	1.13	1.18	1.21	1.24	1.27	1.30
0.5	1.32	1.36	1.39	1.42	1.42	1.48	1.51	1.65	1.58	1.61
0.6	1.64	1.68	1.71	1.74	1.74	1.81	1.84	1.88	1.92	1.95
0.7	1.99	2.03	2.07	2.11	2.11	2.20	2.25	2.30	2.34	2.39
0.8	2.44	2.50	2.55	2.61	2.61	2.74	2.81	2.89	2.97	3.05
0.9	3.14	3.22	3.33	3.46	3.46	3.73	3.92	4.14	4.44	4.90

例：当 $S = 0.43$ 时，$C_s = 1.18$。

（2）P＝3－50－97％

S	0	1	2	3	4	5	6	7	8	9
0.0	0.00	0.03	0.05	0.07	0.10	0.12	0.15	0.17	0.20	0.28
0.1	0.26	0.28	0.31	0.34	0.36	0.39	0.41	0.44	0.47	0.43
0.2	0.52	0.54	0.57	0.59	0.62	0.65	0.67	0.70	0.73	0.76
0.3	0.78	0.81	0.84	0.86	0.89	0.92	0.94	0.97	1.00	1.03
0.4	1.05	1.08	1.10	1.13	1.16	1.18	1.21	1.24	1.27	1.30
0.5	1.32	1.36	1.39	1.42	1.45	1.48	1.51	1.65	1.58	1.61
0.6	1.64	1.68	1.71	1.74	1.78	1.81	1.84	1.88	1.92	1.95
0.7	1.99	2.03	2.07	2.11	2.16	2.20	2.25	2.30	2.34	2.39
0.8	2.44	2.50	2.55	2.61	2.67	2.74	2.81	2.89	2.97	3.05
0.9	3.14	3.22	3.33	3.46	3.59	3.73	3.92	4.14	4.44	4.90

（3）P＝5－50－95％

S	0	1	2	3	4	5	6	7	8	9
0.0	0.00	0.04	0.08	0.12	0.16	0.20	0.24	0.27	0.31	0.35
0.1	0.38	0.41	0.45	0.48	0.52	0.55	0.59	0.63	0.66	0.70
0.2	0.73	0.76	0.80	0.84	0.87	0.90	0.94	0.98	1.01	1.04
0.3	1.08	1.11	1.14	1.18	1.21	1.25	1.28	1.31	1.35	1.38
0.4	1.42	1.46	1.49	1.52	1.56	1.59	1.63	1.66	1.70	1.74
0.5	1.78	1.81	1.85	1.88	1.92	1.95	1.99	2.03	2.06	2.10
0.6	2.13	2.17	2.20	2.24	2.28	2.32	2.36	2.40	2.44	2.48
0.7	2.53	2.57	2.62	2.66	2.70	2.76	2.81	2.86	2.91	2.97
0.8	3.02	3.07	3.13	3.19	3.25	3.32	3.38	3.46	3.52	3.60
0.9	3.70	3.80	3.91	4.03	4.17	4.32	4.49	4.72	4.94	5.43

（4）P＝10－50－90％

S	0	1	2	3	4	5	6	7	8	9
0.0	0.00	0.05	0.10	0.15	0.20	0.24	0.29	0.34	0.38	0.43
0.1	0.47	0.52	0.56	0.60	0.65	0.69	0.74	0.78	0.83	0.87
0.2	0.92	0.96	1.00	1.04	1.08	1.13	1.17	1.22	1.26	1.30
0.3	1.34	1.38	1.43	1.47	1.51	1.55	1.59	1.63	1.67	1.71
0.4	1.75	1.79	1.83	1.87	1.91	1.95	1.99	2.02	2.06	2.10
0.5	2.14	2.18	2.22	2.26	2.30	2.34	2.38	2.42	2.46	2.50
0.6	2.54	2.58	2.62	2.66	2.70	2.74	2.78	2.82	2.86	2.90
0.7	2.95	3.00	3.04	3.08	3.13	3.18	3.24	3.28	3.33	3.38
0.8	3.44	3.50	3.55	3.61	3.67	3.74	3.80	3.87	3.94	4.02
0.9	4.11	4.20	4.32	4.45	4.59	4.76	4.96	5.20	5.56	—

附表 4　　　　　　　　三点法用表——C_s 与有关 Φ 值的关系表

C_s	Φ_{50}	$\Phi_1-\Phi_{99}$	$\Phi_3-\Phi_{97}$	$\Phi_5-\Phi_{95}$	$\Phi_{10}-\Phi_{90}$
0.0	0.000	4.652	3.762	3.290	2.564
0.1	−0.017	4.648	3.756	3.287	2.560
0.2	−0.033	4.645	3.750	3.284	2.557
0.3	−0.055	4.641	3.743	3.278	2.550
0.4	−0.068	4.637	3.736	3.273	2.543
0.5	−0.084	4.633	3.732	3.266	2.532
0.6	−0.100	4.629	3.727	3.259	2.522
0.7	−0.116	4.624	3.718	3.246	2.510
0.8	−0.132	4.620	3.709	3.233	2.498
0.9	−0.148	4.615	3.692	3.218	2.483
1.0	−0.164	4.611	3.674	3.204	2.468
1.1	−0.179	4.606	3.658	3.185	2.448
1.2	−0.194	4.601	3.638	3.167	2.427
1.3	−0.208	4.595	3.620	3.144	2.404
1.4	−0.223	4.590	3.601	3.120	2.380
1.5	−0.238	4.586	3.582	3.090	2.353
1.6	−0.253	4.586	3.562	3.062	2.326
1.7	−0.267	4.587	3.541	3.032	2.296
1.8	−0.282	4.588	3.520	3.002	2.265
1.9	−0.294	4.591	3.499	2.974	2.232
2.0	−0.307	4.594	3.477	2.945	2.198
2.1	−0.319	4.603	3.469	2.918	2.164
2.2	−0.330	4.613	3.440	2.890	2.130
2.3	−0.340	4.625	3.421	2.862	2.095
2.4	−0.350	4.636	3.403	2.833	0.060
2.5	−0.359	4.648	3.385	2.806	2.024
2.6	−0.367	4.660	3.367	2.778	1.987
2.7	−0.376	4.674	3.350	2.749	1.949
2.8	−0.383	4.687	3.333	2.720	1.911
2.9	−0.389	4.701	3.318	2.695	1.876
3.0	−0.395	4.716	3.303	2.670	1.840
3.1	−0.399	4.732	3.288	2.645	1.806
3.2	−0.404	4.748	3.273	2.619	1.772
3.3	−0.407	4.765	3.259	2.594	1.738
3.4	−0.410	4.781	3.245	2.568	1.705

C_s	Φ_{50}	$\Phi_1-\Phi_{99}$	$\Phi_3-\Phi_{97}$	$\Phi_5-\Phi_{95}$	$\Phi_{10}-\Phi_{90}$
3.5	−0.412	4.796	3.225	2.543	1.670
3.6	−0.414	4.810	3.216	2.518	1.635
3.7	−0.415	4.824	3.203	2.494	1.600
3.8	−0.416	4.837	3.189	2.470	1.570
3.9	−0.415	4.850	3.175	2.446	1.536
4.0	−0.414	4.863	3.160	2.422	1.502
4.1	−0.412	4.876	3.145	2.396	1.471
4.2	−0.410	4.888	3.180	2.372	1.440
4.3	−0.407	4.901	3.115	2.348	1.408
4.4	−0.404	4.914	3.100	2.325	1.376
4.5	−0.400	4.924	3.084	2.300	1.345
4.6	−0.396	4.934	3.067	2.276	1.315
4.7	−0.392	4.942	3.050	2.251	1.286
4.8	−0.388	4.949	3.034	2.226	1.257
4.9	−0.384	4.955	3.016	2.200	1.229
5.0	−0.379	4.961	2.997	2.174	1.200
5.1	−0.374		2.978	2.148	1.173
5.2	−0.370		2.960	2.123	1.145
5.3	−0.365			2.098	1.118
5.4	−0.360			2.072	1.090
5.5	−0.356			2.047	1.063
5.6	−0.350			2.021	1.035

参 考 文 献

[1] 叶守泽. 水文水利计算 [M]. 北京：水利电力出版社，1992.

[2] 雒文生，宋星原. 工程水文及水利计算 [M]. 北京：中国水利水电出版社，2010.

[3] 詹道江，徐向阳，陈元芳. 工程水文学 [M]. 北京：中国水利水电出版社，2010.

[4] 刘光文. 水文分析计算 [M]. 北京：水利电力出版社，1989.

[5] 梁忠民，钟平安，华家鹏. 水文水利计算 [M]. 北京：中国水利水电出版社，2008.

[6] 陈家琦，等. 小流域暴雨洪水计算 [M]. 北京：水利电力出版社，1985.

[7] 朱元生，金光炎. 城市水文学 [M]. 北京：中国科学技术出版社，1991.

[8] M. J. 霍尔. 詹道江，等，译. 城市水文学 [M]. 南京：河海大学出版社，1989.

[9] 赵人俊. 流域水文模型——新安江模型和陕北模型 [M]. 北京：水利电力出版社，1984.

[10] 葛守西. 现代洪水预报技术 [M]. 北京：中国水利水电出版社，1999.

[11] 夏军. 水文非线性系统理论与方法 [M]. 武汉：武汉大学出版社，2002.

[12] Xia，J.，Wang，G.，Tan，G.，Ye，A.，Huang，G. Development of distributed time – variant gain model for nonlinear hydrological systems [J]. Science China Earth Sciences，2005，48（6）：713 – 723.

[13] 夏军. 我国城市洪涝防治的新理念 [J]. 中国防汛抗旱，2019，29（8）：2 – 3.

[14] 夏军，石卫. 变化环境下中国水安全问题研究与展望 [J]. 水利学报，2016，47（3）：292 – 301.

[15] 任伯帜. 城市给水排水规划 [M]. 北京：高等教育出版社，2011.

[16] 李树平，刘遂庆. 城市排水管渠系统 [M]. 2 版. 北京：中国建筑工业出版社，2016.

[17] 孟钰，张翔，夏军，吴绍飞，王俊钗，Christopher J. Gippel. 水文变异下河长吻鮠生境变化与适宜流量组合推荐 [J]. 水利学报，2016，47（5）：626 – 634.

[18] 朱才荣，张翔，穆宏强. 汉江中下游河道基本生态需水与生径比分析 [J]. 人民长江，2014，45（12）：10 – 15.

[19] 徐志侠. 河流与湖泊生态需水研究 [D]. 南京：河海大学，2005.

[20] 何婷. 淮河流域中下游典型河段生态水文机理与生态需水计算 [D]. 北京：中国水利水电科学研究院，2013.

[21] 王寿昆. 中国主要河流鱼类分布及其种类多样性与流域特征的关系 [J]. 生物多样性，1997，3：38 – 42.

[22] Richter，B. D. and Thomas，G. A. Restoring environmental flows bymodifying dam operations [J]. Ecology and Society，2007，12（1）：12.

[23] 王俊娜，董哲仁，廖文根，等. 基于水文-生态响应关系的环境水流评估方法——以三峡水库及其坝下河段为例 [J]. 中国科学：技术科学，2013（6）：715 – 726.

[24] 黄振平. 水文统计学 [M]. 南京：河海大学出版社，2003.

[25] 董洁，夏晶，翟金波. 非参数核估计方法在洪水频率分析中的应用 [J]. 山东农业大学学报（自然科学版），2003，34（4）：515-518.

[26] 李雪月，宋松柏. 基于非参数核密度估计的年径流频率计算 [J]. 人民黄河，2010，32（6）：32 – 34.

[27] 马明卫，宋松柏. 非参数方法在干旱频率分析中的应用 [J]. 水文，2011，31（3）：5 – 12.

[28] 徐宗学. 水文科学中的风险率与不确定性 [M]. 北京：科学出版社，2013.

[29] 丛树铮. 水科学技术中的概率统计方法 [M]. 北京：科学出版社，2010.

[30] 张敏强. 教育与心理统计学 [M]. 3 版. 北京：人民教育出版社，2010.

［31］ Zar J H. Signi ficance testing of the spearman rank correlation coefficient ［J］. Journal of the American Statistical Association，1972，67(339)：578－580.

［32］ Hamed K H，Rao A R. 1998. A modified Mann-Kendall trend test for autocorrelated data ［J］. Journal of Hydrology，204（1－4）：182－196.

［33］ Kim T W，Valdés J B，Yoo C. Nonparametric Approach for Estimating Return Periods of Droughts in Arid Regions ［J］. Journal of Hydrologic Engineering，2003，8（5）：237-246.

［34］ 刘昌明，周成虎，于静洁，等. 中国水文地理 ［M］. 北京：科学出版社，2014.

［35］ 魏文秋，张利平. 水文信息技术 ［M］. 武汉：武汉大学出版社，2003.

［36］ 朱晓原，张留柱，姚永熙. 水文测验实用手册 ［M］. 北京：中国水利水电出版社，2013.

［37］ 林祚顶. 水文现代化与水文新技术 ［M］. 北京：中国水利水电出版社，2008.

［38］ 水利分库试题集编审委员会. 水文勘测工试题集 ［M］. 郑州：黄河水利出版社，1999.

［39］ 王国安. 可能最大暴雨和洪水计算原理与方法 ［M］. 郑州：黄河水利出版社，1999.

［40］ 张有芷，王政祥. 用时面深概化法估算清江中上游流域可能最大暴雨 ［J］. 水文，1998（4）：13－18.

［41］ 张有芷. 用净水汽输送计算可能最大降水 ［J］. 水文，1982（3）.

［42］ 华家鹏，黄勇，杨惠，等. 利用统计估算放大法推求可能最大暴雨 ［J］. 河海大学学报，2007（3）：255－257.

［43］ 林炳章. 分时段地形增强因子法在山区 PMP 估算中的应用 ［J］. 河海大学学报，1988（6）：40－51.

［44］ 高治定，熊学农. 暴雨移置中一种地形雨改正计算方法 ［J］. 人民黄河，1983（5）：40－43（1978）.

［45］ 中华人民共和国水利行业标准. SL 144—2006 水利水电工程设计洪水计算 ［S］.

［46］ 袁作新. 流域水文模型 ［M］. 北京：水利电力出版社，1988.

［47］ 水利水电规划设计总院. 水利水电工程设计洪水计算手册 ［M］. 北京：水利电力出版社，1995.

［48］ 徐宗学. 水文模型 ［M］. 北京：科学出版社，2009.

［49］ 王燕生. 工程水文学 ［M］. 北京：水利电力出版社，1991.

［50］ 叶秉如. 水利计算 ［M］. 北京：水利电力出版社，1984.